Hilbert型不等式的理论与应用

(上册)

洪勇　和炳　著

科学出版社

北　京

内 容 简 介

本书利用权系数方法、实分析技巧以及特殊函数的理论，系统地讨论了 Hilbert 型不等式，不仅讨论了若干具体核的情形，更从一般理论上讨论了各类抽象核的 Hilbert 型不等式最佳常数因子的参数搭配问题，进而讨论了构建Hilbert型不等式的充分必要条件，陈述了Hilbert型不等式的最新理论成果，为探讨有界积分算子和离散算子的构建及算子范数的计算提供了方法.

本书上册主要探讨低维的 Hilbert 型不等式及应用，由于针对各式各样的核陈述了大量的 Hilbert 型不等式，因此读者可以从本书中方便地查到目前散见于各文献中的结果. 下册以讨论高维 Hilbert 型不等式为主，把低维结果推广到高维情形.

阅读本书需要具备实分析、泛函分析、算子理论及特殊函数的基本知识. 本书可作为相关方向的研究生参考书，也可供对解析不等式感兴趣的本科生及数学爱好者阅读参考.

图书在版编目(CIP)数据

Hilbert 型不等式的理论与应用. 上册/洪勇，和炳著. —北京：科学出版社，2023.1

ISBN 978-7-03-074227-8

Ⅰ. ①H… Ⅱ. ①洪… ②和… Ⅲ. ①不等式 Ⅳ. ①O178

中国版本图书馆 CIP 数据核字(2022)第 235643 号

责任编辑：李　欣　孙翠勤／责任校对：杨聪敏

责任印制：吴兆东／封面设计：无极书装

科学出版社 出版

北京东黄城根北街 16 号

邮政编码：100717

http://www.sciencep.com

北京中石油彩色印刷有限责任公司 印刷

科学出版社发行　各地新华书店经销

*

2023 年 1 月第 一 版　开本: 720 × 1000　1/16

2024 年 1 月第二次印刷　印张: 22 1/2

字数：450 000

定价: 168.00 元

(如有印装质量问题，我社负责调换)

作 者 简 介

洪勇，男，1959 年 10 月生，云南省昭通市人，北京师范大学理学硕士，曾任广东财经大学二级教授、数学与统计学院院长，现为广州华商学院特聘岗教授、数字经济研究院院长，曾先后担任全国不等式研究会副理事长、全国经济数学与管理数学学会副理事长、广东省数学学会理事、广州市工业与应用数学学会常务理事、广东省本科高校数学类专业教学指导委员会委员、广东财经大学学术委员会理工分委员会主任，在调和分析、泛函分析、函数逼近论、抽象代数及模糊数学等领域都做出过一定贡献，特别是在 Hilbert 算子及其不等式的研究方面取得了许多国内外领先的成果，现已在国内外学术期刊发表论文 200 余篇，其中 60 余篇被 SCI 收录，30 余篇发表在《中国科学》、《数学学报》和《数学年刊》等国内学术期刊上，主持和参与完成国家及省部级课题 8 项，出版专著三部.

和炳，男，1980 年生，广东省信宜人，广东第二师范学院副教授，中山大学博士，美国《数学评论》评论员，从事微分方程、算子理论与解析不等式的研究，已在国内外学术期刊发表学术论文 30 余篇，其中在 *Math Ineq & Appl* 及《数学学报》等 SCI 或其他期刊发表论文 10 余篇，参与国家及省部级课题 3 项，参与出版专著 1 部.

序

2001 年,《数学学报 (中文版)》(第 4 期) 发表了当时在海南师范大学任教的洪勇教授的一篇关于多重 Hardy-Hilbert 积分不等式的研究论文, 该文引入独立参量, 推广了经典的多重 Hardy-Hilbert 积分不等式. 我阅读了该文, 觉得文章很有新意, 略不足的是该文未能证明常数因子的最佳性. 有鉴于此, 2003 年, 我在《数学年刊 (A)》(第 6 期) 发表论文, 补上了这一证明, 并改进了该文的结果. 此后, 我与洪勇教授建立了通讯联系, 后来, 他调到广东商学院 (现更名为广东财经大学) 工作, 我们之间的学术交往就更为紧密了. 2006 年, 他在国际期刊发表了关于多维 Hilbert 型积分不等式的原创性研究论文, 推广了经典的 Hardy-Hilbert 积分不等式. 我当即邀请他到学院讲学, 组织讨论班学员学习他的这一创新思想成果. 2016 年, 洪勇教授在《数学年刊 (A)》(第 3 期) 发表了关于一般离散 Hilbert 型不等式最佳常数因子联系多参数的等价描述的论文; 2017 年, 他在国内核心期刊《吉林大学学报 (理)》(第 2 期) 发表了关于 Hilbert 型积分不等式存在的联系参数的等价条件, 引来学术界的强烈关注. 这期间, 我鼓励他写作专著, 系统介绍自己的研究成果, 他欣然接受了我的意见. 印象中, 他是一个勤于思考、富于创新精神且对数学研究充满热情的学者. 二十多年来, 他在 Hilbert 型不等式的理论探索中, 贡献了不少重要的原创成果.

关于 Hilbert 型不等式, 其创立及发展至今才一百来年. 1908 年, 德国著名数学家 D. Hilbert 发表了以他名字命名的 Hilbert 不等式, 该不等式不含参量, 结构简洁、优美且理论内涵丰富. 1924 年, 英国数学家 G. H. Hardy 及 M. Riesz 引入一对共轭指数 (p, q), 推广了 Hilbert 不等式, 史称 Hardy-Hilbert 不等式. 1934 年, Hardy 等出版专著 *Inequalities*, 系统介绍了多类 -1 齐次核 Hardy-Hilbert 型不等式的理论成果, 但大部分都没给出证明. 此后六十多年, 到 1997 年, Hardy 的这一不等式理论思想未能进一步拓展. 值得一提的是, 1991 年, 我国著名数学家徐利治教授在国内核心期刊发表了 2 篇旨在改进 Hilbert 不等式的研究论文, 首倡权系数的方法, 以建立加强型的 Hilbert 不等式及 Hardy-Hilbert 不等式. 1992 年, 高明哲教授发表论文, 改进了徐利治第一篇论文关于加强型 Hilbert 不等式的成果; 1997 年, 我与高明哲合作, 在《数学进展》(第 4 期) 发表论文, 求出了加强型 Hardy-Hilbert 不等式的最佳内常数. 然上述工作并没有超越 -1 齐次核的理论框架. 1998 年, 我在国外 SCI 数学期刊 (JMAA) 上发表论文, 引入独立参量及 Beta 函数, 推广了 Hilbert 积分不等式; 2004 年至 2006 年, 我引入另一对共轭指数, 辅以独立参数, 成功推广了 Hardy-Hilbert 不等式, 并用算子理论刻画了新的 Hilbert 型不等式, 解决了最佳推广式的唯一性及抽象化表示问题. 这一时期, 洪勇教授自创一套新的符号体系, 也进行了类似的工作. 2009 年, 科学出版社出版了我的专著:《算子范数与 Hilbert 型不等式》, 该书系统介绍我及研究团队 10 多年来的新成果及参量化思想方法. 随着研究的不断深入, 含 12 个门类的 Hilbert 型不等式得到进一步的拓展应用. 2013 年,《科技日报》发文, 称我们团队的这一创新成果为 Yang-Hilbert 型不等式理论, 以区别 1934 年创立的 -1 齐次核 Hardy-Hilbert 型不等式理论. 2016 年和 2017 年, 洪勇教授发表了多篇论文, 解决了多类 Hilbert 型不等式的逆问题, 即 Hilbert 型不等式联系最佳常数因子与多参量的等价描述及 Hilbert 型不等式存在的联系参数的等价描述等问题, 从而使 Hilbert 型不等式的理论研究跃升到一个新的思想高度.

经历了 3 年多的笔耕探索, 洪勇教授的新作《Hilbert 型不等式的理论与应用》终于印行. 作者由特殊到一般, 阐述了 Hilbert 型不等式的构造特征及其全方位、多角度的理论应用, 其内容丰富多彩, 为 Hilbert 型不等式的理论研究树立了一个新的里程碑. 殷切期望这一创新力作能提升国内学者对 Hilbert 型不等式的理论探索水平, 使这一属于中国学派的学术研究思想在国际上发扬光大!

杨必成

2021 年 12 月于广东第二师范学院

前　　言

关于数学不等式, 目前已经形成了一个专门的研究领域, 国内外不仅出版了许多的不等式专著, 而且有若干的不等式专门期刊, 每年都有数以百计的各学科不等式研究成果发表, 最有影响的专著当属 Hardy、Littlewood 和 Polya 的 *Inequalities* (1934) 以及 Marshall 和 Olkin 的 *Inequalities: Theory of Majorization and Its Application* (1979), 我国学者匡继昌教授收集了 5000 多个数学不等式所著的《常用不等式》也有广泛的影响.

1908 年, 20 世纪最伟大的数学家之一 D.Hilbert 发表了一个结构非常优美的不等式, 被人们称为 Hilbert 不等式, Hilbert 不等式由于与奇异积分算子和序列算子具有本质的深刻联系, 因此受到广泛的关注. 之后, 经过 Hardy 等数学家的不断努力, 这个经典的 Hilbert 不等式至今已发展成为内容丰富门类众多的 Hilbert 型不等式理论体系, 并在算子研究中获得广泛应用. 在 Hilbert 型不等式研究中做出过重要贡献的有以数学家 J. E. Mitrinovic 和 J. Pecaric 等为代表的一批国外学者和国内的徐利治、杨必成、洪勇、匡继昌和赵长建等专家教授. 回顾 Hilbert 型不等式 100 余年的研究历程, 可以看到前面近 80 年的研究进程是很缓慢的, 其原因之一在于 Hilbert 和 Hardy 所使用的研究方法虽然极富技巧性, 但缺乏普遍意义, 很难使用该方法获得更新更大的成果, 因此仅能在不等式的改进和加强等方面做一些工作. 近 30 年来 Hilbert 型不等式的研究之所以能取得迅猛的发展, 在多个方面取得实质性成就, 我们认为主要有三个具有重要意义的突破.

(1) 我国著名数学家徐利治先生在 1991 年的一篇论文中创立了权函数方法, 这一方法为 Hilbert 型不等式的深入研究奠定了基础, 成为讨论 Hilbert 型不等式的基本方法, 极大地促进了 Hilbert 型不等式的研究.

(2) 杨必成教授在精心分析了经典 Hilbert 不等式的结构后, 发现 “-1 阶齐次” 是其核函数的本质特征, 因而引入独立参数 λ, 考虑 λ 阶的齐次核, 沿着这种思维研究下去, 利用权函数方法, 引入适当的搭配参数, 得到了各种各样具有齐次核的 Hilbert 型不等式, 并证明了常数因子的最佳性. 独立参数的引入开启了 Hilbert 型不等式研究的新阶段, 国内外重要期刊随后发表了大量的相关文献, 其间杨必成教授对当初的研究成果进行了总结, 完成了第一部关于 Hilbert 型不等式的研究专著《算子范数与 Hilbert 型不等式》(2009, 科学出版社).

(3) 洪勇教授基于对大量文献的分析研究, 在《数学年刊》(2016) 等权威期刊上发表论文, 首次讨论了最佳搭配参数问题, 得到了齐次核 Hilbert 型不等式最佳搭配参数的充分必要条件, 消除了最佳搭配参数的神秘性, 从理论上较为完善地解决了 Hilbert 型不等式的一个重要理论问题, 随后将其结果推广到广义齐次核和若干非齐次核的情形. 之后不久, 洪勇又考虑了 Hilbert 型不等式的结构问题, 换言之, 就是要讨论在什么条件下才能构造出有界的 Hilbert 型算子并获得其算子范数的表达公式. 最终, 这些问题均获得了较为圆满的解决.

得益于上述三类问题的解决, Hilbert 型不等式目前已发展形成了系统的理论体系, 并进一步向高维方向发展. 本书汇集了作者近 20 年在 Hilbert 型不等式及其应用方面的主要研究成果及部分参考文献的相关结果, 不仅呈现了较为完整的理论体系, 而且展现了 Hilbert 型不等式从具体到抽象、从齐次核到非齐次核、从特殊到一般、从微观研究到宏观讨论以及从低维到高维的研究历程. 为了方便读者能够更好地阅读本书, 我们在第 1 章中对所需具备的基础知识及权函数方法的基本思想等都作了详细介绍. 本书分为上、下两册, 上册主要介绍低维 Hilbert 型不等式基本理论及其在算子研究中的应用. 下册则主要讨论高维情形的 Hilbert 型不等式.

值得指出的是, 本书从理论体系到符号系统都有别于其他相关专著, 从一个全新的角度和视野陈述 Hilbert 型不等式理论, 希望读者能够从本书中获得截然不同的感受与收获.

感谢广州华商学院全额资助了本书的出版, 感谢广州华商学院及各部门领导的关怀和指导, 也感谢广大同仁特别是杨必成教授的鼓励与支持. 从本书的撰写到出版历时 3 年, 其间我的夫人钟晓梅女士承担了绝大部分的家务劳动, 女儿洪虹也给予了很多的支持, 是她们的付出才使得本书的撰写工作顺利完成. 最后还要感谢科学出版社的李欣编辑, 是她对工作的认真负责促进了本书的顺利出版.

本书中部分引用了相关文献的结果, 对其作者在此一并致谢.

限于本人的水平与能力, 书中疏漏在所难免, 恳请读者不吝赐教.

洪 勇

2021 年 10 月 11 日于广州华商学院

目　　录

第 1 章　经典 Hilbert 不等式与预备知识

1.1　经典 Hilbert 不等式及等价形式

1908 年, H. Weyl 在文 (Weyl, 1908) 中证明了著名的 Hilbert 级数不等式: 设 $\{a_n\}$ 与 $\{b_n\}$ 是两个实数列, 若

$$0<\sum_{n=1}^{\infty}a_n^2<+\infty,\quad 0<\sum_{n=1}^{\infty}b_n^2<+\infty,$$

则有

$$\sum_{n=1}^{\infty}\sum_{m=1}^{\infty}\frac{1}{m+n}a_nb_n<\pi\left(\sum_{n=1}^{\infty}a_n^2\right)^{\frac{1}{2}}\left(\sum_{n=1}^{\infty}b_n^2\right)^{\frac{1}{2}}. \tag{1.1.1}$$

1911 年, Schur 在 (Schur, 1911) 中证明了 (1.1.1) 式中的常数因子 π 是最佳值, 即

$$\pi=\sup\left\{\left(\sum_{n=1}^{\infty}\sum_{m=1}^{\infty}\frac{a_nb_n}{m+n}\right)\Big/\left(\sum_{n=1}^{\infty}a_n^2\right)^{1/2}\left(\sum_{n=1}^{\infty}b_n^2\right)^{1/2}:0<\sum_{n=1}^{\infty}a_n^2\right.$$
$$\left.<+\infty,0<\sum_{n=1}^{\infty}b_n^2<+\infty\right\},$$

同时, Schur 还证明了积分形式的 Hilbert 不等式: 设 $f(x)$ 与 $g(x)$ 是可测函数, 若

$$0<\int_0^{+\infty}f^2(x)\mathrm{d}x<+\infty,\quad 0<\int_0^{+\infty}g^2(x)\mathrm{d}x<+\infty,$$

则有

$$\int_0^{+\infty}\int_0^{+\infty}\frac{1}{x+y}f(x)g(y)\mathrm{d}x\mathrm{d}y<\pi\left(\int_0^{+\infty}f^2(x)\mathrm{d}x\right)^{\frac{1}{2}}\left(\int_0^{+\infty}g^2(y)\mathrm{d}y\right)^{\frac{1}{2}}, \tag{1.1.2}$$

其中的常数因子 π 仍是最佳值.

1925 年, Hardy 与 Riesz 在 (Hardy, Riesz, 1925) 中引入一对共轭参数 (p,q) $\left(\frac{1}{p}+\frac{1}{q}=1, p>1\right)$, 分别将 (1.1.1) 和 (1.1.2) 推广为更一般的形式: 设 $\{a_n\}$ 和 $\{b_n\}$ 是无穷非负实数列, 满足条件

$$0<\sum_{n=1}^{\infty} a_n^p<+\infty, \quad 0<\sum_{n=1}^{\infty} b_n^q<+\infty,$$

则有

$$\sum_{n=1}^{\infty} \sum_{m=1}^{\infty} \frac{1}{m+n} a_n b_n<\frac{\pi}{\sin (\pi / p)}\left(\sum_{n=1}^{\infty} a_n^p\right)^{\frac{1}{p}}\left(\sum_{n=1}^{\infty} b_n^q\right)^{\frac{1}{q}}. \tag{1.1.3}$$

设 $f(x)$ 与 $g(y)$ 是非负可测函数, 满足条件:

$$0<\int_0^{+\infty} f^p(x) \mathrm{d} x<+\infty, \quad 0<\int_0^{+\infty} g^q(x) \mathrm{d} x<+\infty,$$

则有

$$\int_0^{+\infty} \int_0^{+\infty} \frac{1}{x+y} f(x) g(y) \mathrm{d} x \mathrm{d} y<\frac{\pi}{\sin (\pi / p)}\left(\int_0^{+\infty} f^p(x) \mathrm{d} x\right)^{\frac{1}{p}}\left(\int_0^{+\infty} g^q(y) \mathrm{d} y\right)^{\frac{1}{q}}, \tag{1.1.4}$$

其中 (1.1.3) 和 (1.1.4) 中的常数因子 $\sin(\pi/p)$ 都是最佳的.

设 $r>1$, 定义

$$l_r=\left\{\tilde{a}=\{a_n\}: a_i \geqslant 0,\|\tilde{a}\|_r=\left(\sum_{n=1}^{\infty} a_n^r\right)^{\frac{1}{r}}<+\infty\right\},$$

$$L_r(0,+\infty)=\left\{f(x) \geqslant 0:\|f\|_r=\left(\int_0^{+\infty} f^r(x) \mathrm{d} x\right)^{\frac{1}{r}}<+\infty\right\},$$

则由 (1.1.3) 和 (1.1.4) 可得

$$\sum_{n=1}^{\infty} \sum_{m=1}^{\infty} \frac{1}{m+n} a_n b_n<\frac{\pi}{\sin (\pi / p)}\|\tilde{a}\|_p\|\tilde{b}\|_q, \tag{1.1.5}$$

$$\int_0^{+\infty} \int_0^{+\infty} \frac{1}{x+y} f(x) g(y) \mathrm{d} x \mathrm{d} y<\frac{\pi}{\sin (\pi / p)}\|f\|_p\|g\|_q, \tag{1.1.6}$$

我们称 (1.1.5) 和 (1.1.6) 分别为经典的 Hilbert 级数不等式和经典的 Hilbert 积分不等式.

Hilbert 不等式是分析学中重要的不等式, 具有重要的理论意义和应用价值.

下面给出 (1.1.5) 和 (1.1.6) 的等价不等式:

$$\sum_{n=1}^{\infty}\left(\sum_{m=1}^{\infty}\frac{1}{m+n}a_n\right)^p \leqslant \left(\frac{1}{\sin(\pi/p)}\right)^p \|\tilde{a}\|_p^p, \tag{1.1.7}$$

$$\int_0^{+\infty}\left(\int_0^{+\infty}\frac{1}{x+y}f(x)\mathrm{d}x\right)^p \mathrm{d}y \leqslant \left(\frac{\pi}{\sin(\pi/p)}\right)\|f\|_p^p, \tag{1.1.8}$$

事实上, 若 (1.1.6) 成立, 令 $g(y)=\left(\int_0^{+\infty}\frac{1}{x+y}f(x)\mathrm{d}x\right)^{p-1}$, 根据 Hölder 不等式, 有

$$\begin{aligned}
&\int_0^{+\infty}\left(\int_0^{+\infty}\frac{1}{x+y}f(x)\mathrm{d}x\right)^p \mathrm{d}y\\
=&\int_0^{+\infty}\int_0^{+\infty} f(x)g(y)\mathrm{d}x\mathrm{d}y \leqslant \frac{1}{\sin(\pi/p)}\|f\|_p\|g\|_q\\
=&\frac{1}{\sin(\pi/p)}\|f\|_p\left(\int_0^{+\infty}\left(\int_0^{+\infty}\frac{1}{x+y}f(x)\mathrm{d}x\right)^p \mathrm{d}y\right)^{\frac{1}{q}},
\end{aligned}$$

于是可得

$$\left(\int_0^{+\infty}\left(\int_0^{+\infty}\frac{1}{x+y}f(x)\mathrm{d}x\right)^p \mathrm{d}y\right)^{\frac{1}{p}} \leqslant \frac{1}{\sin(\pi/p)}\|f\|_p,$$

从而可得 (1.1.8).

反之, 若 (1.1.8) 成立, 根据 Hölder 不等式, 有

$$\begin{aligned}
&\int_0^{+\infty}\int_0^{+\infty}\frac{1}{x+y}f(x)g(y)\mathrm{d}x\mathrm{d}y\\
=&\int_0^{+\infty}g(y)\left(\int_0^{+\infty}\frac{1}{x+y}f(x)\mathrm{d}x\right)\mathrm{d}y\\
\leqslant&\left(\int_0^{+\infty}g^q(y)\mathrm{d}y\right)^{\frac{1}{q}}\left(\int_0^{+\infty}\left(\int_0^{+\infty}\frac{1}{x+y}f(x)\mathrm{d}x\right)^p \mathrm{d}y\right)^{\frac{1}{p}}
\end{aligned}$$

$$\leqslant \frac{1}{\sin(\pi/p)}\|f\|_p\|g\|_q.$$

故 (1.1.6) 成立. 从而 (1.1.8) 与 (1.1.6) 等价.

类似地, 可证 (1.1.5) 与 (1.1.7) 等价.

1.2 Hilbert 型不等式与最佳常数因子

设 $n \in \mathbb{N}$, $\mathbb{R}_+^n = \{x=(x_1,x_2,\cdots,x_n): x_i>0\ (i=1,2,\cdots,n)\}$, $\alpha \in \mathbb{R}$, $r>1$, $\rho>0$, $\|x\|_\rho=(x_1^\rho+x_2^\rho+\cdots+x_n^\rho)^{\frac{1}{\rho}}$, 定义

$$L_r^\alpha\left(\mathbb{R}_+^n\right)=\left\{f(x)\geqslant 0:\|f\|_{r,\alpha}=\left(\int_{\mathbb{R}_+^n}\|x\|_\rho^\alpha f^p(x)\mathrm{d}x\right)^{\frac{1}{p}}<+\infty\right\}.$$

定义 1.2.1 设 $\dfrac{1}{p}+\dfrac{1}{q}=1\ (p>1)$, $\alpha,\beta\in\mathbb{R}$, M 是正常数, $K(u,v)\geqslant 0$ 可测, $x=(x_1,x_2,\cdots,x_m), y=(y_1,y_2,\cdots,y_n), f(x)\in L_p^\alpha\left(\mathbb{R}_+^m\right), g(y)\in L_q^\beta\left(\mathbb{R}_+^n\right)$, 称

$$\int_{\mathbb{R}_+^n}\int_{\mathbb{R}_+^m}K\left(\|x\|_\rho,\|y\|_\rho\right)f(x)g(y)\mathrm{d}x\mathrm{d}y\leqslant M\|f\|_{p,\alpha}\|g\|_{q,\beta} \tag{1.2.1}$$

为 Hilbert 型积分不等式, $K\left(\|x\|_\rho,\|y\|_\rho\right)$ 称为不等式的核, M 称为常数因子.

定义 1.2.2 若存在常数 M_0 满足

$$M_0=\sup\left\{\frac{1}{\|f\|_{p,\alpha}\|g\|_{q,\beta}}\int_{\mathbb{R}_+^n}\int_{\mathbb{R}_+^m}K\left(\|x\|_\rho,\|y\|_\rho\right)f(x)g(y)\mathrm{d}x\mathrm{d}y\right\},$$

其中 $f(x)\in L_p^\alpha\left(\mathbb{R}_+^m\right)$, $g(y)\in L_q^\beta\left(\mathbb{R}_+^n\right)$, 则称 M_0 是 Hilbert 型积分不等式 (1.2.1) 的最佳常数因子.

当 $m=n$=1 时, 得到一维情况下的 Hilbert 型积分不等式:

$$\int_0^{+\infty}\int_0^{+\infty}K(x,y)f(x)g(y)\mathrm{d}x\mathrm{d}y\leqslant M\|f\|_{p,\alpha}\|g\|_{q,\beta}.$$

设 $r>1$, $\alpha\in\mathbb{R}$, 定义

$$l_r^\alpha=\left\{\tilde{a}=\{a_k\}:a_k\geqslant 0,\ \|\tilde{a}\|_{p,\alpha}=\left(\sum_{k=1}^\infty a_k^r\right)^{1/r}<+\infty\right\}.$$

定义 1.2.3 设 $\frac{1}{p}+\frac{1}{q}=1\ (p>1)$, $\alpha,\beta\in\mathbb{R}$, M 是正常数, $K(m,n)\geqslant 0$, $\tilde{a}=\{a_m\}\in l_p^{\alpha}$, $\tilde{b}=\{b_n\}\in l_q^{\beta}$, 称

$$\sum_{n=1}^{\infty}\sum_{m=1}^{\infty}K(m,n)a_mb_n\leqslant M\|\tilde{a}\|_{p,\alpha}\|\tilde{b}\|_{q,\beta} \tag{1.2.2}$$

为 Hilbert 型级数不等式, $K(m,n)$ 称为不等式的核. $M_0=\inf M$ 称为最佳常数因子.

定义 1.2.4 设 $\frac{1}{p}+\frac{1}{q}=1\ (p>1)$, $n\in\mathbb{N}$, $\alpha,\beta\in\mathbb{R}$, $K(u,v)\geqslant 0$ 可测, $\rho>0$, $x=(x_1,x_2,\cdots,x_n)$, $\tilde{a}=\{a_k\}\in l_p^{\alpha}$, $f(x)\in L_q^{\beta}(\mathbb{R}_+^n)$, 称

$$\int_{\mathbb{R}_+^n}\sum_{k=1}^{\infty}K(k,\|x\|_p)\,a_kf(x)\mathrm{d}x\leqslant M\|\tilde{a}\|_{p,\alpha}\|f\|_{q,\beta} \tag{1.2.3}$$

为 Hilbert 型混合不等式或半离散 Hilbert 型不等式.

$n=1$ 时的混合 Hilbert 型不等式为

$$\int_0^{+\infty}\sum_{k=1}^{\infty}K(k,x)a_kf(x)\mathrm{d}x\leqslant M\|\tilde{a}\|_{p,\alpha}\|f\|_{q,\beta}.$$

对 Hilbert 型不等式的研究主要有以下几个方面.

(1) 对某个具体的核, 讨论其相应的 Hilbert 型不等式及最佳常数因子. 这种问题是几十年来讨论的主要问题.

(2) 引入多个参数后, 讨论 Hilbert 型不等式取最佳常数因子的等价参数条件, 这是更具深刻性的问题.

(3) 针对齐次核的情况, 讨论构建 Hilbert 型不等式的等价参数条件, 并求出最佳常数因子, 这种问题从更高层次上研究 Hilbert 型不等式的结构特征及一般理论.

(4) 针对非齐次核情况, 讨论构建 Hilbert 型不等式的等价参数条件, 这是更加困难的问题.

(5) 讨论 Hilbert 型不等式在算子理论中的应用.

例 1.2.1 设 $\frac{1}{p}+\frac{1}{q}=1\ (p>1)$, 求证:

$$\int_0^{+\infty}\int_0^{+\infty}\frac{1}{\max\{x,y\}}f(x)g(y)\mathrm{d}x\mathrm{d}y\leqslant pq\|f\|_p\|g\|_q, \tag{1.2.4}$$

其中的常数因子 pq 是最佳值.

证明　令 $K(x,y)=\dfrac{1}{\max\{x,y\}}$, 则 $K(tx,ty)=t^{-1}K(x,y)$. 首先, 有

$$\begin{aligned}\omega_1(q,x)&=\int_0^{+\infty}y^{-\frac{1}{q}}K(x,y)\,\mathrm{d}y=\int_0^{+\infty}y^{-\frac{1}{q}}x^{-1}K\left(1,\frac{y}{x}\right)\mathrm{d}y\\&=x^{-\frac{1}{q}}\int_0^{+\infty}t^{-\frac{1}{q}}K(1,t)\mathrm{d}t\\&=x^{-\frac{1}{q}}\int_0^{+\infty}t^{-\frac{1}{q}}\frac{1}{\max\{1,t\}}\mathrm{d}t\\&=x^{-\frac{1}{q}}\left(\int_0^1 t^{-\frac{1}{q}}\mathrm{d}t+\int_1^{+\infty}t^{-1-\frac{1}{q}}\mathrm{d}t\right)=pqx^{-\frac{1}{q}}.\end{aligned}$$

同理可得

$$\omega_2(p,y)=\int_0^{+\infty}x^{-\frac{1}{p}}K(x,y)\,\mathrm{d}x=pqy^{-\frac{1}{p}}.$$

根据 Hölder 不等式, 有

$$\begin{aligned}&\int_0^{+\infty}\int_0^{+\infty}\frac{f(x)g(y)}{\max\{x,y\}}\mathrm{d}x\mathrm{d}y\\=&\int_0^{+\infty}\int_0^{+\infty}f(x)g(y)K(x,y)\mathrm{d}x\mathrm{d}y\\=&\int_0^{+\infty}\int_0^{+\infty}\left(\frac{x^{1/(pq)}}{y^{1/(pq)}}f(x)\right)\left(\frac{y^{1/(pq)}}{x^{1/(pq)}}g(y)\right)K(x,y)\mathrm{d}x\mathrm{d}y\\\leqslant&\left(\int_0^{+\infty}\int_0^{+\infty}x^{\frac{1}{q}}f^p(x)y^{-\frac{1}{q}}K(x,y)\mathrm{d}x\mathrm{d}y\right)^{\frac{1}{p}}\\&\times\left(\int_0^{+\infty}\int_0^{+\infty}y^{\frac{1}{p}}g^q(y)x^{-\frac{1}{p}}K(x,y)\mathrm{d}x\mathrm{d}y\right)^{\frac{1}{q}}\\=&\left(\int_0^{+\infty}x^{\frac{1}{q}}f^p(x)\omega_1(q,x)\mathrm{d}x\right)^{\frac{1}{p}}\left(\int_0^{+\infty}y^{\frac{1}{p}}g^q(y)\omega_2(p,y)\mathrm{d}y\right)^{\frac{1}{q}}\\=&\left(\int_0^{+\infty}pqf^p(x)\mathrm{d}x\right)^{\frac{1}{p}}\left(\int_0^{+\infty}pqg^q(y)\mathrm{d}y\right)^{\frac{1}{q}}=pq\|f\|_p\|g\|_q.\end{aligned}$$

若 pq 不是 (1.2.4) 的最佳常数因子, 则存在常数 $M_0<pq$, 使

$$\int_0^{+\infty}\int_0^{+\infty}\frac{1}{\max\{x,y\}}f(x)g(y)\mathrm{d}x\mathrm{d}y\leqslant M_0\|f\|_p\|g\|_q.$$

对充分小的 $\varepsilon > 0$ 及 $\delta > 0$, 取

$$f(x)=\begin{cases} x^{(-1-\varepsilon)/p}, & x\geqslant \delta,\\ 0, & 0<x<\delta,\end{cases}\qquad g(y)=\begin{cases} y^{(-1-\varepsilon)/q}, & y\geqslant 1,\\ 0, & 0<y<1.\end{cases}$$

则

$$\|f\|_p\|g\|_q=\left(\int_\delta^{+\infty}x^{-1-\varepsilon}\mathrm{d}x\right)^{\frac{1}{p}}\left(\int_1^{+\infty}y^{-1-\varepsilon}\mathrm{d}y\right)^{\frac{1}{q}}=\frac{1}{\varepsilon}\left(\frac{1}{\delta^\varepsilon}\right)^{\frac{1}{p}},$$

$$\int_0^{+\infty}\int_0^{+\infty}\frac{f(x)g(y)}{\max\{x,y\}}\mathrm{d}x\mathrm{d}y=\int_0^{+\infty}\int_0^{+\infty}K(x,y)f(x)g(y)\mathrm{d}x\mathrm{d}y$$

$$=\int_1^{+\infty}y^{-\frac{1}{q}-\frac{\varepsilon}{q}}\left(\int_\delta^{+\infty}x^{-\frac{1}{p}-\frac{\varepsilon}{p}}K(x,y)\mathrm{d}x\right)\mathrm{d}y$$

$$=\int_1^{+\infty}y^{-\frac{1}{q}-\frac{\varepsilon}{q}-1}\left(\int_\delta^{+\infty}x^{-\frac{1}{p}-\frac{\varepsilon}{p}}K\left(\frac{x}{y},1\right)\mathrm{d}x\right)\mathrm{d}y$$

$$=\int_1^{+\infty}y^{-1-\frac{1}{q}-\frac{\varepsilon}{q}-\frac{1}{p}-\frac{\varepsilon}{p}}\left(\int_{\delta/y}^{+\infty}t^{-\frac{1}{p}-\frac{\varepsilon}{p}}K(t,1)\mathrm{d}t\right)\mathrm{d}y$$

$$\geqslant\int_1^{+\infty}y^{-1-\varepsilon}\left(\int_\delta^{+\infty}t^{-\frac{1}{p}-\frac{\varepsilon}{p}}\frac{1}{\max\{t,1\}}\mathrm{d}t\right)\mathrm{d}y$$

$$=\frac{1}{\varepsilon}\int_\delta^{+\infty}\frac{1}{\max\{t,1\}}t^{-\frac{1}{p}-\frac{\varepsilon}{p}}\mathrm{d}t.$$

于是得到

$$\int_\delta^{+\infty}\frac{1}{\max\{t,1\}}t^{-\frac{1}{p}-\frac{\varepsilon}{p}}\mathrm{d}t\leqslant M_0\left(\frac{1}{\delta^\varepsilon}\right)^{\frac{1}{p}},$$

令 $\varepsilon\to 0^+$ 后, 再令 $\delta\to 0^+$, 得

$$pq=\int_\delta^{+\infty}\frac{1}{\max\{t,1\}}t^{-\frac{1}{p}}\mathrm{d}t\leqslant M_0,$$

这与 $M_0<pq$ 矛盾, 故 pq 是 (1.2.4) 的最佳常数因子. 证毕.

例 1.2.2 设 $\frac{1}{p}+\frac{1}{q}=1(p>1),\lambda>0,\frac{\alpha+1}{p}+\frac{\beta+1}{q}=2-\lambda,0<1-\frac{\alpha+1}{p}<1,0<1-\frac{\beta+1}{q}<1$, 求证: 当 $\tilde{a}=\{a_m\}\in l_p^\alpha,\tilde{b}=\{b_n\}\in l_q^\beta$, 时, 有

$$\sum_{n=1}^\infty\sum_{m=1}^\infty\frac{1}{m^\lambda+n^\lambda}a_mb_n$$

$$\leqslant \frac{1}{\lambda}\Gamma\left(\frac{1}{\lambda}\left(1-\frac{\alpha+1}{p}\right)\right)\Gamma\left(\frac{1}{\lambda}\left(1-\frac{\beta+1}{q}\right)\right)\|\tilde{a}\|_{p,\alpha}\|\tilde{b}\|_{q,\beta},$$

其中常数因子 $\frac{1}{\lambda}\Gamma\left(\frac{1}{\lambda}\left(1-\frac{\alpha+1}{p}\right)\right)\Gamma\left(\frac{1}{\lambda}\left(1-\frac{\beta+1}{q}\right)\right)$ 是最佳的.

证明　记 $K(x,y)=\dfrac{1}{x^\lambda+y^\lambda}$, 则 $K(tx,ty)=t^{-\lambda}K(x,y)$, 且由 $0<1-\dfrac{\beta+1}{q}<1$, 易知 $K(m,t)\,t^{-\frac{\beta+1}{q}}$ 在 $(0,+\infty)$ 上递减, 于是

$$\begin{aligned}
\omega_1(q,\beta,m)&=\sum_{n=1}^{\infty}n^{-\frac{\beta+1}{q}}K(m,n)\leqslant\int_0^{+\infty}t^{-\frac{\beta+1}{q}}K(m,t)\mathrm{d}t\\
&=m^{-\lambda}\int_0^{+\infty}t^{-\frac{\beta+1}{q}}K\left(1,\frac{t}{m}\right)\mathrm{d}t=m^{1-\lambda-\frac{\beta+1}{q}}\int_0^{+\infty}\frac{1}{1+u^\lambda}u^{-\frac{\beta+1}{q}}\mathrm{d}u\\
&=m^{1-\lambda-\frac{\beta+1}{q}}\frac{1}{\lambda}\int_0^{+\infty}\frac{1}{1+t}t^{\frac{1}{\lambda}\left(1-\frac{\beta+1}{q}\right)-1}\mathrm{d}t\\
&=m^{1-\lambda-\frac{\beta+1}{q}}\frac{1}{\lambda}\Gamma\left(\frac{1}{\lambda}\left(1-\frac{\beta+1}{q}\right)\right)\Gamma\left(1-\left(1-\frac{\beta+1}{q}\right)\right)\\
&=m^{1-\lambda-\frac{\beta+1}{q}}\frac{1}{\lambda}\Gamma\left(\frac{1}{\lambda}\left(1-\frac{\beta+1}{q}\right)\right)\Gamma\left(\frac{1}{\lambda}\left(1-\frac{\alpha+1}{p}\right)\right).
\end{aligned}$$

类似地, 可得

$$\begin{aligned}
\omega_2(p,\alpha,n)&=\sum_{m=1}^{\infty}m^{-\frac{\alpha+1}{p}}K(m,n)\\
&=n^{1-\lambda-\frac{\alpha+1}{p}}\frac{1}{\lambda}\Gamma\left(\frac{1}{\lambda}\left(1-\frac{\alpha+1}{p}\right)\right)\Gamma\left(\frac{1}{\lambda}\left(1-\frac{\beta+1}{q}\right)\right).
\end{aligned}$$

根据 Hölder 不等式, 有

$$\begin{aligned}
\sum_{n=1}^{\infty}\sum_{m=1}^{\infty}\frac{a_mb_n}{m^\lambda+n^\lambda}&=\sum_{n=1}^{\infty}\sum_{m=1}^{\infty}a_mb_nK(m,n)\\
&=\sum_{n=1}^{\infty}\sum_{m=1}^{\infty}\left(\frac{m^{(\alpha+1)/(pq)}}{n^{(\beta+1)/(pq)}}a_m\right)\left(\frac{n^{(\beta+1)/(pq)}}{m^{(\alpha+1)/(pq)}}b_m\right)K(m,n)\\
&\leqslant\left(\sum_{n=1}^{\infty}\sum_{m=1}^{\infty}m^{\frac{\alpha+1}{q}}a_m^pn^{-\frac{\beta+1}{q}}K(m,n)\right)^{\frac{1}{p}}
\end{aligned}$$

$$\times\left(\sum_{n=1}^{\infty}\sum_{m=1}^{\infty}n^{\frac{\beta+1}{p}}b_n^q m^{-\frac{\alpha+1}{p}}K(m,n)\right)^{\frac{1}{q}}$$

$$=\left(\sum_{m=1}^{\infty}m^{\frac{\alpha+1}{q}}a_m^P\omega_1(q,\beta,m)\right)^{\frac{1}{p}}\left(\sum_{n=1}^{\infty}n^{\frac{\beta+1}{p}}b_n^q\omega_2(p,\alpha,n)\right)^{\frac{1}{q}}$$

$$\leqslant\frac{1}{\lambda}\Gamma\left(\frac{1}{\lambda}\left(1-\frac{\alpha+1}{p}\right)\right)\Gamma\left(\frac{1}{\lambda}\left(1-\frac{\beta+1}{q}\right)\right)$$

$$\times\left(\sum_{m=1}^{\infty}m^{\frac{\alpha+1}{q}+1-\lambda-\frac{\beta+1}{q}}a_m^p\right)^{\frac{1}{p}}\left(\sum_{n=1}^{\infty}n^{\frac{\beta+1}{p}+1-\lambda-\frac{\alpha+1}{p}}b_n^q\right)^{\frac{1}{q}}$$

$$=\frac{1}{\lambda}\Gamma\left(\frac{1}{\lambda}\left(1-\frac{\alpha+1}{p}\right)\right)\Gamma\left(\frac{1}{\lambda}\left(1-\frac{\beta+1}{q}\right)\right)$$

$$\times\left(\sum_{m=1}^{\infty}m^{\alpha}a_m^p\right)^{\frac{1}{p}}\left(\sum_{n=1}^{\infty}n^{\beta}b_n^q\right)^{\frac{1}{q}}$$

$$=\frac{1}{\lambda}\Gamma\left(\frac{1}{\lambda}\left(1-\frac{\alpha+1}{p}\right)\right)\Gamma\left(\frac{1}{\lambda}\left(1-\frac{\beta+1}{q}\right)\right)\|\tilde{a}\|_{p,\alpha}\|\tilde{b}\|_{q,\beta}.$$

用类似例 1.2.1 的方法, 我们可证明其常数因子是最佳的. 证毕.

1.3 Hilbert 型不等式的等价形式

定理 1.3.1 设 $\frac{1}{p}+\frac{1}{q}=1\ (p>1)$, $\alpha,\beta\in\mathbb{R}$, $\rho>0$, $m\geqslant1$, $n\geqslant1$, $K(u,v)\geqslant0$, $x=(x_1,x_2,\cdots,x_m)$, $y=(y_1,y_2,\cdots,y_n)$, $f(x)\in L_p^{\alpha}(\mathbb{R}_+^m)$, $g(y)\in L_q^{\beta}(\mathbb{R}_+^n)$, 则 Hilbert 型积分不等式:

$$\int_{\mathbb{R}_+^n}\int_{\mathbb{R}_+^m}K(\|x\|_\rho,\|y\|_\rho)f(x)g(y)\mathrm{d}x\mathrm{d}y\leqslant M\|f\|_{p,\alpha}\|g\|_{q,\beta}\tag{1.3.1}$$

等价于不等式:

$$\int_{\mathbb{R}_+^n}\|y\|_\rho^{\beta(1-p)}\left(\int_{\mathbb{R}_+^m}K(\|x\|_\rho,\|y\|_\rho)f(x)\mathrm{d}x\right)^p\mathrm{d}y\leqslant M^p\|f\|_{p,\alpha}^p.\tag{1.3.2}$$

证明 若 (1.3.2) 成立, 令

$$F(y)=\int_{\mathbb{R}_+^n}K(\|x\|_\rho,\|y\|_\rho)f(x)\mathrm{d}x.$$

根据 Hölder 不等式, 有

$$\begin{aligned}
&\int_{\mathbb{R}_+^n}\int_{\mathbb{R}_+^m} K\left(\|x\|_\rho,\|y\|_\rho\right) f(x)g(y)\mathrm{d}x\mathrm{d}y \\
&=\int_{\mathbb{R}_+^n} g(y)\left(\int_{\mathbb{R}_+^m}\left(\|x\|_\rho,\|y\|_\rho\right) f(x)\mathrm{d}x\right)\mathrm{d}y \\
&=\int_{\mathbb{R}_+^n} g(y)F(y)\mathrm{d}y=\int_{\mathbb{R}_+^n}\left(\|y\|_\rho^{\frac{\beta}{q}} g(y)\right)\left(\|y\|_\rho^{-\frac{\beta}{q}} F(y)\right)\mathrm{d}y \\
&\leqslant\left(\int_{\mathbb{R}_+^n}\|y\|_\rho^\beta g^q(y)\mathrm{d}y\right)^{\frac{1}{q}}\left(\int_{\mathbb{R}_+^n}\|y\|_\rho^{\beta(1-p)} F^p(y)\mathrm{d}y\right)^{\frac{1}{p}} \\
&=\|g\|_{q,\beta}\left(\int_{\mathbb{R}_+^n}\|y\|_p^{\beta(1-p)}\left(\int_{\mathbb{R}_+^m}\left(\|x\|_\rho,\|y\|_\rho\right) f(x)\mathrm{d}x\right)^p\mathrm{d}y\right)^{\frac{1}{p}} \\
&\leqslant M\|f\|_{p,\alpha}\|g\|_{q,\beta}.
\end{aligned}$$

从而 (1.3.1) 成立.

反之, 设 (1.3.1) 成立. 令

$$g(y)=\|y\|_\rho^{\beta(1-p)}\left(\int_{\mathbb{R}_+^m} K\left(\|x\|_\rho,\|y\|_\rho\right) f(x)\mathrm{d}x\right)^{p-1},$$

于是, 有

$$\begin{aligned}
&\int_{\mathbb{R}_+^n}\|y\|_\rho^{\beta(1-p)}\left(\int_{\mathbb{R}_+^m} K\left(\|x\|_\rho,\|y\|_\rho\right) f(x)\mathrm{d}x\right)^p\mathrm{d}y \\
&=\int_{\mathbb{R}_+^n}\int_{\mathbb{R}_+^m} K\left(\|x\|_\rho,\|y\|_\rho\right) f(x)g(x)\mathrm{d}x\mathrm{d}y\leqslant M\|f\|_{p,\alpha}\|g\|_{q,\beta} \\
&=M\|f\|_{p,\alpha}\left(\int_{\mathbb{R}_+^n}\|y\|_\rho^{\beta(1-p)}\left(\int_{\mathbb{R}_+^m} K\left(\|x\|_\rho,\|y\|_\rho\right) f(x)\mathrm{d}x\right)^p\mathrm{d}y\right)^{\frac{1}{q}}.
\end{aligned}$$

从而可得

$$\int_{\mathbb{R}_+^n}\|y\|_\rho^{\beta(1-p)}\left(\int_{\mathbb{R}_+^m} K\left(\|x\|_\rho,\|y\|_\rho\right) f(x)\mathrm{d}x\right)^p\mathrm{d}y\leqslant M^p\|f\|_{p,\alpha}^p.$$

故 (1.3.2) 成立. 证毕.

与定理 1.3.1 证明类似, 可得以下定理.

定理 1.3.2 设 $\frac{1}{p}+\frac{1}{q}=1\ (p>1)$, $\alpha,\beta\in\mathbb{R}$, $\rho>0$, $K(m,n)\geqslant 0$, $\tilde{a}=\{a_m\}\in l_p^\alpha$, $\tilde{b}=\{b_n\}\in l_q^\beta$, 则 Hilbert 型级数不等式:

$$\sum_{n=1}^{\infty}\sum_{m=1}^{\infty}K(m,n)a_mb_n\leqslant M\|\tilde{a}\|_{p,\alpha}\|\tilde{b}\|_{q,\beta}$$

等价于

$$\sum_{n=1}^{\infty}n^{\beta(1-p)}\left(\sum_{m=1}^{\infty}K(m,n)a_n\right)^p\leqslant M^p\|\tilde{a}\|_{p,\alpha}^p.$$

定理 1.3.3 设 $\frac{1}{p}+\frac{1}{q}=1\ (p>1)$, $n\geqslant 1$, $\rho>0$, $\alpha,\beta\in\mathbb{R}$, $x=(x_1,x_2,\cdots,x_n)$, $K(k,x)\geqslant 0$, $\tilde{a}=\{a_k\}\in l_p^\alpha$, $f(x)\in L_q^\beta(\mathbb{R}_+^n)$, 则下面三个不等式等价:

(1) $\displaystyle\int_{\mathbb{R}_+^n}\sum_{k=1}^{\infty}K(k,x)\,a_kf(x)\,\mathrm{d}x\leqslant M\|\tilde{a}\|_{p,\alpha}\|f\|_{q,\beta}$;

(2) $\displaystyle\int_{\mathbb{R}_+^n}\|x\|_\rho^{\beta(1-p)}\left(\sum_{k=1}^{\infty}K(k,x)\,a_k\right)^p\mathrm{d}x\leqslant M^p\|\tilde{a}\|_{p,\alpha}^p$;

(3) $\displaystyle\sum_{k=1}^{\infty}k^{\alpha(1-q)}\left(\int_{\mathbb{R}_+^n}K(k,x)\,f(x)\mathrm{d}x\right)^q\leqslant M^q\|f\|_{q,\beta}^q$.

1.4 高维 Hölder 不等式

积分型 Hölder 不等式 设 $n\in\mathbb{N}$, 可测集 $\Omega\subseteq\mathbb{R}^n$, $x=(x_1,x_2,\cdots,x_n)$, $\frac{1}{p}+\frac{1}{q}=1(p>1)$, $f(x)\geqslant 0$, $g(y)\geqslant 0$, $k(x)\geqslant 0$, 则有著名的 Hölder 不等式:

$$\int_\Omega f(x)g(x)k(x)\mathrm{d}x\leqslant\left(\int_\Omega f^p(x)k(x)\mathrm{d}x\right)^{1/p}\left(\int_\Omega f^q(x)k(x)\mathrm{d}x\right)^{1/q}.$$

积分型 Hölder 不等式也可推广到多个函数的情形:

设 $\frac{1}{p_1}+\frac{1}{p_2}+\cdots+\frac{1}{p_m}=1\ (p_i>1,i=1,2,\cdots,m)$, 可测集 $\Omega\subseteq\mathbb{R}_+^n$, $x=(x_1,x_2,\cdots,x_n)$, $f_i(x)\geqslant 0\ (i=1,2,\cdots,m)$,

$$\int_\Omega f_1(x)f_2(x)\cdots f_m(x)\,k(x)\mathrm{d}x\leqslant\prod_{i=1}^{m}\left(\int_\Omega f^{p_i}(x)k(x)\mathrm{d}x\right)^{\frac{1}{p_i}}$$

$$=\left(\int_{\Omega} f_1^{p_1}(x)k(x)\mathrm{d}x\right)^{\frac{1}{p_1}}\left(\int_{\Omega} f_2^{p_2}(x)k(x)\mathrm{d}x\right)^{\frac{1}{p_2}}\cdots\left(\int_{\Omega} f_m^{p_m}(x)k(x)\mathrm{d}x\right)^{\frac{1}{p_m}}.$$

级数型 Hölder 不等式 设 $a_k \geqslant 0$, $b_k \geqslant 0$, $c_k \geqslant 0$ $(k=1,2,\cdots)$, $\frac{1}{p}+\frac{1}{q}=1$ $(p>1)$, 则

$$\sum_{k=1}^{\infty} a_k b_k c_k \leqslant \left(\sum_{k=1}^{\infty} a_k^p c_k\right)^{\frac{1}{p}}\left(\sum_{k=1}^{\infty} b_k^q c_k\right)^{\frac{1}{q}}.$$

级数型 Hölder 不等式也可推广到多个数列的情形:

设 $\frac{1}{p_1}+\frac{1}{p_2}+\cdots+\frac{1}{p_m}=1$ $(p_k>1,\ k=1,2,\cdots,m)$, $a_k^{(i)}\geqslant 0$ $(i=1,2,\cdots,m;$ $k=1,2,\cdots)$, $c_k\geqslant 0$ $(k=1,2,\cdots)$, 则有

$$\sum_{k=1}^{\infty} a_k^{(1)} a_k^{(2)}\cdot\cdots\cdot a_k^{(m)} c_k \leqslant \prod_{i=1}^{m}\left(\sum_{k=1}^{\infty}\left(a_k^{(i)}\right)^{p_i} c_k\right)^{\frac{1}{p_i}}$$

$$=\left(\sum_{k=1}^{\infty}\left(a_k^{(1)}\right)^{p_1} c_k\right)^{\frac{1}{p_1}}\left(\sum_{k=1}^{\infty}\left(a_k^{(2)}\right)^{p_2} c_k\right)^{\frac{1}{p_2}}\cdots\left(\sum_{k=1}^{\infty}\left(a_k^{(m)}\right)^{p_m} c_k\right)^{\frac{1}{p_m}}.$$

混合型 Hölder 不等式 设 $n\in\mathbb{N}$, 可测集 $\Omega\subseteq\mathbb{R}^n$, $x=(x_1,x_2,\cdots,x_n)$, $a_k(x)\geqslant 0$, $b_k(x)\geqslant 0$, $K(k,x)\geqslant 0$ $(k=1,2,\cdots)$, $\frac{1}{p}+\frac{1}{q}=1$ $(p>1)$, 则有

$$\int_{\Omega}\sum_{k=1}^{\infty} K(k,x)a_k(x)b_k(x)\mathrm{d}x$$

$$\leqslant\left(\int_{\Omega}\sum_{k=1}^{\infty} K(k,x)\,a_k^p(x)\mathrm{d}x\right)^{\frac{1}{p}}\left(\int_{\Omega}\sum_{k=1}^{\infty} K(k,x)b_k^q(x)\mathrm{d}x\right)^{\frac{1}{q}}.$$

证明 首先, 根据级数型 Hölder 不等式, 有

$$\sum_{k=1}^{\infty} K(k,x)a_k(x)b_k(x)\leqslant\left(\sum_{k=1}^{\infty} K(k,x)\,a_k^p(x)\right)^{\frac{1}{p}}\left(\sum_{k=1}^{\infty} K(k,x)b_k^q(x)\right)^{\frac{1}{q}},$$

再根据积分型 Hölder 不等式, 有

$$\int_{\Omega}\sum_{k=1}^{\infty} K(k,x)a_k(x)b_k(x)\mathrm{d}x$$

$$\leqslant \int_{\Omega}\left(\sum_{k=1}^{\infty} K(k,x)\, a_k^p(x)\right)^{\frac{1}{p}}\left(\sum_{k=1}^{\infty} K(k,x) b_k^q(x)\right)^{\frac{1}{q}} \mathrm{d}x$$

$$\leqslant \left(\int_{\Omega}\sum_{k=1}^{\infty} K(k,x)\, a_k^p(x)\mathrm{d}x\right)^{\frac{1}{p}}\left(\int_{\Omega}\sum_{k=1}^{\infty} K(k,x) b_k^q(x)\mathrm{d}x\right)^{\frac{1}{q}}.$$

证毕.

当然混合型 Hölder 不等式也可推广为多个函数的情形.

Hölder 不等式是基础而重要的不等式, 在我们的研究中占有极其重要的地位.

1.5 实变函数中的若干定理

在讨论 Hilbert 型积分不等式的过程中常常会用到关于 Lebesgue 积分的若干定理, 下面分别予以介绍.

Lebesgue 控制收敛定理 设

(1) $\{f_n(x)\}$ 是可测集 E 上的可测函数列;

(2) $|f_n(x)| \leqslant F(x)$ a.e. 于 $E(n=1,2,\cdots)$, 且 $F(x)$ 在 E 上可积;

(3) $f_n(x)\to f(x)$ a.e. 于 E,

则 $f(x)$ 在 E 上可积, 且

$$\lim_{n\to\infty}\int_E f_n(x)\mathrm{d}x = \int_E f(x)\mathrm{d}x.$$

Levy 定理 设 $\{f_n(x)\}$ 是可测集 E 上的非负可测函数列, 且在 E 上单调递增, $\lim\limits_{n\to\infty} f_n(x) = f(x)$, 则

$$\lim_{n\to\infty}\int_E f_n(x)\mathrm{d}x = \int_E f(x)\mathrm{d}x.$$

Lebesgue 逐项积分定理 设 $\{f_n(x)\}$ 是可测集 E 上的非负可测函数列, 则

$$\int_E \sum_{n=1}^{\infty} f_n(x)\mathrm{d}x = \sum_{n=1}^{\infty}\int_E f_n(x)\mathrm{d}x.$$

Fatou 引理 设 $\{f_n(x)\}$ 是可测集 E 上的非负可测函数列, 则

$$\int_E \varliminf_{n\to\infty} f_n(x)\mathrm{d}x \leqslant \varliminf_{n\to\infty}\int_E f_n(x)\mathrm{d}x.$$

Fubini 定理　设 $f(x,y)$ 是可测集 $A\times B\subset\mathbb{R}^{m+n}$ 上的非负可积函数, 那么

$$\int_A \mathrm{d}x\int_B f(x,y)\mathrm{d}y=\int_B \mathrm{d}y\int_A f(x,y)\mathrm{d}x.$$

1.6　Gamma 函数、Beta 函数、Riemann 函数

1. Gamma 函数

$$\Gamma(s)=\int_0^{+\infty}u^{s-1}e^{-u}\mathrm{d}u\ (s>0)$$

有以下重要公式:

(1) $\Gamma(s)\Gamma(1-s)=\dfrac{\pi}{\sin\pi s}$ (余元公式);

(2) $\Gamma(s+1)=s\Gamma(s),\Gamma(n+1)=n!$;

(3) $\Gamma\left(\dfrac{1}{2}+s\right)\Gamma\left(\dfrac{1}{2}-s\right)=\dfrac{\pi}{\cos\pi s}$.

以下积分可以化为 Gamma 函数:

(1) $\displaystyle\int_0^{+\infty}t^{s-1}e^{-\lambda t}\mathrm{d}t=\int_0^1\left(\ln\frac{1}{t}\right)^{s-1}t^{\lambda-1}\mathrm{d}t=\lambda^{-s}\Gamma(s)\ (\lambda>0)$;

(2) $\displaystyle\int_0^{\frac{\pi}{2}}\sin^n t\mathrm{d}t=\int_0^{\frac{\pi}{2}}\cos^n t\mathrm{d}t=\frac{\sqrt{\pi}}{2}\frac{\Gamma\left(\dfrac{n+1}{2}\right)}{\Gamma\left(\dfrac{n}{2}+1\right)}\ (n>-1)$;

(3) $\displaystyle\int_0^{+\infty}t^{s-1}\sin t\mathrm{d}t=\sin\left(\frac{\pi s}{2}\right)\Gamma(s)\ (s>0)$;

(4) $\displaystyle\int_0^{+\infty}t^{s-1}\cos t\mathrm{d}t=\cos\left(\frac{\pi s}{2}\right)\Gamma(s)\ (s>0)$;

(5) $\displaystyle\int_0^1 x^{a-1}\left(\ln\frac{1}{x}\right)^{b-1}\mathrm{d}x=\int_1^{+\infty}y^{-a-1}(\ln y)^{b-1}\mathrm{d}y=\frac{1}{a^b}\Gamma(b)\ (a,b>0)$.

2. Beta 函数

$$B(p,q)=\int_0^1 u^{p-1}(1-u)^{q-1}\mathrm{d}u\quad(p>0,q>0)$$

有以下重要公式:

(1) $B(p,q)=B(q,p)=\dfrac{\Gamma(p)\Gamma(q)}{\Gamma(p+q)}$;

(2) $\dfrac{p+q}{q}B(p,q+1)=\dfrac{p+q}{p}B(p+1,q)=B(p,q)$;

(3) $B(p,p)B\left(p+\frac{1}{2},p+\frac{1}{2}\right)=\frac{\pi}{p}2^{1-4p}$.

以下积分可以化为 Beta 函数:

(1) $\int_0^{+\infty}\frac{t^{m-1}}{(1+bt^a)^{m+n}}\mathrm{d}t=a^{-1}b^{-\frac{m}{a}}B\left(\frac{m}{a},m+n-\frac{m}{a}\right)$;

(2) $\int_a^b(t-a)^{p-1}(b-t)^{q-1}\mathrm{d}t=(b-a)^{p+q-1}B(p,q)$;

(3) $\int_0^1\frac{t^{p-1}+t^{q-1}}{(1+t)^{p+q}}\mathrm{d}t=\int_1^{+\infty}\frac{t^{p-1}+t^{q-1}}{(1+t)^{p+q}}\mathrm{d}t=B(p,q)$;

(4) $\int_0^{+\infty}\frac{\ln t}{t-1}t^{\alpha-1}\mathrm{d}t=B^2(\alpha,1-\alpha)=\left(\frac{\pi}{\sin\pi\alpha}\right)^2\ (0<\alpha<1)$.

3. Riemann 函数

$$\zeta(s)=\sum_{n=1}^{\infty}\frac{1}{n^s}\ (\mathrm{Re}(s)>1),\quad \zeta(s,a)=\sum_{n=0}^{\infty}\frac{1}{(n+a)^s}\ (\mathrm{Re}(s)>1,a>0).$$

关于 Riemann 函数有以下重要公式:

(1) $\zeta(s)=\zeta(s,1)\ (s>1)$;

(2) $\zeta(s,a)=\frac{1}{\Gamma(s)}\int_0^{+\infty}\frac{x^{s-1}e^{-ax}}{1-e^{-x}}\mathrm{d}x=\frac{1}{\Gamma(s)}\int_0^{+\infty}\frac{x^{s-1}e^{(1-a)x}}{e^x-1}\mathrm{d}x\ (s>1,$ $a>0)$;

(3) $\zeta(1-s)=2(2\pi)^{-s}\Gamma(s)\cos\frac{s\pi}{2}\zeta(s)\ (s>1)$;

(4) $\zeta(s)=\left(1-\frac{1}{2^s}\right)^{-1}\sum_{n=0}^{\infty}\frac{1}{(2n+1)^s}\ (s>0)$;

(5) $\int_0^{+\infty}\frac{x^{s-1}}{e^x+1}\mathrm{d}x=\left(1-2^{1-s}\right)\Gamma(s)\zeta(s)\ (s>1)$;

(6) $\int_0^{+\infty}\frac{x^{s-1}}{e^x-1}\mathrm{d}x=\Gamma(s)\zeta(s)\ (s>1)$.

1.7 关于重积分的几个公式

关于重积分的计算, 我们有如下常用公式.

定理 1.7.1 设 $p_i>0$, $a_i>0$, $\alpha_i>0\ (i=1,2,\cdots,n)$, $\psi(u)$ 是可测函数, 则

$$\int_{\left(\frac{x_1}{a_1}\right)^{\alpha_1}+\cdots+\left(\frac{x_n}{a_n}\right)^{\alpha_n}\leqslant 1;x_i>0}\psi\left(\left(\frac{x_1}{a_1}\right)^{\alpha_1}+\cdots+\left(\frac{x_n}{a_n}\right)^{\alpha_n}\right)$$

$$\times x_1^{p_1-1}\cdots x_n^{p_n-1}\mathrm{d}x_1\cdots\mathrm{d}x_n$$

$$=\frac{a_1^{p_1}\cdots a_n^{p_n}\Gamma\left(\frac{p_1}{\alpha_1}\right)\cdots\Gamma\left(\frac{p_n}{\alpha_n}\right)}{\alpha_1\cdots\alpha_n\Gamma\left(\frac{p_1}{\alpha_1}+\cdots+\frac{p_n}{\alpha_n}\right)}\int_0^1\psi(u)u^{\frac{p_1}{\alpha_1}+\cdots+\frac{p_n}{\alpha_n}-1}\mathrm{d}u,$$

其中 $\Gamma(s)$ 表示 Gamma 函数.

该定理的证明参见文献 (菲尔金哥尔茨, 1957).

利用该定理我们可以得到:

定理 1.7.2　设 $x=(x_1,\cdots,x_n)$, $\rho>0$, $\|x\|_\rho=(x_1^\rho+\cdots+x_n^\rho)^{\frac{1}{\rho}}$, $\varphi(u)$ 可测, “$\|x\|_\rho\leqslant r$” 表示 $\{x=(x_1,\cdots,x_n):x_1^\rho+\cdots+x_n^\rho\leqslant r^\rho, x_i>0\ (i=1,2,\cdots,n)\}$, 则

$$\int_{\|x\|_\rho\leqslant r}\varphi\left(\|x\|_\rho\right)\mathrm{d}x=\frac{\Gamma^n\left(1/\rho\right)}{\rho^{n-1}\Gamma\left(n/\rho\right)}\int_0^r\varphi(u)u^{n-1}\mathrm{d}u,\tag{1.7.1}$$

$$\int_{\|x\|_\rho\geqslant r}\varphi\left(\|x\|_\rho\right)\mathrm{d}x=\frac{\Gamma^n\left(1/\rho\right)}{\rho^{n-1}\Gamma\left(n/\rho\right)}\int_r^{+\infty}\varphi(u)u^{n-1}\mathrm{d}u,\tag{1.7.2}$$

$$\int_{\mathbb{R}_+^n}\varphi\left(\|x\|_\rho\right)\mathrm{d}x=\frac{\Gamma^n\left(1/\rho\right)}{\rho^{n-1}\Gamma\left(n/\rho\right)}\int_0^{+\infty}\varphi(u)u^{n-1}\mathrm{d}u.\tag{1.7.3}$$

证明　根据定理 1.7.1, 有

$$\begin{aligned}&\int_{\|x\|_\rho\leqslant r}\varphi\left(\|x\|_\rho\right)\mathrm{d}x\\&=\int_{\left(\frac{x_1}{r}\right)^\rho+\cdots+\left(\frac{x_n}{r}\right)^\rho\leqslant 1,x_i>0}\varphi\left(r\left(\left(\frac{x_1}{r}\right)^\rho+\cdots+\left(\frac{x_n}{r}\right)^\rho\right)^{1/\rho}\right)x_1^{1-1}\\&\quad+\cdots+x_n^{1-1}\mathrm{d}x_1\cdots\mathrm{d}x_n\\&=\frac{r^n\Gamma^n\left(1/\rho\right)}{\rho^n\Gamma\left(n/\rho\right)}\int_0^1\varphi(ru^{1/\rho})u^{\frac{n}{\rho}-1}\mathrm{d}u=\frac{\Gamma^n\left(1\ /\ \rho\right)}{\rho^{n-1}\Gamma\left(n/\rho\right)}\int_0^r\varphi(t)t^{n-1}\mathrm{d}t,\end{aligned}$$

故 (1.7.1) 成立.

根据 (1.7.1) 式, 又有

$$\begin{aligned}\int_{\mathbb{R}_+^n}\varphi\left(\|x\|_\rho\right)\mathrm{d}x&=\lim_{r\to+\infty}\int_{\|x\|_\rho\leqslant r}\varphi\left(\|x\|_\rho\right)\mathrm{d}x\\&=\lim_{r\to+\infty}\frac{\Gamma^n\left(1/\rho\right)}{\rho^{n-1}\Gamma\left(n/\rho\right)}\int_0^r\varphi(t)t^{n-1}\mathrm{d}t\end{aligned}$$

$$= \frac{\Gamma^n(1/\rho)}{\rho^{n-1}\Gamma(n/\rho)} \int_0^{+\infty} \varphi(t) t^{n-1} \mathrm{d}t,$$

故 (1.7.3) 式成立.

由 (1.7.1) 及 (1.7.3) 式可知 (1.7.2) 式成立. 证毕.

1.8 权系数方法

权系数方法是徐利治先生在 (Xu, Guo, 1991) 中提出的方法, 目前已成为研究 Hilbert 型不等式的重要方法. 下面阐述权系数方法的基本思想.

设 $K(x,y) \geqslant 0$, $f(x) \geqslant 0$, $g(y) \geqslant 0$, 我们需要考虑积分:

$$\int_0^{+\infty} \int_0^{+\infty} K(x,y) f(x) g(y) \mathrm{d}x \mathrm{d}y = A(f,g).$$

设 $\frac{1}{p} + \frac{1}{q} = 1$ $(p > 1)$, 选取搭配参数 a, b, 根据 Hölder 不等式, 有

$$\begin{aligned}
A(f,g) &= \int_0^{+\infty} \int_0^{+\infty} \left(\frac{x^a}{y^b} f(x)\right) \left(\frac{y^b}{x^a} g(y)\right) K(x,y) \mathrm{d}x \mathrm{d}y \\
&\leqslant \left(\int_0^{+\infty} \int_0^{+\infty} x^{ap} y^{-bp} f^p(x) K(x,y) \mathrm{d}x \mathrm{d}y\right)^{\frac{1}{p}} \\
&\quad \times \left(\int_0^{+\infty} \int_0^{+\infty} y^{bq} x^{-aq} g^q(y) K(x,y) \mathrm{d}x \mathrm{d}y\right)^{\frac{1}{q}} \\
&= \left(\int_0^{+\infty} x^{ap} f^p(x) \left(\int_0^{+\infty} y^{-bp} K(x,y) \mathrm{d}y\right) \mathrm{d}x\right)^{\frac{1}{p}} \\
&\quad \times \left(\int_0^{+\infty} y^{bq} g^q(x) \left(\int_0^{+\infty} x^{-aq} K(x,y) \mathrm{d}x\right) \mathrm{d}y\right)^{\frac{1}{q}} \\
&= \left(\int_0^{+\infty} x^{ap} f^p(x) \omega_1(b,p,x) \mathrm{d}x\right)^{\frac{1}{p}} \left(\int_0^{+\infty} y^{bq} g^q(y) \omega_2(a,q,y) \mathrm{d}y\right)^{\frac{1}{q}},
\end{aligned}$$

其中

$$\omega_1(b,p,x) = \int_0^{+\infty} y^{-bp} K(x,y) \mathrm{d}y, \quad \omega_2(a,q,y) = \int_0^{+\infty} x^{-aq} K(x,y) \mathrm{d}x.$$

若可将 $\omega_1(b,p,x)$ 中的 x 及 $\omega_2(a,q,y)$ 中的 y 分离出来, 得到

$$\omega_1(b,p,x) = x^{c_1} W_1(b,p), \tag{1.8.1}$$

$$\omega_2(a,q,y)=y^{c_2}W_2(a,q), \tag{1.8.2}$$

其中 c_1 和 c_2 是常数, 则可得

$$\begin{aligned}&\int_0^{+\infty}\int_0^{+\infty}K(x,y)f(x)g(y)\mathrm{d}x\mathrm{d}y\\&\leqslant W_1^{1/p}(b,p)\,W_2^{1/q}(a,q)\left(\int_0^{+\infty}x^{ap+c_1}f^p(x)\mathrm{d}x\right)^{\frac{1}{p}}\\&\quad\times\left(\int_0^{+\infty}y^{bq+c_2}g^q(y)\mathrm{d}y\right)^{\frac{1}{q}}.\end{aligned} \tag{1.8.3}$$

这便得到 Hilbert 型积分不等式.

现有几个问题:

(1) $K(x,y)$ 满足何条件时, 能得到 (1.8.1) 和 (1.8.2) 式?

(2) (1.8.3) 式中的常数因子 $W_1^{1/p}(b,p)\,W_2^{1/q}(a,q)$ 在什么条件下是最佳值? a,b 应如何选取?

(3) 若指定 $ap+c_1=\alpha, bq+c_2=\beta$, 则参数 p,q,α,β,a,b 应满足什么条件, 其常数因子才是最佳的?

以上研究 Hilbert 型不等式的方法称为权系数法. 适当选取 a,b 后, 可使 $W_1^{1/p}(b,p)\,W_2^{1/q}(a,q)$ 成为 Hilbert 型不等式最佳常数因子, 此时的 a,b 称为适配参数或适配数.

首先, 当 $K(x,y)$ 是齐次函数和某些非齐次函数时, 可得到 (1.8.1) 和 (1.8.2) 式, 如取

$$K(x,y)=\frac{1}{(x+y)^\lambda}\quad(x>0,y>0,\lambda>0)$$

时, 有 $K(tx,ty)=t^{-\lambda}K(x,y)$. 即 $K(x,y)$ 是 $-\lambda$ 阶齐次函数, 此时有

$$\begin{aligned}\omega_1(b,p,x)&=\int_0^{+\infty}\frac{y^{-bp}}{(x+y)^\lambda}\mathrm{d}y=x^{1-\lambda-bp}\int_0^{+\infty}\frac{t^{-bp}}{(1+t)^\lambda}\mathrm{d}t\\&=x^{1-\lambda-bp}\frac{\Gamma(1-bp)\Gamma(\lambda-(1-bp))}{\Gamma(\lambda)}.\end{aligned}$$

同理, 有

$$\omega_2(a,q,y)=y^{1-\lambda-aq}\frac{\Gamma(1-aq)\Gamma(\lambda-(1-aq))}{\Gamma(\lambda)}.$$

于是有

$$\int_0^{+\infty}\int_0^{+\infty}\frac{1}{(x+y)^\lambda}f(x)g(y)\mathrm{d}x\mathrm{d}y$$

$$\leqslant M\left(\int_0^{+\infty}x^{(a-b)p+1-\lambda}f^p(x)\mathrm{d}x\right)^{\frac{1}{p}}\left(\int_0^{+\infty}y^{(b-a)q+1-\lambda}g^q(y)\mathrm{d}y\right)^{\frac{1}{q}},\tag{1.8.4}$$

$$M=\frac{\Gamma^{\frac{1}{p}}(1-bp)\Gamma^{\frac{1}{p}}\left(\lambda-(1-bp)\right)\Gamma^{\frac{1}{q}}(1-aq)\Gamma^{\frac{1}{q}}\left(\lambda-(1-aq)\right)}{\Gamma(\lambda)}.$$

其次, 适当选取 a,b, 可使 (1.8.4) 式的常数因子为最佳值. 例如取 $a=\dfrac{2-\lambda}{pq}$, $b=\dfrac{2-\lambda}{pq}$, 可得

$$\begin{aligned}&\int_0^{+\infty}\int_0^{+\infty}\frac{f(x)g(y)}{(x+y)^\lambda}\mathrm{d}x\mathrm{d}y\\&\leqslant\frac{\Gamma\left(\dfrac{1}{p}(p+\lambda-2)\right)\Gamma\left(\dfrac{1}{q}(q+\lambda-2)\right)}{\Gamma(\lambda)}\|f\|_{p,1-\lambda}\|g\|_{q,1-\lambda}.\end{aligned}$$

可证明此时的常数因子是最佳的. 于是得到:

命题 1.8.1 设 $\dfrac{1}{p}+\dfrac{1}{q}=1\,(p>1)$, $\lambda>\max\{2-p,2-q\}$, $f(x)\in L_p^{1-\lambda}(0,+\infty)$, $g(y)\in L_q^{1-\lambda}(0,+\infty)$, 则有

$$\begin{aligned}&\int_0^{+\infty}\int_0^{+\infty}\frac{f(x)g(y)}{(x+y)^\lambda}\mathrm{d}x\mathrm{d}y\\&\leqslant\frac{\Gamma\left(\dfrac{1}{p}(p+\lambda-2)\right)\Gamma\left(\dfrac{1}{q}(q+\lambda-2)\right)}{\Gamma(\lambda)}\|f\|_{p,1-\lambda}\|g\|_{q,1-\lambda},\end{aligned}\tag{1.8.5}$$

其中的常数因子是最佳的.

证明 只需证明常数因子是最佳的. 否则, 存在 M_0 使

$$M_0<\frac{\Gamma\left(\dfrac{1}{p}(p+\lambda-2)\right)\Gamma\left(\dfrac{1}{q}(q+\lambda-2)\right)}{\Gamma(\lambda)},\tag{1.8.6}$$

$$\int_0^{+\infty}\int_0^{+\infty}\frac{1}{(x+y)^\lambda}f(x)g(y)\mathrm{d}x\mathrm{d}y\leqslant M_0\|f\|_{p,1-\lambda}\|g\|_{q,1-\lambda}.$$

对充分小的 $\varepsilon>0$ 及 $\delta>0$, 取

$$f(x)=\begin{cases}x^{-\frac{2-\lambda+\varepsilon}{p}}, & x\geqslant\delta,\\0, & 0<x<\delta,\end{cases}\qquad g(y)=\begin{cases}y^{-\frac{2-\lambda+\varepsilon}{q}}, & y\geqslant 1,\\0, & 0<y<1.\end{cases}$$

则有

$$\|f\|_{p,1-\lambda}\|g\|_{q,1-\lambda}=\left(\int_{\delta}^{+\infty}x^{-1-\varepsilon}\mathrm{d}x\right)^{\frac{1}{p}}\left(\int_{1}^{+\infty}y^{-1-\varepsilon}\mathrm{d}y\right)^{\frac{1}{q}}=\frac{1}{\varepsilon}\left(\frac{1}{\delta^{\varepsilon}}\right)^{\frac{1}{p}},$$

$$\begin{aligned}&\int_{0}^{+\infty}\int_{0}^{+\infty}\frac{1}{(x+y)^{\lambda}}f(x)g(y)\mathrm{d}x\mathrm{d}y\\&=\int_{1}^{+\infty}y^{-\frac{2-\lambda+\varepsilon}{q}}\left(\int_{\delta}^{+\infty}\frac{1}{(x+y)^{\lambda}}x^{-\frac{2-\lambda+\varepsilon}{p}}\mathrm{d}x\right)\mathrm{d}y\\&=\int_{1}^{+\infty}y^{-\frac{2-\lambda+\varepsilon}{q}-\lambda}\left(\int_{\delta}^{+\infty}\frac{1}{(x/y+1)^{\lambda}}x^{-\frac{2-\lambda+\varepsilon}{p}}\mathrm{d}x\right)\mathrm{d}y\\&=\int_{1}^{+\infty}y^{1-\lambda-\frac{2-\lambda+\varepsilon}{q}-\frac{2-\lambda+\varepsilon}{p}}\left(\int_{\delta/y}^{+\infty}\frac{1}{(t+1)^{\lambda}}t^{-\frac{2-\lambda+\varepsilon}{p}}\mathrm{d}t\right)\mathrm{d}y\\&\geqslant\int_{1}^{+\infty}y^{1-\varepsilon}\left(\int_{\delta}^{+\infty}\frac{1}{(t+1)^{\lambda}}t^{-\frac{2-\lambda+\varepsilon}{p}}\mathrm{d}t\right)\mathrm{d}y\\&=\frac{1}{\varepsilon}\int_{\delta}^{+\infty}\frac{1}{(t+1)^{\lambda}}t^{-\frac{2-\lambda+\varepsilon}{p}}\mathrm{d}t.\end{aligned}$$

于是得

$$\int_{\delta}^{+\infty}\frac{1}{(t+1)^{\lambda}}t^{-\frac{2-\lambda+\varepsilon}{p}}\mathrm{d}t\leqslant M_0\delta^{-\varepsilon/p}.$$

先令 $\varepsilon\to0^{+}$, 再令 $\delta\to0^{+}$, 则有

$$\int_{0}^{+\infty}\frac{1}{(t+1)^{\lambda}}t^{-\frac{2-\lambda}{p}}\mathrm{d}t\leqslant M_0.$$

从而

$$\frac{\Gamma\left(\frac{1}{p}(p+\lambda-2)\right)\Gamma\left(\frac{1}{q}(q+\lambda-2)\right)}{\Gamma(\lambda)}\leqslant M_0.$$

这与 (1.8.6) 式矛盾, 故 (1.8.5) 中的常数因子是最佳的. 证毕.

又取 $a=\frac{1}{q}\left(1-\frac{\lambda}{2}\right)$, $b=\frac{1}{p}\left(1-\frac{\lambda}{2}\right)$, 可得:

命题 1.8.2 设 $\frac{1}{p}+\frac{1}{q}=1\ (p>1)$, $\lambda>0$, $f(x)\in L_p^{\frac{\lambda}{2}}(0,+\infty)$, $g(y)\in$

$L_q^{\frac{\lambda}{2}}(0,+\infty)$, 则有

$$\int_0^{+\infty}\int_0^{+\infty}\frac{1}{(x+y)^\lambda}f(x)g(y)\mathrm{d}x\mathrm{d}y\leqslant\frac{\Gamma^2(\lambda/2)}{\Gamma(\lambda)}\|f\|_{p,\frac{\lambda}{2}}\|g\|_{q,\frac{\lambda}{2}},$$

其中的常数因子是最佳的.

用类似于证明命题 1.8.1 的方法可证命题 1.8.2.

更一般地, 我们有:

命题 1.8.3 设 $\frac{1}{p}+\frac{1}{q}=1\,(p>1)$, $\lambda>0$, $1-aq>0$, $1-bp>0$, $ag+bp=2-\lambda$, $f(x)\in L_p^{(a-b)p+1-\lambda}(0,+\infty)$, $g(x)\in L_q^{(b-a)q+1-\lambda}(0,+\infty)$, 则

$$\int_0^{+\infty}\int_0^{+\infty}\frac{1}{(x+y)^\lambda}f(x)g(y)\mathrm{d}x\mathrm{d}y\leqslant\frac{\Gamma(1-aq)\,\Gamma(1-bp)}{\Gamma(\lambda)}\|f\|_{p,\alpha}\|g\|_{q,\beta},$$

其中 $\alpha=(a-b)\,p+1-\lambda$, $\beta=(b-a)\,q+1-\lambda$, 且常数因子是最佳的.

我们还可取无数个适当的 a 与 b (只需满足 $aq+bp=2-\lambda$ 即可), 得到足够多的具有核 $K(x,y)=\frac{1}{(x+y)^\lambda}$ 的 Hilbert 型积分不等式, 且常数因子都是最佳的.

从上面的讨论中, 我们知道, 原则上讲, Hilbert 型积分不等式的研究都可使用权系数方法, 技巧是适当地选取 a 与 b, 若能找出 a 与 b 满足的条件, 则问题便迎刃而解.

1.9 Hilbert 型不等式与算子的关系

设 $K(x,y)$ 非负可测, 定义奇异积分算子 T_1 为

$$T_1(f)(y)=\int_0^{+\infty}K(x,y)f(x)\mathrm{d}x,\quad f(x)\in L_p^\alpha(0,+\infty),$$

则显然 T 是一个线性算子.

若 $T(f)(y)\in L_p^\gamma(0,+\infty)$ 满足

$$\|T(f)\|_{p,\gamma}\leqslant M\|f\|_{p,\alpha},\quad \forall f(x)\in L_p^\alpha\,(0,+\infty)\,,$$

则称 $T:L_p^\alpha(0,+\infty)\to L_p^\gamma(0,+\infty)$ 是有界算子, M 称为 T 的一个界, 当 $T:L_p^\alpha(0,+\infty)\to L_p^\gamma(0,+\infty)$ 是有界算子时, 称

$$\|T\|=\sup\left\{\frac{\|T\,(f)\,\|_{p,\gamma}}{\|f\|_{p,\alpha}}:f(x)\in L_p^\alpha(0,+\infty),\|f\|_{p,\alpha}>0\right\}$$

为 T 的算子范数.

对算子有界性及算子范数的研究无疑具有重要意义, 在实分析及调和分析等学科中有重要应用, 在调和分析向高维推广的时候, 原先使用的复分析法遇到了诸多无法克服的困难, 因而必须寻求新的研究方法, 正是 Hardy 等人将算子有界性理论引入调和分析中的研究, 成功地克服了复分析方法的缺陷, 创立了近代调和分析. 由此可见, 无论在理论上还是实际应用中, 算子有界性与算子范数都是非常重要的.

设 $K(m,n) \geqslant 0$, 我们也可定义级数型算子 T_2 为

$$T_2(\tilde{a})_n = \sum_{m=1}^{\infty} K(m,n) a_m, \quad \tilde{a} = \{a_m\} \in l_p^{\alpha}.$$

显然 T_2 也是一个线性算子. 同样地, 我们可以定义 T_2 的有界性及算子范数.

利用算子 T_1 和 T_2, 我们可分别将 Hilbert 型积分不等式和级数不等式写为

$$\int_{\mathbb{R}_+^n} T_1(f)(y) g(y) \mathrm{d}y \leqslant M \|f\|_{p,\alpha} \|g\|_{q,\beta}, \tag{1.9.1}$$

其中 $f(x) \in L_p^{\alpha}\left(\mathbb{R}_+^m\right)$, $g(y) \in L_q^{\beta}\left(\mathbb{R}_+^n\right)$.

$$\sum_{n=1}^{\infty} T_2(\tilde{a})_n b_n \leqslant M \|\tilde{a}\|_{p,\alpha} \|\tilde{b}\|_{q,\beta}, \tag{1.9.2}$$

其中 $\tilde{a} = \{a_n\} \in l_p^{\alpha}$, $\tilde{b} = \{b_n\} \in l_q^{\beta}$.

(1.9.1) 与 (1.9.2) 式的等价不等式为

$$\|T_1(f)\|_{p,\beta(1-p)} \leqslant M \|f\|_{p,\alpha}, \tag{1.9.3}$$

$$\|T_2(\tilde{a})\|_{p,\beta(1-p)} \leqslant M \|\tilde{a}\|_{p,\alpha}, \tag{1.9.4}$$

由此可见, Hilbert 型积分不等式成立等价于算子 T_1 有界, Hilbert 型级数不等式成立等价于算子 T_2 有界.

显然 Hilbert 型不等式的最佳常数因子就是相应算子的范数. 研究 Hilbert 型不等式及最佳常数因子, 实际上也就是研究算子的有界性与范数. 因此 Hilbert 型不等式理论在算子理论中有广泛的应用.

我们将命题 1.8.3 应用于算子理论, 可得:

命题 1.9.1　设 $\dfrac{1}{p} + \dfrac{1}{q} = 1\ (p > 1)$, $\lambda > 0$, $1 - aq > 0$, $1 - bp > 0$, $aq + bp = 2 - \lambda$, $\alpha = (a-b)p + 1 - \lambda$, $\beta = (b-a)q + 1 - \lambda$, 则奇异积分算

子 T:

$$T(f)(y)=\int_0^{+\infty}\frac{1}{(x+y)^\lambda}f(x)\,\mathrm{d}x,\quad f(x)\in L_p^\alpha(0,+\infty),$$

是 $L_p^\alpha(0,+\infty)$ 到 $L_p^{\beta(1-p)}(0,+\infty)$ 的有界算子, 且 T 的算子范数为

$$\|T\|=\frac{\Gamma(1-aq)\,\Gamma(1-bp)}{\Gamma(\lambda)}.$$

若 $f(x)\in L_p^\alpha(0,+\infty)$, $g(y)\in L_q^\beta(0,+\infty)$, 定义 f 与 g 的内积为

$$(f,g)=\int_0^{+\infty}f(x)g(x)\mathrm{d}x,$$

则我们还可将 Hilbert 型积分不等式写为

$$(T_1(f),g)\leqslant M\|f\|_{p,\alpha}\|g\|_{q,\beta}.$$

若 $\tilde{a}=\{a_m\}\in l_p^\alpha$, $\tilde{b}=\{b_n\}\in l_q^\beta$, 定义 $\tilde{a}$ 与 $\tilde{b}$ 的内积为

$$(\tilde{a},\tilde{b})=\sum_{m=1}^{\infty}a_mb_m,$$

则可将 Hilbert 型级数不等式写为

$$(T_2(\tilde{a}),\tilde{b})\leqslant M\|\tilde{a}\|_{p,\alpha}\|\tilde{b}\|_{q,\beta}.$$

参 考 文 献

程其襄, 张奠宙. 2003. 实变函数与泛函分析基础 [M]. 北京: 高等教育出版社.

菲赫金哥尔茨 T M. 1957. 微积分教程 [M]. 北京: 人民教育出版社.

高明哲. 1992. Hilbert 重级数定理的一个注记 [J]. 湖南数学年刊, 12(1-2): 143-147.

洪勇. 2020. 从齐次核向非齐次核发展的 Hilbert 型积分不等式的研究进展 [J]. 广东第二师范学院学报, 40(5): 10-18.

洪勇. 2020. 齐次核的 Hilbert 型积分不等式的研究进展与现状 [J]. 广东第二师范学院学报, 40(3): 17-24.

洪勇, 陈强. 2021. Hilbert 型级数不等式的研究进展及应用 [J]. 吉林大学学报 (理学版), 59(5): 1131-1140.

金建军, 李春华. 2020. 经典 Hilbert 不等式的 p 进制版本 (英文) [J]. 数学季刊 (英文版), 35(4): 431-440.

匡继昌. 2004. 常用不等式 [M]. 济南: 山东科学技术出版社.

匡继昌. 2010. Hilbert 不等式研究的新进展 [J]. 北京联合大学学报 (自然科学版), 24(1): 53-59.

匡继昌. 2013. 赋范线性空间中的 Hilbert 型积分不等式 [J]. 数学物理学报, 33(1): 1-5.

雷阳. 2010. 关于 Hilbert 空间上的算子不等式及相关问题的研究 [D]. 上海: 东华大学.

石艳平. 2013. 关于 Hardy-Hilbert 型不等式及其在概率中的应用 [D]. 长沙: 中南大学.

王竹溪, 郭敦仁. 1979. 特殊函数论 [M]. 北京: 科学出版社.

王梓坤. 1991. 常用数学公式大全 [M]. 重庆: 重庆出版社.

徐利治, 王兴华. 1985. 数学分析的方法及例题选讲 [M]. 北京: 高等教育出版社.

杨必成. 2005. 权函数的方法与 Hilbert 型积分不等式的研究 [J]. 广东教育学院学报 (自然科学版), 25(3): 1-6.

杨必成. 2009. 参量化的 Hilbert 型不等式研究综述 [J]. 数学进展, 38(3): 257-268.

杨必成. 2012. 关于 Hilbert 积分算子的一个分解 [J]. 应用泛函分析学报, 14(2): 120-124.

杨必成. 2013. 论 Hilbert 型积分不等式及其算子表示 [J]. 广东第二师范学院学报, 33(5): 1-17.

杨必成. 2014. 论全平面 Hilbert 型积分不等式及其算子刻画 [J]. 广东第二师范学院学报, 34(5): 1-23.

有名辉. 2021. 一个经典 Hilbert 型不等式的再推广 [J]. 数学的实践与认识, 51(14): 259-263.

钟五一, 杨必成. 2007. 关于反向的 Hardy-Hilbert 积分不等式的推广 [J]. 西南大学学报 (自然科学版), 29(4): 44-48.

Bonsall F F. 1951. Inequalities with Non-conjugate Parameter[M]. J. Math. Oxford Ser., 2(2): 135-150.

Hardy G H. 1925. Note on a theorem of Hilbert concerning series of positive term [J]. Proceedings of the London Mathematical Society, 23: 45-46.

Hardy G H, Littlewood J E, Polya G. 1934. Inequalities [M]. Cambridge: Cambridge University Press.

Ingham A E. 1936. A note on Hilbert's inequality [J]. J. London Math. Soc., 11: 237-240.

Levin V. 1937. Two remarks on Hilbert's double series theorem [J]. J. Indian Math. Soc., 11: 111-115.

Lu Z X. 2003. Some new inverse type Hilbert-pachpatte inequalities [J]. Tamkang Journal of Mathematics, 34(2): 155-161.

Lu Z X. 2002. On new generalizations of Hilbert's inequalities [J]. Tamkang Journal of Math ematics, 35(1): 77-86.

Mitrinovic J E, Pecaric J E, Fink A M. 1991. Inequalities Involving Functions and Their Integrals and Derivatives [M]. Boston: Kluwer Academic Publishers.

Saker H, El-Deeb A A, Rezk H M, Agarwal R P. 2017. On Hilbert's inequality on time scales [J]. Appl. Anal. Discrete Math., 11 (2): 399-423.

Schur I. 1911. Bernerkungen sur Theorie der beschrankten Bilinearformen mit unendlich vielen veranderlichen [J]. Journal of Math., 140: 1-28.

Sulaiman W T. 2005. New ideas on Hardy-Hilbert' s integral inequality [J]. Pan American Mathematical Journal, 15(2): 95-100.

Weyl H. 1908. Singulare Integral Gleichungen mit Besonderer Berucksichtigung des Fourier schen Integral Theorems [M]. Gottingen: Inaugeral-Dissertation.

Wilhelm M. 1950. On the spectrum of Hilbert's matrix [J]. Amer. J. Math., 72: 699-704.

Xu L Z, Guo Y K. 1991. Note on Hardy-Riesz's extension of Hilbert's inequality [J]. Chin. Quart. J. Math., 6(1): 75-77.

第 2 章　若干具有精确核的 Hilbert 型积分不等式

2.1　具有齐次核的若干 Hilbert 型积分不等式

设 $K(x,y)$ 满足: 对任意 $t>0$, 都有

$$K(tx,ty)=t^{\lambda}K(x,y),$$

则称 $K(x,y)$ 是 λ 阶的齐次函数.

早期的 Hilbert 型不等式, 大都是具有齐次核的, 因为齐次核的情况相对简单, 本节我们将针对若干的精确齐次核导出其带有最佳常数因子的 Hilbert 型积分不等式.

2.1.1　$K(x,y)=\dfrac{1}{(x^{\lambda}+y^{\lambda})^{\lambda_0}}$ 的情形

引理 2.1.1　设 $\dfrac{1}{p}+\dfrac{1}{q}=1\ (p>1)$, $\lambda>0$, $\lambda_0>0$, $\lambda\lambda_0>\max\{2-p,2-q\}$, 则有

$$\begin{aligned}\omega_1(p,y)&=\int_0^{+\infty}\frac{1}{(x^{\lambda}+y^{\lambda})^{\lambda_0}}x^{\frac{\lambda\lambda_0-2}{p}}\mathrm{d}x\\&=y^{1-\lambda\lambda_0+\frac{\lambda\lambda_0-2}{p}}\frac{1}{\lambda}B\left(\frac{1}{\lambda}\left(1+\frac{\lambda\lambda_0-2}{p}\right),\frac{1}{\lambda}\left(1+\frac{\lambda\lambda_0-2}{q}\right)\right),\\\omega_2(q,x)&=\int_0^{+\infty}\frac{1}{(x^{\lambda}+y^{\lambda})^{\lambda_0}}y^{\frac{\lambda\lambda_0-2}{q}}\mathrm{d}y\\&=y^{1-\lambda\lambda_0+\frac{\lambda\lambda_0-2}{q}}\frac{1}{\lambda}B\left(\frac{1}{\lambda}\left(1+\frac{\lambda\lambda_0-2}{p}\right),\frac{1}{\lambda}\left(1+\frac{\lambda\lambda_0-2}{q}\right)\right).\end{aligned}$$

证明　$K(x,y)=\dfrac{1}{(x^{\lambda}+y^{\lambda})^{\lambda_0}}$ 是 $-\lambda\lambda_0$ 阶齐次非负函数, 有

$$\begin{aligned}\omega_1(p,y)&=\int_0^{+\infty}K(x,y)\,x^{\frac{\lambda\lambda_0-2}{p}}\mathrm{d}x=y^{-\lambda\lambda_0}\int_0^{+\infty}K\left(\frac{x}{y},1\right)x^{\frac{\lambda\lambda_0-2}{p}}\mathrm{d}x\\&=y^{1-\lambda\lambda_0+\frac{\lambda\lambda_0-2}{p}}\int_0^{+\infty}K(t,1)\,t^{\frac{\lambda\lambda_0-2}{p}}\mathrm{d}t=y^{1-\lambda\lambda_0+\frac{\lambda\lambda_0-2}{p}}\int_0^{+\infty}\frac{t^{(\lambda\lambda_0-2)/p}}{(t^{\lambda}+1)^{\lambda_0}}\mathrm{d}t\end{aligned}$$

$$
\begin{aligned}
&= y^{1-\lambda\lambda_0+\frac{\lambda\lambda_0-2}{p}} \frac{1}{\lambda} \int_0^{+\infty} \frac{1}{(u+1)^{\lambda_0}} u^{\frac{\lambda\lambda_0-2}{\lambda p}+\frac{1}{\lambda}-1} \mathrm{d}u \\
&= y^{1-\lambda\lambda_0+\frac{\lambda\lambda_0-2}{p}} \frac{1}{\lambda} B\left(\frac{1}{\lambda}\left(1+\frac{\lambda\lambda_0-2}{p}\right), \lambda_0-\frac{1}{\lambda}\left(1+\frac{\lambda\lambda_0-2}{p}\right)\right) \\
&= y^{1-\lambda\lambda_0+\frac{\lambda\lambda_0-2}{p}} \frac{1}{\lambda} B\left(\frac{1}{\lambda}\left(1+\frac{\lambda\lambda_0-2}{p}\right), \frac{1}{\lambda}\left(1+\frac{\lambda\lambda_0-2}{q}\right)\right).
\end{aligned}
$$

同理可得

$$
\omega_2(q,x) = x^{1-\lambda\lambda_0+\frac{\lambda\lambda_0-2}{q}} \frac{1}{\lambda} B\left(\frac{1}{\lambda}\left(1+\frac{\lambda\lambda_0-2}{p}\right), \frac{1}{\lambda}\left(1+\frac{\lambda\lambda_0-2}{q}\right)\right).
$$

证毕.

定理 2.1.1 设 $\frac{1}{p}+\frac{1}{q}=1(p>1)$, $\lambda>0$, $\lambda_0>0$, $\lambda\lambda_0>\max\{2-p,2-q\}$, $f(x)\in L_p^{1-\lambda\lambda_0}(0,+\infty)$, $g(y)\in L_q^{1-\lambda\lambda_0}(0,+\infty)$, 那么

$$
\begin{aligned}
&\int_0^{+\infty}\int_0^{+\infty} \frac{1}{(x^\lambda+y^\lambda)^{\lambda_0}} f(x)g(y)\mathrm{d}x\mathrm{d}y \\
&\leqslant \frac{1}{\lambda} B\left(\frac{1}{\lambda}\left(1+\frac{\lambda\lambda_0-2}{p}\right), \frac{1}{\lambda}\left(1+\frac{\lambda\lambda_0-2}{q}\right)\right) \|f\|_{p,1-\lambda\lambda_0} \|g\|_{q,1-\lambda\lambda_0}, \quad (2.1.1)
\end{aligned}
$$

其中的常数因子 $\frac{1}{\lambda} B\left(\frac{1}{\lambda}\left(1+\frac{\lambda\lambda_0-2}{p}\right), \frac{1}{\lambda}\left(1+\frac{\lambda\lambda_0-2}{q}\right)\right)$ 是最佳的.

证明 由 $\lambda\lambda_0>\max\{2-p,2-q\}$ 可知 $1+\frac{\lambda\lambda_0-2}{p}>0$, $1+\frac{\lambda\lambda_0-2}{q}>0$, 于是由引理 2.1.1, 取适配参数 $a=b=\frac{1}{pq}(2-\lambda\lambda_0)$, 则

$$
\begin{aligned}
&\int_0^{+\infty}\int_0^{+\infty} \frac{f(x)g(y)}{(x^\lambda+y^\lambda)^{\lambda_0}} \mathrm{d}x\mathrm{d}y \\
&= \int_0^{+\infty}\int_0^{+\infty} \left(\frac{x^{(2-\lambda\lambda_0)/(pq)}}{y^{(2-\lambda\lambda_0)/(pq)}} f(x)\right)\left(\frac{y^{(2-\lambda\lambda_0)/(pq)}}{x^{(2-\lambda\lambda_0)/(pq)}} g(y)\right) \frac{1}{(x^\lambda+y^\lambda)^{\lambda_0}} \mathrm{d}x\mathrm{d}y \\
&\leqslant \int_0^{+\infty}\int_0^{+\infty} \left(\frac{x^{(2-\lambda\lambda_0)/q}}{y^{(2-\lambda\lambda_0)/q}} f^p(x) \frac{1}{(x^\lambda+y^\lambda)^{\lambda_0}} \mathrm{d}x\mathrm{d}y\right)^{\frac{1}{p}} \\
&\quad \times \int_0^{+\infty}\int_0^{+\infty} \left(\frac{y^{(2-\lambda\lambda_0)/p}}{x^{(2-\lambda\lambda_0)/p}} g^q(y) \frac{1}{(x^\lambda+y^\lambda)^{\lambda_0}} \mathrm{d}x\mathrm{d}y\right)^{\frac{1}{q}}
\end{aligned}
$$

$$
\begin{aligned}
&= \left(\int_0^{+\infty} x^{(2-\lambda\lambda_0)/q} f^p(x)\omega_2(q,x)\mathrm{d}x\right)^{\frac{1}{p}} \left(\int_0^{+\infty} y^{(2-\lambda\lambda_0)/p} g^q(y)\omega_1(p,y)\mathrm{d}y\right)^{\frac{1}{q}} \\
&= \frac{1}{\lambda}B\left(\frac{1}{\lambda}\left(1+\frac{\lambda\lambda_0-2}{p}\right), \frac{1}{\lambda}\left(1+\frac{\lambda\lambda_0-2}{q}\right)\right) \\
&\quad \times \left(\int_0^{+\infty} x^{1-\lambda\lambda_0} f^p(x)\mathrm{d}x\right)^{\frac{1}{p}} \left(\int_0^{+\infty} y^{1-\lambda\lambda_0} g^q(y)\mathrm{d}y\right)^{\frac{1}{q}} \\
&= \frac{1}{\lambda}B\left(\frac{1}{\lambda}\left(1+\frac{\lambda\lambda_0-2}{p}\right), \frac{1}{\lambda}\left(1+\frac{\lambda\lambda_0-2}{q}\right)\right) \|f\|_{p,1-\lambda\lambda_0}\|g\|_{q,1-\lambda\lambda_0}.
\end{aligned}
$$

故 (2.1.1) 式成立.

若 (2.1.1) 式中常数因子不是最佳的, 则存在常数 $M_0 > 0$, 使

$$
M_0 < \frac{1}{\lambda}B\left(\frac{1}{\lambda}\left(1+\frac{\lambda\lambda_0-2}{p}\right), \frac{1}{\lambda}\left(1+\frac{\lambda\lambda_0-2}{q}\right)\right), \tag{2.1.2}
$$

$$
\int_0^{+\infty}\int_0^{+\infty} \frac{1}{(x^\lambda+y^\lambda)^{\lambda_0}} f(x)g(y)\mathrm{d}x\mathrm{d}y \leqslant M_0\|f\|_{p,1-\lambda\lambda_0}\|g\|_{q,1-\lambda\lambda_0},
$$

对充分小的 $\varepsilon > 0$, $\delta > 0$, 令

$$
f(x)=\begin{cases} x^{-(1-\lambda\lambda_0+1+\varepsilon)/p}, & x \geqslant \delta, \\ 0, & 0<x<\delta, \end{cases} \qquad g(y)=\begin{cases} y^{-(1-\lambda\lambda_0+1+\varepsilon)/q}, & y \geqslant 1, \\ 0, & 0<y<1. \end{cases}
$$

则有

$$
\begin{aligned}
&\|f\|_{p,1-\lambda\lambda_0}\|g\|_{q,1-\lambda\lambda_0} \\
&= \left(\int_\delta^{+\infty} x^{-1-\varepsilon}\mathrm{d}x\right)^{\frac{1}{p}} \left(\int_1^{+\infty} y^{-1-\varepsilon}\mathrm{d}y\right)^{\frac{1}{q}} = \frac{1}{\varepsilon}\left(\frac{1}{\delta^\varepsilon}\right)^{\frac{1}{p}}, \\
&\int_0^{+\infty}\int_0^{+\infty} \frac{1}{(x^\lambda+y^\lambda)^{\lambda_0}} f(x)g(y)\mathrm{d}x\mathrm{d}y \\
&= \int_1^{+\infty} y^{-(2-\lambda\lambda_0+\varepsilon)/p}\left(\int_\delta^{+\infty} x^{-(2-\lambda\lambda_0+\varepsilon)/q}\frac{1}{(x^\lambda+y^\lambda)^{\lambda_0}}\mathrm{d}x\right)\mathrm{d}y \\
&= \int_1^{+\infty} y^{-\lambda\lambda_0-(2-\lambda\lambda_0+\varepsilon)/p}\left(\int_\delta^{+\infty} x^{-(2-\lambda\lambda_0+\varepsilon)/q}\frac{1}{(x^\lambda/y^\lambda+1)^{\lambda_0}}\mathrm{d}x\right)\mathrm{d}y \\
&= \frac{1}{\lambda}\int_1^{+\infty} y^{1-\lambda\lambda_0-\frac{2-\lambda\lambda_0+\varepsilon}{p}-\frac{2-\lambda\lambda_0+\varepsilon}{q}}\left(\int_{\delta^\lambda/y^\lambda}^{+\infty} t^{-\frac{2-\lambda\lambda_0+\varepsilon}{\lambda q}+\frac{1}{\lambda}-1}\frac{1}{(t+1)^{\lambda_0}}\mathrm{d}t\right)\mathrm{d}y
\end{aligned}
$$

$$\geqslant \frac{1}{\lambda}\int_{1}^{+\infty} y^{1-\varepsilon}\mathrm{d}y\int_{\delta^{\lambda}}^{+\infty}\frac{1}{(t+1)^{\lambda_0}}t^{\frac{1}{\lambda}\left(1+\frac{\lambda\lambda_0-2}{q}\right)-1-\frac{\varepsilon}{\lambda q}}\mathrm{d}t$$

$$=\frac{1}{\lambda}\frac{1}{\varepsilon}\int_{\delta^{\lambda}}^{+\infty}\frac{1}{(t+1)^{\lambda_0}}t^{\frac{1}{\lambda}\left(1+\frac{\lambda\lambda_0-2}{q}\right)-1-\frac{\varepsilon}{\lambda q}}\mathrm{d}t,$$

于是得到

$$\frac{1}{\lambda}\int_{\delta^{\lambda}}^{+\infty}\frac{1}{(t+1)^{\lambda_0}}t^{\frac{1}{\lambda}\left(1+\frac{\lambda\lambda_0-2}{q}\right)-1-\frac{\varepsilon}{\lambda q}}\mathrm{d}t\leqslant M_0\left(\frac{1}{\delta^{\varepsilon}}\right)^{\frac{1}{p}},$$

先令 $\varepsilon\to 0^+$, 再令 $\delta\to 0^+$, 则

$$\frac{1}{\lambda}\int_{0}^{+\infty}\frac{1}{(t+1)^{\lambda_0}}t^{\frac{1}{\lambda}\left(1+\frac{\lambda\lambda_0-2}{q}\right)-1}\mathrm{d}t\leqslant M_0.$$

此即

$$\frac{1}{\lambda}B\left(\frac{1}{\lambda}\left(1+\frac{\lambda\lambda_0-2}{q}\right),\frac{1}{\lambda}\left(1+\frac{\lambda\lambda_0-2}{p}\right)\right)\leqslant M_0.$$

这与 (2.1.2) 式矛盾, 故 (2.1.1) 式中的常数因子是最佳的. 证毕.

2.1.2 $K(x,y)=\dfrac{(\min\{x,y\})^{\lambda_1}}{(\max\{x,y\})^{\lambda_2}}$ 的情形

引理 2.1.2 设 $\frac{1}{p}+\frac{1}{q}=1\ (p>1)$, $\frac{\lambda_1}{p}+\frac{\lambda_2}{q}>0$, $\frac{\lambda_2}{p}+\frac{\lambda_1}{q}>0$, 则有

$$\omega_1(p,y)=\int_0^{+\infty}\frac{(\min\{x,y\})^{\lambda_1}}{(\max\{x,y\})^{\lambda_2}}x^{\frac{\lambda_2-\lambda_1}{q}-1}\mathrm{d}x$$

$$=y^{\frac{1}{p}(\lambda_1-\lambda_2)}\left(\frac{pq}{q\lambda_1+p\lambda_2}+\frac{pq}{p\lambda_1+q\lambda_2}\right),$$

$$\omega_2(q,x)=\int_0^{+\infty}\frac{(\min\{x,y\})^{\lambda_1}}{(\max\{x,y\})^{\lambda_2}}y^{\frac{\lambda_2-\lambda_1}{p}-1}\mathrm{d}y$$

$$=x^{\frac{1}{q}(\lambda_1-\lambda_2)}\left(\frac{pq}{q\lambda_1+p\lambda_2}+\frac{pq}{p\lambda_1+q\lambda_2}\right).$$

证明 令 $K(x,y)=(\min\{x,y\})^{\lambda_1}/(\max\{x,y\})^{\lambda_2}$, 则 $K(x,y)$ 是 $\lambda_1-\lambda_2$ 阶非负齐次函数. 由 $\frac{\lambda_1}{p}+\frac{\lambda_2}{q}>0$, $\frac{\lambda_2}{p}+\frac{\lambda_1}{q}>0$, 可知 $\lambda_1+\frac{\lambda_2-\lambda_1}{q}>0$, $-\lambda_2+\frac{\lambda_2-\lambda_1}{q}<0$, 故

$$\omega_1(p,y)=\int_0^{+\infty}K(x,y)\,x^{\frac{\lambda_2-\lambda_1}{q}-1}\mathrm{d}x$$

$$
\begin{aligned}
&= y^{\lambda_1-\lambda_2}\int_0^{+\infty} K\left(\frac{x}{y},1\right) x^{\frac{\lambda_2-\lambda_1}{q}-1}\mathrm{d}x \\
&= y^{\lambda_1-\lambda_2+1+\frac{\lambda_2-\lambda_1}{q}-1}\int_0^{+\infty} K(t,1)\, t^{\frac{\lambda_2-\lambda_1}{q}-1}\mathrm{d}t \\
&= y^{\frac{1}{p}(\lambda_1-\lambda_2)}\left(\int_0^1 \frac{(\min\{t,1\})^{\lambda_1}}{(\max\{t,1\})^{\lambda_2}} t^{\frac{\lambda_2-\lambda_1}{q}-1}\mathrm{d}t\right. \\
&\quad \left.+\int_1^{+\infty} \frac{(\min\{t,1\})^{\lambda_1}}{(\max\{t,1\})^{\lambda_2}} t^{\frac{\lambda_2-\lambda_1}{q}-1}\mathrm{d}t\right) \\
&= y^{\frac{1}{p}(\lambda_1-\lambda_2)}\left(\int_0^1 t^{\lambda_1+\frac{\lambda_2-\lambda_1}{q}-1}\mathrm{d}t+\int_1^{+\infty} t^{-\lambda_2+\frac{\lambda_2-\lambda_1}{q}-1}\mathrm{d}t\right) \\
&= y^{\frac{1}{p}(\lambda_1-\lambda_2)}\left(\frac{pq}{q\lambda_1+p\lambda_2}+\frac{pq}{p\lambda_1+q\lambda_2}\right).
\end{aligned}
$$

同理可证:

$$
\omega_2(q,x) = x^{\frac{1}{q}(\lambda_1-\lambda_2)}\left(\frac{pq}{q\lambda_1+p\lambda_2}+\frac{pq}{p\lambda_1+q\lambda_2}\right).
$$

证毕.

定理 2.1.2　设 $\frac{1}{p}+\frac{1}{q}=1(p>1)$, $\frac{\lambda_1}{p}+\frac{\lambda_2}{q}>0$, $\frac{\lambda_2}{p}+\frac{\lambda_1}{q}>0$, $\alpha=(p-1)(\lambda_1-\lambda_2+1)$, $\beta=(q-1)(\lambda_1-\lambda_2+1)$, $f(x)\in L_p^{\alpha}(0,+\infty)$, $g(y)\in L_q^{\beta}(0,+\infty)$, 则

$$
\begin{aligned}
&\int_0^{+\infty}\int_0^{+\infty} \frac{(\min\{x,y\})^{\lambda_1}}{(\max\{x,y\})^{\lambda_2}} f(x)g(y)\mathrm{d}x\mathrm{d}y \\
&\leqslant \left(\frac{pq}{q\lambda_1+p\lambda_2}+\frac{pq}{p\lambda_1+q\lambda_2}\right)\|f\|_{p,\alpha}\|g\|_{q,\beta},
\end{aligned}
\tag{2.1.3}
$$

其中的常数因子是最佳的.

证明　由引理 2.1.2, 取适配参数 $a=\frac{1}{pq}(\alpha+1)$, $a=\frac{1}{pq}(\beta+1)$, 则

$$
\begin{aligned}
&\int_0^{+\infty}\int_0^{+\infty} \frac{(\min\{x,y\})^{\lambda_1}}{(\max\{x,y\})^{\lambda_2}} f(x)g(y)\mathrm{d}x\mathrm{d}y \\
&= \int_0^{+\infty}\int_0^{+\infty}\left(\frac{x^{(\alpha+1)/(pq)}}{y^{(\beta+1)/(pq)}}f(x)\right)\left(\frac{y^{(\beta+1)/(pq)}}{x^{(\alpha+1)/(pq)}}g(y)\right)K(x,y)\mathrm{d}x\mathrm{d}y \\
&\leqslant \left(\int_0^{+\infty}\int_0^{+\infty} x^{\frac{\alpha+1}{q}}y^{-\frac{\beta+1}{q}} f^p(x)K(x,y)\mathrm{d}x\mathrm{d}y\right)^{\frac{1}{p}}
\end{aligned}
$$

$$\times\left(\int_0^{+\infty}\int_0^{+\infty} y^{\frac{\beta+1}{p}}x^{-\frac{\alpha+1}{p}}g^q(y)K(x,y)\mathrm{d}x\mathrm{d}y\right)^{\frac{1}{q}}$$

$$=\left(\int_0^{+\infty} x^{\frac{\alpha+1}{q}}f^p(x)\omega_2(q,x)\mathrm{d}x\right)^{\frac{1}{p}}\left(\int_0^{+\infty} y^{\frac{\beta+1}{p}}g^q(y)\omega_1(p,y)\mathrm{d}y\right)^{\frac{1}{q}}$$

$$=\left(\frac{pq}{q\lambda_1+p\lambda_2}+\frac{pq}{p\lambda_1+q\lambda_2}\right)\left(\int_0^{+\infty} x^{(p-1)(\lambda_1-\lambda_2+1)}f^p(x)\mathrm{d}x\right)^{\frac{1}{p}}$$

$$\times\left(\int_0^{+\infty} y^{(q-1)(\lambda_1-\lambda_2+1)}g^q(y)\mathrm{d}y\right)^{\frac{1}{q}}$$

$$=\left(\frac{pq}{q\lambda_1+p\lambda_2}+\frac{pq}{p\lambda_1+q\lambda_2}\right)\|f\|_{p,\alpha}\|g\|_{q,\beta}.$$

故 (2.1.3) 式成立.

若 (2.1.3) 式中的常数因子不是最佳的, 则存在常数 $M_0>0$, 使

$$M_0<\frac{pq}{q\lambda_1+p\lambda_2}+\frac{pq}{p\lambda_1+q\lambda_2}, \tag{2.1.4}$$

$$\int_0^{+\infty}\int_0^{+\infty}\frac{(\min\{x,y\})^{\lambda_1}}{(\max\{x,y\})^{\lambda_2}}f(x)g(y)\mathrm{d}x\mathrm{d}y\leqslant M_0\|f\|_{p,\alpha}\|g\|_{q,\beta}.$$

对足够小的 $\varepsilon>0,\delta>0$, 取

$$f(x)=\begin{cases} x^{(-\alpha-1-\varepsilon)/p}, & x\geqslant\delta,\\ 0, & 0<x<\delta,\end{cases}\qquad g(y)=\begin{cases} y^{(-\beta-1-\varepsilon)/q}, & y\geqslant 1,\\ 0, & 0<y<1.\end{cases}$$

则有

$$\|f\|_{p,\alpha}\|g\|_{q,\beta}=\left(\int_\delta^{+\infty} x^{-1-\varepsilon}\mathrm{d}x\right)^{\frac{1}{p}}\left(\int_1^{+\infty} y^{-1-\varepsilon}\mathrm{d}y\right)^{\frac{1}{q}}=\frac{1}{\varepsilon}\left(\frac{1}{\delta^\varepsilon}\right)^{\frac{1}{p}},$$

$$\int_0^{+\infty}\int_0^{+\infty}\frac{(\min\{x,y\})^{\lambda_1}}{(\max\{x,y\})^{\lambda_2}}f(x)g(y)\mathrm{d}x\mathrm{d}y$$

$$=\int_1^{+\infty} y^{-\frac{\beta+1+\varepsilon}{q}}\left(\int_\delta^{+\infty} K(x,y)\,x^{-\frac{\alpha+1+\varepsilon}{p}}\mathrm{d}x\right)\mathrm{d}y$$

$$=\int_1^{+\infty} y^{-\frac{\beta+1+\varepsilon}{q}+\lambda_1-\lambda_2}\left(\int_\delta^{+\infty} K\left(\frac{x}{y},1\right)x^{-\frac{\alpha+1+\varepsilon}{p}}\mathrm{d}x\right)\mathrm{d}y$$

$$=\int_1^{+\infty} y^{-\frac{\beta+1+\varepsilon}{q}+\lambda_1-\lambda_2-\frac{\alpha+1+\varepsilon}{p}+1}\left(\int_{\delta/y}^{+\infty} K(t,1)t^{-\frac{\alpha+1+\varepsilon}{p}}\mathrm{d}t\right)\mathrm{d}y$$

$$\geqslant \int_{1}^{+\infty} y^{-1-\varepsilon}\mathrm{d}y \int_{\delta}^{+\infty} K(t,1)\,t^{-\frac{\alpha+1+\varepsilon}{p}}\mathrm{d}t = \frac{1}{\varepsilon}\int_{\delta}^{+\infty} K(t,1)\,t^{-\frac{\alpha+1+\varepsilon}{p}}\mathrm{d}t,$$

于是得到

$$\int_{\delta}^{+\infty} K(t,1)t^{-\frac{\alpha+1+\varepsilon}{p}}\mathrm{d}t \leqslant M_0\left(\frac{1}{\delta^{\varepsilon}}\right)^{\frac{1}{p}}.$$

先令 $\varepsilon \to 0^+$, 再令 $\delta \to 0^+$, 得

$$\int_{0}^{+\infty} \frac{(\min\{t,1\})^{\lambda_1}}{(\max\{t,1\})^{\lambda_2}} t^{\frac{\lambda_2-\lambda_1}{q}-1}\mathrm{d}t \leqslant M_0.$$

此即

$$\frac{pq}{q\lambda_1+p\lambda_2}+\frac{pq}{p\lambda_1+q\lambda_2} \leqslant M_0.$$

这与 (2.1.4) 式矛盾, 故 (2.1.3) 式中的常数因子是最佳的. 证毕.

2.1.3 $K(x,y)=\dfrac{1}{\min\{x^{\lambda},y^{\lambda}\}|x-y|^{1-\lambda}}$ 的情形

引理 2.1.3 设 $\frac{1}{r}+\frac{1}{s}=1\ (r>1)$, $0<\lambda<\min\left\{\frac{1}{r},\frac{1}{s}\right\}$, 记

$$\omega_1(\lambda,r,x)=\int_{0}^{+\infty}\frac{(x/t)^{1/r}}{\min\{x^{\lambda},t^{\lambda}\}|x-t|^{1-\lambda}}\mathrm{d}t,$$

$$\omega_2(\lambda,s,y)=\int_{0}^{+\infty}\frac{(y/t)^{1/s}}{\min\{t^{\lambda},y^{\lambda}\}|t-y|^{1-\lambda}}\mathrm{d}t,$$

则 $\omega_1(\lambda,r,x)=\omega_2(\lambda,s,y)=B\left(\frac{1}{s}-\lambda,\lambda\right)+B\left(\frac{1}{r}-\lambda,\lambda\right)$.

证明 令 $x/t=u$, 则有

$$\begin{aligned}\omega_1(\lambda,r,x)&=\int_{0}^{x}\frac{1}{(x-t)^{1-\lambda}t^{\lambda}}\left(\frac{x}{t}\right)^{\frac{1}{r}}\mathrm{d}t+\int_{x}^{+\infty}\frac{1}{(t-x)^{1-\lambda}x^{\lambda}}\left(\frac{x}{t}\right)^{\frac{1}{r}}\mathrm{d}t\\&=\int_{0}^{1}u^{\left(\frac{1}{s}-\lambda\right)-1}(1-u)^{\lambda-1}\mathrm{d}u+\int_{0}^{1}u^{\left(\frac{1}{r}-\lambda\right)-1}(1-u)^{\lambda-1}\mathrm{d}u\\&=B\left(\frac{1}{s}-\lambda,\lambda\right)+B\left(\frac{1}{r}-\lambda,\lambda\right).\end{aligned}$$

同理可得 $\omega_2(\lambda,s,y)=B\left(\frac{1}{s}-\lambda,\lambda\right)+B\left(\frac{1}{r}-\lambda,\lambda\right)$. 证毕.

定理 2.1.3 设 $\frac{1}{p}+\frac{1}{q}=1(p>1)$, $0<\lambda<\min\left\{\frac{1}{p},\frac{1}{q}\right\}$, $f(x)\in L_p^{\alpha}(0,+\infty)$, $g(y)\in L_q^{\beta}(0,+\infty)$, 则

$$\int_0^{+\infty}\int_0^{+\infty}\frac{f(x)g(y)}{\min\left\{x^{\lambda},y^{\lambda}\right\}|x-y|^{1-\lambda}}\mathrm{d}x\mathrm{d}y\leqslant M(\lambda,p)\|f\|_p\|g\|_q, \tag{2.1.5}$$

其中 $M(\lambda,p)=B\left(\frac{1}{p}-\lambda,\lambda\right)+B\left(\frac{1}{q}-\lambda,\lambda\right)$ 是最佳的.

证明 根据引理 2.1.3, 取适配参数 $a=b=\frac{1}{pq}$, 则

$$\begin{aligned}
&\int_0^{+\infty}\int_0^{+\infty}\frac{f(x)g(y)}{\min\left\{x^{\lambda},y^{\lambda}\right\}|x-y|^{1-\lambda}}\mathrm{d}x\mathrm{d}y\\
=&\int_0^{+\infty}\int_0^{+\infty}\left(\frac{x^{1/(pq)}}{y^{1/(pq)}}f(x)\right)\left(\frac{y^{1/(pq)}}{x^{1/(pq)}}g(y)\right)\frac{1}{\min\left\{x^{\lambda},y^{\lambda}\right\}|x-y|^{1-\lambda}}\mathrm{d}x\mathrm{d}y\\
\leqslant&\left(\int_0^{+\infty}\int_0^{+\infty}f^p(x)\left(\frac{x}{y}\right)^{\frac{1}{q}}\frac{1}{\min\left\{x^{\lambda},y^{\lambda}\right\}|x-y|^{1-\lambda}}\mathrm{d}x\mathrm{d}y\right)^{\frac{1}{p}}\\
&\times\left(\int_0^{+\infty}\int_0^{+\infty}g^q(y)\left(\frac{y}{x}\right)^{\frac{1}{p}}\frac{1}{\min\left\{x^{\lambda},y^{\lambda}\right\}|x-y|^{1-\lambda}}\mathrm{d}x\mathrm{d}y\right)^{\frac{1}{q}}\\
=&\left(\int_0^{+\infty}f^p(x)\omega_2(\lambda,q,y)\,\mathrm{d}x\right)^{\frac{1}{p}}\left(\int_0^{+\infty}g^q(y)\omega_1(\lambda,p,x)\mathrm{d}y\right)^{\frac{1}{q}}\\
=&\left(B\left(\frac{1}{p}-\lambda,\lambda\right)+B\left(\frac{1}{q}-\lambda,\lambda\right)\right)\|f\|_p\|g\|_q.
\end{aligned}$$

若 (2.1.5) 式中的常数因子 $M(\lambda,p)$ 不是最佳的, 则存在常数 $M_0<M(\lambda,p)$ 及足够小的 $\delta>0$, 使

$$\begin{aligned}
&\int_{\delta}^{+\infty}\int_0^{+\infty}\frac{f(x)g(y)}{\min\left\{x^{\lambda},y^{\lambda}\right\}|x-y|^{1-\lambda}}\mathrm{d}x\mathrm{d}y\\
\leqslant& M_0\left(\int_{\delta}^{+\infty}f^p(x)\mathrm{d}x\right)^{\frac{1}{p}}\left(\int_{\delta}^{+\infty}g^q(y)\mathrm{d}y\right)^{\frac{1}{q}}.
\end{aligned}\tag{2.1.6}$$

对于 $0<\varepsilon<q\left(\frac{1}{p}-\lambda\right)$ 及 $\delta_1\in(0,\delta)$, 取

$$f(x)=\begin{cases}x^{(-1-\varepsilon)/p}, & x\geqslant\delta_1,\\ 0, & 0<x<\delta_1,\end{cases}\qquad g(y)=\begin{cases}y^{(-1-\varepsilon)/q}, & y\geqslant\delta_1,\\ 0, & 0<y<\delta_1.\end{cases}$$

则将其代入 (2.1.6) 式后, 两边同乘 $\delta^{\varepsilon}\varepsilon$, 再令 $\delta_1 \to 0^+$, 可得

$$\begin{aligned}&B\left(\frac{1}{p}-\frac{\varepsilon}{q}-\lambda,\lambda\right)+B\left(\frac{1+\varepsilon}{q}-\lambda,\lambda\right)\\&=\delta^{\varepsilon}\varepsilon\int_{\delta}^{+\infty}\left(\int_{0}^{+\infty}\frac{1}{\min\{x^{\lambda},y^{\lambda}\}|x-y|^{1-\lambda}}x^{-\frac{1+\varepsilon}{p}}y^{-\frac{1+\varepsilon}{q}}\mathrm{d}y\right)\mathrm{d}x\\&\leqslant\delta^{\varepsilon}\varepsilon M_0\left(\int_{\delta}^{+\infty}x^{-1-\varepsilon}\mathrm{d}x\right)\left(\int_{\delta}^{+\infty}y^{-1-\varepsilon}\mathrm{d}y\right)=M_0.\end{aligned}$$

又令 $\varepsilon \to 0^+$, 得到

$$M(\lambda,p)=B\left(\frac{1}{p}-\lambda,\lambda\right)+B\left(\frac{1}{q}-\lambda,\lambda\right)\leqslant M_0.$$

这与 $M_0 < M(\lambda,p)$ 矛盾, 故 (2.1.5) 中的常数因子是最佳的. 证毕.

2.1.4 $K(x,y)=\dfrac{\ln(x/y)}{x^{\lambda}-y^{\lambda}}$ 的情形

引理 2.1.4 设 $\frac{1}{p}+\frac{1}{q}=1\ (p>1)$, $\frac{1}{r}+\frac{1}{s}=1\ (r>1)$, $\lambda>0$, $\lambda>\max\left\{1-\frac{s}{p},1-\frac{r}{q}\right\}$, 则

$$\begin{aligned}\omega_1(y,r,p)&=\int_0^{+\infty}\frac{\ln(x/y)}{x^{\lambda}-y^{\lambda}}x^{-\left(\frac{1}{p}+\frac{1-\lambda}{r}\right)}\mathrm{d}x\\&=y^{\frac{1-\lambda}{s}-\frac{1}{p}}\frac{1}{\lambda^2}B^2\left(\frac{1}{\lambda}\left(\frac{1}{p}-\frac{1-\lambda}{s}\right),\frac{1}{\lambda}\left(\frac{1}{q}-\frac{1-\lambda}{r}\right)\right),\\\omega_2(x,s,q)&=\int_0^{+\infty}\frac{\ln(x/y)}{x^{\lambda}-y^{\lambda}}y^{-\left(\frac{1}{q}+\frac{1-\lambda}{s}\right)}\mathrm{d}y\\&=x^{\frac{1-\lambda}{r}-\frac{1}{q}}\frac{1}{\lambda^2}B^2\left(\frac{1}{\lambda}\left(\frac{1}{p}-\frac{1-\lambda}{s}\right),\frac{1}{\lambda}\left(\frac{1}{q}-\frac{1-\lambda}{r}\right)\right).\end{aligned}$$

证明 由 $\lambda>0,\lambda>\max\left\{1-\frac{s}{p},1-\frac{r}{q}\right\}$, 可得 $\frac{1}{\lambda}\left(\frac{1}{p}-\frac{1-\lambda}{s}\right)>0$, $\frac{1}{\lambda}\left(\frac{1}{q}-\frac{1-\lambda}{r}\right)>0$, 于是

$$\omega_2(x,s,q)=\int_0^{+\infty}\frac{\ln(x/y)}{x^{\lambda}-y^{\lambda}}y^{-\left(\frac{1}{q}+\frac{1-\lambda}{s}\right)}\mathrm{d}y=x^{-\lambda}\int_0^{+\infty}\frac{-\ln(y/x)}{1-(y/x)^{\lambda}}y^{-\left(\frac{1}{q}-\frac{1-\lambda}{s}\right)}\mathrm{d}y$$

$$= x^{1-\lambda-\frac{1-\lambda}{s}-\frac{1}{q}} \int_0^{+\infty} \frac{\ln t}{t^\lambda - 1} t^{-\frac{1-\lambda}{s}-\frac{1}{q}} \mathrm{d}t$$

$$= \frac{1}{\lambda^2} x^{\frac{1-\lambda}{r}-\frac{1}{q}} \int_0^{+\infty} \frac{\ln u}{u-1} u^{\frac{1}{\lambda}\left(\frac{1}{p}-\frac{1-\lambda}{s}\right)-1} \mathrm{d}u$$

$$= \frac{1}{\lambda^2} x^{\frac{1-\lambda}{r}-\frac{1}{q}} B^2\left(\frac{1}{\lambda}\left(\frac{1}{p}-\frac{1-\lambda}{s}\right), 1-\frac{1}{\lambda}\left(\frac{1}{p}-\frac{1-\lambda}{s}\right)\right)$$

$$= \frac{1}{\lambda^2} x^{\frac{1-\lambda}{r}-\frac{1}{q}} B^2\left(\frac{1}{\lambda}\left(\frac{1}{p}-\frac{1-\lambda}{s}\right), \frac{1}{\lambda}\left(\frac{1}{q}-\frac{1-\lambda}{r}\right)\right).$$

同理可得

$$\omega_1(y, r, p) = \frac{1}{\lambda^2} y^{\frac{1-\lambda}{s}-\frac{1}{p}} B^2\left(\frac{1}{\lambda}\left(\frac{1}{p}-\frac{1-\lambda}{s}\right), \frac{1}{\lambda}\left(\frac{1}{q}-\frac{1-\lambda}{r}\right)\right).$$

证毕.

定理 2.1.4 设 $\frac{1}{p}+\frac{1}{q}=1\ (p>1)$, $\frac{1}{r}+\frac{1}{s}=1\ (r>1)$, $\lambda>0$, $\lambda>\max\left\{1-\frac{s}{p}, 1-\frac{r}{q}\right\}$, $f(x)\in L_p^{\frac{p}{r}(1-\lambda)}(0,+\infty)$, $g(y)\in L_q^{\frac{q}{s}(1-\lambda)}(0,+\infty)$, 则

$$\int_0^{+\infty}\int_0^{+\infty} \frac{\ln(x/y)}{x^\lambda - y^\lambda} f(x)g(y)\mathrm{d}x\mathrm{d}y \leqslant M\|f\|_{p,\frac{p}{r}(1-\lambda)}\|g\|_{q,\frac{q}{s}(1-\lambda)}, \tag{2.1.7}$$

其中的常数因子

$$M = \frac{1}{\lambda^2} B^2\left(\frac{1}{\lambda}\left(\frac{1}{p}-\frac{1-\lambda}{s}\right), \frac{1}{\lambda}\left(\frac{1}{q}-\frac{1-\lambda}{r}\right)\right)$$

是最佳的.

证明 根据 Hölder 不等式及引理 2.1.4, 取适配参数

$$a = \left(\frac{p}{r}(1-\lambda)+1\right)\Big/(pq), \quad b = \left(\frac{q}{s}(1-\lambda)+1\right)\Big/(pq),$$

则

$$\int_0^{+\infty}\int_0^{+\infty} \frac{\ln(x/y)}{x^\lambda - y^\lambda} f(x)g(y)\mathrm{d}x\mathrm{d}y$$

$$= \int_0^{+\infty}\int_0^{+\infty} \left(\frac{x^{\left(\frac{p}{r}(1-\lambda)+1\right)/(pq)}}{y^{\left(\frac{q}{s}(1-\lambda)+1\right)/(pq)}} f(x)\right)\left(\frac{y^{\left(\frac{q}{s}(1-\lambda)+1\right)/(pq)}}{x^{\left(\frac{p}{r}(1-\lambda)+1\right)/(pq)}} g(y)\right) \frac{\ln(x/y)}{x^\lambda - y^\lambda}\mathrm{d}x\mathrm{d}y$$

$$\leqslant \left(\int_0^{+\infty}\int_0^{+\infty} x^{\left[\frac{p}{r}(1-\lambda)+1\right]/q} f^p(x) y^{-\left[\frac{q}{s}(1-\lambda)+1\right]/q} \frac{\ln(x/y)}{x^\lambda - y^\lambda} \mathrm{d}x\mathrm{d}y\right)^{\frac{1}{p}}$$

$$\times \left(\int_0^{+\infty}\int_0^{+\infty} y^{\left[\frac{q}{s}(1-\lambda)+1\right]/p} g^q(x) x^{-\left[\frac{p}{r}(1-\lambda)+1\right]/p} \frac{\ln(x/y)}{x^\lambda - y^\lambda} \mathrm{d}x\mathrm{d}y\right)^{\frac{1}{q}}$$

$$= \left(\int_0^{+\infty} x^{\left[\frac{p}{r}(1-\lambda)+1\right]/q} f^p(x) \left(\int_0^{+\infty} y^{-\left(\frac{1}{q}+\frac{1-\lambda}{s}\right)} \frac{\ln(x/y)}{x^\lambda - y^\lambda} \mathrm{d}y\right) \mathrm{d}x\right)^{\frac{1}{p}}$$

$$\times \left(\int_0^{+\infty} y^{\left[\frac{q}{s}(1-\lambda)+1\right]/p} g^q(y) \left(\int_0^{+\infty} x^{-\left(\frac{1}{p}+\frac{1-\lambda}{r}\right)} \frac{\ln(x/y)}{x^\lambda - y^\lambda} \mathrm{d}x\right) \mathrm{d}y\right)^{\frac{1}{q}}$$

$$= \left(\int_0^{+\infty} x^{\frac{p}{r}(1-\lambda)-\frac{1-\lambda}{r}+\frac{1}{q}} f^p(x) \omega_2(x,s,q)\,\mathrm{d}x\right)^{\frac{1}{p}}$$

$$\times \left(\int_0^{+\infty} y^{\frac{q}{s}(1-\lambda)-\frac{1-\lambda}{s}+\frac{1}{p}} g^q(y) \omega_1(y,r,p)\,\mathrm{d}y\right)^{\frac{1}{q}}$$

$$= \frac{1}{\lambda^2} B^2\left(\frac{1}{\lambda}\left(\frac{1}{p}-\frac{1-\lambda}{s}\right), \frac{1}{\lambda}\left(\frac{1}{q}-\frac{1-\lambda}{r}\right)\right)$$

$$\times \left(\int_0^{+\infty} x^{\frac{p}{r}(1-\lambda)} f^p(x)\mathrm{d}x\right)^{\frac{1}{p}} \left(\int_0^{+\infty} y^{\frac{q}{s}(1-\lambda)} g^q(y)\mathrm{d}y\right)^{\frac{1}{q}}$$

$$= M\|f\|_{p,\frac{p}{r}(1-\lambda)} \|g\|_{q,\frac{q}{s}(1-\lambda)},$$

故 (2.1.7) 式成立.

若 (2.1.7) 式中的常数因子不是最佳的, 则存在常数 M_0 满足

$$M_0 < \frac{1}{\lambda^2} B^2\left(\frac{1}{\lambda}\left(\frac{1}{p}-\frac{1-\lambda}{s}\right), \frac{1}{\lambda}\left(\frac{1}{q}-\frac{1-\lambda}{r}\right)\right),$$

$$\int_0^{+\infty}\int_0^{+\infty} \frac{\ln(x/y)}{x^\lambda - y^\lambda} f(x)g(y)\mathrm{d}x\mathrm{d}y \leqslant M_0 \|f\|_{p,\frac{p}{r}(1-\lambda)} \|g\|_{q,\frac{q}{s}(1-\lambda)}, \tag{2.1.8}$$

对足够小的 $\varepsilon > 0$, $\delta > 0$, 记 $\alpha = \dfrac{p}{r}(1-\lambda)$, $\beta = \dfrac{q}{s}(1-\lambda)$, 取

$$f(x) = \begin{cases} x^{(-\alpha-1-\varepsilon)/p}, & x \geqslant \delta, \\ 0, & 0 < x < \delta, \end{cases} \qquad g(y) = \begin{cases} y^{(-\beta-1-\varepsilon)/q}, & y \geqslant 1, \\ 0, & 0 < y < 1. \end{cases}$$

则经计算可得

$$M_0 \left(\frac{1}{\delta^\varepsilon}\right)^{\frac{1}{p}} = \varepsilon \|f\|_{p,\frac{p}{r}(1-\lambda)} \|g\|_{q,\frac{q}{s}(1-\lambda)} M_0$$

$$
\begin{aligned}
&\geqslant \varepsilon \int_{1}^{+\infty} y^{(-\beta-1-\varepsilon)/q}\left(\int_{\delta}^{+\infty} x^{(-\alpha-1-\varepsilon)/p} \frac{\ln(x/y)}{x^{\lambda}-y^{\lambda}}\mathrm{d}x\right)\mathrm{d}y \\
&= \varepsilon \int_{1}^{+\infty} y^{-\left(\frac{1-\lambda}{s}+\frac{1}{q}\right)-\frac{\varepsilon}{q}-\lambda}\left(\int_{\delta}^{+\infty} x^{-\left(\frac{1-\lambda}{r}+\frac{1}{p}\right)-\frac{\varepsilon}{p}} \frac{\ln(x/y)}{x^{\lambda}-y^{\lambda}}\mathrm{d}x\right)\mathrm{d}y \\
&= \varepsilon \int_{1}^{+\infty} y^{1-\left(\frac{1-\lambda}{s}+\frac{1}{q}\right)-\frac{\varepsilon}{q}-\lambda-\left(\frac{1-\lambda}{r}+\frac{1}{p}\right)-\frac{\varepsilon}{p}} \\
&\quad \times\left(\int_{\delta/y}^{+\infty} t^{-\left(\frac{1-\lambda}{r}+\frac{1}{p}\right)-\frac{\varepsilon}{p}} \frac{\ln t}{t^{\lambda}-1}\mathrm{d}t\right)\mathrm{d}y \\
&\geqslant \varepsilon \int_{1}^{+\infty} y^{-1-\varepsilon}\left(\int_{\delta}^{+\infty} t^{-\left(\frac{1-\lambda}{r}+\frac{1}{p}\right)-\frac{\varepsilon}{p}} \frac{\ln t}{t^{\lambda}-1}\mathrm{d}t\right)\mathrm{d}y \\
&= \frac{\varepsilon}{\lambda^{2}} \int_{1}^{+\infty} y^{-1-\varepsilon}\mathrm{d}y \int_{\delta^{\lambda}}^{+\infty} u^{\frac{1}{\lambda}\left(\frac{1}{q}-\frac{1-\lambda}{r}\right)-1-\frac{\varepsilon}{\lambda p}} \frac{\ln u}{u-1}\mathrm{d}u \\
&= \frac{1}{\lambda^{2}} \int_{\delta^{\lambda}}^{+\infty} u^{\frac{1}{\lambda}\left(\frac{1}{q}-\frac{1-\lambda}{r}\right)-1-\frac{\varepsilon}{\lambda p}} \frac{\ln u}{u-1}\mathrm{d}u,
\end{aligned}
$$

令 $\varepsilon \to 0^{+}$, 得

$$
\frac{1}{\lambda^{2}} \int_{\delta^{\lambda}}^{+\infty} u^{\frac{1}{\lambda}\left(\frac{1}{q}-\frac{1-\lambda}{r}\right)-1} \frac{\ln u}{u-1}\mathrm{d}u \leqslant M_{0},
$$

再令 $\delta \to 0^{+}$, 得

$$
\frac{1}{\lambda^{2}} B^{2}\left(\frac{1}{\lambda}\left(\frac{1}{p}-\frac{1-\lambda}{s}\right), \frac{1}{\lambda}\left(\frac{1}{q}-\frac{1-\lambda}{r}\right)\right) \leqslant M_{0},
$$

这是一个矛盾, 故 (2.1.7) 式中的常数因子是最佳的. 证毕.

2.1.5 $K(x,y)=\dfrac{|x-y|^{\mu}}{\max\{x^{\lambda},y^{\lambda}\}}$ 的情形

$K(x,y)$ 是 $\mu-\lambda$ 阶齐次非负函数, 取适配参数

$$
a=\frac{1}{rq}(\mu-\lambda+1)+\frac{1}{pq}, \quad b=\frac{1}{sp}(\mu-\lambda+1)+\frac{1}{pq},
$$

可得:

定理 2.1.5 设 $\frac{1}{p}+\frac{1}{q}=1\ (p>1)$, $\frac{1}{r}+\frac{1}{s}=1\ (r>1)$, $\mu>-1$,

$$
\lambda>\max\left\{\frac{s}{p}+\mu+1, \frac{r}{q}+\mu+1\right\},
$$

$$
f(x) \in L_{p}^{\frac{p}{r}(\mu-\lambda+1)}(0,+\infty), \quad g(y) \in L_{q}^{\frac{q}{s}(\mu-\lambda+1)}(0,+\infty),
$$

则

$$\int_0^{+\infty}\int_0^{+\infty}\frac{|x-y|^{\mu}}{\max\{x^{\lambda},y^{\lambda}\}}f(x)g(y)\mathrm{d}x\mathrm{d}y\leqslant M\|f\|_{p,\frac{p}{r}(\mu-\lambda+1)}\|g\|_{q,\frac{q}{s}(\mu-\lambda+1)},$$

其中的常数因子

$$M=B\left(\mu+1,\frac{1}{p}-\frac{1}{s}(\mu-\lambda+1)\right)+B\left(\mu+1,\frac{1}{q}-\frac{1}{r}(\mu-\lambda+1)\right)$$

是最佳的.

2.1.6 $K(x,y)=\dfrac{|x-y|^{\mu}}{\min\{x^{\lambda},y^{\lambda}\}}$ 的情形

$K(x,y)$ 是 $\mu-\lambda$ 阶齐次非负函数, 取适配参数 $a=\dfrac{1}{rq}(\mu-\lambda+1)+\dfrac{1}{pq}$, $b=\dfrac{1}{sp}(\mu-\lambda+1)+\dfrac{1}{pq}$, 可得

定理 2.1.6 设 $\dfrac{1}{p}+\dfrac{1}{q}=1\ (p>1)$, $\dfrac{1}{r}+\dfrac{1}{s}=1\ (r>1)$, $\mu>-1$,

$$0<\lambda<\min\left\{\frac{r}{p}-\frac{r}{s}(\mu+1),\frac{s}{q}-\frac{s}{r}(\mu+1)\right\},\quad f(x)\in L_p^{\frac{p}{r}(\mu-\lambda+1)}(0,+\infty),$$

$g(y)\in L_q^{\frac{q}{s}(\mu-\lambda+1)}(0,+\infty)$, 则

$$\int_0^{+\infty}\int_0^{+\infty}\frac{|x-y|^{\mu}}{\min\{x^{\lambda},y^{\lambda}\}}f(x)g(y)\mathrm{d}x\mathrm{d}y\leqslant M\|f\|_{p,\frac{p}{r}(\mu-\lambda+1)}\|g\|_{q,\frac{q}{s}(\mu-\lambda+1)},$$

其中的常数因子

$$M=B\left(\mu+1,\frac{1}{p}-\frac{1}{s}(\mu-\lambda+1)-\lambda\right)+B\left(\mu+1,\frac{1}{q}-\frac{1}{r}(\mu-\lambda+1)-\lambda\right)$$

是最佳的.

2.1.7 $K(x,y)=\dfrac{(xy)^{\mu}}{\max\{x^{\lambda},y^{\lambda}\}}$ 的情形

$K(x,y)$ 是 $2\mu-\lambda$ 阶齐次非负函数, 取适配参数 $a=b=\dfrac{2-\lambda-2\mu}{pq}$, 可得:

定理 2.1.7 设 $\dfrac{1}{p}+\dfrac{1}{q}=1\ (p>1)$, $\lambda>\max\{(1+\mu)(2-p),(1+\mu)(2-q)\}$, $f(x)\in L_p^{1-\lambda+2\mu}(0,+\infty)$, $g(y)\in L_q^{1-\lambda+2\mu}(0,+\infty)$, 则

$$\int_0^{+\infty}\int_0^{+\infty}\frac{(xy)^{\mu}}{\max\{x^{\lambda},y^{\lambda}\}}f(x)g(y)\mathrm{d}x\mathrm{d}y\leqslant M\|f\|_{p,1-\lambda+2\mu}\|g\|_{q,1-\lambda+2\mu},$$

其中的常数因子

$$M=\frac{\lambda pq}{[\lambda+(1+\mu)(p-2)]\,[\lambda+(1+u)(q-2)]}$$

是最佳的.

2.1.8 $K(x,y)=\dfrac{x^{\mu}y^{\lambda\lambda_0-\mu}}{(x^{\lambda}+y^{\lambda})^{\lambda_0}}$ 的情形

$K(x,y)$ 是 0 阶齐次非负函数, 取适配参数

$$a=\left(\frac{p}{r}+1\right)\Big/(pq),\quad b=\left(\frac{q}{s}+1\right)\Big/(pq),$$

则可得:

定理 2.1.8 设 $\frac{1}{p}+\frac{1}{q}=1\ (p>1)$, $\frac{1}{r}+\frac{1}{s}=1\ (r>1)$, $\lambda>0$, $\lambda_0>0$, $\max\left\{\frac{1}{s}-\frac{1}{p},\frac{1}{r}-\frac{1}{q}\right\}<\mu<\min\left\{\lambda\lambda_0+\frac{1}{s}-\frac{1}{p},\lambda\lambda_0+\frac{1}{r}-\frac{1}{q}\right\}$, $f(x)\in L_p^{p/r}(0,+\infty)$,$g(y)\in L_q^{q/s}(0,+\infty)$, 则

$$\int_0^{+\infty}\int_0^{+\infty}\frac{x^{\mu}y^{\lambda\lambda_0-\mu}}{(x^{\lambda}+y^{\lambda})^{\lambda_0}}f(x)g(y)\mathrm{d}x\mathrm{d}y\leqslant M\|f\|_{p,p/r}\|g\|_{q,q/s},$$

其中的常数因子

$$M=\frac{1}{\lambda}B\left(\frac{1}{\lambda}\left(\mu+\frac{1}{s}-\frac{1}{p}\right),\lambda_0-\frac{1}{\lambda}\left(\mu+\frac{1}{s}-\frac{1}{p}\right)\right)$$

是最佳的.

2.1.9 $K(x,y)=\dfrac{|\ln(x/y)|}{\max\{x^{\lambda},y^{\lambda}\}}$ 的情形

$K(x,y)$ 是 $-\lambda$ 齐次非负函数, 取适配参数 $a=\left(1-\frac{\lambda}{r}\right)\Big/q$, $b=\left(1-\frac{\lambda}{s}\right)\Big/p$, 可得

定理 2.1.9 设 $\frac{1}{p}+\frac{1}{q}=1\ (p>1)$, $\frac{1}{r}+\frac{1}{s}=1\ (r>1)$, $\lambda>0$, $f(x)\in L_p^{p\left(1-\frac{\lambda}{r}\right)-1}(0,+\infty)$, $g(y)\in L_q^{q\left(1-\frac{\lambda}{s}\right)-1}(0,+\infty)$, 则

$$\int_0^{+\infty}\int_0^{+\infty}\frac{|\ln(x/y)|}{\max\{x^{\lambda},y^{\lambda}\}}f(x)g(y)\mathrm{d}x\mathrm{d}y\leqslant\frac{r^2+s^2}{\lambda^2}\|f\|_{p,p\left(1-\frac{\lambda}{r}\right)-1}\|g\|_{q,q\left(1-\frac{\lambda}{s}\right)-1},$$

其中的常数因子 $\frac{r^2+s^2}{\lambda^2}$ 是最佳的.

2.1.10 $K(x,y)=\dfrac{x^{\frac{1}{p}-\frac{1}{r}}+y^{\frac{1}{q}-\frac{1}{s}}}{x+y}\left|\ln\dfrac{x}{y}\right|$ 的情形

$K(x,y)$ 是 -1 阶齐次非负函数, 取适配参数 $a=b=\dfrac{1}{pq}$, 可得:

定理 2.1.10 设 $\dfrac{1}{p}+\dfrac{1}{q}=1\ (p>1)$, $\dfrac{1}{r}+\dfrac{1}{s}=1\ (r>1)$, $f(x)\in L_p(0,+\infty)$, $g(y)\in L_q(0,+\infty)$, 则

$$\int_0^{+\infty}\int_0^{+\infty}\frac{x^{\frac{1}{p}-\frac{1}{r}}y^{\frac{1}{q}-\frac{1}{s}}}{x+y}\left|\ln\frac{x}{y}\right|f(x)g(y)\mathrm{d}x\mathrm{d}y\leqslant M\|f\|_p\|g\|_q,$$

其中的常数因子

$$M=\sum_{n=0}^{\infty}(-1)^n\left[\frac{1}{(n+1/r)^2}+\frac{1}{(n+1/s)^2}\right]$$

是最佳值.

2.1.11 $K(x,y)=\dfrac{x^{\frac{1}{p}-\frac{1}{r}}y^{\frac{1}{q}-\frac{1}{s}}}{\sqrt{|x-y|\max\{x,y\}}}$ 的情形

$K(x,y)$ 是 -1 阶齐次非负函数, 取适配参数 $a=b=\dfrac{1}{pq}$, 可得:

定理 2.1.11 设 $\dfrac{1}{p}+\dfrac{1}{q}=1\ (p>1)$, $\dfrac{1}{r}+\dfrac{1}{s}=1\ (r>1)$, $f(x)\in L_p(0,+\infty)$, $g(y)\in L_q(0,+\infty)$, 则

$$\int_0^{+\infty}\int_0^{+\infty}\frac{x^{\frac{1}{p}-\frac{1}{r}}y^{\frac{1}{q}-\frac{1}{s}}}{\sqrt{|x-y|\max\{x,y\}}}f(x)g(y)\mathrm{d}x\mathrm{d}y\leqslant M\|f\|_p\|g\|_q,$$

其中的常数因子 $M=\displaystyle\sum_{h=0}^{\infty}\frac{(2n+1)!!}{(2n)!!}\frac{1}{(n+1/r)\,(n+1/s)}$ 是最佳值.

2.1.12 $K(x,y)=\dfrac{\arctan^{\lambda_0}\sqrt{x^\lambda/y^\lambda}}{x^\lambda+y^\lambda}$ 的情形

$K(x,y)$ 是 $-\lambda$ 阶齐次非负函数, 取适配参数 $a=\left(1-\dfrac{\lambda}{2}\right)\Big/q$, $b=\left(1-\dfrac{\lambda}{2}\right)\Big/p$, 可得

定理 2.1.12 设 $\dfrac{1}{p}+\dfrac{1}{q}=1(p>1)$, $\lambda>0$, $\lambda_0>-1$, $f(x)\in L_p^{p\left(1-\frac{\lambda}{2}\right)-1}(0,+\infty)$, $g(y)\in L_q^{q\left(1-\frac{\lambda}{2}\right)-1}(0,+\infty)$, 则

$$\int_0^{+\infty}\int_0^{+\infty}\frac{\arctan^{\lambda_0}\sqrt{x^\lambda/y^\lambda}}{x^\lambda+y^\lambda}f(x)g(y)\mathrm{d}x\mathrm{d}y$$
$$\leqslant\frac{2}{\lambda(\lambda_0+1)}\left(\frac{\pi}{2}\right)^{\lambda_0+1}\|f\|_{p,p\left(1-\frac{\lambda}{2}\right)-1}\|g\|_{q,q\left(1-\frac{\lambda}{2}\right)-1},$$

其中的常数因子 $\frac{2}{\lambda(\lambda_0+1)}\left(\frac{\pi}{2}\right)^{\lambda_0+1}$ 是最佳值.

2.1.13 $K(x,y)=\frac{1}{(x+ay)(x+by)(x+cy)}$ 的情形

$K(x,y)$ 是 -3 阶齐次非负函数, 取适配参数 $a_0=\frac{-1}{2q}$, $b_0=\frac{-1}{2p}$, 可得:

定理 2.1.13 设 $\frac{1}{p}+\frac{1}{q}=1\ (p>1)$, $a>0$, $b>0$, $c>0$, $f(x)\in L_p^{-1-\frac{p}{2}}(0,+\infty)$, $g(y)\in L_q^{-1-\frac{q}{2}}(0,+\infty)$, 则

$$\int_0^{+\infty}\int_0^{+\infty}\frac{f(x)g(y)}{(x+ay)(x+by)(x+cy)}\mathrm{d}x\mathrm{d}y\leqslant M\|f\|_{p,-1-\frac{p}{2}}\|g\|_{q,-1-\frac{q}{2}},$$

其中的常数因子 $M=\frac{\pi}{(\sqrt{a}+\sqrt{b})(\sqrt{b}+\sqrt{c})(\sqrt{c}+\sqrt{a})}$ 是最佳值.

2.1.14 $K(x,y)=\frac{\min\{x^{\lambda_2},y^{\lambda_2}\}}{\max\{x^{\lambda_1},y^{\lambda_1}\}}\left|\ln\frac{x}{y}\right|^{\lambda_0}$ 的情形

$K(x,y)$ 是 $\lambda_2-\lambda_1$ 阶齐次非负函数, 取适配参数

$$a=\frac{1}{q}\left(1-\frac{1}{r}(\lambda_1-\lambda_2)\right),\quad b=\frac{1}{p}\left(1-\frac{1}{s}(\lambda_1-\lambda_2)\right),$$

可得:

定理 2.1.14 设 $\frac{1}{p}+\frac{1}{q}=1\ (p>1)$, $\frac{1}{r}+\frac{1}{s}=1\ (r>1)$, $\frac{\lambda_2}{r}+\frac{\lambda_1}{s}>0$, $\frac{\lambda_2}{s}+\frac{\lambda_1}{r}>0$, $\lambda_0>-1$, $\alpha=p\left[1-\frac{1}{r}(\lambda_1-\lambda_2)\right]-1$, $\beta=q\left[1-\frac{1}{r}(\lambda_1-\lambda_2)\right]-1$, $f(x)\in L_p^\alpha(0,+\infty)$, $g(y)\in L_q^\beta(0,+\infty)$, 则

$$\int_0^{+\infty}\int_0^{+\infty}\frac{\min\{x^{\lambda_2},y^{\lambda_2}\}}{\max\{x^{\lambda_1},y^{\lambda_1}\}}\left|\ln\frac{x}{y}\right|^{\lambda_0}f(x)g(y)\mathrm{d}x\mathrm{d}y\leqslant M\|f\|_{p,\alpha}\|g\|_{q,\beta},$$

其中的常数因子

$$M=\left[\left(\frac{\lambda_2}{r}+\frac{\lambda_1}{s}\right)^{-\lambda_0-1}+\left(\frac{\lambda_2}{s}+\frac{\lambda_1}{r}\right)^{-\lambda_0-1}\right]\Gamma\left(\lambda_0+1\right)$$

是最佳的.

2.1.15 $K(x,y)=\left(\frac{\min\{x,y\}}{|x-y|}\right)^{\lambda_1}\arctan\left(\frac{x}{y}\right)^{\lambda_2}$ 的情形

$K(x,y)$ 是 0 阶齐次非负函数, 取适配参数 $a=\frac{1}{q}$, $b=\frac{1}{p}$, 可得:

定理 2.1.15 设 $\frac{1}{p}+\frac{1}{q}=1\ (p>1)$, $0<\lambda_1<1$, $\lambda_2\in\mathbb{R}$, $f(x)\in L_p^{p-1}(0,+\infty)$, $g(y)\in L_q^{q-1}(0,+\infty)$, 则

$$\begin{aligned}&\int_0^{+\infty}\int_0^{+\infty}\left(\frac{\min\{x,y\}}{|x-y|}\right)^{\lambda_1}\arctan\left(\frac{x}{y}\right)^{\lambda_2}f(x)g(y)\mathrm{d}x\mathrm{d}y\\&\leqslant\frac{\pi}{2}B\left(1-\lambda_1,\lambda_1\right)\|f\|_{p,p-1}\|g\|_{q,q-1},\end{aligned}$$

其中的常数因子 $\frac{\pi}{2}B\left(1-\lambda_1,\lambda_1\right)$ 是最佳值.

2.1.16 $K(x,y)=\frac{1}{a\min\{x^\lambda,y^\lambda\}+bx^\lambda+cy^\lambda}$ 的情形

$K(x,y)$ 是 $-\lambda$ 阶齐次非负函数, 取适配参数 $a_0=\frac{1}{q}\left(1-\frac{\lambda}{2}\right)$, $b_0=\frac{1}{p}\left(1-\frac{\lambda}{2}\right)$, 可得:

定理 2.1.16 设 $\frac{1}{p}+\frac{1}{q}=1\ (p>1)$, $\lambda>0$, $b>0$, $c>0$, $a>-\min\{b,c\}$, $f(x)\in L_p^{p\left(1-\frac{\lambda}{2}\right)-1}(0,+\infty)$, $g(y)\in L_q^{q\left(1-\frac{\lambda}{2}\right)-1}(0,+\infty)$, 则

$$\begin{aligned}&\int_0^{+\infty}\int_0^{+\infty}\frac{1}{a\min\{x^\lambda,y^\lambda\}+bx^\lambda+cy^\lambda}f(x)g(y)\mathrm{d}x\mathrm{d}y\\&\leqslant M\|f\|_{p,p\left(1-\frac{\lambda}{2}\right)-1}\|g\|_{q,q\left(1-\frac{\lambda}{2}\right)-1},\end{aligned}$$

其中的常数因子

$$M=\frac{1}{\lambda}\left(\frac{2}{\sqrt{b(a+c)}}\arctan\sqrt{\frac{a+c}{b}}+\frac{2}{\sqrt{c(a+b)}}\arctan\sqrt{\frac{a+b}{c}}\right)$$

是最佳值.

2.1.17 $K(x,y)=\dfrac{1}{(x^2+a^2y^2)(x^2+2bxy+c^2y^2)}$ 的情形

$K(x,y)$ 是 -4 阶齐次非负函数, 取适配参数 $a_0=-\dfrac{1}{q}$, $b_0=-\dfrac{1}{p}$, 可得:

定理 2.1.17 设 $\dfrac{1}{p}+\dfrac{1}{q}=1\ (p>1)$, $a>0$, $b>c>0$, $R=4a^2b^2+(c^2-a^2)^2$, $f(x)\in L_p^{-p-1}(0,+\infty), g(y)\in L_q^{-q-1}(0,+\infty)$, 则

$$\int_0^{+\infty}\int_0^{+\infty}\frac{f(x)g(y)\mathrm{d}x\mathrm{d}y}{(x^2+a^2y^2)(x^2+2bxy+c^2y^2)}\leqslant M\|f\|_{p,-p-1}\|g\|_{q,-q-1},$$

其中的常数因子

$$M=\frac{c^2-a^2}{R^2}\ln\left(\frac{c}{a}\right)+\frac{ab\pi}{R}+\frac{b(a^2+c^2)}{2R\sqrt{b^2-c^2}}\ln\left(\frac{b-\sqrt{b^2-c^2}}{b+\sqrt{b^2-c^2}}\right)$$

是最佳值.

2.1.18 $K(x,y)=\dfrac{1}{a\max\{x^\lambda,y^\lambda\}+bx^\lambda+cy^\lambda}$ 的情形

$K(x,y)$ 是 $-\lambda$ 阶齐次非负函数, 取适配参数 $a_0=\dfrac{1}{q}\left(1-\dfrac{\lambda}{2}\right)$, $b_0=\dfrac{1}{p}\left(1-\dfrac{\lambda}{2}\right)$, 可得:

定理 2.1.18 设 $\dfrac{1}{p}+\dfrac{1}{q}=1(p>1)$, $\lambda>0$, $a>-\min\{b,c\}$, $b>0,c>0$, $f(x)\in L_p^{p\left(1-\frac{\lambda}{2}\right)-1}(0,+\infty), g(y)\in L_q^{q\left(1-\frac{\lambda}{2}\right)-1}(0,+\infty)$, 则

$$\int_0^{+\infty}\int_0^{+\infty}\frac{f(x)g(y)\mathrm{d}x\mathrm{d}y}{a\max\{x^\lambda,y^\lambda\}+bx^\lambda+cy^\lambda}\leqslant M\|f\|_{p,p\left(1-\frac{\lambda}{2}\right)-1}\|g\|_{q,q\left(1-\frac{\lambda}{2}\right)-1},$$

其中的常数因子

$$M=\frac{2}{\lambda}\left(\frac{\arctan\sqrt{\dfrac{b}{a+c}}}{\sqrt{b(a+c)}}+\frac{\arctan\sqrt{\dfrac{c}{a+b}}}{\sqrt{c(a+b)}}\right)$$

是最佳的.

2.1.19　$K(x,y)=\dfrac{1}{x^{\lambda}+y^{\lambda}+a\left(x^{-\lambda}+y^{-\lambda}\right)^{-1}}$ 的情形

$K(x,y)$ 是 $-\lambda$ 阶齐次非负函数, 取适配参数 $a_0=\dfrac{1}{q}\left(1-\dfrac{\lambda}{2}\right)$, $b_0=\dfrac{1}{p}\left(1-\dfrac{\lambda}{2}\right)$, 可得:

定理 2.1.19　设 $\dfrac{1}{p}+\dfrac{1}{q}=1\ (p>1)$, $\lambda>0$, $a>-4$, $f(x)\in L_p^{p\left(1-\frac{\lambda}{2}\right)-1}(0,+\infty)$, $g(y)\in L_q^{q\left(1-\frac{\lambda}{2}\right)-1}(0,+\infty)$, 则

$$\int_0^{+\infty}\int_0^{+\infty}\frac{f(x)g(y)\mathrm{d}x\mathrm{d}y}{x^{\lambda}+y^{\lambda}+a\left(x^{-\lambda}+y^{-\lambda}\right)^{-1}}\leqslant\frac{2\pi}{\lambda\sqrt{a+4}}\|f\|_{p,p\left(1-\frac{\lambda}{2}\right)-1}\|g\|_{q,q\left(1-\frac{\lambda}{2}\right)-1},$$

其中的常数因子 $\dfrac{2\pi}{\lambda\sqrt{a+4}}$ 是最佳的.

2.1.20　$K(x,y)=\dfrac{|x-y|^{\lambda-\alpha}}{\max\left\{x^{\lambda},y^{\lambda}\right\}}\left|\ln\dfrac{x}{y}\right|^{\beta}$ 的情形

$K(x,y)$ 是 $-\alpha$ 阶齐次非负函数, 取适配参数 $a=\dfrac{1}{q}\left(1-\dfrac{1}{r}\right)$, $b=\dfrac{1}{p}\left(1-\dfrac{\lambda}{s}\right)$, 可得:

定理 2.1.20　设 $\dfrac{1}{p}+\dfrac{1}{q}=1\ (p>1)$, $\dfrac{1}{r}+\dfrac{1}{s}=1\ (r>1)$, $\beta>-1$, $\alpha<\lambda+\beta+1$, $f(x)\in L_p^{p\left(1-\frac{\alpha}{r}\right)-1}(0,+\infty)$, $g(y)\in L_q^{q\left(1-\frac{\alpha}{s}\right)-1}(0,+\infty)$, 则

$$\int_0^{+\infty}\int_0^{+\infty}\frac{|x-y|^{\lambda-\alpha}}{\max\left\{x^{\lambda},y^{\lambda}\right\}}\left|\ln\frac{x}{y}\right|^{\beta}f(x)g(y)\mathrm{d}x\mathrm{d}y\leqslant M\|f\|_{p,p\left(1-\frac{\alpha}{r}\right)-1}\|g\|_{q,q\left(1-\frac{\alpha}{s}\right)-1},$$

其中的常数因子

$$M=\Gamma(\beta+1)\sum_{n=0}^{\infty}(-1)^n\begin{pmatrix}\lambda-\alpha\\ n\end{pmatrix}\left(\frac{1}{(n+\lambda/r)^{\beta+1}}+\frac{1}{(n+\lambda/s)^{\beta+1}}\right)$$

是最佳的.

2.1.21　$K(x,y)=\dfrac{(\min\{x,y\})^{\lambda_2}}{(\max\{x,y\})^{\lambda_1}|x-y|^{\mu}}$ 的情形

$K(x,y)$ 是 $\lambda_2-\lambda_1-\mu$ 阶齐次非负函数, 取适配参数 $a=\dfrac{1}{q}\left(1-\dfrac{1}{r}(\lambda_1-\lambda_2+\mu)\right)$, $b=\dfrac{1}{p}\left(1-\dfrac{1}{s}(\lambda_1-\lambda_2+\mu)\right)$, 可得:

定理 2.1.21 设 $\frac{1}{p}+\frac{1}{q}=1\ (p>1)$, $\frac{1}{r}+\frac{1}{s}=1\ (r>1)$, $\mu<1$, $\frac{\lambda_2}{r}+\frac{\lambda_1+\mu}{s}>0$, $\frac{\lambda_2}{s}+\frac{\lambda_1+\mu}{r}>0$, $\alpha=p\left[1-\frac{1}{r}(\lambda_1-\lambda_2+\mu)\right]-1$, $\beta=q\left[1-\frac{1}{s}(\lambda_1-\lambda_2+\mu)\right]-1$, $f(x)\in L_p^{\alpha}(0,+\infty)$, $g(y)\in L_q^{\beta}(0,+\infty)$, 则

$$\int_0^{+\infty}\int_0^{+\infty}\frac{(\min\{x,y\})^{\lambda_2}}{(\max\{x,y\})^{\lambda_1}|x-y|^{\mu}}f(x)g(y)\mathrm{d}x\mathrm{d}y\leqslant M\|f\|_{p,\alpha}\|g\|_{q,\beta},$$

其中的常数因子 $M=B\left(1-\mu,\frac{\lambda_2}{r}+\frac{\lambda_1+\mu}{s}\right)+B\left(1-\mu,\frac{\lambda_2}{s}+\frac{\lambda_1+\mu}{r}\right)$ 是最佳值.

2.1.22 $K(x,y)=\frac{\max\{x^{\lambda},y^{\lambda}\}}{(x^{\lambda}+y^{\lambda})^2}$ 的情形

$K(x,y)$ 是 $-\lambda$ 阶齐次函数, 取适配参数 $a=\frac{1}{q}\left(1-\frac{\lambda}{2}\right)$, $b=\frac{1}{p}\left(1-\frac{\lambda}{2}\right)$, 可得:

定理 2.1.22 设 $\frac{1}{p}+\frac{1}{q}=1\ (p>1)$, $\lambda>0$, $f(x)\in L_p^{p\left(1-\frac{\lambda}{2}\right)-1}(0,+\infty)$, $g(y)\in L_q^{q\left(1-\frac{\lambda}{2}\right)-1}(0,+\infty)$, 则

$$\int_0^{+\infty}\int_0^{+\infty}\frac{\max\{x^{\lambda},y^{\lambda}\}}{(x^{\lambda}+y^{\lambda})^2}f(x)g(y)\mathrm{d}x\mathrm{d}y\leqslant\frac{1}{\lambda}\left(\frac{\pi}{2}+1\right)\|f\|_{p,p\left(1-\frac{\lambda}{2}\right)-1}\|g\|_{q,q\left(1-\frac{\lambda}{2}\right)-1},$$

其中的常数因子 $\frac{1}{\lambda}\left(\frac{\pi}{2}+1\right)$ 是最佳值.

2.1.23 $K(x,y)=\operatorname{csch}\left(a\frac{y^{\lambda}}{x^{\lambda}}\right)$ $\left(其中 \operatorname{csch} t=\frac{2}{e^t-e^{-t}}\right)$ 的情形

$K(x,y)$ 是 0 阶齐次非负函数, 取适配参数 $a_0=\frac{1}{q}(1+\lambda b)$, $b_0=\frac{1}{p}(1-\lambda b)$, 可得:

定理 2.1.23 设 $\frac{1}{p}+\frac{1}{q}=1\ (p>1)$, $\lambda>0$, $a>0$, $b>1$, $f(x)\in L_p^{p(1+\lambda b)-1}(0,+\infty)$, $g(y)\in L_q^{q(1-\lambda b)-1}(0,+\infty)$, 则

$$\int_0^{+\infty}\int_0^{+\infty}\operatorname{csch}\left(a\frac{y^{\lambda}}{x^{\lambda}}\right)f(x)g(y)\mathrm{d}x\mathrm{d}y\leqslant M\|f\|_{p,p(1+\lambda b)-1}\|g\|_{q,q(1-\lambda b)-1},$$

其中的常数因子 $M=\dfrac{2\Gamma(b)}{\lambda a^b}\left(1-\dfrac{1}{2^b}\right)\zeta(b)$ 是最佳值, 这里的 $\zeta(b)=\sum\limits_{k=1}^{\infty}\dfrac{1}{k^b}$ $(b>1)$ 是 Riemann 函数.

作为本节的最后一个定理, 我们给出详细证明:

首先, 我们记

$$\omega_1(\lambda)=\int_0^{+\infty}\operatorname{csch}\left(a\frac{1}{x^\lambda}\right)x^{-1-\lambda b}\mathrm{d}x,\quad \omega_2(\lambda)=\int_0^{+\infty}\operatorname{csch}\left(ay^\lambda\right)y^{-1+\lambda b}\mathrm{d}y,$$

因为 $b>1$, 故由 Riemann 函数定义, 有

$$\zeta(b)=\sum_{k=1}^{\infty}\frac{1}{k^b}=\sum_{k=0}^{\infty}\frac{1}{(2k+1)^b}+\sum_{k=1}^{\infty}\frac{1}{(2k)^b}=\sum_{k=0}^{\infty}\frac{1}{(2k+1)^b}+\frac{1}{2^b}\zeta(b),$$

从而得到 $\sum\limits_{k=0}^{\infty}\dfrac{1}{(2k+1)^b}=\left(1-\dfrac{1}{2^b}\right)\zeta(b)$. 于是

$$\begin{aligned}
\omega_1(y)&=\int_0^{+\infty}\operatorname{csch}\left(a\frac{y^\lambda}{x^\lambda}\right)x^{-1-\lambda b}\mathrm{d}x=\frac{y^{-\lambda b}}{\lambda a^b}\int_b^{+\infty}\operatorname{csch}u\cdot u^{b-1}\mathrm{d}u\\
&=\frac{2}{\lambda a^b}y^{-\lambda b}\int_0^{+\infty}\frac{u^{b-1}}{e^u\left(1-e^{-2u}\right)}\mathrm{d}u=\frac{2}{\lambda a^b}y^{-\lambda b}\int_0^{+\infty}\sum_{k=0}^{\infty}e^{-(2k+1)u}u^{b-1}\mathrm{d}u\\
&=\frac{2}{\lambda a^b}y^{-\lambda b}\sum_{k=0}^{\infty}\int_0^{+\infty}e^{-(2k+1)u}u^{b-1}\mathrm{d}u\\
&=\frac{2}{\lambda a^b}y^{-\lambda b}\Gamma(b)\sum_{k=0}^{\infty}\frac{1}{(2k+1)^b}=\frac{2}{\lambda a^b}y^{-\lambda b}\Gamma(b)\left(1-\frac{1}{2^b}\right)\zeta(b).
\end{aligned}$$

类似地, 可得

$$\omega_2(y)=\frac{2}{\lambda a^b}x^{\lambda b}\Gamma(b)\left(1-\frac{1}{2^b}\right)\zeta(b).$$

由此, 有

$$\begin{aligned}
&\int_0^{+\infty}\int_0^{+\infty}\operatorname{csch}\left(a\frac{y^\lambda}{x^\lambda}\right)f(x)g(y)\mathrm{d}x\mathrm{d}y\\
=&\int_0^{+\infty}\int_0^{+\infty}\left(\frac{x^{(1+\lambda b)/q}}{y^{(1-\lambda b)/p}}f(x)\right)\left(\frac{y^{(1-\lambda b)/p}}{x^{(1+\lambda b)/q}}g(y)\right)\operatorname{csch}\left(a\frac{y^\lambda}{x^\lambda}\right)\mathrm{d}x\mathrm{d}y\\
\leqslant&\left(\int_0^{+\infty}\int_0^{+\infty}\frac{x^{\frac{p}{q}(1+\lambda b)}}{y^{1-\lambda b}}f^p(x)\operatorname{csch}\left(a\frac{y^\lambda}{x^\lambda}\right)\mathrm{d}x\mathrm{d}y\right)^{\frac{1}{p}}
\end{aligned}$$

$$
\begin{aligned}
&\times\left(\int_0^{+\infty}\int_0^{+\infty}\frac{y^{\frac{q}{p}(1-\lambda b)}}{x^{1+\lambda b}}g^q(y)\operatorname{csch}\left(a\frac{y^\lambda}{x^\lambda}\right)\mathrm{d}x\mathrm{d}y\right)^{\frac{1}{q}}\\
=&\left(\int_0^{+\infty}x^{\frac{p}{q}(1+\lambda b)}f^p(x)\omega_2(x)\mathrm{d}x\right)^{\frac{1}{p}}\left(\int_0^{+\infty}y^{\frac{q}{p}(1-\lambda b)}g^q(y)\omega_1(y)\mathrm{d}y\right)^{\frac{1}{q}}\\
=&\frac{2\Gamma(b)}{\lambda a^b}\left(1-\frac{1}{2^b}\right)\zeta(b)\left(\int_0^{+\infty}x^{\frac{p}{q}(1+\lambda b)+\lambda b}f^p(x)\mathrm{d}x\right)^{\frac{1}{p}}\\
&\times\left(\int_0^{+\infty}y^{\frac{q}{p}(1-\lambda b)-\lambda b}g^q(y)\mathrm{d}y\right)^{\frac{1}{q}}\\
=&\frac{2\Gamma(b)}{\lambda a^b}\left(1-\frac{1}{2^b}\right)\zeta(b)\left(\int_0^{+\infty}x^{p(1+\lambda b)-1}f^p(x)\,\mathrm{d}x\right)^{\frac{1}{p}}\\
&\times\left(\int_0^{+\infty}y^{q(1-\lambda b)-1}g^q(y)\mathrm{d}y\right)^{\frac{1}{q}}\\
=&\frac{2\Gamma(b)}{\lambda a^b}\left(1-\frac{1}{2^b}\right)\zeta(b)\|f\|_{p,p(1+\lambda b)-1}\|g\|_{q,q(1-\lambda b)-1}.
\end{aligned}
$$

若常数因子 $\frac{2\Gamma(b)}{\lambda a^b}\left(1-\frac{1}{2^b}\right)\zeta(b)$ 不是最佳的, 则存在常数 $M_0<\frac{2\Gamma(b)}{\lambda a^b}\left(1-\frac{1}{2^b}\right)\zeta(b)$, 使

$$
\int_0^{+\infty}\int_0^{+\infty}\operatorname{csch}\left(a\frac{y^\lambda}{x^\lambda}\right)f(x)g(y)\mathrm{d}x\mathrm{d}y\leqslant M_0\|f\|_{p,p(1+\lambda b)-1}\|g\|_{q,q(1-\lambda b)-1}.
$$

对充分小的 $\varepsilon>0,\ \delta>0$, 取

$$
f(x)=\begin{cases}x^{(-p(1+\lambda b)-\varepsilon)/p}, & x\geqslant\delta,\\ 0, & 0<x<\delta,\end{cases}\qquad g(y)=\begin{cases}y^{(-q(1-\lambda b)-\varepsilon)/q}, & y\geqslant 1,\\ 0, & 0<y<1.\end{cases}
$$

于是

$$
M_0\|f\|_{p,p(1+\lambda b)-1}\|g\|_{q,q(1-\lambda b)-1}=M_0\frac{1}{\varepsilon}\left(\frac{1}{\delta^\varepsilon}\right)^{\frac{1}{p}},
$$

$$
\begin{aligned}
&\int_0^{+\infty}\int_0^{+\infty}\operatorname{csch}\left(a\frac{y^\lambda}{x^\lambda}\right)f(x)g(y)\mathrm{d}x\mathrm{d}y\\
=&\int_1^{+\infty}y^{-(1-\lambda b)-\frac{\varepsilon}{q}}\left(\int_\delta^{+\infty}\operatorname{csch}\left(a\frac{y^\lambda}{x^\lambda}\right)x^{-(1+\lambda b)-\frac{\varepsilon}{p}}\mathrm{d}x\right)\mathrm{d}y
\end{aligned}
$$

$$= \int_1^{+\infty} y^{(-1+\lambda b)-\frac{\varepsilon}{q}-\lambda b-\frac{\varepsilon}{p}} \left(\frac{1}{\lambda a^b} \int_0^{a(y/\delta)^\lambda} \operatorname{csch} u \cdot u^{b-1-\frac{\varepsilon}{p}} \mathrm{d}u \right) \mathrm{d}y$$

$$\geqslant \int_1^{+\infty} y^{-1-\varepsilon} \left(\frac{1}{\lambda a^b} \int_0^{a(1/\delta)^\lambda} u^{b-1-\frac{\varepsilon}{p}} \operatorname{csch} u \mathrm{d}u \right) \mathrm{d}y$$

$$= \frac{1}{\lambda a^b} \int_1^{+\infty} y^{-1-\varepsilon} \mathrm{d}y \int_0^{a(1/\delta)^\lambda} u^{b-1-\frac{\varepsilon}{p}} \operatorname{csch} u \mathrm{d}u$$

$$= \frac{1}{\varepsilon \lambda a^b} \int_0^{a(1/\delta)^\lambda} u^{b-1-\frac{\varepsilon}{p}} \operatorname{csch} u \mathrm{d}u,$$

从而得到

$$\frac{1}{\lambda a^b} \int_0^{a(1/\delta)^\lambda} u^{b-1-\frac{\varepsilon}{p}} \operatorname{csch} u \mathrm{d}u \leqslant M_0 \left(\frac{1}{\delta^\varepsilon} \right)^{\frac{1}{p}},$$

令 $\varepsilon \to 0^+$, 得

$$\frac{1}{\lambda a^b} \int_0^{a(1/\delta)^\lambda} u^{b-1} \operatorname{csch} u \mathrm{d}u \leqslant M_0.$$

再令 $\delta \to 0^+$,

$$\frac{1}{\lambda a^b} \int_0^{+\infty} u^{b-1} \operatorname{csch} u \mathrm{d}u \leqslant M_0,$$

从而

$$\frac{2}{\lambda a^b} \Gamma(b) \left(1 - \frac{1}{2^b} \right) \zeta(b) \leqslant M_0,$$

这是一个矛盾, 故常数因子 $\dfrac{2\Gamma(b)}{\lambda a^b} \left(1 - \dfrac{1}{2^b} \right) \zeta(b)$ 是最佳的. 证毕.

2.2 具有拟齐次核的若干 Hilbert 型积分不等式

前面我们已经讨论了若干齐次核的 Hilbert 型积分不等式, 但还有许多核函数并不是齐次函数, 但接近于齐次函数, 例如

$$K_1(x,y) = \frac{1}{x^{\lambda_1} + y^{\lambda_2}}, \quad K_2(x,y) = G\left(\frac{x^{\lambda_1}}{y^{\lambda_2}} \right),$$

当 $\lambda_1 = \lambda_2 = \lambda$ 时, $K_1(x,y)$ 是 $-\lambda$ 阶齐次函数, $K_2(x,y)$ 是 0 阶齐次函数, 我们统称这些函数为拟齐次函数. 下面我们讨论具有拟齐次核的 Hilbert 型积分不等式.

设 $\lambda,\lambda_1,\lambda_2$ 均为常数, $\lambda_1\lambda_2>0, K(x,y)$ 是一个可测函数, 若 $K(x,y)$ 满足: $\forall t>0$, 有

$$K(tx,y)=t^{\lambda\lambda_1}K(x,t^{-\frac{\lambda_1}{\lambda_2}}y),\quad K(x,ty)=t^{\lambda\lambda_2}K(t^{-\frac{\lambda_1}{\lambda_2}}x,y),$$

则当 $\lambda_1=\lambda_2=\lambda_0$ 时, $K(x,y)$ 是 $\lambda\lambda_0$ 阶齐次函数, 一般地, 称 $K(x,y)$ 为具有参数 $(\lambda,\lambda_1,\lambda_2)$ 的拟齐次函数.

引理 2.2.1 设 $\frac{1}{p}+\frac{1}{q}=1\ (p>1), \lambda_1\lambda_2\neq 0, \lambda>\max\left\{\frac{1}{\lambda_1}-\frac{1}{\lambda_2},\frac{1}{\lambda_2}-\frac{1}{\lambda_1}\right\}$, $\alpha=\frac{\lambda_1 p}{2}\left(\frac{1}{\lambda_1}+\frac{1}{\lambda_2}-\lambda_0\right)-1, \beta=\frac{\lambda_2 q}{2}\left(\frac{1}{\lambda_1}+\frac{1}{\lambda_2}-\lambda_0\right)-1$, 则

$$\begin{aligned}
\omega_1(q,x)&=\int_0^{+\infty}\frac{1}{(x^{\lambda_1}+y^{\lambda_2})^{\lambda_0}}y^{-\frac{\beta+1}{q}}\mathrm{d}y\\
&=\frac{1}{|\lambda_2|}x^{\frac{\lambda_1}{2}\left(-\lambda_0+\frac{1}{\lambda_2}-\frac{1}{\lambda_1}\right)}B\left(\frac{1}{2}\left(\lambda_0+\frac{1}{\lambda_2}-\frac{1}{\lambda_1}\right),\frac{1}{2}\left(\lambda_0+\frac{1}{\lambda_1}-\frac{1}{\lambda_2}\right)\right),\\
\omega_2(p,y)&=\int_0^{+\infty}\frac{1}{(x^{\lambda_1}+y^{\lambda_2})^{\lambda_0}}x^{-\frac{\alpha+1}{p}}\mathrm{d}x\\
&=\frac{1}{|\lambda_1|}y^{\frac{\lambda_2}{2}\left(-\lambda_0+\frac{1}{\lambda_1}-\frac{1}{\lambda_2}\right)}B\left(\frac{1}{2}\left(\lambda_0+\frac{1}{\lambda_1}-\frac{1}{\lambda_2}\right),\frac{1}{2}\left(\lambda_0+\frac{1}{\lambda_2}-\frac{1}{\lambda_1}\right)\right).
\end{aligned}$$

证明 设

$$K(x,y)=\frac{1}{(x^{\lambda_1}+y^{\lambda_2})^{\lambda_0}},\quad x>0,y>0,$$

则 $K(x,y)$ 是具有参数 $(-\lambda_0,\lambda_1,\lambda_2)$ 的拟齐次函数.

$$\begin{aligned}
\omega_1(q,x)&=\int_0^{+\infty}K(x,y)y^{-\frac{\beta+1}{q}}\mathrm{d}y\\
&=x^{-\lambda_0\lambda_1}\int_0^{+\infty}K(1,x^{-\frac{\lambda_1}{\lambda_2}}y)y^{-\frac{\beta+1}{q}}\mathrm{d}y\\
&=x^{-\lambda_0\lambda_1}\int_0^{+\infty}K(1,t)(x^{\frac{\lambda_1}{\lambda_2}}t)^{-\frac{\beta+1}{q}}x^{\frac{\lambda_1}{\lambda_2}}\mathrm{d}t\\
&=x^{-\lambda_0\lambda_1-\frac{\lambda_1}{\lambda_2}\frac{\beta+1}{q}+\frac{\lambda_1}{\lambda_2}}\int_0^{+\infty}\frac{1}{(1+t^{\lambda_2})^{\lambda_0}}t^{-\frac{\beta+1}{q}}\mathrm{d}t\\
&=x^{-\lambda_0\lambda_1+\frac{\lambda_1}{2}\left(\lambda_0+\frac{1}{\lambda_2}-\frac{1}{\lambda_1}\right)}\frac{1}{|\lambda_2|}\int_0^{+\infty}\frac{1}{(1+u)^{\lambda_0}}u^{-\frac{1}{2}\left(\lambda_0+\frac{1}{\lambda_2}-\frac{1}{\lambda_1}\right)-1}\mathrm{d}u
\end{aligned}$$

$$=\frac{1}{|\lambda_2|}x^{\frac{\lambda_1}{2}\left(-\lambda_0+\frac{1}{\lambda_2}-\frac{1}{\lambda_1}\right)}B\left(\frac{1}{2}\left(\lambda_0+\frac{1}{\lambda_2}-\frac{1}{\lambda_1}\right),\frac{1}{2}\left(\lambda_0+\frac{1}{\lambda_1}-\frac{1}{\lambda_2}\right)\right).$$

同理可证:

$$\omega_2(p,y)=\frac{1}{|\lambda_1|}y^{\frac{\lambda_2}{2}\left(-\lambda_0+\frac{1}{\lambda_1}-\frac{1}{\lambda_2}\right)}B\left(\frac{1}{2}\left(\lambda_0+\frac{1}{\lambda_1}-\frac{1}{\lambda_2}\right),\frac{1}{2}\left(\lambda_0+\frac{1}{\lambda_2}-\frac{1}{\lambda_1}\right)\right).$$

证毕.

定理 2.2.1 设 $\frac{1}{p}+\frac{1}{q}=1(p>1)$, $\lambda_1\lambda_2>0$, $\lambda_0>\max\left\{\frac{1}{\lambda_1}-\frac{1}{\lambda_2},\frac{1}{\lambda_2}-\frac{1}{\lambda_1}\right\}$, $\alpha=\frac{\lambda_1 p}{2}\left(\frac{1}{\lambda_1}+\frac{1}{\lambda_2}-\lambda_0\right)-1$, $\beta=\frac{\lambda_2 q}{2}\left(\frac{1}{\lambda_1}+\frac{1}{\lambda_2}-\lambda_0\right)-1$, $f(x)\in L_p^{\alpha}(0,+\infty)$, $g(y)\in L_q^{\beta}(0,+\infty)$, 则

$$\begin{aligned}&\int_0^{+\infty}\int_0^{+\infty}\frac{f(x)g(y)}{(x^{\lambda_1}+y^{\lambda_2})^{\lambda_0}}\mathrm{d}x\mathrm{d}y\\&\leqslant\frac{1}{|\lambda_1|^{1/q}|\lambda_2|^{1/p}}B\left(\frac{1}{2}\left(\lambda_0+\frac{1}{\lambda_1}-\frac{1}{\lambda_2}\right),\frac{1}{2}\left(\lambda_0+\frac{1}{\lambda_2}-\frac{1}{\lambda_1}\right)\right)\|f\|_{p,\alpha}\|g\|_{q,\beta},\end{aligned}\tag{2.2.1}$$

其中常数因子是最佳的.

证明 根据 Hölder 不等式及引理 2.2.1, 有

$$\begin{aligned}&\int_0^{+\infty}\int_0^{+\infty}\frac{f(x)g(y)}{(x^{\lambda_1}+y^{\lambda_2})^{\lambda_0}}\mathrm{d}x\mathrm{d}y\\&=\int_0^{+\infty}\int_0^{+\infty}\left(\frac{x^{(\alpha+1)/(pq)}}{y^{(\beta+1)/(pq)}}f(x)\right)\left(\frac{y^{(\beta+1)/(pq)}}{x^{(\alpha+1)/(pq)}}g(y)\right)K(x,y)\mathrm{d}x\mathrm{d}y\\&\leqslant\left(\int_0^{+\infty}\int_0^{+\infty}\frac{x^{(\alpha+1)/q}}{y^{(\beta+1)/q}}f^p(x)K(x,y)\mathrm{d}x\mathrm{d}y\right)^{\frac{1}{p}}\\&\quad\times\left(\int_0^{+\infty}\int_0^{+\infty}\frac{y^{(\beta+1)/p}}{x^{(\alpha+1)/p}}g^q(y)K(x,y)\mathrm{d}x\mathrm{d}y\right)^{\frac{1}{q}}\\&=\left(\int_0^{+\infty}x^{\frac{\alpha+1}{q}}f^p(x)\omega_1(q,x)\mathrm{d}x\right)^{\frac{1}{p}}\left(\int_0^{+\infty}y^{\frac{\beta+1}{p}}g^q(y)\omega_2(p,y)\mathrm{d}y\right)^{\frac{1}{q}}\\&=\frac{1}{|\lambda_1|^{1/q}|\lambda_2|^{1/p}}B\left(\frac{1}{2}\left(\lambda_0+\frac{1}{\lambda_1}-\frac{1}{\lambda_2}\right),\frac{1}{2}\left(\lambda_0+\frac{1}{\lambda_2}-\frac{1}{\lambda_1}\right)\right)\end{aligned}$$

$$\times\left(\int_0^{+\infty}x^{\frac{\alpha+1}{q}+\frac{\lambda_1}{2}\left(-\lambda_0+\frac{1}{\lambda_2}-\frac{1}{\lambda_1}\right)}f^p(x)\mathrm{d}x\right)^{\frac{1}{p}}$$
$$\times\left(\int_0^{+\infty}y^{\frac{\beta+1}{p}+\frac{\lambda_2}{2}\left(-\lambda_0+\frac{1}{\lambda_1}-\frac{1}{\lambda_2}\right)}g^q(y)\mathrm{d}y\right)^{\frac{1}{q}}$$
$$=\frac{1}{|\lambda_1|^{1/q}|\lambda_2|^{1/p}}B\left(\frac{1}{2}\left(\lambda_0+\frac{1}{\lambda_1}-\frac{1}{\lambda_2}\right),\frac{1}{2}\left(\lambda_0+\frac{1}{\lambda_2}-\frac{1}{\lambda_1}\right)\right)\|f\|_{p,\alpha}\|g\|_{q,\beta},$$

故 (2.2.1) 式成立.

若 (2.2.1) 式的常数因子不是最佳的, 则存在常数 M_0, 使

$$M_0<\frac{1}{|\lambda_1|^{1/q}|\lambda_2|^{1/p}}B\left(\frac{1}{2}\left(\lambda_0+\frac{1}{\lambda_1}-\frac{1}{\lambda_2}\right),\frac{1}{2}\left(\lambda_0+\frac{1}{\lambda_2}-\frac{1}{\lambda_1}\right)\right),$$

且有

$$\int_0^{+\infty}\int_0^{+\infty}\frac{1}{(x^{\lambda_1}+y^{\lambda_2})^{\lambda_0}}f(x)g(y)\mathrm{d}x\mathrm{d}y\leqslant M_0\|f\|_{p,\alpha}\|g\|_{q,\beta},$$

于是可知

$$\lim_{\varepsilon\to0^+}\left(\int_\varepsilon^{+\infty}\int_0^{+\infty}\frac{f(x)g(y)}{(x^{\lambda_1}+y^{\lambda_2})^{\lambda_0}}\mathrm{d}x\mathrm{d}y-M_0F_\varepsilon G_\varepsilon\right)\leqslant0,\tag{2.2.2}$$

其中

$$F_\varepsilon=\left(\int_\varepsilon^{+\infty}x^\alpha f^p(x)\mathrm{d}x\right)^{\frac{1}{p}},\quad G_\varepsilon=\left(\int_\varepsilon^{+\infty}y^\beta g^q(y)\mathrm{d}y\right)^{\frac{1}{q}}.$$

取 $f(x)=x^{(-\alpha-1-|\lambda_1|\varepsilon)/p}$, $g(x)=y^{(-\beta-1-|\lambda_2|\varepsilon)/q}$, 则

$$F_\varepsilon G_\varepsilon=\left(\int_\varepsilon^{+\infty}x^{-1-|\lambda_1|}\mathrm{d}x\right)^{\frac{1}{p}}\left(\int_\varepsilon^{+\infty}y^{-1-|\lambda_2|}\mathrm{d}y\right)^{\frac{1}{q}}$$
$$=\frac{1}{\varepsilon|\lambda_1|^{1/p}|\lambda_2|^{1/q}}\left(\frac{1}{\varepsilon^{|\lambda_1|\varepsilon}}\right)^{\frac{1}{p}}\left(\frac{1}{\varepsilon^{|\lambda_2|\varepsilon}}\right)^{\frac{1}{q}},$$

注意 $\lambda_1\lambda_2>0$ 时, $\dfrac{\lambda_1}{\lambda_2}|\lambda_2|=|\lambda_1|$, 则

$$\int_\varepsilon^{+\infty}\int_0^{+\infty}\frac{1}{(x^{\lambda_1}+y^{\lambda_2})^{\lambda_0}}f(x)g(y)\mathrm{d}x\mathrm{d}y$$

$$
\begin{aligned}
&=\int_{\varepsilon}^{+\infty} x^{-\frac{\alpha+1}{p}-\frac{|\lambda_1|\varepsilon}{p}}\left(\int_0^{+\infty}\frac{1}{(x^{\lambda_1}+y^{\lambda_2})^{\lambda_0}}y^{-\frac{\beta+1}{q}-\frac{|\lambda_2|\varepsilon}{q}}\mathrm{d}y\right)\mathrm{d}x\\
&=\int_{\varepsilon}^{+\infty} x^{-\frac{\alpha+1}{p}-\frac{|\lambda_1|\varepsilon}{p}-\lambda_0\lambda_1}\left(\int_0^{+\infty}K\left(1,x^{-\lambda_1/\lambda_2}y\right)y^{-\frac{\beta+1}{q}-\frac{|\lambda_2|\varepsilon}{q}}\mathrm{d}y\right)\mathrm{d}x\\
&=\int_{\varepsilon}^{+\infty} x^{-\frac{\alpha+1}{p}-\frac{|\lambda_1|\varepsilon}{p}-\lambda_0\lambda_1+\frac{\lambda_1}{\lambda_2}}\left(\int_0^{+\infty}K(1,t)\,(x^{\frac{\lambda_1}{\lambda_2}}t)^{-\frac{\beta+1}{q}-\frac{|\lambda_2|\varepsilon}{q}}\mathrm{d}t\right)\mathrm{d}x\\
&=\int_{\varepsilon}^{+\infty} x^{-\frac{\alpha+1}{p}-\frac{|\lambda_1|\varepsilon}{p}-\lambda_0\lambda_1+\frac{\lambda_1}{\lambda_2}-\frac{\lambda_1}{\lambda_2}\left(\frac{\beta+1}{q}+\frac{|\lambda_2|\varepsilon}{q}\right)}\left(\int_0^{+\infty}\frac{t^{-(\beta+1)/q-|\lambda_2\varepsilon|/q}}{(1+t^{\lambda_2})^{\lambda_0}}\mathrm{d}t\right)\mathrm{d}x\\
&=\frac{1}{|\lambda_2|}\int_{\varepsilon}^{+\infty} x^{-\frac{\alpha+1}{p}-\frac{\lambda_1}{\lambda_2}\frac{\beta+1}{q}-\lambda_0\lambda_1+\frac{\lambda_1}{\lambda_2}-\frac{|\lambda_1|\varepsilon}{p}-\frac{|\lambda_2|\varepsilon}{q}}\\
&\quad\times\left(\int_0^{+\infty}\frac{u^{-\frac{1}{\lambda_2}((\beta+1)/q+|\lambda_2\varepsilon|/q)+\frac{1}{\lambda_2}-1}}{(1+u)^{\lambda_0}}\mathrm{d}u\right)\mathrm{d}x\\
&=\frac{1}{|\lambda_2|}\int_{\varepsilon}^{+\infty}x^{-1-|\lambda_1|\varepsilon}\mathrm{d}x\int_0^{+\infty}\frac{1}{(1+u)^{\lambda_0}}u^{-\frac{1}{\lambda_2}\left(\frac{\beta+1}{q}+\frac{|\lambda_2|\varepsilon}{q}\right)+\frac{1}{\lambda_2}-1}\mathrm{d}u\\
&=\frac{1}{|\lambda_1|\,|\lambda_2|}\frac{1}{\varepsilon}\left(\frac{1}{\varepsilon^{|\lambda_1|\varepsilon}}\right)\int_0^{+\infty}\frac{1}{(1+u)^{\lambda_0}}u^{-\frac{1}{\lambda_2}\left(\frac{\beta+1}{q}+\frac{|\lambda_2|\varepsilon}{q}-1\right)-1}\mathrm{d}u,
\end{aligned}
$$

再根据 (2.2.2) 式, 得到

$$
\frac{1}{|\lambda_1|\,|\lambda_2|}\int_0^{+\infty}\frac{1}{(1+u)^{\lambda_0}}u^{-\frac{1}{\lambda_2}\left(\frac{\beta+1}{q}-1\right)-1}\mathrm{d}u-\frac{M_0}{|\lambda_1|^{1/p}\,|\lambda_2|^{1/q}}\leqslant 0,
$$

从而

$$
\frac{1}{|\lambda_1|^{1/q}\,|\lambda_2|^{1/p}}\int_0^{+\infty}\frac{1}{(1+u)^{\lambda_0}}u^{\frac{1}{2}\left(\lambda_0+\frac{1}{\lambda_1}-\frac{1}{\lambda_2}\right)-1}\mathrm{d}u\leqslant M_0,
$$

于是有

$$
\frac{1}{|\lambda_1|^{1/q}\,|\lambda_2|^{1/p}}B\left(\frac{1}{2}\left(\lambda_0+\frac{1}{\lambda_1}-\frac{1}{\lambda_2}\right),\frac{1}{2}\left(\lambda_0+\frac{1}{\lambda_2}-\frac{1}{\lambda_1}\right)\right)\leqslant M_0,
$$

这是一个矛盾, 故 (2.2.1) 式中的常数因子是最佳的. 证毕.

引理 2.2.2　设 $\frac{1}{p}+\frac{1}{q}=1\ (p>1)$, $\lambda_1\lambda_2>0$, $-1<\mu<\min\left\{1\pm\frac{4}{\lambda_1},1\pm\frac{4}{\lambda_2}\right\}$, 则

$$
W_1=\int_0^{+\infty}\frac{\left|1-t^{\lambda_2}\right|^{\mu}}{\max\{1,t^{\lambda_2}\}}t^{-\left[1+\frac{\lambda_2}{2}(\mu-1)\right]}\mathrm{d}t
$$

$$
\begin{aligned}
&= \frac{1}{|\lambda_2|}\left(B\left(\mu+1, \frac{1-\mu}{2}-\frac{2}{\lambda_2}\right)+B\left(\mu+1, \frac{1-\mu}{2}+\frac{2}{\lambda_2}\right)\right), \\
W_2 &= \int_0^{+\infty} \frac{\left|t^{\lambda_1}-1\right|^\mu}{\max\left\{t^{\lambda_1}, 1\right\}} t^{-\left[1+\frac{\lambda_1}{2}(\mu-1)\right]} \mathrm{d} t \\
&= \frac{1}{|\lambda_1|}\left(B\left(\mu+1, \frac{1-\mu}{2}-\frac{2}{\lambda_1}\right)+B\left(\mu+1, \frac{1-\mu}{2}+\frac{2}{\lambda_1}\right)\right), \\
\omega_1(x) &= \int_0^{+\infty} \frac{\left|x^{\lambda_1}-y^{\lambda_2}\right|^\mu}{\max\left\{x^{\lambda_1}, y^{\lambda_2}\right\}} y^{-\left[1+\frac{\lambda_2}{2}(\mu-1)\right]} \mathrm{d} y=x^{\frac{\lambda_1}{2}(\mu-1)} W_1, \\
\omega_2(x) &= \int_0^{+\infty} \frac{\left|x^{\lambda_1}-y^{\lambda_2}\right|^\mu}{\max\left\{x^{\lambda_1}, y^{\lambda_2}\right\}} x^{-\left[1+\frac{\lambda_1}{2}(\mu-1)\right]} \mathrm{d} x=y^{\frac{\lambda_2}{2}(\mu-1)} W_2 .
\end{aligned}
$$

证明 令

$$
K(x, y)=\frac{|x^{\lambda_1}-x^{\lambda_2}|^\mu}{\max\left\{x^{\lambda_1}, y^{\lambda_2}\right\}}, \quad x>0, y>0,
$$

则 $K(x, y)$ 是具有参数 $(\mu-1, \lambda_1, \lambda_2)$ 的拟齐次函数.

由 $-1<\mu<\min\left\{1, \pm \frac{4}{\lambda_1}\right\}$, 可得 $\mu+1>0$, $\frac{1}{2}(1-\mu)-\frac{2}{\lambda_1}>0$, $\frac{1}{2}(1-\mu)+\frac{2}{\lambda_2}>0$, 于是由 Beta 函数的性质, 有

$$
\begin{aligned}
W_1 &= \int_0^{+\infty} \frac{\left|1-t^{\lambda_2}\right|^\mu}{\max\left\{1, t^{\lambda_2}\right\}} t^{-\left[1+\frac{\lambda_2}{2}(\mu-1)\right]} \mathrm{d} t \\
&= \frac{1}{|\lambda_2|} \int_0^{+\infty} \frac{|1-u|^\mu}{\max\{1, u\}} u^{-\frac{1}{\lambda_2}\left[2+\frac{\lambda_2}{2}(\mu-1)\right]-1} \mathrm{d} u \\
&= \frac{1}{|\lambda_2|} \int_0^1(1-u)^\mu u^{\frac{1}{2}(1-\mu)-\frac{2}{\lambda_2}-1} \mathrm{d} u+\frac{1}{|\lambda_2|} \int_1^{+\infty}(u-1)^\mu u^{\frac{1}{2}(1-\mu)-\frac{2}{\lambda_2}-2} \mathrm{d} u \\
&= \frac{1}{|\lambda_2|} B\left(\mu+1, \frac{1}{2}(1-\mu)-\frac{2}{\lambda_2}\right)+\frac{1}{|\lambda_2|} B\left(\mu+1, \frac{1}{2}(1-\mu)+\frac{2}{\lambda_2}\right),
\end{aligned}
$$

同理可得

$$
W_2=\frac{1}{|\lambda_1|} B\left(\mu+1, \frac{1}{2}(1-\mu)-\frac{2}{\lambda_1}\right)+\frac{1}{|\lambda_1|} B\left(\mu+1, \frac{1}{2}(1-u)+\frac{2}{\lambda_1}\right).
$$

$$
\begin{aligned}
\omega_1(x) &= \int_0^{+\infty} K(x, y) y^{-\left[1+\frac{\lambda_2}{2}(\mu-1)\right]} \mathrm{d} y \\
&= x^{(\mu-1) \lambda_1} \int_0^{+\infty} K\left(1, x^{-\frac{\lambda_1}{\lambda_2}} y\right) y^{-\left[1+\frac{\lambda_2}{2}(\mu-1)\right]} \mathrm{d} y
\end{aligned}
$$

$$= x^{(\mu-1)\lambda_1+\frac{\lambda_1}{\lambda_2}-\frac{\lambda_1}{\lambda_2}\left[1+\frac{\lambda_2}{2}(\mu-1)\right]}\int_0^{+\infty}K(1,t)t^{-\left[1+\frac{\lambda_2}{2}(\mu-1)\right]}\mathrm{d}t = x^{\frac{\lambda_1}{2}(\mu-1)}W_1,$$

同理可得 $\omega_2(y) = y^{\frac{\lambda_2}{2}(\mu-1)}W_2$. 证毕.

定理 2.2.2　设 $\frac{1}{p}+\frac{1}{q}=1\ (p>1)$, $\lambda_1\lambda_2>0$, $-1<\mu<\min\left\{1\pm\frac{4}{\lambda_1},1\pm\frac{4}{\lambda_2}\right\}$, $\alpha = p\left(1+\frac{\lambda_1}{2}(\mu-1)\right)-1$, $\beta = q\left(1+\frac{\lambda_2}{2}(\mu-1)\right)-1$, $f(x)\in L_p^\alpha(0,+\infty)$, $g(y)\in L_q^\beta(0,+\infty)$, 则

$$\int_0^{+\infty}\int_0^{+\infty}\frac{\left|x^{\lambda_1}-y^{\lambda_2}\right|^\mu}{\max\left\{x^{\lambda_1},y^{\lambda_2}\right\}}f(x)g(y)\mathrm{d}x\mathrm{d}y \leqslant M\|f\|_{p,\alpha}\|g\|_{q,\beta}, \tag{2.2.3}$$

其中的常数因子

$$M = \frac{1}{|\lambda_2|^{1/q}|\lambda_2|^{1/p}}\left(B\left(\mu+1,\frac{1}{2}(1-\mu)-\frac{2}{\lambda_2}\right)+B\left(\mu+1,\frac{1}{2}(\mu-1)+\frac{2}{\lambda_2}\right)\right)^{\frac{1}{p}}$$
$$\times\left(B\left(\mu+1,\frac{1}{2}(1-\mu)-\frac{2}{\lambda_1}\right)+B\left(\mu+1,\frac{1}{2}(\mu-1)+\frac{2}{\lambda_1}\right)\right)^{\frac{1}{q}}$$

是最佳值.

证明　利用 Hölder 不等式及引理 2.2.2, 有

$$\int_0^{+\infty}\int_0^{+\infty}\frac{|x^{\lambda_1}-y^{\lambda_2}|^\mu}{\max\left\{x^{\lambda_1},y^{\lambda_2}\right\}}f(x)g(y)\mathrm{d}x\mathrm{d}y$$
$$=\int_0^{+\infty}\int_0^{+\infty}\left(\frac{x^{\frac{1}{q}\left(1+\frac{\lambda_1}{2}(\mu-1)\right)}}{y^{\frac{1}{p}\left(1+\frac{\lambda_2}{2}(\mu-1)\right)}}f(x)\right)\left(\frac{y^{\frac{1}{p}\left(1+\frac{\lambda_2}{2}(\mu-1)\right)}}{x^{\frac{1}{q}\left(1+\frac{\lambda_1}{2}(\mu-1)\right)}}g(y)\right)K(x,y)\mathrm{d}x\mathrm{d}y$$
$$\leqslant\left(\int_0^{+\infty}\int_0^{+\infty}\frac{x^{(p-1)\left(1+\frac{\lambda_1}{2}(\mu-1)\right)}}{y^{1+\frac{\lambda_2}{2}(\mu-1)}}f^p(x)K(x,y)\mathrm{d}x\mathrm{d}y\right)^{\frac{1}{p}}$$
$$\times\left(\int_0^{+\infty}\int_0^{+\infty}\frac{y^{(q-1)\left(1+\frac{\lambda_2}{2}(u-1)\right)}}{x^{1+\frac{\lambda_1}{2}(\mu-1)}}g^q(y)K(x,y)\mathrm{d}x\mathrm{d}y\right)^{\frac{1}{q}}$$
$$=\left(\int_0^{+\infty}x^{(p-1)\left(1+\frac{\lambda_1}{2}(\mu-1)\right)}f^p(x)\omega_1(x)\mathrm{d}x\right)^{\frac{1}{p}}$$
$$\times\left(\int_0^{+\infty}y^{(q-1)\left(1+\frac{\lambda_2}{2}(\mu-1)\right)}g^q(y)\omega_2(y)\mathrm{d}y\right)^{\frac{1}{q}}$$

$$= W_1^{\frac{1}{p}} W_2^{\frac{1}{q}} \left(\int_0^{+\infty} x^{(p-1)\left(1+\frac{\lambda_1}{2}(\mu-1)\right)+\frac{\lambda_1}{2}(\mu-1)} f^p(x) \mathrm{d}x \right)^{\frac{1}{p}}$$

$$\times \left(\int_0^{+\infty} y^{(q-1)\left(1+\frac{\lambda_2}{2}(\mu-1)\right)+\frac{\lambda_2}{2}(\mu-1)} g^q(y) \mathrm{d}y \right)^{\frac{1}{q}}$$

$$= M \left(\int_0^{+\infty} x^{p\left(1+\frac{\lambda_1}{2}(\mu-1)\right)-1} f^p(x) \mathrm{d}x \right)^{\frac{1}{p}} \left(\int_0^{+\infty} y^{q\left(1+\frac{\lambda_2}{2}(\mu-1)\right)-1} g^q(y) \mathrm{d}y \right)^{\frac{1}{q}}$$

$$= M \|f\|_{p,\alpha} \|g\|_{q,\beta}.$$

故 (2.2.3) 成立.

若 (2.2.3) 式的常数因子不是最佳的, 则存在常数 M_0, 使 $M_0 < M$, 且

$$\int_0^{+\infty} \int_0^{+\infty} \frac{|x^{\lambda_1} - y^{\lambda_2}|^\mu}{\max\{x^{\lambda_1}, y^{\lambda_2}\}} f(x) g(y) \mathrm{d}x \mathrm{d}y \leqslant M_0 \|f\|_{p,\alpha} \|g\|_{q,\beta}.$$

对充分小的 $\varepsilon > 0$, $\delta > 0$, 取

$$f(x) = \begin{cases} x^{(-\alpha-1-|\lambda_1|\varepsilon)/p}, & x \geqslant \delta, \\ 0, & 0 < x < \delta, \end{cases} \qquad g(y) = \begin{cases} y^{(-\beta-1-|\lambda_2|\varepsilon)/q}, & y \geqslant 1, \\ 0, & 0 < y < 1. \end{cases}$$

那么有

$$M_0 \|f\|_{p,\alpha} \|g\|_{q,\beta} = \frac{M_0}{\varepsilon} \frac{1}{|\lambda_1|^{1/p} |\lambda_2|^{1/q}} \left(\frac{1}{\delta^{\lambda_1 \varepsilon}} \right)^{\frac{1}{p}},$$

$$\int_0^{+\infty} \int_0^{+\infty} \frac{|x^{\lambda_1} - y^{\lambda_2}|^\mu}{\max\{x^{\lambda_1}, y^{\lambda_2}\}} f(x) g(y) \mathrm{d}x \mathrm{d}y$$

$$= \int_1^{+\infty} y^{-\frac{\beta+1}{q} - \frac{|\lambda_2|\varepsilon}{q}} \left(\int_\delta^{+\infty} K(x,y) x^{-\frac{\alpha+1}{p} - \frac{|\lambda_1|\varepsilon}{p}} \mathrm{d}x \right) \mathrm{d}y$$

$$= \int_1^{+\infty} y^{-\frac{\beta+1}{q} - \frac{|\lambda_2|\varepsilon}{q} + (\mu-1)\lambda_2} \left(\int_\delta^{+\infty} K(y^{-\frac{\lambda_2}{\lambda_1}} x, 1) x^{-\frac{\alpha+1}{p} - \frac{|\lambda_1|\varepsilon}{p}} \mathrm{d}x \right) \mathrm{d}y$$

$$= \int_1^{+\infty} y^{-\frac{\beta+1}{q} - \frac{|\lambda_2|\varepsilon}{q} + (\mu-1)\lambda_2 - \frac{\lambda_2}{\lambda_1}\left(\frac{\alpha+1}{p} + \frac{|\lambda_1|\varepsilon}{p}\right) + \frac{\lambda_2}{\lambda_1}}$$

$$\times \left(\int_{\delta y^{-\lambda_2/\lambda_1}}^{+\infty} K(t,1) t^{-\frac{\alpha+1}{p} - \frac{|\lambda_1|\varepsilon}{p}} \mathrm{d}t \right) \mathrm{d}y$$

$$= \int_1^{+\infty} y^{-1-|\lambda_2|\varepsilon} \left(\int_{\delta y^{-\lambda_2/\lambda_1}}^{+\infty} K(t,1) t^{-\frac{\alpha+1}{p} - \frac{|\lambda_1|\varepsilon}{p}} \mathrm{d}t \right) \mathrm{d}y$$

$$\geqslant \int_1^{+\infty} y^{-1-|\lambda_2|\varepsilon}\mathrm{d}t \int_\delta^{+\infty} K(t,1)t^{-\frac{\alpha+1}{p}-\frac{|\lambda_1|\varepsilon}{p}}\mathrm{d}t$$
$$=\frac{1}{|\lambda_2|\varepsilon}\int_\delta^{+\infty} K(t,1)t^{-\frac{\alpha+1}{p}-\frac{|\lambda_1|\varepsilon}{p}}\mathrm{d}t,$$

于是得到

$$\frac{1}{|\lambda_2|}\int_\delta^{+\infty} K(t,1)t^{-\frac{\alpha+1}{p}-\frac{|\lambda_1|\varepsilon}{p}}\mathrm{d}t \leqslant \frac{M_0}{|\lambda_1|^{1/p}|\lambda_2|^{1/q}}\left(\frac{1}{\delta^{|\lambda_1|\varepsilon}}\right)^{1/p},$$

令 $\varepsilon \to 0^+$, 得

$$\frac{1}{|\lambda_2|}\int_\delta^{+\infty} K(t,1)t^{-\frac{\alpha+1}{p}}\mathrm{d}t \leqslant \frac{M_0}{|\lambda_1|^{\frac{1}{p}}|\lambda_2|^{\frac{1}{q}}},$$

再令 $\delta \to 0^+$, 得

$$\frac{1}{|\lambda_2|}W_2=\frac{1}{|\lambda_2|}\int_0^{+\infty}\frac{|t^{\lambda_1}-1|^\mu}{\max\{t^{\lambda_1},1\}}t^{-\left(1+\frac{\lambda_1}{2}(\mu-1)\right)}\mathrm{d}t \leqslant \frac{M_0}{|\lambda_1|^{\frac{1}{p}}|\lambda_2|^{\frac{1}{q}}},$$

根据引理 2.2.2, 得 $M \leqslant M_0$, 这与 $M_0 < M$ 矛盾, 故 (2.2.3) 式中的常数因子是最佳的. 证毕.

引理 2.2.3　设 $\frac{1}{p}+\frac{1}{q}=1(p>1)$, $\frac{1}{r}+\frac{1}{s}=1\ (r>1)$, $\lambda_1,\lambda_2>0$, 则

$$W_1=\int_0^{+\infty}\int_0^{+\infty}\frac{\ln t^{-\lambda_2}}{1-t^{\lambda_2}}t^{\frac{\lambda_2}{s}-1}\mathrm{d}t=\frac{1}{|\lambda_2|}\left(\zeta\left(2,\frac{1}{s}\right)+\zeta\left(2,\frac{1}{r}\right)\right),$$
$$W_2=\int_0^{+\infty}\int_0^{+\infty}\frac{\ln t^{\lambda_1}}{t^{\lambda_1}-1}t^{\frac{\lambda_1}{r}-1}\mathrm{d}t=\frac{1}{|\lambda_1|}\left(\zeta\left(2,\frac{1}{s}\right)+\zeta\left(2,\frac{1}{r}\right)\right),$$

$$\omega_1(x)=\int_0^{+\infty}\frac{\ln\left(x^{\lambda_1}/y^{\lambda_2}\right)}{x^{\lambda_1}-y^{\lambda_2}}y^{\frac{\lambda_2}{s}-1}\mathrm{d}y=x^{-\frac{\lambda_1}{r}}W_1,$$
$$\omega_2(y)=\int_0^{+\infty}\frac{\ln\left(x^{\lambda_1}/y^{\lambda_2}\right)}{x^{\lambda_1}-y^{\lambda_2}}x^{\frac{\lambda_1}{r}-1}\mathrm{d}x=y^{-\frac{\lambda_2}{s}}W_2,$$

其中 $\zeta(s,a)$ 是 Riemann 函数.

证明　令

$$K(x,y)=\frac{\ln\left(x^{\lambda_1}/y^{\lambda_2}\right)}{x^{\lambda_1}-y^{\lambda_2}},\quad x>0,y>0,$$

则 $K(x,y)$ 是具有参数 $(-1,\lambda_1,\lambda_2)$ 的拟齐次非负函数. 由 Riemann 函数性质, 有

$$\begin{aligned}
W_1 &= \lambda_2\int_0^{+\infty}\frac{\ln t}{t^{\lambda_2}-1}t^{\frac{\lambda_2}{s}-1}\mathrm{d}t=\frac{1}{|\lambda_2|}\int_0^{+\infty}\frac{\ln u}{u-1}u^{\frac{1}{s}-1}\mathrm{d}u\\
&=\frac{1}{|\lambda_2|}\int_0^{1}\frac{\ln u}{u-1}u^{\frac{1}{s}-1}\mathrm{d}u+\frac{1}{|\lambda_2|}\int_1^{+\infty}\frac{\ln u}{u-1}u^{\frac{1}{s}-1}\mathrm{d}u\\
&=\frac{1}{|\lambda_2|}\int_1^{+\infty}\frac{\ln t}{t-1}t^{-\frac{1}{s}}\mathrm{d}t+\frac{1}{|\lambda_2|}\int_1^{+\infty}\frac{\ln t}{t-1}t^{\frac{1}{s}-1}\mathrm{d}t\\
&=\frac{1}{|\lambda_2|}\int_0^{+\infty}\frac{x}{e^x-1}e^{\left(1-\frac{1}{s}\right)x}\mathrm{d}x+\frac{1}{|\lambda_2|}\int_0^{+\infty}\frac{x}{e^x-1}e^{\left(1-\frac{1}{r}\right)x}\mathrm{d}x\\
&=\frac{1}{|\lambda_2|}\Gamma(2)\zeta\left(2,\frac{1}{s}\right)+\frac{1}{|\lambda_2|}\Gamma(2)\zeta\left(2,\frac{1}{r}\right)\\
&=\frac{1}{|\lambda_2|}\left(\zeta\left(2,\frac{1}{s}\right)+\zeta\left(2,\frac{1}{r}\right)\right),
\end{aligned}$$

同理可证: $W_2=\dfrac{1}{|\lambda_1|}\left(\zeta\left(2,\dfrac{1}{s}\right)+\zeta\left(2,\dfrac{1}{r}\right)\right)$.

$$\begin{aligned}
\omega_1(x)&=x^{-\lambda_1}\int_0^{+\infty}K(1,x^{-\frac{\lambda_1}{\lambda_2}}y)y^{\frac{\lambda_2}{s}-1}\mathrm{d}y\\
&=x^{-\lambda_1+\frac{\lambda_1}{s}}\int_0^{+\infty}K(1,u)\,u^{\frac{\lambda_2}{s}-1}\mathrm{d}u=x^{-\frac{\lambda_1}{r}}W_1,
\end{aligned}$$

同理可证: $\omega_2(y)=y^{-\frac{\lambda_2}{s}}W_2$. 证毕.

定理 2.2.3 设 $\dfrac{1}{p}+\dfrac{1}{q}=1\ (p>1)$, $\dfrac{1}{r}+\dfrac{1}{s}=1\ (r>1)$, $\lambda_1\lambda_2>0$, $\alpha=p\left(1-\dfrac{\lambda_1}{r}\right)-1$, $\beta=q\left(1-\dfrac{\lambda_2}{s}\right)-1$, $f(x)\in L_p^{\alpha}(0,+\infty),g(y)\in L_q^{\beta}(0,+\infty)$, 则

$$\int_0^{+\infty}\int_0^{+\infty}\frac{\ln\left(x^{\lambda_1}/y^{\lambda_2}\right)}{x^{\lambda_1}-y^{\lambda_2}}f(x)g(y)\mathrm{d}y\mathrm{d}x\leqslant M\|f\|_{p,\alpha}\|g\|_{q,\beta},\tag{2.2.4}$$

其中的常数因子 $M=\dfrac{1}{|\lambda_2|^{1/q}|\lambda_2|^{1/p}}\left(\zeta\left(2,\dfrac{1}{s}\right)+\zeta\left(2,\dfrac{1}{r}\right)\right)$ 是最佳的.

证明 根据 Hölder 不等式及引理 2.2.3, 有

$$\int_0^{+\infty}\int_0^{+\infty}\frac{\ln\left(x^{\lambda_1}/y^{\lambda_2}\right)}{x^{\lambda_1}-y^{\lambda_2}}f(x)g(y)\mathrm{d}y\mathrm{d}x$$

$$
\begin{aligned}
&= \int_0^{+\infty}\int_0^{+\infty}\left(\frac{x^{\frac{1}{q}\left(1-\frac{\lambda_1}{r}\right)}}{y^{\frac{1}{p}\left(1-\frac{\lambda_2}{s}\right)}}f(x)\right)\left(\frac{y^{\frac{1}{p}\left(1-\frac{\lambda_2}{s}\right)}}{x^{\frac{1}{q}\left(1-\frac{\lambda_1}{r}\right)}}g(x)\right)K(x,y)\mathrm{d}y\mathrm{d}x \\
&\leqslant \left(\int_0^{+\infty}\int_0^{+\infty} x^{\frac{p}{q}\left(1-\frac{\lambda_1}{r}\right)}f^p(x)y^{\frac{\lambda_2}{s}-1}K(x,y)\mathrm{d}y\mathrm{d}x\right)^{\frac{1}{p}} \\
&\quad\times\left(\int_0^{+\infty}\int_0^{+\infty} y^{\frac{q}{p}\left(1-\frac{\lambda_2}{s}\right)}g^q(y)x^{\frac{\lambda_1}{r}-1}K(x,y)\mathrm{d}y\mathrm{d}x\right)^{\frac{1}{q}} \\
&= \left(\int_0^{+\infty} x^{\frac{p}{q}\left(1-\frac{\lambda_1}{r}\right)}f^p(x)\omega_1(x)\mathrm{d}x\right)^{\frac{1}{p}}\left(\int_0^{+\infty} y^{\frac{q}{p}\left(1-\frac{\lambda_2}{s}\right)}g^q(y)\omega_2(y)\mathrm{d}y\right)^{\frac{1}{q}} \\
&= \left(\int_0^{+\infty} x^{\frac{p}{q}\left(1-\frac{\lambda_1}{r}\right)-\frac{\lambda_1}{r}}f^p(x)W_1\mathrm{d}x\right)^{\frac{1}{p}}\left(\int_0^{+\infty} y^{\frac{q}{p}\left(1-\frac{\lambda_2}{s}\right)-\frac{\lambda_2}{s}}g^q(y)W_2\mathrm{d}y\right)^{\frac{1}{q}} \\
&= \frac{1}{|\lambda_1|^{1/q}|\lambda_2|^{1/p}}\left(\zeta\left(2,\frac{1}{s}\right)+\zeta\left(2,\frac{1}{r}\right)\right)\|f\|_{p,\alpha}\|g\|_{q,\beta},
\end{aligned}
$$

故 (2.2.4) 式成立.

若 (2.1.4) 式中的常数因子 M 不是最佳的, 则存在常数 $M_0<M$, 使

$$
\int_0^{+\infty}\int_0^{+\infty}K(x,y)f(x)g(y)\mathrm{d}x\mathrm{d}y\leqslant M_0\|f\|_{p,\alpha}\|g\|_{q,\beta}.
$$

对充分小的 $\varepsilon>0$ 及 $\delta>0$, 令

$$
f(x)=\begin{cases} x^{(-\alpha-1-|\lambda_1|\varepsilon)/p}, & x\geqslant\delta, \\ 0, & 0<x<\delta, \end{cases}\qquad g(y)=\begin{cases} y^{(-\beta-1-|\lambda_2|\varepsilon)/q}, & y\geqslant 1, \\ 0, & 0<y<1. \end{cases}
$$

则有

$$
M_0\|f\|_{p,\alpha}\|g\|_{q,\beta}=\frac{M_0}{\varepsilon}\frac{1}{|\lambda_1|^{\frac{1}{P}}|\lambda_2|^{\frac{1}{q}}}\left(\frac{1}{\delta^{|\lambda_1|\varepsilon}}\right)^{\frac{1}{p}},
$$

$$
\begin{aligned}
&\int_0^{+\infty}\int_0^{+\infty}K(x,y)f(x)g(y)\mathrm{d}x\mathrm{d}y \\
=&\int_1^{+\infty} y^{-\frac{\beta+1}{q}-\frac{|\lambda_2|\varepsilon}{q}}\left(\int_\delta^{+\infty}K(x,y)x^{-\frac{\alpha+1+|\lambda_1|\varepsilon}{p}}\mathrm{d}x\right)\mathrm{d}y \\
=&\int_1^{+\infty} y^{-\frac{\beta+1}{q}-\frac{|\lambda_2|\varepsilon}{q}-\lambda_2}\left(\int_\delta^{+\infty}K(y^{-\frac{\lambda_2}{\lambda_1}}x,1)x^{-\frac{\alpha+1}{p}-\frac{|\lambda_1|\varepsilon}{p}}\mathrm{d}x\right)\mathrm{d}y \\
=&\int_1^{+\infty} y^{-\frac{\beta+1}{q}-\frac{|\lambda_2|\varepsilon}{q}-\lambda_2-\frac{\lambda_2}{\lambda_1}\left(\frac{\alpha+1}{p}-\frac{|\lambda_1|\varepsilon}{p}\right)+\frac{\lambda_2}{\lambda_1}}\left(\int_{\delta y^{-\lambda_2/\lambda_1}}^{+\infty}K(t,1)t^{-\frac{\alpha+1}{p}-\frac{|\lambda_1|\varepsilon}{p}}\mathrm{d}t\right)\mathrm{d}y
\end{aligned}
$$

$$= \int_1^{+\infty} y^{-1-|\lambda_2|\varepsilon} \left(\int_{\delta y^{-\lambda_2/\lambda_1}}^{+\infty} K(t,1) t^{-\frac{\alpha+1}{p} - \frac{|\lambda_1|\varepsilon}{p}} \mathrm{d}t \right) \mathrm{d}y$$

$$\geqslant \int_1^{+\infty} y^{-1-|\lambda_2|\varepsilon} \mathrm{d}y \int_{\delta}^{+\infty} K(t,1) t^{-\frac{\alpha+1}{p} - \frac{|\lambda_1|\varepsilon}{p}} \mathrm{d}t$$

$$= \frac{1}{|\lambda_2|\varepsilon} \int_{\delta}^{+\infty} K(t,1) t^{-\frac{\alpha+1}{p} - \frac{|\lambda_1|\varepsilon}{p}} \mathrm{d}t,$$

于是可得

$$\frac{1}{|\lambda_2|} \int_{\delta}^{+\infty} K(t,1) t^{-\frac{\alpha+1}{p} - \frac{|\lambda_1|\varepsilon}{p}} \mathrm{d}t \leqslant \frac{M_0}{|\lambda_1|^{1/p} |\lambda_2|^{1/q}} \left(\frac{1}{\delta^{|\lambda_1|\varepsilon}} \right)^{1/p},$$

令 $\varepsilon \to 0^+$, 得

$$\frac{1}{|\lambda_2|} \int_{\delta}^{+\infty} K(t,1) t^{-\frac{\alpha+1}{p}} \mathrm{d}t \leqslant \frac{M_0}{|\lambda_1|^{\frac{1}{p}} |\lambda_2|^{\frac{1}{q}}},$$

再令 $\delta \to 0^+$, 得

$$\frac{1}{|\lambda_2|} W_2 = \frac{1}{|\lambda_2|} \int_0^{+\infty} \frac{\ln t^{\lambda_1}}{\max\{t^{\lambda_1}, 1\}} t^{1-\frac{\lambda_1}{r}} \mathrm{d}t \leqslant \frac{M_0}{|\lambda_1|^{\frac{1}{p}} |\lambda_2|^{\frac{1}{q}}},$$

再由引理 2.2.3, 便得

$$\frac{1}{|\lambda_1|^{1/q} |\lambda_2|^{1/p}} \left(\zeta\left(2, \frac{1}{s}\right) + \zeta\left(2, \frac{1}{r}\right) \right) = M \leqslant M_0,$$

这与 $M_0 < M$ 矛盾, 故 (2.2.3) 式中的常数因子是最佳的. 证毕.

选取适当的适配数 a, b, 利用权系数方法, 我们还可得到如下诸多定理:

定理 2.2.4 设 $\frac{1}{p} + \frac{1}{q} = 1\ (p > 1)$, $\frac{1}{r} + \frac{1}{s} = 1\ (r > 1)$, $\lambda_1 \lambda_2 > 0$,

$$\lambda_0 > \max\left\{ s\left(\frac{1}{\lambda_1} - \frac{1}{\lambda_2} \right), r\left(\frac{1}{\lambda_2} - \frac{1}{\lambda_1} \right) \right\},$$

$$\alpha = \lambda_1 \left(\frac{1}{\lambda_2} - \frac{\lambda_0}{r} \right), \quad \beta = \lambda_2 \left(\frac{1}{\lambda_1} - \frac{\lambda_0}{s} \right),$$

$f(x) \in L_p^{\alpha}(0, +\infty), g(y) \in L_q^{\beta}(0, +\infty)$, 则

$$\int_0^{+\infty} \int_0^{+\infty} \frac{\ln\left(x^{\lambda_1}/y^{\lambda_2}\right)}{\left(\max\{x^{\lambda_1}, y^{\lambda_2}\}\right)^{\lambda_0}} f(x) g(y) \mathrm{d}y \mathrm{d}x \leqslant M \|f\|_{p,\alpha} \|g\|_{q,\beta},$$

其中的常数因子

$$M=\frac{1}{|\lambda_1|^{1/q}|\lambda_2|^{1/p}}\left(\left(\frac{\lambda_0}{r}+\frac{1}{\lambda_1}-\frac{1}{\lambda_2}\right)^{-2}+\left(\frac{\lambda_0}{s}+\frac{1}{\lambda_2}-\frac{1}{\lambda_1}\right)^{-2}\right)$$

是最佳的.

我们取适配数 $a=\frac{1}{q}\left(1+\frac{1}{r}\lambda\lambda_1\right)$, $b=\frac{1}{p}\left(1+\frac{1}{s}\lambda\lambda_2\right)$, 即可证明该定理.

定理 2.2.5 设 $\frac{1}{p}+\frac{1}{q}=1\ (p>1)$, $\frac{1}{r}+\frac{1}{s}=1\ (r>1)$, $\lambda_1\lambda_2>0$, $-1<\lambda_0<\min\{r,s\}$, $\alpha=p\left(1+\frac{\lambda_0\lambda_1}{r}\right)-1$, $\beta=q\left(1+\frac{\lambda_0\lambda_2}{s}\right)-1$, $f(x)\in L_p^{\alpha}(0,+\infty)$, $g(y)\in L_q^{\beta}(0,+\infty)$, 则

$$\int_0^{+\infty}\int_0^{+\infty}\frac{\min\left\{x^{\lambda_1},y^{\lambda_2}\right\}}{\max\left\{x^{\lambda_1},y^{\lambda_2}\right\}}|x^{\lambda_1}-y^{\lambda_2}|^{\lambda_0}f(x)g(y)\mathrm{d}y\mathrm{d}x\leqslant M\|f\|_{p,\alpha}\|g\|_{q,\beta},$$

其中的常数因子

$$M=\frac{1}{|\lambda_1|^{1/q}|\lambda_2|^{1/p}}\left(B\left(1+\lambda_0,1-\frac{\lambda_0}{r}\right)+B\left(1+\lambda_0,1-\frac{\lambda_0}{s}\right)\right)$$

是最佳的.

我们选取适配数 $a=\frac{1}{q}\left(1+\frac{\lambda_0\lambda_1}{r}\right)$, $b=\frac{1}{p}\left(1+\frac{\lambda_0\lambda_2}{s}\right)$, 利用权系数方法便可以证明该定理.

对于拟齐次函数, 还有一种较为特殊的形式, 设 $G(u)$ 是一非负可测函数, 令

$$K(x,y)=G\left(x^{\lambda_1}/y^{\lambda_2}\right),\quad \lambda_1\lambda_2>0,$$

则显然 $K(x,y)$ 是具有参数 $(0,\lambda_1,\lambda_2)$ 的拟齐次函数, 这类函数也是常见的.

引理 2.2.4 设 $\frac{1}{p}+\frac{1}{q}=1\ (p>1)$, $\frac{1}{r}+\frac{1}{s}=1\ (r>1)$, $\lambda_1\lambda_2>0$, $a>0$, $\frac{1}{\lambda_1}-\frac{1}{\lambda_2}>s$, 则

$$\begin{aligned}W_1&=\int_0^{+\infty}\operatorname{csch}\left(at^{-\lambda_2}\right)t^{-\frac{1}{r}-\frac{1}{s}\frac{\lambda_2}{\lambda_1}}\mathrm{d}t\\&=\frac{2}{|\lambda_2|}(2a)^{\frac{1}{s}\left(\frac{1}{\lambda_1}-\frac{1}{\lambda_2}\right)}\Gamma\left(\frac{1}{s}\left(\frac{1}{\lambda_1}-\frac{1}{\lambda_2}\right)\right)\zeta\left(\frac{1}{s}\left(\frac{1}{\lambda_1}-\frac{1}{\lambda_2}\right),\frac{1}{2}\right),\end{aligned}$$

$$W_2=\int_0^{+\infty}\operatorname{csch}\left(at^{\lambda_1}\right)t^{-\frac{1}{r}-\frac{1}{s}\frac{\lambda_1}{\lambda_2}}\mathrm{d}t$$
$$=\frac{2}{|\lambda_1|}(2a)^{\frac{1}{s}\left(\frac{1}{\lambda_1}-\frac{1}{\lambda_2}\right)}\Gamma\left(\frac{1}{s}\left(\frac{1}{\lambda_1}-\frac{1}{\lambda_2}\right)\right)\zeta\left(\frac{1}{s}\left(\frac{1}{\lambda_1}-\frac{1}{\lambda_2}\right),\frac{1}{2}\right),$$

$$\omega_1(x)=\int_0^{+\infty}\operatorname{csch}\left(a\frac{x^{\lambda_1}}{y^{\lambda_2}}\right)y^{-\frac{1}{r}-\frac{1}{s}\frac{\lambda_2}{\lambda_1}}\mathrm{d}y=x^{\frac{1}{s}\left(\frac{\lambda_1}{\lambda_2}-1\right)}W_1,$$
$$\omega_2(y)=\int_0^{+\infty}\operatorname{csch}\left(a\frac{x^{\lambda_1}}{y^{\lambda_2}}\right)x^{-\frac{1}{r}-\frac{1}{s}\frac{\lambda_1}{\lambda_2}}\mathrm{d}x=y^{\frac{1}{s}\left(\frac{\lambda_2}{\lambda_1}-1\right)}W_2,$$

其中 $\Gamma(t)$ 是 Gamma 函数, $\zeta(t,a)$ 是 Riemann 函数.

证明 由 $\frac{1}{\lambda_1}-\frac{1}{\lambda_2}>s$, 可知 $\frac{1}{s}\left(\frac{1}{\lambda_1}-\frac{1}{\lambda_2}\right)>1$, 根据 Riemann 函数性质, 有

$$W_1=\int_0^{+\infty}\operatorname{csch}\left(at^{-\lambda_2}\right)t^{-\frac{1}{r}-\frac{1}{s}\frac{\lambda_2}{\lambda_1}}\mathrm{d}t=\frac{1}{|\lambda_2|}a^{\frac{1}{s}\left(\frac{1}{\lambda_2}-\frac{1}{\lambda_1}\right)}\int_0^{+\infty}\operatorname{csch}(t)t^{\frac{1}{s}\left(\frac{1}{\lambda_1}-\frac{1}{\lambda_2}\right)-1}\mathrm{d}t$$
$$=\frac{1}{|\lambda_2|}a^{\frac{1}{s}\left(\frac{1}{\lambda_2}-\frac{1}{\lambda_1}\right)}\int_0^{+\infty}\frac{2}{e^t-e^{-t}}t^{\frac{1}{s}\left(\frac{1}{\lambda_1}-\frac{1}{\lambda_2}\right)-1}\mathrm{d}t$$
$$=\frac{1}{|\lambda_2|}a^{\frac{1}{s}\left(\frac{1}{\lambda_2}-\frac{1}{\lambda_1}\right)}\int_0^{+\infty}\frac{e^t}{e^{2t}-1}t^{\frac{1}{s}\left(\frac{1}{\lambda_1}-\frac{1}{\lambda_2}\right)-1}\mathrm{d}t$$
$$=\frac{2}{|\lambda_2|}(2a)^{\frac{1}{s}\left(\frac{1}{\lambda_2}-\frac{1}{\lambda_1}\right)}\int_0^{+\infty}\frac{e^{\left(1-\frac{1}{2}\right)u}}{e^u-1}u^{\frac{1}{s}\left(\frac{1}{\lambda_1}-\frac{1}{\lambda_2}\right)-1}\mathrm{d}u$$
$$=\frac{2}{|\lambda_2|}(2a)^{\frac{1}{s}\left(\frac{1}{\lambda_2}-\frac{1}{\lambda_1}\right)}\Gamma\left(\frac{1}{s}\left(\frac{1}{\lambda_1}-\frac{1}{\lambda_2}\right)\right)\zeta\left(\frac{1}{s}\left(\frac{1}{\lambda_1}-\frac{1}{\lambda_2}\right),\frac{1}{2}\right).$$

类似地, 可得

$$W_2=\frac{2}{|\lambda_1|}(2a)^{\frac{1}{s}\left(\frac{1}{\lambda_1}-\frac{1}{\lambda_2}\right)}\Gamma\left(\frac{1}{s}\left(\frac{1}{\lambda_1}-\frac{1}{\lambda_2}\right)\right)\zeta\left(\frac{1}{s}\left(\frac{1}{\lambda_1}-\frac{1}{\lambda_2}\right),\frac{1}{2}\right).$$

记 $K(x,y)=\operatorname{csch}\left(a\frac{x^{\lambda_1}}{y^{\lambda_2}}\right)$, 则

$$\omega_1(x)=\int_0^{+\infty}K(x,y)y^{-\frac{1}{r}-\frac{1}{s}\frac{\lambda_2}{\lambda_1}}\mathrm{d}y=\int_0^{+\infty}K(1,x^{-\frac{\lambda_1}{\lambda_2}}y)y^{-\frac{1}{r}-\frac{1}{s}\frac{\lambda_2}{\lambda_1}}\mathrm{d}y$$
$$=x^{-\frac{\lambda_1}{\lambda_2}\left(\frac{1}{r}+\frac{1}{s}\frac{\lambda_2}{\lambda_1}\right)+\frac{\lambda_1}{\lambda_2}}\int_0^{+\infty}K(1,t)t^{-\frac{1}{r}-\frac{1}{s}\frac{\lambda_2}{\lambda_1}}\mathrm{d}t=x^{\frac{1}{s}\left(\frac{\lambda_1}{\lambda_2}-1\right)}W_1,$$

同理可得 $\omega_2(y) = y^{\frac{1}{s}\left(\frac{\lambda_2}{\lambda_1}-1\right)}W_2$. 证毕.

定理 2.2.6 设 $\frac{1}{p}+\frac{1}{q}=1\ (p>1)$, $\frac{1}{r}+\frac{1}{s}=1\ (r>1)$, $\lambda_1\lambda_2>0$, $a>0$, $\frac{1}{\lambda_1}-\frac{1}{\lambda_2}>s$, $\alpha=\lambda_1 p\left(\frac{1}{r\lambda_1}+\frac{1}{s\lambda_2}\right)-1$, $\beta=\lambda_2 q\left(\frac{1}{s\lambda_1}+\frac{1}{r\lambda_2}\right)-1$, $f(x)\in L_p^{\alpha}(0,+\infty)$, $g(y)\in L_q^{\beta}(0,+\infty)$, 则

$$\int_0^{+\infty}\int_0^{+\infty}\operatorname{csch}\left(a\frac{x^{\lambda_1}}{y^{\lambda_2}}\right)f(x)g(y)\mathrm{d}x\mathrm{d}y\leqslant M\|f\|_{p,\alpha}\|g\|_{q,\beta}, \tag{2.2.5}$$

其中的常数因子

$$M=\frac{2}{|\lambda_1|^{1/q}|\lambda_2|^{1/p}}(2a)^{\frac{1}{s}\left(\frac{1}{\lambda_2}-\frac{1}{\lambda_1}\right)}\Gamma\left(\frac{1}{s}\left(\frac{1}{\lambda_1}-\frac{1}{\lambda_2}\right)\right)\zeta\left(\frac{1}{s}\left(\frac{1}{\lambda_1}-\frac{1}{\lambda_2}\right),\frac{1}{2}\right)$$

是最佳值.

证明 根据 Hölder 不等式及引理 2.2.4, 有

$$\begin{aligned}
&\int_0^{+\infty}\int_0^{+\infty}\operatorname{csch}\left(a\frac{x^{\lambda_1}}{y^{\lambda_2}}\right)f(x)g(y)\mathrm{d}x\mathrm{d}y\\
&=\int_0^{+\infty}\int_0^{+\infty}\left(\frac{x^{\frac{\lambda_1}{q}\left(\frac{1}{r\lambda_1}+\frac{1}{s\lambda_2}\right)}}{y^{\frac{\lambda_2}{p}\left(\frac{1}{s\lambda_1}+\frac{1}{r\lambda_2}\right)}}f(x)\right)\left(\frac{y^{\frac{\lambda_2}{p}\left(\frac{1}{s\lambda_1}+\frac{1}{r\lambda_2}\right)}}{x^{\frac{\lambda_1}{q}\left(\frac{1}{r\lambda_1}+\frac{1}{s\lambda_2}\right)}}g(y)\right)K(x,y)\mathrm{d}x\mathrm{d}y\\
&\leqslant\left(\int_0^{+\infty}\int_0^{+\infty}x^{\frac{p}{q}\lambda_1\left(\frac{1}{r\lambda_1}+\frac{1}{s\lambda_2}\right)}f^p(x)\,y^{-\frac{1}{r}-\frac{1}{s}\frac{\lambda_2}{\lambda_1}}K(x,y)\mathrm{d}x\mathrm{d}y\right)^{\frac{1}{p}}\\
&\quad\times\left(\int_0^{+\infty}\int_0^{+\infty}y^{\frac{q}{p}\lambda_2\left(\frac{1}{s\lambda_1}+\frac{1}{r\lambda_2}\right)}g^q(y)\,x^{-\frac{1}{r}-\frac{1}{s}\frac{\lambda_1}{\lambda_2}}K(x,y)\mathrm{d}x\mathrm{d}y\right)^{\frac{1}{q}}\\
&=\left(\int_0^{+\infty}x^{\frac{p}{q}\lambda_1\left(\frac{1}{r\lambda_1}+\frac{1}{s\lambda_2}\right)+\frac{1}{s}\left(\frac{\lambda_1}{\lambda_2}-1\right)}f^p(x)\,W_1\mathrm{d}x\right)^{\frac{1}{p}}\\
&\quad\times\left(\int_0^{+\infty}y^{\frac{q}{p}\lambda_2\left(\frac{1}{s\lambda_1}+\frac{1}{r\lambda_2}\right)+\frac{1}{s}\left(\frac{\lambda_2}{\lambda_1}-1\right)}g^q(y)\,W_2\mathrm{d}y\right)^{\frac{1}{q}}\\
&=W_1^{\frac{1}{p}}W_2^{\frac{1}{q}}\left(\int_0^{+\infty}x^{\lambda_1 p\left(\frac{1}{r\lambda_1}+\frac{1}{s\lambda_2}\right)-1}f^p(x)\,\mathrm{d}x\right)^{\frac{1}{p}}\\
&\quad\times\left(\int_0^{+\infty}y^{\lambda_2 q\left(\frac{1}{s\lambda_1}+\frac{1}{r\lambda_2}\right)-1}g^q(y)\,\mathrm{d}y\right)^{\frac{1}{q}}\\
&=\frac{2}{|\lambda_1|^{1/q}|\lambda_2|^{1/p}}(2a)^{\frac{1}{s}\left(\frac{1}{\lambda_2}-\frac{1}{\lambda_1}\right)}\Gamma\left(\frac{1}{s}\left(\frac{1}{\lambda_1}-\frac{1}{\lambda_2}\right)\right)
\end{aligned}$$

$$\times \zeta\left(\frac{1}{s}\left(\frac{1}{\lambda_1}-\frac{1}{\lambda_2}\right), \frac{1}{2}\right)\|f\|_{p,\alpha}\|g\|_{q,\beta},$$

故 (2.2.5) 式成立.

若 (2.2.5) 式的常数因子 M 不是最佳的, 则存在常数 $M_0 < M$, 使

$$\int_0^{+\infty}\int_0^{+\infty}\operatorname{csch}\left(a\frac{x^{\lambda_1}}{y^{\lambda_2}}\right) f(x) g(y) \mathrm{d}x\mathrm{d}y \leqslant M_0\|f\|_{p,\alpha}\|g\|_{q,\beta},$$

对足够小的 $\varepsilon > 0$ 及 $\delta > 0$, 取

$$f(x)=\begin{cases} x^{(-\alpha-1-|\lambda_1|\varepsilon)/p}, & x \geqslant \delta,\\ 0, & 0<x<\delta,\end{cases} \qquad g(y)=\begin{cases} y^{(-\beta-1-|\lambda_2|\varepsilon)/p}, & y \geqslant 1,\\ 0, & 0<x<1.\end{cases}$$

则

$$M_0\|f\|_{p,\alpha}\|g\|_{q,\beta}=\frac{M_0}{\varepsilon}\left(\frac{1}{\delta^{|\lambda_1|\varepsilon}}\right)^{\frac{1}{p}},$$

$$\begin{aligned}
&\int_0^{+\infty}\int_0^{+\infty}\operatorname{csch}\left(a\frac{x^{\lambda_1}}{y^{\lambda_2}}\right) f(x) g(y)\mathrm{d}x\mathrm{d}y\\
&=\int_1^{+\infty} y^{-\frac{\beta+1}{q}-\frac{|\lambda_2|\varepsilon}{q}}\left(\int_\delta^{+\infty} K(x,y) x^{(-\alpha-1-|\lambda_1|\varepsilon)/q}\mathrm{d}x\right)\mathrm{d}y\\
&=\int_1^{+\infty} y^{-\frac{\beta+1}{q}-\frac{|\lambda_2|\varepsilon}{q}}\left(\int_\delta^{+\infty} K\left(y^{-\frac{\lambda_2}{\lambda_1}}x, 1\right) x^{(-\alpha-1-|\lambda_1|\varepsilon)/p}\mathrm{d}x\right)\mathrm{d}y\\
&=\int_1^{+\infty} y^{-\frac{\beta+1}{q}-\frac{|\lambda_2|\varepsilon}{q}-\frac{\lambda_2}{\lambda_1}\left(\frac{\alpha+1}{p}-\frac{|\lambda_1|\varepsilon}{p}\right)+\frac{\lambda_2}{\lambda_1}}\left(\int_{\delta y^{-\lambda_2/\lambda_1}}^{+\infty} K(t,1) t^{(-\alpha-1-|\lambda_1|\varepsilon)/p}\mathrm{d}t\right)\mathrm{d}y\\
&=\int_1^{+\infty} y^{-1-|\lambda_2|\varepsilon}\left(\int_{\delta y^{-\lambda_2/\lambda_1}}^{+\infty} K(t,1) t^{(-\alpha-1-|\lambda_1|\varepsilon)/p}\mathrm{d}t\right)\mathrm{d}y\\
&\geqslant \int_1^{+\infty} y^{-1-|\lambda_2|\varepsilon}\mathrm{d}y\int_\delta^{+\infty} K(t,1) t^{(-\alpha-1-|\lambda_1|\varepsilon)/p}\mathrm{d}t\\
&=\frac{1}{|\lambda_2|\varepsilon}\int_\delta^{+\infty} K(t,1) t^{-\frac{\alpha+1}{p}-\frac{|\lambda_1|\varepsilon}{p}}\mathrm{d}t,
\end{aligned}$$

于是得到

$$\frac{1}{|\lambda_2|}\int_\delta^{+\infty} K(t,1) t^{-\frac{\alpha+1}{p}-\frac{|\lambda_1|\varepsilon}{p}}\mathrm{d}t \leqslant M_0\left(\frac{1}{\delta^{|\lambda_1|\varepsilon}}\right)^{\frac{1}{p}},$$

先令 $\varepsilon \to 0^+$ 后, 再令 $\delta \to 0^+$, 得到

$$\frac{1}{|\lambda_2|}W_2 = \frac{1}{|\lambda_2|}\int_0^{+\infty} K(t,1)\, t^{-\frac{\alpha+1}{p}}\mathrm{d}t \leqslant M_0,$$

再利用引理 2.2.4, 便得 $M \leqslant M_0$, 这与 $M_0 < M$ 矛盾, 故 (2.2.5) 式中的常数因子是最佳的. 证毕.

引理 2.2.5 设 $a>0$, $b>0$, $\lambda_1\lambda_2>0$, $\lambda > \max\left\{\frac{1}{\lambda_1}-\frac{1}{\lambda_2}, \frac{1}{\lambda_2}-\frac{1}{\lambda_1}\right\}$, 则

$$\begin{aligned}W_1 &= \int_0^{+\infty}\left(\frac{a}{t^{\lambda_2}}+bt^{\lambda_2}\right)^{-\lambda} t^{-\frac{\lambda_2}{\lambda_1}}\mathrm{d}t\\ &= \frac{1}{2|\lambda_2|a^\lambda}\left(\frac{a}{b}\right)^{\frac{1}{2}\left(\frac{1}{\lambda_2}-\frac{1}{\lambda_1}+\lambda\right)}\frac{\Gamma\left(\frac{1}{2}\left(\frac{1}{\lambda_2}-\frac{1}{\lambda_1}+\lambda\right)\right)\Gamma\left(\frac{1}{2}\left(\frac{1}{\lambda_1}-\frac{1}{\lambda_2}+\lambda\right)\right)}{\Gamma(\lambda)},\\ W_2 &= \int_0^{+\infty}\left(at^{\lambda_1}+\frac{b}{t^{\lambda_1}}\right)^{-\lambda} t^{-\frac{\lambda_1}{\lambda_2}}\mathrm{d}t\\ &= \frac{1}{2|\lambda_1|b^\lambda}\left(\frac{b}{a}\right)^{\frac{1}{2}\left(\frac{1}{\lambda_1}-\frac{1}{\lambda_2}+\lambda\right)}\frac{\Gamma\left(\frac{1}{2}\left(\frac{1}{\lambda_1}-\frac{1}{\lambda_2}+\lambda\right)\right)\Gamma\left(\frac{1}{2}\left(\frac{1}{\lambda_2}-\frac{1}{\lambda_1}+\lambda\right)\right)}{\Gamma(\lambda)},\end{aligned}$$

$$\omega_1(x) = \int_0^{+\infty}\left(a\frac{x^{\lambda_1}}{y^{\lambda_2}}+b\frac{y^{\lambda_2}}{x^{\lambda_1}}\right)^{-\lambda} y^{-\frac{\lambda_2}{\lambda_1}}\mathrm{d}y = x^{\frac{\lambda_1}{\lambda_2}-1}W_1,$$

$$\omega_2(y) = \int_0^{+\infty}\left(a\frac{x^{\lambda_1}}{y^{\lambda_2}}+b\frac{y^{\lambda_2}}{x^{\lambda_1}}\right)^{-\lambda} x^{-\frac{\lambda_1}{\lambda_2}}\mathrm{d}x = y^{\frac{\lambda_1}{\lambda_2}-1}W_2.$$

证明 首先由 $\lambda > \max\left\{\frac{1}{\lambda_1}-\frac{1}{\lambda_2}, \frac{1}{\lambda_2}-\frac{1}{\lambda_1}\right\}$, 可知 $\lambda>0$, $\frac{1}{\lambda_1}-\frac{1}{\lambda_2}+\lambda>0$, $\frac{1}{\lambda_2}-\frac{1}{\lambda_1}+\lambda>0$, 于是

$$\begin{aligned}W_1 &= \int_0^{+\infty}\left(a+bt^{2\lambda_2}\right)^{-\lambda} t^{-\frac{\lambda_2}{\lambda_1}+\lambda_2\lambda}\mathrm{d}t = \frac{1}{a^\lambda}\int_0^{+\infty}\left(1+\frac{b}{a}t^{2\lambda_2}\right)^{-\lambda} t^{-\frac{\lambda_2}{\lambda_1}+\lambda_2\lambda}\mathrm{d}t\\ &= \frac{1}{2|\lambda_2|a^\lambda}\left(\frac{a}{b}\right)^{\frac{1}{2\lambda_2}-\frac{1}{2\lambda_2}\left(\frac{\lambda_2}{\lambda_1}-\lambda_2\lambda\right)}\int_0^{+\infty}(1+u)^{-\lambda}u^{\frac{1}{2}\left(\frac{1}{\lambda_2}-\frac{1}{\lambda_1}+\lambda\right)-1}\mathrm{d}u\\ &= \frac{1}{2|\lambda_2|a^\lambda}\left(\frac{a}{b}\right)^{\frac{1}{2}\left(\frac{1}{\lambda_2}-\frac{1}{\lambda_1}+\lambda\right)}\int_0^{+\infty}\frac{u^{\frac{1}{2}\left(\frac{1}{\lambda_2}-\frac{1}{\lambda_1}+\lambda\right)-1}}{(1+u)^\lambda}\mathrm{d}u\end{aligned}$$

$$=\frac{1}{2|\lambda_2|a^{\lambda}}\left(\frac{a}{b}\right)^{\frac{1}{2}\left(\frac{1}{\lambda_2}-\frac{1}{\lambda_1}+\lambda\right)}\frac{\Gamma\left(\frac{1}{2}\left(\frac{1}{\lambda_2}-\frac{1}{\lambda_1}+\lambda\right)\right)\Gamma\left(\lambda-\frac{1}{2}\left(\frac{1}{\lambda_2}-\frac{1}{\lambda_1}+\lambda\right)\right)}{\Gamma(\lambda)}$$

$$=\frac{1}{2|\lambda_2|a^{\lambda}}\left(\frac{a}{b}\right)^{\frac{1}{2}\left(\frac{1}{\lambda_2}-\frac{1}{\lambda_1}+\lambda\right)}\frac{\Gamma\left(\frac{1}{2}\left(\frac{1}{\lambda_2}-\frac{1}{\lambda_1}+\lambda\right)\right)\Gamma\left(\frac{1}{2}\left(\frac{1}{\lambda_1}-\frac{1}{\lambda_2}+\lambda\right)\right)}{\Gamma(\lambda)}.$$

同理可得

$$W_2=\frac{1}{2|\lambda_1|b^{\lambda}}\left(\frac{b}{a}\right)^{\frac{1}{2}\left(\frac{1}{\lambda_1}-\frac{1}{\lambda_2}+\lambda\right)}\frac{\Gamma\left(\frac{1}{2}\left(\frac{1}{\lambda_1}-\frac{1}{\lambda_2}+\lambda\right)\right)\Gamma\left(\frac{1}{2}\left(\frac{1}{\lambda_2}-\frac{1}{\lambda_1}+\lambda\right)\right)}{\Gamma(\lambda)},$$

$$\omega_1(x)=\int_0^{+\infty}\left(a\frac{1}{\left(x^{-\lambda_1/\lambda_2}y\right)^{\lambda_2}}+b\left(x^{-\lambda_1/\lambda_2}y\right)^{\lambda_2}\right)^{-1}y^{-\frac{\lambda_2}{\lambda_1}}\mathrm{d}y$$

$$=x^{\frac{\lambda_1}{\lambda_2}-1}\int_0^{+\infty}\left(a\frac{1}{t^{\lambda_2}}+bt^{\lambda_2}\right)^{-\lambda}t^{-\frac{\lambda_2}{\lambda_1}}dt=x^{\frac{\lambda_1}{\lambda_2}-1}W_1,$$

同理可得 $\omega_2(y)=y^{\frac{\lambda_2}{\lambda_1}-1}W_2$. 证毕.

定理 2.2.7 设 $\frac{1}{p}+\frac{1}{q}=1\ (p>1)$, $\lambda_1\lambda_2>0$, $\lambda>\max\left\{\frac{1}{\lambda_1}-\frac{1}{\lambda_2},\frac{1}{\lambda_2}-\frac{1}{\lambda_1}\right\}$, $a>0$, $b>0$, $f(x)\in L_p^{p\frac{\lambda_1}{\lambda_2}-1}(0,+\infty)$, $g(y)\in L_q^{q\frac{\lambda_2}{\lambda_1}-1}(0,+\infty)$, 则

$$\int_0^{+\infty}\int_0^{+\infty}\left(a\frac{x^{\lambda_1}}{y^{\lambda_2}}+b\frac{y^{\lambda_2}}{x^{\lambda_1}}\right)^{-\lambda}f(x)g(y)\mathrm{d}x\mathrm{d}y$$

$$\leqslant M\|f\|_{p,p\frac{\lambda_1}{\lambda_2}-1}\|g\|_{q,q\frac{\lambda_2}{\lambda_1}-1},\tag{2.2.6}$$

其中常数因子

$$M=\frac{1}{2|\lambda_1|^{1/q}|\lambda_2|^{1/p}}a^{\frac{1}{2}\left(\frac{1}{\lambda_2}-\frac{1}{\lambda_1}-\lambda\right)}b^{\frac{1}{2}\left(\frac{1}{\lambda_1}-\frac{1}{\lambda_2}-\lambda\right)}$$

$$\times\frac{\Gamma\left(\frac{1}{2}\left(\frac{1}{\lambda_1}-\frac{1}{\lambda_2}+\lambda\right)\right)\Gamma\left(\frac{1}{2}\left(\frac{1}{\lambda_2}-\frac{1}{\lambda_1}+\lambda\right)\right)}{\Gamma(\lambda)}$$

是最佳的.

证明 根据 Hölder 不等式及引理 2.2.5, 有

$$\int_0^{+\infty}\int_0^{+\infty}\left(a\frac{x^{\lambda_1}}{y^{\lambda_2}}+b\frac{y^{\lambda_2}}{x^{\lambda_1}}\right)^{-\lambda}f(x)g(y)\mathrm{d}x\mathrm{d}y$$

$$
\begin{aligned}
&= \int_0^{+\infty}\int_0^{+\infty} \left(\frac{x^{\lambda_1/(q\lambda_2)}}{y^{\lambda_2/(p\lambda_1)}} f(x)\right)\left(\frac{y^{\lambda_2/(p\lambda_1)}}{x^{\lambda_1/(q\lambda_2)}} g(y)\right)\left(a\frac{x^{\lambda_1}}{y^{\lambda_2}} + b\frac{y^{\lambda_2}}{x^{\lambda_1}}\right)^{-\lambda} \mathrm{d}x\mathrm{d}y \\
&\leqslant \left(\int_0^{+\infty}\int_0^{+\infty} \frac{x^{\frac{p}{q}\frac{\lambda_1}{\lambda_2}}}{y^{\frac{\lambda_2}{\lambda_1}}} f^p(x)\left(a\frac{x^{\lambda_1}}{y^{\lambda_2}} + b\frac{y^{\lambda_2}}{x^{\lambda_1}}\right)^{-\lambda} \mathrm{d}x\mathrm{d}y\right)^{\frac{1}{p}} \\
&\quad \times \left(\int_0^{+\infty}\int_0^{+\infty} \frac{y^{\frac{q}{p}\frac{\lambda_2}{\lambda_1}}}{x^{\frac{\lambda_1}{\lambda_2}}} g^q(y)\left(a\frac{x^{\lambda_1}}{y^{\lambda_2}} + b\frac{y^{\lambda_2}}{x^{\lambda_1}}\right)^{-\lambda} \mathrm{d}x\mathrm{d}y\right)^{\frac{1}{q}} \\
&= \left(\int_0^{+\infty} x^{\frac{p}{q}\frac{\lambda_1}{\lambda_2}} f^p(x)\omega_1(x)\mathrm{d}x\right)^{\frac{1}{p}} \left(\int_0^{+\infty} y^{\frac{q}{p}\frac{\lambda_2}{\lambda_1}} g^q(y)\omega_2(y)\mathrm{d}y\right)^{\frac{1}{q}} \\
&= \left(\int_0^{+\infty} x^{\frac{p}{q}\frac{\lambda_1}{\lambda_2}+\frac{\lambda_1}{\lambda_2}-1} f^p(x)W_1\mathrm{d}x\right)^{\frac{1}{p}} \left(\int_0^{+\infty} y^{\frac{q}{p}\frac{\lambda_2}{\lambda_1}+\frac{\lambda_2}{\lambda_1}-1} g^q(y)W_2\mathrm{d}y\right)^{\frac{1}{q}} \\
&= W_1^{\frac{1}{p}} W_2^{\frac{1}{q}} \left(\int_0^{+\infty} x^{p\frac{\lambda_1}{\lambda_2}-1} f^p(x)\mathrm{d}x\right)^{\frac{1}{p}} \left(\int_0^{+\infty} y^{q\frac{\lambda_2}{\lambda_1}-1} g^q(y)\mathrm{d}y\right)^{\frac{1}{q}} \\
&= M\|f\|_{p,p\frac{\lambda_1}{\lambda_2}-1}\|g\|_{q,q\frac{\lambda_2}{\lambda_1}-1}.
\end{aligned}
$$

故 (2.2.6) 式成立.

若 (2.2.6) 式中的常数因子 M 不是最佳的, 则存在常数 $M_0 < M$, 使

$$
\int_0^{+\infty}\int_0^{+\infty}\left(a\frac{x^{\lambda_1}}{y^{\lambda_2}} + b\frac{y^{\lambda_2}}{x^{\lambda_1}}\right)^{-\lambda} f(x)g(y)\mathrm{d}x\mathrm{d}y \leqslant M_0\|f\|_{p,p\frac{\lambda_1}{\lambda_2}-1}\|g\|_{q,q\frac{\lambda_2}{\lambda_1}-1}.
$$

对充分小的 $\varepsilon > 0$ 及 $\delta > 0$, 取

$$
f(x) = \begin{cases} x^{-(p\frac{\lambda_1}{\lambda_2}+|\lambda_1|\varepsilon)/p}, & x \geqslant \delta, \\ 0, & 0 < x < \delta, \end{cases} \qquad g(y) = \begin{cases} y^{-(q\frac{\lambda_2}{\lambda_1}+|\lambda_2|\varepsilon)/q}, & y \geqslant 1, \\ 0, & 0 < y < 1. \end{cases}
$$

并记 $K(x,y) = \left(a\dfrac{x^{\lambda_1}}{y^{\lambda_2}} + b\dfrac{y^{\lambda_2}}{x^{\lambda_1}}\right)^{-\lambda}$, 则有

$$
M_0\|f\|_{p,p\frac{\lambda_1}{\lambda_2}-1}\|g\|_{q,q\frac{\lambda_2}{\lambda_1}-1} = \frac{M_0}{\varepsilon}\left(\frac{1}{\delta^{|\lambda_1|\varepsilon}}\right)^{\frac{1}{p}},
$$

$$
\int_0^{+\infty}\int_0^{+\infty}\left(a\frac{x^{\lambda_1}}{y^{\lambda_2}} + b\frac{y^{\lambda_2}}{x^{\lambda_1}}\right)^{-\lambda} f(x)g(y)\mathrm{d}x\mathrm{d}y
$$

$$
\begin{aligned}
&=\int_{1}^{+\infty} y^{-\frac{\lambda_2}{\lambda_1}-\frac{|\lambda_2|\varepsilon}{q}}\left(\int_{\delta}^{+\infty} K(x,y)x^{-\frac{\lambda_1}{\lambda_2}-\frac{|\lambda_1|\varepsilon}{p}}\mathrm{d}x\right)\mathrm{d}y\\
&=\int_{1}^{+\infty} y^{-\frac{\lambda_2}{\lambda_1}-\frac{|\lambda_2|\varepsilon}{q}}\left(\int_{\delta}^{+\infty} K(y^{-\lambda_2/\lambda_1}x,1)x^{-\frac{\lambda_1}{\lambda_2}-\frac{|\lambda_1|\varepsilon}{p}}\mathrm{d}x\right)\mathrm{d}y\\
&=\int_{1}^{+\infty} y^{-\frac{\lambda_2}{\lambda_1}-\frac{|\lambda_2|\varepsilon}{q}-\frac{\lambda_2}{\lambda_1}\left(\frac{\lambda_1}{\lambda_2}+\frac{|\lambda_1|\varepsilon}{p}\right)+\frac{\lambda_2}{\lambda_1}}\left(\int_{\delta y^{-\lambda_2/\lambda_1}}^{+\infty} K(t,1)t^{-\frac{\lambda_1}{\lambda_2}-\frac{|\lambda_1|\varepsilon}{p}}\mathrm{d}t\right)\mathrm{d}y\\
&\geqslant\int_{1}^{+\infty} y^{-1-|\lambda_2|\varepsilon}\left(\int_{\delta}^{+\infty} K(t,1)\,t^{-\frac{\lambda_1}{\lambda_2}-\frac{|\lambda_1|\varepsilon}{p}}\mathrm{d}t\right)\mathrm{d}y\\
&=\frac{1}{|\lambda_2|\,\varepsilon}\int_{\delta}^{+\infty} K(t,1)t^{-\frac{\lambda_1}{\lambda_2}-\frac{|\lambda_1|\varepsilon}{p}}\mathrm{d}t,
\end{aligned}
$$

于是可得

$$
\frac{1}{|\lambda_2|}\int_{\delta}^{+\infty} K(t,1)t^{-\frac{\lambda_1}{\lambda_2}-\frac{|\lambda_1|\varepsilon}{p}}\mathrm{d}t\leqslant M_0\left(\frac{1}{\delta^{|\lambda_1|\varepsilon}}\right)^{1/p},
$$

先令 $\varepsilon\to 0^+$, 再令 $\sigma\to 0^+$, 得到

$$
\frac{1}{|\lambda_2|}\int_{0}^{+\infty}\left(at^{\lambda_1}+b\frac{1}{t^{\lambda_1}}\right)^{-\lambda} t^{-\frac{\lambda_1}{\lambda_2}}\mathrm{d}t\leqslant M_0.
$$

根据引理 2.2.5, 可得 $M\leqslant M_0$, 这与 $M_0<M$ 矛盾, 故 (2.2.6) 式中的常数因子 M 是最佳的. 证毕.

2.3 一类非齐次核的 Hilbert 型积分不等式

设 $\lambda_1\lambda_2>0$, $G(u)$ 是可测函数, 设 $K(x,y)=G\left(x^{\lambda_1}y^{\lambda_2}\right)$, 则 $K(x,y)$ 是非齐次函数, 显然, $\forall t>0$, 有

$$
K(tx,y)=K(x,t^{\frac{\lambda_1}{\lambda_2}}y),\quad K(x,ty)=K(t^{\frac{\lambda_2}{\lambda_1}}x,y).
$$

本节我们讨论若干具有这类非齐次核的 Hilbert 型积分不等式, 为方便计, 我们称这类非齐次函数为具有参数 (λ_1,λ_2) 的变量可转移函数.

引理 2.3.1 设 $0<\lambda<1$, $\lambda_1\lambda_2>0$, 则

$$
W_1=\int_{0}^{+\infty}\frac{1}{|1-t^{\lambda_2}|^{\lambda}}t^{\frac{\lambda}{2}\lambda_2-1}\mathrm{d}t=\frac{2}{|\lambda_2|}B\left(1-\lambda,\frac{\lambda}{2}\right),
$$

$$
W_2=\int_{0}^{+\infty}\frac{1}{|1-t^{\lambda_1}|^{\lambda}}t^{\frac{\lambda}{2}\lambda_1-1}\mathrm{d}t=\frac{2}{|\lambda_1|}B\left(1-\lambda,\frac{\lambda}{2}\right),
$$

$$\omega_1(x) = \int_0^{+\infty} \frac{1}{|1 - x^{\lambda_1} y^{\lambda_2}|^{\lambda}} y^{\frac{\lambda}{2}\lambda_2 - 1} \mathrm{d}y = x^{-\frac{\lambda}{2}\lambda_1} W_1,$$

$$\omega_2(y) = \int_0^{+\infty} \frac{1}{|1 - x^{\lambda_1} y^{\lambda_2}|^{\lambda}} x^{\frac{\lambda}{2}\lambda_2 - 1} \mathrm{d}x = y^{-\frac{\lambda}{2}\lambda_2} W_2.$$

证明 作变换 $t^{\lambda_2} = u$, 则

$$\begin{aligned} W_1 &= \frac{1}{|\lambda_2|} \int_0^{+\infty} \frac{1}{|1-u|^{\lambda}} u^{\frac{\lambda}{2}-1} \mathrm{d}u = \frac{2}{|\lambda_2|} \int_0^1 (1-u)^{-\lambda} u^{\frac{\lambda}{2}-1} \mathrm{d}u \\ &= \frac{2}{|\lambda_2|} B\left(1-\lambda, \frac{\lambda}{2}\right). \end{aligned}$$

同理: $W_2 = \dfrac{2}{|\lambda_1|} B\left(1-\lambda, \dfrac{\lambda}{2}\right)$.

$$\begin{aligned} \omega_1(x) &= \int_0^{+\infty} \frac{1}{\left|1 - (x^{\lambda_1/\lambda_2} y)^{\lambda_2}\right|^{\lambda}} y^{\frac{\lambda}{2}\lambda_2 - 1} \mathrm{d}y \\ &= x^{-\frac{\lambda}{2}\lambda_1} \int_0^{+\infty} \frac{1}{|1 - t^{\lambda_2}|^{\lambda}} t^{\frac{\lambda}{2}\lambda_2 - 1} \mathrm{d}t = x^{-\frac{\lambda}{2}\lambda_1} W_1, \end{aligned}$$

同理: $\omega_2(y) = y^{-\frac{\lambda}{2}\lambda_2} W_2$. 证毕.

定理 2.3.1 设 $\dfrac{1}{p} + \dfrac{1}{q} = 1\ (p > 1)$, $0 < \lambda < 1$, $\lambda_1\lambda_2 > 0$, $\alpha = p\left(1 - \dfrac{\lambda}{2}\lambda_1\right) - 1$, $\beta = q\left(1 - \dfrac{\lambda}{2}\lambda_2\right) - 1$, $f(x) \in L_p^{\alpha}(0, +\infty)$, $g(y) \in L_q^{\beta}(0, +\infty)$, 那么

$$\begin{aligned} &\int_0^{+\infty} \int_0^{+\infty} \frac{1}{|1 - x^{\lambda_1} y^{\lambda_2}|^{\lambda}} f(x) g(y) \mathrm{d}x \mathrm{d}y \\ &\leqslant \frac{2}{|\lambda_1|^{1/q} |\lambda_2|^{1/p}} B\left(1-\lambda, \frac{\lambda}{2}\right) \|f\|_{p,\alpha} \|g\|_{q,\beta}, \end{aligned} \tag{2.3.1}$$

其中的常数因子 $\dfrac{2}{|\lambda_1|^{1/q}|\lambda_2|^{1/p}} B\left(1-\lambda, \dfrac{\lambda}{2}\right)$ 是最佳的.

证明 利用 Hölder 不等式及引理 2.3.1, 有

$$\int_0^{+\infty} \int_0^{+\infty} \frac{1}{|1 - x^{\lambda_1} y^{\lambda_2}|^{\lambda}} f(x) g(y) \mathrm{d}x \mathrm{d}y$$

$$
\begin{aligned}
&=\int_0^{+\infty}\int_0^{+\infty}\left(\frac{x^{\left(1-\frac{\lambda}{2}\lambda_1\right)/q}}{y^{\left(1-\frac{\lambda}{2}\lambda_2\right)/p}}f(x)\right)\left(\frac{y^{\left(1-\frac{\lambda}{2}\lambda_2\right)/p}}{x^{\left(1-\frac{\lambda}{2}\lambda_1\right)/q}}g(y)\right)\frac{1}{\left|1-x^{\lambda_1}y^{\lambda_2}\right|^{\lambda}}\mathrm{d}x\mathrm{d}y\\
&\leqslant\left(\int_0^{+\infty}\int_0^{+\infty}x^{\frac{p}{q}\left(1-\frac{\lambda}{2}\lambda_1\right)}f^p(x)y^{\frac{\lambda}{2}\lambda_2-1}\frac{1}{\left|1-x^{\lambda_1}y^{\lambda_2}\right|^{\lambda}}\mathrm{d}x\mathrm{d}y\right)^{\frac{1}{p}}\\
&\quad\times\left(\int_0^{+\infty}\int_0^{+\infty}y^{\frac{q}{p}\left(1-\frac{\lambda}{2}\lambda_2\right)}g^q(y)x^{\frac{\lambda}{2}\lambda_1-1}\frac{1}{\left|1-x^{\lambda_1}y^{\lambda_2}\right|^{\lambda}}\mathrm{d}x\mathrm{d}y\right)^{\frac{1}{q}}\\
&=\left(\int_0^{+\infty}x^{\frac{p}{q}\left(1-\frac{\lambda}{2}\lambda_1\right)}f^p(x)\omega_1(x)\mathrm{d}x\right)^{\frac{1}{p}}\left(\int_0^{+\infty}y^{\frac{q}{p}\left(1-\frac{\lambda}{2}\lambda_2\right)}g^q(y)\omega_2(y)\mathrm{d}y\right)^{\frac{1}{q}}\\
&=\left(\int_0^{+\infty}x^{\frac{p}{q}\left(1-\frac{\lambda}{2}\lambda_1\right)-\frac{1}{2}\lambda_1}f^p(x)W_1\mathrm{d}x\right)^{\frac{1}{p}}\left(\int_0^{+\infty}y^{\frac{q}{p}\left(1-\frac{\lambda}{2}\lambda_2\right)-\frac{\lambda}{2}\lambda_2}g^q(y)W_2\mathrm{d}y\right)^{\frac{1}{q}}\\
&=W_1^{\frac{1}{p}}W_2^{\frac{1}{q}}\left(\int_0^{+\infty}x^{p\left(1-\frac{\lambda}{2}\lambda_1\right)-1}f^p(x)\mathrm{d}x\right)^{\frac{1}{p}}\left(\int_0^{+\infty}y^{q\left(1-\frac{\lambda}{2}\lambda_2\right)-1}g^q(y)\mathrm{d}y\right)^{\frac{1}{q}}\\
&=\frac{2}{|\lambda_1|^{1/q}|\lambda_2|^{1/p}}B\left(1-\lambda,\frac{\lambda}{2}\right)\|f\|_{p,\alpha}\|g\|_{q,\beta}.
\end{aligned}
$$

故 (2.3.1) 式成立.

若 (2.3.1) 式中的常数因子不是最佳的, 则存在常数 $M_0<\dfrac{2}{|\lambda_1|^{1/q}|\lambda_2|^{1/p}}\cdot B\left(1-\lambda,\dfrac{\lambda}{2}\right)$, 使

$$
\int_0^{+\infty}\int_0^{+\infty}\frac{1}{\left|1-x^{\lambda_1}y^{\lambda_2}\right|^{\lambda}}f(x)g(y)\mathrm{d}x\mathrm{d}y\leqslant M_0\|f\|_{p,\alpha}\|g\|_{q,\beta},
$$

对足够大的 $A>0$ 及充分小的 $\varepsilon>0$, $\delta>0$, 取

$$
f(x)=\begin{cases}x^{(-\alpha-1+|\lambda_1|\varepsilon)/p}, & 0<x\leqslant A,\\ 0, & x>A,\end{cases}
$$

$$
g(y)=\begin{cases}y^{(-\beta-1-|\lambda_2|\varepsilon)/q}, & y\geqslant\delta/A^{\lambda_1/\lambda_2},\\ 0, & 0<y<\delta/A^{\lambda_1/\lambda_2},\end{cases}
$$

则有

$$
M_0\|f\|_{p,\alpha}\|g\|_{q,\beta}=M_0\left(\int_0^{A}x^{-1+|\lambda_1|\varepsilon}\mathrm{d}x\right)^{\frac{1}{p}}\left(\int_{\delta/A^{\lambda_1/\lambda_2}}^{+\infty}y^{-1-|\lambda_2|\varepsilon}\mathrm{d}y\right)^{\frac{1}{q}}
$$

$$= M_0 \left(\frac{1}{|\lambda_1|\,\varepsilon} A^{|\lambda_1|\varepsilon} \right)^{\frac{1}{p}} \left(\frac{1}{|\lambda_2|\,\varepsilon} \frac{1}{\left(\delta/A^{\lambda_1/\lambda_2}\right)^{|\lambda_2|\varepsilon}} \right)^{\frac{1}{q}}$$

$$= \frac{M_0}{\varepsilon} \left(\frac{1}{|\lambda_1|} A^{|\lambda_1|\varepsilon} \right)^{\frac{1}{p}} \left(\frac{1}{|\lambda_2|} \frac{1}{\left(\delta/A^{\lambda_1/\lambda_2}\right)^{|\lambda_2|\varepsilon}} \right)^{\frac{1}{q}},$$

同时, 还有

$$\int_0^{+\infty} \int_0^{+\infty} \frac{1}{|1 - x^{\lambda_1} y^{\lambda_2}|^\lambda} f(x) g(y) \mathrm{d}x \mathrm{d}y$$

$$= \int_0^A x^{-\frac{\alpha+1}{p} + \frac{|\lambda_1|\varepsilon}{p}} \left(\int_{\sigma/A^{\lambda_1/\lambda_2}}^{+\infty} y^{-\frac{\beta+1}{q} - \frac{|\lambda_2|\varepsilon}{q}} \frac{1}{|1 - (x^{\lambda_1/\lambda_2} y)^{\lambda_2}|^\lambda} \mathrm{d}x \right) \mathrm{d}y$$

$$= \int_0^A x^{\frac{\lambda}{2}\lambda_1 - 1 + \frac{|\lambda_1|\varepsilon}{p}} \left(\int_{x^{\lambda_1/\lambda_2}\left(\delta/A^{\lambda_1/\lambda_2}\right)}^{+\infty} \frac{1}{|1-u|^\lambda} \left(x^{-\lambda_1/\lambda_2} u\right)^{\frac{\lambda}{2}\lambda_2 - 1 - \frac{|\lambda_2|\varepsilon}{q}} x^{-\frac{\lambda_1}{\lambda_2}} \mathrm{d}u \right) \mathrm{d}x$$

$$= \int_0^A x^{-1+|\lambda_1|\varepsilon} \left(\int_{x^{\lambda_1/\lambda_2}(\delta/A^{\lambda_1/\lambda_2})}^{+\infty} \frac{1}{|1-u|^\lambda} u^{\frac{\lambda}{2}\lambda_2 - 1 - \frac{|\lambda_2|\varepsilon}{q}} \mathrm{d}u \right) \mathrm{d}x$$

$$\geqslant \int_0^A x^{-1+|\lambda_1|\varepsilon} \left(\int_\delta^{+\infty} \frac{1}{|1-u|^\lambda} u^{\frac{\lambda}{2}\lambda_2 - 1 - \frac{|\lambda_2|\varepsilon}{q}} \mathrm{d}u \right) \mathrm{d}x$$

$$= \int_0^A x^{-1+|\lambda_1|\varepsilon} \mathrm{d}x \int_\delta^{+\infty} \frac{1}{|1-u|^\lambda} u^{\frac{\lambda}{2}\lambda_2 - 1 - \frac{|\lambda_2|\varepsilon}{q}} \mathrm{d}u$$

$$= \frac{1}{\varepsilon\,|\lambda_1|} A^{|\lambda_1|\varepsilon} \int_\delta^{+\infty} \frac{1}{|1-u|^\lambda} u^{\frac{\lambda}{2}\lambda_2 - 1 - \frac{|\lambda_2|\varepsilon}{q}} \mathrm{d}u,$$

于是, 得到

$$\frac{1}{|\lambda_1|} A^{|\lambda_1|\varepsilon} \int_\delta^{+\infty} \frac{1}{|1-u|^\lambda} u^{\frac{\lambda}{2}\lambda_2 - 1 - \frac{|\lambda_2|\varepsilon}{q}} \mathrm{d}u$$

$$\leqslant M_0 \left(\frac{1}{|\lambda_1|} A^{|\lambda_1|\varepsilon} \right)^{\frac{1}{p}} \left(\frac{1}{|\lambda_2|} \frac{1}{\left(\delta/A^{\lambda_1/\lambda_2}\right)^{|\lambda_2|\varepsilon}} \right)^{\frac{1}{q}},$$

先令 $\varepsilon \to 0^+$, 再令 $\delta \to 0^+$, 有

$$\frac{1}{|\lambda_1|} \int_0^{+\infty} \frac{1}{|1-u|^\lambda} u^{\frac{\lambda}{2}\lambda_2 - 1} \mathrm{d}u \leqslant \frac{M_0}{|\lambda_1|^{1/p} |\lambda_2|^{1/q}},$$

再利用引理 2.3.1, 便得 $\dfrac{2}{|\lambda_1|^{1/q}\,|\lambda_2|^{1/p}} B\left(1-\lambda, \dfrac{\lambda}{2}\right) \leqslant M_0$, 这是一个矛盾, 所以

(2.3.1) 式中的常数因子是最佳的. 证毕.

引理 2.3.2 设 $\lambda \geqslant 0$, $-\lambda < \alpha < \gamma$, $\beta > -1$, 记

$$\omega_\lambda(y) = \int_0^{+\infty} \frac{(\min\{1, xy\})^\gamma}{1+(xy)^\lambda} |\ln(xy)|^\beta \frac{y^{-\alpha}}{x^{1+\alpha}} \mathrm{d}x,$$

则 $\omega_\lambda(y)$ 与 y 无关, 且 $\omega_\lambda(y) < +\infty$, 并有

$$\omega_\lambda(y) = M(\lambda)$$

$$= \begin{cases} \Gamma(\beta+1) \displaystyle\sum_{k=0}^{\infty} (-1)^k \left[\frac{1}{(k\lambda+\gamma-\alpha)^{\beta+1}} + \frac{1}{(k\lambda+\lambda+\alpha)^{\beta+1}}\right], & \lambda > 0, \\ \dfrac{1}{2}\left[\dfrac{1}{(\gamma-\alpha)^{\beta+1}} + \dfrac{1}{\alpha^{\beta+1}}\right]\Gamma(\beta+1), & \lambda = 0. \end{cases}$$

证明 利用 Gamma 函数的性质

$$\int_0^1 u^{c-1}\left(\ln\frac{1}{u}\right)^{d-1} \mathrm{d}u = \int_1^{+\infty} \frac{(\ln u)^{d-1}}{u^{c+1}} \mathrm{d}u = c^{-d}\Gamma(d),$$

我们有

$$\begin{aligned} \omega_\lambda(y) &= \int_0^{+\infty} \frac{(\min\{1, u\})^\gamma}{1+u^\lambda} |\ln u|^\beta u^{-\alpha-1} \mathrm{d}u \\ &= \int_0^1 \frac{1}{1+u^\lambda} u^{\gamma-\alpha-1}(-\ln u)^\beta \mathrm{d}u + \int_0^{+\infty} \frac{1}{1+u^{-\lambda}} u^{-\lambda-\alpha-1}(\ln u)^\beta \mathrm{d}u \\ &\leqslant \int_0^1 u^{\lambda-\alpha-1}\left(\ln\frac{1}{u}\right)^\beta \mathrm{d}u + \int_0^{+\infty} \frac{1}{u^{\lambda+\alpha+1}}(\ln u)^\beta \mathrm{d}u \\ &= \left[\frac{1}{(\gamma-\alpha)^{\beta+1}} + \frac{1}{(1+\alpha)^{\beta+1}}\right]\Gamma(\beta+1) < +\infty. \end{aligned}$$

又利用 $\dfrac{1}{1+u^\lambda}$ 的幂级数展开式, 有

$$\begin{aligned} \omega_\lambda(y) &= \int_0^1 \sum_{k=0}^{\infty} (-1)^k u^{k\lambda+\gamma-\alpha-1}\left(\ln\frac{1}{u}\right)^\beta \mathrm{d}u + \int_1^{\infty} \sum_{k=0}^{\infty} (-1)^k \frac{(\ln u)^\beta}{u^{k\lambda+\lambda+\alpha+1}} \mathrm{d}u \\ &= \sum_{k=0}^{\infty} (-1)^k \int_0^1 u^{k\lambda+\gamma-\alpha-1}\left(\ln\frac{1}{u}\right)^\beta \mathrm{d}u + \sum_{k=0}^{\infty} (-1)^k \int_1^{+\infty} \frac{(\ln u)^\beta}{u^{k\lambda+\lambda+\alpha+1}} \mathrm{d}u \\ &= \Gamma(\beta+1) \sum_{k=0}^{\infty} (-1)^k \left[\frac{1}{(k\lambda+\gamma-\alpha)^{\beta+1}} + \frac{1}{(k\lambda+\lambda+\alpha)^{\beta+1}}\right] = M(\lambda). \end{aligned}$$

证毕.

定理 2.3.2 设 $\dfrac{1}{p}+\dfrac{1}{q}=1\ (p>1)$, $\lambda\geqslant 0$, $-\lambda<\alpha<\gamma$, $\beta>-1$, $M(\lambda)$ 如引理 2.3.2 所述, $f(x)\in L_p^{p(1+\alpha)-1}(0,+\infty)$, $g(y)\in L_q^{q(1+\alpha)-1}(0,+\infty)$, 则

$$
\begin{aligned}
I&=\int_0^{+\infty}\int_0^{+\infty}\frac{(\min\{1,xy\})^{\gamma}}{1+(xy)^{\lambda}}|\ln(xy)|^{\beta}f(x)g(y)\mathrm{d}x\mathrm{d}y\\
&\leqslant M(\lambda)\|f\|_{p,p(1+\alpha)-1}\|g\|_{q,q(1+\alpha)-1},
\end{aligned}\tag{2.3.2}
$$

其中的常数因子 $M(\lambda)$ 是最佳的.

证明 利用 Hölder 不等式, 记 $K(x,y)=\dfrac{(\min\{1,xy\})^{\gamma}}{1+(xy)^{\lambda}}|\ln(xy)|^{\beta}$, 有

$$
\begin{aligned}
I&=\int_0^{+\infty}\int_0^{+\infty}\left(\frac{x^{(1+\alpha)/q}}{y^{(1+\alpha)/p}}f(x)\right)\left(\frac{y^{(1+\alpha)/p}}{x^{(1+\alpha)/q}}g(y)\right)K(x,y)\mathrm{d}x\mathrm{d}y\\
&\leqslant\left(\int_0^{+\infty}\int_0^{+\infty}x^{\frac{p}{q}(\alpha+1)}y^{-(1+\alpha)}f^p(x)K(x,y)\mathrm{d}x\mathrm{d}y\right)^{\frac{1}{p}}\\
&\quad\times\left(\int_0^{+\infty}\int_0^{+\infty}y^{\frac{q}{p}(\alpha+1)}x^{-(1+\alpha)}g^q(y)K(x,y)\mathrm{d}x\mathrm{d}y\right)^{\frac{1}{q}}\\
&=\left(\int_0^{+\infty}x^{p(\alpha+1)-1}f^p(x)\omega_{\lambda}(x)\mathrm{d}x\right)^{\frac{1}{p}}\left(\int_0^{+\infty}y^{q(\alpha+1)-1}g^q(y)\omega_{\lambda}(y)\mathrm{d}y\right)^{\frac{1}{q}}\\
&=M(\lambda)\|f\|_{p,p(\alpha+1)-1}\|g\|_{q,q(\alpha+1)-1},
\end{aligned}
$$

故 (2.3.2) 式成立.

若 (2.3.2) 式中的常数因子 $M(\lambda)$ 不是最佳的, 则存在常数 $M_0<M(\lambda)$, 使

$$
I\leqslant M_0\|f\|_{p,p(\alpha+1)-1}\|g\|_{q,q(\alpha+1)-1}.
$$

对足够小的 $\varepsilon>0$, 取

$$
f(x)=\begin{cases}x^{-\alpha-1+\frac{\varepsilon}{p}}, & 0<x\leqslant 1\\ 0, & x>1,\end{cases}\qquad g(y)=\begin{cases}y^{-\alpha-1-\frac{\varepsilon}{q}}, & y\geqslant 1,\\ 0, & 0<y<1.\end{cases}
$$

则有

$$
M_0\|f\|_{p,p(\alpha+1)-1}\|g\|_{q,q(\alpha+1)-1}=M_0\frac{1}{\varepsilon},
$$

$$
I=\int_1^{+\infty}y^{-\alpha-1-\frac{\varepsilon}{q}}\left(\int_0^1\frac{(\min\{1,xy\})^{\gamma}}{1+(xy)^{\lambda}}|\ln(xy)|^{\beta}x^{-\alpha-1+\frac{\varepsilon}{p}}\mathrm{d}x\right)\mathrm{d}y
$$

$$
\begin{aligned}
&=\int_1^{+\infty} y^{-1-\varepsilon}\left(\int_0^y \frac{(\min\{1,u\})^\gamma}{1+u^\lambda}|\ln u|^\beta u^{-\alpha-1+\frac{\varepsilon}{p}}\mathrm{d}u\right)\mathrm{d}y \\
&=\int_1^{+\infty} y^{-1-\varepsilon}\left(\int_0^1 \frac{u^{\gamma-\alpha-1+\frac{\varepsilon}{p}}}{1+u^\lambda}\left(\ln\frac{1}{u}\right)^\beta \mathrm{d}u\right)\mathrm{d}y \\
&\quad+\int_1^{+\infty} y^{-1-\varepsilon}\left(\int_1^y \frac{u^{-\alpha-1+\frac{\varepsilon}{p}}}{1+u^\lambda}(\ln u)^\beta \mathrm{d}u\right)\mathrm{d}y \\
&=\frac{1}{\varepsilon}\int_0^1 \frac{u^{\gamma-\alpha-1+\frac{\varepsilon}{p}}}{1+u^\lambda}\left(\ln\frac{1}{u}\right)^\beta \mathrm{d}u+\int_1^{+\infty}\left(\int_u^{+\infty} y^{-1-\varepsilon}\mathrm{d}y\right)\frac{u^{-\alpha-1+\frac{\varepsilon}{p}}}{1+u^\lambda}(\ln u)^\beta\mathrm{d}u \\
&=\frac{1}{\varepsilon}\left(\int_0^1 \frac{u^{\gamma-\alpha-1+\frac{\varepsilon}{p}}}{1+u^\lambda}\left(\ln\frac{1}{u}\right)^\beta \mathrm{d}u+\int_1^{+\infty}\frac{u^{-\alpha-1-\frac{\varepsilon}{q}}}{1+u^\lambda}(\ln u)^\beta\mathrm{d}u\right),
\end{aligned}
$$

于是得到

$$
\int_0^1 \frac{u^{\gamma-\alpha-1+\frac{\varepsilon}{q}}}{1+u^\lambda}\left(\ln\frac{1}{u}\right)^\beta \mathrm{d}u+\int_1^{+\infty}\frac{u^{\alpha-1-\frac{\varepsilon}{q}}}{1+u^\lambda}(\ln u)^\beta\mathrm{d}u \leqslant M_0.
$$

令 $\varepsilon\to 0^+$, 便得 $M(\lambda)\leqslant M_0$, 这与 $M_0<M(\lambda)$ 矛盾, 故 (2.3.2) 式中的常数因子 $M(\lambda)$ 是最佳的. 证毕.

引理 2.3.3 设 $-\gamma<-\alpha<\lambda\leqslant 1$, $\beta\geqslant 0$ (若 $\beta=0$, 则 $\lambda<1$), 且

$$
\omega_\beta(y)=\int_0^{+\infty}\frac{(\min\{1,xy\})^\gamma}{|1-xy|^\lambda}|\ln(xy)|^\beta\frac{y^{-\alpha}}{x^{1+\alpha}}\mathrm{d}x,\quad y>0,
$$

则有

$$
\begin{aligned}
&\omega_\beta(y)=M_\beta(\alpha)\\
&\qquad=\Gamma(\beta+1)\sum_{\beta=0}^{\infty}(-1)^k\left(\begin{array}{c}-\lambda\\k\end{array}\right)\left[\frac{1}{(k+\gamma-\alpha)^{\beta+1}}+\frac{1}{(k+\lambda+\alpha)^{\beta+1}}\right].
\end{aligned}
$$

证明 设 $\delta>0$, 使 $-\gamma+\delta<-\alpha<\lambda-\delta$, 则有

$$
\lim_{u\to0^+}\frac{u^\delta(-\ln u)}{(1-u)^\lambda}=0,\quad \lim_{u\to1^-}\frac{u^\delta(-\ln u)}{(1-u)^\lambda}=a_\lambda,
$$

$$
\lim_{u\to1^+}\frac{u^{-\delta}\ln u}{(1-1/u)^\lambda}=a_\lambda,\quad \lim_{u\to+\infty}\frac{u^{-\delta}\ln u}{(1-1/u)^\lambda}=0,
$$

其中 a_λ 是常数, 于是存在常数 M, 使

$$
0<\frac{u^\delta(-\ln u)}{(1-u)^\lambda}\leqslant M\quad(u\in[0,1)),\quad 0<\frac{u^{-\delta}\ln u}{(1-1/u)^\lambda}\leqslant M\quad(u\in(1,+\infty)).
$$

令 $u = xy$, 当 $\beta > 0$, $-\gamma < -\alpha < \lambda \leqslant 1$ 时, 由 Gamma 函数性质:

$$\int_0^1 u^{c-1}(-\ln u)^{b-1}\mathrm{d}u = \int_1^{+\infty} \frac{(\ln u)^{b-1}}{u^{c+1}}\mathrm{d}u = c^{-b}\Gamma(b) \quad (c, b > 0).$$

我们有

$$\begin{aligned}
0 < \omega_\beta(y) &= \int_0^{+\infty} \frac{(\min\{1, u\})^\gamma}{|1-u|^\lambda} |\ln u|^\beta u^{-\alpha-1}\mathrm{d}u \\
&= \int_0^1 \frac{u^{(\gamma-\alpha)-1}}{(1-u)^\lambda}(-\ln u)^\beta \mathrm{d}u + \int_1^{+\infty} \frac{u^{-(\lambda+\alpha)-1}}{(1-1/u)^\lambda}(\ln u)^\beta \mathrm{d}u \\
&\leqslant M\left(\int_0^1 u^{(\gamma-\alpha-\delta)-1}(-\ln u)^{\beta-1}\mathrm{d}u + \int_1^{+\infty} \frac{(\ln u)^{\beta-1}}{u^{(\lambda+\alpha-\delta)+1}}\mathrm{d}u\right) \\
&= M\left(\frac{1}{(\gamma-\alpha-\delta)^\beta} + \frac{1}{(\lambda+\alpha-\delta)^\beta}\right)\Gamma(\beta) < +\infty.
\end{aligned}$$

当 $\beta = 0$, $-\gamma < -\alpha < \lambda < 1$ 时, 由 Beta 函数性质:

$$B(c, b) = \int_0^1 (1-u)^{c-1}u^{b-1}\mathrm{d}u = \int_1^{+\infty} \frac{(u-1)^{c-1}}{u^{c+b}}\mathrm{d}u \quad (c, b > 0).$$

我们有

$$\begin{aligned}
0 < \omega_0(y) &= \int_0^1 \frac{u^{(\gamma-\alpha)-1}}{(1-u)^\lambda}\mathrm{d}u + \int_1^{+\infty} \frac{(u-1)^{-\lambda}}{u^{\alpha+1}}\mathrm{d}u \\
&= B(1-\lambda, \gamma-\alpha) + B(1-\lambda, \lambda+\alpha) = M_0(\alpha) < +\infty.
\end{aligned}$$

于是当 $\beta \geqslant 0$, 都有

$$\begin{aligned}
\omega_\beta(y) = &\int_0^1 \sum_{k=0}^{\infty} (-1)^k \binom{-\lambda}{k} u^{k+\gamma-\alpha-1}(-\ln u)^\beta \mathrm{d}u \\
&+ \int_1^{+\infty} \sum_{k=0}^{\infty} (-1)^k \binom{-\lambda}{k} \frac{(\ln u)^\beta}{u^{(k+\lambda+\alpha)+1}}\mathrm{d}u \\
= &\sum_{k=0}^{\infty} (-1)^k \binom{-\lambda}{k} \left[\int_0^1 u^{(k+\gamma-\alpha)-1}(-\ln u)^\beta \mathrm{d}u + \int_1^{+\infty} \frac{(\ln u)^\beta}{u^{(k+\lambda+\alpha)-1}}\mathrm{d}u\right] \\
= &\Gamma(\beta+1) \sum_{k=0}^{\infty} (-1)^k \binom{-\lambda}{k} \left[\frac{1}{(k+\gamma-\alpha)^{\beta+1}} + \frac{1}{(k+\lambda+\alpha)^{\beta+1}}\right]
\end{aligned}$$

$$= M_\beta(\alpha).$$

证毕.

定理 2.3.3 设 $\dfrac{1}{p}+\dfrac{1}{q}=1\ (p>1)$, $-\gamma<-\alpha<\lambda\leqslant 1$, $\beta\geqslant 0$ (若 $\beta=0$, 则 $\lambda<1$), $M_\beta(\alpha)$ 如引理 2.3.3 所述, $f(x)\in L_p^{p(1+\alpha)-1}(0,+\infty)$, $g(y)\in L_q^{q(1+\alpha)-1}(0,+\infty)$, 则有

$$\int_0^{+\infty}\int_0^{+\infty}\frac{(\min\{1,xy\})^\gamma}{|1-xy|^\lambda}|\ln(xy)|^\beta f(x)g(y)\mathrm{d}x\mathrm{d}y$$
$$\leqslant M_\beta(\alpha)\|f\|_{p,p(1+\alpha)-1}\|g\|_{q,q(1+\alpha)-1}, \tag{2.3.3}$$

其中的常数因子 $M_\beta(\alpha)$ 是最佳的.

证明 设 $K(x,y)=\dfrac{(\min\{1,xy\})^\gamma}{|1-xy|^\lambda}|\ln(xy)|^\beta$, 由 Hölder 不等式,

$$\int_0^{+\infty}\frac{(\min\{1,xy\})^\gamma}{|1-xy|^\lambda}|\ln(xy)|^\beta f(x)\mathrm{d}x=\int_0^{+\infty}K(x,y)f(x)\mathrm{d}x$$
$$=\int_0^{+\infty}\left(\frac{x^{(1+\alpha)/q}}{y^{(1+\alpha)/p}}f(x)\right)\left(\frac{y^{(1+\alpha)/p}}{x^{(1+\alpha)/q}}\right)K(x,y)\mathrm{d}x$$
$$\leqslant\left(\int_0^{+\infty}\frac{x^{p(1+\alpha)/q}}{y^{1+\alpha}}f^p(x)K(x,y)\mathrm{d}x\right)^{\frac{1}{p}}\left(\int_0^{+\infty}\frac{y^{q(1+\alpha)/p}}{x^{1+\alpha}}K(x,y)\mathrm{d}x\right)^{\frac{1}{q}}$$
$$=[\omega_\beta(y)]^{\frac{1}{q}}y^{\frac{1}{p}+\alpha}\left(\int_0^{+\infty}\frac{x^{(1+\alpha)(p-1)}}{y^{\alpha+1}}f^p(x)K(x,y)\mathrm{d}x\right)^{\frac{1}{p}}.$$

根据引理 2.3.3 及 Fubini 定理, 得到

$$\int_0^{+\infty}y^{[q(1+\alpha)-1](1-p)}\left(\int_0^{+\infty}\frac{(\min\{1,xy\})^\gamma}{|1-xy|^\lambda}|\ln(xy)|^\beta f(x)\mathrm{d}x\right)^p\mathrm{d}y$$
$$=\int_0^{+\infty}y^{-(p\alpha+1)}\left(\int_0^{+\infty}K(x,y)f(x)\mathrm{d}x\right)^p\mathrm{d}y$$
$$\leqslant M_\beta^{p-1}(\alpha)\int_0^{+\infty}\int_0^{+\infty}\frac{x^{(1+\alpha)(p-1)}}{y^{1+\alpha}}f^p(x)K(x,y)\mathrm{d}x\mathrm{d}y$$
$$=M_\beta^{p-1}(\alpha)\int_0^{+\infty}\omega_\beta(x)x^{p(1+\alpha)-1}f^p(x)\mathrm{d}x$$
$$=M_\beta^p(\alpha)\int_0^{+\infty}x^{p(1+\alpha)-1}f^p(x)\mathrm{d}x=M_\beta^p(\alpha)\|f\|_{p,p(1+\alpha)-1}.$$

根据 Hilbert 型不等式的等价形式, 可知 (2.3.3) 式成立.

对充分小的 $\varepsilon > 0$, 取

$$f(x)=\begin{cases} x^{-\alpha+\frac{\varepsilon}{p}-1}, & 0 \leqslant x \leqslant 1, \\ 0, & x>1, \end{cases} \qquad g(y)=\begin{cases} y^{-\alpha-\frac{\varepsilon}{q}-1}, & y \geqslant 1, \\ 0, & 0<y<1. \end{cases}$$

经简单计算可得

$$\|f\|_{p,p(1+\alpha)-1}\|g\|_{q,q(1+\alpha)-1}=\frac{1}{\varepsilon}.$$

由 Fubini 定理又可得

$$\begin{aligned}
&\int_0^{+\infty}\int_0^{+\infty}\frac{(\min\{1,xy\})^\gamma}{|1-xy|^\lambda}|\ln(xy)|^\beta f(x)g(y)\mathrm{d}x\mathrm{d}y \\
=&\int_1^{+\infty}y^{-\alpha-\frac{\varepsilon}{q}-1}\left(\int_0^1\frac{(\min\{1,xy\})^\gamma}{|1-xy|^\lambda}|\ln(xy)|^\beta x^{-\alpha+\frac{\varepsilon}{p}-1}\mathrm{d}x\right)\mathrm{d}y \\
=&\int_1^{+\infty}y^{-\varepsilon-1}\left(\int_0^y\frac{(\min\{1,u\})^\gamma}{|1-u|^\lambda}|\ln u|^\beta u^{-\alpha+\frac{\varepsilon}{p}-1}\mathrm{d}u\right)\mathrm{d}y \\
=&\int_1^{+\infty}y^{-\varepsilon-1}\left(\int_0^1\frac{u^{\gamma-\alpha+\frac{\varepsilon}{p}-1}}{(1-u)^\lambda}(-\ln u)^\beta\mathrm{d}u\right)\mathrm{d}y \\
&+\int_1^{+\infty}y^{-\varepsilon-1}\left(\int_1^y\frac{u^{-\alpha+\frac{\varepsilon}{p}-1}}{(u-1)^\lambda}(\ln u)^\beta\mathrm{d}u\right)\mathrm{d}y \\
=&\frac{1}{\varepsilon}\int_0^1\frac{u^{\gamma-\alpha+\frac{\varepsilon}{p}-1}}{(1-u)^\lambda}(-\ln u)^\beta\mathrm{d}u+\int_1^{+\infty}\left(\int_u^{+\infty}y^{-\varepsilon-1}\mathrm{d}y\right)\frac{u^{-\alpha+\frac{\varepsilon}{p}-1}}{(u-1)^\lambda}(\ln u)^\beta\mathrm{d}u \\
=&\frac{1}{\varepsilon}\left(\int_0^1\frac{u^{\gamma-\alpha+\frac{\varepsilon}{p}-1}}{(1-u)^\lambda}(-\ln u)^\beta\mathrm{d}u+\int_1^{+\infty}\frac{u^{-\alpha-\frac{\varepsilon}{q}-1}}{(u-1)^\lambda}(\ln u)^\beta\mathrm{d}u\right).
\end{aligned}$$

若存在正数 $M_0 < M_\beta(\alpha)$, 使得用 M_0 取代 $M_\beta(\alpha)$ 后, (2.3.3) 式仍成立, 则综上可得

$$\int_0^1\frac{u^{\gamma-\alpha+\frac{\varepsilon}{p}-1}}{(1-u)^\lambda}(-\ln u)^\beta\mathrm{d}u+\int_1^{+\infty}\frac{u^{-\alpha-\frac{\varepsilon}{q}-1}}{(u-1)^\lambda}(\ln u)^\beta\mathrm{d}u \leqslant M_0,$$

根据 Fatou 定理, 则可得

$$M_\beta(\alpha)=\int_0^1\varliminf_{\varepsilon\to0^+}\frac{u^{\gamma-\alpha+\frac{\varepsilon}{p}-1}}{(1-u)^\lambda}(-\ln u)^\beta\mathrm{d}u+\int_1^{+\infty}\varliminf_{\varepsilon\to0^+}\frac{u^{-\alpha-\frac{\varepsilon}{q}-1}}{(u-1)^\lambda}(\ln u)^\beta\mathrm{d}u$$

$$\leqslant \varliminf_{\varepsilon\to 0^+}\left(\int_0^1 \frac{u^{\gamma-\alpha+\frac{\varepsilon}{p}-1}}{(1-u)^{\lambda}}(-\ln u)^{\beta}\,\mathrm{d}u+\int_1^{+\infty}\frac{u^{-\alpha-\frac{\varepsilon}{q}-1}}{(u-1)^{\lambda}}(\ln u)^{\beta}\mathrm{d}u\right)\leqslant M_0.$$

故 $M_0=M_\beta(\alpha)$ 必为 (2.3.3) 式的最佳常数因子. 证毕.

引理 2.3.4 设 $\frac{1}{p}+\frac{1}{q}=1\ (p>1)$, $\lambda>0$, $\lambda_1\lambda_2>0$, $1<\frac{1}{\lambda_1 q}+\frac{1}{\lambda_2 p}<1+\lambda$, 则

$$\begin{aligned}\omega_1(x)&=\int_0^{+\infty}\frac{1}{\left(1+x^{\lambda_1}y^{\lambda_2}\right)^{\lambda}}y^{\frac{1}{q}\left(\frac{\lambda_2}{\lambda_1}-1\right)-\lambda_2}\mathrm{d}y\\&=x^{\lambda_1-\frac{1}{q}-\frac{\lambda_1}{\lambda_2 p}}\frac{1}{|\lambda_2|}B\left(\frac{1}{\lambda_1 q}+\frac{1}{\lambda_2 p}-1,\lambda-\left(\frac{1}{\lambda_1 q}+\frac{1}{\lambda_2 p}-1\right)\right),\\\omega_2(y)&=\int_0^{+\infty}\frac{1}{\left(1+x^{\lambda_1}y^{\lambda_2}\right)^{\lambda}}x^{\frac{1}{p}\left(\frac{\lambda_1}{\lambda_2}-1\right)-\lambda_1}\mathrm{d}y\\&=y^{\lambda_2-\frac{1}{p}-\frac{\lambda_2}{\lambda_1 q}}\frac{1}{|\lambda_1|}B\left(\frac{1}{\lambda_1 q}+\frac{1}{\lambda_2 p}-1,\lambda-\left(\frac{1}{\lambda_1 q}+\frac{1}{\lambda_2 p}-1\right)\right).\end{aligned}$$

证明 由于 $\lambda_1\lambda_2>0$, 利用积分变换, 有

$$\begin{aligned}\omega_1(x)&=\int_0^{+\infty}\frac{1}{\left[1+\left(x^{\lambda_1/\lambda_2}y\right)^{\lambda_2}\right]^{\lambda}}y^{\frac{1}{q}\left(\frac{\lambda_2}{\lambda_1}-1\right)-\lambda_2}\mathrm{d}y\\&=\int_0^{+\infty}\frac{1}{\left(1+t^{\lambda_2}\right)^{\lambda}}t^{\frac{1}{q}\left(\frac{\lambda_2}{\lambda_1}-1\right)-\lambda_2}x^{-\frac{\lambda_1}{\lambda_2}\left(\frac{1}{q}\left(\frac{\lambda_2}{\lambda_1}-1\right)-\lambda_2\right)-\frac{\lambda_1}{\lambda_2}}\mathrm{d}t\\&=x^{\lambda_1-\frac{1}{q}-\frac{\lambda_1}{\lambda_2 p}}\int_0^{+\infty}\frac{1}{\left(1+t^{\lambda_2}\right)^{\lambda}}t^{\frac{1}{q}\left(\frac{\lambda_2}{\lambda_1}-1\right)-\lambda_2}\mathrm{d}t\\&=x^{\lambda_1-\frac{1}{q}-\frac{\lambda_1}{\lambda_2 p}}\frac{1}{|\lambda_2|}\int_0^{+\infty}\frac{1}{(1+u)^{\lambda}}u^{\frac{1}{\lambda_1 q}+\frac{1}{\lambda_2 p}-2}\mathrm{d}u\\&=x^{\lambda_1-\frac{1}{q}-\frac{\lambda_1}{\lambda_2 p}}\frac{1}{|\lambda_2|}B\left(\frac{1}{\lambda_1 q}+\frac{1}{\lambda_2 p}-1,\lambda-\left(\frac{1}{\lambda_1 q}+\frac{1}{\lambda_2 p}-1\right)\right).\end{aligned}$$

类似地可得

$$\omega_2(y)=y^{\lambda_2-\frac{1}{p}-\frac{\lambda_2}{\lambda_1 q}}\frac{1}{|\lambda_1|}B\left(\frac{1}{\lambda_1 q}+\frac{1}{\lambda_2 p}-1,\lambda-\left(\frac{1}{\lambda_1 q}+\frac{1}{\lambda_2 p}-1\right)\right).$$

证毕.

定理 2.3.4　设 $\frac{1}{p}+\frac{1}{q}=1\ (p>1)$, $\lambda>0$, $\lambda_1\lambda_2>0$, $f(x)\in L_p^{\lambda_1\left(p-\frac{1}{\lambda_2}\right)}(0,+\infty)$, $g(y)\in L_q^{\lambda_2\left(p-\frac{1}{\lambda_1}\right)}(0,+\infty)$, 则

$$\int_0^{+\infty}\int_0^{+\infty}\frac{1}{(1+x^{\lambda_1}y^{\lambda_2})^{\lambda}}f(x)g(y)\mathrm{d}x\mathrm{d}y$$
$$\leqslant\frac{1}{|\lambda_1|^{1/q}|\lambda_2|^{1/p}}B\left(\frac{1}{\lambda_1 q}+\frac{1}{\lambda_2 p}-1,\lambda-\left(\frac{1}{\lambda_1 q}+\frac{1}{\lambda_2 p}-1\right)\right)\|f\|_{p,\lambda_1\left(p-\frac{1}{\lambda_2}\right)}$$
$$\times\|g\|_{q,\lambda_2\left(q-\frac{1}{\lambda_1}\right)},\tag{2.3.4}$$

其中的常数因子是最佳的.

证明　利用 Hölder 不等式及引理 2.3.4, 取适配数 $a=\frac{1}{pq}\left(\lambda_1\left(p-\frac{1}{\lambda_2}\right)+1\right)$, $b=\frac{1}{pq}\left(\lambda_2\left(q-\frac{1}{\lambda_1}\right)+1\right)$, 则有

$$\int_0^{+\infty}\int_0^{+\infty}\frac{1}{(1+x^{\lambda_1}y^{\lambda_2})^{\lambda}}f(x)g(y)\mathrm{d}x\mathrm{d}y$$
$$=\int_0^{+\infty}\int_0^{+\infty}\left(\frac{x^a}{y^b}\cdot f(x)\right)\left(\frac{y^b}{x^a}g(y)\right)\frac{1}{(1+x^{\lambda_1}y^{\lambda_2})^{\lambda}}f(x)g(y)\mathrm{d}x\mathrm{d}y$$
$$\leqslant\left(\int_0^{+\infty}\int_0^{+\infty}\frac{x^{\frac{1}{q}\left[\lambda_1\left(p-\frac{1}{\lambda_2}\right)+1\right]}}{y^{\frac{1}{q}\left[\lambda_2\left(q-\frac{1}{\lambda_1}\right)+1\right]}}f^p(x)\frac{1}{(1+x^{\lambda_1}y^{\lambda_2})^{\lambda}}\mathrm{d}x\mathrm{d}y\right)^{\frac{1}{p}}$$
$$\times\left(\int_0^{+\infty}\int_0^{+\infty}\frac{y^{\frac{1}{p}\left[\lambda_2\left(q-\frac{1}{\lambda_1}\right)+1\right]}}{x^{\frac{1}{p}\left[\lambda_1\left(p-\frac{1}{\lambda_2}\right)+1\right]}}g^q(y)\frac{1}{(1+x^{\lambda_1}y^{\lambda_2})^{\lambda}}\mathrm{d}x\mathrm{d}y\right)^{\frac{1}{q}}$$
$$=\left[\int_0^{+\infty}x^{\frac{1}{q}\left[\lambda_1\left(p-\frac{1}{\lambda_2}\right)+1\right]}f^p(x)\left(\int_0^{+\infty}y^{\frac{1}{q}\left(\frac{\lambda_2}{\lambda_1}-1\right)-\lambda_2}\frac{1}{(1+x^{\lambda_1}y^{\lambda_2})^{\lambda}}\mathrm{d}y\right)\mathrm{d}x\right]^{\frac{1}{p}}$$
$$\times\left[\int_0^{+\infty}y^{\frac{1}{p}\left[\lambda_2\left(q-\frac{1}{\lambda_1}\right)+1\right]}g^q(y)\left(\int_0^{+\infty}x^{\frac{1}{p}\left(\frac{\lambda_1}{\lambda_2}-1\right)-\lambda_1}\frac{1}{(1+x^{\lambda_1}y^{\lambda_2})^{\lambda}}\mathrm{d}x\right)\mathrm{d}y\right]^{\frac{1}{q}}$$
$$=\left(\int_0^{+\infty}x^{\frac{1}{q}\left[\lambda_1\left(p-\frac{1}{\lambda_2}\right)+1\right]}f^p(x)\omega_1(x)\mathrm{d}x\right)^{\frac{1}{p}}\left(\int_0^{+\infty}y^{\frac{1}{p}\left[\lambda_2\left(q-\frac{1}{\lambda_1}\right)+1\right]}g^q(y)\omega_2(y)\mathrm{d}y\right)^{\frac{1}{q}}$$
$$=\frac{1}{|\lambda_1|^{1/q}|\lambda_2|^{1/p}}B\left(\frac{1}{\lambda_1 q}+\frac{1}{\lambda_2 p}-1,\lambda-\left(\frac{1}{\lambda_1 q}+\frac{1}{\lambda_2 p}-1\right)\right)$$

$$\times\left(\int_0^{+\infty} x^{\frac{1}{q}\left[\lambda_1\left(p-\frac{1}{\lambda_2}\right)+1\right]+\lambda_1-\frac{1}{q}-\frac{\lambda_1}{\lambda_2 p}} f^p(x)\mathrm{d}x\right)^{\frac{1}{p}}$$

$$\times\left(\int_0^{+\infty} y^{\frac{1}{p}\left[\lambda_2\left(q-\frac{1}{\lambda_1}\right)+1\right]+\lambda_2-\frac{1}{p}-\frac{\lambda_2}{\lambda_1 q}} g^q(y)\mathrm{d}y\right)^{\frac{1}{q}}$$

$$=\frac{1}{|\lambda_1|^{1/q}|\lambda_2|^{1/p}}B\left(\frac{1}{\lambda_1 q}+\frac{1}{\lambda_2 p}-1,\lambda-\left(\frac{1}{\lambda_1 q}+\frac{1}{\lambda_2 p}-1\right)\right)$$

$$\times\left(\int_0^{+\infty} x^{\lambda_1\left(p-\frac{1}{\lambda_2}\right)} f^p(x)\mathrm{d}x\right)^{\frac{1}{p}}\left(\int_0^{+\infty} y^{\lambda_2\left(q-\frac{1}{\lambda_1}\right)} g^q(y)\mathrm{d}y\right)^{\frac{1}{q}}$$

$$=\frac{1}{|\lambda_1|^{1/q}|\lambda_2|^{1/p}}B\left(\frac{1}{\lambda_1 q}+\frac{1}{\lambda_2 p}-1,\lambda-\left(\frac{1}{\lambda_1 q}+\frac{1}{\lambda_2 p}-1\right)\right)$$

$$\times\|f\|_{p,\lambda_1(p-\frac{1}{\lambda_2})}\|g\|_{q,\lambda_2(q-\frac{1}{\lambda_1})}.$$

所以 (2.3.4) 式成立.

若 (2.3.4) 式的最佳常数因子是 M_0, 则

$$M_0\leqslant\frac{1}{|\lambda_1|^{1/q}|\lambda_2|^{1/p}}B\left(\frac{1}{\lambda_1 q}+\frac{1}{\lambda_2 p}-1,\lambda-\left(\frac{1}{\lambda_1 q}+\frac{1}{\lambda_2 p}-1\right)\right),$$

且用 M_0 替换 (2.3.4) 式的常数因子后, 式子仍成立, 此时取

$$f(x)=\begin{cases} x^{-\left[\lambda_1\left(p-\frac{1}{\lambda_2}\right)+1+|\lambda_1|\varepsilon\right]/p}, & x\geqslant 1,\\ 0, & 0<x<1,\end{cases}$$

$$g(y)=\begin{cases} y^{-\left[\lambda_2\left(q-\frac{1}{\lambda_1}\right)+1-|\lambda_2|\varepsilon\right]/q}, & 0<x\leqslant N,\\ 0, & x>N,\end{cases}$$

其中 $\varepsilon>0$ 充分小, $N>0$ 充分大, 于是

$$\begin{aligned}M_0\|f\|_{p,\lambda_1\left(p-\frac{1}{\lambda_2}\right)}\|g\|_{q,\lambda_2\left(q-\frac{1}{\lambda_1}\right)}&=M_0\left(\int_1^{+\infty}x^{-1-|\lambda_1|\varepsilon}\mathrm{d}x\right)^{\frac{1}{p}}\left(\int_0^{N}y^{-1+|\lambda_2|\varepsilon}\mathrm{d}y\right)^{\frac{1}{q}}\\&=M_0\frac{1}{\varepsilon}\frac{1}{|\lambda_1|^{1/p}|\lambda_2|^{1/q}}N^{|\lambda_2|\varepsilon/q},\end{aligned}$$

同时, 还有

$$\int_0^{+\infty}\int_0^{+\infty}\frac{1}{(1+x^{\lambda_1}y^{\lambda_2})^{\lambda}}f(x)g(y)\mathrm{d}x\mathrm{d}y$$

$$= \int_1^{+\infty} x^{-[\lambda_1(p-1/\lambda_2)+1+|\lambda_1|\varepsilon]/p} \left(\int_0^N y^{-[\lambda_2(q-1/\lambda_1)+1-|\lambda_2|\varepsilon]/q} \frac{\mathrm{d}y}{(1+x^{\lambda_1}y^{\lambda_2})^{\lambda}} \right) \mathrm{d}x$$

$$= \int_1^{+\infty} x^{-\frac{\lambda_1(p-1/\lambda_2)+1+|\lambda_1|\varepsilon}{p}+\frac{\lambda_1}{\lambda_2}\frac{\lambda_2(q-1/\lambda_1)+1-|\lambda_2|\varepsilon}{q}-\frac{\lambda_1}{\lambda_2}}$$

$$\times \left(\int_0^{x^{\frac{\lambda_1}{\lambda_2}}N} u^{-\frac{\lambda_2(q-1/\lambda_1)+1-|\lambda_2|\varepsilon}{q}} \frac{\mathrm{d}u}{(1+u^{\lambda_2})^{\lambda}} \right) \mathrm{d}x$$

$$= \int_1^{+\infty} x^{-1-|\lambda_1|\varepsilon} \left(\int_0^{x^{\frac{\lambda_1}{\lambda_2}}N} u^{-\frac{\lambda_2(q-1/\lambda_1)+1-|\lambda_2|\varepsilon}{q}} \frac{\mathrm{d}u}{(1+u^{\lambda_2})^{\lambda}} \right) \mathrm{d}x$$

$$\geqslant \int_1^{+\infty} x^{-1-|\lambda_1|\varepsilon} \left(\int_0^{N} u^{-\frac{\lambda_2(q-1/\lambda_1)+1-|\lambda_2|\varepsilon}{q}} \frac{\mathrm{d}u}{(1+u^{\lambda_2})^{\lambda}} \right) \mathrm{d}x$$

$$= \frac{1}{|\lambda_1|\varepsilon} \int_0^{N} u^{-\frac{\lambda_2(q-1/\lambda_1)+1-|\lambda_2|\varepsilon}{q}} \frac{1}{(1+u^{\lambda_2})^{\lambda}} \mathrm{d}u.$$

综上, 我们可得

$$\frac{1}{|\lambda_1|} \int_0^{N} u^{-\frac{\lambda_2\left(q-\frac{1}{\lambda_1}\right)+1-|\lambda_2|\varepsilon}{q}} \frac{1}{(1+u^{\lambda_2})^{\lambda}} \mathrm{d}u \leqslant M_0 \frac{1}{|\lambda_1|^{1/p}|\lambda_2|^{1/q}} N^{|\lambda_2|\varepsilon/q}.$$

令 $\varepsilon \to 0^+$, 并根据 Fatou 定理, 得到

$$\frac{1}{|\lambda_1|} \int_0^{N} u^{-\frac{\lambda_2\left(q-\frac{1}{\lambda_1}\right)+1}{q}} \frac{1}{(1+u^{\lambda_2})^{\lambda}} \mathrm{d}u \leqslant M_0 \frac{1}{|\lambda_1|^{1/p}|\lambda_2|^{1/q}},$$

再令 $N \to +\infty$, 得到

$$\frac{1}{|\lambda_1|} \int_0^{+\infty} u^{\frac{1}{q}\left(\frac{\lambda_2}{\lambda_1}-1\right)-\lambda_2} \frac{1}{(1+u^{\lambda_2})^{\lambda}} \mathrm{d}u \leqslant M_0 \frac{1}{|\lambda_1|^{1/p}|\lambda_2|^{1/q}},$$

由此可得

$$\frac{1}{|\lambda_1|^{1/q}|\lambda_2|^{1/p}} B\left(\frac{1}{\lambda_1 q}+\frac{1}{\lambda_2 p}-1, \lambda-\left(\frac{1}{\lambda_1 q}+\frac{1}{\lambda_2 p}-1\right) \right) \leqslant M_0.$$

故 (2.3.4) 式的最佳常数因子是

$$M_0 = \frac{1}{|\lambda_1|^{1/q}|\lambda_2|^{1/p}} B\left(\frac{1}{\lambda_1 q}+\frac{1}{\lambda_2 p}-1, \lambda-\left(\frac{1}{\lambda_1 q}+\frac{1}{\lambda_2 p}-1\right) \right).$$

证毕.

引理 2.3.5 设 $\frac{1}{p}+\frac{1}{q}=1\ (p>1),\ 0<\lambda<pq,\ a>\max\{0,b\}$, 则

$$\omega_1(x)=\int_0^{+\infty}\frac{1}{e^{ax^\lambda y^\lambda}+e^{bx^\lambda y^\lambda}}y^{-\frac{\lambda}{pq}}\mathrm{d}y$$
$$=x^{\frac{\lambda}{pq}-1}\frac{1}{\lambda(a-b)^{\frac{1}{\lambda}-\frac{1}{pq}}}\Gamma\left(\frac{1}{\lambda}-\frac{1}{pq}\right)\xi\left(\frac{1}{\lambda}-\frac{1}{pq},\frac{a}{a-b}\right),$$

$$\omega_2(y)=\int_0^{+\infty}\frac{1}{e^{ax^\lambda y^\lambda}+e^{bx^\lambda y^\lambda}}x^{-\frac{\lambda}{pq}}\mathrm{d}x$$
$$=y^{\frac{\lambda}{pq}-1}\frac{1}{\lambda(a-b)^{\frac{1}{\lambda}-\frac{1}{pq}}}\Gamma\left(\frac{1}{\lambda}-\frac{1}{pq}\right)\xi\left(\frac{1}{\lambda}-\frac{1}{pq},\frac{a}{a-b}\right),$$

其中 $\xi(s,c)=\sum_{k=0}^{\infty}(-1)^k\frac{1}{(k+c)^s}\ (c>0,s>0)$ 是解析数论中的一个重要函数.

证明 记 $K(x,y)=1/\left(e^{ax^\lambda y^\lambda}+e^{bx^\lambda y^\lambda}\right)$, 则

$$\omega_1(x)=\int_0^{+\infty}K(x,y)y^{-\frac{\lambda}{pq}}\mathrm{d}y=\int_0^{+\infty}K(1,xy)y^{-\frac{\lambda}{pq}}\mathrm{d}y$$
$$=x^{\frac{\lambda}{pq}-1}\int_0^{+\infty}K(1,u)u^{-\frac{\lambda}{pq}}\mathrm{d}u=x^{\frac{\lambda}{pq}-1}\int_0^{+\infty}\frac{1}{e^{au^\lambda}+e^{bu^\lambda}}u^{-\frac{\lambda}{pq}}\mathrm{d}u$$
$$=x^{\frac{\lambda}{pq}-1}\int_0^{+\infty}\frac{e^{-au^\lambda}}{1+e^{(b-a)u^\lambda}}u^{-\frac{\lambda}{pq}}\mathrm{d}u=x^{\frac{\lambda}{pq}-1}\frac{1}{\lambda}\int_0^{+\infty}\frac{e^{-at}}{1+e^{(b-a)t}}t^{\frac{1}{\lambda}-\frac{1}{pq}-1}\mathrm{d}t$$
$$=x^{\frac{\lambda}{pq}-1}\frac{1}{\lambda}\int_0^{+\infty}t^{\frac{1}{\lambda}-\frac{1}{pq}-1}\sum_{k=0}^{\infty}(-1)^k e^{[(b-a)k-a]t}\mathrm{d}t$$
$$=x^{\frac{\lambda}{pq}-1}\frac{1}{\lambda}\sum_{k=0}^{\infty}(-1)^k\int_0^{+\infty}t^{\frac{1}{\lambda}-\frac{1}{pq}-1}e^{-[(a-b)k+a]t}\mathrm{d}t$$
$$=x^{\frac{\lambda}{pq}-1}\frac{1}{\lambda}\sum_{k=0}^{\infty}(-1)^k\int_0^{+\infty}\left(\frac{1}{(a-b)k+a}\right)^{\frac{1}{\lambda}-\frac{1}{pq}}u^{\frac{1}{\lambda}-\frac{1}{pq}-1}e^{-u}\mathrm{d}u$$
$$=x^{\frac{\lambda}{pq}-1}\frac{1}{\lambda}\int_0^{+\infty}u^{\frac{1}{\lambda}-\frac{1}{pq}-1}e^{-u}\mathrm{d}u\sum_{k=0}^{\infty}(-1)^k\frac{1}{[(a-b)k+a]^{1/\lambda-1/(pq)}}$$
$$=x^{\frac{\lambda}{pq}-1}\frac{1}{\lambda(a-b)^{1/\lambda-1/(pq)}}\Gamma\left(\frac{1}{\lambda}-\frac{1}{pq}\right)\sum_{k=0}^{\infty}(-1)^k\frac{1}{\left(k+\frac{a}{a-b}\right)^{1/\lambda-1/(pq)}}$$

$$= x^{\frac{\lambda}{pq}-1}\frac{1}{\lambda(a-b)^{1/\lambda-1/(pq)}}\Gamma\left(\frac{1}{\lambda}-\frac{1}{pq}\right)\xi\left(\frac{1}{\lambda}-\frac{1}{pq},\frac{a}{a-b}\right).$$

同理可证:

$$\omega_2(y) = y^{\frac{\lambda}{pq}-1}\frac{1}{\lambda(a-b)^{1/\lambda-1/(pq)}}\Gamma\left(\frac{1}{\lambda}-\frac{1}{pq}\right)\xi\left(\frac{1}{\lambda}-\frac{1}{pq},\frac{a}{a-b}\right).$$

证毕.

定理 2.3.5 设 $\frac{1}{p}+\frac{1}{q}=1\ (p>1)$, $0<\lambda<pq$, $a>\max\{0,b\}$, $f(x)\in L_p^{\frac{\lambda}{q}-1}(0,+\infty)$, $g(y)\in L_q^{\frac{\lambda}{p}-1}(0,+\infty)$, 则

$$\int_0^{+\infty}\int_0^{+\infty}\frac{1}{e^{ax^\lambda y^\lambda}+e^{bx^\lambda y^\lambda}}f(x)g(y)\mathrm{d}x\mathrm{d}y \leqslant M(\lambda)\|f\|_{p,\frac{\lambda}{q}-1}\|g\|_{q,\frac{\lambda}{p}-1}, \tag{2.3.5}$$

其中的常数因子 $M(\lambda)=\frac{1}{\lambda}(a-b)^{\frac{1}{pq}-\frac{1}{\lambda}}\Gamma\left(\frac{1}{\lambda}-\frac{1}{pq}\right)\xi\left(\frac{1}{\lambda}-\frac{1}{pq},\frac{a}{a-b}\right)$ 是最佳的.

证明 取适配数 $a_0=\frac{\lambda}{pq^2}$, $b_0=\frac{\lambda}{p^2q}$, 利用 Hölder 不等式及引理 2.3.5, 有

$$\begin{aligned}
&\int_0^{+\infty}\int_0^{+\infty}\frac{1}{e^{ax^\lambda y^\lambda}+e^{bx^\lambda y^\lambda}}f(x)g(y)\mathrm{d}x\mathrm{d}y\\
=&\int_0^{+\infty}\int_0^{+\infty}\left(\frac{x^{\lambda/(pq^2)}}{y^{\lambda/(p^2q)}}f(x)\right)\left(\frac{y^{\lambda/(p^2q)}}{x^{\lambda/(pq^2)}}g(y)\right)\frac{1}{e^{ax^\lambda y^\lambda}+e^{bx^\lambda y^\lambda}}\mathrm{d}x\mathrm{d}y\\
\leqslant&\left(\int_0^{+\infty}\int_0^{+\infty}\frac{x^{\lambda/q^2}}{y^{\lambda/(pq)}}f^p(x)\frac{1}{e^{ax^\lambda y^\lambda}+e^{bx^\lambda y^\lambda}}\mathrm{d}x\mathrm{d}y\right)^{\frac{1}{p}}\\
&\times\left(\int_0^{+\infty}\int_0^{+\infty}\frac{y^{\lambda/p^2}}{x^{\lambda/(pq)}}g^q(y)\frac{1}{e^{ax^\lambda y^\lambda}+e^{bx^\lambda y^\lambda}}\mathrm{d}x\mathrm{d}y\right)^{\frac{1}{q}}\\
=&\left[\int_0^{+\infty}x^{\frac{\lambda}{q^2}}f^p(x)\left(\int_0^{+\infty}y^{-\frac{\lambda}{pq}}\frac{1}{e^{ax^\lambda y^\lambda}+e^{bx^\lambda y^\lambda}}\mathrm{d}y\right)\mathrm{d}x\right]^{\frac{1}{p}}\\
&\times\left[\int_0^{+\infty}y^{\frac{\lambda}{p^2}}g^q(y)\left(\int_0^{+\infty}x^{-\frac{\lambda}{pq}}\frac{1}{e^{ax^\lambda y^\lambda}+e^{bx^\lambda y^\lambda}}\mathrm{d}x\right)\mathrm{d}y\right]^{\frac{1}{q}}\\
=&\left(\int_0^{+\infty}x^{\frac{\lambda}{q^2}}f^p(x)\omega_1(x)\mathrm{d}x\right)^{\frac{1}{p}}\left(\int_0^{+\infty}y^{\frac{\lambda}{p^2}}g^q(y)\omega_2(y)\mathrm{d}y\right)^{\frac{1}{q}}
\end{aligned}$$

$$
\begin{aligned}
&= \frac{1}{\lambda}(a-b)^{\frac{1}{pq}-\frac{1}{\lambda}}\Gamma\left(\frac{1}{\lambda}-\frac{1}{pq}\right)\xi\left(\frac{1}{\lambda}-\frac{1}{pq},\frac{a}{a-b}\right) \\
&\quad \times\left(\int_0^{+\infty} x^{\frac{\lambda}{q^2}+\frac{1}{pq}-1} f^p(x)\mathrm{d}x\right)^{\frac{1}{p}}\left(\int_0^{+\infty} y^{\frac{\lambda}{p^2}+\frac{1}{pq}-1} g^q(y)\mathrm{d}y\right)^{\frac{1}{q}} \\
&= M(\lambda)\left(\int_0^{+\infty} x^{\frac{\lambda}{q}-1} f^p(x)\mathrm{d}x\right)^{\frac{1}{p}}\left(\int_0^{+\infty} y^{\frac{\lambda}{p}-1} g^q(y)\mathrm{d}y\right)^{\frac{1}{q}} \\
&= M(\lambda)\|f\|_{p,\frac{\lambda}{q}-1}\|g\|_{q,\frac{\lambda}{p}-1},
\end{aligned}
$$

故 (2.3.5) 式成立.

若 (2.3.5) 式中的 $M(\lambda)$ 不是最佳的, 则存在常数 $M_0 < M(\lambda)$, 使

$$
\int_0^{+\infty}\int_0^{+\infty}\frac{1}{e^{ax^\lambda y^\lambda}+e^{bx^\lambda y^\lambda}}f(x)g(y)\mathrm{d}x\mathrm{d}y \leqslant M_0\|f\|_{p,\frac{\lambda}{q}-1}\|g\|_{q,\frac{\lambda}{p}-1}.
$$

此时, 我们取

$$
f(x)=\begin{cases} x^{-\left(\frac{\lambda}{q}+\lambda\varepsilon\right)/p}, & x\geqslant 1, \\ 0, & 0<x<1, \end{cases}\qquad g(y)=\begin{cases} y^{-\left(\frac{\lambda}{q}-\lambda\varepsilon\right)/q}, & 0<x\leqslant N, \\ 0, & x>N, \end{cases}
$$

其中 $\varepsilon>0$ 充分小, $N>0$ 充分大, 于是计算可得

$$
M_0\|f\|_{p,\frac{\lambda}{q}-1}\|g\|_{q,\frac{\lambda}{p}-1}=\frac{M_0}{\varepsilon}\frac{1}{\lambda}N^{\lambda\varepsilon/q}.
$$

同时, 还有

$$
\begin{aligned}
&\int_0^{+\infty}\int_0^{+\infty}\frac{1}{e^{ax^\lambda y^\lambda}+e^{bx^\lambda y^\lambda}}f(x)g(y)\mathrm{d}x\mathrm{d}y \\
&=\int_1^{+\infty} x^{-\left(\frac{\lambda}{q}+\lambda\varepsilon\right)/p}\left(\int_0^N y^{-\left(\frac{\lambda}{q}-\lambda\varepsilon\right)/q}\frac{\mathrm{d}y}{e^{ax^\lambda y^\lambda}+e^{bx^\lambda y^\lambda}}\right)\mathrm{d}x \\
&=\int_1^{+\infty} x^{-\frac{1}{p}\left(\frac{\lambda}{q}+\lambda\varepsilon\right)+\frac{1}{q}\left(\frac{\lambda}{q}-\lambda\varepsilon\right)-1}\left(\int_0^{xN} u^{-\frac{1}{q}\left(\frac{\lambda}{q}-\lambda\varepsilon\right)}\frac{\mathrm{d}u}{e^{au^\lambda}+e^{bu^\lambda}}\right)\mathrm{d}x \\
&=\int_1^{+\infty} x^{-1-\lambda\varepsilon}\left(\int_0^{xN} u^{-\frac{1}{q}\left(\frac{\lambda}{q}-\lambda\varepsilon\right)}\frac{\mathrm{d}u}{e^{au^\lambda}+e^{bu^\lambda}}\right)\mathrm{d}x \\
&\geqslant\int_1^{+\infty} x^{-1-\lambda\varepsilon}\left(\int_0^{N} u^{-\frac{1}{q}\left(\frac{\lambda}{q}-\lambda\varepsilon\right)}\frac{\mathrm{d}u}{e^{au^\lambda}+e^{bu^\lambda}}\right)\mathrm{d}x \\
&=\int_1^{+\infty} x^{-1-\lambda\varepsilon}\mathrm{d}x\int_0^{N} u^{-\frac{1}{q}\left(\frac{\lambda}{q}-\lambda\varepsilon\right)}\frac{\mathrm{d}u}{e^{au^\lambda}+e^{bu^\lambda}}=\frac{1}{\lambda\varepsilon}\int_0^{N} u^{-\frac{1}{q}\left(\frac{\lambda}{q}-\lambda\varepsilon\right)}\frac{\mathrm{d}u}{e^{au^\lambda}+e^{bu^\lambda}}.
\end{aligned}
$$

综上, 可得

$$\int_0^N u^{-\frac{1}{q}\left(\frac{\lambda}{q}-\lambda\varepsilon\right)}\frac{\mathrm{d}u}{e^{au^\lambda}+e^{bu^\lambda}}\leqslant M_0N^{\lambda\varepsilon/q}.$$

令 $\varepsilon\to0^+$, 并根据 Fatou 定理, 得到

$$\int_0^N u^{-\frac{\lambda}{pq}}\frac{\mathrm{d}u}{e^{au^\lambda}+e^{bu^\lambda}}\leqslant M_0,$$

再令 $N\to+\infty$, 得到

$$\int_0^{+\infty} u^{-\frac{\lambda}{pq}}\frac{\mathrm{d}u}{e^{au^\lambda}+e^{bu^\lambda}}\leqslant M_0.$$

由此可得 $M(\lambda)\leqslant M_0$, 这与 $M_0<M(\lambda)$ 矛盾, 故 (2.3.5) 式中的常数因子 $M(\lambda)$ 是最佳的. 证毕.

类似于定理 2.3.5 的证明方法, 我们还可以得到:

定理 2.3.6 设 $\frac{1}{p}+\frac{1}{q}=1\ (p>1)$, $0<\lambda<\left(1-\frac{1}{pq}\right)^{-1}$, $a>\max\{0,b\}$, $f(x)\in L_p^{\frac{\lambda}{q}-1}(0,+\infty)$, $g(y)\in L_q^{\frac{\lambda}{p}-1}(0,+\infty)$, 则

$$\int_0^{+\infty}\int_0^{+\infty}\frac{f(x)g(y)}{e^{ax^\lambda y^\lambda}-e^{bx^\lambda y^\lambda}}\mathrm{d}x\mathrm{d}y\leqslant M_0(\lambda)\left\|f\right\|_{p,\frac{\lambda}{q}-1}\left\|g\right\|_{q,\frac{\lambda}{p}-1},$$

其中的常数因子 $M_0(\lambda)=\frac{1}{\lambda}(a-b)^{\frac{1}{pq}-\frac{1}{\lambda}}\Gamma\left(\frac{1}{\lambda}-\frac{1}{pq}\right)\zeta\left(\frac{1}{\lambda}-\frac{1}{pq},\frac{a}{a-b}\right)$ 是最佳的, $\zeta(s,c)=\sum\limits_{k=0}^{\infty}\frac{1}{(k+c)^s}(c>0,s>1)$ 是 Riemann 函数.

利用权系数方法, 取适配数 $a=\frac{1}{pq}\left[\lambda_1\left(p-\frac{1}{\lambda_2}\right)+1\right]$, $b=\frac{1}{pq}\left[\lambda_2\left(q-\frac{1}{\lambda_1}\right)+1\right]$, 我们可以得到:

定理 2.3.7 设 $\frac{1}{p}+\frac{1}{q}=1\ (p>1)$, $\lambda_1>0$, $\lambda_2>0$, $\frac{1}{\lambda_1 q}+\frac{1}{\lambda_2 p}<\lambda$, $f(x)\in L_p^{\lambda_1\left(p-\frac{1}{\lambda_2}\right)}(0,+\infty)$, $g(y)\in L_q^{\lambda_2\left(q-\frac{1}{\lambda_1}\right)}(0,+\infty)$, 则

$$\int_0^{+\infty}\int_0^{+\infty}\frac{x^{\lambda_1}y^{\lambda_2}}{(1+x^{\lambda_1}y^{\lambda_2})^\lambda}f(x)g(y)\mathrm{d}x\mathrm{d}y\leqslant M(\lambda_1,\lambda_2)\left\|f\right\|_{p,\lambda_1\left(p-\frac{1}{\lambda_2}\right)}\left\|g\right\|_{q,\lambda_2\left(q-\frac{1}{\lambda_1}\right)},$$

其中的常数因子 $M(\lambda_1,\lambda_2)=\frac{1}{\lambda_1^{1/q}\lambda_2^{1/p}}B\left[\frac{1}{\lambda_1 q}+\frac{1}{\lambda_2 p},\lambda-\left(\frac{1}{\lambda_1 q}+\frac{1}{\lambda_2 p}\right)\right]$ 是最佳的.

利用权系数方法, 取适配数 $a_0=\frac{1}{pq}\left(\frac{ap}{\lambda_2}-\frac{\lambda_1}{\lambda_2}+1\right)$, $b_0=\frac{1}{pq}\left(\frac{aq}{\lambda_1}-\frac{\lambda_2}{\lambda_1}+1\right)$, 我们可以得到:

定理 2.3.8 设 $\frac{1}{p}+\frac{1}{q}=1\ (p>1)$, $\lambda_1\lambda_2>0$, $\frac{\alpha}{\beta}+\frac{1}{\lambda_2\beta}\left(1-\frac{a}{\lambda_2}\right)+\frac{1}{\beta q}\left(\frac{1}{\lambda_1}-\frac{1}{\lambda_2}\right)>0$, $f(x)\in L_p^{\frac{1}{\lambda_2}(ap-\lambda_1)}(0,+\infty)$, $g(y)\in L_q^{\frac{1}{\lambda_1}(aq-\lambda_2)}(0,+\infty)$, 则

$$\int_0^{+\infty}\int_0^{+\infty}\left(x^{\lambda_1}y^{\lambda_2}\right)^{\alpha}e^{-\left(x^{\lambda_1}y^{\lambda_2}\right)^{\beta}}f(x)g(y)\mathrm{d}x\mathrm{d}y$$
$$\leqslant M(\lambda_1,\lambda_2,\alpha,\beta,a)\|f\|_{p,\frac{1}{\lambda_2}(ap-\lambda_1)}\|g\|_{q,\frac{1}{\lambda_1}(aq-\lambda_2)},$$

其中的常数因子

$$M(\lambda_1,\lambda_2,\alpha,\beta,a)=\frac{1}{|\lambda_1|^{1/q}|\lambda_2|^{1/p}|\beta|}\Gamma\left(\frac{\alpha}{\beta}+\frac{1}{\lambda_2\beta}\left(1-\frac{a}{\lambda_2}\right)+\frac{1}{\beta q}\left(\frac{1}{\lambda_1}-\frac{1}{\lambda_2}\right)\right)$$

是最佳的.

在定理 2.3.8 中, 取 $\lambda_1=\lambda_2=a$, 则可得:

推论 2.3.1 设 $\frac{1}{p}+\frac{1}{q}=1\ (p>1)$, $\alpha\beta>0$, $\lambda\neq 0$, $f(x)\in L_p^{p-1}(0,+\infty)$, $g(y)\in L_q^{q-1}(0,+\infty)$, 则

$$\int_0^{+\infty}\int_0^{+\infty}(xy)^{\lambda\alpha}e^{-(xy)^{\lambda\beta}}f(x)g(y)\mathrm{d}x\mathrm{d}y\leqslant\frac{1}{|\beta||\lambda|}\Gamma\left(\frac{\alpha}{\beta}\right)\|f\|_{p,p-1}\|g\|_{q,q-1},$$

其中的常数因子 $\frac{1}{|\beta||\lambda|}\Gamma\left(\frac{\alpha}{\beta}\right)$ 是最佳的.

2.4 Hilbert 型积分不等式在算子理论中的应用

设 $K(x,y)$ 非负可测, T 是以 $K(x,y)$ 为核的奇异积分算子:

$$T(f)(y)=\int_0^{+\infty}K(x,y)f(x)\mathrm{d}x\quad(y>0),\tag{2.4.1}$$

则 T 是一个线性算子.

讨论奇异积分算子的有界性及其范数问题, 是泛函分析及调和分析等分析类学科的主要课题之一, 具有重要的理论意义和广泛应用.

设 $\frac{1}{p}+\frac{1}{q}=1(p>1)$, 由于 Hilbert 型积分不等式:

$$\int_0^{+\infty}\int_0^{+\infty}K(x,y)f(x)g(y)\mathrm{d}x\mathrm{d}y\leqslant M\|f\|_{p,\alpha}\|g\|_{q,\beta}$$

等价于算子不等式:

$$\|T(f)\|_{p,\beta(1-p)}\leqslant M\|f\|_{p,\alpha}.$$

从而由 Hilbert 型积分不等式的有关定理, 我们可以得到相应奇异积分算子的有界性与范数.

根据定理 2.1.1, 可得到:

定理 2.4.1　设 $\frac{1}{p}+\frac{1}{q}=1\ (p>1)$, $\lambda>0$, $\lambda_0>0$, $\lambda\lambda_0>\max\{2-p,2-q\}$, T 是奇异积分算子:

$$T(f)(y)=\int_0^{+\infty}\frac{1}{(x^\lambda+y^\lambda)^{\lambda_0}}f(x)\mathrm{d}x,\quad f(x)\in L_p^{1-\lambda\lambda_0}(0,+\infty),$$

则 T 是从 $L_p^{1-\lambda\lambda_0}(0,+\infty)$ 到 $L_p^{(1-\lambda\lambda_0)(1-p)}(0,+\infty)$ 的有界线性算子, 且 T 的算子范数为

$$\|T\|=\frac{1}{\lambda}B\left(\frac{1}{\lambda}\left(1+\frac{\lambda\lambda_0-2}{p}\right),\frac{1}{\lambda}\left(1+\frac{\lambda\lambda_0-2}{q}\right)\right).$$

根据定理 2.1.4, 可得到:

定理 2.4.2　设 $\frac{1}{p}+\frac{1}{q}=1\ (p>1)$, $\frac{1}{r}+\frac{1}{s}=1\ (r>1)$, $\lambda>0$, 且 $\lambda>\max\left\{1-\frac{s}{p},1-\frac{r}{q}\right\}$, 奇异积分算子 T 为

$$T(f)(y)=\int_0^{+\infty}\frac{\ln(x/y)}{x^\lambda-y^\lambda}f(x)\mathrm{d}x,\quad f(x)\in L_p^{\frac{p}{r}(1-\lambda)}(0,+\infty),$$

则 T 是从 $L_p^{\frac{p}{r}(1-\lambda)}(0,+\infty)$ 到 $L_p^{\frac{q}{s}(1-\lambda)(1-p)}(0,+\infty)$ 的有界线性算子, 且 T 的算子范数为

$$\|T\|=\frac{1}{\lambda^2}B^2\left(\frac{1}{\lambda}\left(\frac{1}{p}-\frac{1-\lambda}{s}\right),\frac{1}{\lambda}\left(\frac{1}{q}-\frac{1-\lambda}{r}\right)\right).$$

根据定理 2.1.5, 可得到:

定理 2.4.3 设 $\frac{1}{p}+\frac{1}{q}=1\ (p>1)$, $\frac{1}{r}+\frac{1}{s}=1\ (r>1)$, $\mu>-1$, $\lambda>\max\left\{\frac{s}{p}+\mu+1,\frac{r}{q}+\mu+1\right\}$, 奇异积分算子 T 为

$$T(f)(y)=\int_0^{+\infty}\frac{|x-y|^{\mu}}{\max\{x^{\lambda},y^{\lambda}\}}f(x)\mathrm{d}x,\quad f(x)\in L_p^{\frac{p}{r}(u-\lambda+1)}(0,+\infty),$$

则 T 是从 $L_p^{\frac{p}{r}(\mu-\lambda+1)}(0,+\infty)$ 到 $L_p^{\frac{q}{s}(\mu-\lambda+1)(1-p)}(0,+\infty)$ 的有界线性算子, 且 T 的算子范数为

$$\|T\|=B\left(\mu+1,\frac{1}{p}-\frac{1}{s}(\mu-\lambda+1)\right)+B\left(\mu+1,\frac{1}{q}-\frac{1}{r}(\mu-\lambda+1)\right).$$

根据定理 2.1.13, 可得到:

定理 2.4.4 设 $\frac{1}{p}+\frac{1}{q}=1\ (p>1)$, $a>0$, $b>0$, $c>0$, 奇异积分算子 T 为

$$T(f)(y)=\int_0^{+\infty}\frac{f(x)}{(x+ay)(x+by)(x+cy)}\mathrm{d}x,\quad f(x)\in L_p^{-1-\frac{p}{2}}(0,+\infty),$$

则 T 是从 $L_p^{-1-\frac{p}{2}}(0,+\infty)$ 到 $L_p^{\left(-1-\frac{q}{2}\right)(1-p)}(0,+\infty)$ 的有界线性算子, 且 T 的算子范数为

$$\|T\|=\frac{\pi}{\left(\sqrt{a}+\sqrt{b}\right)\left(\sqrt{b}+\sqrt{c}\right)\left(\sqrt{c}+\sqrt{a}\right)}.$$

根据定理 2.1.16, 可得到:

定理 2.4.5 设 $\frac{1}{p}+\frac{1}{q}=1\ (p>1)$, $\lambda>0$, $b>0$, $c>0$, $a>-\min\{b,c\}$, 奇异积分算子 T 为

$$T(f)(y)=\int_0^{+\infty}\frac{f(x)}{\min\{x^{\lambda},y^{\lambda}\}+bx^{\lambda}+cy^{\lambda}}\mathrm{d}x,\quad f(x)\in L_p^{p\left(1-\frac{\lambda}{2}\right)-1}(0,+\infty),$$

则 T 是从 $L_p^{p\left(1-\frac{\lambda}{2}\right)-1}(0,+\infty)$ 到 $L_p^{\left[q\left(1-\frac{\lambda}{2}\right)-1\right](1-p)}(0,+\infty)$ 的有界线性算子, 且 T 的算子范数为

$$\|T\|=\frac{1}{\lambda}\left(\frac{2}{\sqrt{b(a+c)}}\arctan\sqrt{\frac{a+c}{b}}+\frac{2}{\sqrt{c(a+b)}}\arctan\sqrt{\frac{a+b}{c}}\right).$$

根据定理 2.1.20, 可得到:

定理 2.4.6　设 $\frac{1}{p}+\frac{1}{q}=1\ (p>1)$, $\frac{1}{r}+\frac{1}{s}=1\ (r>1)$, $\beta>-1$, $\alpha<\lambda+\beta+1$, 奇异积分算子 T 为

$$T(f)(y)=\int_0^{+\infty}\frac{|x-y|^{\lambda-\alpha}}{\max\{x^\lambda,y^\lambda\}}\left|\ln\frac{x}{y}\right|^\beta f(x)\mathrm{d}x,\quad f(x)\in L_p^{p\left(1-\frac{\alpha}{r}\right)-1}(0,+\infty).$$

则 T 是从 $L_p^{p\left(1-\frac{\alpha}{r}\right)-1}(0,+\infty)$ 到 $L_p^{\left[q\left(1-\frac{\alpha}{s}\right)-1\right](1-p)}(0,+\infty)$ 的有界线性算子, 且 T 的算子范数为

$$\|T\|=\Gamma(\beta+1)\sum_{n=0}^{\infty}(-1)^n\begin{pmatrix}\lambda-x\\ n\end{pmatrix}\left[\left(n+\frac{\lambda}{r}\right)^{-(\beta+1)}+\left(n+\frac{\lambda}{s}\right)^{-(\beta+1)}\right].$$

根据定理 2.1.21, 可得到:

定理 2.4.7　设 $\frac{1}{p}+\frac{1}{q}=1\ (p>1)$, $\frac{1}{r}+\frac{1}{s}=1\ (r>1)$, $\mu<1$, $\frac{\lambda_2}{r}+\frac{\lambda_1+\mu}{s}>0$, $\frac{\lambda_2}{s}+\frac{\lambda_1+\mu}{r}>0$, $\alpha=p\left[1-\frac{1}{r}(\lambda_1-\lambda_2+\mu)\right]-1$, $\beta=q\left[1-\frac{1}{s}(\lambda_1-\lambda_2+\mu)\right]-1$, 奇异积分算子 T 为

$$T(f)(y)=\int_0^{+\infty}\frac{(\min\{x,y\})^{\lambda_2}}{(\max\{x,y\})^{\lambda_1}|x-y|^\mu}f(x)\mathrm{d}x,\quad f(x)\in L_p^\alpha(0,+\infty),$$

则 T 是从 $L_p^\alpha(0,+\infty)$ 到 $L_p^{\beta(1-p)}(0,+\infty)$ 的有界线性算子, 且 T 的算子范数为

$$\|T\|=B\left(1-\mu,\frac{\lambda_2}{r}+\frac{\lambda_1+\mu}{s}\right)+B\left(1-\mu,\frac{\lambda_2}{s}+\frac{\lambda_1+\mu}{r}\right).$$

根据定理 2.1.23, 可得到:

定理 2.4.8　设 $\frac{1}{p}+\frac{1}{q}=1\ (p>1)$, $\lambda>0$, $a>0$, $b>1$, 奇异积分算子 T 为

$$T(f)(y)=\int_0^{+\infty}\operatorname{csch}\left(a\frac{y^\lambda}{x^\lambda}\right)f(x)\mathrm{d}x,\quad f(x)\in L_p^{p(1+\lambda b)-1}(0,+\infty),$$

则 T 是从 $L_p^{p(1+\lambda b)-1}(0,+\infty)$ 到 $L_p^{[q(1-\lambda b)-1](1-p)}(0,+\infty)$ 的有界线性算子, 且 T 的算子范数为

$$\|T\|=\frac{2\Gamma(b)}{\lambda a^b}\left(1-\frac{1}{2^b}\right)\zeta(b).$$

根据定理 2.2.2, 可得到:

定理 2.4.9 设 $\frac{1}{p}+\frac{1}{q}=1\ (p>1)$, $\lambda_1\lambda_2>0$, $-1<\mu<\min\left\{1\pm\frac{4}{\lambda_1},1\pm\frac{4}{\lambda_2}\right\}$, $\alpha=p\left[1+\frac{\lambda_1}{2}(\mu-1)\right]-1$, $\beta=q\left[1+\frac{\lambda_2}{2}(\mu-1)\right]-1$, 奇异积分算子 T 为

$$T(f)(y)=\int_0^{+\infty}\frac{\left|x^{\lambda_1}-y^{\lambda_2}\right|^{\mu}}{\max\left\{x^{\lambda_1},y^{\lambda_2}\right\}}f(x)\mathrm{d}x,\quad f(x)\in L_p^{\alpha}(0,+\infty),$$

则 T 是从 $L_p^{\alpha}(0,+\infty)$ 到 $L_p^{\beta(1-p)}(0,+\infty)$ 的有界线性算子, 且 T 的算子范数为

$$\begin{aligned}||T||=&\frac{1}{|\lambda_1|^{1/q}|\lambda_2|^{1/p}}\left[B\left(\mu+1,\frac{1}{2}(1-\mu)-\frac{2}{\lambda_2}\right)+B\left(\mu+1,\frac{1}{2}(\mu-1)+\frac{2}{\lambda_2}\right)\right]^{\frac{1}{p}}\\&\times\left[B\left(\mu+1,\frac{1}{2}(1-\mu)-\frac{2}{\lambda_1}\right)+B\left(\mu+1,\frac{1}{2}(\mu-1)+\frac{2}{\lambda_1}\right)\right]^{\frac{1}{q}}.\end{aligned}$$

根据定理 2.2.3, 可得到:

定理 2.4.10 设 $\frac{1}{p}+\frac{1}{q}=1\ (p>1)$, $\frac{1}{r}+\frac{1}{s}=1\,(r>1)$, $\lambda_1\lambda_2>0$, $\alpha=p\left(1-\frac{\lambda_1}{r}\right)-1$, $\beta=q\left(1-\frac{\lambda_2}{s}\right)-1$, 奇异积分算子 T 为

$$T(f)(y)=\int_0^{+\infty}\frac{\ln\left(x^{\lambda_1}/y^{\lambda_2}\right)}{x^{\lambda_1}-y^{\lambda_2}}f(x)\mathrm{d}x,\quad f(x)\in L_p^{\alpha}(0,+\infty),$$

则 T 是从 $L_p^{\alpha}(0,+\infty)$ 到 $L_p^{\beta(1-p)}(0,+\infty)$ 的有界线性算子, 且 T 的算子范数为

$$||T||=\frac{1}{|\lambda_1|^{1/q}|\lambda_2|^{1/p}}\left[\zeta\left(2,\frac{1}{s}\right)+\zeta\left(2,\frac{1}{r}\right)\right].$$

根据定理 2.2.6, 可得到:

定理 2.4.11 设 $\frac{1}{p}+\frac{1}{q}=1\ (p>1)$, $a>0$, $b>0$, $\lambda_1\lambda_2>0$, $\lambda>\max\left\{\frac{1}{\lambda_1}-\frac{1}{\lambda_2},\frac{1}{\lambda_2}-\frac{1}{\lambda_1}\right\}$ 奇异积分算子 T 为

$$T(f)(y)=\int_0^{+\infty}\left(a\frac{x^{\lambda_1}}{y^{\lambda_2}}+b\frac{y^{\lambda_2}}{x^{\lambda_1}}\right)^{-\lambda}f(x)\,\mathrm{d}x,\quad f(x)\in L_p^{p\frac{\lambda_1}{\lambda_2}-1}(0,+\infty),$$

则 T 是从 $L_p^{p\frac{\lambda_1}{\lambda_2}-1}(0,+\infty)$ 到 $L_p^{\left(q\frac{\lambda_2}{\lambda_1}-1\right)(1-p)}(0,+\infty)$ 的有界线性算子, 且 T 的算子范数为

$$||T|| = \frac{1}{2\left|\lambda_1\right|^{1/q}\left|\lambda_2\right|^{1/p}} a^{\frac{1}{2}\left(\frac{1}{\lambda_2}-\frac{1}{\lambda_1}-\lambda\right)} b^{\frac{1}{2}\left(\frac{1}{\lambda_1}-\frac{1}{\lambda_2}-\lambda\right)} \times \frac{p\left(\frac{1}{2}\left(\frac{1}{\lambda_1}-\frac{1}{\lambda_2}+\lambda\right)\right)p\left(\frac{1}{2}\left(\frac{1}{\lambda_2}-\frac{1}{\lambda_1}+\lambda\right)\right)}{p(\lambda)}.$$

根据定理 2.3.1, 可得到:

定理 2.4.12　设 $\frac{1}{p}+\frac{1}{q}=1\ (p>1), 0<\lambda<1, \lambda_1\lambda_2>0, \alpha=p\left(1-\frac{\lambda}{2}\lambda_1\right)-1, \beta=q\left(1-\frac{\lambda}{2}\lambda_2\right)-1$, 奇异积分算子 T 为

$$T(f)(y)=\int_0^{+\infty}\frac{f(x)}{\left|1-x^{\lambda_1}y^{\lambda_2}\right|^{\lambda}}\mathrm{d}x,\quad f(x)\in L_p^{\alpha}(0,+\infty),$$

则 T 是从 $L_p^{\alpha}(0,+\infty)$ 到 $L_p^{\beta(1-p)}(0,+\infty)$ 的有界线性算子, 且 T 的算子范数为

$$||T||=\frac{2}{\left|\lambda_1\right|^{1/q}\left|\lambda_2\right|^{1/p}}B\left(1-\lambda,\frac{\lambda}{2}\right).$$

根据定理 2.3.4, 可得到:

定理 2.4.13　设 $\frac{1}{p}+\frac{1}{q}=1\ (p>1), \lambda>0, \lambda_1\lambda_2>0$, 奇异积分算子 T 为

$$T(f)(y)=\int_0^{+\infty}\frac{1}{\left(1+x^{\lambda_1}y^{\lambda_2}\right)^{\lambda}}f(x)\,\mathrm{d}x,\quad f(x)\in L_p^{\lambda_1\left(p-\frac{1}{\lambda_2}\right)}(0,+\infty),$$

则 T 是从 $L_p^{\lambda_1\left(p-\frac{1}{\lambda_2}\right)}(0,+\infty)$ 到 $L_p^{\lambda_2\left(q-\frac{1}{\lambda_1}\right)(1-p)}(0,+\infty)$ 的有界线性算子, 且 T 的算子范数为

$$||T||=\frac{1}{\left|\lambda_1\right|^{1/q}\left|\lambda_2\right|^{1/p}}B\left(\frac{1}{\lambda_1 q}+\frac{1}{\lambda_2 p}-1,\lambda-\left(\frac{1}{\lambda_1 q}+\frac{1}{\lambda_2 p}-1\right)\right).$$

根据定理 2.3.5, 可得到:

定理 2.4.14　设 $\frac{1}{p}+\frac{1}{q}=1\ (p>1), 0<\lambda<pq, a>\max\{0,b\}$, 奇异积分算子 T 为

$$T(f)(y)=\int_0^{+\infty}\frac{f(x)}{e^{ax^{\lambda}y^{\lambda}}+e^{bx^{\lambda}y^{\lambda}}}\mathrm{d}x,\quad f(x)\in L_p^{\frac{\lambda}{q}-1}(0,+\infty),$$

则 T 是 $L_p^{\frac{\lambda}{q}-1}(0,+\infty)$ 到 $L_p^{\left(\frac{\lambda}{p}-1\right)(1-p)}(0,+\infty)$ 的有界线性算子, 且 T 的算子范数为

$$\|T\| = \frac{1}{\lambda}(a-b)^{\frac{1}{pq}-\frac{1}{\lambda}}\Gamma\left(\frac{1}{\lambda}-\frac{1}{pq}\right)\xi\left(\frac{1}{\lambda}-\frac{1}{pq},\frac{a}{a-b}\right).$$

根据定理 2.3.6, 可得到:

定理 2.4.15 设 $\frac{1}{p}+\frac{1}{q}=1\ (p>1),\ 0<\lambda<\left(1-\frac{1}{pq}\right)^{-1},\ a>\max\{0,b\}$, 奇异积分算子 T 为

$$T(f)(y) = \int_0^{+\infty}\frac{f(x)}{e^{ax^\lambda y^\lambda}-e^{bx^\lambda y^\lambda}}\mathrm{d}x,\quad f(x)\in L_p^{\frac{\lambda}{q}-1}(0,+\infty),$$

则 T 是从 $L_p^{\frac{\lambda}{q}-1}(0,+\infty)$ 到 $L_p^{\left(\frac{\lambda}{p}-1\right)(1-p)}(0,+\infty)$ 的有界线性算子, 且 T 的算子范数为

$$\|T\| = \frac{1}{\lambda}(a-b)^{\frac{1}{pq}-\frac{1}{\lambda}}\Gamma\left(\frac{1}{\lambda}-\frac{1}{pq}\right)\zeta\left(\frac{1}{\lambda}-\frac{1}{pq},\frac{a}{a-b}\right).$$

根据定理 2.3.8, 可得到:

定理 2.4.16 设 $\frac{1}{p}+\frac{1}{q}=1\ (p>1),\ \lambda_1\lambda_2>0,\ \frac{\alpha}{\beta}+\frac{1}{\lambda_2\beta}\left(1-\frac{a}{\lambda_2}\right)+\frac{1}{\beta q}\left(\frac{1}{\lambda_1}-\frac{1}{\lambda_2}\right)>0$, 奇异积分算子 T 为

$$T(f)(y) = \int_0^{+\infty}\left(x^{\lambda_1}y^{\lambda_2}\right)^\alpha e^{-\left(x^{\lambda_1}y^{\lambda_2}\right)^\beta}f(x)\,\mathrm{d}x,\quad f(x)\in L_p^{\frac{1}{\lambda_2}(ap-\lambda_1)}(0,+\infty),$$

则 T 是 $L_p^{\frac{1}{\lambda_2}(ap-\lambda_1)}(0,+\infty)$ 到 $L_p^{\frac{1}{\lambda_1}(aq-\lambda_2)(1-p)}(0,+\infty)$ 的有界线性算子, 且 T 的算子范数为

$$\|T\| = \frac{1}{|\lambda_1|^{1/q}|\lambda_2|^{1/p}|\beta|}\Gamma\left(\frac{\alpha}{\beta}+\frac{1}{\lambda_2\beta}\left(1-\frac{a}{\lambda_2}\right)+\frac{1}{\beta q}\left(\frac{1}{\lambda_1}-\frac{1}{\lambda_2}\right)\right).$$

参 考 文 献

陈广生, 丁宣浩, 焦运秀. 2013. 一类广义的带参数的 Hilbert 型奇异积分算子的范数 [J]. 重庆师范大学学报 (自然科学版), 30(5): 71-75.

陈广生, 丁宣浩. 2011. 一个新的 Hilbert 型积分不等式及其逆 [J]. 河南科技大学学报 (自然科学版), 32(4): 90-94, 113.

陈小雨, 高明哲, 黄政. 2013. 具有 Catalan 常数的 Hilbert 型积分不等式 [J]. 南京大学学报 (数学半年刊), 30(1): 95-103.

付向红. 2011. 两个参数的新 Hilbert 型积分不等式 [J]. 高等数学研究, 14(4): 36-39.

付向红. 2012. 两个参数的 Hilbert 型积分不等式 [J]. 大学数学, 28(1): 114-118.

高明哲, 贾维剑, 高雪梅. 2006. 关于 Hardy-Hilbert 不等式的一个改进 [J]. 数学杂志, 26(6): 647-651.

高明哲. 1994. 关于 Hardy-Riez 拓广的 Hilbert 不等式的一个改进 [J]. 数学研究与评论, 14(2): 255-259.

高雪梅, 高明哲, 徐景实. 2011. Hilbert 不等式的加强及其应用 [J]. 高等数学研究, 14(1): 36-39.

葛晓葵. 2011. 一个负奇数齐次核的 Hilbert 型积分不等式 [J]. 数学的实践与认识, 41(3): 184-191.

宫为国. 2010. Hardy-Hilbert 不等式的推广 [J]. 数学学报, 53(4): 635-642.

顾朝晖, 杨必成. 2016. 一个加强的 Hardy-Hilbert 型不等式 [J]. 浙江大学学报 (理学版), 43(5): 532-536.

顾朝晖, 杨必成. 2017. 一个最佳常数因子联系 Gamma 函数的全平面 Hilbert 型积分不等式 [J]. 吉林大学学报 (理学版), 55(3): 513-518.

和炳, 杨必成. 2010. 一个核带超几何函数的 0 次齐次的 Hilbert 型积分不等式 [J]. 数学的实践与认识, 40(18): 203-211.

和炳. 2011. 一个含零齐次核的 Hilbert 型积分不等式 [J]. 浙江大学学报 (理学版), 38(4): 380-383.

贺乐平, 于江明, 高明哲. 2002. Hilbert 积分不等式的推广 [J]. 韶关学院学报, 23(3): 25-30.

洪勇. 2013. 一个含参数的 Hilbert 型奇异积分算子的范数 [J]. 四川师范大学学报 (自然科学版), 36(5): 717-720.

洪勇. 2014. 又一类含变量可转移函数核的 Hilbert 型积分不等式 [J]. 吉林大学学报 (理学版), 52(1): 7-11.

胡克. 1979. 几个重要的不等式 [J]. 江西师院学报 (自然科学版), 3(1): 1-4.

胡克. 2007. 解析不等式的若干问题 [M]. 武汉: 武汉大学出版社.

黄琳, 刘琼. 2015. 一个多参数非齐次核 Hilbert 型积分不等式 (英文) [J]. 湘潭大学自然科学学报, 37(3): 1-8.

黄琳, 刘琼. 2016. 一个联系特殊函数的多参数 Hilbert 型积分不等式 [J]. 中国科学院大学学报, 33(5): 584-589.

黄启亮, 杨必成. 2016. 一个联系指数函数的全平面 Hilbert 积分不等式 [J]. 广东第二师范学院学报, 36(5): 21-28.

黄启亮. 2013. 一个带零齐次核的 Hilbert 型积分不等式 [J]. 数学的实践与认识, 43(7): 195-200.

黄臻晓. 2010. 一个逆向的 Hilbert 型积分不等式及其等价式 [J]. 山西师范大学学报 (自然科学版), 24(2): 10-15.

黄臻晓. 2011. 具有两个参数的零齐次核的 Hilbert 型积分不等式 [J]. 井冈山大学学报 (自然科学版), 32(5): 5-8.

金建军. 2009 关于核为对称 -1 齐次的 Hilbert 型不等式 [J]. 数学学报, 52(4): 799-806.
金建军. 2009. 一个 Hardy-Hilbert 型不等式含多参数的新的推广 (英文) [J]. 数学研究与评论, 29(6): 1131-1136.
匡继昌. 2004. 常用不等式 [M]. 济南: 山东科学技术出版社.
匡继昌. 2005. 一般不等式研究在中国的新进展 [J]. 北京联合大学学报 (自然科学版), 19(1): 29-37.
李继猛, 刘琼. 2009. 一个推广的 Hardy-Hilbert 不等式及应用 [J]. 数学学报, 52(2): 237-244.
刘琼, 龙顺潮. 2014. 一个推广的 Hilbert 型积分不等式 [J]. 数学物理学报, 34(1): 179-185.
刘琼, 黄琳. 2016. 一个参量化复合核 Hilbert 型积分不等式 [J]. 华东师范大学学报 (自然科学版), (1): 51-57.
刘琼, 刘英迪. 2020. 一个混合核 Hilbert 型积分不等式及其算子范数表达式 [J]. 数学物理学报, 40(2): 369-378.
刘琼. 2016. 一个联系扩展 zeta 函数的多参数 Hilbert 型积分不等式 [J]. 吉林大学学报 (理学版), 54(6): 1294-1299.
刘琼. 2012. 一个新的多参数 Hilbert 型积分不等式及其逆 [J]. 西南大学学报 (自然科学版), 34(6): 92-97.
刘琼. 2015. 一个混合核 Hilbert 型积分不等式和它的应用 (英文) [J]. 应用数学, 28(3): 567-573.
刘琼. 2015. 一个基本 Hilbert 型积分不等式的推广 [J]. 四川师范大学学报 (自然科学版), 38(5): 708-712.
刘如艳, 贺乐平. 2010. 含参数的 Hardy-Hilbert 型积分不等式的加强 [J]. 湖南工业大学学报, 24(2): 15-17+46.
刘幸东, 谢子填. 2011. 一个新的 Hilbert 型不等式 [J]. 数学的实践与认识, 41(10): 234-238.
刘英迪, 刘琼. 2020. 一个联系超几何函数的齐次核 Hilbert 型积分不等式 [J]. 西南师范大学学报 (自然科学版), 45(12): 36-42.
隆建军. 2012. 较为精密的 Hardy-Hilbert 不等式的一个加强 [J]. 井冈山大学学报 (自然科学版), 33(4): 25-29.
隆建军. 2013. 一个 Hardy-Hilbert 型不等式的加强 [J]. 汕头大学学报 (自然科学版), 28(4): 9-14.
隆建军. 2013. 关于 Hardy-Hilbert 不等式的一种推广 [J]. 贵州师范大学学报 (自然科学版), 31(3): 50-54.
卢志康, 吴晓雪. 2010. Hardy-Hilbert 不等式的推广 (英文) [J]. 数学杂志, 30(5): 775-780.
罗静, 隆建军. 2013. 关于一个 Hardy-Hilbert 型不等式的改进与推广 [J]. 四川理工学院学报 (自然科学版), 26(5): 67-70.
聂彩云. 2016. 半离散且带有广义齐次核 Hilbert 型不等式的加强 [J]. 吉首大学学报 (自然科学版), 37(6): 10-12.
彭琳, 高明哲. 2009. 一种新的 Hardy-Hilbert 型积分不等式 (英文) [J]. 南京大学学报数学半年刊, 26(2): 147-154.
石艳平, 尚小舟, 高明哲. 2014. 带有 Gamma 函数的 Hardy-Hilbert 型不等式的推广 [J]. 吉首大学学报 (自然科学版), 35(6): 17-21.

王爱珍, 杨必成. 2019. 一个联系指数函数中间变量的全平面 Hilbert 积分不等式 [J]. 兰州理工大学学报, 45(4): 151-155.

王卫宏. 2012. 关于 Hardy-Hilbert 不等式的分解式的逆向形式 [J]. 数学的实践与认识, 42(5): 170-179.

巫伟亮. 2012. 一个含多参数的新 Hilbert 型积分不等式及其应用 [J]. 西北师范大学学报 (自然科学版), 48(6): 26-29, 35.

巫伟亮. 2018. 一个含多参数全平面的 Hilbert 型积分不等式 [J]. 贵州大学学报 (自然科学版), 35(5): 8-11.

巫伟亮. 2019. 一个含三角函数核的全平面 Hilbert 型积分不等式 [J]. 广西师范学院学报 (自然科学版), 36(2): 38-42.

巫伟亮. 2015. 一个含独立参数混合核的 Hilbert 型积分不等式 [J]. 贵州大学学报 (自然科学版), 32(4): 12-14.

吴晓雪. 2010. 一类推广的 Hardy-Hilbert 型不等式 [J]. 数学学习与研究, (17): 96-98.

谢春娥. 2007. 一个新的 Hilbert 型不等式的最佳推广 [J]. 暨南大学学报 (自然科学版), 28(1): 24-27.

谢子填, 曾峥, 周庆华. 2012. 一个新的实齐次核的 Hilbert 型积分不等式及其等价形式 [J]. 吉林大学学报 (理学版), 50(4): 693-697.

谢子填, 曾峥. 2012. 一个混合型实齐次核的 Hilbert 型积分不等式 [J]. 华南师范大学学报 (自然科学版), 44(3): 36-39.

谢子填, 曾峥. 2007. 一个含参量的 Hilbert 型不等式 [J]. 湘潭大学自然科学学报, 29(3): 52-58.

谢子填. 2007. 一个核为 -3 齐次的 Hilbert 型积分不等式 [J]. 吉林大学学报 (理学版), 45(3): 369-373.

辛冬梅, 杨必成. 2008. 具有多参数的 Hilbert 型逆向不等式 (英文) [J]. 数学研究与评论, (4): 968-974.

辛冬梅, 杨必成. 2009. 一个逆向 Hilbert 型不等式的推广及其应用 [J]. 数学研究, 42(4): 418-426.

辛冬梅. 2010. 一个零齐次核的 Hilbert 型积分不等式 [J]. 数学理论与应用, 30(2): 70-74.

徐标, 陈广生. 2015. 一个 Hilbert 型积分算子不等式 [J]. 应用泛函分析学报, 17(1): 33-39.

杨必成. 2006. 一个逆向的 Hardy-Hilbert 型不等式 [J]. 数学的实践与认识, 36(1): 207-212.

杨必成, 陈强. 2017. 一个半离散非齐次核的 Hilbert 型不等式 [J]. 浙江大学学报 (理学版), 44(3): 292-295.

杨必成, 高明哲. 1997. 关于 Hardy-Hilbert 不等式的一个最佳常数 [J], 数学进展, 26(2): 159-164.

杨必成, 王爱珍. 2018. 一个全平面非齐次核的 Hilbert 积分不等式 [J]. 吉林大学学报 (理学版), 56(4): 819-824.

杨必成, 梁宏伟. 2005. 一个新的含参数的 Hilbert 型积分不等式 [J]. 7812. 河南大学学报 (自然科学版), 35(4): 4-8.

杨必成. 2012. 关于一个非齐次核的 Hilbert 型积分算子 [J]. 应用泛函分析学报, 14(1): 84-89.

杨必成. 1997. 一个改进的 Hilbert 不等式 [J]. 黄准学刊, 13(2): 47-51.

杨必成. 1998. 关于 Hardy-Hilbert 积分不等式的推广 [J]. 数学学报, 41(4): 839-844.

杨必成. 1999. 较为精密的 Hardy-Hilbert 不等式的一个加强 [J]. 数学学报, 42(6): 1103-1110.

杨必成. 2000. 一个推广的具有最佳常数的 Hardy-Hilbert 积分不等式 [J]. 数学年刊, 21A(4), 401-408.

杨必成. 2001. 关于 Hilbert 重级数定理的一个推广 [J]. 南京大学学报 (数学半年刊), 18(1): 145-151.

杨必成. 2002. 关于反向的 Hardy-Hilbert 积分不等式 [J]. 纯粹数学与应用数学, 23(2): 312-317.

杨必成. 2002. 关于一个推广的 Hardy-Hilbert 不等式 [J]. 数学年刊, 23A(2): 247-254.

杨必成. 2004. Hardy-Hilbert 不等式与 Mulholland 不等式的一个联系 [J]. 数学学报, 9 (3): 559-566.

杨必成. 2004. 一个 Hilbert 类不等式的最佳推广 [J]. 吉林大学学报, 42(1): 30-34.

杨必成. 2004. 一个反向的 Hardy-Hilbert 积分不等式 [J]. 吉林大学学报 (理学版), 42(4): 489-493.

杨必成. 2004. 一个推广的 Hilbert 类不等式及应用 [J]. 工程数学学报, 21(5): 821-824.

杨必成. 2005. 一个较为精确的 Hilbert 型不等式 [J]. 大学数学, 21(5): 99-102.

杨必成. 2005. 一个新的 Hilbert 型积分不等式及其推广 [J]. 吉林大学学报 (理学版), 43(5): 580-584.

杨必成. 2005. 关于一个推广的具有最佳常数的 Hilbert 类不等式及其应用 [J]. 数学研究与评论, 25(2): 341-346.

杨必成. 2005. 一个 Hardy-Hilbert 型不等式的逆 [J]. 西南师范大学学报 (自然科学版), 30(60): 1012-1015.

杨必成. 2005. 一个新的 Hilbert 型积分不等式及其推广 [J]. 吉林大学学报, 43(5): 580-584.

杨必成. 2006a. 一个较为精密的 Hardy-Hilbert 型不等式及其应用 [J]. 数学学报, 49 (2): 363-368.

杨必成. 2006b. 关于一个基本的 Hilbert 型不等式 [J]. 广东教育学院学报 (自然科学版), 26(3): 1-5.

杨必成. 2006c. 一个 −2 齐次核的双线型不等式 [J]. 厦门大学学报 (自然科学版), 45(6): 752-755.

杨必成. 2007a. 一个较为精密的 Hilbert 型不等式 [J]. 数学杂志, 27(6): 673-678.

杨必成. 2007b. 一个推广的 Hardy-Hilbert 型不等式及其逆式 [J]. 数学学报, 50(4): 861-868.

杨必成. 2007c. 一个推广的 Hilbert 型积分不等式及其应用 [J]. 数学杂志, 27(3): 285-290.

杨必成. 2007d. 一个两对共轭指数的 Hilbert 型不等式 [J]. 吉林大学学报 (理学版), 45(4): 524-528.

杨必成. 2007e. 一个新的 Hilbert 型不等式 [J]. 上海大学学报 (自然科学版), 13(3): 274-278.

杨必成. 2007f. 一个 −3 齐次核的 Hilbert 型不等式 [J]. 广东教育学院学报 (自然科学版), 27(65): 13-17.

杨必成. 2007g. 一个多参数的 Hilbert 型积分不等式 [J]. 西南师范大学学报 (自然科学版), 32(5): 33-38.

杨必成. 2008. 关于一个基本的 Hilbert 型积分不等式及其推广 [J]. 广东教育学院学报 (自然科学版), 28(5): 1-5.

杨必成. 2008. 一个 −1 齐次的基本的 Hilbert 型积分不等式及推广 [J]. 广东教育学院学报 (自然科学版), 28(3): 1-10.

杨必成. 2008. 一个基本的 Hilbert 型积分不等式 [J]. 大学数学, 24(1): 87-92.

杨必成. 2008. 一个 −3 齐次核的 Hilbert 型积分不等式 [J]. 云南大学学报 (自然科学版), 30(4): 325-330.

杨必成. 2010. 关于参量化 Hilbert 不等式的一个应用 [J]. 北京联合大学学报 (自然科学版), 24(4): 76-82.

杨必成. 2010. 一个有限区间逆向的 Hilbert 型积分不等式 [J]. 数学的实践与认识, 40(20): 153-158.

杨必成. 2011. 关于一个非齐次核的 Hilbert 型积分不等式及其推广 [J]. 山东大学学报 (理学版), 46(2): 123-126.

杨必成. 2011. 关于一个基本的 Hilbert 型积分不等式及其推广 [J]. 大学数学, 27(1): 157-160.

杨必成. 2011. 关于子区间逆向的 Hilbert 型积分不等式 [J]. 数学杂志, 31(2): 291-298.

杨必成. 2012. 一个新的零齐次核的 Hilbert 型积分不等式 [J]. 浙江大学学报 (理学版), 39(4): 390-392.

杨必成. 2014. 关于一个联系 Riemann zeta 函数的 Hilbert 型积分不等式及逆式 [J]. 广东第二师范学院学报, 34(3): 1-5.

杨必成. 2018. 较为精密的 Hardy- Hilbert 型不等式 [J]. 信阳师范学院学报, (2): 140-142.

杨必成. 2018. 关于一个全平面推广的 Hardy-Hilbert 积分不等式 [J]. 广东第二师范学院学报, 38(5): 1-7.

杨墩坤, 席高文. 2018. 一个含有混核的 Hilbert 型不等式的推广 [J]. 大学数学, 34(4): 17-23.

杨乔顺, 龙萍, 高雪梅. 2011. Hardy-Hilbert 型积分不等式的一种新改进 [J]. 纯粹数学与应用数学, 27(6): 742-748.

杨乔顺, 龙萍, 周昱. 2012. 关于一个改进的 Hardy-Hilbert 不等式 [J]. 大学数学, 28(1): 107-110.

杨玉英. 2017. 含多参数混合核的 Hilbert 型积分不等式的加强 [J]. 吉首大学学报 (自然科学版), 38(6): 4-6.

杨志明, 杨必成. 2017. 关于一个全平面的 Hilbert 型积分不等式 [J]. 广东第二师范学院学报, 37(3): 42-49.

有名辉, 何振华. 2019. 一个全平面上含混合核的 Hilbert 型不等式 [J]. 数学的实践与认识, 49(15): 239-245.

曾峥, 谢子填, 孙宇锋. 2014. 一个新的有两对共轭指数并在全平面积分的 Hilbert 型不等式 [J]. 数学的实践与认识, 44(19): 297-303.

曾志红, 杨必成. 2017. 关于一个参量化的全平面 Hilbert 积分不等式 [J]. 华南师范大学学报 (自然科学版), 49(5): 100-103.

张凤平, 谢子填. 2011. 一个含有多个参量的 Hilbert 型不等式 [J]. 大学数学, 27(4): 113-117.

赵长健, 纪在秀. 2008. 逆向型 Hilbert-Pachpatte 不等式 [J]. 数学学报, (5): 1015-1020.

赵玉中, 郭继峰. 2010. 一个新的 Hilbert 不等式及其等价形式 [J]. 中山大学学报 (自然科学版), 49(4): 16-20.

钟建华, 陈强, 曾志红. 2017. 一个非单调非齐次核的 Hilbert 型积分不等式 [J]. 浙江大学学报 (理学版), 44(2): 150-153.

钟建华, 杨必成. 2008. 关于一个较为精密的 Hilbert 型不等式的推广 [J]. 浙江大学学报 (理学版), 35(2): 121-124.

钟建华. 2010. 一个零齐次核的 Hilbert 型积分不等式及其逆 [J]. 数学理论与应用, 30(2): 61-64.

钟五一, 杨必成. 2007. Hilbert 积分不等式含多参数的最佳推广 [J]. 暨南大学学报 (自然科学版), 28(1): 20-23.

钟五一, 杨必成. 2007. 关于反向的 Hardy- Hilbert 积分不等式的推广 [J]. 西南大学学报 (自然科学版), 29(4): 44-48.

钟五一, 杨必成. 2007. 一个新的 Hilbert 型积分不等式的含多参数的最佳推广 [J]. 江西师范大学学报 (自然科学版), 31(4): 410-414.

钟五一, 杨必成. 2007. 关于推广的 Hardy- Hilbert 积分不等式的一个等价式 [J]. 上海大学学报 (自然科学版), 13(1): 51-54.

钟五一, 杨必成. 2008. 一个含多参量的逆向 Hilbert 型积分不等式及其等价式 [J]. 纯粹数学与应用数学, 24(2): 401-407.

周昱, 高明哲. 2011. 一个新的带参数的 Hilbert 型积分不等式 [J]. 数学杂志, 31(3): 575-581.

Azar L E. 2014. Two new forms of Hilbert integral inequality[J]. Math. Inequal. Appl., 17 (3): 937-946.

Brnetic I, Pecaric J. 2004. Generalization of Hilbert's integral inequality[J]. Math. Ineq. Appl., 7(2): 199-205.

Chen Q, Yang B C. 2020. On a parametric more accurate Hilbert-type inequality[J]. Math. Inequal., 14(4): 1135-1149.

Chen Z Q, Xu S. 2007. New extensions of Hilberts inequality with multiple parameters[J]. Acta. Math. Hungar., 117(4): 383-400.

El Marouf S A A. 2018. Generalization of Hilbert-Hardy integral inequalities[J]. Kuwait J. Sci., 45 (1): 7-19.

Gao M Z, Hsu L C. 2005. A survey of various refinements and generalizations of Hilbert's inequalities [J]. J. Math. Res. Exp., 25(2): 227-243.

Gao M Z, Yang B C. 1998. On the extended Hilbert's inequality [J]. Proc. Amer. Math Soc., 126(3): 751-759.

Gao M Z. 1999. On the Hilbert inequality [J]. J. for Anal. Appl., 18(4): 1117-1122.

Gao X M, Gao M Z. 2020. A new improved form of the Hilbert inequality and its applications [J]. Math. Inequal. Appl., 23 (2): 497-507.

Gu Z H, Yang B C. 2020. On an extended Hardy-Hilbert's inequality in the whole plane [J]. J. Appl. Anal. Comput., 10 (6): 2619-2630.

Gu Z H, Yang B C. 2015. A Hilbert-type integral inequality in the whole plane with a non-homogeneous kernel and a few parameters [J]. J. Inequal. Appl., (1): 1-9.

He B, Li Y J. 2006. On several new inequalities close to Hilbert-pachpatte's inequality [J]. J. Ineg. in Pure and Applied Math., 7(4): 1-9.

He B, Qian Y, Li Y J. 2008. On analogues of the Hilbert's inequality [J]. Communications in Mathematical Analysis, 4(2): 47-33.

He L P, Gao M Z, Jia W J. 2006. On a new strengthened Hardy-Hilbert's inequality [J]. Math. Res. Exp., 26(2): 276-282.

He L P, Jia W J, Gao M Z. 2006. A Hardy-Hilbert's type inequality with gamma function and its applications [J]. Integral Transforms and Special functions, 17(5): 355-363.

He L P, Li Y, Yang B C. 2018. An extended Hilbert's integral inequality in the whole plane with parameters [J]. J. Inequal. Appl., 2018(1): 1-11.

Hong Y. 2005. On Hardy-Hilbert integral inequalities with some parameters [J]. J. Ineq. In Pure Applied Math., 6(4): 1-10.

Hsu L C, Wang Y J. 1991. A refinement of Hilberts double series theorem [J]. J. Math. Res. Exp., 11(1): 143-144.

Jia W J, Gao M Z, Debnath L. 2004. Some new improvement of the Hardy-Hilbert inequality with applications [J]. International Journal of Pure and Applied Mathematics, 11(1): 21-28.

Jia W J, Gao M Z, Gao X M. 2005. On an extension of the Hardy-Hilbert theorem [J]. Studia Scientiarum Mathematicarum Hungarica, 42(1): 21-35.

Kečkić D J. 2020. The applications of Cauchy-Schwarz inequality for Hilbert modules to elementary operators and I. P. T. I. transformers [J]. Appl. Anal. Discrete Math. 14(1): 169-182.

Krnic M, Gao M Z, Pecaric J, et al. 2005. On the best constant in Hilbert's inequality [J]. I Math. Ineq. &Appl., 8(2): 317-329.

Krnic M, Pecaric J. 2005. General Hilberts and Hardy's inequalities [J]. Math. Ineq. & Appl, 8(1): 29-51.

Kuang J C. On new extension of Hilbert's integral inequality [J]. J. Math. Anal. Appl., 235: 608-614.

Li Y J, He B. 2006. A new Hilbert-type integral inequality and the equivalent form[J]. Internat. Int. J. Math. Math. Sci., Art. ID45378: 1-6.

Li Y J, Qian Y, He B. 2007. On further analogs of Hilberts inequality[J]. Internat. J Math. &c Math. Soc., Art. ID76329: 1-6

Li Y J, Wang Z P, He B. 2007. Hilbert's type linear operator and some extensions of Hilbert's inequality [J] J. Ineq &Appl., Art. 1D82138: 1-10.

Liu Q, Sun W B. 2014. A Hilbert-type integral inequality with multiparameters and a nonhomogeneous kernel [J]. Abstr. Appl. Anal., Art. ID 674874: 1-5.

Michael Th R, Yang B C. 2015. A Hilbert-type integral inequality in the whole plane related to the hypergeometric function and the beta function [J]. J. Math. Anal. Appl. 428(2): 1286-1308.

Mo H M, Yang B C. 2020. On a new Hilbert-type Integral inequality involving the upper limit functions [J]. J. Inequal. Appl., 5: 1-12 .

Omran K . 2015. A reverse Hilbert-like optimal inequality [J]. Math. Inequal. Appl., 18(2): 607-614.

Pachpatte B G. 1998. On some new inequalities similar to Hilbert's inequality [J]. J. Math Anal. Appl., 226: 166-179.

Pachpatte B G. 2005. Mathematical Inequalities [M]. Netherland: Elsevier B V.

Salem S R. 2006. Some new Hilbert type inequalities [J]. Kyungpook Math. J., 46: 19-29.

Sulaiman W T. 2004. On Hardy-Hilbert's integral inequality [J]. J. Ineq. in Pure & Appl. Math., 5(2), Art, 25: 1-9.

Sun B J. 2006. Best generalization of a Hilbert type inequality [J]. J. Ineq. in Pure & Appl. Math., 7(3), Art. 113: 1-7.

Wang W H, Xin D M. 2006. On a new strengthened version of a Hardy-Hilbert type inequality and applications [J]. J. Ineq. in Pure & App. Math., 7(5), Art. 180: 1-7.

Wang W H, Yang B C. 2006. A strengthened Hardy-Hilbert's type inequality [J]. The Australian Journal of Mathematical Analysis and Applications, 3(2), Art. 17: 17.

Xi G W. 2007. A reverse Hardy-Hilbert-type inequality [J]. Journal of Inequalities and Applications, Art. ID79758: 1-7.

Xi G W. 2008. A reverse Hardy-Hilbert-type integral inequality[J]. Journal of Inequalities in Pure and Applied Mathematics, 9(2), Art., 49: 1-9.

Xie H Z, Lu Z X. 2005. Discrete Hardy-Hilbert's inequalities in $\mathbb{R}^n$ [J]. Northeast. Math, 21(1): 87-94.

Xie Z T, Yang B C. 2008. A new Hilbert-type integral inequality with some parameters and its reverse [J]. Kyungpook Math. J., 48: 93-100.

Xie Z T, Zheng Z. 2007. A Hilbert-type integral inequality whose kernel is a homogeneous form of degree−3 [J]. J. Math. Anal. Appl., 339: 324-331.

Xie Z T, Zheng Z. 2007. A new Hilbert-type integral inequality and its reverse [J]. Soochow Journal of Mathematics, 33(4): 751-759.

Xin D M. 2006. Best generalization of Hardy-Hilbert's inequality with multi-parameters [J]. J. Ineq. in Pure and Applied Math., 7(4), Art. 153: 1-8.

Xin D M. 2014. Hilbert-type integral inequalities in the whole plane with the non-homogeneous kernel [J]. Kyungpook Math. J., 54 (1): 1-9.

Xu J S. 2007. Hardy-Hilbert's inequalities with two parameters [J]. Advances in Mathematics, 36(2): 189-198.

Yang B C, Brnetc I, Krnic M, et al. 2005. Generalization of Hilbert and Hardy-Hilbert integral inequalities [J]. Math. Ineq. & Appl., 8(2): 259-272.

Yang B C, Debnath L. 1998. On new strengthened Hardy-Hilbert's inequality [J]. Int. J. Math. & Math. Soc., 21(2): 403-408.

Yang B C, Debnath L. 1999. On a new generalization of Hardy-Hilbert's inequality [J]. Math. Anal. Appl, 23: 484-497.

Yang B C, Debnath L. 2002. On the extended Hardy-Hilbert's inequality [J]. J. Math. Anal Appl., 272: 187-199.

Yang B C, Debnath L. 2003. A strengthened Hardy-Hilbert's inequality [J]. Proceedings of the Jangjeon Mathematical Society, 6(2): 119-124.

Yang B C, Rassias T M. 2003. On the way of weight coefficient and research for Hilbert-type inequalities [J]. Math. Ineg. Appl., 6(4): 625-658.

Yang B C, Chen Q. 2015. Two kinds of Hilbert-type integral inequalities in the whole plane [J]. J. Inequal. Appl., 2015(1): 1-11.

Yang B C. 2008. On the norm of a linear operator and its applications [J]. Indian Journal of Pure and Applied Mathematics, 39(3): 237-250.

Yang B C. 1998. A note on Hilbert's integral inequalities [J]. Chinese Quarterly Journal of Mathematics, 13(4): 83-86.

Yang B C. 1998. On Hilbert's integral inequality [J]. Math. Anal. Appl., 220: 778-785.

Yang B C. 2001. On Hardy-Hilbert's integral inequality [J]. J. Math. Anal. Appl., 261: 295-306.

Yang B C. 2003. On a new inequality similar to Hardy-Hilbert's inequality [J]. Math. Ineq App., 6(1): 33-40.

Yang B C. 2003. On Hardy-Hilbert's integral inequality and its equivalent form [J]. Northeast Math. J., 19(2): 139-148.

Yang B C. 2004. On a new Hardy-Hilbert's type inequality [J]. Mathematical Inequalities & Applications, 7(3): 355-363.

Yang B C. 2004. On an extension of Hilbert's integral inequality with some parameters [J]. The Australian Journal of Mathematical Analysis and Applications, 1(1): 11-18.

Yang B C. 2004. On new extensions of Hilbert's inequality [J]. Acta Math. Hungar, 104(4): 291-299.

Yang B C. 2005. A relation to Hardy-Hilbert's integral inequality and Mulholland's inequality [J]. Journal of Ineq. in Pure & Applied Math., 6(4): 1-12.

Yang B C. 2005. On best extensions of Hardy-Hilbert's inequality with two parameters [J]. Ineq. in Pure and Applied Math., 6(3): 1-15.

Yang B C. 2005. On Mulholand's integral inequality [J]. Soochow Journal of Mathematics, 31(4): 573-580.

Yang B C. 2006. A dual Hardy-Hilbert's inequality and generalizations [J]. Advances in Mathematics, 35(1): 102-108.

Yang B C. 2006. A new Hilbert-type inequality [J]. Bull. Belg. Math. Soc., 13: 479-487.

Yang B C. 2006. On a reverse of a Hardy-Hilbert type inequality [J]. J. Ineg. in Pure Applied Math., 7(3): 1-7.

Yang B C. 2006. On an extended Hardy-Hilbert's inequality and some reversed form [J]. International Mathematical Forum, 1(39): 1905-1912.

Yang B C. 2006. On the norm of a self-adjoint operator and applications to Hilbert's type inequalities [J]. Bull. Belg. Math. Soc., 13: 577-584.

Yang B C. 2006. On the norm of an integral operator and applications [J]. J. Math. Anal Appl., 321: 182-192.

Yang B C. 2007. A new Hilbert's type integral inequality [J]. Soochow Journal of Mathematics 33(4): 849-859.

Yang B C. 2007. On a Hilbert-type operator with a symmetric homogeneous kernel of-1 order and applications [J]. Journal of Inequalities and Applications, Volume Article ID4 9 pages, doi: 10. 1155/2007/47812.

Yang B C. 2007. On the norm of a Hilbert's type linear operator and applications [J]. J Math. Anal. Appl., 325: 529-541.

Yang B C. 2007. On the norm of a self-adjoint operator and a new bilinear integral inequality [J]. Acta Mathematica Sinica, English Series, 23(7): 1311-1316.

Yang B C. 2007. On a more accurate Hilbert's type inequality [J]. International Mathematical Forum, 2(37): 1831-1837.

Yang B C. 2008. A relation to Hilbert's integral inequality and some base Hilbert-type inequalities [J]. Journal of Inequalities in Pure and Applied Mathematics, 9(2): 1-8.

Yang B C. 2008. On the norm of a certain self-adjoint integral operator and applications to bilinear integral inequalities [J]. Taiwan Journal of Mathematics, 12(2): 315-324.

You Minghui. 2021. On a class of Hilbert-type inequalities in the whole plane related to exponent function [J]. J. Inequal. Appl., 33: 13 .

Zhang K W. 2002. A bilinear nequality [J]. J. Math. Anal. Appl., 271: 288-296.

Zhao C J, Cheung W S. 2019. Reverse Hilbert inequalities involving series [J]. Publ. Inst. Math. (Beograd) (N.S.), 105(119): 81-92.

Zhao C J, Cheung W S. 2019. On reverse Hilbert-Pachpatte-type inequalities [J]. Iran. J. Sci. Technol. Trans. A Sci., 43 (6): 2899-2904.

Zhao C J, Debnath L. 2001. Some new type Hilbert integral inequalities [J]. J. Math. Anal Appl., 262: 411-418.

第 3 章　若干具有精确核的 Hilbert 型级数不等式

在第 2 章中, 我们讨论了若干具有精确核的 Hilbert 型积分不等式, 本章中我们讨论级数情形下的 Hilbert 型不等式:

$$\sum_{n=1}^{\infty}\sum_{m=1}^{\infty}K(m.n)\,a_m b_n \leqslant M||\widetilde{a}||_{p,\alpha}||\widetilde{b}||_{q,\beta},$$

其中 $\widetilde{a}=\{a_m\}$, $\widetilde{b}=\{b_n\}$, 为此, 我们常常用到如下的不等式: $f(t)$ 在 $(0,+\infty)$ 上递减, 则有

$$\sum_{k=1}^{\infty}f(k)\leqslant\int_0^{+\infty}f(t)\,\mathrm{d}t,\quad \sum_{k=1}^{\infty}f(k)\geqslant\int_1^{+\infty}f(t)\,\mathrm{d}t.$$

3.1　具有齐次核的若干 Hilbert 型级数不等式

3.1.1　$K(m,n)=\dfrac{1}{(am+bn)^{\lambda}}$ 的情形

引理 3.1.1　设 $\dfrac{1}{p}+\dfrac{1}{q}=1\,(p>1)$, $2-\min\{p,q\}<\lambda\leqslant 2$, $a>0$, $b>0$, 则

$$\omega_1(m)=\sum_{n=1}^{\infty}\frac{n^{(2-\lambda)/q}}{(am+bn)^{\lambda}}\leqslant m^{-\frac{\lambda}{p}-\frac{2}{q}-1}a^{1-\lambda+\frac{\lambda-2}{q}}b^{\frac{2-\lambda}{q}-1}B\left(\frac{\lambda-2}{q}+1,\frac{\lambda-2}{p}+1\right),$$

$$\omega_2(n)=\sum_{m=1}^{\infty}\frac{m^{(2-\lambda)/p}}{(am+bn)^{\lambda}}\leqslant n^{-\frac{\lambda}{q}-\frac{2}{p}-1}a^{\frac{2-\lambda}{p}-1}b^{1-\lambda+\frac{\lambda-2}{p}}B\left(\frac{\lambda-2}{q}+1,\frac{\lambda-2}{p}+1\right).$$

证明　由于 $0<2-\min\{p,q\}<\lambda\leqslant 2$, 故 $\dfrac{1}{(am+bt)^{\lambda}}t^{\frac{\lambda-2}{q}}$ 关于 t 在 $(0,+\infty)$ 上递减, 于是

$$\omega_1(m)=\sum_{n=1}^{\infty}\frac{1}{(am+bn)^{\lambda}}n^{\frac{\lambda-2}{q}}\leqslant\int_0^{+\infty}\frac{1}{(am+bt)^{\lambda}}t^{\frac{\lambda-2}{q}}\mathrm{d}t$$

$$= \frac{1}{(am)^\lambda}\int_0^{+\infty}\frac{1}{\left(1+\frac{b}{am}t\right)^\lambda}t^{\frac{\lambda-2}{t}}\mathrm{d}t$$

$$= \frac{1}{(am)^\lambda}\int_0^{+\infty}\frac{1}{(1+u)^\lambda}\left(\frac{am}{b}u\right)^{\frac{\lambda-2}{q}}\frac{am}{b}\mathrm{d}u$$

$$= m^{-\frac{\lambda}{p}-\frac{2}{q}+1}a^{1-\lambda+\frac{\lambda-2}{q}}b^{\frac{2-\lambda}{q}-1}\int_0^{+\infty}\frac{1}{(1+u)\,\lambda}u^{\frac{\lambda-2}{q}}\mathrm{d}u$$

$$= m^{-\frac{1}{p}-\frac{2}{q}+1}a^{1-\lambda+\frac{\lambda-2}{q}}b^{\frac{2-\lambda}{q}-1}B\left(\frac{\lambda-2}{q}+1,\lambda-\left(\frac{\lambda-2}{q}+1\right)\right)$$

$$= m^{-\frac{1}{p}-\frac{2}{q}+1}a^{1-\lambda+\frac{\lambda-2}{q}}b^{\frac{2-\lambda}{q}-1}B\left(\frac{\lambda-2}{q}+1,\frac{\lambda-2}{p}+1\right).$$

同理可得

$$\omega_2(n) = n^{-\frac{\lambda}{q}-\frac{2}{p}+1}a^{\frac{2-\lambda}{p}}b^{1-\lambda+\frac{\lambda-2}{p}}B\left(\frac{\lambda-2}{q}+1,\frac{\lambda-2}{p}+1\right).$$

证毕.

定理 3.1.1 设 $\frac{1}{p}+\frac{1}{q}=1\,(p>1)$, $2-\min\{p,q\}<\lambda\leqslant 2$, $a>0$, $b>0$, $\widetilde{a}=\{a_m\}\in l_p^{1-\lambda},\widetilde{b}=\{b_n\}\in l_p^{1-\lambda}$, 则

$$\sum_{n=1}^{\infty}\sum_{m=1}^{\infty}\frac{a_mb_n}{(am+bn)^\lambda}\leqslant a^{\frac{2-\lambda}{p}-1}b^{\frac{2-\lambda}{q}-1}B\left(\frac{\lambda-2}{q}+1,\frac{\lambda-2}{p}+1\right)||\widetilde{a}||_{p,1-\lambda}\left|\left|\widetilde{b}\right|\right|_{q,1-\lambda}, \tag{3.1.1}$$

其中的常数因子 $a^{\frac{2-\lambda}{p}-1},b^{\frac{2-\lambda}{q}-1}B\left(\frac{\lambda-2}{q}+1,\frac{\lambda-2}{p}+1\right)$ 是最佳的.

证明 取适配数 $a_0=b_0=(2-\lambda)/(pq)$, 由 Hölder 不等式及引理 3.1.1, 有

$$\sum_{n=1}^{\infty}\sum_{m=1}^{\infty}\frac{a_mb_n}{(am+bn)^\lambda}$$

$$=\sum_{n=1}^{\infty}\sum_{m=1}^{\infty}\left[\left(\frac{m}{n}\right)^{(2-\lambda)/(pq)}a_m\right]\left[\left(\frac{n}{m}\right)^{(2-\lambda)/(pq)}b_n\right]\frac{1}{(am+bn)^\lambda}$$

$$\leqslant\left\{\sum_{n=1}^{\infty}\sum_{m=1}^{\infty}\left[\frac{a_m^p}{(am+bn)^\lambda}\left(\frac{m}{n}\right)^{(2-\lambda)/q}\right]\right\}^{\frac{1}{p}}\left\{\sum_{n=1}^{m}\sum_{m=1}^{m}\left[\frac{b_n^q}{(am+bn)^\lambda}\left(\frac{n}{m}\right)^{(2-\lambda)/p}\right]\right\}^{\frac{1}{q}}$$

$$=\left\{\sum_{m=1}^{\infty} m^{\frac{2-\lambda}{q}} a_m^p \left[\sum_{n=1}^{\infty} \frac{n^{(\lambda-2)/q}}{(am+bn)^{\lambda}}\right]\right\}^{\frac{1}{p}} \left\{\sum_{n=1}^{\infty} n^{\frac{2-\lambda}{p}} b_n^q \left[\sum_{m=1}^{\infty} \frac{m^{(\lambda-2)/q}}{(am+bn)^{\lambda}}\right]\right\}^{\frac{1}{q}}$$

$$=\left(\sum_{m=1}^{\infty} m^{\frac{2-\lambda}{q}} a_m^p \omega_1(m)\right)^{\frac{1}{p}} \left(\sum_{n=1}^{\infty} n^{\frac{2-\lambda}{p}} b_n^q \omega_2(n)\right)^{\frac{1}{q}}$$

$$\leqslant a^{\frac{2-\lambda}{p}-1} b^{\frac{2-\lambda}{q}-1} B\left(\frac{\lambda-2}{q}+1, \frac{\lambda-2}{p}+1\right) \left(\sum_{m=1}^{\infty} m^{1-\lambda} a_m^p\right)^{\frac{1}{p}} \left(\sum_{n=1}^{\infty} n^{1-\lambda} b_n^q\right)^{\frac{1}{q}}$$

$$=a^{\frac{2-\lambda}{p}-1} b^{\frac{2-\lambda}{q}-1} B\left(\frac{\lambda-2}{q}+1, \frac{\lambda-2}{p}+1\right) \|\widetilde{a}\|_{p,1-\lambda} \left\|\widetilde{b}\right\|_{q,1-\lambda}.$$

故 (3.1.1) 式成立

若 (3.1.1) 式的常数因子不是最佳的, 则存在常数

$$M_0 < a^{\frac{2-\lambda}{p}-1} b^{\frac{2-\lambda}{q}-1} B\left(\frac{\lambda-2}{q}+1, \frac{\lambda-2}{p}+1\right)$$

使得用 M_0 替换 (3.1.1) 式中的常数因子后, (3.1.1) 式仍成立, 此时我们取

$$a_m = m^{(\lambda-2-\varepsilon)/p}, \quad b_n = n^{(\lambda-2-\varepsilon)/q},$$

其中 $0<\varepsilon<q+\lambda-2$. 于是

$$\|\widetilde{a}\|_{p,1-\lambda} \left\|\widetilde{b}\right\|_{q,1-\lambda} = \sum_{n=1}^{\infty} \frac{1}{n^{1+\varepsilon}} = 1+\sum_{n=2}^{\infty} \frac{1}{n^{1+\varepsilon}}$$

$$\leqslant 1+\int_1^{+\infty} \frac{1}{t^{1+\varepsilon}} \mathrm{d}t = 1+\frac{1}{\varepsilon} = \frac{1}{\varepsilon}(1+\varepsilon),$$

同时, 因为 $0 \leqslant 2-\min\{p,q\} < \lambda \leqslant 2+\varepsilon$, 有

$$\sum_{n=1}^{\infty} \sum_{m=1}^{\infty} \frac{a_m b_n}{(am+bn)^{\lambda}} = \sum_{n=1}^{\infty} \sum_{m=1}^{\infty} \frac{1}{(am+bn)^{\lambda}} m^{(\lambda-2-\varepsilon)/p} n^{(\lambda-2-\varepsilon)/q}$$

$$\geqslant \int_1^{+\infty} x^{\frac{\lambda-2-\varepsilon}{p}} \left(\int_1^{+\infty} \frac{1}{(ax+by)^{\lambda}} y^{\frac{\lambda-2-\varepsilon}{q}} \mathrm{d}y\right) \mathrm{d}x.$$

令 $u=(by)/(ax)$, 并注意 $q+\lambda-2-\varepsilon>0$, 有

$$\sum_{n=1}^{\infty} \sum_{m=1}^{\infty} \frac{a_m b_n}{(am+bn)^{\lambda}}$$

$$\geqslant \int_1^{+\infty} x^{\frac{\lambda-2-\varepsilon}{p}}\left(\int_{b/(ax)}^{+\infty}\frac{1}{(ax)^{\lambda}(1+u)^{\lambda}}\left(\frac{ax}{b}u\right)^{\frac{\lambda-2-\varepsilon}{q}}\frac{ax}{b}\mathrm{d}u\right)\mathrm{d}x$$

$$=a^{(2-\lambda-p-(p-1)\varepsilon)/p}b^{(2-\lambda-q+\varepsilon)/q}\int_1^{+\infty}x^{-1-\varepsilon}\left(\int_{b/(ax)}^{+\infty}\frac{1}{(1+u)^{\lambda}}u^{(\lambda-2-\varepsilon)/q}\mathrm{d}u\right)\mathrm{d}x$$

$$=a^{(2-\lambda-p)/p-\varepsilon/q}b^{(2-\lambda-q)/q+\varepsilon/q}$$

$$\times\left[\int_1^{+\infty}x^{-1-\varepsilon}\left(\int_0^{+\infty}\frac{1}{(1+u)^{\lambda}}u^{(\lambda-2-\varepsilon)/q}\mathrm{d}u\right)\mathrm{d}x\right.$$

$$\left.-\int_1^{+\infty}x^{-1-\varepsilon}\left(\int_0^{b/(ax)}\frac{1}{(1+u)^{\lambda}}u^{(\lambda-2-\varepsilon)/q}\mathrm{d}u\right)\mathrm{d}x\right]$$

$$\geqslant a^{(2-\lambda-p)/p-\varepsilon/q}b^{(2-\lambda-q)/q+\varepsilon/q}$$

$$\times\left[\frac{1}{\varepsilon}B\left(\frac{q+\lambda-2}{q}-\frac{\varepsilon}{q},\frac{p+\lambda-2}{p}+\frac{\varepsilon}{q}\right)-\int_1^{+\infty}x^{-1}\left(\int_0^{b/(ax)}u^{\frac{\lambda-2-\varepsilon}{q}}\mathrm{d}u\right)\mathrm{d}x\right]$$

$$=a^{(2-\lambda-p)/p-\varepsilon/q}b^{(2-\lambda-q)/q+\varepsilon/q}$$

$$\times\left[\frac{1}{\varepsilon}B\left(\frac{q+\lambda-2}{q}-\frac{\varepsilon}{q},\frac{p+\lambda-2}{p}+\frac{\varepsilon}{q}\right)-\frac{q^2}{(q+\lambda-2-\varepsilon)^2}\left(\frac{b}{a}\right)^{(q+\lambda-2-\varepsilon)/q}\right]$$

$$=a^{(2-\lambda-p)/p-\varepsilon/q}b^{(2-\lambda-q)/q+\varepsilon/q}$$

$$\times\left[\frac{1}{\varepsilon}B\left(\frac{q+\lambda-2}{q}-\frac{\varepsilon}{q},\frac{p+\lambda-2}{p}+\frac{\varepsilon}{q}\right)+O(1)\right]\quad(\varepsilon\to0^+).$$

综上可得

$$a^{(2-\lambda-g)/g-\varepsilon/q}b^{(2-\lambda-q)q+\varepsilon/q}\left[B\left(\frac{q+\lambda-2}{q}-\frac{\varepsilon}{q},\frac{p+\lambda-2}{p}+\frac{\varepsilon}{q}\right)+\varepsilon\cdot O(1)\right]$$

$$\leqslant M_0(1+\varepsilon),$$

令 $\varepsilon\to0^+$, 得到

$$a^{\frac{2-\lambda}{p}-1}b^{\frac{2-\lambda}{q}-1}B\left(\frac{\lambda-2}{q}+1,\frac{\lambda-2}{p}+1\right)\leqslant M_0.$$

这是一个矛盾, 故 (3.1.1) 式中的常数因子是最佳的. 证毕.

3.1.2 $K(m,n)=\dfrac{1}{m^{\lambda}+n^{\lambda}}$ 的情形

引理 3.1.2 设 $\dfrac{1}{p}+\dfrac{1}{q}=1\,(p>1)$, $0<\lambda<\min\{p,q\}$, 则

$$\omega_1(m,\lambda,q)=\sum_{n=1}^{\infty}\frac{1}{m^{\lambda}+n^{\lambda}}n^{\frac{\lambda}{p}-1}\leqslant m^{-\frac{\lambda}{q}}\frac{\pi}{\lambda\sin(\pi/p)},$$

$$\omega_2(n,\lambda,p)=\sum_{m=1}^{\infty}\frac{1}{m^{\lambda}+n^{\lambda}}m^{\frac{\lambda}{q}-1}\leqslant n^{-\frac{\lambda}{p}}\frac{\pi}{\lambda\sin(\pi/p)}.$$

证明 因为 $0<\lambda<p$, 故 $\dfrac{1}{m^{\lambda}+t^{\lambda}}t^{\frac{\lambda}{p}-1}$ 关于 t 是 $(0,+\infty)$ 上的减函数.

$$\begin{aligned}\omega_1(m,\lambda,q)&\leqslant\int_0^{+\infty}\frac{1}{m^{\lambda}+t^{\lambda}}t^{\frac{\lambda}{p}-1}\mathrm{d}t\\&=m^{-\frac{\lambda}{q}}\frac{1}{\lambda}\int_0^{+\infty}\frac{1}{1+u}u^{\frac{1}{p}-1}\mathrm{d}u=m^{-\frac{\lambda}{q}}\frac{1}{\lambda}B\left(\frac{1}{p},\frac{1}{q}\right)\\&=m^{-\frac{\lambda}{q}}\frac{1}{\lambda}\Gamma\left(\frac{1}{p}\right)\Gamma\left(\frac{1}{q}\right)=m^{-\frac{\lambda}{q}}\frac{\pi}{\lambda\sin(\pi/p)}.\end{aligned}$$

类似可得: $\omega_2(n,\lambda,p)\leqslant n^{-\frac{\lambda}{p}}\dfrac{\pi}{\lambda\sin(\pi/p)}$. 证毕.

定理 3.1.2 设 $\dfrac{1}{p}+\dfrac{1}{q}=1\,(p>1)$, $0<\lambda\leqslant\min\{p,q\}$, $\widetilde{a}=\{a_m\}\in l_p^{(p-1)(1-\lambda)}$, $\widetilde{b}=\{b_n\}\in l_q^{(q-1)(1-\lambda)}$, 则

$$\sum_{n=1}^{\infty}\sum_{m=1}^{\infty}\frac{1}{m^{\lambda}+n^{\lambda}}a_mb_n\leqslant\frac{\pi}{\lambda\sin(\pi/p)}\|\widetilde{a}\|_{p,(p-1)(1-\lambda)}\left\|\widetilde{b}\right\|_{q,(q-1)(1-\lambda)},\tag{3.1.2}$$

其中的常数因子 $\dfrac{\pi}{\lambda\sin(\pi/p)}$ 是最佳的.

证明 取适配数 $a=\dfrac{1}{q}\left(1-\dfrac{\lambda}{q}\right)$, $b=\dfrac{1}{p}\left(1-\dfrac{\lambda}{p}\right)$, 则

$$\sum_{n=1}^{\infty}\sum_{m=1}^{\infty}\frac{1}{m^{\lambda}+n^{\lambda}}a_mb_n=\sum_{n=1}^{\infty}\sum_{m=1}^{\infty}\left(\frac{m^{\frac{1}{q}\left(1-\frac{\lambda}{q}\right)}}{n^{\frac{1}{p}\left(1-\frac{\lambda}{p}\right)}}a_m\right)\left(\frac{n^{\frac{1}{p}\left(1-\frac{\lambda}{p}\right)}}{m^{\frac{1}{q}\left(1-\frac{\lambda}{q}\right)}}b_n\right)\frac{1}{m^{\lambda}+n^{\lambda}}$$

$$\leqslant\left(\sum_{n=1}^{\infty}\sum_{m=1}^{\infty}\frac{m^{\frac{p}{q}\left(1-\frac{\lambda}{q}\right)}}{n^{1-\frac{\lambda}{p}}}a_m^p\frac{1}{m^{\lambda}+n^{\lambda}}\right)^{\frac{1}{p}}\left(\sum_{n=1}^{\infty}\sum_{m=1}^{\infty}\frac{n^{\frac{q}{p}\left(1-\frac{\lambda}{p}\right)}}{m^{1-\frac{\lambda}{q}}}b_n^q\frac{1}{m^{\lambda}+n^{\lambda}}\right)^{\frac{1}{q}}$$

$$=\left(\sum_{m=1}^{\infty} m^{\frac{p}{q}\left(1-\frac{\lambda}{q}\right)} a_m^p \omega_1(m,\lambda,q)\right)^{\frac{1}{p}}\left(\sum_{n=1}^{\infty} n^{\frac{q}{p}\left(1-\frac{\lambda}{p}\right)} b_n^q \omega_2(n,\lambda,p)\right)^{\frac{1}{q}}$$

$$\leqslant \frac{\pi}{\lambda\sin(\pi/p)}\left(\sum_{m=1}^{\infty} m^{\frac{p}{q}\left(1-\frac{\lambda}{q}\right)-\frac{\lambda}{q}} a_m^p\right)^{\frac{1}{p}}\left(\sum_{n=1}^{\infty} n^{\frac{q}{p}\left(1-\frac{\lambda}{p}\right)-\frac{\lambda}{p}} b_n^q\right)^{\frac{1}{q}}$$

$$=\frac{\pi}{\lambda\sin(\pi/p)}\left(\sum_{m=1}^{\infty} m^{(p-1)(1-\lambda)} a_m^p\right)^{\frac{1}{p}}\left(\sum_{n=1}^{\infty} n^{(q-1)(1-\lambda)} b_n^q\right)^{\frac{1}{q}}$$

$$=\frac{\pi}{\lambda\sin(\pi/p)}\|\widetilde{a}\|_{p,(p-1)(1-\lambda)}\left\|\widetilde{b}\right\|_{q,(q-1)(1-\lambda)}.$$

故 (3.1.2) 式成立

若 (3.1.2) 式的常数因子不是最佳的, 则存在常数 $M_0<\dfrac{\pi}{\lambda\sin(\pi/p)}$, 使

$$\sum_{n=1}^{\infty}\sum_{m=1}^{\infty}\frac{a_m b_n}{m^\lambda+n^\lambda}\leqslant M_0\|\widetilde{a}\|_{p,(p-1)(1-\lambda)}\left\|\widetilde{b}\right\|_{q,(q-1)(1-\lambda)}.$$

此时, 我们取

$$a_m=\begin{cases} m^{-[1+\varepsilon+(p-1)(1-\lambda)]/p}, & m=N,N+1,\cdots, \\ 0, & m=1,2,\cdots,N-1, \end{cases}$$

$$b_n=n^{-[1+\varepsilon+(q-1)(1-\lambda)]/q},\quad n=1,2,3,\cdots,$$

其中 N 是充分大的自然数, $\varepsilon>0$ 充分小, 因为

$$\frac{1+\varepsilon+(p-1)(1-\lambda)}{p}>0,\quad \frac{1+\varepsilon+(q-1)(1-\lambda)}{q}>0,$$

故有

$$\|\widetilde{a}\|_{p,(p-1)(1-\lambda)}\left\|\widetilde{b}\right\|_{q,(q-1)(1-\lambda)}\leqslant\sum_{m=1}^{\infty}\frac{1}{m^{1+\varepsilon}}\leqslant 1+\int_1^{+\infty}\frac{1}{t^{1+\varepsilon}}\mathrm{d}t=\frac{1}{\varepsilon}(1+\varepsilon),$$

$$\sum_{n=1}^{\infty}\sum_{m=1}^{\infty}\frac{a_m b_n}{m^\lambda+n^\lambda}=\sum_{m=N}^{\infty} m^{-[1+\varepsilon+(p-1)(1-\lambda)]/p}\left(\sum_{n=1}^{\infty} n^{-[1+\varepsilon+(q-1)(1-\lambda)]/q}\frac{1}{m^\lambda+n^\lambda}\right)$$

$$\geqslant\sum_{m=N}^{\infty} m^{-[1+\varepsilon+(p-1)(1-\lambda)]/p}\left(\int_1^{+\infty}\frac{1}{m^\lambda+t^\lambda}t^{-[1+\varepsilon+(q-1)(1-\lambda)]/q}\mathrm{d}t\right)$$

$$=\frac{1}{\lambda}\sum_{m=N}^{\infty}m^{-1-\varepsilon}\left(\int_{m^{-\lambda}}^{+\infty}\frac{1}{1+u}u^{-\frac{1}{q}+\frac{\varepsilon}{q\lambda}}\mathrm{d}u\right)\geqslant\frac{1}{\lambda}\sum_{m=N}^{\infty}m^{-1-\varepsilon}\int_{N^{-\lambda}}^{+\infty}\frac{1}{1+u}u^{-\frac{1}{q}+\frac{\varepsilon}{q\lambda}}\mathrm{d}u$$

$$\geqslant\frac{1}{\lambda}\int_{N}^{+\infty}\frac{1}{t^{1+\varepsilon}}\mathrm{d}t\int_{N^{-\lambda}}^{+\infty}\frac{1}{1+u}u^{-\frac{1}{q}+\frac{\varepsilon}{q\lambda}}\mathrm{d}u=\frac{1}{\lambda\varepsilon}N^{-\varepsilon}\int_{N^{-\lambda}}^{+\infty}\frac{1}{1+u}u^{-\frac{1}{q}+\frac{\varepsilon}{q\lambda}}\mathrm{d}u.$$

于是, 综上可得

$$\frac{1}{\lambda}N^{-\varepsilon}\int_{N^{-\lambda}}^{+\infty}\frac{1}{1+u}u^{-\frac{1}{q}-\frac{\varepsilon}{q\lambda}}\mathrm{d}u\leqslant M_0\left(1+\varepsilon\right).$$

令 $\varepsilon\to 0^+$, 可得

$$\frac{1}{\lambda}\int_{N^{-\lambda}}^{+\infty}\frac{1}{1+u}u^{-\frac{1}{q}}\mathrm{d}u\leqslant M_0,$$

再令 $N\to+\infty$, 得到

$$\frac{\pi}{\lambda\sin\left(\pi/p\right)}=\frac{1}{\lambda}\int_{0}^{+\infty}\frac{1}{1+u}u^{\frac{1}{p}-1}\mathrm{d}u\leqslant M_0,$$

这是一个矛盾, 故 (3.1.2) 式中的常数因子是最佳的. 证毕.

3.1.3　$K\left(m,n\right)=\dfrac{1}{\left(m^{\lambda_1}+n^{\lambda_1}\right)^{\lambda_2}}$ 的情形

利用权系数方法, 取适配数

$$a=\frac{1}{q}\left[\lambda_1\left(\frac{2-\lambda_2}{p}-1\right)+1\right],\quad b=\frac{1}{p}\left[\lambda_1\left(\frac{2-\lambda_2}{q}-1\right)+1\right],$$

我们可以得到定理 3.1.1 和定理 3.1.2 的推广:

定理 3.1.3　设 $\dfrac{1}{p}+\dfrac{1}{q}=1\,(p>1)$, $\lambda_2>2-\min\{p,q\}$,

$$0<\lambda_1\leqslant 1\Big/\left(1-\min\left\{\frac{2-\lambda_2}{p},\frac{2-\lambda_2}{q}\right\}\right),\quad \alpha=\lambda_1\left(2-p-\lambda_2\right)+p-1,$$

$\beta=\lambda_1\left(2-q-\lambda_2\right)+q-1$, $\widetilde{a}=\{a_m\}\in l_p^{\alpha}$, $\widetilde{b}=\{b_n\}\in l_q^{\beta}$, 则

$$\sum_{n=1}^{\infty}\sum_{m=1}^{\infty}\frac{a_m b_n}{\left(m^{\lambda_1}+n^{\lambda_1}\right)^{\lambda_2}}\leqslant B\left(\frac{p+\lambda_2-2}{p},\frac{q+\lambda_2-2}{q}\right)\left|\left|\widetilde{a}\right|\right|_{p,\alpha}\left|\left|\widetilde{b}\right|\right|_{q,\beta},$$

其中的常数因子 $B\left(\dfrac{p+\lambda_2-2}{p},\dfrac{q+\lambda_2-2}{q}\right)$ 是最佳的.

显然, 当 $\lambda_1=\lambda, \lambda_2=1$ 时, 定理 3.1.3 变成定理 3.1.2. 当 $\lambda_1=1, \lambda_2=\lambda$ 时, 由定理 3.1.3 很容易导出定理 3.1.1.

若是我们选取适配数 $a=\frac{1}{q}\left(\frac{1}{p}+\frac{1-\lambda_1\lambda_2}{q}\right), b=\frac{1}{p}\left(\frac{1}{q}+\frac{1-\lambda_1\lambda_2}{p}\right)$, 利用权系数方法, 我们还可得到:

定理 3.1.4 设 $\frac{1}{p}+\frac{1}{q}=1\,(p>1)$, $\lambda_1>0$, $0<\lambda_2\leqslant\frac{1}{\lambda_1}\min\{p,q\}$, $\widetilde{a}=\{a_m\}\in l_p^{(p-1)(1-\lambda_1\lambda_2)}$, $\widetilde{b}=\{b_n\}\in l_q^{(q-1)(1-\lambda_1\lambda_2)}$, 则

$$\sum_{n=1}^{\infty}\sum_{m=1}^{\infty}\frac{a_m b_n}{\left(m^{\lambda_1}+n^{\lambda_1}\right)^{\lambda_2}}\leqslant B\left(\frac{\lambda_2}{p},\frac{\lambda_2}{q}\right)\|\widetilde{a}\|_{p,(p-1)(1-\lambda_1\lambda_2)}\left\|\widetilde{b}\right\|_{q,(q-1)(1-\lambda_1\lambda_2)},$$

其中的常数因子 $B\left(\frac{\lambda_2}{p},\frac{\lambda_2}{q}\right)$ 是最佳的.

3.1.4 $K(m,n)=\frac{m^r n^s}{(m+n)^{\lambda}}$ 的情形

引理 3.1.3 设 $\frac{1}{p}+\frac{1}{q}=1\,(p>1)$, $2-\min\{p,q\}<\lambda\leqslant 2$, 则

$$\omega_1(m,q)=m^{\frac{2-\lambda}{q}+\lambda-1}\sum_{n=1}^{\infty}\frac{1}{(m+n)^{\lambda}}n^{\frac{\lambda-2}{q}}\leqslant B\left(\frac{p+\lambda-2}{p},\frac{q+\lambda-2}{q}\right),$$

$$\omega_2(n,p)=n^{\frac{2-\lambda}{p}+\lambda-1}\sum_{m=1}^{\infty}\frac{1}{(m+n)^{\lambda}}m^{\frac{\lambda-2}{p}}\leqslant B\left(\frac{p+\lambda-2}{p},\frac{q+\lambda-2}{q}\right).$$

证明 因为 $0\leqslant 2-\min\{p,q\}<\lambda\leqslant 2$, 故有

$$\omega_2(n,p)=n^{\frac{2-\lambda}{p}+\lambda-1}\sum_{m=1}^{\infty}\frac{1}{(m+n)^{\lambda}m^{(2-\lambda)/p}}\leqslant n^{\frac{2-\lambda}{p}+\lambda-1}\int_0^{+\infty}\frac{1}{(n+t)^{\lambda}t^{(2-\lambda)/p}}\mathrm{d}t$$

$$=n^{\frac{2-\lambda}{p}+\lambda-1}\int_0^{+\infty}\frac{n}{n^{\lambda}(1+u)^{\lambda}(nu)^{(2-\lambda)/p}}\mathrm{d}u=\int_0^{+\infty}\frac{1}{(1+u)^{\lambda}}u^{\frac{p+\lambda-2}{p}-1}\mathrm{d}u$$

$$=B\left(\frac{p+\lambda-2}{p},\lambda-\frac{p+\lambda-2}{p}\right)=B\left(\frac{p+\lambda-2}{p},\frac{q+\lambda-2}{q}\right).$$

同理可证: $\omega_1(m,q)\leqslant B\left(\frac{p+\lambda-2}{p},\frac{q+\lambda-2}{q}\right)$. 证毕.

定理 3.1.5 设 $\frac{1}{p}+\frac{1}{q}=1\,(p>1)$, $2-\min\{p,q\}<\lambda\leqslant 2$, $r,s\in\mathbb{R}$,

$$\alpha=(p-1)(2-\lambda)+pr-1,\quad \beta=(q-1)(2-\lambda)+qs-1,$$

$$\widetilde{a}=\{a_m\}\in l_p^{\alpha},\quad \widetilde{b}=\{b_n\}\in l_q^{\beta},$$

则

$$\sum_{m=1}^{\infty}\sum_{n=1}^{\infty}\frac{m^r n^s}{(m+n)^{\lambda}}a_m b_n\leqslant B\left(\frac{p+\lambda-2}{p},\frac{q+\lambda-2}{q}\right)\|\widetilde{a}\|_{p,\alpha}\left\|\widetilde{b}\right\|_{q,\beta},\tag{3.1.3}$$

其中的常数因子 $B\left(\frac{p+\lambda-2}{p},\frac{q+\lambda-2}{q}\right)$ 是最佳的.

证明 利用 Hölder 不等式及引理 3.1.3, 有

$$\begin{aligned}
&\sum_{n=1}^{\infty}\sum_{m=1}^{\infty}\frac{m^r m^s}{(m+n)^{\lambda}}a_m b_n\\
=&\sum_{n=1}^{\infty}\sum_{m=1}^{\infty}\left(\frac{m^r a_m}{(m+n)^{\lambda/p}}\frac{m^{(2-\lambda)/q^2}}{n^{(2-\lambda)/p^2}}\right)\left(\frac{n^s b_n}{(m+n)^{\lambda/q}}\frac{n^{(2-\lambda)/p^2}}{m^{(2-\lambda)/q^2}}\right)\\
\leqslant&\left(\sum_{n=1}^{\infty}\sum_{m=1}^{\infty}\frac{m^{pr}a_m^p}{(m+n)^{\lambda}}\left(\frac{m^{(2-\lambda)p/q^2}}{n^{(2-\lambda)/p}}\right)\right)^{\frac{1}{p}}\left[\sum_{n=1}^{\infty}\sum_{m=1}^{\infty}\frac{n^{qs}b_n^q}{(m+n)^{\lambda}}\left(\frac{n^{(2-\lambda)q/p^2}}{m^{(2-\lambda)/q}}\right)\right]^{\frac{1}{q}}\\
=&\left(\sum_{m=1}^{\infty}\omega_1(m,q)\,m^{(p-1)(2-\lambda)+pr-1}a_m^p\right)^{\frac{1}{p}}\left(\sum_{n=1}^{\infty}\omega_2(n,p)n^{(q-1)(2-\lambda)+qs-1}b_n^q\right)^{\frac{1}{q}}\\
\leqslant&B\left(\frac{p+\lambda-2}{p},\frac{q+\lambda-2}{q}\right)\|\widetilde{a}\|_{p,\alpha}\left\|\widetilde{b}\right\|_{q,\beta},
\end{aligned}$$

故 (3.1.3) 式成立.

设 (3.1.3) 式的最佳常数因子为 M_0, 则 $M_0\leqslant B\left(\frac{p+\lambda-2}{p},\frac{q+\lambda-2}{q}\right)$ 且有

$$\sum_{n=1}^{\infty}\sum_{m=1}^{\infty}\frac{m^r n^s}{(m+n)^{\lambda}}a_m b_n\leqslant M_0\|\widetilde{a}\|_{p,\alpha}\left\|\widetilde{b}\right\|_{q,\beta}.$$

对充分小的 $\varepsilon>0$ 及充分大的自然数 N, 取

$$a_m=\begin{cases}m^{[(1-p)(2-\lambda)-pr-\varepsilon]/p}, & m=N,N+1,\cdots,\\ 0, & m=1,2,\cdots,N-1,\end{cases}$$

$$b_n = n^{[(1-q)(2-\lambda)-qs-\varepsilon]/q}, \quad n = 1, 2, \cdots,$$

则

$$M_0 \left|\left|\widetilde{a}\right|\right|_{p,\alpha} \left|\left|\widetilde{b}\right|\right|_{q,\beta} = M_0 \left(\sum_{m=N}^{\infty} m^{-1-\varepsilon}\right)^{\frac{1}{p}} \left(\sum_{n=1}^{\infty} n^{-1-\varepsilon}\right)^{\frac{1}{q}}$$

$$\leqslant M_0 \sum_{k=1}^{\infty} k^{-1-\varepsilon} \leqslant M_0 \left(1 + \int_1^{+\infty} t^{-1-\varepsilon} \mathrm{d}t\right) = \frac{M_0}{\varepsilon}(1+\varepsilon),$$

$$\begin{aligned}
&\sum_{n=1}^{\infty}\sum_{m=1}^{\infty} \frac{m^r n^s}{(m+n)^{\lambda}} a_m b_n \\
=&\sum_{m=N}^{\infty} m^{[(1-p)(2-\lambda)-pr-\varepsilon]/p+r} \left(\sum_{n=1}^{\infty} \frac{1}{(m+n)^{\lambda}} n^{s+[(1-q)(2-\lambda)-qs-\varepsilon]/q}\right) \\
\geqslant&\sum_{m=N}^{\infty} m^{r+[(1-p)(2-\lambda)-pr-\varepsilon]/p} \left(\int_1^{+\infty} \frac{1}{(m+t)^{\lambda}} t^{s+[(1-q)(2-\lambda)-qs-\varepsilon]/q} \mathrm{d}t\right) \\
=&\sum_{m=N}^{\infty} m^{[(1-p)(2-\lambda)-\varepsilon]/p} \left(\int_{\frac{1}{m}}^{+\infty} \frac{m}{m^{\lambda}(1+u)^{\lambda}} (mu)^{[(1-q)(2-\lambda)-\varepsilon]/q} \mathrm{d}u\right) \\
=&\sum_{m=N}^{\infty} m^{-1-\varepsilon} \left(\int_{\frac{1}{m}}^{+\infty} \frac{1}{(1+u)^{\lambda}} u^{[(1-q)(2-\lambda)-\varepsilon]/q} \mathrm{d}u\right) \\
\geqslant&\sum_{m=N}^{\infty} m^{-1-\varepsilon} \left(\int_{\frac{1}{N}}^{+\infty} \frac{1}{(1+u)^{\lambda}} u^{[(1-q)(2-\lambda)-\varepsilon]/q} \mathrm{d}u\right) \\
\geqslant&\int_N^{+\infty} t^{-1-\varepsilon} \mathrm{d}t \int_{\frac{1}{N}}^{+\infty} \frac{1}{(1+u)^{\lambda}} u^{[(1-q)(2-\lambda)-\varepsilon]/q} \mathrm{d}u \\
=&\frac{1}{\varepsilon} N^{-\varepsilon} \int_{\frac{1}{N}}^{+\infty} \frac{1}{(1+u)\lambda} u^{[(1-q)(2-\lambda)-\varepsilon]/q} \mathrm{d}u.
\end{aligned}$$

综上, 可得

$$N^{-\varepsilon} \int_{\frac{1}{N}}^{+\infty} \frac{1}{(1+u)\lambda} u^{[(1-q)(2-\lambda)-\varepsilon]/q} \mathrm{d}u \leqslant M_0(1+\varepsilon),$$

令 $\varepsilon \to 0^+$, 并利用 Fatou 引理, 得

$$\int_{\frac{1}{N}}^{+\infty} \frac{1}{(1+u)^\lambda} u^{(1-q)(2-\lambda)/q} \mathrm{d}u \leqslant M_0,$$

再令 $N \to +\infty$, 得到

$$\int_0^{+\infty} \frac{1}{(1+u)^\lambda} u^{\frac{p+\lambda-2}{p}-1} \mathrm{d}u \leqslant M_0,$$

从而 $B\left(\frac{p+\lambda-2}{p}, \frac{q+\lambda-2}{q}\right) \leqslant M_0$, 于是 $M_0 = B\left(\frac{p+\lambda-2}{p}, \frac{q+\lambda-2}{q}\right)$. 证毕.

3.1.5 $K(m,n) = \dfrac{\ln(m/n)}{m^\lambda - n^\lambda}$ 的情形

引理 3.1.4 设 $\lambda > 0$, 定义函数

$$f(u) = \begin{cases} \dfrac{\ln u}{u^\lambda - 1}, & u \in (0,+\infty) \text{ 且 } \neq 1, \\ \dfrac{1}{\lambda}, & u = 1, \end{cases}$$

则 $f(u)$ 在 $(0,+\infty)$ 上连续且在 $(0,+\infty)$ 上递减,

证明 求导数得到

$$f'(u) = \frac{u^\lambda - 1 - \lambda u^\lambda \ln u}{u(u^\lambda - 1)^2} = \frac{g(u)}{u(u^\lambda - 1)^2},$$

其中 $g(u) = u^\lambda - 1 - \lambda u^\lambda \ln u$. 由于 $g'(u) = -\lambda^2 u^{\lambda-1} \ln u$, 可求得 $g(u)$ 在 $(0,+\infty)$ 上有唯一驻点 $u=1$, 易知 $g(1)=0$ 是 $g(u)$ 在 $(0,+\infty)$ 中的最大值, 故 $g(u) \leqslant g(1) = 0\,(u \in (0,+\infty))$, 从而

$$f'(u) = \frac{g(u)}{u(u^\lambda - 1)^2} \leqslant 0, \quad u \in (0,+\infty).$$

故 $f(u)$ 在 $(0,+\infty)$ 上递减. 证毕.

引理 3.1.5 设 $\frac{1}{p} + \frac{1}{q} = 1\,(p>1)$, $0 < \lambda \leqslant \min\{p,q\}$, 则

$$\omega_1(m) = \sum_{n=1}^{\infty} \frac{\ln(m/n)}{m^\lambda - n^\lambda} n^{\frac{\lambda}{q}-1} \leqslant m^{-\frac{\lambda}{p}} \left(\frac{\pi}{\lambda \sin(\pi/p)}\right)^2,$$

$$\omega_2(n)=\sum_{m=1}^{\infty}\frac{\ln(m/n)}{m^{\lambda}-n^{\lambda}}m^{\frac{\lambda}{p}-1}\leqslant n^{-\frac{\lambda}{q}}\left(\frac{\pi}{\lambda\sin(\pi/p)}\right)^2.$$

证明 利用引理 3.1.4, 并注意到 $\dfrac{1}{q}-1<0$, 有

$$\begin{aligned}\omega_1(m)=&m^{-\lambda}\sum_{n=1}^{\infty}\frac{\ln(n/m)}{(n/m)^{\lambda}-1}n^{\frac{\lambda}{q}-1}\leqslant m^{-\lambda}\int_0^{+\infty}\frac{\ln(t/m)}{(t/m)^{\lambda}-1}t^{\frac{\lambda}{q}-1}\mathrm{d}t\\=&m^{-\lambda}\int_0^{+\infty}\frac{\ln u}{u^{\lambda}-1}(mu)^{\frac{\lambda}{q}-1}m\mathrm{d}u=m^{\frac{\lambda}{q}-\lambda}\int_0^{+\infty}\frac{\ln u}{u^{\lambda}-1}u^{\frac{\lambda}{q}-1}\mathrm{d}u\\=&m^{-\frac{\lambda}{p}}\frac{1}{\lambda^2}\int_0^{+\infty}\frac{\ln t}{t-1}t^{-\frac{1}{p}}\mathrm{d}t=m^{-\frac{\lambda}{p}}\left(\frac{\pi}{\lambda\sin(\pi/p)}\right)^2.\end{aligned}$$

同理可证 $\omega_2(n)\leqslant n^{-\frac{\lambda}{q}}\left(\dfrac{\pi}{\lambda\sin(\pi/p)}\right)^2$. 证毕.

定理 3.1.6 设 $\dfrac{1}{p}+\dfrac{1}{q}=1\,(p>1)$, $0<\lambda\leqslant\min\{p,q\}$, $\widetilde{a}=\{a_m\}\in l_p^{p-1-\lambda}$, $\widetilde{b}=\{b_n\}\in l_q^{q-1-\lambda}$, 则

$$\sum_{n=1}^{\infty}\sum_{m=1}^{\infty}\frac{\ln(m/n)}{m^{\lambda}-n^{\lambda}}a_mb_n\leqslant\left(\frac{\pi}{\lambda\sin(\pi/p)}\right)^2||\widetilde{a}||_{p,p-1-\lambda}\left|\left|\widetilde{b}\right|\right|_{q,q-1-\lambda},\tag{3.1.4}$$

其中的常数因子 $\left(\dfrac{\pi}{\lambda\sin(\pi/p)}\right)^2$ 是最佳的.

证明 根据 Hölder 不等式及引理 3.1.5 有

$$\begin{aligned}&\sum_{n=1}^{\infty}\sum_{m=1}^{\infty}\frac{\ln(m/n)}{m^{\lambda}-n^{\lambda}}a_mb_n=\sum_{n=1}^{\infty}\sum_{m=1}^{\infty}\left(\frac{m^{(p-\lambda)/(pq)}}{n^{(q-\lambda)/(pq)}}a_m\right)\left(\frac{n^{(q-\lambda)/(pq)}}{m^{(p-\lambda)/(pq)}}b_n\right)\frac{\ln(m/n)}{m^{\lambda}-n^{\lambda}}\\\leqslant&\left(\sum_{n=1}^{\infty}\sum_{m=1}^{\infty}\frac{m^{(p-\lambda)/q}}{n^{(q-\lambda)/q}}a_m^p\frac{\ln(m/n)}{m^{\lambda}-n^{\lambda}}\right)^{\frac{1}{p}}\left(\sum_{n=1}^{\infty}\sum_{m=1}^{\infty}\frac{n^{(q-\lambda)/p}}{m^{(p-1)/p}}b_n^q\frac{\ln(m/n)}{m^{\lambda}-n^{\lambda}}\right)^{\frac{1}{q}}\\=&\left(\sum_{m=1}^{\infty}m^{\frac{p-\lambda}{q}}a_m^p\omega_1(m)\right)^{\frac{1}{p}}\left(\sum_{n=1}^{\infty}n^{\frac{q-\lambda}{p}}b_n^q\omega_2(n)\right)^{\frac{1}{q}}\\\leqslant&\left(\frac{\pi}{\lambda\sin(\pi/p)}\right)^2\left(\sum_{m=1}^{\infty}m^{\frac{p-\lambda}{q}-\frac{\lambda}{p}}a_m^p\right)^{\frac{1}{p}}\left(\sum_{n=1}^{\infty}n^{\frac{q-\lambda}{p}-\frac{\lambda}{q}}b_n^q\right)^{\frac{1}{q}}\end{aligned}$$

$$=\left(\frac{\pi}{\lambda\sin(\pi/p)}\right)^2\left(\sum_{m=1}^{\infty}m^{p-1-\lambda}a_m^p\right)^{\frac{1}{p}}\left(\sum_{n=1}^{\infty}n^{q-1-\lambda}b_n^q\right)^{\frac{1}{q}}$$

$$=\left(\frac{\pi}{\lambda\sin(\pi/p)}\right)^2||\widetilde{a}||_{p,p-1-\lambda}\left|\left|\widetilde{b}\right|\right|_{q,q-1-\lambda},$$

故 (3.1.4) 式成立.

设 (3.1.4) 式的最佳常数因子为 M_0, 则 $M_0\leqslant\left(\frac{\pi}{\lambda\sin(\pi/p)}\right)^2$, 且

$$\sum_{n=1}^{\infty}\sum_{m=1}^{\infty}\frac{\ln(m/n)}{m^\lambda-n^\lambda}a_mb_n\leqslant M_0||\widetilde{a}||_{p,p-1-\lambda}\left|\left|\widetilde{b}\right|\right|_{q,q-1-\lambda}.$$

此时, 取 $\varepsilon>0$ 足够小, 自然数 N 足够大, 并令

$$a_m=\begin{cases}m^{(\lambda-p-\varepsilon)/p}, & m=N,N+1,\cdots,\\ 0, & m=1,2,\cdots,N-1,\end{cases}$$

$$b_n=n^{(\lambda-q-\varepsilon)/q},\quad n=1,2,\cdots,$$

那么, 我们有

$$M_0||\widetilde{a}||_{p,p-1-\lambda}\left|\left|\widetilde{b}\right|\right|_{q,q-1-\lambda}=M_0\left(\sum_{m=N}^{\infty}m^{-1-\varepsilon}\right)^{\frac{1}{p}}\left(\sum_{n=1}^{\infty}n^{-1-\varepsilon}\right)^{\frac{1}{q}}$$

$$\leqslant M_0\sum_{k=1}^{\infty}k^{-1-\varepsilon}\leqslant M_0\left(1+\int_1^{+\infty}t^{-1-\varepsilon}\mathrm{d}t\right)=\frac{M_0}{\varepsilon}(1+\varepsilon),$$

$$\sum_{n=1}^{\infty}\sum_{m=1}^{\infty}\frac{\ln(m/n)}{m^\lambda-n^\lambda}a_mb_n=\sum_{m=N}^{\infty}m^{(\lambda-p-\varepsilon)/p}\left(\sum_{n=1}^{\infty}\frac{\ln(m/n)}{m^\lambda-n^\lambda}n^{\frac{\lambda-q-\varepsilon}{q}}\right)$$

$$\geqslant\sum_{m=N}^{\infty}m^{\frac{\lambda-p-\varepsilon}{p}}\left(\int_1^{+\infty}\frac{\ln(m/t)}{m^\lambda-t^\lambda}t^{\frac{\lambda-q-\varepsilon}{q}}\mathrm{d}t\right)$$

$$=\sum_{m=N}^{\infty}m^{\frac{\lambda-p-\varepsilon}{p}+1-\lambda+\frac{\lambda-q-\varepsilon}{q}}\frac{1}{\lambda^2}\left(\int_{1/m^\lambda}^{+\infty}\frac{\ln u}{u-1}u^{\frac{\lambda-\varepsilon}{\lambda q}}\mathrm{d}u\right)$$

$$\geqslant\sum_{m=N}^{\infty}m^{-1-\varepsilon}\frac{1}{\lambda^2}\int_{1/N^\lambda}^{+\infty}\frac{\ln u}{u-1}u^{\frac{\lambda-\varepsilon}{\lambda q}}\mathrm{d}u\geqslant\frac{1}{\lambda^2}\int_N^{+\infty}t^{-1-\varepsilon}\mathrm{d}t\int_{1/N^\lambda}^{+\infty}\frac{\ln u}{u-1}u^{\frac{\lambda-\varepsilon}{\lambda q}}\mathrm{d}u$$

$$=\frac{1}{\lambda^2}\frac{1}{\varepsilon}N^{-\varepsilon}\int_{1/N^{\lambda}}^{+\infty}\frac{\ln u}{u-1}u^{\frac{\lambda-\varepsilon}{\lambda q}}\mathrm{d}u,$$

综上, 我们得到

$$\frac{1}{\lambda^2}N^{-\varepsilon}\int_{1/N^{\lambda}}^{+\infty}\frac{\ln u}{u-1}u^{\frac{\lambda-\varepsilon}{\lambda q}}\mathrm{d}u\leqslant M_0(1+\varepsilon),$$

令 $\varepsilon\to 0^+$, 并利用 Fatou 引理, 有

$$\frac{1}{\lambda^2}\int_{1/N^{\lambda}}^{+\infty}\frac{\ln u}{u-1}u^{-1/q}\mathrm{d}u\leqslant M_0,$$

再令 $N\to+\infty$, 得到

$$\left(\frac{\pi}{\lambda\sin(\pi/p)}\right)^2=\frac{1}{\lambda^2}\int_0^{+\infty}\frac{\ln u}{u-1}u^{-\frac{1}{q}}\mathrm{d}u\leqslant M_0,$$

于是 (3.1.4) 式的最佳常数因子 $M_0=\left(\dfrac{\pi}{\lambda\sin(\pi/p)}\right)^2$. 证毕.

若取适配数为 $a=\dfrac{1}{q}\left(1-\dfrac{1}{q}\right)$, $b=\dfrac{1}{p}\left(1-\dfrac{1}{p}\right)$, 利用权系数方法, 我们还可得到:

定理 3.1.7 设 $\dfrac{1}{p}+\dfrac{1}{q}=1\,(p>1)$, $0<\lambda\leqslant\min\{p,q\}$, $\widetilde{a}=\{a_m\}\in l_p^{(p-1)(1-\lambda)}$, $\tilde{b}=\{b_n\}\in l_q^{(q-1)(1-\lambda)}$, 则

$$\sum_{n=1}^{\infty}\sum_{m=1}^{\infty}\frac{\ln(m/n)}{m^{\lambda}-n^{\lambda}}a_mb_n=\left(\frac{\pi}{\lambda\sin(\pi/p)}\right)^2||\tilde{a}||_{p,(p-1)(1-\lambda)}\left|\left|\tilde{b}\right|\right|_{q,(q-1)(1-\lambda)},$$

其中的常数因子 $\left(\dfrac{\pi}{\lambda\sin(\pi/p)}\right)^2$ 是最佳的.

3.1.6 $K(m,n)=\dfrac{1}{(m+an)^2+n^2}$ 的情形

引理 3.1.6 设 $a\geqslant 0$, 则有

$$\omega_1(m)=\sum_{n=1}^{\infty}\frac{1}{(m+an)^2+n^2}\leqslant\frac{1}{m}\left(\frac{\pi}{2}-\arctan a\right),$$

$$\omega_2(n)=\sum_{m=1}^{\infty}\frac{1}{(m+an)^2+n^2}\leqslant\frac{1}{n}\left(\frac{\pi}{2}-\arctan a\right).$$

证明

$$\omega_1(m)\leqslant\int_0^{+\infty}\frac{1}{(m+at)^2+t^2}\mathrm{d}t=\int_0^{+\infty}\frac{1}{(a^2+1)t^2+2amt+m^2}\mathrm{d}t$$

$$=\frac{1}{m}\arctan(mt+a)\Big|_0^{+\infty}=\frac{1}{m}\left(\frac{\pi}{2}-\arctan a\right),$$

$$\omega_2(n)\leqslant\int_0^{+\infty}\frac{1}{(t+an)^2+n^2}\mathrm{d}t=\frac{1}{n}\arctan\frac{x+an}{n}\Bigg|_0^{+\infty}=\frac{1}{n}\left(\frac{\pi}{2}-\arctan a\right).$$

证毕.

定理 3.1.8　设 $\frac{1}{p}+\frac{1}{q}=1\,(p>1)$, $a\geqslant 0$, $\widetilde{a}=\{a_m\}\in l_p^{-1}$, $\widetilde{b}=\{b_n\}\in l_q^{-1}$, 那么

$$\sum_{n=1}^{\infty}\sum_{m=1}^{\infty}\frac{1}{(m+an)^2+n^2}a_mb_n\leqslant\left(\frac{\pi}{2}-\arctan a\right)\|\widetilde{a}\|_{p,-1}\left\|\widetilde{b}\right\|_{q,-1},\tag{3.1.5}$$

其中的常数因子 $\frac{\pi}{2}-\arctan a$ 是最佳的.

证明　利用 Hölder 不等式及引理 3.1.6, 有

$$\sum_{n=1}^{\infty}\sum_{m=1}^{\infty}\frac{a_mb_n}{(m+an)^2+n^2}$$

$$\leqslant\left(\sum_{n=1}^{\infty}\sum_{m=1}^{\infty}a_m^p\frac{1}{(m+an)^2+n^2}\right)^{\frac{1}{p}}\left(\sum_{n=1}^{\infty}\sum_{m=1}^{\infty}b_n^q\frac{1}{(m+an)^2+n^2}\right)^{\frac{1}{q}}$$

$$=\left[\sum_{m=1}^{\infty}a_m^p\left(\sum_{n=1}^{\infty}\frac{1}{(m+an)^2+n^2}\right)\right]^{\frac{1}{p}}\left[\sum_{n=1}^{\infty}b_n^q\sum_{m=1}^{\infty}\left(\frac{1}{(m+an)^2+n^2}\right)\right]^{\frac{1}{q}}$$

$$=\left(\sum_{m=1}^{\infty}a_m^p\omega_1(m)\right)^{\frac{1}{p}}\left(\sum_{n=1}^{\infty}b_n^q\omega_2(n)\right)^{\frac{1}{q}}$$

$$\leqslant\left(\frac{\pi}{2}-\arctan a\right)\left(\sum_{m=1}^{\infty}m^{-1}a_m^p\right)^{\frac{1}{p}}\left(\sum_{n=1}^{\infty}n^{-1}b_n^q\right)^{\frac{1}{q}}$$

$$=\left(\frac{\pi}{2}-\arctan a\right)\|\widetilde{a}\|_{p,-1}\left\|\widetilde{b}\right\|_{q,-1}.$$

故 (3.1.5) 式成立.

设 M_0 是 (3.1.5) 式的最佳值, 则 $M_0\leqslant\frac{\pi}{2}-\arctan a$, 且

$$\sum_{n=1}^{\infty}\sum_{m=1}^{\infty}\frac{a_mb_n}{(m+an)^2+n^2}\leqslant M_0\|\widetilde{a}\|_{p,-1}\left\|\widetilde{b}\right\|_{q,-1},$$

此时, 任取 $0<\varepsilon<p$ 及充分大的自然数 N, 并令

$$a_m=\begin{cases}m^{-\frac{\varepsilon}{p}}, & m=N,N+1,\cdots,\\ 0, & m=1,2,\cdots,N-1,\end{cases}$$

$$b_n=n^{-\frac{1}{q}},\quad n=1,2,3,\cdots,$$

则首先有

$$M_0\|\widetilde{a}\|_{p,-1}\left\|\widetilde{b}\right\|_{q,-1}=M_0\left(\sum_{m=N}^{\infty}m^{-1-\varepsilon}\right)^{\frac{1}{p}}\left(\sum_{n=1}^{\infty}n^{-1-\varepsilon}\right)^{\frac{1}{q}}$$

$$\leqslant M_0\sum_{n=1}^{\infty}n^{-1-\varepsilon}\leqslant M_0\left(1+\int_1^{+\infty}t^{-1-\varepsilon}\mathrm{d}t\right)=\frac{M_0}{\varepsilon}(1+\varepsilon).$$

再次, 有

$$\sum_{n=1}^{\infty}\sum_{m=1}^{\infty}\frac{a_mb_n}{(m+an)^2+n^2}=\sum_{m=N}^{\infty}M^{-\frac{\varepsilon}{p}}\left(\sum_{n=1}^{\infty}\frac{1}{(m+an)^2+n^2}n^{-\frac{\varepsilon}{q}}\right)$$

$$\geqslant\sum_{m=N}^{\infty}m^{-\frac{\varepsilon}{p}}\left(\int_1^{+\infty}\frac{1}{(m+at)^2+t^2}t^{-\frac{\varepsilon}{q}}\mathrm{d}t\right)$$

$$=\sum_{m=N}^{\infty}m^{-1-\varepsilon}\left(\int_{\frac{1}{m}}^{+\infty}\frac{1}{(1+au)^2+u^2}u^{-\frac{\varepsilon}{q}}\mathrm{d}u\right)$$

$$\geqslant\sum_{m=N}^{\infty}m^{-1-\varepsilon}\left(\int_{\frac{1}{N}}^{+\infty}\frac{1}{(1+au)^2+u^2}u^{-\frac{\varepsilon}{q}}\mathrm{d}u\right)$$

$$\geqslant\int_N^{+\infty}t^{-1-\varepsilon}\mathrm{d}t\int_{\frac{1}{N}}^{+\infty}\frac{1}{(1+au)^2+u^2}u^{-\frac{\varepsilon}{q}}\mathrm{d}u$$

$$=\frac{1}{\varepsilon}N^{-\varepsilon}\int_{\frac{1}{N}}^{+\infty}\frac{1}{(1+au)^2+u^2}u^{-\frac{\varepsilon}{q}}\mathrm{d}u.$$

综上, 可得

$$N^{-\varepsilon}\int_{\frac{1}{N}}^{+\infty}\frac{1}{(1+au)^2+u^2}u^{-\frac{\varepsilon}{q}}\mathrm{d}u\leqslant M_0(1+\varepsilon),$$

令 $\varepsilon\to0^+$, 得

$$\int_{\frac{1}{N}}^{+\infty}\frac{1}{(1+au)^2+u^2}\mathrm{d}u\leqslant M_0,$$

再令 $N\to+\infty$, 得

$$\frac{\pi}{2}-\arctan a=\int_0^{+\infty}\frac{1}{(1+au)^2+u^2}\mathrm{d}u\leqslant M_0,$$

故 (3.1.5) 式的最佳常数因子 $M_0=\frac{\pi}{2}-\arctan a$. 证毕.

3.1.7 $K(m,n)=\frac{1}{\max\{m^\lambda,n^\lambda\}}$ 的情形

引理 3.1.7 设 $\frac{1}{p}+\frac{1}{q}=1\,(p>1)$, $\frac{1}{r}+\frac{1}{s}=1\,(r>1)$, $\max\left\{1-\frac{r}{q},1-\frac{s}{p}\right\}<\lambda\leqslant1$, 则

$$\omega_1(m)=\sum_{n=1}^{\infty}\frac{1}{\max\{m^\lambda,n^\lambda\}}n^{-\frac{1}{q}-\frac{1-\lambda}{s}}\leqslant m^{\frac{1}{p}-\lambda-\frac{1-\lambda}{s}}\left(\frac{rq}{r-q(1-\lambda)}+\frac{sp}{s-p(1-\lambda)}\right),$$

$$\omega_2(n)=\sum_{m=1}^{\infty}\frac{1}{\max\{m^\lambda,n^\lambda\}}m^{-\frac{1}{p}-\frac{1-\lambda}{r}}\leqslant n^{\frac{1}{q}-\lambda-\frac{1-\lambda}{r}}\left(\frac{rq}{r-q(1-\lambda)}+\frac{sp}{s-p(1-\lambda)}\right).$$

证明 由于 $0<\max\left\{1-\frac{r}{q},1-\frac{s}{p}\right\}<\lambda$, 可知 $\frac{1}{p}-\frac{1-\lambda}{s}>0$, $\frac{1}{p}-\frac{1-\lambda}{s}-\lambda<0$, 于是

$$\omega_1(m)\leqslant\int_0^{+\infty}\frac{1}{\max\{m^\lambda,t^\lambda\}}t^{-\frac{1}{q}-\frac{1-\lambda}{s}}\mathrm{d}t$$

$$=m^{\frac{1}{p}-\lambda-\frac{1-\lambda}{s}}\int_0^{+\infty}\frac{1}{\max\{1,u^\lambda\}}u^{-\frac{1}{q}-\frac{1-\lambda}{s}}\mathrm{d}u$$

$$=m^{\frac{1}{p}-\lambda-\frac{1-\lambda}{s}}\left(\int_0^1 u^{-\frac{1}{q}-\frac{1-\lambda}{s}}\mathrm{d}u+\int_1^{+\infty}u^{-\lambda-\frac{1}{q}-\frac{1-\lambda}{s}}\mathrm{d}u\right)$$

$$=m^{\frac{1}{p}-\lambda-\frac{1-\lambda}{s}}\left(\left(\frac{1}{p}-\frac{1-\lambda}{s}\right)^{-1}u^{\frac{1}{p}-\frac{1-\lambda}{s}}\Big|_0^{+\infty}\right.$$

$$\left.+\left(\frac{1}{p}-\frac{1-\lambda}{s}-\lambda\right)^{-1}u^{\frac{1}{p}-\frac{1-\lambda}{s}-\lambda}\Big|_1^{+\infty}\right)$$

$$=m^{\frac{1}{p}-\lambda-\frac{1-\lambda}{s}}\left(\left(\frac{1}{p}-\frac{1-\lambda}{s}\right)^{-1}-\left(\frac{1}{p}-\frac{1-\lambda}{s}-\lambda\right)^{-1}\right)$$

$$=m^{\frac{1}{p}-\lambda-\frac{1-\lambda}{s}}\left(\frac{rq}{r-q(1-\lambda)}+\frac{ps}{s-p(1-\lambda)}\right).$$

同理可证 $\omega_2(n)$ 的情形. 证毕.

定理 3.1.9 设 $\frac{1}{p}+\frac{1}{q}=1\,(p>1)$, $\frac{1}{r}+\frac{1}{s}=1\,(r>1)$, $\max\left\{1-\frac{r}{q},1-\frac{s}{p}\right\}<\lambda\leqslant 1$, $\widetilde{a}=\{a_m\}=l_p^{\frac{p}{r}(1-\lambda)}$, $\widetilde{b}=\{b_n\}\in l_q^{\frac{q}{s}(1-\lambda)}$, 则有

$$\sum_{n=1}^{\infty}\sum_{m=1}^{\infty}\frac{1}{\max\{m^\lambda,n^\lambda\}}a_mb_n\leqslant M(\lambda)\,||\widetilde{a}||_{p,\frac{p}{r}(1-\lambda)}\left|\left|\widetilde{b}\right|\right|_{q,\frac{q}{s}(1-\lambda)},\tag{3.1.6}$$

其中的常数因子 $M(\lambda)=\dfrac{rq}{r-q(1-\lambda)}+\dfrac{sp}{s-p(1-\lambda)}$是最佳的.

证明 取适配数 $a=\left[\frac{p}{r}(1-\lambda)+1\right]\Big/(pq)$, $b=\left[\frac{q}{s}(1-\lambda)+1\right]\Big/(pq)$, 根据 Hölder 不等式和引理 3.1.7, 有

$$\sum_{n=1}^{\infty}\sum_{m=1}^{\infty}\frac{1}{\max\{m^\lambda,n^\lambda\}}a_mb_n=\sum_{n=1}^{\infty}\sum_{m=1}^{\infty}\left(\frac{m^a}{n^b}a_m\right)\left(\frac{n^b}{m^a}b_n\right)\frac{1}{\max\{m^\lambda,n^\lambda\}}$$

$$\leqslant\left(\sum_{n=1}^{\infty}\sum_{m=1}^{\infty}\frac{m^{ap}}{n^{bp}}a_m^p\frac{1}{\max\{m^\lambda,n^\lambda\}}\right)^{\frac{1}{p}}\left(\sum_{n=1}^{\infty}\sum_{m=1}^{\infty}\frac{n^{bq}}{m^{aq}}b_n^q\frac{1}{\max\{m^\lambda,n^\lambda\}}\right)^{\frac{1}{q}}$$

$$=\left[\sum_{m=1}^{\infty}m^{\frac{1}{q}\left[\frac{p}{r}(1-\lambda)+1\right]}a_m^p\left(\sum_{n=1}^{\infty}\frac{1}{\max\{m^\lambda,n^\lambda\}}n^{-\frac{1}{s}(1-\lambda)-\frac{1}{q}}\right)\right]^{\frac{1}{p}}$$

$$\times\left[\sum_{n=1}^{\infty}n^{\frac{1}{p}\left[\frac{q}{s}(1-\lambda)+1\right]}b_n^q\left(\sum_{m=1}^{\infty}\frac{1}{\max\{m^{\lambda},n^{\lambda}\}}m^{-\frac{1}{r}(1-\lambda)-\frac{1}{p}}\right)\right]^{\frac{1}{q}}$$

$$=\left(\sum_{m=1}^{\infty}m^{\frac{1}{q}\left[\frac{p}{r}(1-\lambda)+1\right]}a_m^p\omega_1(m)\right)^{\frac{1}{p}}\left(\sum_{n=1}^{\infty}n^{\frac{1}{p}\left[\frac{q}{s}(1-\lambda)+1\right]}b_n^q\omega_2(n)\right)^{\frac{1}{q}}$$

$$\leqslant\left(\frac{rq}{r-q(1-\lambda)}+\frac{sp}{s-p(1-\lambda)}\right)\left(\sum_{m=1}^{\infty}m^{\frac{1}{q}\left[\frac{p}{r}(1-\lambda)+1\right]+\frac{1}{p}-\lambda-\frac{1-\lambda}{s}}a_m^p\right)^{\frac{1}{p}}$$

$$\times\left(\sum_{n=1}^{\infty}n^{\frac{1}{p}\left[\frac{q}{r}(1-\lambda)+1\right]+\frac{1}{q}-\lambda-\frac{1-\lambda}{r}}b_n^q\right)^{\frac{1}{q}}$$

$$=\left(\frac{rq}{r-q(1-\lambda)}+\frac{sp}{s-p(1-\lambda)}\right)\left(\sum_{m=1}^{\infty}m^{\frac{p}{r}(1-\lambda)}a_m^p\right)^{\frac{1}{p}}\left(\sum_{n=1}^{\infty}n^{\frac{q}{s}(1-\lambda)}b_n^q\right)^{\frac{1}{q}}$$

$$=\left(\frac{rq}{r-q(1-\lambda)}+\frac{sp}{s-p(1-\lambda)}\right)\|\widetilde{a}\|_{p,\frac{q}{r}(1-\lambda)}\left\|\widetilde{b}\right\|_{q,\frac{q}{s}(1-\lambda)},$$

故 (3.1.6) 式成立.

设 (3.1.6) 式的最佳常数因子为 M_0, 则

$$M_0\leqslant\frac{rq}{r-q(1-\lambda)}+\frac{sp}{s-p(1-\lambda)},$$

$$\sum_{n=1}^{\infty}\sum_{m=1}^{\infty}\frac{a_mb_n}{\max\{m^{\lambda},n^{\lambda}\}}\leqslant M_0\|\widetilde{a}\|_{p,\frac{p}{r}(1-\lambda)}\left\|\widetilde{b}\right\|_{q,\frac{q}{s}(1-\lambda)},$$

此时, 对足够小的 $\varepsilon>0$ 及足够大的自然数 N, 取

$$a_m=\begin{cases}m^{\left(-\frac{p}{r}(1-\lambda)-1-\varepsilon\right)/p}, & m=N,N+1,\cdots,\\ 0, & m=1,2,\cdots,N-1,\end{cases}$$

$$b_n=n^{\left(-\frac{q}{s}(1-\lambda)-1-\varepsilon\right)/q},\quad n=1,2,\cdots.$$

于是, 我们有

$$M_0\|\widetilde{a}\|_{p,\frac{p}{r}(1-\lambda)}\left\|\widetilde{b}\right\|_{q,\frac{q}{s}(1-\lambda)}\leqslant M_0\sum_{n=1}^{\infty}n^{-1-\varepsilon}$$

$$=M_0\left(1+\sum_{n=2}^{\infty}n^{-1-\varepsilon}\right)\leqslant M_0\left(1+\int_1^{+\infty}t^{-1-\varepsilon}\mathrm{d}t\right)=\frac{M_0}{\varepsilon}(1+\varepsilon),$$

$$\sum_{n=1}^{\infty}\sum_{m=1}^{\infty}\frac{a_m b_n}{\max\{m^\lambda,n^\lambda\}}$$

$$=\sum_{m=N}^{\infty}m^{\left(-\frac{p}{r}(1-\lambda)-1-\varepsilon\right)/p}\left(\sum_{n=1}^{\infty}n^{\left(-\frac{q}{s}(1-\lambda)-1-\varepsilon\right)/q}\frac{1}{\max\{m^\lambda,n^\lambda\}}\right)$$

$$\geqslant\sum_{m=N}^{\infty}m^{\left(-\frac{p}{r}(1-\lambda)-1-\varepsilon\right)/p}\left(\int_1^{+\infty}t^{\left(-\frac{q}{s}(1-\lambda)-1-\varepsilon\right)/q}\frac{1}{\max\{m^\lambda,t^\lambda\}}\mathrm{d}t\right)$$

$$=\sum_{m=N}^{\infty}m^{-1-\varepsilon}\left(\int_{1/m}^{+\infty}\frac{1}{\max\{1,u^\lambda\}}u^{\left(-\frac{q}{s}(1-\lambda)-1-\varepsilon\right)/q}\mathrm{d}u\right)$$

$$\geqslant\sum_{m=N}^{\infty}m^{-1-\varepsilon}\int_{\frac{1}{N}}^{+\infty}\frac{1}{\max\{1,u^\lambda\}}u^{\left(-\frac{q}{s}(1-\lambda)-1-\varepsilon\right)/q}\mathrm{d}u$$

$$\geqslant\int_N^{+\infty}t^{-1-\varepsilon}\mathrm{d}t\int_{\frac{1}{N}}^{+\infty}\frac{1}{\max\{1,u^\lambda\}}u^{\left(-\frac{q}{s}(1-\lambda)-1-\varepsilon\right)/q}\mathrm{d}u$$

$$=\frac{1}{s}N^{-\varepsilon}\int_{\frac{1}{N}}^{+\infty}\frac{1}{\max\{1,u^\lambda\}}u^{\left(-\frac{q}{s}(1-\lambda)-1-\varepsilon\right)/q}\mathrm{d}u.$$

综上, 可以得到

$$N^{-\varepsilon}\int_{\frac{1}{N}}^{+\infty}\frac{1}{\max\{1,u^\lambda\}}u^{\left(-\frac{q}{s}(1-\lambda)-1-\varepsilon\right)/q}\mathrm{d}u\leqslant M_0(1+\varepsilon),$$

令 $\varepsilon\to0^+$, 得

$$\int_{\frac{1}{N}}^{1}\frac{1}{\max\{1,u^\lambda\}}u^{\left(-\frac{q}{s}(1-\lambda)-1-\varepsilon\right)/q}\mathrm{d}u\leqslant M_0.$$

再令 $N\to+\infty$, 得

$$\left(\frac{rq}{r-q(1-\lambda)}+\frac{sp}{s-p(1-\lambda)}\right)=\int_0^{+\infty}\frac{1}{\max\{1,u^\lambda\}}u^{-\frac{1}{q}-\frac{1-\lambda}{s}}\mathrm{d}u\leqslant M_0,$$

故 (3.1.6) 的最佳常数因子

$$M_0=\frac{rq}{r-q(1-\lambda)}+\frac{sp}{s-p(1-\lambda)}.$$

证毕.

例 3.1.1 设 $\frac{1}{p}+\frac{1}{q}=1\,(p>1)$, $\max\{2-p,2-q\}<\lambda\leqslant 1$, $\widetilde{a}=\{a_m\}\in l_p^{1-\lambda}$, $\widetilde{b}=\{b_n\}\in l_q^{1-\lambda}$, 那么

$$\sum_{n=1}^{\infty}\sum_{m=1}^{\infty}\frac{a_m b_n}{\max\{m^{\lambda},n^{\lambda}\}}\leqslant\frac{\lambda pq}{(p+\lambda-2)(q+\lambda-2)}\left|\left|\widetilde{a}\right|\right|_{p,1-\lambda}\left|\left|\widetilde{b}\right|\right|_{q,1-\lambda},$$

其中的常数因子 $\frac{\lambda pq}{(p+\lambda-2)(q+\lambda-2)}$ 是最佳的.

证明 在定理 3.1.9 中取 $r=p$, $s=q$, 并经简单计算可得. 证毕.

例 3.1.2 设 $\frac{1}{p}+\frac{1}{q}=1\,(p>1)$, $0<\lambda\leqslant 1$, $\widetilde{a}=\{a_m\}\in l_p^{(p-1)(1-\lambda)}$, $\widetilde{b}=\{b_n\}\in l_q^{(q-1)(1-\lambda)}$, 那么

$$\sum_{n=1}^{\infty}\sum_{m=1}^{\infty}\frac{1}{\max\{m^{\lambda},n^{\lambda}\}}a_m b_n\leqslant\frac{pq}{\lambda}\left|\left|\widetilde{a}\right|\right|_{p,(p-1)(1-\lambda)}\left|\left|\widetilde{b}\right|\right|_{q,(q-1)(1-\lambda)},$$

其中的常数因子 $\frac{pq}{\lambda}$ 是最佳的.

证明 在定理 3.1.9 中取 $r=q$, $s=p$, 并经简单计算可得. 证毕.

3.1.8 $K(m,n)=\frac{|\ln(m/n)|}{\max\{m,n\}}$ 的情形

引理 3.1.8 设 $\frac{1}{r}+\frac{1}{s}=1\,(r>1)$, 记

$$\omega_r(n)=\sum_{m=1}^{\infty}\frac{|\ln(m/n)|}{\max\{m,n\}}\left(\frac{n}{m}\right)^{\frac{1}{r}},$$

则有

$$\left(s^2+r^2\right)\left(1-\frac{s\ln n+s^2+\frac{1}{4}}{\left(s^2+r^2\right)n^{1/s}}\right)<\omega_r(n)<s^2+r^2.$$

由于 $W_r(t)=\frac{|\ln(m/t)|}{\max\{m,t\}}\left(\frac{t}{m}\right)^{\frac{1}{r}}$ 不是 $(0,+\infty)$ 上的递减函数, 因此该引理的证明较为困难, 其证明可参见文献 (杨必成, 2007).

定理 3.1.10 设 $\frac{1}{p}+\frac{1}{q}=1\,(p>1)$, $\frac{1}{r}+\frac{1}{s}=1\,(r>1)$, $\widetilde{a}=\{a_m\}\in l_p^{\frac{p}{r}-1}$, $\widetilde{b}=\{b_n\}\in l_q^{\frac{q}{s}-1}$, 则

$$\sum_{n=1}^{\infty}\sum_{m=1}^{\infty}\frac{|\ln(m/n)|}{\max\{m,n\}}a_mb_n\leqslant\left(r^2+s^2\right)||\widetilde{a}||_{p,\frac{p}{r}-1}\left|\left|\widetilde{b}\right|\right|_{q,\frac{q}{s}-1},\tag{3.1.7}$$

其中的常数因子 r^2+s^2 是最佳的.

证明 取适配数 $a=\frac{1}{rq}$, $b=\frac{1}{sp}$, 则利用引理 3.1.8 中的 $\omega_r(n)<r^2+s^2$, $\omega_s(m)<r^2+s^2$ 及 Hölder 不等式便可导出 (3.1.7) 式.

设 M_0 是 (3.1.7) 式中的最佳常数因子, 则 $M_0\leqslant r^2+s^2$, 且

$$\sum_{n=1}^{\infty}\sum_{m=1}^{\infty}\frac{|\ln(m/n)|}{\max\{m,n\}}a_mb_n\leqslant M_0||\widetilde{a}||_{p,\frac{p}{r}-1}\left|\left|\widetilde{b}\right|\right|_{q,\frac{q}{s}-1}.$$

对充分小的 $\varepsilon>0$, 此时取 $a_m=m^{-\frac{1}{r}-\frac{\varepsilon}{p}}\,(m=1,2,\cdots)$, $b_n=n^{-\frac{1}{s}-\frac{\varepsilon}{q}}(n=1,2,\cdots)$, 则

$$M_0||\widetilde{a}||_{p,\frac{p}{r}-1}\left|\left|\widetilde{b}\right|\right|_{q,\frac{q}{s}-1}=M_0\sum_{n=1}^{\infty}n^{-1-\varepsilon},$$

$$\sum_{n=1}^{\infty}\sum_{m=1}^{\infty}\frac{|\ln(m/n)|}{\max\{m,n\}}a_mb_n=\sum_{n=1}^{\infty}n^{-\frac{1}{s}-\frac{\varepsilon}{q}}\left(\sum_{m=1}^{\infty}\frac{|\ln(m/n)|}{\max\{m,n\}}m^{-\frac{1}{r}-\frac{\varepsilon}{p}}\right)$$

$$=\sum_{n=1}^{\infty}n^{-1-\varepsilon}\left(\sum_{m=1}^{\infty}\frac{|\ln(m/n)|}{\max\{m,n\}}\left(\frac{n}{m}\right)^{\frac{1}{r}+\frac{\varepsilon}{p}}\right),$$

令 $r_1=\left(\frac{1}{r}+\frac{\varepsilon}{p}\right)^{-1}$, $s_1>1$, 满足 $\frac{1}{r_1}+\frac{1}{s_1}=1$, 则利用引理 3.1.8, 有

$$\sum_{n=1}^{\infty}\sum_{m=1}^{\infty}\frac{|\ln(m/n)|}{\max\{m,n\}}a_mb_n=\sum_{n=1}^{\infty}n^{-1-\varepsilon}\omega_{r_1}(n)$$

$$\geqslant\sum_{n=1}^{\infty}\frac{1}{n^{1+\varepsilon}}\left(s_1^2+r_1^2\right)\left(1-\frac{s_1\ln n+s_1^2+1/4}{\left(s_1^2+r_1^2\right)n^{1/s}}\right)$$

$$=\left(s_1^2+r_1^2\right)\left(\sum_{n=1}^{\infty}\frac{1}{n^{1+\varepsilon}}-\sum_{n=1}^{\infty}\frac{s_1\ln n+s_1^2+1/4}{\left(s_1^2+r_1^2\right)n^{1+\varepsilon+1/s}}\right)$$

$$=\left(s_1^2+r_1^2\right)\sum_{n=1}^{\infty}\frac{1}{n^{1+\varepsilon}}\left[1-\left(\sum_{n=1}^{\infty}\frac{1}{n^{1+\varepsilon}}\right)^{-1}\sum_{n=1}^{\infty}\frac{s_1\ln n+s_1^2+1/4}{\left(s_1^2+r_1^2\right)n^{1+\varepsilon+1/s}}\right].$$

综上, 得到

$$\left(r_1^2+s_1^2\right)\sum_{n=1}^{\infty}\frac{1}{n^{1+\varepsilon}}\left[1-\left(\sum_{k=1}^{\infty}\frac{1}{k^{1+\varepsilon}}\right)^{-1}\sum_{k=1}^{\infty}\frac{s_1\ln k+s_1^2+1/4}{\left(r_1^2+s_1^2\right)k^{1+\varepsilon+1/s}}\right]\leqslant M_0\sum_{n=1}^{\infty}\frac{1}{n^{1+\varepsilon}}.$$

于是有

$$\left(r_1^2+s_1^2\right)\left[1-\left(\sum_{k=1}^{\infty}\frac{1}{k^{1+\varepsilon}}\right)^{-1}\sum_{k=1}^{\infty}\frac{s_1\ln k+s_1^2+1/4}{\left(r_1^2+s_1^2\right)k^{1+\varepsilon+1/s}}\right]\leqslant M_0. \tag{3.1.8}$$

由于 $\lim\limits_{\varepsilon\to0^+}\sum\limits_{k=1}^{\infty}\frac{1}{k^{1+\varepsilon}}=\infty$, 而 $\lim\limits_{\varepsilon\to0^+}\sum\limits_{k=1}^{\infty}\frac{s_1\ln k+s_1^2+1/4}{\left(r_1^2+s_1^2\right)k^{1+\varepsilon+1/s}}=\sum\limits_{k=1}^{\infty}\frac{s\ln k+s^2+1/4}{\left(r^2+s^2\right)k^{1+1/s}}$ 收敛, 从而在 (3.1.8) 式中令 $\varepsilon\to0^+$, 就得到 $r^2+s^2\leqslant M_0$, 所以 $M_0=r^2+s^2$, 即 (3.1.7) 式中的最佳常数因子是 r^2+s^2. 证毕.

3.2　具有拟齐次核的 Hilbert 型级数不等式

在 2.2 节中, 我们已讨论了若干具有拟齐次核的 Hilbert 型积分不等式, 本节中我们将讨论若干拟齐次核的 Hilbert 型级数不等式, 主要讨论两种类型, 一类是核 $K(m,n)$ 满足: 对 $t>0$, 有

$$K(tm,n)=t^{\lambda_1\lambda}K\left(m,t^{-\lambda_1/\lambda_2}n\right),\quad K(m,tn)=t^{\lambda_2\lambda}K\left(t^{-\lambda_2/\lambda_1}m,n\right),$$

称此类核为具有参数 $(\lambda,\lambda_1,\lambda_2)$ 的第一类拟齐次核. 另一类是核 $K(x,y)$ 具有形式 $G\left(m^{\lambda_1}/m^{\lambda_2}\right)(\lambda_1\lambda_2>0)$, 并称这类核为具有参数 (λ_1,λ_2) 的第二类拟齐次核. 当 $\lambda_1=\lambda_2$ 时, 这两类都变成了齐次核.

3.2.1　若干第一类拟齐次核的 Hilbert 型级数不等式

引理 3.2.1　设 $\frac{1}{p}+\frac{1}{q}=1\,(p>1)$, $\lambda_1>0$, $\lambda_2>0$, $s>0$, $\max\left\{\frac{s}{2}-\frac{1}{\lambda_2},-\frac{s}{2}\right\}<r<\min\left\{\frac{1}{\lambda_1}-\frac{s}{2},\frac{s}{2}\right\}$, 则

$$\omega_1(m)=\sum_{n=1}^{\infty}\frac{\left(m^{\lambda_1}/n^{\lambda_2}\right)^r}{\left(m^{\lambda_1}+n^{\lambda_2}\right)^s}n^{\lambda_2\left(\frac{s}{2}-\frac{1}{\lambda_2}\right)}\leqslant\frac{1}{\lambda_2}m^{-\frac{1}{2}s\lambda_1}B\left(\frac{s}{2}-r,\frac{s}{2}+r\right),$$

$$\omega_2(n)=\sum_{m=1}^{\infty}\frac{\left(m^{\lambda_1}/n^{\lambda_2}\right)^r}{\left(m^{\lambda_1}+n^{\lambda_2}\right)^s}m^{\lambda_1\left(\frac{s}{2}-\frac{1}{\lambda_1}\right)}\leqslant\frac{1}{\lambda_1}n^{-\frac{1}{2}s\lambda_2}B\left(\frac{s}{2}-r,\frac{s}{2}+r\right).$$

证明 根据已知条件可知 $\frac{s}{2}-\frac{1}{\lambda_2}-r<0,\frac{s}{2}-\frac{1}{\lambda_1}+r>0,\frac{s}{2}-r>0,\frac{s}{2}+r>0$. 于是由于

$$\varphi(t)=\frac{\left(m^{\lambda_1}/t^{\lambda_2}\right)^r}{\left(m^{\lambda_1}+t^{\lambda_2}\right)^s}t^{\lambda_2\left(\frac{s}{2}-\frac{1}{\lambda_2}\right)}=\frac{m^{\lambda_1 r}}{\left(m^{\lambda_1}+t^{\lambda_2}\right)^s}t^{\lambda_2\left(\frac{s}{2}-\frac{1}{\lambda_2}-r\right)}$$

在 $(0,+\infty)$ 上递减, 从而

$$\omega_1(m)\leqslant\int_0^{+\infty}\frac{m^{r\lambda_1}}{\left(m^{\lambda_1}+t^{\lambda_2}\right)^s}t^{\lambda_2\left(\frac{s}{2}-\frac{1}{\lambda_2}-r\right)}\mathrm{d}t$$

$$=m^{(r-s)\lambda_1}\int_0^{+\infty}\frac{1}{\left(1+m^{-\lambda_1}t^{\lambda_2}\right)^s}t^{\lambda_2\left(\frac{s}{2}-\frac{1}{\lambda_2}-r\right)}\mathrm{d}t$$

$$=\frac{1}{\lambda_2}m^{-\frac{1}{2}s\lambda_1}\int_0^{+\infty}\frac{1}{(1+u)^s}u^{\frac{s}{2}-r-1}\mathrm{d}u=\frac{1}{\lambda_2}m^{-\frac{1}{2}s\lambda_1}B\left(\frac{s}{2}-r,s-\left(\frac{s}{2}-r\right)\right)$$

$$=\frac{1}{\lambda_2}m^{-\frac{1}{2}s\lambda_1}B\left(\frac{s}{2}-r,\frac{s}{2}+r\right).$$

同理可证 $\omega_2(n)$ 的情形. 证毕.

定理 3.2.1 设 $\frac{1}{p}+\frac{1}{q}=1(p>1)$, $\lambda_1>0,\lambda_2>0,s>0,\max\left\{\frac{s}{2}-\frac{1}{\lambda_2},-\frac{s}{2}\right\}<r<\min\left\{\frac{1}{\lambda_1}-\frac{s}{2},\frac{s}{2}\right\},\alpha=\lambda_1 p\left(\frac{1}{\lambda_1}-\frac{s}{2}\right)-1,\beta=\lambda_2 q\left(\frac{1}{\lambda_2}-\frac{s}{2}\right)-1,\tilde{a}=\{a_m\}\in l_p^{\alpha},\tilde{b}=\{b_n\}\in l_p^{\beta}$, 则

$$\sum_{n=1}^{\infty}\sum_{m=1}^{\infty}\frac{\left(m^{\lambda_1}/n^{\lambda_2}\right)^r}{\left(m^{\lambda_1}+n^{\lambda_2}\right)^s}a_m b_n\leqslant\frac{1}{\lambda_1^{1/q}\lambda_2^{1/p}}B\left(\frac{s}{2}-r,\frac{s}{2}+r\right)||\tilde{a}||_{p,\alpha}||\tilde{b}||_{q,\beta},\tag{3.2.1}$$

其中的常数因子 $\frac{1}{\lambda_1^{1/q}\lambda_2^{1/p}}B\left(\frac{s}{2}-r,\frac{s}{2}+r\right)$是最佳的.

证明 此不等式的核是以 $(-s,\lambda_1,\lambda_2)$ 为参数的第一类拟齐次核. 取适配数为 $a=\frac{\lambda_1}{q}\left(\frac{1}{\lambda_1}-\frac{s}{2}\right),b=\frac{\lambda_2}{p}\left(\frac{1}{\lambda_2}-\frac{s}{2}\right)$, 利用 Hölder 不等式及引理 3.2.1, 有

$$\sum_{n=1}^{\infty}\sum_{m=1}^{\infty}\frac{\left(m^{\lambda_1}/n^{\lambda_2}\right)^r}{\left(m^{\lambda_1}+n^{\lambda_2}\right)^s}a_m b_n=\sum_{n=1}^{\infty}\sum_{m=1}^{\infty}\left(\frac{m^a}{n^b}a_m\right)\left(\frac{n^b}{m^a}b_n\right)\frac{\left(m^{\lambda_1}/n^{\lambda_2}\right)^r}{\left(m^{\lambda_1}+n^{\lambda_2}\right)^s}$$

$$\leqslant\left(\sum_{n=1}^{\infty}\sum_{m=1}^{\infty}\frac{m^{\frac{p}{q}\lambda_1\left(\frac{1}{\lambda_1}-\frac{s}{2}\right)}}{n^{\lambda_2\left(\frac{1}{\lambda_2}-\frac{s}{2}\right)}}a_m^p\frac{\left(m^{\lambda_1}/n^{\lambda_2}\right)^r}{\left(m^{\lambda_1}+n^{\lambda_2}\right)^s}\right)^{\frac{1}{p}}$$

$$\times\left(\sum_{n=1}^{\infty}\sum_{m=1}^{\infty}\frac{n^{\frac{q}{p}\lambda_2\left(\frac{1}{\lambda_2}-\frac{s}{2}\right)}}{m^{\lambda_1\left(\frac{1}{\lambda_1}-\frac{s}{2}\right)}}b_n^q\frac{\left(m^{\lambda_1}/n^{\lambda_2}\right)^r}{\left(m^{\lambda_1}+n^{\lambda_2}\right)^s}\right)^{\frac{1}{q}}$$

$$=\left(\sum_{m=1}^{\infty}m^{\frac{p}{q}\lambda_1\left(\frac{1}{\lambda_1}-\frac{s}{2}\right)}a_m^p\omega_1(m)\right)^{\frac{1}{p}}\left(\sum_{m=1}^{\infty}n^{\frac{q}{p}\lambda_2\left(\frac{1}{\lambda_2}-\frac{s}{2}\right)}b_n^q\omega_2(n)\right)^{\frac{1}{q}}$$

$$=\frac{1}{\lambda_1^{1/q}\lambda_2^{1/p}}B\left(\frac{s}{2}-r,\frac{s}{2}+r\right)\left(\sum_{m=1}^{\infty}m^{\frac{p}{q}\lambda_1\left(\frac{1}{\lambda_1}-\frac{s}{2}\right)+(s-r)\lambda_1+\frac{\lambda_1}{\lambda_2}}a_m^p\right)^{\frac{1}{p}}$$

$$\times\left(\sum_{n=1}^{\infty}n^{\frac{q}{p}\lambda_2\left(\frac{1}{\lambda_2}-\frac{s}{2}\right)+(s-r)\lambda_2+\frac{\lambda_2}{\lambda_1}}b_n^q\right)^{\frac{1}{q}}$$

$$=\frac{1}{\lambda_1^{1/q}\lambda_2^{1/p}}B\left(\frac{s}{2}-r,\frac{s}{2}+r\right)\left(\sum_{m=1}^{\infty}m^{p\lambda_1\left(\frac{1}{\lambda_1}-\frac{s}{2}\right)-1}a_m^p\right)^{\frac{1}{p}}\left(\sum_{n=1}^{\infty}n^{q\lambda_2\left(\frac{1}{\lambda_2}-\frac{s}{2}\right)-1}b_n^q\right)^{\frac{1}{q}}$$

$$=\frac{1}{\lambda_1^{1/q}\lambda_2^{1/p}}B\left(\frac{s}{2}-r,\frac{s}{2}+r\right)\|\widetilde{a}\|_{p,\alpha}\left\|\widetilde{b}\right\|_{q,\beta},$$

故 (3.2.1) 式成立.

设 (3.2.1) 式的最佳常数因子是 M_0, 则 $M_0<\frac{1}{\lambda_1^{1/q}\lambda_2^{1/p}}B\left(\frac{s}{2}-r,\frac{s}{2}+r\right)$, 且

$$\sum_{n=1}^{\infty}\sum_{m=1}^{\infty}\frac{\left(m^{\lambda_1}/n^{\lambda_2}\right)^r}{\left(m^{\lambda_1}+n^{\lambda_2}\right)^s}a_m b_n\leqslant M_0\|\widetilde{a}\|_{p,\alpha}\left\|\widetilde{b}\right\|_{q,\beta}.$$

对充分小的 $\varepsilon>0$ 及足够大的自然数 N, 此时我们取

$$a_m=\begin{cases}m^{\left[\lambda_2 p\left(\frac{s}{2}-\frac{1}{\lambda_1}\right)-\lambda_1\varepsilon\right]/p}, & m=N,N+1,\cdots,\\ 0, & m=1,2,\cdots,N-1,\end{cases}$$

$$b_n=n^{\left[\lambda_2 q\left(\frac{s}{2}-\frac{1}{\lambda_2}\right)-\lambda_2\varepsilon\right]/q},\quad n=1,2,\cdots,$$

则有

$$M_0 \|\widetilde{a}\|_{p,\alpha} \left\|\widetilde{b}\right\|_{q,\beta} = M_0 \left(\sum_{m=N}^{\infty} m^{-1-\lambda_1\varepsilon}\right)^{\frac{1}{p}} \left(\sum_{n=1}^{\infty} n^{-1-\lambda_2\varepsilon}\right)^{\frac{1}{q}}$$

$$\leqslant M_0 \left(\sum_{m=1}^{\infty} m^{-1-\lambda_1\varepsilon}\right)^{\frac{1}{p}} \left(\sum_{n=1}^{\infty} n^{-1-\lambda_2\varepsilon}\right)^{\frac{1}{q}}$$

$$\leqslant M_0 \left(1+\int_1^{+\infty} t^{-1-\lambda_1\varepsilon}\mathrm{d}t\right)^{\frac{1}{p}} \left(1+\int_1^{+\infty} t^{-1-\lambda_2\varepsilon}\mathrm{d}t\right)^{\frac{1}{q}}$$

$$= M_0 \left(1+\frac{1}{\lambda_1\varepsilon}\right)^{\frac{1}{p}} \left(1+\frac{1}{\lambda_2\varepsilon}\right)^{\frac{1}{q}} = \frac{M_0}{\varepsilon}\left(\varepsilon+\frac{1}{\lambda_1}\right)^{\frac{1}{p}} \left(\varepsilon+\frac{1}{\lambda_2}\right)^{\frac{1}{q}}.$$

同时, 有

$$\sum_{n=1}^{\infty}\sum_{m=1}^{\infty} \frac{\left(m^{\lambda_1}/n^{\lambda_2}\right)^r}{\left(m^{\lambda_1}+n^{\lambda_2}\right)^s} a_m b_n$$

$$= \sum_{m=N}^{\infty} m^{\left[\lambda_1 p\left(\frac{s}{2}-\frac{1}{\lambda_1}\right)-\lambda_1\varepsilon\right]/p} \left(\sum_{n=1}^{\infty} \frac{\left(m^{\lambda_1}/n^{\lambda_2}\right)^r}{\left(m^{\lambda_1}+n^{\lambda_2}\right)^s} n^{\left[\lambda_2 q\left(\frac{s}{2}-\frac{1}{\lambda_2}\right)-\lambda_2\varepsilon\right]/q}\right)$$

$$\geqslant \sum_{m=N}^{\infty} m^{\left[\lambda_1 p\left(\frac{s}{2}-\frac{1}{\lambda_1}\right)-\lambda_1\varepsilon\right]/p} \left(\int_1^{+\infty} \frac{m^{\lambda_1 r}t^{-\lambda_2 r}}{\left(m^{\lambda_1}+t^{\lambda_2}\right)^s} t^{\left[\lambda_2 q\left(\frac{s}{2}-\frac{1}{\lambda_2}\right)-\lambda_2\varepsilon\right]/q}\mathrm{d}t\right)$$

$$= \frac{1}{\lambda_2}\sum_{m=N}^{\infty} m^{-1-\lambda_1\varepsilon} \left(\int_{m^{-\lambda_1}}^{+\infty} \frac{1}{(1+u)^s} u^{\frac{s}{2}-r-\frac{\varepsilon}{q}-1}\mathrm{d}u\right)$$

$$\geqslant \frac{1}{\lambda_2}\sum_{m=N}^{\infty} m^{-1-\lambda_1\varepsilon} \int_{N^{-\lambda_1}}^{+\infty} \frac{1}{(1+u)^s} u^{\frac{s}{2}-r-\frac{\varepsilon}{q}-1}\mathrm{d}u$$

$$\geqslant \frac{1}{\lambda_2}\int_N^{+\infty} t^{-1-\lambda_1\varepsilon}\mathrm{d}t \int_{N^{-\lambda_1}}^{+\infty} \frac{1}{(1+u)^s} u^{\frac{s}{2}-r-\frac{\varepsilon}{q}-1}\mathrm{d}u$$

$$= \frac{1}{\lambda_2\lambda_1\varepsilon} N^{-\lambda_1\varepsilon} \int_{N^{-\lambda_1}}^{+\infty} \frac{1}{(1+u)^s} u^{\frac{s}{2}-r-\frac{\varepsilon}{q}-1}\mathrm{d}u.$$

综上, 可得

$$\frac{1}{\lambda_1\lambda_2} N^{-\lambda_1\varepsilon} \int_{N^{-\lambda_1}}^{+\infty} \frac{1}{(1+u)^s} u^{\frac{s}{2}-r-\frac{\varepsilon}{q}-1}\mathrm{d}u \leqslant M_0 \left(\varepsilon+\frac{1}{\lambda_1}\right)^{\frac{1}{p}} \left(\varepsilon+\frac{1}{\lambda_2}\right)^{\frac{1}{q}}.$$

令 $\varepsilon \to 0^+$, 并利用 Fatou 引理, 有

$$\frac{1}{\lambda_1\lambda_2}\int_{N^{-\lambda_1}}^{+\infty}\frac{1}{(1+u)^s}u^{\frac{s}{2}-r-1}\mathrm{d}u \leqslant M_0\frac{1}{\lambda_1^{1/p}\lambda_2^{1/q}},$$

再令 $N \to +\infty$, 得到

$$\frac{1}{\lambda_1^{1/q}\lambda_2^{1/p}}B\left(\frac{s}{2}-r,\frac{s}{2}+r\right)=\frac{1}{\lambda_1^{1/q}\lambda_2^{1/p}}\int_0^{+\infty}\frac{1}{(1+u)^s}u^{\frac{s}{2}-r-1}\mathrm{d}u \leqslant M_0,$$

故 (3.2.1) 式的最佳常数因子是 $\dfrac{1}{\lambda_1^{1/q}\lambda_2^{1/p}}B\left(\dfrac{s}{2}-r,\dfrac{s}{2}+r\right)$. 证毕.

例 3.2.1　设 $\dfrac{1}{p}+\dfrac{1}{q}=1\,(p>1)$, $\lambda_1>0$, $\lambda_2>0$, $0<s<\min\left\{\dfrac{2}{\lambda_1},\dfrac{2}{\lambda_2}\right\}$, $\alpha=\lambda_1 p\left(\dfrac{1}{\lambda_1}-\dfrac{s}{2}\right)-1, \beta=\lambda_2 q\left(\dfrac{1}{\lambda_2}-\dfrac{s}{2}\right)-1, \widetilde{a}=\{a_m\}\in l_p^\alpha, \widetilde{b}=\{b_n\}\in l_q^\beta$, 则

$$\sum_{n=1}^{\infty}\sum_{m=1}^{\infty}\frac{a_m b_n}{(m^{\lambda_1}+n^{\lambda_2})^s}\leqslant\frac{1}{\lambda_1^{1/q}\lambda_2^{1/p}}B\left(\frac{s}{2},\frac{s}{2}\right)\|\widetilde{a}\|_{p,\alpha}\left\|\widetilde{b}\right\|_{q,\beta},\tag{3.2.2}$$

其中的常数因子 $\dfrac{1}{\lambda_1^{1/q}\lambda_2^{1/p}}B\left(\dfrac{s}{2},\dfrac{s}{2}\right)$ 是最佳的.

证明　由于 $0<s<\min\left\{\dfrac{2}{\lambda_1},\dfrac{2}{\lambda_2}\right\}$, 故有 $s>0$, 且

$$\max\left\{\frac{s}{2}-\frac{1}{\lambda_2},-\frac{s}{2}\right\}<0<\min\left\{\frac{1}{\lambda_1}-\frac{s}{2},\frac{s}{2}\right\},$$

在定理 3.2.1 中取 $r=0$, 便可得到 (3.2.2) 式. 证毕.

引理 3.2.2　设 $\dfrac{1}{p}+\dfrac{1}{q}=1\,(p>1)$, $\dfrac{1}{r}+\dfrac{1}{s}=1\,(r>1)$, $\lambda_1>0$, $\lambda_2>0$, $\max\left\{-\dfrac{1}{r},\dfrac{1}{s}-\dfrac{1}{\lambda_2}\right\}<\lambda<\max\left\{\dfrac{1}{s},\dfrac{1}{\lambda_1}-\dfrac{1}{r}\right\}$, 则

$$\omega_1(m)=\sum_{n=1}^{\infty}\frac{(m^{\lambda_1}/n^{\lambda_2})^{\lambda}}{\max\{m^{\lambda_1},n^{\lambda_2}\}}n^{\frac{\lambda_2}{s}-1}\leqslant\frac{1}{\lambda_2}m^{-\frac{\lambda_1}{r}}\frac{rs}{(1+\lambda r)(1-\lambda s)},$$

$$\omega_2(n)=\sum_{m=1}^{\infty}\frac{(m^{\lambda_1}/n^{\lambda_2})^{\lambda}}{\max\{m^{\lambda_1},n^{\lambda_2}\}}m^{\frac{\lambda_1}{r}-1}\leqslant\frac{1}{\lambda_1}n^{-\frac{\lambda_2}{s}}\frac{rs}{(1+\lambda r)(1-\lambda s)}.$$

证明 由已知条件, 可知 $\frac{\lambda_2}{s}-\lambda_2\lambda-1<0$, $1-\frac{1}{r}-\lambda>0$, $-\frac{1}{r}-\lambda<0$, 于是

$$\begin{aligned}\omega_1(m)=&m^{\lambda_1\lambda}\sum_{n=1}^{\infty}\frac{1}{\max\{m^{\lambda_1},n^{\lambda_2}\}}n^{\frac{\lambda_2}{s}-\lambda_2\lambda-1}\\ \leqslant&m^{\lambda_1\lambda}\int_0^{+\infty}\frac{1}{\max\{m^{\lambda_1},t^{\lambda_2}\}}t^{\frac{\lambda_2}{s}-\lambda_2\lambda-1}\mathrm{d}t\\ =&m^{\lambda_1\lambda-\lambda_1}\int_0^{+\infty}\frac{1}{\max\{1,m^{-\lambda_1}t^{\lambda_2}\}}t^{\frac{\lambda_2}{s}-\lambda_2\lambda-1}\mathrm{d}t\\ =&\frac{1}{\lambda_2}m^{-\frac{\lambda_1}{r}}\int_0^{+\infty}\frac{1}{\max\{1,u\}}u^{-\frac{1}{r}-\lambda}\mathrm{d}u\\ =&\frac{1}{\lambda_2}m^{-\frac{\lambda_1}{r}}\left(\int_0^1u^{-\frac{1}{r}-\lambda}\mathrm{d}u+\int_1^{+\infty}u^{-\frac{1}{r}-\lambda-1}\mathrm{d}u\right)\\ =&\frac{1}{\lambda_2}m^{-\frac{\lambda_1}{r}}\frac{rs}{(1+\lambda r)(1-\lambda s)}.\end{aligned}$$

同理可证 $\omega_2(n)$ 的情形. 证毕.

定理 3.2.2 设 $\frac{1}{p}+\frac{1}{q}=1\,(p>1)$, $\frac{1}{r}+\frac{1}{s}=1\,(r>1)$, $\lambda_1>0$, $\lambda_2>0$,

$$\max\left\{-\frac{1}{r},\frac{1}{s}-\frac{1}{\lambda_2}\right\}<\lambda<\max\left\{\frac{1}{s},\frac{1}{\lambda_1}-\frac{1}{r}\right\},\quad \alpha=p\left(1-\frac{\lambda_1}{r}\right)-1,$$

$\beta=q\left(1-\frac{\lambda_2}{s}\right)-1, \widetilde{a}=\{a_m\}\in l_p^{\alpha}, \widetilde{b}=\{b_n\}\in l_q^{\beta}$, 则

$$\sum_{n=1}^{\infty}\sum_{m=1}^{\infty}\frac{\left(m^{\lambda_1}/n^{\lambda_2}\right)^{\lambda}}{\max\{m^{\lambda_1},n^{\lambda_2}\}}a_mb_n\leqslant\frac{rs}{\lambda_1^{1/q}\lambda_2^{1/p}(1+\lambda r)(1-\lambda s)}\|\widetilde{a}\|_{p,\alpha}\left\|\widetilde{b}\right\|_{q,\beta},\tag{3.2.3}$$

其中的常数因子 $\frac{rs}{\lambda_1^{1/q}\lambda_2^{1/p}(1+\lambda r)(1-\lambda s)}$ 是最佳的.

证明 取适配数 $a=\frac{1}{q}\left(1-\frac{\lambda_1}{r}\right)$, $b=\frac{1}{p}\left(1-\frac{\lambda_2}{s}\right)$, 根据 Hölder 不等式及引理 3.2.2, 有

$$\sum_{n=1}^{\infty}\sum_{m=1}^{\infty}\frac{\left(m^{\lambda_1}/n^{\lambda_2}\right)^{\lambda}}{\max\{m^{\lambda_1},n^{\lambda_2}\}}a_mb_n$$

$$
\begin{aligned}
&=\sum_{n=1}^{\infty}\sum_{m=1}^{\infty}\left(\frac{m^{\frac{1}{q}\left(1-\frac{\lambda_1}{r}\right)}}{n^{\frac{1}{p}\left(1-\frac{\lambda_2}{s}\right)}}a_m\right)\left(\frac{n^{\frac{1}{p}\left(1-\frac{\lambda_2}{s}\right)}}{m^{\frac{1}{q}\left(1-\frac{\lambda_1}{s}\right)}}b_n\right)\frac{\left(m^{\lambda_1}/n^{\lambda_2}\right)^{\lambda}}{\max\left\{m^{\lambda_1},n^{\lambda_2}\right\}}\\
&\leqslant\left(\sum_{n=1}^{\infty}\sum_{m=1}^{\infty}\frac{m^{\frac{p}{q}\left(1-\frac{\lambda_1}{r}\right)}}{n^{1-\frac{\lambda_2}{s}}}a_m^p\frac{\left(m^{\lambda_1}/n^{\lambda_2}\right)^{\lambda}}{\max\left\{m^{\lambda_1},n^{\lambda_2}\right\}}\right)^{\frac{1}{p}}\\
&\quad\times\left(\sum_{n=1}^{\infty}\sum_{m=1}^{\infty}\frac{n^{\frac{q}{p}\left(1-\frac{\lambda_2}{s}\right)}}{m^{1-\frac{\lambda_1}{r}}}b_n^q\frac{\left(m^{\lambda_1}/n^{\lambda_2}\right)^{\lambda}}{\max\left\{m^{\lambda_1},n^{\lambda_2}\right\}}\right)^{\frac{1}{q}}\\
&=\left(\sum_{m=1}^{\infty}m^{\frac{p}{q}\left(1-\frac{\lambda_1}{r}\right)}a_m^p\omega_1(m)\right)^{\frac{1}{p}}\left(\sum_{n=1}^{\infty}n^{\frac{q}{p}\left(1-\frac{\lambda_2}{s}\right)}b_n^q\omega_2(n)\right)^{\frac{1}{q}}\\
&\leqslant\frac{rs}{\lambda_1^{1/q}\lambda_2^{1/p}(1+\lambda r)(1-\lambda s)}\left(\sum_{m=1}^{\infty}m^{\frac{p}{q}\left(1-\frac{\lambda_1}{r}\right)-\frac{\lambda_1}{r}}a_m^p\right)^{\frac{1}{p}}\left(\sum_{n=1}^{\infty}n^{\frac{q}{p}\left(1-\frac{\lambda_2}{s}\right)-\frac{\lambda_2}{s}}b_n^q\right)^{\frac{1}{q}}\\
&=\frac{rs}{\lambda_1^{1/q}\lambda_2^{1/p}(1+\lambda r)(1-\lambda s)}\left(\sum_{m=1}^{\infty}m^{p\left(1-\frac{\lambda_1}{r}\right)-1}a_m^p\right)^{\frac{1}{p}}\left(\sum_{n=1}^{\infty}n^{q\left(1-\frac{\lambda_2}{s}\right)-1}b_n^q\right)^{\frac{1}{q}}\\
&=\frac{rs}{\lambda_1^{1/q}\lambda_2^{1/p}(1+\lambda r)(1-\lambda s)}\left\|\widetilde{a}\right\|_{p,\alpha}\left\|\widetilde{b}\right\|_{q,\beta}.
\end{aligned}
$$

故 (3.2.3) 式成立.

设 (3.2.3) 式的最佳常数因子为 M_0, 则 $M_0\leqslant\dfrac{rs}{\lambda_1^{1/q}\lambda_2^{1/p}(1+\lambda r)(1-\lambda s)}$, 且有

$$
\sum_{n=1}^{\infty}\sum_{m=1}^{\infty}\frac{\left(m^{\lambda_1}/n^{\lambda_2}\right)^{\lambda}}{\max\left\{m^{\lambda_1},n^{\lambda_2}\right\}}a_mb_n\leqslant M_0\left\|\widetilde{a}\right\|_{p,\alpha}\left\|\widetilde{b}\right\|_{q,\beta}.
$$

对充分小的 $\varepsilon>0$ 及足够大的自然数 N, 取

$$
a_m=\begin{cases} m^{\left[p\left(\frac{\lambda_1}{r}-1\right)-\lambda_1\varepsilon\right]/p}, & m=N,N+1,\cdots,\\ 0, & m=1,2,\cdots,N-1,\end{cases}
$$

$$
b_n=n^{\left[q\left(\frac{\lambda_2}{s}-1\right)-\lambda_2\varepsilon\right]/q},\quad n=1,2,\cdots,
$$

则首先不难得到

$$
M_0\left\|\widetilde{a}\right\|_{p,\alpha}\left\|\widetilde{b}\right\|_{q,\beta}\leqslant M_0\frac{1}{\varepsilon}\left(\varepsilon+\frac{1}{\lambda_1}\right)^{\frac{1}{p}}\left(\varepsilon+\frac{1}{\lambda_2}\right)^{\frac{1}{q}}.
$$

其次, 我们有

$$
\begin{aligned}
&\sum_{n=1}^{\infty}\sum_{m=1}^{\infty}\frac{\left(m^{\lambda_1}/n^{\lambda_2}\right)^{\lambda}}{\max\{m^{\lambda_1},n^{\lambda_2}\}}a_m b_n\\
=&\sum_{m=N}^{\infty}m^{\left[p\left(\frac{\lambda_1}{r}-1\right)-\lambda_1\varepsilon\right]/p}\left(\sum_{n=1}^{\infty}n^{\left[q\left(\frac{\lambda_2}{s}-1\right)-\lambda_2\varepsilon\right]/q}\frac{\left(m^{\lambda_1}/n^{\lambda_2}\right)^{\lambda}}{\max\{m^{\lambda_1},n^{\lambda_2}\}}\right)\\
\geqslant&\sum_{m=N}^{\infty}m^{\left[p\left(\frac{\lambda_1}{r}-1\right)-\lambda_1\varepsilon\right]/p}\left(\int_1^{+\infty}\frac{m^{\lambda_1\lambda}t^{-\lambda_2\lambda}}{\max\{m^{\lambda_1},t^{\lambda_2}\}}t^{\left[q\left(\frac{\lambda_2}{s}-1\right)-\lambda_2\varepsilon\right]/q}\mathrm{d}t\right)\\
=&\frac{1}{\lambda_2}\sum_{m=N}^{\infty}m^{-1-\lambda_1\varepsilon}\left(\int_{m^{-\lambda_1}}^{+\infty}\frac{1}{\max\{1,u\}}u^{-\frac{1}{r}-\lambda-\frac{\varepsilon}{q}}\mathrm{d}u\right)\\
\geqslant&\frac{1}{\lambda_2}\sum_{m=N}^{\infty}m^{-1-\lambda_1\varepsilon}\int_{N^{-\lambda_1}}^{+\infty}\frac{1}{\max\{1,u\}}u^{-\frac{1}{r}-\lambda-\frac{\varepsilon}{q}}\mathrm{d}u\\
\geqslant&\frac{1}{\lambda_2}\int_N^{+\infty}t^{-1-\lambda_1\varepsilon}\mathrm{d}t\int_{N^{-\lambda_1}}^{+\infty}\frac{1}{\max\{1,u\}}u^{-\frac{1}{r}-\lambda-\frac{\varepsilon}{q}}\mathrm{d}u\\
=&\frac{1}{\lambda_1\lambda_2\varepsilon}N^{-\lambda_1\varepsilon}\int_{N^{-\lambda_1}}^{+\infty}\frac{1}{\max\{1,u\}}u^{-\frac{1}{r}-\lambda-\frac{\varepsilon}{q}}\mathrm{d}u.
\end{aligned}
$$

于是可得

$$
\frac{1}{\lambda_1\lambda_2}N^{-\lambda_1\varepsilon}\int_{N^{-\lambda_1}}^{+\infty}\frac{1}{\max\{1,u\}}u^{-\frac{1}{r}-\lambda-\frac{\varepsilon}{q}}\mathrm{d}u\leqslant M_0\left(\varepsilon+\frac{1}{\lambda_1}\right)^{\frac{1}{p}}\left(\varepsilon+\frac{1}{\lambda_2}\right)^{\frac{1}{q}},
$$

先令 $\varepsilon\to 0^+$, 再令 $N\to+\infty$, 得到

$$
\frac{1}{\lambda_1\lambda_2}\frac{rs}{(1+\lambda r)(1-\lambda s)}=\frac{1}{\lambda_1\lambda_2}\int_0^{+\infty}\frac{1}{\max\{1,u\}}u^{-\frac{1}{r}-\lambda}\mathrm{d}u\leqslant M_0\left(\frac{1}{\lambda_1}\right)^{\frac{1}{p}}\left(\frac{1}{\lambda_2}\right)^{\frac{1}{q}},
$$

从而有

$$
\frac{rs}{\lambda_1^{1/q}\lambda_2^{1/p}(1+\lambda r)(1-\lambda s)}\leqslant M_0,
$$

故 $M_0=\dfrac{rs}{\lambda_1^{1/q}\lambda_2^{1/p}(1+\lambda r)(1-\lambda s)}$. 证毕.

例 3.2.2 设 $\dfrac{1}{p}+\dfrac{1}{q}=1\,(p>1)$, $\dfrac{1}{r}+\dfrac{1}{s}=1\,(r>1)$, $r>\lambda_1>0$, $s>\lambda_2>0$,

$\alpha = p\left(1-\frac{\lambda_1}{r}\right)-1, \beta = q\left(1-\frac{\lambda_2}{s}\right)-1, \widetilde{a}=\{a_m\}\in l_p^\alpha, \widetilde{b}=\{b_n\}\in l_q^\beta$, 则

$$\sum_{n=1}^{\infty}\sum_{m=1}^{\infty}\frac{1}{\max\{m^{\lambda_1},n^{\lambda_2}\}}a_m b_n \leqslant \frac{rs}{\lambda_1^{1/q}\lambda_2^{1/p}}\left|\left|\widetilde{a}\right|\right|_{p,\alpha}\left|\left|\widetilde{b}\right|\right|_{q,\beta}, \tag{3.2.4}$$

其中的常数因子 $\frac{rs}{\lambda_1^{1/q}\lambda_2^{1/p}}$ 是最佳的.

证明 由于 $r>\lambda_1>0$, $s>\lambda_2>0$, 故有

$$\max\left\{-\frac{1}{r},\frac{1}{s}-\frac{1}{\lambda_2}\right\}<0<\min\left\{\frac{1}{s},\frac{1}{\lambda_1}-\frac{1}{r}\right\}.$$

在定理 3.2.2 中取 $\lambda=0$, 便可取到 (3.2.4) 式. 证毕.

引理 3.2.3 设 $\frac{1}{p}+\frac{1}{q}=1\,(p>1)$, $\frac{1}{r}+\frac{1}{s}=1\,(r>1)$, $\lambda_1>0$, $\lambda_2>0$, $0\leqslant\lambda\leqslant\min\left\{\frac{r}{\lambda_1}-1,\frac{s}{\lambda_2}-1\right\}$, 则

$$\omega_1(m)=\sum_{n=1}^{\infty}\frac{1}{(m^{\lambda_1}+n^{\lambda_2})^{\lambda}\max\{m^{\lambda_1},n^{\lambda_2}\}}n^{\lambda_2\left(\frac{\lambda+1}{s}-\frac{1}{\lambda_2}\right)}\leqslant\frac{1}{\lambda_2}m^{-\frac{\lambda_1}{r}(\lambda+1)}M(\lambda,r,s),$$

$$\omega_2(n)=\sum_{m=1}^{\infty}\frac{1}{(m^{\lambda_1}+n^{\lambda_2})^{\lambda}\max\{m^{\lambda_1},n^{\lambda_2}\}}m^{\lambda_1\left(\frac{\lambda+1}{r}-\frac{1}{\lambda_1}\right)}\leqslant\frac{1}{\lambda_1}n^{-\frac{\lambda_2}{s}(\lambda+1)}M(\lambda,r,s),$$

其中$M(\lambda,r,s)=\int_0^1\frac{1}{(1+u)^{\lambda}}\left(u^{\frac{\lambda+1}{r}-1}+u^{\frac{\lambda+1}{s}-1}\right)\mathrm{d}u.$

证明 由已知条件, 可知 $\frac{\lambda+1}{s}-\frac{1}{\lambda_2}\leqslant 0$, $\frac{\lambda+1}{r}-\frac{1}{\lambda_1}\leqslant 0$, 于是知

$$f(t)=\frac{1}{(m^{\lambda_1}+t^{\lambda_2})^{\lambda}\max\{m^{\lambda_1},t^{\lambda_2}\}}t^{\lambda_2\left(\frac{\lambda+1}{s}-\frac{1}{\lambda_2}\right)}$$

在 $(0,+\infty)$ 上递减, 于是

$$\omega_1(m)\leqslant\int_0^{+\infty}\frac{1}{(m^{\lambda_1}+t^{\lambda_2})^{\lambda}\max\{m^{\lambda_1},t^{\lambda_2}\}}t^{\lambda_2\left(\frac{\lambda+1}{s}-\frac{1}{\lambda_2}\right)}\mathrm{d}t$$

$$=m^{-(\lambda+1)\lambda_1}\int_0^{+\infty}\frac{1}{(1+m^{-\lambda_1}t^{\lambda_2})^{2}\max\{1,m^{-\lambda_1}t^{\lambda_2}\}}t^{\lambda_2\left(\frac{\lambda+1}{s}-\frac{1}{\lambda_2}\right)}\mathrm{d}t$$

$$=\frac{1}{\lambda_2}m^{-\frac{\lambda_1}{r}(\lambda+1)}\int_0^{+\infty}\frac{1}{(1+u)^{\lambda}\max\{1,u\}}u^{\frac{\lambda+1}{s}-1}\mathrm{d}u$$

$$=\frac{1}{\lambda_2}m^{-\frac{\lambda_1}{r}(\lambda+1)}\left(\int_0^1\frac{u^{\frac{\lambda+1}{s}-1}}{(1+u)\lambda}\mathrm{d}u+\int_1^{+\infty}\frac{u^{\frac{\lambda+1}{s}-2}}{(1+u)^{\lambda}}\mathrm{d}u\right)$$

$$=\frac{1}{\lambda_2}m^{-\frac{\lambda_1}{r}(\lambda+1)}\left(\int_0^1\frac{u^{\frac{\lambda+1}{s}-1}}{(1+u)^{\lambda}}\mathrm{d}u+\int_0^1\frac{t^{\frac{\lambda+1}{r}-1}}{(1+t)^{\lambda}}\mathrm{d}t\right)$$

$$=\frac{1}{\lambda_2}m^{-\frac{\lambda_1}{r}(\lambda+1)}\int_0^1\frac{u^{\frac{\lambda+1}{r}-1}+u^{\frac{\lambda+1}{s}-1}}{(1+u)^{\lambda}}\mathrm{d}u$$

$$=\frac{1}{\lambda_2}m^{-\frac{\lambda_1}{r}(\lambda+1)}M(\lambda,r,s).$$

同理可证 $\omega_2(n)$ 的情形. 证毕.

定理 3.2.3 设 $\frac{1}{p}+\frac{1}{q}=1\,(p>1)$, $\frac{1}{r}+\frac{1}{s}=1\,(r>1)$, $\lambda_1>0$, $\lambda_2>0$, $0\leqslant\lambda\leqslant\min\left\{\frac{r}{\lambda_1}-1,\frac{s}{\lambda_2}-1\right\}$, $\alpha=\lambda_1 p\left(\frac{1}{\lambda_1}-\frac{\lambda+1}{r}\right)-1$, $\beta=\lambda_2 q\left(\frac{1}{\lambda_2}-\frac{\lambda+1}{s}\right)-1$, $\widetilde{a}=\{a_m\}\in l_p^{\alpha}$, $\widetilde{b}=\{b_n\}\in l_q^{\beta}$, 则

$$\sum_{n=1}^{\infty}\sum_{m=1}^{\infty}\frac{a_m b_n}{(m^{\lambda_1}+n^{\lambda_2})^{\lambda}\max\{m^{\lambda_1},n^{\lambda_2}\}}\leqslant\frac{M(\lambda,r,s)}{\lambda_1^{1/q}\lambda_2^{1/p}}\|\widetilde{a}\|_{p,\alpha}\left\|\widetilde{b}\right\|_{q,\beta},\tag{3.2.5}$$

其中的常数因子 $\frac{M(\lambda,r,s)}{\lambda_1^{1/q}\lambda_2^{1/p}}=\frac{1}{\lambda_1^{1/q}\lambda_2^{1/p}}\int_0^1\frac{u^{\frac{\lambda+1}{r}-1}+u^{\frac{\lambda+1}{s}-1}}{(1+u)^{\lambda}}\mathrm{d}u$是最佳的.

证明 设 $K(m,n)=\frac{1}{(m^{\lambda_1}+n^{\lambda_2})^{\lambda}\max(m^{\lambda_1},n^{\lambda_2})}$, 则 $K(m,n)$ 是具有参数 $(-(\lambda+1),\lambda_1,\lambda_2)$ 的拟齐次核. 取适配数

$$a=\frac{\lambda_1}{q}\left(\frac{1}{\lambda_1}-\frac{\lambda+1}{r}\right),\quad b=\frac{\lambda_2}{p}\left(\frac{1}{\lambda_2}-\frac{\lambda+1}{s}\right),$$

则由引理 3.2.3, 有

$$\sum_{n=1}^{\infty}\sum_{m=1}^{\infty}K(m,n)a_m b_n=\sum_{n=1}^{\infty}\sum_{m=1}^{\infty}\left(\frac{m^a}{m^b}a_m\right)\left(\frac{n^b}{m^a}b_n\right)K(m,n)$$

$$
\leqslant \sum_{n=1}^{\infty}\sum_{m=1}^{\infty}\left(\frac{m^{ap}}{n^{bp}}a_m^pK(m,n)\right)^{\frac{1}{p}}\left(\sum_{n=1}^{\infty}\sum_{m=1}^{\infty}\frac{n^{bq}}{m^{aq}}b_n^qK(m,n)\right)^{\frac{1}{q}}
$$

$$
=\left(\sum_{m=1}^{\infty}m^{\frac{p}{q}\lambda_1\left(\frac{1}{\lambda_1}-\frac{\lambda+1}{r}\right)}a_m\omega_1(m)\right)^{\frac{1}{p}}\left(\sum_{n=1}^{\infty}n^{\frac{q}{p}\lambda_2\left(\frac{1}{\lambda_2}-\frac{\lambda+1}{s}\right)}\omega_2(n)\right)^{\frac{1}{q}}
$$

$$
\leqslant\frac{M(\lambda,r,s)}{\lambda_1^{1/q}\lambda_2^{1/p}}\left(\sum_{m=1}^{\infty}m^{\frac{p}{q}\lambda_1\left(\frac{1}{\lambda_1}-\frac{\lambda+1}{r}\right)-\frac{\lambda_1}{r}(\lambda+1)}a_m^p\right)^{\frac{1}{p}}\left(\sum_{n=1}^{\infty}n^{\frac{q}{p}\lambda_2\left(\frac{1}{\lambda_2}-\frac{\lambda+1}{s}\right)-\frac{\lambda_2}{s}(\lambda+1)}b_n^q\right)^{\frac{1}{q}}
$$

$$
=\frac{M(\lambda,r,s)}{\lambda_1^{1/q}\lambda_2^{1/p}}\left(\sum_{m=1}^{\infty}m^{\alpha}a_m^p\right)^{\frac{1}{p}}\left(\sum_{n=1}^{\infty}n^{\beta}b_n^q\right)^{\frac{1}{q}}=\frac{M(\lambda,r,s)}{\lambda_1^{1/q}\lambda_2^{1/p}}\|\widetilde{a}\|_{p,\alpha}\left\|\widetilde{b}\right\|_{q,\beta},
$$

故 (3.2.5) 式成立.

设 M_0 是 (3.2.5) 式的最佳常数因子, 则 $M_0\leqslant\dfrac{M(\lambda,r,s)}{\lambda_1^{1/q}\lambda_2^{1/p}}$, 且

$$
\sum_{n=1}^{\infty}\sum_{m=1}^{\infty}K(m,n)a_mb_n\leqslant M_0\|\widetilde{a}\|_{p,\alpha}\left\|\widetilde{b}\right\|_{q,\beta}.
$$

设 $\varepsilon>0$ 充分小, 自然数 N 充分大, 我们取

$$
a_m=\begin{cases}m^{-\left[\lambda_1p\left(\frac{1}{\lambda_1}-\frac{\lambda+1}{p}\right)+\lambda_1\varepsilon\right]/p}, & m=N,N+1,\cdots,\\ 0, & m=1,2,\cdots,N-1,\end{cases}
$$

$$
b_n=n^{-\left[\lambda_2q\left(\frac{1}{\lambda_2}-\frac{\lambda+1}{s}\right)+\lambda_2\lambda\right]/q},\quad n=1,2,\cdots,
$$

则可知

$$
M_0\|\widetilde{a}\|_{p,\alpha}\left\|\widetilde{b}\right\|_{q,\beta}\leqslant\frac{1}{\varepsilon}M_0\left(\varepsilon+\frac{1}{\lambda_1}\right)^{\frac{1}{p}}\left(\varepsilon+\frac{1}{\lambda_2}\right)^{\frac{1}{q}}.
$$

同时, 还有

$$
\sum_{n=1}^{\infty}\sum_{m=1}^{\infty}K(m,n)a_mb_n
$$

$$
=\sum_{m=N}^{\infty}m^{-\left[\lambda_1p\left(\frac{1}{\lambda_1}-\frac{\lambda+1}{r}\right)+\lambda_1\varepsilon\right]/p}\left(\sum_{n=1}^{\infty}n^{-\left[\lambda_2q\left(\frac{1}{\lambda_2}-\frac{\lambda+1}{s}\right)+\lambda_2\varepsilon\right]/q}K(m,n)\right)
$$

$$
\begin{aligned}
&=\sum_{m=N}^{\infty} m^{-\lambda_1\left(\frac{1}{\lambda_1}-\frac{\lambda+1}{r}\right)-\frac{\lambda_1\varepsilon}{p}}\left(\sum_{n=1}^{\infty} n^{\lambda_2\left(\frac{\lambda+1}{s}-\frac{1}{\lambda_2}\right)-\frac{\lambda_2\varepsilon}{q}} K(m,n)\right)\\
&\geqslant \sum_{m=N}^{\infty} m^{-\lambda_1\left(\frac{1}{\lambda_1}-\frac{\lambda+1}{r}\right)-\frac{\lambda_1\varepsilon}{p}}\left(\int_1^{+\infty} \frac{m^{-(\lambda+1)\lambda_1} t^{\lambda_2\left(\frac{\lambda+1}{s}-\frac{1}{\lambda_2}\right)-\frac{\lambda_1\varepsilon}{q}}}{\left(1+m^{-\lambda_1}t^{\lambda_2}\right)^{\lambda}\max\left\{1, m^{-\lambda_1}t^{\lambda_2}\right\}}\mathrm{d}t\right)\\
&=\frac{1}{\lambda_2}\sum_{m=N}^{\infty} m^{-1-\lambda_1\varepsilon}\left(\int_{m^{-\lambda_1}}^{+\infty}\frac{1}{(1+u)^{\lambda}\max\{1,u\}}u^{\frac{\lambda+1}{s}-1-\frac{\varepsilon}{q}}\mathrm{d}u\right)\\
&\geqslant \frac{1}{\lambda_2}\sum_{m=N}^{\infty} m^{-1-\lambda_1\varepsilon}\int_{N^{-\lambda_1}}^{+\infty}\frac{1}{(1+u)^{\lambda}\max\{1,u\}}u^{\frac{\lambda+1}{s}-1-\frac{\varepsilon}{q}}\mathrm{d}u\\
&\geqslant \frac{1}{\lambda_2}\int_N^{+\infty} t^{-1-\lambda_1\varepsilon}\mathrm{d}t\int_{N^{-\lambda_1}}^{+\infty}\frac{1}{(1+u)^{\lambda}\max\{1,u\}}u^{\frac{\lambda+1}{s}-1-\frac{\varepsilon}{q}}\mathrm{d}u\\
&=\frac{1}{\lambda_1\lambda_2\varepsilon}N^{-\lambda_1\varepsilon}\int_{N^{-\lambda_1}}^{+\infty}\frac{1}{(1+u)^{\lambda}\max\{1,u\}}u^{\frac{\lambda+1}{s}-1-\frac{\varepsilon}{q}}\mathrm{d}u.
\end{aligned}
$$

综上, 得到

$$
\frac{1}{\lambda_1\lambda_2}N^{-\lambda_1\varepsilon}\int_{N^{-\lambda_1}}^{+\infty}\frac{1}{(1+u)^{\lambda}\max\{1,u\}}u^{\frac{\lambda+1}{s}-1-\frac{\varepsilon}{q}}\mathrm{d}u\leqslant M_0\left(\varepsilon+\frac{1}{\lambda_1}\right)^{\frac{1}{p}}\left(\varepsilon+\frac{1}{\lambda_2}\right)^{\frac{1}{q}},
$$

先令 $\varepsilon\to 0^+$, 再令 $N\to+\infty$, 得到

$$
\frac{1}{\lambda_1\lambda_2}\int_0^{+\infty}\frac{1}{(1+u)^{\lambda}\max\{1,u\}}u^{\frac{\lambda+1}{s}-1}\mathrm{d}u\leqslant M_0\left(\frac{1}{\lambda_1}\right)^{\frac{1}{p}}\left(\frac{1}{\lambda_2}\right)^{\frac{1}{q}},
$$

由此可得

$$
\frac{M(\lambda,r,s)}{\lambda_1^{1/q}\lambda_2^{1/p}}=\frac{1}{\lambda_1^{1/q}\lambda_2^{1/p}}\int_0^{+\infty}\frac{u^{\frac{\lambda+1}{s}-1}}{(1+u)^{\lambda}\max\{1,u\}}\mathrm{d}t\leqslant M_0.
$$

故 (3.2.5) 式的最佳常数因子 $M_0=\dfrac{1}{\lambda_1^{1/q}\lambda_2^{1/p}}M(\lambda,r,s)$. 证毕.

例 3.2.3 设 $\dfrac{1}{p}+\dfrac{1}{q}=1\,(p>1)$, $0<\lambda_1<1$, $0<\lambda_2<1$, $\widetilde{a}=\{a_m\}\in$

$l_p^{p(1-\lambda_1)-1}$, $\widetilde{b}=\{b_n\}\in l_q^{q(1-\lambda_2)-1}$, 则

$$\sum_{n=1}^{\infty}\sum_{m=1}^{\infty}\frac{a_m b_n}{(m^{\lambda_1}+n^{\lambda_2})\max\{m^{\lambda_1},n^{\lambda_2}\}}\leqslant\frac{2\ln 2}{\lambda_1^{1/q}\lambda_2^{1/p}}\|\widetilde{a}\|_{p,p(1-\lambda_1)-1}\left\|\widetilde{b}\right\|_{q,q(1-\lambda_2)-1},\tag{3.2.6}$$

其中的常数因子 $\dfrac{2\ln 2}{\lambda_1^{1/q}\lambda_2^{1/p}}$是最佳的.

证明　因为 $0<\lambda_1<1$, $0<\lambda_2<1$, 故当 $r=s=2$ 时, 有 $0<1\leqslant\min\left\{\dfrac{r}{\lambda_1}-1,\dfrac{s}{\lambda_2}-1\right\}$, 且在 $\lambda=1$, $r=s=2$ 时, 有

$$M(\lambda,r,s)=\int_0^1\frac{2}{1+u}\mathrm{d}u=2\ln 2.$$

由此可知, 在定理 3.2.3 中取 $\lambda=1$, $r=s=2$, 便得到 (3.2.6) 式, 且其常数因子是最佳的. 证毕.

例 3.2.4　设 $\dfrac{1}{p}+\dfrac{1}{q}=1\,(p>1)$, $0<\lambda_1<2$, $0<\lambda_2<2$, $\widetilde{a}=\{a_m\}\in l_p^{p\left(1-\frac{\lambda_1}{2}\right)-1}$, $\widetilde{b}=\{b_n\}\in l_q^{q\left(1-\frac{\lambda_2}{2}\right)-1}$, 则

$$\sum_{n=1}^{\infty}\sum_{m=1}^{\infty}\frac{a_m b_n}{\max\{m^{\lambda_1},n^{\lambda_2}\}}\leqslant\frac{4}{\lambda_1^{1/q}\lambda_2^{1/p}}\|\widetilde{a}\|_{p,p\left(1-\frac{\lambda_1}{2}\right)-1}\left\|\widetilde{b}\right\|_{q,q\left(1-\frac{\lambda_2}{2}\right)-1},$$

其中的常数因子$\dfrac{4}{\lambda_1^{1/q}\lambda_2^{1/p}}$ 是最佳的.

证明　在定理 3.2.3 中取 $\lambda=0$, $r=s=2$ 即可得. 证毕.

引理 3.2.4　设 $\dfrac{1}{p}+\dfrac{1}{q}=1\,(p>1)$, $\lambda_1>0$, $\lambda_2>0$, $0<\dfrac{r}{p}+\dfrac{s}{q}\leqslant\dfrac{1}{\lambda_2}$, $0<\dfrac{s}{p}+\dfrac{r}{q}\leqslant\dfrac{1}{\lambda_1}$, 则

$$\begin{aligned}\omega_1(m)&=\sum_{n=1}^{\infty}\frac{\left(\min\{m^{\lambda_1},n^{\lambda_2}\}\right)^r}{\left(\max\{m^{\lambda_1},n^{\lambda_2}\}\right)^s}n^{\frac{\lambda_2}{q}(s-r)-1}\\&\leqslant\frac{1}{\lambda_2}m^{\frac{\lambda_1}{p}(r-s)}\left[\left(\frac{r}{p}+\frac{s}{q}\right)^{-1}+\left(\frac{s}{p}+\frac{r}{q}\right)^{-1}\right],\end{aligned}$$

$$\omega_2(n) = \sum_{m=1}^{\infty} \frac{\left(\min\left\{m^{\lambda_1}, n^{\lambda_2}\right\}\right)^r}{\left(\max\left\{m^{\lambda_1}, n^{\lambda_2}\right\}\right)^s} m^{\frac{\lambda_1}{p}(s-r)-1}$$

$$\leqslant \frac{1}{\lambda_1} n^{\frac{\lambda_2}{q}(r-s)} \left[\left(\frac{r}{p}+\frac{s}{q}\right)^{-1} + \left(\frac{s}{p}+\frac{r}{q}\right)^{-1}\right].$$

证明 由已知条件可知 $\lambda_2\left(\frac{r}{p}+\frac{s}{q}\right)-1 \leqslant 0$, $\lambda_2\left(\frac{s}{p}+\frac{r}{q}\right)+1 \geqslant 0$, 因为

$$f(t) = \frac{\left(\min\left\{1, t^{\lambda_2}\right\}\right)^r}{\left(\max\left\{1, t^{\lambda_2}\right\}\right)^s} t^{\frac{\lambda_2}{q}(s-1)-1}$$

$$= \begin{cases} t^{\lambda_2\left(\frac{r}{p}+\frac{s}{q}\right)-1}, & 0 < t \leqslant 1, \\ t^{-\left[\lambda_2\left(\frac{s}{p}+\frac{r}{q}\right)+1\right]}, & t > 1, \end{cases}$$

故知 $f(t)$ 在 $(0, +\infty)$ 上递减, 于是

$$\omega_1(m) = m^{\lambda_1(r-s)} \sum_{n=1}^{\infty} \frac{\left(\min\left\{1, \left(m^{-\lambda_1/\lambda_2} n\right)^{\lambda_2}\right\}\right)^r}{\left(\max\left\{1, \left(m^{-\lambda_1/\lambda_2} n\right)^{\lambda_2}\right\}\right)^s} n^{\frac{\lambda_2}{q}(s-r)-1}$$

$$= m^{\lambda_1(r-s)+\frac{\lambda_1}{q}(s-r)-\frac{\lambda_1}{\lambda_2}} \sum_{n=1}^{\infty} \frac{\left(\min\left\{1, \left(m^{-\lambda_1/\lambda_2} n\right)^{\lambda_2}\right\}\right)^r}{\left(\max\left\{1, \left(m^{-\lambda_1/\lambda_2} n\right)^{\lambda_2}\right\}\right)^s} \left(m^{-\frac{\lambda_1}{\lambda_2}} n\right)^{\frac{\lambda_2}{q}(s-r)-1}$$

$$\leqslant m^{\frac{\lambda_1}{p}(r-s)-\frac{\lambda_1}{\lambda_2}} \int_0^{+\infty} \frac{\left(\min\left\{1, \left(m^{-\lambda_1/\lambda_2} t\right)^{\lambda_2}\right\}\right)^r}{\left(\max\left\{1, \left(m^{-\lambda_1/\lambda_2} t\right)^{\lambda_2}\right\}\right)^s} \left(m^{-\frac{\lambda_1}{\lambda_2}} t\right)^{\frac{\lambda_2}{q}(s-r)-1} \mathrm{d}t$$

$$= m^{\frac{\lambda_1}{p}(r-s)} \int_0^{+\infty} \frac{\left(\min\left\{1, u^{\lambda_2}\right\}\right)^r}{\left(\max\left\{1, u^{\lambda_2}\right\}\right)^s} u^{\frac{\lambda_2}{q}(s-r)-1} \mathrm{d}u$$

$$= m^{\frac{\lambda_1}{p}(r-s)} \left(\int_0^1 u^{r\lambda_2+\frac{\lambda_2}{q}(s-r)-1} \mathrm{d}u + \int_1^{+\infty} u^{-s\lambda_2+\frac{\lambda_2}{q}(s-r)-1} \mathrm{d}u\right)$$

$$= \frac{1}{\lambda_2} m^{\frac{\lambda_1}{p}(r-s)} \left[\left(\frac{r}{p}+\frac{s}{q}\right)^{-1} + \left(\frac{s}{p}+\frac{r}{q}\right)^{-1}\right].$$

类似可证 $\omega_2(n)$ 的情形. 证毕.

定理 3.2.4 设 $\frac{1}{p}+\frac{1}{q} = 1\,(p>1)$, $\lambda_1 > 0$, $\lambda_2 > 0$, $0 < \frac{r}{p}+\frac{s}{q} \leqslant \frac{1}{\lambda_2}$,

$0<\frac{s}{p}+\frac{r}{q}\leqslant\frac{1}{\lambda_1}$, $\alpha=p+\lambda_1(r-s)-1$, $\beta=q+\lambda_2(r-s)-1$, $\widetilde{a}=\{a_m\}\in l_p^\alpha$, $\widetilde{b}=\{b_n\}\in l_q^\beta$, 则

$$\sum_{n=1}^{\infty}\sum_{m=1}^{\infty}\frac{\left(\min\left\{m^{\lambda_1},n^{\lambda_2}\right\}\right)^r}{\left(\max\left\{m^{\lambda_1},n^{\lambda_2}\right\}\right)^s}a_mb_n\leqslant M(\lambda_1,\lambda_2,r,s)\left|\left|\widetilde{a}\right|\right|_{p,\alpha}\left|\left|\widetilde{b}\right|\right|_{q,\beta},\tag{3.2.7}$$

其中的常数因子 $M(\lambda_1,\lambda_2,r,s)=\frac{1}{\lambda_1^{1/q}\lambda_2^{1/p}}\left[\left(\frac{r}{p}+\frac{s}{q}\right)^{-1}+\left(\frac{s}{p}+\frac{r}{q}\right)^{-1}\right]$ 是最佳的.

证明 不等式 (3.2.7) 的核是参数为 $(r-s,\lambda_1,\lambda_2)$ 的拟齐次核. 取适配数

$$a=\frac{1}{q}\left[1+\frac{\lambda_1}{p}(r-s)\right],\quad b=\frac{1}{p}\left[1+\frac{\lambda_2}{q}(r-s)\right],$$

根据引理 3.2.4, 有

$$\begin{aligned}
&\sum_{n=1}^{\infty}\sum_{m=1}^{\infty}\frac{\left(\min\left\{m^{\lambda_1},n^{\lambda_2}\right\}\right)^r}{\left(\max\left\{m^{\lambda_1},n^{\lambda_2}\right\}\right)^s}a_mb_n\\
=&\sum_{n=1}^{\infty}\sum_{m=1}^{\infty}\left(\frac{m^a}{n^b}a_m\right)\left(\frac{n^b}{m^a}b_n\right)\frac{\left(\min\left\{m^{\lambda_1},n^{\lambda_2}\right\}\right)^r}{\left(\max\left\{m^{\lambda_1},n^{\lambda_2}\right\}\right)^s}\\
\leqslant&\left(\sum_{n=1}^{\infty}\sum_{m=1}^{\infty}\frac{m^{ap}}{n^{bp}}a_m^p\frac{\left(\min\left\{m^{\lambda_1},n^{\lambda_2}\right\}\right)^r}{\left(\max\left\{m^{\lambda_1},n^{\lambda_2}\right\}\right)^s}\right)^{\frac{1}{p}}\left(\sum_{n=1}^{\infty}\sum_{m=1}^{\infty}\frac{n^{bq}}{m^{aq}}b_n^q\frac{\left(\min\left\{m^{\lambda_1},n^{\lambda_2}\right\}\right)^r}{\left(\max\left\{m^{\lambda_1},n^{\lambda_2}\right\}\right)^s}\right)^{\frac{1}{q}}\\
=&\left(\sum_{m=1}^{\infty}m^{\frac{p}{q}\left[1+\frac{\lambda_1}{p}(r-s)\right]}a_m^p\omega_1(m)\right)^{\frac{1}{p}}\left(\sum_{n=1}^{\infty}n^{\frac{q}{p}\left[1+\frac{\lambda_2}{q}(r-s)\right]}b_n^q\omega_2(n)\right)^{\frac{1}{q}}\\
\leqslant&\frac{1}{\lambda_1^{1/q}\lambda_2^{1/p}}\left[\left(\frac{r}{p}+\frac{s}{q}\right)^{-1}+\left(\frac{s}{p}+\frac{r}{q}\right)^{-1}\right]\\
&\times\left(\sum_{m=1}^{\infty}m^{\frac{p}{q}\left[1+\frac{\lambda_1}{p}(r-s)\right]+\frac{\lambda_1}{p}(r-s)}a_m^p\right)^{\frac{1}{p}}\left(\sum_{n=1}^{\infty}n^{\frac{q}{p}\left[1+\frac{\lambda_2}{q}(r-s)\right]+\frac{\lambda_2}{q}(r-s)}b_n^q\right)^{\frac{1}{q}}\\
=&M(\lambda_1,\lambda_2,r,s)\left(\sum_{m=1}^{\infty}m^{p+\lambda_1(r-s)-1}a_m^p\right)^{\frac{1}{p}}\left(\sum_{n=1}^{\infty}n^{q+\lambda_2(r-s)-1}b_n^q\right)^{\frac{1}{q}}\\
=&M(\lambda_1,\lambda_2,r,s)\left|\left|\widetilde{a}\right|\right|_{p,\alpha}\left|\left|\widetilde{b}\right|\right|_{q,\beta},
\end{aligned}$$

故 (3.2.7) 式成立.

设 (3.2.7) 式的最佳常数因子为 M_0, 则 $M_0 \leqslant M(\lambda_1, \lambda_2, r, s)$, 且

$$\sum_{n=1}^{\infty}\sum_{m=1}^{\infty}\frac{\left(\min\left\{m^{\lambda_1}, n^{\lambda_2}\right\}\right)^r}{\left(\max\left\{m^{\lambda_1}, n^{\lambda_2}\right\}\right)^s}a_m b_n \leqslant M_0 \left\|\widetilde{a}\right\|_{p,\alpha}\left\|\widetilde{b}\right\|_{q,\beta},$$

对充分大的自然数 N 及充分小的 $\varepsilon > 0$, 我们取

$$a_m = \begin{cases} m^{-[p+\lambda_1(r-s)+\lambda_1\varepsilon]/p}, & m = N, N+1, \cdots, \\ 0, & m = 1, 2, \cdots, N-1, \end{cases}$$

$$b_n = n^{-[q+\lambda_2(r-s)+\lambda_2\varepsilon]/q}, \quad n = 1, 2, \cdots,$$

则计算可知

$$M_0 \left\|\widetilde{a}\right\|_{p,\alpha}\left\|\widetilde{b}\right\|_{q,\beta} \leqslant \frac{M_0}{\varepsilon}\left(\varepsilon + \frac{1}{\lambda_1}\right)^{\frac{1}{p}}\left(\varepsilon + \frac{1}{\lambda_2}\right)^{\frac{1}{q}},$$

$$\begin{aligned}
&\sum_{n=1}^{\infty}\sum_{m=1}^{\infty}\frac{\left(\min\left\{m^{\lambda_1}, n^{\lambda_2}\right\}\right)^r}{\left(\max\left\{m^{\lambda_1}, n^{\lambda_2}\right\}\right)^s}a_m b_n \\
=&\sum_{m=N}^{\infty} m^{-[p+\lambda_1(r-s)+\lambda_1\varepsilon]/p}\left(\sum_{n=1}^{\infty} n^{\frac{\lambda_2}{q}(s-r)-1-\frac{\lambda_2\varepsilon}{q}}\frac{\left(\min\left\{m^{\lambda_1}, n^{\lambda_2}\right\}\right)^r}{\left(\max\left\{m^{\lambda_1}, n^{\lambda_2}\right\}\right)^s}\right) \\
\geqslant&\sum_{m=N}^{\infty} m^{-[p+\lambda_1(r-s)+\lambda_1\varepsilon]/p}\left(\int_1^{+\infty}\frac{\left(\min\left\{m^{\lambda_1}, t^{\lambda_2}\right\}\right)^r}{\left(\max\left\{m^{\lambda_1}, t^{\lambda_2}\right\}\right)^s}t^{\frac{\lambda_2}{q}(s-r)-1-\frac{\lambda_2\varepsilon}{q}}\mathrm{d}t\right) \\
=&\sum_{m=N}^{\infty} m^{\frac{\lambda_1}{p}(s-r)-1-\frac{\lambda_1\varepsilon}{p}+\lambda_1(r-s)}\left(\int_1^{+\infty}\frac{\left(\min\left\{1, \left(m^{-\lambda_1/\lambda_2}t\right)^{\lambda_2}\right\}\right)^r}{\left(\max\left\{1, \left(m^{-\lambda_1/\lambda_2}t\right)^{\lambda_2}\right\}\right)^s}t^{\frac{\lambda_2}{q}(s-r)-1-\frac{\lambda_2\varepsilon}{q}}\mathrm{d}t\right) \\
=&\sum_{m=N}^{\infty} m^{-1-\lambda_1\varepsilon}\left(\int_{m^{-\lambda_1/\lambda_2}}^{+\infty}\frac{\left(\min\left\{1, t^{\lambda_2}\right\}\right)^r}{\left(\max\left\{1, t^{\lambda_2}\right\}\right)^s}t^{\frac{\lambda_2}{q}(s-r)-1-\frac{\lambda_2\varepsilon}{q}}\mathrm{d}t\right) \\
\geqslant&\sum_{m=N}^{\infty} m^{-1-\lambda_1\varepsilon}\left(\int_{N^{-\lambda_1/\lambda_2}}^{+\infty}\frac{\left(\min\left\{1, t^{\lambda_2}\right\}\right)^r}{\left(\max\left\{1, t^{\lambda_2}\right\}\right)^s}t^{\frac{\lambda_1}{q}(s-r)-1-\frac{\lambda_2\varepsilon}{q}}\mathrm{d}t\right) \\
\geqslant&\int_N^{+\infty} t^{-1-\lambda_1\varepsilon}\mathrm{d}t\int_{N^{-\lambda_1/\lambda_2}}^{+\infty}\frac{\left(\min\left\{1, t^{\lambda_2}\right\}\right)^r}{\left(\max\left\{1, t^{\lambda_2}\right\}\right)^s}t^{\frac{\lambda_1}{q}(s-r)-1-\frac{\lambda_2\varepsilon}{q}}\mathrm{d}t
\end{aligned}$$

$$=\frac{1}{\lambda_1\varepsilon}N^{-\lambda_1\varepsilon}\int_{N^{-\lambda_1/\lambda_2}}^{+\infty}\frac{\left(\min\left\{1,t^{\lambda_2}\right\}\right)^r}{\left(\max\left\{1,t^{\lambda_2}\right\}\right)^s}t^{\frac{\lambda_1}{q}(s-r)-1-\frac{\lambda_2\varepsilon}{q}}\mathrm{d}t.$$

综上得到

$$\frac{1}{\lambda_1}N^{-\lambda_1\varepsilon}\int_{N^{-\lambda_1/\lambda_2}}^{+\infty}\frac{\left(\min\left\{1,t^{\lambda_2}\right\}\right)^r}{\left(\max\left\{1,t^{\lambda_2}\right\}\right)^s}t^{\frac{\lambda_1}{q}(s-r)-1-\frac{\lambda_2\varepsilon}{q}}\mathrm{d}t\leqslant M_0\left(\varepsilon+\frac{1}{\lambda_1}\right)^{\frac{1}{p}}\left(\varepsilon+\frac{1}{\lambda_2}\right)^{\frac{1}{q}}.$$

令 $\varepsilon\to 0^+$ 后再令 $N\to+\infty$, 得到

$$\frac{1}{\lambda_1}\int_0^{+\infty}\frac{\left(\min\left\{1,t^{\lambda_2}\right\}\right)^r}{\left(\max\left\{1,t^{\lambda_2}\right\}\right)^s}t^{\frac{\lambda_1}{q}(s-r)-1}\mathrm{d}t\leqslant M_0\left(\frac{1}{\lambda_1}\right)^{\frac{1}{p}}\left(\frac{1}{\lambda_2}\right)^{\frac{1}{q}},$$

由此得到

$$\frac{1}{\lambda_1\lambda_2}\left[\left(\frac{r}{p}+\frac{s}{q}\right)^{-1}+\left(\frac{s}{p}+\frac{r}{q}\right)^{-1}\right]\leqslant M_0\left(\frac{1}{\lambda_1}\right)^{\frac{1}{p}}\left(\frac{1}{\lambda_2}\right)^{\frac{1}{q}},$$

从而 $M(\lambda_1,\lambda_2,r,s)\leqslant M_0$, 故 (3.2.7) 式的最佳常数因子 $M_0=M(\lambda_1,\lambda_2,r,s)$. 证毕.

例 3.2.5　设 $\frac{1}{p}+\frac{1}{q}=1\,(p>1)$, $\lambda_1>0$, $\lambda_2>0$, $0<s<\min\left\{\frac{p}{\lambda_1},\frac{q}{\lambda_2}\right\}$, $\widetilde{a}=\{a_m\}\in l_p^{p-\lambda_1 s-1}$, $\widetilde{b}=\{b_n\}\in l_q^{q-\lambda_2 s-1}$, 求证:

$$\sum_{n=1}^{\infty}\sum_{m=1}^{\infty}\frac{a_m b_n}{\left(\max\left\{m^{\lambda_1},n^{\lambda_2}\right\}\right)^s}\leqslant\frac{pq}{s\lambda_1^{1/q}\lambda_2^{1/p}}\left|\left|\widetilde{a}\right|\right|_{p,p-\lambda_1 s-1}\left|\left|\widetilde{b}\right|\right|_{q,q-\lambda_2 s-1},$$

其中的常数因子 $\frac{pq}{s\lambda_1^{1/q}\lambda_2^{1/p}}$ 是最佳的.

证明　在定理 3.2.4 中取 $r=0$ 即可得. 证毕.

例 3.2.6　设 $\frac{1}{p}+\frac{1}{q}=1\,(p>1)$, $\lambda_1>0$, $\lambda_2>0$, $0<r<\min\left\{\frac{q}{\lambda_1},\frac{p}{\lambda_2}\right\}$, $\widetilde{a}=\{a_m\}\in l_p^{p+\lambda_1 r-1}$, $\widetilde{b}=\{b_n\}\in l_q^{q+\lambda_2 r-1}$, 求证:

$$\sum_{n=1}^{\infty}\sum_{m=1}^{\infty}\left(\min\left\{m^{\lambda_1},n^{\lambda_2}\right\}\right)^r a_m b_n\leqslant\frac{pq}{r\lambda_1^{1/q}\lambda_2^{1/p}}\left|\left|\widetilde{a}\right|\right|_{p,p+\lambda_1 r-1}\left|\left|\widetilde{b}\right|\right|_{q,q+\lambda_2 r-1},$$

其中的常数因子 $\dfrac{pq}{r\lambda_1^{1/q}\lambda_2^{1/p}}$是最佳的.

引理 3.2.5 设 $\dfrac{1}{r}+\dfrac{1}{s}=1\,(r>1),\ \lambda_1>0,\ \lambda_2>0,$

$$0<\lambda<\min\left\{r\left(\frac{1}{\lambda_1}-1\right)+1, s\left(\frac{1}{\lambda_2}-1\right)+1\right\}, W_0=\int_0^1\frac{t^{(\lambda-1)/s}+u^{(\lambda-1)/r}}{(1+t)^{\lambda}}\mathrm{d}t,$$

则

$$W_1=\int_0^{+\infty}\frac{\min\left\{1,t^{\lambda_2}\right\}}{\left(1+t^{\lambda_2}\right)^{\lambda}}t^{\lambda_2\left(\frac{\lambda-1}{s}-\frac{1}{\lambda_2}\right)}\mathrm{d}t=\frac{1}{\lambda_2}\int_0^1\frac{t^{\frac{\lambda-1}{s}}+t^{\frac{\lambda-1}{r}}}{(1+t)^{\lambda}}\mathrm{d}t=\frac{1}{\lambda_2}W_0,$$

$$W_2=\int_0^{+\infty}\frac{\min\left\{t^{\lambda_1},1\right\}}{\left(t^{\lambda_1}+1\right)^{\lambda}}t^{\lambda_1\left(\frac{\lambda-1}{r}-\frac{1}{\lambda_1}\right)}\mathrm{d}t=\frac{1}{\lambda_1}\int_t^{+\infty}\frac{t^{\frac{\lambda-1}{r}}+t^{\frac{\lambda-1}{s}}}{(1+t)^{\lambda}}\mathrm{d}t=\frac{1}{\lambda_1}W_0,$$

$$\omega_1(m)=\sum_{n=1}^{\infty}\frac{\min\left\{m^{\lambda_1},n^{\lambda_2}\right\}}{\left(m^{\lambda_1}+n^{\lambda_2}\right)^{\lambda}}n^{\lambda_2\left(\frac{\lambda-1}{s}-\frac{1}{\lambda_2}\right)}\leqslant m^{\frac{(1-\lambda)\lambda_1}{r}}W_1=\frac{1}{\lambda_2}m^{\frac{(1-\lambda)\lambda_1}{r}}W_0,$$

$$\omega_2(n)=\sum_{m=1}^{\infty}\frac{\min\left\{m^{\lambda_1},n^{\lambda_2}\right\}}{\left(m^{\lambda_1}+n^{\lambda_2}\right)^{\lambda}}m^{\lambda_1\left(\frac{\lambda-1}{r}-\frac{1}{\lambda_1}\right)}\leqslant n^{\frac{(1-\lambda)\lambda_2}{s}}W_2=\frac{1}{\lambda_1}n^{\frac{(1-\lambda)\lambda_2}{s}}W_0.$$

证明 首先, 由已知条件可知 W_1 与 W_2 中的积分都是收敛的.

$$\begin{aligned}W_1&=\int_0^1\frac{1}{\left(1+t^{\lambda_2}\right)^{\lambda}}t^{\lambda_2+\lambda_2\left(\frac{\lambda-1}{s}-\frac{1}{\lambda_2}\right)}\mathrm{d}t+\int_1^{+\infty}\frac{1}{\left(1+t^{\lambda_2}\right)^{\lambda}}t^{\lambda_2\left(\frac{\lambda-1}{s}-\frac{1}{\lambda_2}\right)}\mathrm{d}t\\&=\frac{1}{\lambda_2}\int_0^1\frac{1}{(1+u)^{\lambda}}u^{\frac{\lambda-1}{s}}\mathrm{d}u+\frac{1}{\lambda_2}\int_0^1\frac{1}{(1+u)^{\lambda}}u^{\frac{\lambda-1}{r}}\mathrm{d}u\\&=\frac{1}{\lambda_2}\int_0^1\frac{u^{\frac{\lambda-1}{s}}+u^{\frac{\lambda-1}{r}}}{(1+u)^{\lambda}}\mathrm{d}u=\frac{1}{\lambda_2}W_0.\end{aligned}$$

同理可证 W_2 的情形.

又由已知条件可知 $\lambda_2+\lambda_2\left(\dfrac{\lambda-1}{s}-\dfrac{1}{\lambda_2}\right)<0,\ \lambda_2\left(\dfrac{\lambda-1}{s}-\dfrac{1}{\lambda_2}\right)<0$. 因为

$$f(t)=\frac{\min\left\{1,t^{\lambda_2}\right\}}{\left(1+t^{\lambda_2}\right)}t^{\lambda_2\left(\frac{\lambda}{s}-\frac{1}{\lambda_2}\right)}=\begin{cases}\dfrac{1}{\left(1+t^{\lambda_2}\right)^{\lambda}}t^{\lambda_2+\lambda_2\left(\frac{\lambda-1}{s}-\frac{1}{\lambda_2}\right)}, & 0<t\leqslant 1,\\ \dfrac{1}{\left(1+t^{\lambda_2}\right)^{\lambda}}t^{\lambda_2\left(\frac{\lambda-1}{s}-\frac{1}{\lambda_2}\right)}, & t>1,\end{cases}$$

所以 $f(t)$ 在 $(0,+\infty)$ 上递减, 于是

$$
\begin{aligned}
\omega_1(m) =& m^{(1-\lambda)\lambda_1+\lambda_1\left(\frac{\lambda-1}{s}-\frac{1}{\lambda_2}\right)}\sum_{n=1}^{\infty}\frac{\min\left\{1,(m^{-\lambda_1/\lambda_2}n)^{\lambda_2}\right\}}{\left[1+(m^{-\lambda_1/\lambda_2}n)^{\lambda_2}\right]^{\lambda}}\left(m^{-\lambda_1/\lambda_2}n\right)^{\lambda_2\left(\frac{\lambda-1}{s}-\frac{1}{\lambda_2}\right)}\\
\leqslant& m^{\frac{(1-\lambda)\lambda_1}{r}-\frac{\lambda_1}{\lambda_2}}\int_0^{+\infty}\frac{\min\left\{1,(m^{-\lambda_1/\lambda_2}t)^{\lambda}\right\}}{\left[1+(m^{-\lambda_1/\lambda_2}t)^{\lambda_2}\right]^{\lambda}}\left(m^{-\lambda_1/\lambda_2}t\right)^{\lambda_2\left(\frac{\lambda-1}{s}-\frac{1}{\lambda_2}\right)}\mathrm{d}t\\
=& m^{\frac{(1-\lambda)\lambda_1}{r}}\int_0^{+\infty}\frac{\min\left\{1,u^{\lambda_2}\right\}}{(1+u^{\lambda_2})^{\lambda}}u^{\lambda_2\left(\frac{\lambda_1}{s}-\frac{1}{\lambda_2}\right)}\mathrm{d}u=m^{\frac{(1-\lambda)\lambda_1}{r}}W_1.
\end{aligned}
$$

同理可证 $\omega_2(n)$ 的情形. 证毕.

定理 3.2.5　设 $\frac{1}{p}+\frac{1}{q}=1\,(p>1)$, $\frac{1}{r}+\frac{1}{s}=1\,(r>1)$, $\lambda_1>0$, $\lambda_2>0$, $0<\lambda<\min\left\{r\left(\frac{1}{\lambda_1}-1\right)+1,s\left(\frac{1}{\lambda_2}-1\right)+1\right\}$, W_0 如引理 3.2.5 所定义,

$\alpha=\lambda_1 p\left(\frac{1}{\lambda_1}-\frac{\lambda-1}{r}\right)-1, \beta=\lambda_2 q\left(\frac{1}{\lambda_2}-\frac{\lambda-1}{s}\right)-1, \widetilde{a}=\{a_m\}\in l_p^{\alpha}, \widetilde{b}=\{b_n\}\in l_q^{\beta}$,

则

$$
\sum_{n=1}^{\infty}\sum_{m=1}^{\infty}\frac{\min\left\{m^{\lambda_1},n^{\lambda_2}\right\}}{\left(m^{\lambda_1}+n^{\lambda_2}\right)^{\lambda}}a_m b_n\leqslant\frac{W_0}{\lambda_1^{1/q}\lambda_2^{1/p}}\left|\left|\widetilde{a}\right|\right|_{p,\alpha}\left|\left|\widetilde{b}\right|\right|_{q,\beta},
$$

其中的常数因子 $\frac{W_0}{\lambda_1^{1/q}\lambda_2^{1/p}}$ 是最佳的.

证明　选取适配数 $a=\frac{\lambda_1}{q}\left(\frac{1}{\lambda_1}-\frac{\lambda-1}{r}\right)$, $b=\frac{\lambda_2}{p}\left(\frac{1}{\lambda_2}-\frac{\lambda-1}{s}\right)$, 利用权系数方法并根据引理 3.2.5 可证. 证毕.

例 3.2.7　设 $\frac{1}{p}+\frac{1}{q}=1\,(p>1)$, $\frac{1}{r}+\frac{1}{s}=1\,(r>1)$, $\frac{1}{\lambda_1}>1+\frac{1}{r}$, $\frac{1}{\lambda_2}>1+\frac{1}{s}$,

$\alpha=\lambda_1 p\left(\frac{1}{\lambda_1}-\frac{1}{r}\right)-1, \beta=\lambda_2 q\left(\frac{1}{\lambda_2}-\frac{1}{s}\right)-1, W_0=\int_0^1\frac{u^{1/s}+u^{1/r}}{(1+u)^2}u, \widetilde{a}=\{a_m\}\in l_p^{\alpha}$,

$\widetilde{b}=\{b_n\}\in l_q^{\beta}$, 求证

$$
\sum_{n=1}^{\infty}\sum_{m=1}^{\infty}\frac{\min\left\{m^{\lambda_1},n^{\lambda_2}\right\}}{\left(m^{\lambda_1}+n^{\lambda_2}\right)^{2}}a_m b_n\leqslant\frac{W_0}{\lambda_1^{1/q}\lambda_2^{1/p}}\left|\left|\widetilde{a}\right|\right|_{p,\alpha}\left|\left|\widetilde{b}\right|\right|_{q,\beta},
$$

其中的常数因子 $\dfrac{W_0}{\lambda_1^{1/q}\lambda_2^{1/p}}$ 是最佳的.

证明 在定理 3.2.5 中取 $\lambda=2$ 即可. 证毕.

3.2.2 若干第二类拟齐次核 $K(m,n)=G\left(m^{\lambda_1}/n^{\lambda_2}\right)(\lambda_1\lambda_2>0)$ 的 Hilbert 型级数不等式

本小节中, 我们讨论第二类拟齐次核 $K(m,n)=G\left(m^{\lambda_1}/n^{\lambda_2}\right)(\lambda_1\lambda_2>0)$ 的 Hilbert 型级数不等式, 当 $\lambda_1=\lambda_2$ 时, $G\left(m^{\lambda_1}/n^{\lambda_2}\right)$ 是 0 阶齐次核.

引理 3.2.6 设 $\dfrac{1}{p}+\dfrac{1}{q}=1\,(p>1)$, $\lambda_1>0$, $\lambda_2>0$, $\dfrac{1}{q}\left(\dfrac{1}{\lambda_1}+\dfrac{1}{\lambda_2}\right)+\dfrac{1}{\lambda_1\lambda_2}\geqslant\lambda$, $0<\dfrac{1}{\lambda_1 q}-\dfrac{1}{\lambda_2 p}+\dfrac{1}{\lambda_1\lambda_2}<\lambda$, 则

$$\begin{aligned}\omega_1(m)=&\sum_{n=1}^{\infty}\frac{1}{\left(1+m^{\lambda_1}/n^{\lambda_2}\right)^{\lambda}}n^{-\frac{1}{\lambda_1}\left(\frac{\lambda_2}{q}+1\right)-\frac{1}{q}}\\ \leqslant&\frac{1}{\lambda_2}m^{-\frac{1}{\lambda_2}\left(\frac{\lambda_1+\lambda_2}{q}+1\right)+\frac{\lambda_1}{\lambda_2}}B\left(\lambda+\frac{1}{\lambda_2 p}-\frac{1}{\lambda_1 q}-\frac{1}{\lambda_1\lambda_2},\frac{1}{\lambda_1 q}-\frac{1}{\lambda_2 p}+\frac{1}{\lambda_1\lambda_2}\right),\end{aligned}$$

$$\begin{aligned}\omega_2(n)=&\sum_{m=1}^{\infty}\frac{1}{\left(1+m^{\lambda_1}/n^{\lambda_2}\right)^{\lambda}}m^{-\frac{1}{\lambda_2}\left(\frac{\lambda_1}{p}-1\right)-\frac{1}{p}}\\ \leqslant&\frac{1}{\lambda_1}n^{-\frac{1}{\lambda_1}\left(\frac{\lambda_1+\lambda_2}{p}-1\right)+\frac{\lambda_2}{\lambda_1}}B\left(\lambda+\frac{1}{\lambda_2 p}-\frac{1}{\lambda_1 q}-\frac{1}{\lambda_1\lambda_2},\frac{1}{\lambda_1 q}-\frac{1}{\lambda_2 p}+\frac{1}{\lambda_1\lambda_2}\right).\end{aligned}$$

证明 由于 $\dfrac{1}{q}\left(\dfrac{1}{\lambda_1}+\dfrac{1}{\lambda_2}\right)+\dfrac{1}{\lambda_1\lambda_2}\geqslant\lambda$, 有 $\lambda\lambda_2-\dfrac{1}{\lambda_1}\left(\dfrac{\lambda_2}{q}+1\right)-\dfrac{1}{q}\leqslant 0$, 故

$$f_1(t)=\frac{1}{\left(1+m^{\lambda_1}/t^{\lambda_2}\right)^{\lambda}}t^{-\frac{1}{\lambda_1}\left(\frac{\lambda_2}{q}+1\right)-\frac{1}{q}}=\frac{1}{\left(m^{\lambda_1}+t^{\lambda_2}\right)^{\lambda}}t^{\lambda_1\lambda_2-\frac{1}{\lambda_1}\left(\frac{\lambda_2}{q}+1\right)-\frac{1}{q}}$$

在 $(0,+\infty)$ 上递减, 于是

$$\begin{aligned}\omega_1(m)=&\sum_{n=1}^{\infty}\frac{1}{\left(m^{\lambda_1}+n^{\lambda_2}\right)^{\lambda}}n^{\lambda\lambda_2-\frac{1}{\lambda_1}\left(\frac{\lambda_2}{q}+1\right)-\frac{1}{q}}\\ \leqslant&\int_0^{+\infty}\frac{1}{\left(m^{\lambda_1}+t^{\lambda_2}\right)^{\lambda}}t^{\lambda\lambda_2-\frac{1}{\lambda_1}\left(\frac{\lambda_2}{q}+1\right)-\frac{1}{q}}\mathrm{d}t\end{aligned}$$

$$=m^{-\frac{1}{\lambda_2}\left(\frac{\lambda_1+\lambda_2}{q}+1\right)+\frac{\lambda_1}{\lambda_2}}\int_0^{+\infty}\frac{1}{(1+u^{\lambda_2})^{\lambda}}u^{\lambda\lambda_2-\frac{1}{\lambda_1}\left(\frac{\lambda_2}{q}+1\right)-\frac{1}{q}}\mathrm{d}u$$

$$=\frac{1}{\lambda_2}m^{-\frac{1}{\lambda_2}\left(\frac{\lambda_1+\lambda_2}{q}+1\right)+\frac{\lambda_1}{\lambda_2}}\int_0^{+\infty}\frac{1}{(1+t)^{\lambda}}t^{\frac{1}{\lambda_2}\left[\lambda\lambda_2-\frac{1}{\lambda_1}\left(\frac{\lambda_2}{q}+1\right)-\frac{1}{q}\right]+\frac{1}{\lambda_2}-1}\mathrm{d}t$$

$$=\frac{1}{\lambda_2}m^{-\frac{1}{\lambda_2}\left(\frac{\lambda_1+\lambda_2}{q}+1\right)+\frac{\lambda_1}{\lambda_2}}\int_0^{+\infty}\frac{1}{(1+t)^{\lambda}}t^{\lambda+\frac{1}{\lambda_2 p}-\frac{1}{\lambda_1 q}-\frac{1}{\lambda_1\lambda_2}-1}\mathrm{d}t$$

$$=\frac{1}{\lambda_2}m^{-\frac{1}{\lambda_2}\left(\frac{\lambda_1+\lambda_2}{q}+1\right)+\frac{\lambda_1}{\lambda_2}}B\left(\lambda+\frac{1}{\lambda_2 p}-\frac{1}{\lambda_2 q}-\frac{1}{\lambda_1\lambda_2},\frac{1}{\lambda_1 q}-\frac{1}{\lambda_2 p}+\frac{1}{\lambda_1\lambda_2}\right).$$

类似地可证 $\omega_2(n)$ 的情形. 证毕.

定理 3.2.6　设 $\frac{1}{p}+\frac{1}{q}=1\,(p>1)$, $\lambda_1>0$, $\lambda_2>0$, $\frac{1}{q}\left(\frac{1}{\lambda_1}+\frac{1}{\lambda_2}\right)+\frac{1}{\lambda_1\lambda_2}\geqslant\lambda$,

$$0<\frac{1}{\lambda_1 q}-\frac{1}{\lambda_2 p}+\frac{1}{\lambda_1\lambda_2}<\lambda, \widetilde{a}=\{a_m\}\in l_p^{\frac{1}{\lambda_2}(\lambda_1-p)}, \widetilde{b}=\{b_n\}\in l_q^{\frac{1}{\lambda_1}(\lambda_2+q)},$$

则

$$\sum_{n=1}^{\infty}\sum_{m=1}^{\infty}\frac{a_m b_n}{\left(1+m^{\lambda_1}/n^{\lambda_2}\right)^{\lambda}}\leqslant M(\lambda,\lambda_1,\lambda_2)\,||\widetilde{a}||_{p,\frac{1}{\lambda_2}(\lambda_1-p)}\left|\left|\widetilde{b}\right|\right|_{q,\frac{1}{\lambda_1}(\lambda_2+q)},\qquad(3.2.8)$$

其中的常数因子

$$M(\lambda,\lambda_1,\lambda_2)=\frac{1}{\lambda_1^{1/q}\lambda_2^{1/p}}B\left(\lambda+\frac{1}{\lambda_2 p}-\frac{1}{\lambda_1 q}-\frac{1}{\lambda_1\lambda_2},\frac{1}{\lambda_1 q}-\frac{1}{\lambda_2 p}+\frac{1}{\lambda_1\lambda_2}\right)$$

是最佳的.

证明　选取适配参数 $a=\frac{1}{\lambda_2 q}\left(\frac{\lambda_1}{p}-1\right)+\frac{1}{pq}$, $b=\frac{1}{\lambda_1 p}\left(\frac{\lambda_2}{q}+1\right)+\frac{1}{pq}$, 利用 Hölder 不等式及引理 3.2.6, 有

$$\sum_{n=1}^{\infty}\sum_{m=1}^{\infty}\frac{a_m b_n}{\left(1+m^{\lambda_1}/n^{\lambda_2}\right)^{\lambda}}=\sum_{n=1}^{\infty}\sum_{m=1}^{\infty}\left(\frac{m^a}{n^b}a_m\right)\left(\frac{n^b}{m^a}b_n\right)\frac{1}{\left(1+m^{\lambda_1}/n^{\lambda_2}\right)^{\lambda}}$$

$$\leqslant\left(\sum_{n=1}^{\infty}\sum_{m=1}^{\infty}\frac{m^{ap}}{n^{bp}}a_m^p\frac{1}{\left(1+m^{\lambda_1}/n^{\lambda_2}\right)^{\lambda}}\right)^{\frac{1}{p}}\left(\sum_{n=1}^{\infty}\sum_{m=1}^{\infty}\frac{n^{bq}}{m^{aq}}b_n^q\frac{1}{\left(1+m^{\lambda_1}/n^{\lambda_2}\right)^{\lambda}}\right)^{\frac{1}{q}}$$

$$=\left[\sum_{m=1}^{\infty} m^{\frac{p}{\lambda_2 q}\left(\frac{\lambda_1}{p}-1\right)+\frac{1}{q}} a_m^p\left(\sum_{n=1}^{\infty} \frac{1}{\left(1+m^{\lambda_1}/n^{\lambda_2}\right)^\lambda} n^{-\frac{1}{\lambda_1}\left(\frac{\lambda_2}{q}+1\right)-\frac{1}{q}}\right)\right]^{\frac{1}{p}}$$

$$\times\left[\sum_{n=1}^{\infty} n^{\frac{q}{\lambda_1 p}\left(\frac{\lambda_2}{q}+1\right)+\frac{1}{p}} b_n^q\left(\sum_{m=1}^{\infty} \frac{1}{\left(1+m^{\lambda_1}/n^{\lambda_2}\right)^\lambda} m^{-\frac{1}{\lambda_2}\left(\frac{\lambda_1}{p}-1\right)-\frac{1}{p}}\right)\right]^{\frac{1}{q}}$$

$$=\left(\sum_{n=1}^{\infty} m^{\frac{p}{\lambda_2 q}\left(\frac{\lambda_1}{p}-1\right)+\frac{1}{q}} a_m^p \omega_1(m)\right)^{\frac{1}{p}}\left(\sum_{n=1}^{\infty} n^{\frac{q}{\lambda_1 p}\left(\frac{\lambda_2}{q}+1\right)+\frac{1}{p}} b_n^q \omega_2(n)\right)^{\frac{1}{q}}$$

$$\leqslant \frac{1}{\lambda_1^{1/q}\lambda_2^{1/p}} B\left(\lambda+\frac{1}{\lambda_2 p}-\frac{1}{\lambda_1 q}-\frac{1}{\lambda_1\lambda_2}, \frac{1}{\lambda_1 q}-\frac{1}{\lambda_2 p}+\frac{1}{\lambda_1\lambda_2}\right)$$

$$\times\left(\sum_{m=1}^{\infty} m^{\frac{p}{\lambda_2 q}\left(\frac{\lambda_1}{p}-1\right)+\frac{1}{q}-\frac{1}{\lambda_2}\left(\frac{\lambda_1+\lambda_2}{q}+1\right)+\frac{\lambda_1}{\lambda_2}} a_m^p\right)^{\frac{1}{p}}$$

$$\times\left(\sum_{n=1}^{\infty} n^{\frac{q}{\lambda_1 p}\left(\frac{\lambda_2}{q}+1\right)+\frac{1}{p}-\frac{1}{\lambda_1}\left(\frac{\lambda_1+\lambda_2}{p}-1\right)+\frac{\lambda_2}{\lambda_1}} b_n^q\right)^{\frac{1}{p}}$$

$$=M(\lambda, \lambda_1, \lambda_2)\left(\sum_{m=1}^{\infty} m^{\frac{1}{\lambda_2}(\lambda_1-p)} a_m^p\right)^{\frac{1}{p}}\left(\sum_{n=1}^{\infty} n^{\frac{1}{\lambda_1}(\lambda_2+q)} b_n^q\right)^{\frac{1}{q}}$$

$$=M(\lambda, \lambda_1, \lambda_2)\|\widetilde{a}\|_{p, \frac{1}{\lambda_2}(\lambda_1-p)}\left\|\widetilde{b}\right\|_{q, \frac{1}{\lambda_1}(\lambda_2+q)},$$

故 (3.2.8) 式成立.

设 (3.2.8) 式的最佳常数因子为 M_0, 则 $M_0 \leqslant M(\lambda, \lambda_1, \lambda_2)$, 且

$$\sum_{n=1}^{\infty}\sum_{m=1}^{\infty} \frac{a_m b_n}{\left(1+m^{\lambda_1}/n^{\lambda_2}\right)^\lambda} \leqslant M_0\|\widetilde{a}\|_{p, \frac{1}{\lambda_2}(\lambda_1-p)}\left\|\widetilde{b}\right\|_{q, \frac{1}{\lambda_1}(\lambda_2+q)}.$$

对充分小的 $\varepsilon>0$ 及足够大的自然数 N, 取

$$a_m=\begin{cases} m^{\left[\frac{1}{\lambda_2}(p-\lambda_1)-1-\lambda_1\varepsilon\right]/p}, & m=N, N+1, \cdots, \\ 0, & m=1,2,\cdots, N-1, \end{cases}$$

$$b_n=n^{\left[-\frac{1}{\lambda_1}(\lambda_2+q)-1-\lambda_2\varepsilon\right]/q}, \quad n=1,2,\cdots,$$

则

$$M_0 \|\widetilde{a}\|_{p,\frac{1}{\lambda_2}(\lambda_1-p)} \left\|\widetilde{b}\right\|_{q,\frac{1}{\lambda_1}(\lambda_2+q)} = M_0 \left(\sum_{m=N}^{\infty} m^{-1-\lambda_1\varepsilon}\right)^{\frac{1}{p}} \left(\sum_{n=1}^{\infty} n^{-1-\lambda_2\varepsilon}\right)^{\frac{1}{q}}$$

$$\leqslant M_0 \left(1+\sum_{m=2}^{\infty} m^{-1-\lambda_1\varepsilon}\right)^{\frac{1}{p}} \left(1+\sum_{n=2}^{\infty} n^{-1-\lambda_2\varepsilon}\right)^{\frac{1}{q}}$$

$$\leqslant M_0 \left(1+\int_1^{\infty} t^{-1-\lambda_1\varepsilon}\mathrm{d}t\right)^{\frac{1}{p}} \left(1+\int_1^{+\infty} t^{-1-\lambda_2\varepsilon}\mathrm{d}t\right)^{\frac{1}{q}}$$

$$=\frac{M_0}{\varepsilon}\left(\varepsilon+\frac{1}{\lambda_1}\right)^{\frac{1}{p}}\left(\varepsilon+\frac{1}{\lambda_2}\right)^{\frac{1}{q}},$$

同时, 有

$$\sum_{n=1}^{\infty}\sum_{m=1}^{\infty}\frac{a_m b_n}{(1+m^{\lambda_1}/n^{\lambda_2})^{\lambda}}$$

$$=\sum_{m=N}^{\infty} m^{\left[\frac{1}{\lambda_2}(p-\lambda_1)-1-\lambda_1\varepsilon\right]/p}\left(\sum_{n=1}^{\infty}\frac{1}{(1+m^{\lambda_1}/n^{\lambda_2})^{\lambda}} n^{\left[-\frac{1}{\lambda_1}(\lambda_2+q)-1-\lambda_2\varepsilon\right]/q}\right)$$

$$=\sum_{m=N}^{\infty} m^{\left[\frac{1}{\lambda_2}(p-\lambda_1)-1-\lambda_1\varepsilon\right]/p-\lambda\lambda_1+\frac{\lambda_1}{\lambda_2}\left[\lambda\lambda_2-\left(\frac{1}{\lambda_1}(\lambda_2+q)+1+\lambda_2\varepsilon\right)/q\right]}$$

$$\times\left(\sum_{n=1}^{\infty}\frac{1}{\left[1+(m^{-\lambda_1/\lambda_2}n)^{\lambda_2}\right]^{\lambda}}\left(m^{-\lambda_1/\lambda_2}n\right)^{\lambda\lambda_2+\left[\frac{1}{\lambda_1}(\lambda_2+q)+1+\lambda_2\varepsilon\right]/q}\right)$$

$$=\sum_{m=N}^{\infty} m^{-1-\lambda_1\varepsilon-\frac{\lambda_1}{\lambda_2}}\left(\sum_{n=1}^{\infty}\frac{1}{\left[1+(m^{-\lambda_1/\lambda_2}n)^{\lambda_2}\right]^{\lambda}}\left(m^{-\lambda_1/\lambda_2}n\right)^{\lambda\lambda_2+\left[\frac{1}{\lambda_1}(\lambda_2+q)+1+\lambda_2\varepsilon\right]/q}\right)$$

$$\geqslant\sum_{m=N}^{\infty} m^{-1-\lambda_1\varepsilon-\frac{\lambda_1}{\lambda_2}}\left(\int_1^{+\infty}\frac{1}{[1+(m^{-\lambda_1/\lambda_2}t)^{\lambda_2}]^{\lambda}}\left(m^{-\lambda_1/\lambda_2}t\right)^{\lambda\lambda_2+\left[\frac{1}{\lambda_1}(\lambda_2+q)+1+\lambda_2\varepsilon\right]/q}\mathrm{d}t\right)$$

$$=\sum_{m=N}^{\infty} m^{-1-\lambda_1\varepsilon}\left(\int_{m^{-\lambda_1/\lambda_2}}^{+\infty}\frac{1}{(1+u^{\lambda_2})^{\lambda}}u^{\lambda\lambda_2+\left[\frac{1}{\lambda_1}(\lambda_2+q)+1+\lambda_2\varepsilon\right]/q}\mathrm{d}u\right)$$

$$\geqslant \sum_{m=N}^{\infty} m^{-1-\lambda_1\varepsilon} \int_{N^{-\lambda_1/\lambda_2}}^{+\infty} \frac{1}{(1+u^{\lambda_2})^{\lambda}} u^{\lambda\lambda_2+\left[\frac{1}{\lambda_1}(\lambda_2+q)+1+\lambda_2\varepsilon\right]/q} \mathrm{d}u$$

$$\geqslant \int_{N}^{+\infty} t^{-1-\lambda_1\varepsilon} \mathrm{d}t \int_{N^{-\lambda_1/\lambda_2}}^{+\infty} \frac{1}{(1+u^{\lambda_2})^{\lambda}} u^{\lambda\lambda_2+\left[\frac{1}{\lambda_1}(\lambda_2+q)+1+\lambda_2\varepsilon\right]/q} \mathrm{d}u$$

$$=\frac{1}{\lambda_1\varepsilon} N^{-\lambda_1\varepsilon} \int_{N^{-\lambda_1/\lambda_2}}^{+\infty} \frac{1}{(1+u^{\lambda_2})^{\lambda}} u^{\lambda\lambda_2+\left[\frac{1}{\lambda_1}(\lambda_2+q)+1+\lambda_2\varepsilon\right]/q} \mathrm{d}u.$$

综上可得

$$\frac{1}{\lambda_1} N^{-\lambda_1\varepsilon} \int_{N^{-\lambda_1/\lambda_2}}^{+\infty} \frac{1}{(1+u^{\lambda_2})^{\lambda}} u^{\lambda\lambda_2+\left[\frac{1}{\lambda_1}(\lambda_2+q)+1+\lambda_2\varepsilon\right]/q} \mathrm{d}u$$

$$\leqslant M_0 \left(\varepsilon+\frac{1}{\lambda_1}\right)^{\frac{1}{p}} \left(\varepsilon+\frac{1}{\lambda_2}\right)^{\frac{1}{q}},$$

先令 $\varepsilon \to 0$, 再令 $N \to +\infty$, 得到

$$\frac{1}{\lambda_1} \int_{0}^{+\infty} \frac{1}{(1+u^{\lambda_2})^{\lambda}} u^{\lambda\lambda_2+\left[\frac{1}{\lambda_1}(\lambda_2+q)+1\right]/q} \mathrm{d}u \leqslant M_0 \left(\frac{1}{\lambda_1}\right)^{\frac{1}{p}} \left(\frac{1}{\lambda_2}\right)^{\frac{1}{q}}.$$

由此可得到 $M(\lambda,\lambda_1,\lambda_2) \leqslant M_0$, 故 (3.2.8) 式的最佳常数因子 $M_0 = M(\lambda,\lambda_1,\lambda_2)$. 证毕.

例 3.2.8 设 $\frac{1}{p}+\frac{1}{q}=1\,(p>1)$, $\frac{2}{q}<\lambda<\frac{2}{q}+1$, $\widetilde{a}=\{a_m\}\in l_p^{1-p}$, $\widetilde{b}=\{b_n\}\in l_q^{1+q}$, 求证:

$$\sum_{n=1}^{\infty}\sum_{m=1}^{\infty} \frac{1}{(1+m/n)^{\lambda}} a_m b_n \leqslant B\left(\frac{2}{q},\lambda-\frac{2}{q}\right) ||\widetilde{a}||_{p,1-p} \left|\left|\widetilde{b}\right|\right|_{q,1+q},$$

其中的常数因子 $B\left(\frac{2}{q},\lambda-\frac{2}{q}\right)$ 是最佳的.

证明 在定理 3.2.6 中取 $\lambda_1=\lambda_2=1$ 即可得. 证毕.

注 若再取 $\lambda=1$, 则可得: 当 p 与 q 共轭且 $q>2$ 时, 有

$$\sum_{n=1}^{\infty}\sum_{m=1}^{\infty} \frac{a_m b_n}{1+m/n} \leqslant \frac{\pi}{\sin(2\pi/q)} ||\widetilde{a}||_{p,1-p} \left|\left|\widetilde{b}\right|\right|_{q,1+q},$$

其中的常数因子 $\pi/\sin(2\pi/q)$ 是最佳的.

引理 3.2.7 设 $\frac{1}{p}+\frac{1}{q}=1\,(p>1)$, $\lambda_1>0,\lambda_2>0$, $\frac{1}{\lambda_2 p}-\frac{1}{\lambda_1 q}<\lambda<1+\frac{1}{\lambda_1 p}-\frac{1}{\lambda_1 q}$, $1-\frac{1}{q}\left(\frac{1}{\lambda_1}+\frac{1}{\lambda_2}\right)\leqslant\lambda\leqslant\frac{1}{p}\left(\frac{1}{\lambda_1}+\frac{1}{\lambda_2}\right)$, 则

$$W_1=\int_0^{+\infty}\frac{1}{\max\{1,t^{-\lambda_2}\}}t^{-\lambda_2\lambda-\frac{1}{q}\left(\frac{\lambda_2}{\lambda_1}+1\right)}\mathrm{d}t$$
$$=\frac{1}{\lambda_2}\left[\left(\lambda+\frac{1}{\lambda_1 q}-\frac{1}{\lambda_2 p}\right)^{-1}+\left(1-\lambda-\frac{1}{\lambda_1 q}+\frac{1}{\lambda_2 p}\right)^{-1}\right],$$

$$W_2=\int_0^{+\infty}\frac{1}{\max\{1,t^{\lambda_1}\}}t^{\lambda_1\lambda-\frac{1}{p}\left(\frac{\lambda_1}{\lambda_2}+1\right)}\mathrm{d}t$$
$$=\frac{1}{\lambda_1}\left[\left(\lambda+\frac{1}{\lambda_1 q}-\frac{1}{\lambda_2 p}\right)^{-1}+\left(1-\lambda-\frac{1}{\lambda_1 q}+\frac{1}{\lambda_2 p}\right)^{-1}\right],$$

$$\omega_1(m)=\sum_{n=1}^{\infty}\frac{\left(m^{\lambda_1}/n^{\lambda_2}\right)^{\lambda}}{\max\left\{1,m^{\lambda_1}/n^{\lambda_2}\right\}}n^{-\frac{1}{q}\left(\frac{\lambda_2}{\lambda_1}+1\right)}\leqslant m^{\frac{1}{p}\left(\frac{\lambda_1}{\lambda_2}+1\right)-1}W_1,$$

$$\omega_2(n)=\sum_{m=1}^{\infty}\frac{\left(m^{\lambda_1}/n^{\lambda_2}\right)^{\lambda}}{\max\left\{1,m^{\lambda_1}/n^{\lambda_2}\right\}}m^{-\frac{1}{p}\left(\frac{\lambda_1}{\lambda_2}+1\right)}\leqslant n^{\frac{1}{q}\left(\frac{\lambda_2}{\lambda_1}+1\right)-1}W_2.$$

证明 根据 $\frac{1}{\lambda_2 p}-\frac{1}{\lambda_1 q}<\lambda<1+\frac{1}{\lambda_2 p}-\frac{1}{\lambda_1 q}$, 可知 $\lambda+\frac{1}{\lambda_1 q}-\frac{1}{\lambda_2 p}>0$, $\lambda+\frac{1}{\lambda_1 q}-\frac{1}{\lambda_2 p}-1<0$, 于是作变换 $t^{-\lambda_2}=u$, 有

$$W_1=\frac{1}{\lambda_2}\int_0^{+\infty}\frac{1}{\max\{1,u\}}u^{-\frac{1}{\lambda_2}\left[-\lambda_2\lambda-\frac{1}{q}\left(\frac{\lambda_2}{\lambda_1}+1\right)\right]-\frac{1}{\lambda_2}-1}\mathrm{d}u$$
$$=\frac{1}{\lambda_2}\int_0^{+\infty}\frac{1}{\max\{1,u\}}u^{\lambda+\frac{1}{\lambda_1 q}-\frac{1}{\lambda_2 p}-1}\mathrm{d}u$$
$$=\frac{1}{\lambda_2}\left[\left(\lambda+\frac{1}{\lambda_1 q}-\frac{1}{\lambda_2 p}\right)^{-1}+\left(1-\lambda-\frac{1}{\lambda_1 q}+\frac{1}{\lambda_2 p}\right)^{-1}\right].$$

同理可得 W_2 的结果.

由 $1-\frac{1}{q}\left(\frac{1}{\lambda_1}+\frac{1}{\lambda_2}\right)\leqslant\lambda\leqslant\frac{1}{p}\left(\frac{1}{\lambda_1}+\frac{1}{\lambda_2}\right)$, 可得 $\lambda_2(1-\lambda)-\frac{1}{q}\left(\frac{\lambda_2}{\lambda_1}+1\right)\leqslant 0$,

$\lambda_1\lambda-\frac{1}{p}\left(\frac{\lambda_1}{\lambda_2}+1\right)\leqslant 0$, 于是

$$f_1(t)=\frac{1}{\max\{1,t^{-\lambda_2}\}}t^{-\lambda_2\lambda-\frac{1}{q}\left(\frac{\lambda_2}{\lambda_1}+1\right)}=\frac{1}{\max\{1,t^{\lambda_2}\}}t^{\lambda_2(1-\lambda)-\frac{1}{q}\left(\frac{\lambda_2}{\lambda_1}+1\right)},$$

$$f_2(t)=\frac{1}{\max\{1,t^{\lambda_1}\}}t^{\lambda_1\lambda-\frac{1}{p}\left(\frac{\lambda_1}{\lambda_2}+1\right)}$$

都在 $(0,+\infty)$ 上递减, 于是

$$\begin{aligned}\omega_1(m)=&m^{-\frac{1}{q}\left(\frac{\lambda_1}{\lambda_2}+1\right)}\sum_{n=1}^{\infty}\frac{1}{\max\left\{1,\left(m^{-\lambda_1/\lambda_2}n\right)^{-\lambda_2}\right\}}\left(m^{-\lambda_1/\lambda_2}n\right)^{-\lambda_2\lambda-\frac{1}{q}\left(\frac{\lambda_2}{\lambda_1}+1\right)}\\ \leqslant&m^{-\frac{1}{q}\left(\frac{\lambda_1}{\lambda_2}+1\right)}\int_0^{+\infty}\frac{1}{\max\{1,(m^{-\lambda_1/\lambda_2}t)^{-\lambda_2}\}}\left(m^{-\lambda_1/\lambda_2}t\right)^{-\lambda_2\lambda-\frac{1}{q}\left(\frac{\lambda_2}{\lambda_1}+1\right)}\mathrm{d}t\\ =&m^{-\frac{1}{q}\left(\frac{\lambda_1}{\lambda_2}+1\right)+\frac{\lambda_1}{\lambda_2}}\frac{1}{\lambda_2}\int_0^{+\infty}\frac{1}{\max\{1,u\}}u^{\lambda+\frac{1}{\lambda_1 q}-\frac{1}{\lambda_2 p}-1}\mathrm{d}u=m^{\frac{1}{p}\left(\frac{\lambda_1}{\lambda_2}+1\right)-1}W_1.\end{aligned}$$

类似地可得 $\omega_2(n)$ 的结果. 证毕.

定理 3.2.7 设 $\frac{1}{p}+\frac{1}{q}=1\,(p>1)$, $\lambda_1>0$, $\lambda_2>0$, $\frac{1}{\lambda_2 p}-\frac{1}{\lambda_1 q}<\lambda<1+\frac{1}{\lambda_1 p}-\frac{1}{\lambda_1 q}$, $1-\frac{1}{q}\left(\frac{1}{\lambda_1}+\frac{1}{\lambda_2}\right)\leqslant\lambda\leqslant\frac{1}{p}\left(\frac{1}{\lambda_1}+\frac{1}{\lambda_2}\right)$, $\widetilde{a}=\{a_m\}\in l_p^{\lambda_1/\lambda_2}$, $\widetilde{b}=\{b_n\}\in l_q^{\lambda_2/\lambda_1}$, 则

$$\sum_{n=1}^{\infty}\sum_{m=1}^{\infty}\frac{\left(m^{\lambda_1}/n^{\lambda_2}\right)^{\lambda}}{\max\left\{1,m^{\lambda_1}/n^{\lambda_2}\right\}}a_m b_n\leqslant\frac{W_0}{\lambda_1^{1/q}\lambda_2^{1/p}}\|\widetilde{a}\|_{p,\frac{\lambda_1}{\lambda_2}}\left\|\widetilde{b}\right\|_{q,\frac{\lambda_2}{\lambda_1}},\tag{3.2.9}$$

其中 $W_0=\left(\lambda+\frac{1}{\lambda_1 q}-\frac{1}{\lambda_2 p}\right)^{-1}+\left(1-\lambda-\frac{1}{\lambda_1 q}+\frac{1}{\lambda_2 p}\right)^{-1}$, 常数因子 $\frac{W_0}{\lambda_1^{1/q}\lambda_2^{1/p}}$ 是最佳的.

证明 取适配数 $a=\frac{1}{pq}\left(\frac{\lambda_1}{\lambda_2}+1\right)$, $b=\frac{1}{pq}\left(\frac{\lambda_2}{\lambda_1}+1\right)$, 则由引理 3.2.7, 有

$$\sum_{n=1}^{\infty}\sum_{m=1}^{\infty}\frac{\left(m^{\lambda_1}/n^{\lambda_2}\right)^{\lambda}a_m b_n}{\max\left\{1,m^{\lambda_1}/n^{\lambda_2}\right\}}=\sum_{n=1}^{\infty}\sum_{m=1}^{\infty}\left(\frac{m^a}{n^b}a_m\right)\left(\frac{n^b}{m^a}b_n\right)\frac{\left(m^{\lambda_1}/n^{\lambda_2}\right)^{\lambda}}{\max\left\{1,m^{\lambda_1}/n^{\lambda_2}\right\}}$$

$$\leqslant\left(\sum_{n=1}^{\infty}\sum_{m=1}^{\infty}\frac{m^{ap}}{n^{bp}}a_m^p\frac{\left(m^{\lambda_1}/n^{\lambda_2}\right)^{\lambda}}{\max\left\{1,m^{\lambda_1}/n^{\lambda_2}\right\}}\right)^{\frac{1}{p}}\left(\sum_{n=1}^{\infty}\sum_{m=1}^{\infty}\frac{n^{bq}}{m^{aq}}b_n^q\frac{\left(m^{\lambda_1}/n^{\lambda_2}\right)^{\lambda}}{\max\left\{1,m^{\lambda_1}/n^{\lambda_2}\right\}}\right)^{\frac{1}{q}}$$

$$=\left(\sum_{m=1}^{\infty}m^{\frac{1}{q}\left(\frac{\lambda_1}{\lambda_2}+1\right)}a_m^p\omega_1(m)\right)^{\frac{1}{p}}\left(\sum_{n=1}^{\infty}n^{\frac{1}{p}\left(\frac{\lambda_2}{\lambda_1}+1\right)}b_n^q\omega_2(n)\right)^{\frac{1}{q}}$$

$$\leqslant\frac{W_0}{\lambda_1^{1/q}\lambda_1^{1/p}}\left(\sum_{m=1}^{\infty}m^{\frac{1}{q}\left(\frac{\lambda_1}{\lambda_2}+1\right)+\frac{1}{p}\left(\frac{\lambda_1}{\lambda_2}+1\right)-1}a_m^p\right)^{\frac{1}{p}}\left(\sum_{n=1}^{\infty}n^{\frac{1}{p}\left(\frac{\lambda_2}{\lambda_1}+1\right)+\frac{1}{q}\left(\frac{\lambda_2}{\lambda_1}+1\right)-1}b_n^q\right)^{\frac{1}{q}}$$

$$=\frac{W_0}{\lambda_1^{1/q}\lambda_2^{1/p}}\left(\sum_{m=1}^{\infty}m^{\frac{\lambda_1}{\lambda_2}}a_m^p\right)^{\frac{1}{p}}\left(\sum_{n=1}^{\infty}n^{\frac{\lambda_2}{\lambda_1}}b_n^q\right)^{\frac{1}{q}}=\frac{W_0}{\lambda_1^{1/q}\lambda_2^{1/p}}\left\|\widetilde{a}\right\|_{p,\frac{\lambda_1}{\lambda_2}}\left\|\widetilde{b}\right\|_{q,\frac{\lambda_2}{\lambda_1}}.$$

故 (3.2.9)式成立.

若 $\dfrac{W_0}{\lambda_1^{1/q}\lambda_2^{1/p}}$ 不是 (3.2.9) 式的最佳常数因子, 则存在常数 $M_0<\dfrac{W_0}{\lambda_1^{1/q}\lambda_2^{1/p}}$, 使

$$\sum_{n=1}^{\infty}\sum_{m=1}^{\infty}\frac{\left(m^{\lambda_1}/n^{\lambda_2}\right)^{\lambda}}{\max\left\{1,m^{\lambda_1}/n^{\lambda_2}\right\}}a_mb_n\leqslant M_0\left\|\widetilde{a}\right\|_{p,\frac{\lambda_1}{\lambda_2}}\left\|\widetilde{b}\right\|_{q,\frac{\lambda_2}{\lambda_1}}.$$

设 $\varepsilon>0$ 充分小, 自然数 N 足够大, 取

$$a_m=\begin{cases}m^{-\frac{1}{p}\left(\frac{\lambda_1}{\lambda_2}+1+\lambda_1\varepsilon\right)}, & m=N,N+1,\cdots,\\ 0, & m=1,2,\cdots,N-1,\end{cases}$$

$$b_n=n^{-\frac{1}{q}\left(\frac{\lambda_2}{\lambda_1}+1+\lambda_2\varepsilon\right)},\quad n=1,2,\cdots,$$

则计算可知

$$\left\|\widetilde{a}\right\|_{p,\frac{\lambda_1}{\lambda_2}}\left\|\widetilde{b}\right\|_{q,\frac{\lambda_2}{\lambda_1}}\leqslant\frac{1}{\varepsilon}\left(\varepsilon+\frac{1}{\lambda_1}\right)^{\frac{1}{p}}\left(\varepsilon+\frac{1}{\lambda_2}\right)^{\frac{1}{q}},$$

$$\sum_{n=1}^{\infty}\sum_{m=1}^{\infty}\frac{\left(m^{\lambda_1}/n^{\lambda_2}\right)^{\lambda}}{\max\left\{1,m^{\lambda_1}/n^{\lambda_2}\right\}}a_mb_n$$

$$=\sum_{m=N}^{\infty}m^{-\frac{1}{p}\left(\frac{\lambda_1}{\lambda_2}+1+\lambda_1\varepsilon\right)}\left(\sum_{n=1}^{\infty}n^{-\frac{1}{q}\left(\frac{\lambda_2}{\lambda_1}+1+\lambda_2\varepsilon\right)}\frac{\left(m^{\lambda_1}/n^{\lambda_2}\right)^{\lambda}}{\max\left\{1,m^{\lambda_1}/n^{\lambda_2}\right\}}\right)$$

$$
\begin{aligned}
&=\sum_{m=N}^{\infty} m^{-\frac{1}{p}\left(\frac{\lambda_1}{\lambda_2}+1+\lambda_1\varepsilon\right)-\frac{\lambda_1}{\lambda_2}\frac{1}{q}\left(\frac{\lambda_2}{\lambda_1}+1+\lambda_2\varepsilon\right)}\\
&\quad\times\left(\sum_{n=1}^{\infty}\frac{1}{\max\left\{1,\left(m^{-\lambda_1/\lambda_2}n\right)^{-\lambda_2}\right\}}\left(m^{-\lambda_1/\lambda_2}n\right)^{-\lambda_2\lambda-\frac{1}{q}\left(\frac{\lambda_2}{\lambda_1}+1+\lambda_2\varepsilon\right)}\right)\\
&\geqslant\sum_{m=N}^{\infty} m^{-1-\frac{\lambda_1}{\lambda_2}-\lambda_1\varepsilon}\left(\int_1^{+\infty}\frac{1}{\max\left\{1,\left(m^{-\lambda_1/\lambda_2}t\right)^{-\lambda_2}\right\}}\right.\\
&\quad\left.\times\left(m^{-\lambda_1/\lambda_2}t\right)^{-\lambda_2\lambda_1-\frac{1}{q}\left(\frac{\lambda_2}{\lambda_1}+1+\lambda_2\varepsilon\right)}\mathrm{d}t\right)\\
&=\sum_{m=N}^{\infty} m^{-1-\lambda_1\varepsilon}\left(\int_{m^{-\lambda_1/\lambda_2}}^{+\infty}\frac{1}{\max\left\{1,u^{-\lambda_2}\right\}}u^{-\lambda_2\lambda-\frac{1}{q}\left(\frac{\lambda_2}{\lambda_1}+1+\lambda_2\varepsilon\right)}\mathrm{d}u\right)\\
&\geqslant\int_N^{+\infty} t^{-1-\lambda_1\varepsilon}\mathrm{d}t\int_{N^{-\lambda_1/\lambda_2}}^{+\infty}\frac{1}{\max\left\{1,u^{-\lambda_2}\right\}}u^{-\lambda_2\lambda-\frac{1}{q}\left(\frac{\lambda_2}{\lambda_1}+1+\lambda_2\varepsilon\right)}\mathrm{d}u\\
&=\frac{1}{\lambda_1\varepsilon}N^{-\lambda_1\varepsilon}\int_{N^{-\lambda_1/\lambda_2}}^{+\infty}\frac{1}{\max\left\{1,u^{-\lambda_2}\right\}}u^{-\lambda_2\lambda-\frac{1}{q}\left(\frac{\lambda_2}{\lambda_1}+1+\lambda_2\varepsilon\right)}\mathrm{d}u.
\end{aligned}
$$

综上, 可得

$$
\begin{aligned}
&\frac{1}{\lambda_1}N^{-\lambda_1\varepsilon}\int_{N^{-\lambda_1/\lambda_2}}^{+\infty}\frac{1}{\max\left\{1,u^{-\lambda_2}\right\}}u^{-\lambda_2\lambda-\frac{1}{q}\left(\frac{\lambda_2}{\lambda_1}+1+\lambda_2\varepsilon\right)}\mathrm{d}u\\
\leqslant&M_0\left(\varepsilon+\frac{1}{\lambda_1}\right)^{\frac{1}{p}}\left(\varepsilon+\frac{1}{\lambda_2}\right)^{\frac{1}{q}},
\end{aligned}
$$

令 $\varepsilon\to 0^+$ 后再令 $N\to+\infty$, 便得到

$$
\frac{1}{\lambda_1}\int_0^{+\infty}\frac{1}{\max\left\{1,u^{-\lambda_2}\right\}}u^{-\lambda_2\lambda-\frac{1}{q}\left(\frac{\lambda_2}{\lambda_1}+1\right)}\mathrm{d}u\leqslant M_0\left(\frac{1}{\lambda_1}\right)^{\frac{1}{p}}\left(\frac{1}{\lambda_2}\right)^{\frac{1}{q}},
$$

此式可导出 $\dfrac{W_0}{\lambda_1^{1/q}\lambda_2^{1/p}}\leqslant M_0$, 这与 $\dfrac{W_0}{\lambda_1^{1/q}\lambda_2^{1/p}}>M_0$ 矛盾, 故 $\dfrac{W_0}{\lambda_1^{1/q}\lambda_2^{1/p}}$ 是 (3.2.9) 式的最佳常数因子. 证毕.

例 3.2.9 设 $\dfrac{1}{p}+\dfrac{1}{q}=1\,(p>1)$, $\dfrac{2}{p}-1<\lambda<\dfrac{2}{p}$, $\widetilde{a}=\{a_m\}\in l_p^1$, $\widetilde{b}=\{b_n\}\in l_q^1$,

则

$$\sum_{n=1}^{\infty}\sum_{m=1}^{\infty}\frac{(m/n)^{\lambda}}{\max\{1,m/n\}}a_m b_n \leqslant M_0\|\widetilde{a}\|_{p,1}\left\|\widetilde{b}\right\|_{q,1},$$

其中的常数因子 $M_0=\left(\frac{2}{p}-\lambda\right)^{-1}+\left(1-\frac{2}{p}+\lambda\right)^{-1}$ 是最佳值.

证明 在定理 3.2.7 中取 $\lambda_1=\lambda_2=1$, 则其条件化为 $\frac{2}{p}-1<\lambda<\frac{2}{p}$, 且

$$\begin{aligned}W_0&=\left(\lambda+\frac{1}{\lambda_1 q}-\frac{1}{\lambda_2 p}\right)^{-1}+\left(1-\lambda-\frac{1}{\lambda_1 q}+\frac{1}{\lambda_2 q}\right)^{-1}\\&=\left(\frac{2}{p}-\lambda\right)^{-1}+\left(1-\frac{2}{p}+\lambda\right)^{-1},\end{aligned}$$

从而知本例结论成立. 证毕.

引理 3.2.8 设 $\frac{1}{p}+\frac{1}{q}=1\,(p>1)$, $\lambda_1>0$, $\lambda_2>0$, $\frac{1}{q}\left(\frac{1}{\lambda_1}+\frac{1}{\lambda_2}\right)+\frac{1}{\lambda_1\lambda_2}\geqslant\max\{1,-\lambda\}$, $\frac{1}{p}\left(\frac{1}{\lambda_1}+\frac{1}{\lambda_2}\right)-\frac{1}{\lambda_1\lambda_2}\geqslant\max\{-1,\lambda\}$, 则函数

$$f_1(t)=\frac{\left(\min\left\{1,t^{-\lambda_2}\right\}\right)^{\lambda}}{\max\left\{1,t^{-\lambda_2}\right\}}t^{-\left[\frac{1}{\lambda_1 q}(\lambda_2+q)+\frac{1}{q}\right]},\ f_2(t)=\frac{\left(\min\left\{1,t^{\lambda_1}\right\}\right)^{\lambda}}{\max\left\{1,t^{\lambda_1}\right\}}t^{-\left[\frac{1}{\lambda_2 p}(\lambda_1-p)+\frac{1}{p}\right]}$$

都在 $(0,+\infty)$ 上递减.

证明 由 $\frac{1}{q}\left(\frac{1}{\lambda_1}+\frac{1}{\lambda_2}\right)+\frac{1}{\lambda_1\lambda_2}\geqslant\max\{1,-\lambda\}$, 可知

$$\lambda_2-\left[\frac{1}{\lambda_1 q}(\lambda_2+q)+\frac{1}{q}\right]\leqslant 0,\quad -\lambda_2\lambda-\left[\frac{1}{\lambda_1 q}(\lambda_2+q)+\frac{1}{q}\right]\leqslant 0,$$

又因为

$$\begin{aligned}f_1(t)&=\frac{\left(\min\left\{t^{\lambda_2},1\right\}\right)^{\lambda}}{\max\left\{t^{\lambda_2},1\right\}}t^{\lambda_2(1-\lambda)-\left[\frac{1}{\lambda_1 q}(\lambda_2+q)+\frac{1}{q}\right]}\\&=\begin{cases}t^{\lambda_2-\left[\frac{1}{\lambda_1 q}(\lambda_2+q)+\frac{1}{q}\right]}, & 0<t\leqslant 1,\\ t^{-\lambda_2\lambda-\left[\frac{1}{\lambda_1 q}(\lambda_2+q)+\frac{1}{q}\right]}, & t>1,\end{cases}\end{aligned}$$

从而可知 $f_1(t)$ 在 $(0,+\infty)$ 上递减.

由 $\frac{1}{p}\left(\frac{1}{\lambda_1}+\frac{1}{\lambda_2}\right)-\frac{1}{\lambda_1\lambda_2}\geqslant\max\{-1,\lambda\}$, 可知

$$\lambda_1\lambda-\left[\frac{1}{\lambda_2 p}(\lambda_1-p)+\frac{1}{p}\right]\leqslant 0,\quad -\lambda_1-\left[\frac{1}{\lambda_2 p}(\lambda_1-p)+\frac{1}{p}\right]\leqslant 0,$$

而

$$f_2(t)=\begin{cases} t^{\lambda_1\lambda-\left[\frac{1}{\lambda_2 p}(\lambda_1-p)+\frac{1}{p}\right]}, & 0<t\leqslant 1,\\ t^{-\lambda_1-\left[\frac{1}{\lambda_2 p}(\lambda_1-p)+\frac{1}{p}\right]}, & t>1,\end{cases}$$

故 $f_2(t)$ 在 $(0,+\infty)$ 上递减. 证毕.

引理 3.2.9 设 $\frac{1}{p}+\frac{1}{q}=1\,(p>1)$, $\lambda_1>0$, $\lambda_2>0$, $-1<\frac{1}{\lambda_2 p}-\frac{1}{\lambda_1 q}-\frac{1}{\lambda_1\lambda_2}<\lambda$, $\frac{1}{q}\left(\frac{1}{\lambda_1}+\frac{1}{\lambda_2}\right)+\frac{1}{\lambda_1\lambda_2}\geqslant\max\{1,-\lambda\}$, $\frac{1}{p}\left(\frac{1}{\lambda_1}+\frac{1}{\lambda_2}\right)+\frac{1}{\lambda_1\lambda_2}\geqslant\max\{-1,\lambda\}$, 则

$$\begin{aligned} W_1&=\int_0^{+\infty}\frac{\left(\min\left\{1,t^{-\lambda_2}\right\}\right)^{\lambda}}{\max\left\{1,t^{-\lambda_2}\right\}}t^{-\left[\frac{1}{\lambda_1 q}(\lambda_2+q)+\frac{1}{q}\right]}\mathrm{d}t\\ &=\frac{1}{\lambda_2}\left[\left(\lambda+\frac{1}{\lambda_1 q}-\frac{1}{\lambda_2 p}+\frac{1}{\lambda_1\lambda_2}\right)^{-1}+\left(1-\frac{1}{\lambda_1 q}+\frac{1}{\lambda_2 p}-\frac{1}{\lambda_1\lambda_2}\right)^{-1}\right],\end{aligned}$$

$$\begin{aligned} W_2&=\int_0^{+\infty}\frac{\left(\min\left\{1,t^{\lambda_1}\right\}\right)^{\lambda}}{\max\left\{1,t^{\lambda_1}\right\}}t^{-\left[\frac{1}{\lambda_2 p}(\lambda_1-p)+\frac{1}{p}\right]}\mathrm{d}t\\ &=\frac{1}{\lambda_1}\left[\left(\lambda+\frac{1}{\lambda_1 q}-\frac{1}{\lambda_2 p}+\frac{1}{\lambda_1\lambda_2}\right)^{-1}+\left(1-\frac{1}{\lambda_1 q}+\frac{1}{\lambda_2 p}-\frac{1}{\lambda_1\lambda_2}\right)^{-1}\right],\end{aligned}$$

$$\omega_1(m)=\sum_{n=1}^{\infty}\frac{\left(\min\left\{1,m^{\lambda_1}/n^{\lambda_2}\right\}\right)^{\lambda}}{\max\left\{1,m^{\lambda_1}/n^{\lambda_2}\right\}}n^{-\left[\frac{1}{\lambda_1 q}(\lambda_2+q)+\frac{1}{q}\right]}\leqslant m^{-\frac{1}{\lambda_2 q}(\lambda_2+q)+\frac{\lambda_1}{\lambda_2 p}}W_1,$$

$$\omega_2(n)=\sum_{m=1}^{\infty}\frac{\left(\min\left\{1,m^{\lambda_1}/n^{\lambda_2}\right\}\right)^{\lambda}}{\max\left\{1,m^{\lambda_1}/n^{\lambda_2}\right\}}m^{-\left[\frac{1}{\lambda_2 p}(\lambda_1-p)+\frac{1}{p}\right]}\leqslant n^{-\frac{1}{\lambda_1 p}(\lambda_1-p)+\frac{\lambda_2}{\lambda_1 q}}W_2.$$

证明 由 $-1<\frac{1}{\lambda_2 p}-\frac{1}{\lambda_1 q}-\frac{1}{\lambda_1\lambda_2}<\lambda$, 可知

$$1-\frac{1}{\lambda_1 q}+\frac{1}{\lambda_2 p}-\frac{1}{\lambda_1\lambda_2}>0,\quad -\lambda-\frac{1}{\lambda_1 q}+\frac{1}{\lambda_2 p}-\frac{1}{\lambda_1\lambda_2}<0.$$

于是, 有

$$W_1=\int_0^{+\infty}\frac{\left(\min\left\{t^{\lambda_2},1\right\}\right)^{\lambda}}{\max\left\{t^{\lambda_2},1\right\}}t^{\lambda_2(1-\lambda)-\left[\frac{1}{\lambda_1 q}(\lambda_2+q)+\frac{1}{q}\right]}\mathrm{d}t$$

$$=\frac{1}{\lambda_2}\int_0^{+\infty}\frac{\left(\min\left\{u,1\right\}\right)^{\lambda}}{\max\left\{u,1\right\}}u^{-\lambda-\frac{1}{\lambda_1 q}+\frac{1}{\lambda_2 p}-\frac{1}{\lambda_1\lambda_2}}\mathrm{d}u$$

$$=\frac{1}{\lambda_2}\left(\int_0^1 u^{-\frac{1}{\lambda_1 q}+\frac{1}{\lambda_2 p}-\frac{1}{\lambda_1\lambda_2}}\mathrm{d}u+\int_1^{+\infty}u^{-\lambda-\frac{1}{\lambda_1 q}+\frac{1}{\lambda_2 p}-\frac{1}{\lambda_1\lambda_2}-1}\mathrm{d}u\right)$$

$$=\frac{1}{\lambda_2}\left[\left(\lambda+\frac{1}{\lambda_1 q}-\frac{1}{\lambda_2 p}+\frac{1}{\lambda_1\lambda_2}\right)^{-1}+\left(1-\frac{1}{\lambda_1 q}+\frac{1}{\lambda_2 p}-\frac{1}{\lambda_1\lambda_2}\right)^{-1}\right].$$

类似可得 W_2 的结果.

利用引理 3.2.8, 有

$$\omega_1(m)=\sum_{n=1}^{\infty}\frac{\left(\min\left\{1,\left(m^{-\lambda_1/\lambda_2}n\right)^{-\lambda_2}\right\}\right)^{\lambda}}{\max\left\{1,\left(m^{-\lambda_1/\lambda_2}n\right)^{-\lambda_2}\right\}}n^{-\left[\frac{1}{\lambda_1 q}(\lambda_2+q)+\frac{1}{q}\right]}$$

$$=m^{-\frac{\lambda_1}{\lambda_2}\left[\frac{1}{\lambda_1 q}(\lambda_2+q)+\frac{1}{q}\right]}\sum_{n=1}^{\infty}\frac{\left(\min\left\{1,(m^{-\lambda_1/\lambda_2}n)^{-\lambda_2}\right\}\right)^{\lambda}}{\max\left\{1,(m^{-\lambda_1/\lambda_2}n)^{-\lambda_2}\right\}}\left(m^{-\lambda_1/\lambda_2}n\right)^{-\left[\frac{1}{\lambda_1 q}(\lambda_2+q)+\frac{1}{q}\right]}$$

$$\leqslant m^{-\frac{\lambda_1}{\lambda_2}\left[\frac{1}{\lambda_1 q}(\lambda_2+q)+\frac{1}{q}\right]}\int_0^{+\infty}\frac{\left(\min\left\{1,(m^{-\lambda_1/\lambda_2}t)^{-\lambda_2}\right\}\right)^{\lambda}}{\max\left\{1,(m^{-\lambda_1/\lambda_2}t)^{-\lambda_2}\right\}}\left(m^{-\lambda_1/\lambda_2}t\right)^{-\left[\frac{1}{\lambda_1 q}(\lambda_2+q)+\frac{1}{q}\right]}\mathrm{d}t$$

$$=m^{-\frac{\lambda_1}{\lambda_2}\left[\frac{1}{\lambda_1 q}(\lambda_2+q)+\frac{1}{q}\right]+\frac{\lambda_1}{\lambda_2}}\int_0^{+\infty}\frac{\left(\min\left\{1,u^{-\lambda_2}\right\}\right)^{\lambda}}{\max\left\{1,u^{-\lambda_2}\right\}}u^{-\left[\frac{1}{\lambda_1 q}(\lambda_2+q)+\frac{1}{q}\right]}\mathrm{d}u$$

$$=m^{-\frac{1}{\lambda_2 q}(\lambda_2+q)+\frac{\lambda_1}{\lambda_2}\frac{1}{p}}W_1.$$

类似地可计算出 $\omega_2(n)$ 的结果. 证毕.

定理 3.2.8 设 $\frac{1}{p}+\frac{1}{q}=1\,(p>1)$, $\lambda_1>0$, $\lambda_2>0$, $-1<\frac{1}{\lambda_2 p}-\frac{1}{\lambda_1 q}-\frac{1}{\lambda_1\lambda_2}<\lambda$, $\frac{1}{q}\left(\frac{1}{\lambda_1}+\frac{1}{\lambda_2}\right)+\frac{1}{\lambda_1\lambda_2}>\max\{1,-\lambda\}$, $\frac{1}{p}\left(\frac{1}{\lambda_1}+\frac{1}{\lambda_2}\right)+\frac{1}{\lambda_1\lambda_2}>\max\{-1,\lambda\}$, $\alpha=\frac{1}{\lambda_2}(\lambda_1-p)$, $\beta=\frac{1}{\lambda_1}(\lambda_2+q)$, 且

$$W_0=\left(\lambda+\frac{1}{\lambda_1 q}-\frac{1}{\lambda_2 p}+\frac{1}{\lambda_1\lambda_2}\right)^{-1}+\left(1-\frac{1}{\lambda_1 q}+\frac{1}{\lambda_2 p}-\frac{1}{\lambda_1\lambda_2}\right)^{-1},$$

则 $\forall\widetilde{a}=\{a_m\}\in l_p^\alpha,\widetilde{b}=\{b_n\}\in l_q^\beta$, 有

$$\sum_{n=1}^{\infty}\sum_{m=1}^{\infty}\frac{\left(\min\left\{1,m^{\lambda_1}/n^{\lambda_2}\right\}\right)^{\lambda}}{\max\left\{1,m^{\lambda_1}/n^{\lambda_2}\right\}}a_mb_n\leqslant\frac{W_0}{\lambda_1^{1/q}\lambda_2^{1/p}}\|\widetilde{a}\|_{p,\alpha}\left\|\widetilde{b}\right\|_{q,\beta},\tag{3.2.10}$$

其中的常数因子 $\dfrac{W_0}{\lambda_1^{1/q}\lambda_2^{1/p}}$ 是最佳的.

证明 选取适配数 $a=\dfrac{1}{pq}\left(\dfrac{\lambda_1}{\lambda_2}-\dfrac{p}{\lambda_2}+1\right)$, $b=\dfrac{1}{pq}\left(\dfrac{\lambda_2}{\lambda_1}+\dfrac{q}{\lambda_1}+1\right)$, 利用引理 3.2.9, 有

$$\begin{aligned}
&\sum_{n=1}^{\infty}\sum_{m=1}^{\infty}\frac{\left(\min\left\{1,m^{\lambda_1}/n^{\lambda_2}\right\}\right)^{\lambda}}{\max\left\{1,m^{\lambda_1}/n^{\lambda_2}\right\}}a_mb_n\\
=&\sum_{n=1}^{\infty}\sum_{m=1}^{\infty}\left(\frac{m^a}{n^b}a_m\right)\left(\frac{n^b}{m^a}b_n\right)\frac{\left(\min\left\{1,m^{\lambda_1}/n^{\lambda_2}\right\}\right)^{\lambda}}{\max\left\{1,m^{\lambda_1}/n^{\lambda_2}\right\}}\\
\leqslant&\left(\sum_{n=1}^{\infty}\sum_{m=1}^{\infty}\frac{m^{ap}}{n^{bp}}a_m^p\frac{(\min\{1,m^{\lambda_1}/n^{\lambda_2}\})^{\lambda}}{\max\left\{1,m^{\lambda_1}/n^{\lambda_2}\right\}}\right)^{\frac{1}{p}}\\
&\times\left(\sum_{n=1}^{\infty}\sum_{m=1}^{\infty}\frac{n^{bq}}{m^{aq}}b_n^q\frac{(\min\{1,m^{\lambda_1}/n^{\lambda_2}\})^{\lambda}}{\max\left\{1,m^{\lambda_1}/n^{\lambda_2}\right\}}\right)^{\frac{1}{q}}\\
=&\left(\sum_{m=1}^{\infty}m^{\frac{1}{q}\left(\frac{\lambda_1}{\lambda_2}-\frac{p}{\lambda_2}+1\right)}a_m^p\omega_1(m)\right)^{\frac{1}{p}}\left(\sum_{n=1}^{\infty}n^{\frac{1}{p}\left(\frac{\lambda_2}{\lambda_1}+\frac{q}{\lambda_1}+1\right)}b_n^q\omega_2(n)\right)^{\frac{1}{q}}\\
\leqslant&W_1^{\frac{1}{p}}W_2^{\frac{1}{q}}\left(\sum_{m=1}^{\infty}m^{\frac{1}{\lambda_2}(\lambda_1-p)}a_m^p\right)^{\frac{1}{p}}\left(\sum_{n=1}^{\infty}n^{\frac{1}{\lambda_1}(\lambda_2+q)}b_n^q\right)^{\frac{1}{q}}=\frac{W_0}{\lambda_1^{1/q}\lambda_2^{1/p}}\|\widetilde{a}\|_{p,\alpha}\left\|\widetilde{b}\right\|_{q,\beta},
\end{aligned}$$

故 (3.2.10) 式成立.

设 (3.2.10) 式的最佳常数因子为 M_0, 则 $M_0\leqslant\dfrac{W_0}{\lambda_1^{1/q}\lambda_2^{1/p}}$, 且

$$\sum_{n=1}^{\infty}\sum_{m=1}^{\infty}\frac{(\min\{1,m^{\lambda_1}/n^{\lambda_2}\})^{\lambda}}{\max\left\{1,m^{\lambda_1}/n^{\lambda_2}\right\}}a_m b_n \leqslant M_0\,||\widetilde{a}||_{p,\alpha}\left|\left|\widetilde{b}\right|\right|_{q,\beta}.$$

对充分小的 $\varepsilon>0$ 及足够大的自然数 N, 取

$$a_m=\begin{cases} m^{-\frac{1}{p}\left[\frac{1}{\lambda_2}(\lambda_1-p)+1+\lambda_1\varepsilon\right]}, & m=N,N+1,\cdots, \\ 0, & m=1,2,\cdots,N-1, \end{cases}$$

$$b_n=n^{-\frac{1}{q}\left[\frac{1}{\lambda_1}(\lambda_2+q)+1+\lambda_2\varepsilon\right]},\quad n=1,2,\cdots,$$

则不难得到

$$M_0\,||\widetilde{a}||_{p,\alpha}\left|\left|\widetilde{b}\right|\right|_{q,\beta}\leqslant\frac{M_0}{\varepsilon}\left(\varepsilon+\frac{1}{\lambda_1}\right)^{\frac{1}{p}}\left(\varepsilon+\frac{1}{\lambda_2}\right)^{\frac{1}{q}},$$

$$\begin{aligned}
&\sum_{n=1}^{\infty}\sum_{m=1}^{\infty}\frac{\left(\min\left\{1,m^{\lambda_1}/n^{\lambda_2}\right\}\right)^{\lambda}}{\max\left\{1,m^{\lambda_1}/n^{\lambda_2}\right\}}a_m b_n\\
&=\sum_{m=N}^{\infty}m^{-\frac{1}{p}\left[\frac{1}{\lambda_2}(\lambda_1-p)+1+\lambda_1\varepsilon\right]}\left(\sum_{n=1}^{\infty}\frac{\left(\min\left\{1,m^{\lambda_1}/n^{\lambda_2}\right\}\right)^{\lambda}}{\max\left\{1,m^{\lambda_1}/n^{\lambda_2}\right\}}n^{-\frac{1}{q}\left[\frac{1}{\lambda_1}(\lambda_2+q)+1+\lambda_2\varepsilon\right]}\right)\\
&\geqslant\sum_{m=N}^{\infty}m^{-\frac{1}{p}\left[\frac{1}{\lambda_2}(\lambda_1-p)+1+\lambda_1\varepsilon\right]-\frac{\lambda_1}{\lambda_2}\frac{1}{q}\left[\frac{1}{\lambda_1}(\lambda_2+q)+1+\lambda_2\varepsilon\right]}\\
&\quad\times\left(\sum_{n=1}^{\infty}\frac{\left(\min\left\{1,\left(m^{-\lambda_1/\lambda_2}n\right)^{-\lambda_2}\right\}\right)^{\lambda}}{\max\left\{1,\left(m^{-\lambda_1/\lambda_2}n\right)^{-\lambda_2}\right\}}\left(m^{-\frac{\lambda_1}{\lambda_2}}n\right)^{-\frac{1}{q}\left[\frac{1}{\lambda_1}(\lambda_2+q)+1+\lambda_2\varepsilon\right]}\right)\\
&\geqslant\sum_{m=N}^{\infty}m^{-\frac{\lambda_1}{\lambda_2}-1-\lambda_1\varepsilon}\left(\int_1^{+\infty}\frac{\left(\min\left\{1,\left(m^{-\lambda_1/\lambda_2}t\right)^{-\lambda_2}\right\}\right)^{\lambda}}{\max\left\{1,\left(m^{-\lambda_1/\lambda_2}t\right)^{-\lambda_2}\right\}}\right.\\
&\quad\left.\left(m^{-\frac{\lambda_1}{\lambda_2}}t\right)^{-\frac{1}{q}\left[\frac{1}{\lambda_1}(\lambda_2+q)+1+\lambda_2\varepsilon\right]}\mathrm{d}t\right)\\
&=\sum_{m=N}^{\infty}m^{-1-\lambda_1\varepsilon}\left(\int_{m^{-\lambda_1/\lambda_2}}^{+\infty}\frac{\left(\min\left\{1,u^{-\lambda_2}\right\}\right)^{\lambda}}{\max\left\{1,u^{-\lambda_2}\right\}}u^{-\frac{1}{q}\left[\frac{1}{\lambda_1}(\lambda_2+q)+1+\lambda_2\varepsilon\right]}\mathrm{d}t\right)
\end{aligned}$$

$$
\begin{aligned}
&\geqslant \sum_{m=N}^{\infty} m^{-1-\lambda_1\varepsilon} \int_{N^{-\lambda_1/\lambda_2}}^{+\infty} \frac{\left(\min\left\{1,u^{-\lambda_2}\right\}\right)^{\lambda}}{\max\left\{1,u^{-\lambda_2}\right\}} u^{-\frac{1}{q}\left[\frac{1}{\lambda_1}(\lambda_2+q)+1+\lambda_2\varepsilon\right]} \mathrm{d}t \\
&\geqslant \int_{N}^{+\infty} t^{-1-\lambda_1\varepsilon}\mathrm{d}t \int_{N^{-\lambda_1/\lambda_2}}^{+\infty} \frac{\left(\min\left\{1,u^{-\lambda_2}\right\}\right)^{\lambda}}{\max\left\{1,u^{-\lambda_2}\right\}} u^{-\frac{1}{q}\left[\frac{1}{\lambda_1}(\lambda_2+q)+1+\lambda_2\varepsilon\right]} \mathrm{d}t \\
&= \frac{1}{\lambda_1\varepsilon} N^{-\lambda_1\varepsilon} \int_{N^{-\lambda_1/\lambda_2}}^{+\infty} \frac{\left(\min\left\{1,u^{-\lambda_2}\right\}\right)^{\lambda}}{\max\left\{1,u^{-\lambda_2}\right\}} u^{-\frac{1}{q}\left[\frac{1}{\lambda_1}(\lambda_2+q)+1+\lambda_2\varepsilon\right]} \mathrm{d}t.
\end{aligned}
$$

综上, 可得

$$
\begin{aligned}
&\frac{1}{\lambda_1} N^{-\lambda_1\varepsilon} \int_{N^{-\lambda_1/\lambda_2}}^{+\infty} \frac{\left(\min\left\{1,u^{-\lambda_2}\right\}\right)^{\lambda}}{\max\left\{1,u^{-\lambda_2}\right\}} u^{-\frac{1}{q}\left[\frac{1}{\lambda_1}(\lambda_2+q)+1+\lambda_2\varepsilon\right]} \mathrm{d}t \\
&\leqslant M_0 \left(\varepsilon+\frac{1}{\lambda_1}\right)^{\frac{1}{p}} \left(\varepsilon+\frac{1}{\lambda_2}\right)^{\frac{1}{q}}.
\end{aligned}
$$

先令 $\varepsilon \to 0^+$, 再令 $N \to +\infty$, 则有

$$
\frac{1}{\lambda_1} \int_{0}^{+\infty} \frac{\left(\min\left\{1,u^{-\lambda_2}\right\}\right)^{\lambda}}{\max\left\{1,u^{-\lambda_2}\right\}} u^{-\frac{1}{q}\left[\frac{1}{\lambda_1}(\lambda_2+q)+1\right]} \mathrm{d}u \leqslant M_0 \left(\frac{1}{\lambda_1}\right)^{\frac{1}{p}} \left(\frac{1}{\lambda_2}\right)^{\frac{1}{q}},
$$

于是有 $\frac{1}{\lambda_1} W_1 \leqslant M_0 \left(\frac{1}{\lambda_1}\right)^{\frac{1}{p}} \left(\frac{1}{\lambda_2}\right)^{\frac{1}{q}}$, 从而 $\frac{W_0}{\lambda_1^{1/q}\lambda_2^{1/p}} \leqslant M_0$, 所以 (3.2.10) 式的最佳常数因子 $M_0 = \frac{W_0}{\lambda_1^{1/q}\lambda_2^{1/p}}$. 证毕.

例 3.2.10 设 $\frac{1}{p}+\frac{1}{q}=1\,(p>1)$, $q>2$, $\widetilde{a}=\{a_m\} \in l_p^{1-p}$, $\widetilde{b}=\{b_n\} \in l_q^{1+q}$, 求证:

$$
\sum_{n=1}^{\infty} \sum_{m=1}^{\infty} \frac{\min\{1,m/n\}}{\max\{1,m/n\}} a_m b_n \leqslant \left(\frac{q}{2+q}+\frac{p}{2-p}\right) \|\widetilde{a}\|_{p,1-p} \left\|\widetilde{b}\right\|_{q,1+q},
$$

其中的常数因子是最佳的.

证明 在定理 3.2.8 中取 $\lambda_1=\lambda_2=\lambda=1$, 则其条件化为 $q>2$, $\alpha=1-p$, $\beta=1+q$, 且

$$W_0=\left(1+\frac{1}{q}-\frac{1}{p}+1\right)^{-1}+\left(1-\frac{1}{q}+\frac{1}{p}-1\right)^{-1}=\frac{q}{2+q}+\frac{p}{2-p}.$$

于是根据定理 3.2.8, 本例结论成立. 证毕.

引理 3.2.10 设 $\frac{1}{p}+\frac{1}{q}=1\,(p>1)$, $\lambda_1>0$, $\lambda_2>0$, $\lambda>0$, 且 $\frac{1}{\lambda_1}+\frac{1}{\lambda_2}>\max\{q,\lambda p\}$, 则

$$f_1(t)=\frac{\left(\min\left\{1,t^{-\lambda_2}\right\}\right)^{\lambda}}{1+t^{-\lambda_2}}t^{-\frac{1}{q}\left(\frac{\lambda_2}{\lambda_1}+1\right)},\quad f_2(t)=\frac{\left(\min\left\{1,t^{\lambda_1}\right\}\right)^{\lambda}}{1+t^{\lambda_1}}t^{-\frac{1}{p}\left(\frac{\lambda_1}{\lambda_2}+1\right)}$$

都在 $(0,+\infty)$ 上递减.

证明 由 $\lambda_1>0$, $\lambda_2>0$, $\lambda>0$ 及 $\frac{1}{\lambda_1}+\frac{1}{\lambda_2}>q$, 可知 $\lambda_1-\frac{1}{q}\left(\frac{\lambda_2}{\lambda_1}+1\right)<0$, $-\lambda_2\lambda+\lambda_2-\frac{1}{q}\left(\frac{\lambda_2}{\lambda_1}+1\right)<0$. 因为

$$\begin{aligned}f_1(t)&=\frac{\left(\min\left\{1,t^{\lambda_2}\right\}\right)^{\lambda}}{1+t^{\lambda_2}}t^{-\lambda_2\lambda+\lambda_2-\frac{1}{q}\left(\frac{\lambda_2}{\lambda_1}+1\right)}\\&=\begin{cases}\dfrac{1}{1+t^{\lambda_2}}t^{\lambda_2-\frac{1}{q}\left(\frac{\lambda_2}{\lambda_1}+1\right)}, & 0<t\leqslant 1,\\ \dfrac{1}{1+t^{\lambda_2}}t^{-\lambda_2\lambda+\lambda_2-\frac{1}{q}\left(\frac{\lambda_2}{\lambda_1}+1\right)}, & t>1,\end{cases}\end{aligned}$$

故知 $f_1(t)$ 在 $(0,+\infty)$ 上递减.

又由 $\lambda_1>0$, $\lambda_2>0$, $\lambda>0$ 与 $\frac{1}{\lambda_1}+\frac{1}{\lambda_2}>\lambda p$, 可知 $\lambda_1\lambda-\frac{1}{p}\left(\frac{1}{\lambda_2}+1\right)<0$, $-\frac{1}{p}\left(\frac{\lambda_1}{\lambda_2}+1\right)<0$. 因为

$$f_2(t)=\begin{cases}\dfrac{1}{1+t^{\lambda_1}}t^{\lambda_1\lambda-\frac{1}{p}\left(\frac{\lambda_1}{\lambda_2}+1\right)}, & 0<t\leqslant 1,\\ \dfrac{1}{1+t^{\lambda_1}}t^{-\frac{1}{p}\left(\frac{\lambda_1}{\lambda_2}+1\right)}, & t>1,\end{cases}$$

故知 $f_2(t)$ 在 $(0,+\infty)$ 上递减. 证毕.

引理 3.2.11 设 $\frac{1}{p}+\frac{1}{q}=1\,(p>1)$, $\lambda_1>0$, $\lambda_2>0$, $\lambda>0$, 且 $-1<$

$\dfrac{1}{\lambda_2 p}-\dfrac{1}{\lambda_1 q}<\lambda$, $\dfrac{1}{\lambda_1}+\dfrac{1}{\lambda_2}>\max\{q,\lambda p\}$, 则

$$W_1=\int_0^{+\infty}\frac{\left(\min\left\{1,t^{-\lambda_2}\right\}\right)^{\lambda}}{1+t^{-\lambda_2}}t^{-\frac{1}{q}\left(\frac{\lambda_2}{\lambda_1}+1\right)}\mathrm{d}t$$

$$=\frac{1}{\lambda_2}\int_0^1\frac{1}{1+u}\left(u^{\frac{1}{\lambda_2 p}-\frac{1}{\lambda_1 q}}+u^{\lambda-1-\frac{1}{\lambda_2 p}+\frac{1}{\lambda_1 q}}\right)\mathrm{d}u,$$

$$W_2=\int_0^{+\infty}\frac{\left(\min\left\{1,t^{\lambda_1}\right\}\right)^{\lambda}}{1+t^{\lambda_1}}t^{-\frac{1}{p}\left(\frac{\lambda_1}{\lambda_2}+1\right)}\mathrm{d}t$$

$$=\frac{1}{\lambda_1}\int_0^1\frac{1}{1+u}\left(u^{\frac{1}{\lambda_2 p}-\frac{1}{\lambda_1 q}}+u^{\lambda-1-\frac{1}{\lambda_2 p}+\frac{1}{\lambda_1 q}}\right)\mathrm{d}u,$$

$$\omega_1(m)=\sum_{n=1}^{\infty}\frac{\left(\min\left\{1,m^{\lambda_1}/n^{\lambda_2}\right\}\right)^{\lambda}}{1+m^{\lambda_1}/n^{\lambda_2}}n^{-\frac{1}{q}\left(\frac{\lambda_2}{\lambda_1}+1\right)}\leqslant m^{\frac{\lambda_1}{\lambda_2}-\frac{\lambda_1}{q}\left(\frac{1}{\lambda_1}+\frac{1}{\lambda_2}\right)}W_1,$$

$$\omega_2(n)=\sum_{m=1}^{\infty}\frac{\left(\min\left\{1,m^{\lambda_1}/n^{\lambda_2}\right\}\right)^{\lambda}}{1+m^{\lambda_1}/n^{\lambda_2}}m^{-\frac{1}{p}\left(\frac{\lambda_1}{\lambda_2}+1\right)}\leqslant n^{\frac{\lambda_2}{\lambda_1}-\frac{\lambda_2}{p}\left(\frac{1}{\lambda_1}+\frac{1}{\lambda_2}\right)}W_2.$$

证明 由 $-1<\dfrac{1}{\lambda_2 p}-\dfrac{1}{\lambda_1 q}<\lambda$, 可知 $\dfrac{1}{\lambda_1 q}-\dfrac{1}{\lambda_2 p}<1$, $-\lambda+1+\dfrac{1}{\lambda_2 p}-\dfrac{1}{\lambda_1 q}<1$, 故 W_1 与 W_2 中的积分收敛.

$$W_1=\int_0^1\frac{1}{1+t^{\lambda_2}}t^{\lambda_2-\frac{1}{q}\left(\frac{\lambda_2}{\lambda_1}+1\right)}\mathrm{d}t+\int_1^{+\infty}\frac{1}{1+t^{\lambda_2}}t^{-\lambda_2\lambda+\lambda_2-\frac{1}{q}\left(\frac{\lambda_2}{\lambda_1}+1\right)}\mathrm{d}t$$

$$=\frac{1}{\lambda_2}\int_0^1\frac{1}{1+u}u^{\frac{1}{\lambda_2 p}-\frac{1}{\lambda_1 q}}\mathrm{d}u+\frac{1}{\lambda_2}\int_1^{+\infty}\frac{1}{1+u}u^{-\lambda+\frac{1}{\lambda_2 p}-\frac{1}{\lambda_1 q}}\mathrm{d}u$$

$$=\frac{1}{\lambda_2}\int_0^1\frac{1}{1+u}u^{\frac{1}{\lambda_2 p}-\frac{1}{\lambda_1 q}}\mathrm{d}u+\frac{1}{\lambda_2}\int_0^1\frac{1}{1+t}t^{\lambda-1-\frac{1}{\lambda_2 p}+\frac{1}{\lambda_1 q}}\mathrm{d}t$$

$$=\frac{1}{\lambda_2}\int_0^1\frac{1}{1+u}\left(u^{\frac{1}{\lambda_2 p}-\frac{1}{\lambda_1 q}}+u^{\lambda-1-\frac{1}{\lambda_2 p}+\frac{1}{\lambda_1 q}}\right)\mathrm{d}u.$$

同理可证 W_2 的情形.

利用引理 3.2.10 中 $f_1(t)$ 在 $(0,+\infty)$ 上的递减性, 有

$$
\begin{aligned}
\omega_1(m) &= \sum_{n=1}^{\infty} \frac{\left(\min\left\{1, \left(m^{-\lambda_1/\lambda_2} n\right)^{-\lambda_2}\right\}\right)^{\lambda}}{1+\left(m^{-\lambda_1/\lambda_2} n\right)^{-\lambda_2}} n^{-\frac{1}{q}\left(\frac{\lambda_2}{\lambda_1}+1\right)} \\
&= m^{-\frac{\lambda_1}{q}\left(\frac{1}{\lambda_1}+\frac{1}{\lambda_2}\right)} \sum_{n=1}^{\infty} \frac{\left(\min\left\{1, \left(m^{-\lambda_1/\lambda_2} n\right)^{-\lambda_2}\right\}\right)^{\lambda}}{1+\left(m^{-\lambda_1/\lambda_2} n\right)^{-\lambda_2}} \left(m^{-\lambda_1/\lambda_2} n\right)^{-\frac{1}{q}\left(\frac{\lambda_2}{\lambda_1}+1\right)} \\
&\leqslant m^{-\frac{\lambda_1}{q}\left(\frac{1}{\lambda_1}+\frac{1}{\lambda_2}\right)} \int_0^{+\infty} \frac{\left(\min\left\{1, \left(m^{-\lambda_1/\lambda_2} t\right)^{-\lambda_2}\right\}\right)^{\lambda}}{1+\left(m^{-\lambda_1/\lambda_2} t\right)^{-\lambda_2}} \left(m^{-\lambda_1/\lambda_2} t\right)^{-\frac{1}{q}\left(\frac{\lambda_2}{\lambda_1}+1\right)} \mathrm{d}t \\
&= m^{-\frac{\lambda_1}{q}\left(\frac{1}{\lambda_1}+\frac{1}{\lambda_2}\right)+\frac{\lambda_1}{\lambda_2}} \int_0^{+\infty} \frac{\left(\min\left\{1, u^{-\lambda_2}\right\}\right)^{\lambda}}{1+u^{-\lambda_2}} u^{-\frac{1}{q}\left(\frac{\lambda_2}{\lambda_1}+1\right)} \mathrm{d}u \\
&= m^{-\frac{\lambda_1}{q}\left(\frac{1}{\lambda_1}+\frac{1}{\lambda_2}\right)+\frac{\lambda_1}{\lambda_2}} W_1.
\end{aligned}
$$

类似可证 $\omega_2(n)$ 的情形. 证毕.

定理 3.2.9 设 $\frac{1}{p}+\frac{1}{q}=1\,(p>1)$, $\lambda_1>0$, $\lambda_2>0$, $\lambda>0$, $-1<\frac{1}{\lambda_2 p}-\frac{1}{\lambda_1 q}<\lambda$, $\frac{1}{\lambda_1}+\frac{1}{\lambda_2}>\max\{q, \lambda p\}$, 且

$$
W_0=\int_0^1 \frac{1}{1+u}\left(u^{\frac{1}{\lambda_2 p}-\frac{1}{\lambda_1 q}}+u^{\lambda-1-\frac{1}{\lambda_2 p}+\frac{1}{\lambda_1 q}}\right) \mathrm{d}u,
$$

则当 $\widetilde{a}=\{a_m\} \in l_p^{\lambda_1/\lambda_2}$, $\widetilde{b}=\{b_n\} \in l_q^{\lambda_2/\lambda_1}$ 时, 有

$$
\sum_{n=1}^{\infty} \sum_{m=1}^{\infty} \frac{\left(\min\left\{1, m^{\lambda_1}/n^{\lambda_2}\right\}\right)^{\lambda}}{1+m^{\lambda_1}/n^{\lambda_2}} a_m b_n \leqslant \frac{W_0}{\lambda_1^{1/q} \lambda_2^{1/p}}\|\widetilde{a}\|_{p, \lambda_1/\lambda_2}\left\|\widetilde{b}\right\|_{q, \lambda_2/\lambda_1}, \tag{3.2.11}
$$

其中的常数因子 $\frac{W_0}{\lambda_1^{1/q} \lambda_2^{1/p}}$ 是最佳的.

证明 选取适配数 $a=\frac{1}{pq}\left(\frac{\lambda_1}{\lambda_2}+1\right)$, $b=\frac{1}{pq}\left(\frac{\lambda_2}{\lambda_1}+1\right)$, 利用引理 3.2.11, 我们有

$$
\sum_{n=1}^{\infty} \sum_{m=1}^{\infty} \frac{\left(\min\left\{1, m^{\lambda_1}/n^{\lambda_2}\right\}\right)^{\lambda}}{1+m^{\lambda_1}/n^{\lambda_2}} a_m b_n
$$

$$=\sum_{n=1}^{\infty}\sum_{m=1}^{\infty}\left(\frac{m^{a}}{n^{b}}a_{m}\right)\left(\frac{n^{b}}{m^{a}}b_{n}\right)\frac{\left(\min\left\{1,m^{\lambda_1}/n^{\lambda_2}\right\}\right)^{\lambda}}{1+m^{\lambda_1}/n^{\lambda_2}}$$

$$\leqslant\left(\sum_{n=1}^{\infty}\sum_{m=1}^{\infty}\frac{m^{ap}}{n^{bp}}a_{m}^{p}\frac{\left(\min\left\{1,m^{\lambda_1}/n^{\lambda_2}\right\}\right)^{\lambda}}{1+m^{\lambda_1}/n^{\lambda_2}}\right)^{\frac{1}{p}}$$

$$\times\left(\sum_{n=1}^{\infty}\sum_{m=1}^{\infty}\frac{n^{bq}}{m^{aq}}b_{n}^{q}\frac{\left(\min\left\{1,m^{\lambda_1}/n^{\lambda_2}\right\}\right)^{\lambda}}{1+m^{\lambda_1}/n^{\lambda_2}}\right)^{\frac{1}{q}}$$

$$=\left(\sum_{m=1}^{\infty}m^{\frac{1}{q}\left(\frac{\lambda_1}{\lambda_2}+1\right)}a_{m}^{p}\omega_1(m)\right)^{\frac{1}{p}}\left(\sum_{n=1}^{\infty}n^{\frac{1}{p}\left(\frac{\lambda_2}{\lambda_1}+1\right)}b_{n}^{q}\omega_2(n)\right)^{\frac{1}{q}}$$

$$\leqslant W_1^{\frac{1}{p}}W_2^{\frac{1}{q}}\left(\sum_{m=1}^{\infty}m^{\lambda_1/\lambda_2}a_{m}^{p}\right)^{\frac{1}{p}}\left(\sum_{n=1}^{\infty}n^{\lambda_2/\lambda_1}b_{n}^{q}\right)^{\frac{1}{q}}=\frac{W_0}{\lambda_1^{1/q}\lambda_2^{1/p}}\left|\left|\widetilde{a}\right|\right|_{p,\lambda_1/\lambda_2}\left|\left|\widetilde{b}\right|\right|_{q,\lambda_2/\lambda_1}.$$

故 (3.2.11) 式成立.

设 (3.2.11) 式的最佳常数因子为 M_0, 则 $M_0\leqslant\dfrac{W_0}{\lambda_1^{1/q}\lambda_2^{1/p}}$, 且

$$\sum_{n=1}^{\infty}\sum_{m=1}^{\infty}\frac{\left(\min\left\{1,m^{\lambda_1}/n^{\lambda_2}\right\}\right)^{\lambda}}{1+m^{\lambda_1}/n^{\lambda_2}}a_{m}b_{n}\leqslant M_0\left|\left|\widetilde{a}\right|\right|_{p,\lambda_1/\lambda_2}\left|\left|\widetilde{b}\right|\right|_{q,\lambda_2/\lambda_1}.$$

对充分小的 $\varepsilon>0$ 及足够大的自然数 N, 取

$$a_m=\begin{cases}m^{-\frac{1}{p}\left(\frac{\lambda_1}{\lambda_2}+1+\lambda_1\varepsilon\right)}, & m=N,N+1,\cdots,\\ 0, & m=1,2,\cdots,N-1,\end{cases}$$

$$b_n=n^{-\frac{1}{q}\left(\frac{\lambda_2}{\lambda_1}+1+\lambda_2\varepsilon\right)},\quad n=1,2,\cdots,$$

则计算可得

$$\left|\left|\widetilde{a}\right|\right|_{p,\lambda_1/\lambda_2}\left|\left|\widetilde{b}\right|\right|_{q,\lambda_2/\lambda_1}\leqslant\frac{1}{\varepsilon}\left(\varepsilon+\frac{1}{\lambda_1}\right)^{\frac{1}{p}}\left(\varepsilon+\frac{1}{\lambda_2}\right)^{\frac{1}{q}},$$

$$\sum_{n=1}^{\infty}\sum_{m=1}^{\infty}\frac{\left(\min\left\{1,m^{\lambda_1}/n^{\lambda_2}\right\}\right)^{\lambda}}{1+m^{\lambda_1}/n^{\lambda_2}}a_{m}b_{n}$$

$$=\sum_{m=N}^{\infty} m^{-\frac{1}{p}\left(\frac{\lambda_1}{\lambda_2}+1+\lambda_1\varepsilon\right)}\left(\sum_{n=1}^{\infty}\frac{\left(\min\left\{1,m^{\lambda_1}/n^{\lambda_2}\right\}\right)^{\lambda}}{1+m^{\lambda_1}/n^{\lambda_2}}n^{-\frac{1}{q}\left(\frac{\lambda_2}{\lambda_1}+1+\lambda_2\varepsilon\right)}\right)$$

$$=\sum_{m=N}^{\infty} m^{-1-\lambda_1\varepsilon-\frac{\lambda_1}{\lambda_2}}\left(\sum_{n=1}^{\infty}\frac{\left(\min\left\{1,\left(m^{-\lambda_1/\lambda_2}n\right)^{-\lambda_2}\right\}\right)^{\lambda}}{1+\left(m^{-\lambda_1/\lambda_2}n\right)^{-\lambda_2}}\left(m^{-\lambda_1/\lambda_2}n\right)^{-\frac{1}{q}\left(\frac{\lambda_2}{\lambda_1}+1+\lambda_2\varepsilon\right)}\right)$$

$$\geqslant\sum_{m=N}^{\infty} m^{-1-\lambda_1\varepsilon-\frac{\lambda_1}{\lambda_2}}\left(\int_1^{+\infty}\frac{\left(\min\left\{1,\left(m^{-\lambda_1/\lambda_2}t\right)^{-\lambda_2}\right\}\right)^{\lambda}}{1+\left(m^{-\lambda_1/\lambda_2}t\right)^{-\lambda_2}}m^{-\lambda_1/\lambda_2}t^{-\frac{1}{q}\left(\frac{\lambda_2}{\lambda_1}+1+\lambda_2\varepsilon\right)}\mathrm{d}t\right)$$

$$=\sum_{m=N}^{\infty} m^{-1-\lambda_1\varepsilon}\left(\int_{m^{-\lambda_1/\lambda_2}}^{+\infty}\frac{\left(\min\left\{1,u^{-\lambda_1}\right\}\right)^{\lambda}}{1+u^{-\lambda_2}}u^{-\frac{1}{q}\left(\frac{\lambda_2}{\lambda_1}+1+\lambda_2\varepsilon\right)}\mathrm{d}u\right)$$

$$\geqslant\sum_{m=N}^{\infty} m^{-1-\lambda_1\varepsilon}\int_{N^{-\lambda_1/\lambda_2}}^{+\infty}\frac{\left(\min\left\{1,u^{-\lambda_2}\right\}\right)^{\lambda}}{1+u^{-\lambda_2}}u^{-\frac{1}{q}\left(\frac{\lambda_2}{\lambda_1}+1+\lambda_2\varepsilon\right)}\mathrm{d}u$$

$$\geqslant\int_N^{+\infty} t^{-1-\lambda_1\varepsilon}dt\int_{N^{-\lambda_1/\lambda_2}}^{+\infty}\frac{\left(\min\left\{1,u^{-\lambda_2}\right\}\right)^{\lambda}}{1+u^{-\lambda_2}}u^{-\frac{1}{q}\left(\frac{\lambda_2}{\lambda_1}+1+\lambda_2\varepsilon\right)}\mathrm{d}u$$

$$=\frac{1}{\lambda_1\varepsilon}N^{-\lambda_1\varepsilon}\int_{N^{-\lambda_1/\lambda_2}}^{+\infty}\frac{\left(\min\left\{1,t^{-\lambda_2}\right\}\right)^{\lambda}}{1+t^{-\lambda_2}}t^{-\frac{1}{q}\left(\frac{\lambda_2}{\lambda_1}+1+\lambda_2\varepsilon\right)}\mathrm{d}t.$$

综上, 我们得到

$$\frac{1}{\lambda_1}N^{-\lambda_1\varepsilon}\int_{N^{-\lambda_1/\lambda_2}}^{+\infty}\frac{\left(\min\left\{1,t^{-\lambda_2}\right\}\right)^{\lambda}}{1+t^{-\lambda_2}}t^{-\frac{1}{q}\left(\frac{\lambda_2}{\lambda_1}+1+\lambda_2\varepsilon\right)}\mathrm{d}t\leqslant M_0\left(\varepsilon+\frac{1}{\lambda_1}\right)^{\frac{1}{p}}\left(\varepsilon+\frac{1}{\lambda_2}\right)^{\frac{1}{q}}.$$

先令 $\varepsilon\to0^+$, 再令 $N\to+\infty$, 得到

$$\frac{1}{\lambda_1}\int_0^{+\infty}\frac{\left(\min\left\{1,t^{-\lambda_2}\right\}\right)^{\lambda}}{1+t^{-\lambda_2}}t^{-\frac{1}{q}\left(\frac{\lambda_2}{\lambda_1}+1\right)}\mathrm{d}t\leqslant M_0\left(\frac{1}{\lambda_1}\right)^{\frac{1}{p}}\left(\frac{1}{\lambda_2}\right)^{\frac{1}{q}},$$

由此便可得 $\dfrac{W_0}{\lambda_1^{1/q}\lambda_2^{1/p}}\leqslant M_0$, 故 (3.2.11) 式的最佳常数因子 $M_0=\dfrac{W_0}{\lambda_1^{1/q}\lambda_2^{1/p}}$. 证毕.

3.3 若干核为 $K(m,n)=G\left(m^{\lambda_1}n^{\lambda_2}\right)(\lambda_1\lambda_2>0)$ 的非齐次核的 Hilbert 型级数不等式

下面我们讨论核 $K(m,n)=G\left(m^{\lambda_1}n^{\lambda_2}\right)(\lambda_1\lambda_2>0)$ 的非齐次核 Hilbert 型级数不等式, 这类非齐次核具有如下性质: 对 $t>0$, 有

$$K(tm,n)=K\left(m,t^{\lambda_1/\lambda_2}n\right),\quad K(m,tn)=K\left(t^{\lambda_2/\lambda_1}m,n\right).$$

引理 3.3.1 设 $\frac{1}{p}+\frac{1}{q}=1\,(p>1)$, $\lambda_1>0$, $\lambda_2>0$, $r>0$, $s-r<\frac{1}{\lambda_1\lambda_2}-\frac{1}{\lambda_1 q}-\frac{1}{\lambda_2 p}<s$, $s<\min\left\{\frac{1}{\lambda_1\lambda_2}-\frac{1}{q}\left(\frac{1}{\lambda_1}+\frac{1}{\lambda_2}\right),\frac{1}{\lambda_1\lambda_2}-\frac{1}{p}\left(\frac{1}{\lambda_1}+\frac{1}{\lambda_2}\right)\right\}$, 记

$$W_0=B\left(s-\frac{1}{\lambda_1\lambda_2}+\frac{1}{\lambda_1 q}+\frac{1}{\lambda_2 p},r-\left(s-\frac{1}{\lambda_1\lambda_2}+\frac{1}{\lambda_1 q}+\frac{1}{\lambda_2 p}\right)\right),$$

那么

$$W_1=\int_0^{+\infty}\frac{1}{\left(1+t^{\lambda_2}\right)^r}t^{\lambda_2 s-\frac{1}{\lambda_1}\left(1-\frac{\lambda_2}{q}\right)-\frac{1}{q}}\mathrm{d}t=\frac{1}{\lambda_2}W_0,$$

$$W_2=\int_0^{+\infty}\frac{1}{\left(1+t^{\lambda_1}\right)^r}t^{\lambda_1 s-\frac{1}{\lambda_2}\left(1-\frac{\lambda_1}{p}\right)-\frac{1}{p}}\mathrm{d}t=\frac{1}{\lambda_1}W_0,$$

$$\omega_1(m)=\sum_{n=1}^{\infty}\frac{\left(m^{\lambda_1}n^{\lambda_2}\right)^s}{\left(1+m^{\lambda_1}n^{\lambda_2}\right)^r}n^{-\frac{1}{\lambda_1}\left(1-\frac{\lambda_2}{q}\right)-\frac{1}{q}}\leqslant\frac{1}{\lambda_2}m^{\frac{1}{\lambda_2}\left(1-\frac{\lambda_2}{q}\right)-\frac{\lambda_1}{\lambda_2 p}}W_0,$$

$$\omega_2(n)=\sum_{m=1}^{\infty}\frac{\left(m^{\lambda_1}n^{\lambda_2}\right)^s}{\left(1+m^{\lambda_1}m^{\lambda_2}\right)^r}m^{-\frac{1}{\lambda_2}\left(1-\frac{\lambda_1}{p}\right)-\frac{1}{p}}\leqslant\frac{1}{\lambda_1}n^{\frac{1}{\lambda_1}\left(1-\frac{\lambda_1}{p}\right)-\frac{\lambda_2}{\lambda_1 q}}W_0.$$

证明 根据 $s-r<\frac{1}{\lambda_1\lambda_2}-\frac{1}{\lambda_1 q}-\frac{1}{\lambda_2 p}<s$, 可知 $s-\frac{1}{\lambda_1\lambda_2}+\frac{1}{\lambda_1 q}+\frac{1}{\lambda_2 p}>0$, $r-\left(s-\frac{1}{\lambda_1\lambda_2}+\frac{1}{\lambda_1 q}+\frac{1}{\lambda_2 p}\right)>0$, 于是令 $t^{\lambda_2}=u$, 有

$$\begin{aligned}W_1&=\frac{1}{\lambda_2}\int_0^{+\infty}\frac{1}{(1+u)^r}u^{\frac{1}{\lambda_2}\left[\lambda_2 s-\frac{1}{\lambda_1}\left(1-\frac{\lambda_2}{q}\right)-\frac{1}{q}\right]+\frac{1}{\lambda_2}-1}\mathrm{d}u\\&=\frac{1}{\lambda_2}\int_0^{+\infty}\frac{1}{(1+u)^r}u^{s-\frac{1}{\lambda_1\lambda_2}+\frac{1}{\lambda_1 q}+\frac{1}{\lambda_2 p}-1}\mathrm{d}u\end{aligned}$$

$$=\frac{1}{\lambda_2}B\left(s-\frac{1}{\lambda_1\lambda_2}+\frac{1}{\lambda_1 q}+\frac{1}{\lambda_2 p},r-\left(s-\frac{1}{\lambda_1\lambda_2}+\frac{1}{\lambda_1 q}+\frac{1}{\lambda_2 p}\right)\right)=\frac{1}{\lambda_2}W_0.$$

类似地可证 W_2 的情形.

根据 $s<\min\left\{\frac{1}{\lambda_1\lambda_2}-\frac{1}{q}\left(\frac{1}{\lambda_1}+\frac{1}{\lambda_2}\right),\frac{1}{\lambda_1\lambda_2}-\frac{1}{p}\left(\frac{1}{\lambda_1}+\frac{1}{\lambda_2}\right)\right\}$, 可得

$$\lambda_2 s-\frac{1}{\lambda_1}\left(1-\frac{\lambda_2}{q}\right)-\frac{1}{q}<0,\quad \lambda_1 s-\frac{1}{\lambda_2}\left(1-\frac{\lambda_1}{p}\right)-\frac{1}{p}<0,$$

于是

$$\begin{aligned}
\omega_1(m)&=\sum_{n=1}^{\infty}\frac{\left[\left(m^{\lambda_1/\lambda_2}n\right)^{\lambda_2}\right]^s}{\left[1+\left(m^{\lambda_1/\lambda_2}\right)^{\lambda_2}\right]^r}n^{-\frac{1}{\lambda_1}\left(1-\frac{\lambda_2}{q}\right)-\frac{1}{q}}\\
&=m^{\frac{1}{\lambda_2}\left(1-\frac{\lambda_2}{q}\right)+\frac{\lambda_1}{\lambda_2 q}}\sum_{n=1}^{\infty}\frac{1}{\left[1+\left(m^{\lambda_1/\lambda_2}n\right)^{\lambda_2}\right]^r}\left(m^{\lambda_1/\lambda_2}n\right)^{\lambda_2 s-\frac{1}{\lambda_1}\left(1-\frac{\lambda_2}{q}\right)-\frac{1}{q}}\\
&\leqslant m^{\frac{1}{\lambda_2}\left(1-\frac{\lambda_2}{q}\right)+\frac{\lambda_1}{\lambda_2 q}}\int_0^{+\infty}\frac{1}{\left[1+\left(m^{\lambda_1/\lambda_2}u\right)^{\lambda_2}\right]^r}\left(m^{\lambda_1/\lambda_2}u\right)^{\lambda_2 s-\frac{1}{\lambda_1}\left(1-\frac{\lambda_2}{q}\right)-\frac{1}{q}}\mathrm{d}u\\
&=m^{\frac{1}{\lambda_2}\left(1-\frac{\lambda_2}{q}\right)-\frac{\lambda_1}{\lambda_2 p}}\int_0^{+\infty}\frac{1}{\left(1+t^{\lambda_2}\right)^r}t^{\lambda_2 s-\frac{1}{\lambda_1}\left(1-\frac{\lambda_2}{q}\right)-\frac{1}{q}}\mathrm{d}t\\
&=\frac{1}{\lambda_2}m^{\frac{1}{\lambda_2}\left(1-\frac{\lambda_2}{q}\right)-\frac{\lambda_1}{\lambda_2 p}}W_0.
\end{aligned}$$

同理可证 $W_2(n)$ 的情形. 证毕.

定理 3.3.1　设 $\frac{1}{p}+\frac{1}{q}=1\,(p>1)$, $\lambda_1>0$, $\lambda_2>0$, $r>0$, $s-r<\frac{1}{\lambda_1\lambda_2}-\frac{1}{\lambda_1 q}-\frac{1}{\lambda_2 p}<s$, $s<\min\left\{\frac{1}{\lambda_1\lambda_2}-\frac{1}{q}\left(\frac{1}{\lambda_1}+\frac{1}{\lambda_2}\right),\frac{1}{\lambda_1\lambda_2}-\frac{1}{p}\left(\frac{1}{\lambda_1}+\frac{1}{\lambda_2}\right)\right\}$, $\alpha=\frac{1}{\lambda_2}(p-\lambda_1)$, $\beta=\frac{1}{\lambda_1}(q-\lambda_2)$, 且

$$W_0=B\left(s-\frac{1}{\lambda_1\lambda_2}+\frac{1}{\lambda_1 q}+\frac{1}{\lambda_2 p},r-\left(s-\frac{1}{\lambda_1\lambda_2}+\frac{1}{\lambda_1 q}+\frac{1}{\lambda_2 p}\right)\right),$$

则当 $\widetilde{a}=\{a_m\}\in l_p^{\alpha}$, $\widetilde{b}=\{b_n\}\in l_q^{\beta}$ 时, 有

$$\sum_{n=1}^{\infty}\sum_{m=1}^{\infty}\frac{\left(m^{\lambda_1}n^{\lambda_2}\right)^s}{\left(1+m^{\lambda_1}n^{\lambda_2}\right)^r}a_mb_n\leqslant\frac{W_0}{\lambda_1^{1/q}\lambda_2^{1/p}}\|\widetilde{a}\|_{p,\alpha}\left\|\widetilde{b}\right\|_{q,\beta}. \tag{3.3.1}$$

证明 取 $a=\dfrac{1}{pq}\left[\dfrac{1}{\lambda_2}(p-\lambda_1)+1\right]$, $b=\dfrac{1}{pq}\left[\dfrac{1}{\lambda_1}(q-\lambda_2)+1\right]$, 根据引理 3.3.1, 有

$$\begin{aligned}
&\sum_{n=1}^{\infty}\sum_{m=1}^{\infty}\frac{\left(m^{\lambda_1}n^{\lambda_2}\right)^s}{\left(1+m^{\lambda_1}n^{\lambda_2}\right)^r}a_mb_n\\
=&\sum_{n=1}^{\infty}\sum_{m=1}^{\infty}\left(\frac{m^a}{n^b}a_m\right)\left(\frac{n^b}{m^a}b_n\right)\frac{\left(m^{\lambda_1}n^{\lambda_2}\right)^s}{\left(1+m^{\lambda_1}n^{\lambda_2}\right)^r}\\
\leqslant&\left(\sum_{n=1}^{\infty}\sum_{m=1}^{\infty}\frac{m^{ap}}{n^{bp}}a_m^p\frac{\left(m^{\lambda_1}n^{\lambda_2}\right)^s}{\left(1+m^{\lambda_1}n^{\lambda_2}\right)^r}\right)^{\frac{1}{p}}\left(\sum_{n=1}^{\infty}\sum_{m=1}^{\infty}\frac{n^{bq}}{m^{aq}}b_n^q\frac{\left(m^{\lambda_1}n^{\lambda_2}\right)^s}{\left(1+m^{\lambda_1}n^{\lambda_2}\right)^r}\right)^{\frac{1}{q}}\\
=&\left(\sum_{m=1}^{\infty}m^{\frac{1}{q}\left[\frac{1}{\lambda_2}(p-\lambda_1)+1\right]}a_m^p\omega_1(m)\right)^{\frac{1}{p}}\left(\sum_{n=1}^{\infty}n^{\frac{1}{p}\left[\frac{1}{\lambda_1}(q-\lambda_2)+1\right]}b_n^q\omega_2(n)\right)^{\frac{1}{q}}\\
\leqslant&\left(\sum_{m=1}^{\infty}m^{\frac{1}{q}\left[\frac{1}{\lambda_2}(p-\lambda_1)+1\right]+\frac{1}{\lambda_2}\left(1-\frac{\lambda_2}{q}\right)-\frac{\lambda_1}{\lambda_2p}}a_m^p\frac{1}{\lambda_2}W_0\right)^{\frac{1}{p}}\\
&\times\left(\sum_{n=1}^{\infty}n^{\frac{1}{p}\left[\frac{1}{\lambda_1}(q-\lambda_2)+1\right]+\frac{1}{\lambda_1}\left(1-\frac{\lambda_1}{p}\right)-\frac{\lambda_2}{\lambda_1q}}b_n^q\frac{1}{\lambda_1}W_0\right)^{\frac{1}{q}}\\
=&\frac{W_0}{\lambda_1^{1/q}\lambda_2^{1/p}}\|\widetilde{a}\|_{p,\alpha}\left\|\widetilde{b}\right\|_{q,\beta}.
\end{aligned}$$

故 (3.3.1) 式成立. 证毕.

引理 3.3.2 设 $\dfrac{1}{p}+\dfrac{1}{q}=1(p>1)$, $\lambda_1>0,\lambda_2>0,r>0,s>0$, σ 满足:

$$\begin{aligned}
&\max\left\{\frac{\lambda_1}{p}+\frac{\lambda_2}{q}-r\lambda_1\lambda_2,\frac{\lambda_1}{p}+\frac{\lambda_2}{q}+s\lambda_1\lambda_2-\lambda_1,\frac{\lambda_1}{p}+\frac{\lambda_2}{q}+s\lambda_1\lambda_2-\lambda_2\right\}\\
&<\sigma<\frac{\lambda_1}{p}+\frac{\lambda_2}{q}+s\lambda_1\lambda_2,
\end{aligned}$$

记

$$W_0=\left(\frac{\lambda_1}{p}+\frac{\lambda_2}{q}+s\lambda_1\lambda_2-\sigma\right)^{-1}-\left(\frac{\lambda_1}{p}+\frac{\lambda_2}{q}-r\lambda_1\lambda_2-\sigma\right)^{-1},$$

那么

$$W_1=\int_0^{+\infty}\frac{\left(\min\left\{1,t^{\lambda_2}\right\}\right)^s}{\left(\max\left\{1,t^{\lambda_2}\right\}\right)^r}t^{-\frac{1}{\lambda_1}\left(\sigma-\frac{\lambda_2}{q}\right)-\frac{1}{q}}\mathrm{d}t=\lambda_1W_0,$$

$$W_2=\int_0^{+\infty}\frac{\left(\min\left\{1,t^{\lambda_1}\right\}\right)^s}{\left(\max\left\{1,t^{\lambda_1}\right\}\right)^r}t^{-\frac{1}{\lambda_2}\left(\sigma-\frac{\lambda_1}{p}\right)-\frac{1}{p}}\mathrm{d}t=\lambda_2W_0,$$

$$\omega_1(m)=\sum_{n=1}^{\infty}\frac{\left(\min\left\{1,m^{\lambda_1}n^{\lambda_2}\right\}\right)^s}{\left(\max\left\{1,m^{\lambda_1}n^{\lambda_2}\right\}\right)^r}n^{-\frac{1}{\lambda_1}\left(\sigma-\frac{\lambda_2}{q}\right)-\frac{1}{q}}\leqslant\lambda_1m^{\frac{1}{\lambda_2}\left(\sigma-\frac{\lambda_2}{q}\right)-\frac{\lambda_1}{\lambda_2p}}W_0,$$

$$\omega_2(m)=\sum_{n=1}^{\infty}\frac{\left(\min\left\{1,m^{\lambda_1}n^{\lambda_2}\right\}\right)^s}{\left(\max\left\{1,m^{\lambda_1}n^{\lambda_2}\right\}\right)^r}m^{-\frac{1}{\lambda_2}\left(\sigma-\frac{\lambda_1}{p}\right)-\frac{1}{p}}\leqslant\lambda_2n^{\frac{1}{\lambda_1}\left(\sigma-\frac{\lambda_1}{p}\right)-\frac{\lambda_2}{\lambda_1q}}W_0.$$

证明　根据 $\frac{\lambda_1}{p}+\frac{\lambda_2}{q}-r\lambda_1\lambda_2<\sigma<\frac{\lambda_1}{p}+\frac{\lambda_2}{q}+s\lambda_1\lambda_2$, 可知 $s\lambda_2-\frac{1}{\lambda_1}\left(\sigma-\frac{\lambda_2}{q}\right)-\frac{1}{q}+1>0$, $-r\lambda_2-\frac{1}{\lambda_1}\left(\sigma-\frac{\lambda_2}{q}\right)-\frac{1}{q}+1<0$, 于是

$$\begin{aligned}W_1&=\int_0^1 t^{\lambda_2s-\frac{1}{\lambda_1}\left(\sigma-\frac{\lambda_2}{q}\right)-\frac{1}{q}}\mathrm{d}t+\int_1^{+\infty}t^{-\lambda_2r-\frac{1}{\lambda_1}\left(\sigma-\frac{\lambda_2}{q}\right)-\frac{1}{q}}\mathrm{d}t\\&=\frac{1}{\lambda_2s-\frac{1}{\lambda_1}\left(\sigma-\frac{\lambda_2}{q}\right)-\frac{1}{q}+1}+\frac{1}{\lambda_2r+\frac{1}{\lambda_1}\left(\sigma-\frac{\lambda_2}{q}\right)+\frac{1}{q}-1}\\&=\lambda_1\left[\left(\frac{\lambda_1}{p}+\frac{\lambda_2}{q}+s\lambda_1\lambda_2-\sigma\right)^{-1}-\left(\frac{\lambda_1}{p}+\frac{\lambda_2}{q}-r\lambda_1\lambda_2-\sigma\right)^{-1}\right]=\lambda_1W_0,\end{aligned}$$

同理可证 W_2 的情形.

根据 $\sigma>\max\left\{\frac{\lambda_1}{p}+\frac{\lambda_2}{q}-r\lambda_1\lambda_2,\frac{\lambda_1}{p}+\frac{\lambda_2}{q}+s\lambda_1\lambda_2-\lambda_1\right\}$, 可知

$$f_1(x)=\frac{\left(\min\left\{1,t^{\lambda_2}\right\}\right)^s}{\left(\max\left\{1,t^{\lambda_2}\right\}\right)^r}t^{-\frac{1}{\lambda_1}\left(\sigma-\frac{\lambda_2}{q}\right)-\frac{1}{q}}$$

在 $(0,+\infty)$ 上递减, 于是

$$\omega_1(m)=\sum_{n=1}^{\infty}\frac{\left(\min\left\{1,\left(m^{\lambda_1/\lambda_2}n\right)^{\lambda_2}\right\}\right)^s}{\left(\max\left\{1,\left(m^{\lambda_1/\lambda_2}n\right)^{\lambda_2}\right\}\right)^r}n^{-\frac{1}{\lambda_1}\left(\sigma-\frac{\lambda_2}{q}\right)-\frac{1}{q}}$$

$$=m^{\frac{\lambda_1}{\lambda_2}\left(\frac{1}{\lambda_1}\left(\sigma-\frac{\lambda_2}{q}\right)-\frac{1}{q}\right)}\sum_{n=1}^{\infty}\frac{\left(\min\left\{1,\left(m^{\lambda_1/\lambda_2}n\right)^{\lambda_2}\right\}\right)^s}{\left(\max\left\{1,\left(m^{\lambda_1/\lambda_2}n\right)^{\lambda_2}\right\}\right)^r}\left(m^{\lambda_1/\lambda_2}n\right)^{-\frac{1}{\lambda_1}\left(\sigma-\frac{\lambda_2}{q}\right)-\frac{1}{q}}$$

$$\leqslant m^{\frac{1}{\lambda_2}\left(\sigma-\frac{\lambda_2}{q}\right)+\frac{\lambda_1}{\lambda_2 q}}\int_0^{+\infty}\frac{\left(\min\left\{1,\left(m^{\lambda_1/\lambda_2}u\right)^{\lambda_2}\right\}\right)^s}{\left(\max\left\{1,\left(m^{\lambda_1/\lambda_2}u\right)^{\lambda_2}\right\}\right)^r}\left(m^{\lambda_1/\lambda_2}u\right)^{-\frac{1}{\lambda_1}\left(\sigma-\frac{\lambda_2}{q}\right)-\frac{1}{q}}\mathrm{d}u$$

$$=m^{\frac{1}{\lambda_2}\left(\sigma-\frac{\lambda_2}{q}\right)-\frac{\lambda_1}{\lambda_2 p}}\int_0^{+\infty}\frac{\left(\min\left\{1,t^{\lambda_2}\right\}\right)^s}{\left(\max\left\{1,t^{\lambda_2}\right\}\right)^r}t^{-\frac{1}{\lambda_1}\left(\sigma-\frac{\lambda_2}{q}\right)-\frac{1}{q}}\mathrm{d}t$$

$$=m^{\frac{1}{\lambda_2}\left(\sigma-\frac{\lambda_2}{q}\right)-\frac{\lambda_1}{\lambda_2 p}}W_1=\lambda_1 m^{\frac{1}{\lambda_2}\left(\sigma-\frac{\lambda_2}{q}\right)-\frac{\lambda_1}{\lambda_2 p}}W_0,$$

根据 $\sigma>\max\left\{\frac{\lambda_1}{p}+\frac{\lambda_2}{q}-r\lambda_1\lambda_2,\frac{\lambda_1}{p}+\frac{\lambda_2}{q}+s\lambda_1\lambda_2-\lambda_2\right\}$, 易知

$$f_2(t)=\frac{\left(\min\left\{1,t^{\lambda_1}\right\}\right)^s}{\left(\max\left\{1,t^{\lambda_1}\right\}\right)^r}t^{-\frac{1}{\lambda_2}\left(\sigma-\frac{\lambda_1}{p}\right)-\frac{1}{p}}$$

在 $(0,+\infty)$ 上递减, 据此和类似计算可得到

$$\omega_2(n)\leqslant\lambda_2 n^{\frac{1}{\lambda_1}\left(\sigma-\frac{\lambda_1}{q}\right)-\frac{\lambda_2}{\lambda_1 q}}W_0.$$

证毕.

定理 3.3.2 设 $\frac{1}{p}+\frac{1}{q}=1(p>1)$, $\lambda_1>0,\lambda_2>0,r>0,s>0$, σ 满足:

$$\max\left\{\frac{\lambda_1}{p}+\frac{\lambda_2}{q}-r\lambda_1\lambda_2,\frac{\lambda_1}{p}+\frac{\lambda_2}{q}+s\lambda_1\lambda_2-\lambda_1,\frac{\lambda_1}{p}+\frac{\lambda_2}{q}+s\lambda_1\lambda_2-\lambda_2\right\}$$

$$<\sigma<\frac{\lambda_1}{p}+\frac{\lambda_2}{q}+s\lambda_1\lambda_2,$$

$$\alpha=\frac{1}{\lambda_2}\left(p\sigma-\lambda_1\right),\beta=\frac{1}{\lambda_1}\left(q\sigma-\lambda_2\right),\quad \tilde{a}=\{a_m\}\in l_p^{\alpha},\tilde{b}=\{b_n\}\in l_q^{\beta},$$

则

$$\sum_{n=1}^{\infty}\sum_{m=1}^{\infty}\frac{\left(\min\left\{1,m^{\lambda_1}n^{\lambda_2}\right\}\right)^s}{\left(\max\left\{1,m^{\lambda_1}n^{\lambda_2}\right\}\right)^r}a_m b_n\leqslant\lambda_1^{\frac{1}{p}}\lambda_2^{\frac{1}{q}}W_0||\tilde{a}||_{p,\alpha}||\tilde{b}||_{q,\beta},\tag{3.3.2}$$

其中 $W_0=\left(\dfrac{\lambda_1}{p}+\dfrac{\lambda_2}{q}+s\lambda_1\lambda_2-\sigma\right)^{-1}-\left(\dfrac{\lambda_1}{p}+\dfrac{\lambda_2}{q}-r\lambda_1\lambda_2-\sigma\right)^{-1}$.

证明　记 $a=\dfrac{p\sigma-\lambda_1+\lambda_2}{\lambda_2 pq}$, $b=\dfrac{q\sigma-\lambda_2+\lambda_1}{\lambda_1 pq}$, 根据引理 3.3.2, 有

$$\begin{aligned}
&\sum_{n=1}^{\infty}\sum_{m=1}^{\infty}\frac{\left(\min\left\{1,m^{\lambda_1}n^{\lambda_2}\right\}\right)^s}{\left(\max\left\{1,m^{\lambda_1}n^{\lambda_2}\right\}\right)^r}a_m b_n\\
=&\sum_{n=1}^{\infty}\sum_{m=1}^{\infty}\left(\frac{m^a}{n^b}a_m\right)\left(\frac{n^b}{m^a}b_n\right)\frac{\left(\min\left\{1,m^{\lambda_1}n^{\lambda_2}\right\}\right)^s}{\left(\max\left\{1,m^{\lambda_1}n^{\lambda_2}\right\}\right)^r}\\
\leqslant&\left(\sum_{n=1}^{\infty}\sum_{m=1}^{\infty}\frac{m^{ap}}{n^{bp}}a_m^p\frac{\left(\min\left\{1,m^{\lambda_1}n^{\lambda_2}\right\}\right)^s}{\left(\max\left\{1,m^{\lambda_1}n^{\lambda_2}\right\}\right)^r}\right)^{\frac{1}{p}}\left(\sum_{n=1}^{\infty}\sum_{m=1}^{\infty}\frac{n^{bq}}{m^{aq}}b_n^q\frac{\left(\min\left\{1,m^{\lambda_1}n^{\lambda_2}\right\}\right)^s}{\left(\max\left\{1,m^{\lambda_1}n^{\lambda_2}\right\}\right)^r}\right)^{\frac{1}{q}}\\
=&\left(\sum_{m=1}^{\infty}m^{\frac{1}{\lambda_2 q}(p\sigma-\lambda_1+\lambda_2)}a_m^p\omega_1(m)\right)^{\frac{1}{p}}\left(\sum_{n=1}^{\infty}n^{\frac{1}{\lambda_1 p}(q\sigma-\lambda_2+\lambda_1)}b_n^q\omega_2(n)\right)^{\frac{1}{q}}\\
\leqslant&\left(\sum_{n=1}^{\infty}m^{\frac{1}{\lambda_2}(p\sigma-\lambda_1)}a_m^p\lambda_1 W_0\right)^{\frac{1}{p}}\left(\sum_{n=1}^{\infty}n^{\frac{1}{\lambda_1}(q\sigma-\lambda_2)}b_n^q\lambda_2 W_0\right)^{\frac{1}{q}}\\
=&\lambda_1^{\frac{1}{p}}\lambda_2^{\frac{1}{q}}W_0||\tilde{a}||_{p,\alpha}||\tilde{b}||_{q,\beta}.
\end{aligned}$$

故 (3.3.2) 式成立. 证毕.

注　(3.3.1) 式与 (3.3.2) 式中的常数因子是最佳的吗? 我们也希望能够证明它们是最佳常数因子. 但遗憾的是, 我们并未完成其证明, 期待读者们能够给出你们的解答.

例 3.3.1　设 $\dfrac{1}{p}+\dfrac{1}{q}=1(p>1)$, $r>0$, $s>0$, $\max\{1-r,s\}<\sigma<1+s$, $\tilde{a}=\{a_m\}\in l_p^{p\sigma-1}, \tilde{b}=\{b_n\}\in l_q^{q\sigma-1}$, 则

$$\sum_{n=1}^{\infty}\sum_{m=1}^{\infty}\frac{\left(\min\left\{1,mn\right\}\right)^s}{\left(\max\left\{1,mn\right\}\right)^r}a_m b_n\leqslant\left(\frac{1}{1+s-\sigma}-\frac{1}{1-r-\sigma}\right)||\tilde{a}||_{p,p\sigma-1}||\tilde{b}||_{q,q\sigma-1}.$$

证明 在定理 3.3.2 中取 $\lambda_1=\lambda_2=1$, 则其条件化为 $\max\{1-r,s\}<\sigma<1+s$, 从而可知本例结论成立. 证毕.

3.4 Hilbert 型级数不等式在算子理论中的应用

设 $K(m,n)\geqslant 0,\tilde{a}=\{a_m\}\in l_p^{\alpha}$, 定义级数算子 T:

$$T(\tilde{a})_n=\sum_{m=1}^{\infty}K(m,n)a_m, \tag{3.4.1}$$

则 T 是一个线性算子. 若 $\frac{1}{p}+\frac{1}{q}=1(p>1)$, 则 Hilbert 型级数不等式

$$\sum_{n=1}^{\infty}\sum_{m=1}^{\infty}K(m,n)a_mb_n\leqslant M||\tilde{a}||_{p,\alpha}||\tilde{b}||_{q,\beta}$$

等价于算子不等式

$$||T(\tilde{a})||_{p,\beta(1-p)}\leqslant M||\tilde{a}||_{p,\alpha}.$$

由此可知利用 Hilbert 型级数不等式, 我们可以讨论级数算子 T 的有界性与算子范数.

根据定理 3.1.1, 可得:

定理 3.4.1 设 $\frac{1}{p}+\frac{1}{q}=1(p>1)$, $2-\min\{p,q\}<\lambda\leqslant 2$, $a>0$, $b>0$, 则级数算子 T:

$$T(\tilde{a})_n=\sum_{m=1}^{\infty}\frac{a_m}{(am++bn)^{\lambda}},\quad \tilde{a}=\{a_m\}\in l_p^{1-\lambda},$$

是 $l_p^{1-\lambda}$ 到 $l_p^{(1-\lambda)(1-p)}$ 的有界线性算子, 且 T 的算子范数为

$$||T||=a^{\frac{2-\lambda}{p}-1}b^{\frac{\lambda-2}{q}-1}B\left(\frac{\lambda-2}{q}+1,\frac{\lambda-2}{p}+1\right).$$

根据定理 3.1.4, 可得:

定理 3.4.2 设 $\frac{1}{p}+\frac{1}{q}=1(p>1)$, $\lambda_1>0$, $0<\lambda_2\leqslant\frac{1}{\lambda_1}\min\{p,q\}$, $\alpha=(p-1)(1-\lambda_1\lambda_2)$, $\beta=(q-1)(1-\lambda_1\lambda_2)$, 则级数算子 T:

$$T(\tilde{a})_n=\sum_{m=1}^{\infty}\frac{a_m}{(m^{\lambda_1}++n^{\lambda_1})^{\lambda_2}},\quad \tilde{a}=\{a_m\}\in l_p^{\alpha},$$

是 l_p^{α} 到 $l_p^{\beta(1-p)}$ 的有界线性算子, 且 T 的算子范数为 $||T|| = B\left(\dfrac{\lambda_2}{q}, \dfrac{\lambda_2}{p}\right)$.

根据定理 3.1.6, 可得:

定理 3.4.3 设 $\dfrac{1}{p} + \dfrac{1}{q} = 1(p > 1)$, $0 < \lambda \leqslant \min\{p, q\}$, $\alpha = p - 1 - \lambda$, $\beta = q - 1 - \lambda$, 则级数算子 T:

$$T(\tilde{a})_n = \sum_{m=1}^{\infty} \frac{\ln(m/n)}{m^{\lambda} - n^{\lambda}} a_m, \quad \tilde{a} = \{a_m\} \in l_p^{\alpha},$$

是 l_p^{α} 到 $l_p^{\beta(1-p)}$ 的有界线性算子, 且 T 的算子范数为 $||T|| = B\left(\dfrac{\pi}{\lambda \sin(\pi/p)}\right)^2$.

根据定理 3.1.9, 可得:

定理 3.4.4 设 $\dfrac{1}{p} + \dfrac{1}{q} = 1(p > 1)$, $\dfrac{1}{r} + \dfrac{1}{s} = 1(r > 1)$, $\max\left\{1 - \dfrac{r}{q}, 1 - \dfrac{s}{p}\right\} < \lambda \leqslant 1$, $\alpha = \dfrac{p}{r}(1 - \lambda), \beta = \dfrac{q}{s}(1 - \lambda)$, 则级数算子 T:

$$T(\tilde{a})_n = \sum_{m=1}^{\infty} \frac{a_m}{\max\{m^{\lambda}, n^{\lambda}\}}, \quad \tilde{a} = \{a_m\} \in l_p^{\alpha},$$

是 l_p^{α} 到 $l_p^{\beta(1-p)}$ 的有界线性算子, 且 T 的算子范数为

$$||T|| = \frac{rq}{r - q(1 - \lambda)} + \frac{sp}{s - p(1 - \lambda)}.$$

根据定理 3.1.9, 可得:

定理 3.4.5 设 $\dfrac{1}{p} + \dfrac{1}{q} = 1(p > 1)$, $\dfrac{1}{r} + \dfrac{1}{s} = 1(r > 1)$, 则级数算子 T:

$$T(\tilde{a})_n = \sum_{m=1}^{\infty} \frac{|\ln(m/n)|}{\max\{m, n\}} a_m, \quad \tilde{a} = \{a_m\} \in l_p^{\frac{p}{r}-1},$$

是 $l_p^{\frac{p}{r}-1}$ 到 $l_p^{\left(\frac{q}{s}-1\right)(1-p)}$ 的有界线性算子, 且 T 的算子范数为 $||T|| = r^2 + s^2$.

根据定理 3.2.1, 可得:

定理 3.4.6 设 $\dfrac{1}{p} + \dfrac{1}{q} = 1(p > 1)$, $\lambda_1 > 0$, $\lambda_2 > 0$, $s > 0$, $\max\left\{\dfrac{s}{2} - \dfrac{1}{\lambda_2}, -\dfrac{s}{2}\right\}$

$< r < \min\left\{\frac{1}{\lambda_1}-\frac{s}{2},\frac{s}{2}\right\}$, $\alpha=\lambda_1 p\left(\frac{1}{\lambda_1}-\frac{s}{2}\right)-1$, $\beta=\lambda_2 q\left(\frac{1}{\lambda_2}-\frac{s}{2}\right)-1$, 则级数算子 T:

$$T(\tilde{a})_n=\sum_{m=1}^{\infty}\frac{\left(m^{\lambda_1}/n^{\lambda_2}\right)^r}{\left(m^{\lambda_1}+n^{\lambda_2}\right)^s}a_m,\quad \tilde{a}=\{a_m\}\in l_p^{\alpha},$$

是 l_p^{α} 到 $l_p^{\beta(1-p)}$ 的有界线性算子, 且 T 的算子范数为

$$||T||=\frac{1}{\lambda_1^{1/q}\lambda_2^{1/p}}B\left(\frac{s}{2}-r,\frac{s}{2}+r\right).$$

根据定理 3.2.2, 可得:

定理 3.4.7 设 $\frac{1}{p}+\frac{1}{q}=1(p>1)$, $\frac{1}{r}+\frac{1}{s}=1(r>1)$, $\lambda_1>0$, $\lambda_2>0$, $\max\left\{-\frac{1}{r},\frac{1}{s}-\frac{1}{\lambda_2}\right\}<\lambda<\max\left\{\frac{1}{s},\frac{1}{\lambda_1}-\frac{1}{r}\right\}$, $\alpha=p\left(1-\frac{\lambda_1}{r}\right)-1$, $\beta=q\left(1-\frac{\lambda_2}{s}\right)-1$, 则级数算子 T:

$$T(\tilde{a})_n=\sum_{m=1}^{\infty}\frac{\left(m^{\lambda_1}/n^{\lambda_2}\right)^{\lambda}}{\max\left\{m^{\lambda_1},n^{\lambda_2}\right\}}a_m,\quad \tilde{a}=\{a_m\}\in l_p^{\alpha},$$

是 l_p^{α} 到 $l_p^{\beta(1-p)}$ 的有界线性算子, 且 T 的算子范数为

$$||T||=\frac{rs}{\lambda_1^{1/q}\lambda_2^{1/p}(1+\lambda r)(1-\lambda s)}.$$

根据定理 3.2.4, 可得

定理 3.4.8 设 $\frac{1}{p}+\frac{1}{q}=1(p>1)$, $\lambda_1>0$, $\lambda_2>0$, $0<\frac{r}{p}+\frac{s}{q}\leqslant\frac{1}{\lambda_2}$, $0<\frac{s}{p}+\frac{r}{q}\leqslant\frac{1}{\lambda_1}$, $\alpha=p+\lambda_1(r-s)-1$, $\beta=q+\lambda_2(r-s)-1$, 则级数算子 T:

$$T(\tilde{a})_n=\sum_{m=1}^{\infty}\frac{\left(\min\left\{m^{\lambda_1},n^{\lambda_2}\right\}\right)^r}{\left(\max\left\{m^{\lambda_1},n^{\lambda_2}\right\}\right)^s}a_m,\quad \tilde{a}=\{a_m\}\in l_p^{\alpha},$$

是 l_p^{α} 到 $l_p^{\beta(1-p)}$ 的有界线性算子, 且 T 的算子范数为

$$||T||=\frac{1}{\lambda_1^{1/q}\lambda_2^{1/p}}\left[\left(\frac{r}{p}+\frac{s}{q}\right)^{-1}+\left(\frac{s}{p}+\frac{r}{q}\right)^{-1}\right].$$

根据定理 3.2.5, 可得:

定理 3.4.9　设 $\frac{1}{p}+\frac{1}{q}=1(p>1)$, $\frac{1}{r}+\frac{1}{s}=1(r>1)$, $0<\lambda<\min\left\{r\left(\frac{1}{\lambda_1}-1\right)+1, s\left(\frac{1}{\lambda_2}-1\right)+1\right\}$, $\alpha=\lambda_1 p\left(\frac{1}{\lambda_1}-\frac{\lambda-1}{r}\right)-1$, $\beta=\lambda_2 q\left(\frac{1}{\lambda_2}-\frac{\lambda-1}{s}\right)-1$, 则级数算子 T:

$$T(\tilde{a})_n=\sum_{m=1}^{\infty}\frac{\min\left\{m^{\lambda_1},n^{\lambda_2}\right\}}{\left(m^{\lambda_1}+n^{\lambda_2}\right)^{\lambda}}a_m,\quad \tilde{a}=\{a_m\}\in l_p^{\alpha},$$

是 l_p^{α} 到 $l_p^{\beta(1-p)}$ 的有界线性算子, 且 T 的算子范数为

$$||T||=\frac{1}{\lambda_1^{1/q}\lambda_2^{1/p}}\int_0^1\frac{t^{(\lambda-1)/s}+t^{(\lambda-1)/r}/r}{(1+t)^{\lambda}}\mathrm{d}t.$$

根据定理 3.2.6, 可得:

定理 3.4.10　设 $\frac{1}{p}+\frac{1}{q}=1(p>1)$, $\lambda_1>0$, $\lambda_2>0$, $\frac{1}{q}\left(\frac{1}{\lambda_1}+\frac{1}{\lambda_2}\right)+\frac{1}{\lambda_1\lambda_2}\geqslant\lambda$, $0<\frac{1}{\lambda_1 q}-\frac{1}{\lambda_2 p}+\frac{1}{\lambda_1\lambda_2}<\lambda$, $\alpha=\frac{1}{\lambda_2}\left(\lambda_1-p\right)$, $\beta=\frac{1}{\lambda_1}\left(\lambda_2+q\right)$, 则级数算子 T:

$$T(\tilde{a})_n=\sum_{m=1}^{\infty}\frac{a_m}{\left(1+m^{\lambda_1}/n^{\lambda_2}\right)^{\lambda}},\quad \tilde{a}=\{a_m\}\in l_p^{\alpha},$$

是 l_p^{α} 到 $l_p^{\beta(1-p)}$ 的有界线性算子, 且 T 的算子范数为

$$||T||=\frac{1}{\lambda_1^{1/q}\lambda_2^{1/p}}B\left(\lambda+\frac{1}{\lambda_2 p}-\frac{1}{\lambda_1 q}-\frac{1}{\lambda_1\lambda_2},\frac{1}{\lambda_1 q}+\frac{1}{\lambda_2 p}+\frac{1}{\lambda_1\lambda_2}\right).$$

根据定理 3.2.7, 可得:

定理 3.4.11　设 $\frac{1}{p}+\frac{1}{q}=1(p>1)$, $\lambda_1>0$, $\lambda_2>0$, $\frac{1}{\lambda_2 p}-\frac{1}{\lambda_1 q}<\lambda<1+\frac{1}{\lambda_2 p}-\frac{1}{\lambda_1 q}$, $1-\frac{1}{q}\left(\frac{1}{\lambda_1}+\frac{1}{\lambda_2}\right)\leqslant\lambda\leqslant\frac{1}{p}\left(\frac{1}{\lambda_1}+\frac{1}{\lambda_2}\right)$, 则级数算子 T:

$$T(\tilde{a})_n=\sum_{m=1}^{\infty}\frac{\left(1+m^{\lambda_1}/n^{\lambda_2}\right)^{\lambda}}{\max\left\{1,m^{\lambda_1}/n^{\lambda_2}\right\}}a_m,\quad \tilde{a}=\{a_m\}\in l_p^{\lambda_1/\lambda_2},$$

是 $l_p^{\lambda_1/\lambda_2}$ 到 $l_p^{\frac{\lambda_2}{\lambda_1}(1-p)}$ 的有界线性算子, 且 T 的算子范数为

$$||T|| = \frac{1}{\lambda_1^{1/q}\lambda_2^{1/p}}\left(\left(\lambda + \frac{1}{\lambda_1 q} - \frac{1}{\lambda_2 p}\right)^{-1} + \left(1 - \lambda - \frac{1}{\lambda_1 q} + \frac{1}{\lambda_2 p}\right)^{-1}\right).$$

根据定理 3.2.9, 可得:

定理 3.4.12 设 $\frac{1}{p}+\frac{1}{q}=1(p>1), \lambda_1>0, \lambda_2>0, \lambda>0, -1<\frac{1}{\lambda_2 p}-\frac{1}{\lambda_1 q}<\lambda, \frac{1}{\lambda_1}+\frac{1}{\lambda_2}>\max\{q, \lambda p\}$, 则级数算子 T:

$$T(\tilde{a})_n = \sum_{m=1}^{\infty} \frac{\left(\min\left\{1, m^{\lambda_1}/n^{\lambda_2}\right\}\right)^{\lambda}}{1 + m^{\lambda_1}/n^{\lambda_2}} a_m, \quad \tilde{a} = \{a_m\} \in l_p^{\lambda_1/\lambda_2},$$

是 $l_p^{\lambda_1/\lambda_2}$ 到 $l_p^{\frac{\lambda_2}{\lambda_1}(1-p)}$ 的有界线性算子, 且 T 的算子范数为

$$||T|| = \frac{1}{\lambda_1^{1/q}\lambda_2^{1/p}} \int_0^1 \frac{1}{1+u}\left(u^{\frac{1}{\lambda_2 p} - \frac{1}{\lambda_1 q}} + u^{\lambda - 1 - \frac{1}{\lambda_2 p} + \frac{1}{\lambda_1 q}}\right) \mathrm{d}u.$$

参 考 文 献

董飞, 范献胜, 王晓宇. 2020. 一个全平面上多参数的 Hilbert 型不等式 [J]. 数学的实践与认识, 50(15): 293-298.

高明哲. 1992. 关于 Hilbert 重级数定理的一个注记 [J]. 湖南数学年刊, 11(2): 142-147.

高明哲. 1994. 关于 Hardy-Riesz 拓广的 Hilbert 不等式的一个改进 [J]. 数学研究与评论, 14(2): 255-259.

洪勇. 2012. 准齐次核的 Hardy-Hilbert 型级数不等式 [J]. 数学年刊 A 辑 (中文版), 33(6): 679-686.

洪勇. 2013. 含零阶齐次核的 Hardy-Hilbert 型级数不等式 [J]. 云南大学学报 (自然科学版), 35(1): 1-5.

黄启亮. 2006. 一个加强的 Hilbert 型不等式 [J]. 广东教育学院学报 (自然科学版), 26(3): 15-18.

黄启亮. 2008. 一个 Hilbert 型不等式及其等价形式的加强 [J]. 数学杂志, 28(3): 67-72.

刘琼, 刘英迪. 2014. 关于一个多参数含复合变量的 Hilbert 型不等式 [J]. 数学的实践与认识, 44(10): 216-223.

隆建军, 杨厚学. 2012. Hardy-Hilbert 不等式一个新的改进 [J]. 云南民族大学学报 (自然科学版), 21(3): 197-201.

隆建军. 2012. 一个 Hardy-Hilbert 型不等式的推广与加强 [J]. 山东理工大学学报 (自然科学版), 26(2): 25-28.
王卫宏, 杨必成. 2007. 一个改进的 Hardy-Hilbert 不等式 [J]. 大学数学, 23(6): 92-95.
谢子填, 梁宏伟. 2012. Hilbert 型不等式的一个推广 [J]. 河南大学学报 (自然科学版), 42(2): 117-120.
辛冬梅. 2012. 一个多参数的 Hilbert 型不等式 [J]. 武汉大学学报 (理学版), 58(3): 235-239.
杨必成. 2005. 一个 Hardy-Hilbert 型不等式的逆 [J]. 西南师范大学学报 (自然科学版), 30(6): 1012-1015.
杨必成. 2015. 一个推广的 Hardy-Hilbert 型不等式 [J]. 广东第二师范学院学报, 35(3): 1-7.
杨必成. 2004. 一个 Hilbert 类不等式的最佳推广 [J]. 吉林大学学报 (理学版), 42(1): 30-34.
杨必成, 高明哲. 1997. 关于 Hardy-Hilbert 不等式的一个最佳常数 [J]. 数学进展, 26(2): 159-164.
杨必成. 1997. 一个改进的 Hilbert 不等式 [J]. 黄准学刊, 13(2): 47-51.
杨必成. 2000. 关于 Hilbert 定理的推广 [J]. 南京大学学报数学半年刊, 17(1): 152-156.
杨必成. 2004. 关于 Hardy-Hilbert 不等式及其等价式的推广 [J]. 数学杂志, 24(1): 24-30.
杨必成. 2004. 一个推广的 Hilbert 类不等式 [J]. 工程数学学报, 21(5): 821-824.
杨必成. 2005. 关于一个推广的具有最佳常数因子的 Hilbert 类不等式及其应用 [J], 数学研究与评论, 25(2): 341-346.
杨必成. 2005. 一个 Hardy-Hilbert 型不等式的逆 [J]. 西南师范大学学报 (自然科学版), 30(6): 1012-1015.
杨必成. 2005. 一个较为精确的 Hilbert 型不等式 [J]. 大学数学, 21(5): 99-102, 69.
杨必成. 2005. Hardy-Hilbert 不等式的推广 [J]. 高校应用数学学报 A 辑, 20(3): 351-357.
杨必成. 2005. 较为精密的 Hardy-Hilbert 型不等式 [J]. 信阳师范学院学报, 18(2): 140-142.
杨必成. 2006. Hardy-Hilbert 不等式与 Mulholland 不等式的一个联系 [J]. 数学学报, 49(3): 559-566.
杨必成. 2006. 参量化的 Hilbert 不等式 [J]. 数学学报, 49(5): 1121-1126.
杨必成. 2006. 关于 Hardy-Hilbert 型不等式的一个加强 [J]. 上海大学学报 (自然科学版), 12(3): 256-259.
杨必成. 2006. 一个加强的 Hilbert 型不等式 [J]. 广东教育学院学报 (自然科学版),26(5):1-4.
杨必成. 2006. 一个逆向的 Hardy-Hilbert 型不等式 [J]. 数学的实践与认识, 36(1): 207-212.
杨必成. 2006. 一个较为精密的 Hardy-Hilbert 型不等式及其应用 [J]. 数学学报, 49(2): 363-368.
杨必成. 2007. 一个推广的 Hardy-Hilbert 型不等式及其逆式 [J]. 数学学报, 50(4): 816-868.
杨必成. 2007. 一个较为精密的 Hilbert 型不等式 [J]. 数学杂志, 27(6): 673-678.
杨必成. 2007. 一个两对共轭指数的 Hilbert 型不等式 [J]. 吉林大学学报 (理学版), 45(4): 524-528.
杨必成. 2011. 关于子区间逆向的 Hilbert 型积分不等式 [J]. 数学杂志, 31(2): 291-298.
杨必成. 2011. 一个零齐次核 Hilbert 型不等式的推广 [J]. 华南师范大学学报 (自然科学版), (4): 36-42.

杨必成. 2016. 关于一个加强的 Hardy-Hilbert 型不等式及其逆式 [J]. 广东第二师范学院学报, 36(3): 1-7.

杨必成. 2016. 论离散的 Hilbert 型不等式及其算子表示 [J]. 广东第二师范学院学报, 36(5): 1-20.

有名辉, 范献胜. 2021. 关联余割函数的 Hilbert 型不等式及其应用 [J]. 浙江大学学报 (理学版), 48(2): 200-204.

有名辉. 2021. 离散型 Hilbert 不等式的推广及应用 [J]. 武汉大学学报 (理学版), 67(2): 179-184.

赵德钧. 1993. 关于 Hilbert 重级数定理的一个改进 [J]. 数学的实践与认识, (1): 85-90.

Aloushoush N K. 2016. Mixed form of Hilbert integral inequality [J]. J. Math. Anal., 7(6): 13-18.

Batbold T, Krnic M, Pearic J. 2018.More accurate Hilbert-type inequalities in a difference form [J]. Results Math., 73(3): 18.

Brnetic I, Pecaric J. 2004. Generalization of inequalities of Hardy-Hilbert type [J]. Mathematical Inequalities and Applications, 7(2): 217-225.

Burman P. 2015.A Hilbert-type inequality [J]. Math. Inequal. Appl., 18(4): 1253-1260.

El Marouf S A A. 2014.On some generalizations of the Hilbert-Hardy type discrete inequalities [J]. J. Egyptian Math. Soc., 22 (3): 330-336.

Gao M Z, Yang B C. 1998. On the extended Hilbert's inequality [J]. Proc. Amer. Math, 126: 751-759.

Gao M Z. 2006. A new Hardy-Hilbert's type inequality for double series and its applications[J]. The Australian Journal of Mathematical Analysis and Applications, 3(1): 1-10.

Gao P. 2015. A generalization of Hilbert's inequality [J]. Math. Inequal. Appl., 18(2): 407-418.

Garayev M T, Gürdal M, Okudan A. 2016. Hardy-Hilbert's inequality and power inequalities for Berezin numbers of operators [J]. Math. Inequal. Appl., 19(3): 883-891.

Gu Z H, He B. 2014.On a reverse Hilbert-type inequality with a homogeneous kernel of 0-degree [J]. Southeast Asian Bull. Math., 38(1): 45-51.

Hamiaz A, Abuelela W. 2020. Some new discrete Hilbert's inequalitie sinvolving Fenchel-Legendre transform [J]. J. Inequal. Appl., 2020(1): 1-14.

He L P, Jia W J, Gao M Z. 2006. A Hardy-Hilbert's type inequality with gamma function and its applications [J]. Integral Transforms and Special Functions, 17(5): 355-363.

Huang Q L. 2015. A new extension of a Hardy-Hilbert-type inequality [J]. J. Inequal. Appl., 2015(1): 1-12.

Huang Z X, Shi Y P, Yang B C. 2020.On a reverse extended Hardy-Hilbert's inequality [J]. J. Inequal. Appl., 68: 14.

Jia W J, Gao M Z, Gao X M. 2005. On an extension of the hardy-Hilbert theorem [J]. Studies Scientiarum Mathematicarum Hungrica, 42(1): 21-35.

Kangtunyakarn A. 2020.The variational inequality problem in Hilbertspaces endowed with graphs [J]. J. Fixed Point Theory Appl., 22 (1): 4-16.

Krnic M, Vukovic P. 2014.On a more accurate class of discrete Hilbert-type inequalities [J]. Appl. Math. Comput., 234: 543-547.

Krnic M, Gao M Z, Pecaric J, et al. 2005. On the best constant in Hilbert's inequality [J]. Mathematical Inequalities and Applications, 8(2): 317-329.

Krnic M, Vukovic P. 2017.A class of Hilbert-type inequalities obtained via the improved young inequality [J]. Results Math., 71 (1-2): 185-196.

Krnic M, Pecaric J. 2014.On more accurate Hilbert-type inequalities in finite measure Spaces [J]. Collect. Math., 65 (1): 143-154.

Kuang J C, Debnath L. 2000. On new generalizations of Hilbert's inequality and their applications [J]. J. Math. Anal. Appl., 245: 248-265.

Lepchinski M G. 2016. Generalization of Hilbert's inequality on the space lp [J]. (Russian)

Liao J Q, Yang B C. 2016. On a more accurate half-discrete Hardy-Hilbert-type inequality related to the kernel of exponential function [J]. J. Inequal. Appl., 2016(1): 1-21.

Liu Q. 2021. On a mixed kernel Hilbert-type integral inequality and its operator expressions with norm [J]. Math. Methods Appl. Sci., 44 (1): 593-604.

Lu Z X. 2004. On new generalizations of Hilbert's inequalities [J]. Tamkang Journal of Mathematics, 35(1): 77-86.

Luo R C, Yang B C. 2019. Parameterized discrete Hilbert-type inequalities with intermediate Variables [J]. J. Inequal. Appl., 2019(1): 1-12.

Michael Th R, Yang B C. 2018. A half-discrete Hilbert-type inequality in the whole plane related to the Riemann zeta function [J]. Appl. Anal., 97 (9): 1505-1525.

Sun B J. 2006. Best generalization of a Hilbert type inequality [J]. Journal of Inequalities in Pure and Applied Mathematics, 7(3): 1-14.

Vandanjav A, Tserendorj B, Azar L E. 2019.A new discrete Hilbert-type inequality involving partial sums [J]. J. Inequal. Appl., 2019(1): 1-6.

Vukovi P. 2018. The refinements of Hilbert-type inequalities in discrete case [J]. An. Univ. Craiova Ser. Mat. Inform., 45(2): 323-328.

Waleed A. 2016. A generalization of a half-discrete Hilbert's inequality [J]. J. Egyptian Math. Soc., 24 (2): 171-174.

Wang A Z, Yang B C. 2015. A more accurate reverse half-discrete Hilbert-type inequality [J]. J. Inequal. Appl., 2015(1): 1-12.

Wang W H, Yang B C. 2006. A strengthened Hardy-Hilbert's type inequality [J]. The Australian Journal of Mathematical Analysis and Applications, 3(2): 1-7.

Xi G W. 2007. A reverse Hardy-Hilbert-type inequality [J]. Journal of Inequalities and Applications, 2007(1): 1-7.

Xi G W. 2015.A generalization of the Hilbert's type inequality [J]. Math. Inequal. Appl., 18(4): 1501-1510.

Xi G W. 2019. A Hilbert's type inequality with three parameters [J]. Filomat, 33 (13): 4165-4173.

Xu J S. 2007. Hardy-Hilbert's inequalities with two parameters [J]. Advances in Mathematics, 36(2): 189-202.

Yang B C, Chen Q. 2015. On a Hardy-Hilbert-type inequality with parameters [J]. J. Inequal. Appl., 2015(1): 1-18.

Yang B C, Debnath L. 1998. On new strengthened Hardy-Hilbert's inequality [J]. Int. J. Math. Math. Sci., 21(2): 403-408.

Yang B C, Debnath L. 2002. On the extended Hardy-Hilbert's inequality [J]. J. Math. Anal. Appl., 272: 187-199.

Yang B C, Debnath L. 2003.A strengthened Hardy-Hilbert's inequality [J]. Proceedings of the Jangjeon Mathematical Society, 6(2): 119-124.

Yang B C, Rassias T M. 2003. On the way of weight coefficient and research for the Hilbert-type inequalities [J]. Mathematical Inequalities and Applications, 6(4): 625-658.

Yang B C. 1999. On a new generalization of Hardy-Hilbert's inequality and its applications [J]. J. Math. Anal. Appl., 23: 484-497.

Yang B C. 2000. On a refinement of Hardy-Hilbert's inequality and its applications [J]. Northeast. Math. J., 16(3): 279-286.

Yang B C. 2000. On new generalizations of Hilbert's inequality [J]. J. Math. Anal. Appl., 248: 29-40.

Yang B C. 2002. On a generalization of Hilbert's double series theorem [J]. Mathematical Inequalities and Applications, 5(2): 197-204.

Yang B C. 2002. On a generalization of Hilbert's inequality [J]. J. Pure Math., 19: 1-11.

Yang B C. 2003. On a new extension of Hardy-Hilbert's inequality and its applications [J]. International Journal of Pure and Applied Mathematics, 5(1): 57-66.

Yang B C. 2004. On a new Hardy-Hilbert's type inequality [J]. Math. Ineg. Appl., 7(3): 355-363.

Yang B C. 2005. On a dual hardy-Hilbert's inequality and its generalization [J]. Analysis Mathematica, 31: 151-161.

Yang B C. 2005. On a new extension of Hilbert's inequality with some parameters [J]. Acta Math. Hungar., 108(4): 37-350.

Yang B C. 2005. On best extensions of Hardy-Hilbert's inequality with two parameters[J]. Journal of Inequalities in Pure and Applied Mathematics, 6(3): 1-15.

Yang B C. 2005. On new extensions of Hilbert's inequality [J]. Acta Math. Hungar, 104(4): 291-299.

Yang B C. 2006. A dual Hardy-Hilbert inequality and generalizations [J]. Advances in Mathematics, 35(1): 102-108.

Yang B C. 2006. On a reverse of a Hardy-Hilbert type inequality [J]. Journal of Inequalities in Pure and Applied Mathematics, 7(3): 17.

Yang B C. 2006. On an extended Hardy-Hilbert's inequality and some reversed form [J]. International Mathematical Forum, 1(39): 1905-1912.

Yang B C. 2006. On an extension of Hardy-Hilbert's inequality [J]. Kyungpook Math. J., 46: 425-431.

Yang B C. 2007. On a more accurate Hilbert's type inequality [J]. International Mathematical Forblm, 2(37): 1831-1837.

Yang B C. 2007. On a new Hardy-Hilbert's type inequality with a parameter [J]. International Journal of Mathematical Analysis, 1(3): 123-131.

Yang B C. 2007. On the norm of a Hilbert's type linear operator and applications [J]. J Math. Anal. Appl., 325: 529-541.

Yang B C. 2008. An extension of the Hilbert-type inequality and its reverse [J]. Journal of Mathematical Inequalities, 2(1): 139-149.

Yang D C, Rassias T M. 2005. On a new extension of Hilbert's inequality [J]. Mathematical Inequalities and Applications, 8(4): 575-582.

You M H, Song W, Wang X Y. 2021. On a new generalization of some Hilbert-type inequalities [J]. Open Math., 19(1): 569-582.

You M H. 2015. On a new discrete Hilbert-type inequality and its applications [J]. Math. Inequal. Appl., 18(4): 1575-1587.

Zhang Z P, Xi G W. 2018. A Hilbert's type inequality with two parameters [J]. Filomat, 32(9): 3087-3092.

Zhao C J, Cheung W S. 2018. On Hilbert's inequalities with alternating signs [J]. J. Math. Inequal., 12(1): 191-200.

Zhao C J, Cheung W S. 2019.Reverse Hilbert inequalities involving series [J]. Publ. Inst. Math., 105(119): 81-92.

Zhao C J, Cheung W S. 2019. Reverse Hilbert type inequalities [J]. J. Math. Inequal., 13(3): 855-866.

第 4 章　若干具有精确核的半离散 Hilbert 型不等式

本章我们讨论具有各种精确核 $K(n,x)$ 的半离散 Hilbert 型不等式:

$$\int_0^{+\infty}\sum_{n=1}^{\infty}K(n,x)a_nf(x)\mathrm{d}x\leqslant M||\tilde{a}||_{p,\alpha}||f||_{q,\beta},$$

其中 $\tilde{a}=\{a_n\}\in l_p^a$, $f(x)\in L_q^{\beta}(0,+\infty)$.

4.1　若干具有齐次核的半离散 Hilbert 型不等式

引理 4.1.1　设 $\frac{1}{p}+\frac{1}{q}=1\ (p>1)$, $\lambda>0$, $\lambda_0>0$, $\frac{2}{p}-1-\lambda\lambda_0<\lambda_1-\lambda_2<\min\left\{\frac{2}{p}-1+\lambda\lambda_0,\frac{2}{p}+1-\lambda\lambda_0\right\}$, 记

$$W_1=\int_0^{+\infty}\frac{1}{(1+t^{\lambda})^{\lambda_0}}t^{\lambda_2-\left(\frac{1}{2}(1+\lambda_1+\lambda_2-\lambda\lambda_0)+\frac{1}{q}\right)}\mathrm{d}t,$$

$$W_2=\int_0^{+\infty}\frac{1}{(1+t^{\lambda})^{\lambda_0}}t^{\lambda_1-\left(\frac{1}{2}(1+\lambda_1+\lambda_2-\lambda\lambda_0)+\frac{1}{p}\right)}\mathrm{d}t,$$

则

$$W_1=W_2=\frac{1}{\lambda}B\left(\frac{1}{2\lambda}(\lambda_1-\lambda_2+\lambda\lambda_0-1)+\frac{1}{\lambda q},\frac{1}{2\lambda}(\lambda_2-\lambda_1+\lambda\lambda_0-1)+\frac{1}{\lambda p}\right),$$

且

$$\omega_1(n)=\int_0^{+\infty}\frac{n^{\lambda_1}x^{\lambda_2}}{(n^{\lambda}+x^{\lambda})^{\lambda_0}}x^{-\left(\frac{1}{2}(1+\lambda_1+\lambda_2-\lambda\lambda_0)+\frac{1}{q}\right)}\mathrm{d}x=n^{\frac{1}{2}(\lambda_1+\lambda_2-\lambda\lambda_0+1)+\frac{1}{q}}W_1,$$

$$\omega_2(x)=\sum_{n=1}^{\infty}\frac{n^{\lambda_1}x^{\lambda_2}}{(n^{\lambda}+x^{\lambda})^{\lambda_0}}n^{-\left(\frac{1}{2}(1+\lambda_1+\lambda_2-\lambda\lambda_0)+\frac{1}{p}\right)}\leqslant x^{\frac{1}{2}(\lambda_1+\lambda_2-\lambda\lambda_0+1)+\frac{1}{p}}W_2.$$

证明 首先, 由 $\frac{2}{p}-1-\lambda\lambda_0<\lambda_1-\lambda_2<\frac{2}{p}-1+\lambda\lambda_0$, 可知

$$\frac{1}{2\lambda}(\lambda_2-\lambda_1+\lambda\lambda_0-1)+\frac{1}{\lambda p}>0,\quad \frac{1}{2\lambda}(\lambda_1-\lambda_2+\lambda\lambda_0-1)+\frac{1}{\lambda q}>0,$$

于是根据 Beta 函数定义, 有

$$\begin{aligned}W_1&=\int_0^{+\infty}\frac{1}{(1+t^\lambda)^{\lambda_0}}t^{\lambda_2-\left(\frac{1}{2}(1+\lambda_1+\lambda_2-\lambda\lambda_0)+\frac{1}{q}\right)}\mathrm{d}t\\&=\frac{1}{\lambda}\int_0^{+\infty}\frac{1}{(1+u)^{\lambda_0}}u^{\frac{1}{2\lambda}(\lambda_2-\lambda_1+\lambda\lambda_0-1)+\frac{1}{\lambda p}-1}\mathrm{d}u\\&=\frac{1}{\lambda}B\left(\frac{1}{2\lambda}(\lambda_2-\lambda_1+\lambda\lambda_0-1)+\frac{1}{\lambda p},\lambda_0-\frac{1}{2\lambda}(\lambda_2-\lambda_1+\lambda\lambda_0-1)-\frac{1}{\lambda p}\right)\\&=\frac{1}{\lambda}B\left(\frac{1}{2\lambda}(\lambda_2-\lambda_1+\lambda\lambda_0-1)+\frac{1}{\lambda p},\frac{1}{2\lambda}(\lambda_1-\lambda_2+\lambda\lambda_0-1)+\frac{1}{\lambda q}\right).\end{aligned}$$

同理可得

$$W_2=\frac{1}{\lambda}B\left(\frac{1}{2\lambda}(\lambda_2-\lambda_1+\lambda\lambda_0-1)+\frac{1}{\lambda p},\frac{1}{2\lambda}(\lambda_1-\lambda_2+\lambda\lambda_0-1)+\frac{1}{\lambda q}\right).$$

根据 $\lambda_1-\lambda_2<\frac{2}{p}+1-\lambda\lambda_0$, 可得 $\lambda_1-\left(\frac{1}{2}(1+\lambda_1+\lambda_2-\lambda\lambda_0)+\frac{1}{p}\right)<0$, 故知

$$g(t)=\frac{1}{(t^\lambda+1)^{\lambda_0}}t^{\lambda_1-\left(\frac{1}{2}(1+\lambda_1+\lambda_2-\lambda\lambda_0)+\frac{1}{p}\right)}$$

在 $(0,+\infty)$ 上递减, 于是

$$\begin{aligned}\omega_2(x)&=\sum_{n=1}^{\infty}\frac{n^{\lambda_1}x^{\lambda_2}}{(n^\lambda+x^\lambda)^{\lambda_0}}n^{-\left(\frac{1}{2}(1+\lambda_1+\lambda_2-\lambda\lambda_0)+\frac{1}{p}\right)}\\&=x^{\lambda_2-\lambda\lambda_0}\sum_{n=1}^{\infty}\frac{1}{\left(1+(x^{-1}n)^\lambda\right)^{\lambda_0}}n^{\lambda_1-\left(\frac{1}{2}(1+\lambda_1+\lambda_2-\lambda\lambda_0)+\frac{1}{p}\right)}\\&=x^{\lambda_1+\lambda_2-\lambda\lambda_0-\frac{1}{2}(1+\lambda_1+\lambda_2-\lambda\lambda_0)+\frac{1}{p}}\\&\quad\times\sum_{n=1}^{\infty}\frac{1}{\left(1+(x^{-1}n)^\lambda\right)^{\lambda_0}}\left(x^{-1}n\right)^{\lambda_1-\left(\frac{1}{2}(1+\lambda_1+\lambda_2-\lambda\lambda_0)+\frac{1}{p}\right)}\end{aligned}$$

$$\leqslant x^{\frac{1}{2}(\lambda_1+\lambda_2-\lambda\lambda_0+1)+\frac{1}{p}-1}\int_0^{+\infty}\frac{1}{\left(1+(x^{-1}t)^{\lambda}\right)^{\lambda_0}}$$

$$\times\left(x^{-1}t\right)^{\lambda_1-\left(\frac{1}{2}(1+\lambda_1+\lambda_2-\lambda\lambda_0)+\frac{1}{p}\right)}\mathrm{d}t$$

$$=x^{\frac{1}{2}(\lambda_1+\lambda_2-\lambda\lambda_0+1)+\frac{1}{p}}\int_0^{+\infty}\frac{1}{(1+u^{\lambda})^{\lambda_0}}u^{\lambda_1-\left(\frac{1}{2}(1+\lambda_1+\lambda_2-\lambda\lambda_0)+\frac{1}{p}\right)}\mathrm{d}u$$

$$=x^{\frac{1}{2}(\lambda_1+\lambda_2-\lambda\lambda_0+1)+\frac{1}{p}}W_2.$$

类似地可计算得 $\omega_1(n)=n^{\frac{1}{2}(\lambda_1+\lambda_2-\lambda\lambda_0+1)+\frac{1}{q}}W_1$. 证毕.

定理 4.1.1 设 $\frac{1}{p}+\frac{1}{q}=1\ (p>1)$, $\lambda>0$, $\lambda_0>0$, $\frac{2}{p}-1-\lambda\lambda_0<\lambda_1-\lambda_2<\min\left\{\frac{2}{p}-1+\lambda\lambda_0,\frac{2}{p}+1-\lambda\lambda_0\right\}$, $\alpha=\frac{p}{2}(1+\lambda_1+\lambda_2-\lambda\lambda_0)$, $\beta=\frac{q}{2}(1+\lambda_1+\lambda_2-\lambda\lambda_0)$, $\tilde{a}=\{a_n\}\in l_p^{\alpha}$, $f(x)\in L_q^{\beta}(0,+\infty)$, 则

$$\int_0^{+\infty}\sum_{n=1}^{\infty}\frac{n^{\lambda_1}x^{\lambda_2}}{(n^{\lambda}+x^{\lambda})^{\lambda_0}}a_nf(x)\mathrm{d}x\leqslant M||\tilde{a}||_{p,\alpha}||f||_{q,\beta},\tag{4.1.1}$$

其中的常数因子

$$M=\frac{1}{\lambda}B\left(\frac{1}{2\lambda}(\lambda_2-\lambda_1+\lambda\lambda_0-1)+\frac{1}{\lambda p},\frac{1}{2\lambda}(\lambda_1-\lambda_2+\lambda\lambda_0-1)+\frac{1}{\lambda q}\right)$$

是最佳的.

证明 取适配数 $a=\frac{1}{2q}(1+\lambda_1+\lambda_2-\lambda\lambda_0)+\frac{1}{pq}$, $b=\frac{1}{2p}(1+\lambda_1+\lambda_2-\lambda\lambda_0)+\frac{1}{pq}$, 根据 Hölder 不等式及引理 4.1.1, 有

$$\int_0^{+\infty}\sum_{n=1}^{\infty}\frac{n^{\lambda_1}x^{\lambda_2}}{(n^{\lambda}+x^{\lambda})^{\lambda_0}}a_nf(x)\mathrm{d}x$$

$$=\int_0^{+\infty}\sum_{n=1}^{\infty}\left(\frac{n^a}{x^b}a_n\right)\left(\frac{x^b}{n^a}f(x)\right)\frac{n^{\lambda_1}x^{\lambda_2}}{(n^{\lambda}+x^{\lambda})^{\lambda_0}}\mathrm{d}x$$

$$\leqslant\left(\int_0^{+\infty}\sum_{n=1}^{\infty}\frac{n^{ap}}{x^{bp}}a_n^p\frac{n^{\lambda_1}x^{\lambda_2}}{(n^{\lambda}+x^{\lambda})^{\lambda_0}}\mathrm{d}x\right)^{\frac{1}{p}}\left(\int_0^{+\infty}\sum_{n=1}^{\infty}\frac{x^{bq}}{n^{aq}}f^q(x)\frac{n^{\lambda_1}x^{\lambda_2}}{(n^{\lambda}+x^{\lambda})^{\lambda_0}}\mathrm{d}x\right)^{\frac{1}{q}}$$

$$= \left(\sum_{n=1}^{\infty} n^{\frac{p}{2q}(1+\lambda_1+\lambda_2-\lambda\lambda_0)+\frac{1}{q}} a_n^p \omega_1(n)\right)^{\frac{1}{p}}$$

$$\times \left(\int_0^{+\infty} x^{\frac{q}{2p}(1+\lambda_1+\lambda_2-\lambda\lambda_0)+\frac{1}{p}} f^q(x)\omega_2(x)\mathrm{d}x\right)^{\frac{1}{q}}$$

$$= W_1^{\frac{1}{p}} W_2^{\frac{1}{q}} \left(\sum_{n=1}^{\infty} n^{\frac{p}{2}(1+\lambda_1+\lambda_2-\lambda\lambda_0)} a_n^p\right)^{\frac{1}{p}} \left(\int_0^{+\infty} x^{\frac{q}{2}(1+\lambda_1+\lambda_2-\lambda\lambda_0)} f^q(x)\mathrm{d}x\right)^{\frac{1}{q}}$$

$$= M||\tilde{a}||_{p,\alpha}||f||_{q,\beta}.$$

故 (4.1.1) 式成立.

设 (4.1.1) 式的最佳常数因子为 M_0, 则 $M_0 \leqslant M$, 且

$$\int_0^{+\infty} \sum_{n=1}^{\infty} \frac{n^{\lambda_1} x^{\lambda_2}}{(n^\lambda + x^\lambda)^{\lambda_0}} a_n f(x)\mathrm{d}x \leqslant M_0||\tilde{a}||_{p,\alpha}||f||_{q,\beta}.$$

对充分小的 $\varepsilon > 0$ 及 $\delta > 0$, 取 $a_n = n^{(-\alpha-1-\varepsilon)/p}$ $(n = 1, 2, \cdots)$,

$$f(x) = \begin{cases} x^{(-\beta-1-\varepsilon)/q}, & x \geqslant \delta, \\ 0, & 0 < x < \delta. \end{cases}$$

则有

$$M_0||\tilde{a}||_{p,\alpha}||f||_{q,\beta} = M_0 \left(\sum_{n=1}^{\infty} n^{-1-\varepsilon}\right)^{\frac{1}{p}} \left(\int_\delta^{+\infty} x^{-1-\varepsilon}\mathrm{d}x\right)^{\frac{1}{q}}$$

$$\leqslant M_0 \left(1 + \int_1^{+\infty} t^{-1-\varepsilon}\mathrm{d}t\right)^{\frac{1}{p}} \left(\frac{1}{\varepsilon\delta^\varepsilon}\right)^{\frac{1}{q}} = \frac{M_0}{\varepsilon}(1+\varepsilon)^{\frac{1}{p}} \left(\frac{1}{\delta^\varepsilon}\right)^{\frac{1}{q}},$$

同时, 又有

$$\int_0^{+\infty} \sum_{n=1}^{\infty} \frac{n^{\lambda_1} x^{\lambda_2}}{(n^\lambda + x^\lambda)^{\lambda_0}} a_n f(x)\mathrm{d}x$$

$$= \sum_{n=1}^{\infty} n^{(-\alpha-1-\varepsilon)/p} \left(\int_\delta^{+\infty} x^{(-\beta-1-\varepsilon)/q} \frac{n^{\lambda_1} x^{\lambda_2}}{(n^\lambda + x^\lambda)^{\lambda_0}}\mathrm{d}x\right)$$

$$= \sum_{n=1}^{\infty} n^{-2-\varepsilon} \left(\int_\delta^{+\infty} \frac{(x/n)^{\lambda_2}}{\left(1 + (x/n)^\lambda\right)^{\lambda_0}} \left(\frac{x}{n}\right)^{(-\beta-1-\varepsilon)/q}\mathrm{d}x\right)$$

$$
\begin{aligned}
&= \sum_{n=1}^{\infty} n^{-1-\varepsilon}\left(\int_{\frac{\delta}{n}}^{+\infty} \frac{1}{(1+t^{\lambda})^{\lambda_0}} t^{\lambda_2+(-\beta-1-\varepsilon)/q}\mathrm{d}t\right) \\
&\geqslant \sum_{n=1}^{\infty} n^{-1-\varepsilon}\int_{\delta}^{+\infty} \frac{1}{(1+t^{\lambda})^{\lambda_0}} t^{\lambda_2+(-\beta-1-\varepsilon)/q}\mathrm{d}t \\
&\geqslant \int_{1}^{+\infty} t^{-1-\varepsilon}\mathrm{d}t\int_{\delta}^{+\infty} \frac{1}{(1+t^{\lambda})^{\lambda_0}} t^{\lambda_2+(-\beta-1-\varepsilon)/q}\mathrm{d}t \\
&= \frac{1}{\varepsilon}\int_{\delta}^{+\infty} \frac{1}{(1+t^{\lambda})^{\lambda_0}} t^{\lambda_2+(-\beta-1-\varepsilon)/q}\mathrm{d}t.
\end{aligned}
$$

综上, 可得

$$
\int_{\delta}^{+\infty} \frac{1}{(1+t^{\lambda})^{\lambda_0}} t^{\lambda_2+(-\beta-1-\varepsilon)/q}\mathrm{d}t \leqslant M_0(1+\varepsilon)^{\frac{1}{p}}\left(\frac{1}{\delta^{\varepsilon}}\right)^{\frac{1}{q}},
$$

令 $\varepsilon \to 0^+$, 有

$$
\int_{\delta}^{+\infty} \frac{1}{(1+t^{\lambda})^{\lambda_0}} t^{\lambda_2-\left(\frac{1}{2}(1+\lambda_1+\lambda_2-\lambda\lambda_0)+\frac{1}{q}\right)}\mathrm{d}t \leqslant M_0,
$$

再令 $\delta \to 0^+$, 得 $W_1 \leqslant M_0$, 即 $M \leqslant M_0$, 故 (4.1.1) 式的最佳常数因子 $M_0 = M$. 证毕.

例 4.1.1 设 $\frac{1}{p}+\frac{1}{q}=1\ (p>1)$, $\lambda>0$, $\lambda_0>0$, $\max\left\{\frac{1}{p}-\frac{1}{q},\frac{1}{q}-\frac{1}{p}\right\}<\lambda\lambda_0<\frac{2}{p}+1$, $\alpha=\frac{p}{2}(1-\lambda\lambda_0)$, $\beta=\frac{q}{2}(1-\lambda\lambda_0)$, $\tilde{a}=\{a_n\}\in l_p^{\alpha}$, $f(x)\in L_q^{\beta}(0,+\infty)$, 则

$$
\int_0^{+\infty}\sum_{n=1}^{\infty}\frac{a_n}{(n^{\lambda}+x^{\lambda})^{\lambda_0}}f(x)\mathrm{d}x \leqslant M_0||\tilde{a}||_{p,\alpha}||f||_{q,\beta},
$$

其中的常数因子 $M_0=\frac{1}{\lambda}B\left(\frac{1}{2\lambda}(\lambda\lambda_0-1)+\frac{1}{\lambda p},\frac{1}{2\lambda}(\lambda\lambda_0-1)+\frac{1}{\lambda q}\right)$ 是最佳的.

证明 在定理 4.1.1 中取 $\lambda_1=\lambda_2=0$, 则其条件 $\frac{2}{p}-1-\lambda\lambda_0<\lambda_1-\lambda_2<\min\left\{\frac{2}{p}-1+\lambda\lambda_0,\frac{2}{p}+1-\lambda\lambda_0\right\}$ 化为 $\max\left\{\frac{1}{p}-\frac{1}{q},\frac{1}{q}-\frac{1}{p}\right\}<\lambda\lambda_0<\frac{2}{p}+1$, 从而由定理 4.1.1, 可知本例结论成立. 证毕.

注 若在例 4.1.1 中, 再取 $p=q=2$, 则可得: 设 $\lambda>0$, $\lambda_0>0$, $\lambda\lambda_0<2$, $\tilde{a}=\{a_n\}\in l_2^{1-\lambda\lambda_0}$, $f(x)\in L_2^{1-\lambda\lambda_0}(0,+\infty)$, 那么

$$\int_0^{+\infty}\sum_{n=1}^{\infty}\frac{a_n}{(n^\lambda+x^\lambda)^{\lambda_0}}f(x)\mathrm{d}x\leqslant\frac{1}{\lambda}B\left(\frac{\lambda_0}{2},\frac{\lambda_0}{2}\right)||\tilde{a}||_{2,1-\lambda\lambda_0}||f||_{2,1-\lambda\lambda_0},$$

其中的常数因子 $\frac{1}{\lambda}B\left(\frac{\lambda_0}{2},\frac{\lambda_0}{2}\right)$ 是最佳的.

引理 4.1.2 设 $\frac{1}{p}+\frac{1}{q}=1\ (p>1)$, $\frac{1}{r}+\frac{1}{s}=1\ (r>1)$, $\frac{1}{r}-\frac{1}{q}<\frac{\lambda_1}{r}+\frac{\lambda_2}{s}<\frac{1}{r}+\frac{1}{p}$, $\frac{\lambda_2}{r}+\frac{\lambda_1}{s}>\frac{1}{q}-\frac{1}{r}$, 记

$$W_1=\int_0^{+\infty}\frac{(\min\{1,t\})^{\lambda_2}}{(\max\{1,t\})^{\lambda_1}}t^{-\frac{1}{s}(\lambda_2-\lambda_1+1)-\frac{1}{q}}\mathrm{d}t,$$

$$W_2=\int_0^{+\infty}\frac{(\min\{t,1\})^{\lambda_2}}{(\max\{t,1\})^{\lambda_1}}t^{-\frac{1}{r}(\lambda_2-\lambda_1+1)-\frac{1}{p}}\mathrm{d}t,$$

则

$$W_1=W_2=\left(\left(\frac{\lambda_1}{r}+\frac{\lambda_2}{s}-\frac{1}{r}+\frac{1}{q}\right)^{-1}+\left(\frac{\lambda_2}{r}+\frac{\lambda_1}{s}+\frac{1}{r}-\frac{1}{q}\right)^{-1}\right),$$

且

$$\omega_1(n)=\int_0^{+\infty}\frac{(\min\{n,x\})^{\lambda_2}}{(\max\{n,x\})^{\lambda_1}}x^{-\frac{1}{s}(\lambda_2-\lambda_1+1)-\frac{1}{q}}\mathrm{d}x=n^{\frac{1}{r}(\lambda_2-\lambda_1+1)-\frac{1}{q}}W_1,$$

$$\omega_2(n)=\sum_{n=1}^{\infty}\frac{(\min\{n,x\})^{\lambda_2}}{(\max\{n,x\})^{\lambda_1}}n^{-\frac{1}{r}(\lambda_2-\lambda_1+1)-\frac{1}{p}}\leqslant x^{\frac{1}{s}(\lambda_2-\lambda_1+1)-\frac{1}{p}}W_2.$$

证明 根据条件 $\frac{\lambda_1}{r}+\frac{\lambda_2}{s}>\frac{1}{r}-\frac{1}{q}$, $\frac{\lambda_2}{r}+\frac{\lambda_1}{s}>\frac{1}{q}-\frac{1}{r}$, 可知

$$\frac{\lambda_1}{r}+\frac{\lambda_2}{s}-\frac{1}{r}+\frac{1}{q}>0,\quad \frac{\lambda_2}{r}+\frac{\lambda_1}{s}+\frac{1}{r}-\frac{1}{q}>0,$$

于是

$$W_1=\int_0^1 t^{\lambda_2-\frac{1}{s}(\lambda_2-\lambda_1+1)-\frac{1}{q}}\mathrm{d}t+\int_1^{+\infty}t^{-\lambda_1-\frac{1}{s}(\lambda_2-\lambda_1+1)-\frac{1}{q}}\mathrm{d}t$$

$$= \int_0^1 t^{\frac{\lambda_2}{r}+\frac{\lambda_1}{s}+\frac{1}{r}-\frac{1}{q}-1}\mathrm{d}t + \int_1^{+\infty} t^{-\frac{\lambda_1}{r}-\frac{\lambda_2}{s}+\frac{1}{r}-\frac{1}{q}-1}\mathrm{d}t$$

$$= \left(\left(\frac{\lambda_2}{r}+\frac{\lambda_1}{s}+\frac{1}{r}-\frac{1}{q}\right)^{-1} + \left(\frac{\lambda_1}{r}+\frac{\lambda_2}{s}-\frac{1}{r}+\frac{1}{q}\right)^{-1}\right).$$

同理可计算出 $W_1 = \left(\left(\frac{\lambda_2}{r}+\frac{\lambda_1}{s}+\frac{1}{r}-\frac{1}{q}\right)^{-1} + \left(\frac{\lambda_1}{r}+\frac{\lambda_2}{s}-\frac{1}{r}+\frac{1}{q}\right)^{-1}\right)$.

又根据 $\frac{\lambda_1}{r}+\frac{\lambda_2}{s}<\frac{1}{r}+\frac{1}{p}$, $\frac{\lambda_2}{r}+\frac{\lambda_1}{s}>\frac{1}{q}-\frac{1}{r}$, 可得

$$\frac{\lambda_1}{r}+\frac{\lambda_2}{s}-\frac{1}{r}-\frac{1}{p}<0, \quad -\frac{\lambda_2}{r}-\frac{\lambda_1}{s}-\frac{1}{r}-\frac{1}{p}<0.$$

又由于

$$\begin{aligned}
h(t) &= \frac{(\min\{t,1\})^{\lambda_2}}{(\max\{t,1\})^{\lambda_1}} t^{-\frac{1}{r}(\lambda_2-\lambda_1+1)-\frac{1}{p}} \\
&= \begin{cases} t^{\lambda_2-\frac{1}{r}(\lambda_2-\lambda_1+1)-\frac{1}{p}}, & 0<t\leqslant 1, \\ t^{-\lambda_1-\frac{1}{r}(\lambda_2-\lambda_1+1)-\frac{1}{p}}, & t>1 \end{cases} \\
&= \begin{cases} t^{\frac{\lambda_1}{r}+\frac{\lambda_2}{s}-\frac{1}{r}-\frac{1}{p}}, & 0<t\leqslant 1, \\ t^{-\frac{\lambda_1}{r}-\frac{\lambda_2}{s}-\frac{1}{r}-\frac{1}{p}}, & t>1. \end{cases}
\end{aligned}$$

从而可知 $h(t)$ 在 $(0,+\infty)$ 上递减. 于是我们有

$$\begin{aligned}
\omega_2(n) &= x^{\lambda_2-\lambda_1-\frac{1}{r}(\lambda_2-\lambda_1+1)-\frac{1}{p}} \sum_{n=1}^{\infty} \frac{(\min\{n/x,1\})^{\lambda_2}}{(\max\{n/x,1\})^{\lambda_1}} \left(\frac{n}{x}\right)^{-\frac{1}{r}(\lambda_2-\lambda_1+1)-\frac{1}{p}} \\
&\leqslant x^{\lambda_2-\lambda_1-\frac{1}{r}(\lambda_2-\lambda_1+1)-\frac{1}{p}} \int_0^{+\infty} \frac{(\min\{t/x,1\})^{\lambda_2}}{(\max\{t/x,1\})^{\lambda_1}} \left(\frac{t}{x}\right)^{-\frac{1}{r}(\lambda_2-\lambda_1+1)-\frac{1}{p}} \mathrm{d}t \\
&= x^{\lambda_2-\lambda_1-\frac{1}{r}(\lambda_2-\lambda_1+1)-\frac{1}{p}} \int_0^{+\infty} \frac{(\min\{u,1\})^{\lambda_2}}{(\max\{u,1\})^{\lambda_1}} u^{-\frac{1}{r}(\lambda_2-\lambda_1+1)-\frac{1}{p}} \mathrm{d}u \\
&= x^{\frac{1}{s}(\lambda_2-\lambda_1+1)-\frac{1}{p}} W_2,
\end{aligned}$$

$$\begin{aligned}
\omega_1(n) &= n^{\lambda_2-\lambda_1} \int_0^{+\infty} \frac{(\min\{1,x/n\})^{\lambda_2}}{(\max\{1,x/n\})^{\lambda_1}} x^{-\frac{1}{s}(\lambda_2-\lambda_1+1)-\frac{1}{q}} \mathrm{d}x \\
&= n^{\lambda_2-\lambda_1-\frac{1}{s}(\lambda_2-\lambda_1+1)-\frac{1}{q}} \int_0^{+\infty} \frac{(\min\{1,x/n\})^{\lambda_2}}{(\max\{1,x/n\})^{\lambda_1}} \left(\frac{x}{n}\right)^{-\frac{1}{s}(\lambda_2-\lambda_1+1)-\frac{1}{q}} \mathrm{d}x \\
&= n^{\lambda_2-\lambda_1+1-\frac{1}{s}(\lambda_2-\lambda_1+1)-\frac{1}{q}} \int_0^{+\infty} \frac{(\min\{1,t\})^{\lambda_2}}{(\max\{1,t\})^{\lambda_1}} t^{-\frac{1}{s}(\lambda_2-\lambda_1+1)-\frac{1}{q}} \mathrm{d}t
\end{aligned}$$

$$= n^{\frac{1}{r}(\lambda_2-\lambda_1+1)-\frac{1}{q}} W_1.$$

证毕.

定理 4.1.2 设 $\frac{1}{p}+\frac{1}{q}=1\ (p>1)$, $\frac{1}{r}+\frac{1}{s}=1\ (r>1)$, $\frac{1}{r}-\frac{1}{q}<\frac{\lambda_1}{r}+\frac{\lambda_2}{s}<\frac{1}{r}+\frac{1}{p}$, $\frac{\lambda_2}{r}+\frac{\lambda_1}{s}>\frac{1}{q}-\frac{1}{r}$, $\alpha=\frac{p}{r}(\lambda_2-\lambda_1+1)$, $\beta=\frac{q}{s}(\lambda_2-\lambda_1+1)$, $\tilde{a}=\{a_n\}\in l_p^{\alpha}$, $f(x)\in L_q^{\beta}(0,+\infty)$, 则

$$\int_0^{+\infty}\sum_{n=1}^{\infty}\frac{(\min\{n,x\})^{\lambda_2}}{(\max\{n,x\})^{\lambda_1}}a_n f(x)\mathrm{d}x \leqslant M||\tilde{a}||_{p,\alpha}||f||_{q,\beta}, \tag{4.1.2}$$

其中的常数因子 $M=\left(\left(\frac{\lambda_1}{r}+\frac{\lambda_2}{s}-\frac{1}{r}+\frac{1}{q}\right)^{-1}+\left(\frac{\lambda_2}{r}+\frac{\lambda_1}{s}+\frac{1}{r}-\frac{1}{q}\right)^{-1}\right)$ 是最佳的.

证明 我们记

$$K(n,x)=\frac{(\min\{n,x\})^{\lambda_2}}{(\max\{n,x\})^{\lambda_1}},$$

则 $K(n,x)$ 显然是 $\lambda_2-\lambda_1$ 阶的齐次非负函数. 取适配数

$$a=\frac{1}{rq}(\lambda_2-\lambda_1+1)+\frac{1}{pq},\quad b=\frac{1}{sp}(\lambda_2-\lambda_1+1)+\frac{1}{pq}.$$

根据 Hölder 不等式及引理 4.1.2, 有

$$\int_0^{+\infty}\sum_{n=1}^{\infty}K(n,x)a_n f(x)\mathrm{d}x=\int_0^{+\infty}\sum_{n=1}^{\infty}\left(\frac{n^a}{x^b}a_n\right)\left(\frac{x^b}{n^a}f(x)\right)K(n,x)\mathrm{d}x$$

$$\leqslant\left(\int_0^{+\infty}\sum_{n=1}^{\infty}\frac{n^{ap}}{x^{bp}}a_n^pK(n,x)\mathrm{d}x\right)^{\frac{1}{p}}\left(\int_0^{+\infty}\sum_{n=1}^{\infty}\frac{x^{bq}}{n^{aq}}f^q(x)K(n,x)\mathrm{d}x\right)^{\frac{1}{q}}$$

$$=\left(\sum_{n=1}^{\infty}n^{ap}a_n^p\omega_1(n)\right)^{\frac{1}{p}}\left(\int_0^{+\infty}x^{bq}f^q(x)\omega_2(x)\mathrm{d}x\right)^{\frac{1}{q}}$$

$$\leqslant W_1^{\frac{1}{p}}W_2^{\frac{1}{q}}\left(\sum_{n=1}^{\infty}n^{\frac{p}{rq}(\lambda_2-\lambda_1+1)+\frac{1}{q}+\frac{1}{r}(\lambda_2-\lambda_1+1)-\frac{1}{q}}a_n^p\right)^{\frac{1}{p}}$$

$$\times\left(\int_0^{+\infty}x^{\frac{q}{sp}(\lambda_2-\lambda_1+1)+\frac{1}{p}+\frac{1}{s}(\lambda_2-\lambda_1+1)-\frac{1}{p}}f^q(x)\mathrm{d}x\right)^{\frac{1}{q}}$$

$$= M\left(\sum_{n=1}^{\infty} n^{\frac{p}{r}(\lambda_2-\lambda_1+1)}a_n^p\right)^{\frac{1}{p}}\left(\int_0^{+\infty} x^{\frac{q}{s}(\lambda_2-\lambda_1+1)}f^q(x)\mathrm{d}x\right)^{\frac{1}{q}} = M||\tilde{a}||_{p,\alpha}||f||_{q,\beta}.$$

故 (4.1.2) 式成立.

若 (4.1.2) 式中的常数因子不是最佳的, 则存在常数 $M_0 < M$, 使得

$$\int_0^{+\infty}\sum_{n=1}^{\infty} K(n,x)a_n f(x)\mathrm{d}x \leqslant M_0||\tilde{a}||_{p,\alpha}||f||_{q,\beta}.$$

对足够小的 $\varepsilon > 0$ 及 $\delta > 0$, 取 $a_n = n^{(-\alpha-1-\varepsilon)/p}$ $(n = 1, 2, \cdots)$,

$$f(x) = \begin{cases} x^{(-\beta-1-\varepsilon)/q}, & x \geqslant \delta, \\ 0, & 0 < x < \delta. \end{cases}$$

则经计算可得

$$M_0||\tilde{a}||_{p,\alpha}||f||_{q,\beta} \leqslant \frac{M_0}{\varepsilon}(1+\varepsilon)^{\frac{1}{p}}\delta^{-\varepsilon/q},$$

$$\int_0^{+\infty}\sum_{n=1}^{\infty} K(n,x)a_n f(x)\mathrm{d}x = \sum_{n=1}^{\infty} n^{(-\alpha-1-\varepsilon)/p}\left(\int_\delta^{+\infty} x^{(-\beta-1-\varepsilon)/q}K(n,x)\,\mathrm{d}x\right)$$

$$= \sum_{n=1}^{\infty} n^{\lambda_2-\lambda_1+(-\alpha-1-\varepsilon)/p+(-\beta-1-\varepsilon)/q}\left(\int_\delta^{+\infty}\left(\frac{x}{n}\right)^{(-\beta-1-\varepsilon)/q}K\left(1,\frac{x}{n}\right)\mathrm{d}x\right)$$

$$= \sum_{n=1}^{\infty} n^{-2-\varepsilon}\left(\int_\delta^{+\infty}\left(\frac{x}{n}\right)^{(-\beta-1-\varepsilon)/q}K\left(1,\frac{x}{n}\right)\mathrm{d}x\right)$$

$$= \sum_{n=1}^{\infty} n^{-1-\varepsilon}\left(\int_{\delta/n}^{+\infty} t^{(-\beta-1-\varepsilon)/q}K(1,t)\,\mathrm{d}t\right)$$

$$\geqslant \sum_{n=1}^{\infty} n^{-1-\varepsilon}\left(\int_\delta^{+\infty} t^{(-\beta-1-\varepsilon)/q}K(1,t)\,\mathrm{d}x\right)$$

$$\geqslant \int_1^{+\infty} t^{-1-\varepsilon}\mathrm{d}t\int_\delta^{+\infty} t^{(-\beta-1-\varepsilon)/q}\frac{(\min\{1,t\})^{\lambda_2}}{(\max\{1,t\})^{\lambda_1}}\mathrm{d}t$$

$$= \frac{1}{\varepsilon}\int_\delta^{+\infty} t^{-\frac{1}{s}(\lambda_2-\lambda_1+1)-\frac{1}{q}-\frac{\varepsilon}{q}}\frac{(\min\{1,t\})^{\lambda_2}}{(\max\{1,t\})^{\lambda_1}}\mathrm{d}t.$$

综上, 可得

$$\int_\delta^{+\infty} t^{-\frac{1}{s}(\lambda_2-\lambda_1+1)-\frac{1}{q}-\frac{\varepsilon}{q}}\frac{(\min\{1,t\})^{\lambda_2}}{(\max\{1,t\})^{\lambda_1}}\mathrm{d}t \leqslant M_0(1+\varepsilon)^{\frac{1}{p}}\delta^{-\varepsilon/q},$$

先令 $\varepsilon \to 0^+$, 再令 $\delta \to 0^+$, 则得到

$$\int_0^{+\infty} \frac{(\min\{1,t\})^{\lambda_2}}{(\max\{1,t\})^{\lambda_1}} t^{-\frac{1}{s}(\lambda_2-\lambda_1+1)-\frac{1}{q}} \mathrm{d}t \leqslant M_0,$$

故 $M \leqslant M_0$, 这与 $M_0 < M$ 矛盾, 故 (4.1.2) 式中的常数因子是最佳的. 证毕.

例 4.1.2 设 $0<\lambda_1+\lambda_2<2$, $\alpha=\lambda_2-\lambda_1+1$, $\beta=\lambda_2-\lambda_1+1$, $\tilde{a}=\{a_n\}\in l_2^{\alpha}$, $f(x)\in L_2^{\beta}(0,+\infty)$, 则

$$\int_0^{+\infty} \sum_{n=1}^{\infty} \frac{(\min\{n,x\})^{\lambda_2}}{(\max\{n,x\})^{\lambda_1}} a_n f(x) \mathrm{d}x \leqslant \frac{4}{\lambda_1+\lambda_2} ||\tilde{a}||_{p,\alpha} ||f||_{q,\beta},$$

其中的常数因子 $\dfrac{4}{\lambda_1+\lambda_2}$ 是最佳的.

证明 在定理 4.1.2 中, 取 $p=q=r=s=2$, 即可得本例结论. 证毕.

引理 4.1.3 设 $\lambda>0$, $\lambda_1>0$, $0<\lambda_2<\min\{\lambda\lambda_1, 2-\lambda\lambda_1\}$, 则

$$\begin{aligned} W_0 &= \int_0^{+\infty} \frac{(\min\{1,t\})^{\lambda_2}}{(1+t^{\lambda})^{\lambda_1}} t^{-1-\frac{1}{2}(\lambda_2-\lambda\lambda_1)} \mathrm{d}t \\ &= \frac{1}{\lambda} B\left(\frac{1}{2\lambda}(\lambda\lambda_1+\lambda_2), \frac{1}{2\lambda}(\lambda\lambda_1-\lambda_2)\right), \end{aligned}$$

$$\omega_1(n) = \int_0^{+\infty} \frac{(\min\{n,x\})^{\lambda_2}}{(n^{\lambda}+x^{\lambda})^{\lambda_1}} x^{-1-\frac{1}{2}(\lambda_2-\lambda\lambda_1)} \mathrm{d}x = n^{\frac{1}{2}(\lambda_2-\lambda\lambda_1)} W_0,$$

$$\omega_2(x) = \sum_{n=1}^{\infty} \frac{(\min\{n,x\})^{\lambda_2}}{(n^{\lambda}+x^{\lambda})^{\lambda_1}} n^{-1-\frac{1}{2}(\lambda_2-\lambda\lambda_1)} \leqslant x^{\frac{1}{2}(\lambda_2-\lambda\lambda_1)} W_0.$$

证明 由 $\lambda>0$, $\lambda_1>0$, $\lambda_2<\lambda\lambda_1$, 可知 $\dfrac{1}{2\lambda}(\lambda\lambda_1+\lambda_2)>0$, $\dfrac{1}{2\lambda}(\lambda\lambda_1-\lambda_2)>0$. 根据 Beta 函数的性质, 有

$$\begin{aligned} W_0 &= \int_0^1 \frac{1}{(1+t^{\lambda})^{\lambda_1}} t^{\lambda_2-1-\frac{1}{2}(\lambda_2-\lambda\lambda_1)} \mathrm{d}t + \int_1^{+\infty} \frac{1}{(1+t^{\lambda})^{\lambda_1}} t^{-1-\frac{1}{2}(\lambda_2-\lambda\lambda_1)} \mathrm{d}t \\ &= \int_0^1 \frac{1}{(1+t^{\lambda})^{\lambda_1}} t^{-1+\frac{1}{2}(\lambda\lambda_1+\lambda_2)} \mathrm{d}t + \int_1^{+\infty} \frac{1}{(1+t^{\lambda})^{\lambda_1}} t^{-1+\frac{1}{2}(\lambda\lambda_1-\lambda_2)} \mathrm{d}t \\ &= \frac{1}{\lambda} \int_0^1 \frac{1}{(1+u)^{\lambda_1}} u^{\frac{1}{2\lambda}(\lambda\lambda_1+\lambda_2)-1} \mathrm{d}u + \frac{1}{\lambda} \int_0^1 \frac{1}{(1+u)^{\lambda_1}} u^{\frac{1}{2\lambda}(\lambda\lambda_1-\lambda_2)-1} \mathrm{d}u \end{aligned}$$

$$
\begin{aligned}
&= \frac{1}{\lambda}\int_0^1 \frac{1}{(1+u)^{\lambda_1}}\left(u^{\frac{1}{2\lambda}(\lambda\lambda_1+\lambda_2)-1}+u^{\frac{1}{2\lambda}(\lambda\lambda_1-\lambda_2)-1}\right)\mathrm{d}u \\
&= \frac{1}{\lambda}B\left(\frac{1}{2\lambda}(\lambda\lambda_1+\lambda_2),\frac{1}{2\lambda}(\lambda\lambda_1-\lambda_2)\right).
\end{aligned}
$$

$$
\begin{aligned}
\omega_1(n) &= n^{\lambda_2-\lambda\lambda_1}\int_0^{+\infty}\frac{(\min\{1,x/n\})^{\lambda_2}}{\left(1+(x/n)^{\lambda}\right)^{\lambda_1}}x^{-1-\frac{1}{2}(\lambda_2-\lambda\lambda_1)}\mathrm{d}x \\
&= n^{\lambda_2-\lambda\lambda_1-1-\frac{1}{2}(\lambda_2-\lambda\lambda_1)+1}\int_0^{+\infty}\frac{(\min\{1,t\})^{\lambda_2}}{(1+\mathrm{t}^{\lambda})^{\lambda_1}}t^{-1-\frac{1}{2}(\lambda_2-\lambda\lambda_1)}\mathrm{d}t \\
&= n^{\frac{1}{2}(\lambda_2-\lambda\lambda_1)}W_0.
\end{aligned}
$$

根据 $0<\lambda_2<2-\lambda\lambda_1$, 可知 $\frac{1}{2}(\lambda\lambda_1+\lambda_2)-1<0$, $\frac{1}{2}(\lambda\lambda_1-\lambda_2)-1<0$. 又因为

$$
\begin{aligned}
h(t) &= \frac{(\min\{1,t\})^{\lambda_2}}{(1+t^{\lambda})^{\lambda_1}}t^{-1-\frac{1}{2}(\lambda_2-\lambda\lambda_1)} \\
&= \begin{cases} \dfrac{1}{(1+t^{\lambda})^{\lambda_1}}t^{\frac{1}{2}(\lambda\lambda_1+\lambda_2)-1}, & 0<t\leqslant 1, \\ \dfrac{1}{(1+t^{\lambda})^{\lambda_1}}t^{\frac{1}{2}(\lambda\lambda_1-\lambda_2)-1}, & t>1. \end{cases}
\end{aligned}
$$

故知 $h(t)$ 在 $(0,+\infty)$ 上递减. 于是

$$
\begin{aligned}
\omega_2(x) &= x^{\lambda_2-\lambda\lambda_1}\sum_{n=1}^{\infty}\frac{(\min\{1,n/x\})^{\lambda_2}}{\left(1+(n/x)^{\lambda}\right)^{\lambda_1}}n^{-1-\frac{1}{2}(\lambda_2-\lambda\lambda_1)} \\
&= x^{\lambda_2-\lambda\lambda_1-1-\frac{1}{2}(\lambda_2-\lambda\lambda_1)}\sum_{n=1}^{\infty}\frac{(\min\{1,n/x\})^{\lambda_2}}{\left(1+(n/x)^{\lambda}\right)^{\lambda_1}}\left(\frac{n}{x}\right)^{-1-\frac{1}{2}(\lambda_2-\lambda\lambda_1)} \\
&\geqslant x^{\frac{1}{2}(\lambda_2-\lambda\lambda_1)-1}\int_0^{+\infty}\frac{(\min\{1,t/x\})^{\lambda_2}}{\left(1+(t/x)^{\lambda}\right)^{\lambda_1}}\left(\frac{t}{x}\right)^{-1-\frac{1}{2}(\lambda_2-\lambda\lambda_1)}\mathrm{d}t \\
&= x^{\frac{1}{2}(\lambda_2-\lambda\lambda_1)}\int_0^{+\infty}\frac{(\min\{1,u\})^{\lambda_2}}{(1+u^{\lambda})^{\lambda_1}}u^{-1-\frac{1}{2}(\lambda_2-\lambda\lambda_1)}\mathrm{d}u = x^{\frac{1}{2}(\lambda_2-\lambda\lambda_1)}W_0.
\end{aligned}
$$

证毕.

定理 4.1.3　设 $\frac{1}{p}+\frac{1}{q}=1\ (p>1)$, $\lambda>0$, $\lambda_1>0$, $0<\lambda_2<\min\{\lambda\lambda_1, 2-\lambda\lambda_1\}$, $\alpha=p\left(1+\frac{1}{2}(\lambda_2-\lambda\lambda_1)\right)-1, \beta=q\left(1+\frac{1}{2}(\lambda_2-\lambda\lambda_1)\right)-1, \tilde{a}=\{a_n\}\in l_p^{\alpha}, f(x)\in L_q^{\beta}(0,+\infty)$, 则

$$\int_0^{+\infty}\sum_{n=1}^{\infty}\frac{(\min\{n,x\})^{\lambda_2}}{(n^{\lambda}+x^{\lambda})^{\lambda_1}}a_n f(x)\mathrm{d}x\leqslant W_0||\tilde{a}||_{p,\alpha}||f||_{q,\beta},\tag{4.1.3}$$

其中的常数因子 $W_0=\frac{1}{\lambda}B\left(\frac{1}{2\lambda}(\lambda\lambda_1+\lambda_2),\frac{1}{2\lambda}(\lambda\lambda_1-\lambda_2)\right)$ 是最佳的.

证明　为方便计, 我们记

$$K(n,x)=\frac{(\min\{n,x\})^{\lambda_2}}{(n^{\lambda}+x^{\lambda})^{\lambda_1}},$$

则 $K(n,x)$ 是 $\lambda_2-\lambda\lambda_1$ 阶齐次非负函数. 取适配数

$$a=\frac{1}{q}\left(1+\frac{1}{2}(\lambda_2-\lambda\lambda_1)\right),\quad b=\frac{1}{p}\left(1+\frac{1}{2}(\lambda_2-\lambda\lambda_1)\right),$$

利用 Hölder 不等式及引理 4.1.3, 有

$$\begin{aligned}
&\int_0^{+\infty}\sum_{n=1}^{\infty}K(n,x)a_n f(x)\mathrm{d}x\\
&=\int_0^{+\infty}\sum_{n=1}^{\infty}\left(\frac{n^a}{x^b}a_n\right)\left(\frac{x^b}{n^a}f(x)\right)K(n,x)\mathrm{d}x\\
&\leqslant\left(\int_0^{+\infty}\sum_{n=1}^{\infty}\frac{n^{ap}}{x^{bp}}a_n^pK(n,x)\mathrm{d}x\right)^{\frac{1}{p}}\left(\int_0^{+\infty}\sum_{n=1}^{\infty}\frac{x^{bq}}{n^{aq}}f^q(x)K(n,x)\mathrm{d}x\right)^{\frac{1}{q}}\\
&=\left(\sum_{n=1}^{\infty}n^{\frac{p}{q}\left(1+\frac{1}{2}(\lambda_2-\lambda\lambda_1)\right)}a_n^p\int_0^{+\infty}x^{-1-\frac{1}{2}(\lambda_2-\lambda\lambda_1)}K(n,x)\mathrm{d}x\right)^{\frac{1}{p}}\\
&\quad\times\left(\int_0^{+\infty}x^{\frac{q}{p}\left(1+\frac{1}{2}(\lambda_2-\lambda\lambda_1)\right)}f^q(x)\sum_{n=1}^{\infty}n^{-1-\frac{1}{2}(\lambda_2-\lambda\lambda_1)}K(n,x)\mathrm{d}x\right)^{\frac{1}{q}}\\
&=\left(\sum_{n=1}^{\infty}n^{\frac{p}{q}\left(1+\frac{1}{2}(\lambda_2-\lambda\lambda_1)\right)}a_n^p\omega_1(n)\right)^{\frac{1}{p}}\left(\int_0^{+\infty}x^{\frac{q}{p}\left(1+\frac{1}{2}(\lambda_2-\lambda\lambda_1)\right)}f^q(x)\omega_2(x)\mathrm{d}x\right)^{\frac{1}{q}}
\end{aligned}$$

$$\leqslant W_0\left(\sum_{n=1}^{\infty} n^{p\left(1+\frac{1}{2}(\lambda_2-\lambda\lambda_1)\right)-1} a_n^p\right)^{\frac{1}{p}}\left(\int_0^{+\infty} x^{q\left(1+\frac{1}{2}(\lambda_2-\lambda\lambda_1)\right)-1} f^q(x)\mathrm{d}x\right)^{\frac{1}{q}}$$
$$=W_0||\tilde{a}||_{p,\alpha}||f||_{q,\beta},$$

故 (4.1.3) 式成立.

设 (4.1.3) 式的最佳常数因子为 M_0, 则 $M_0 \leqslant W_0$, 且

$$\int_0^{+\infty}\sum_{n=1}^{\infty} K(n,x)a_n f(x)\mathrm{d}x \leqslant M_0||\tilde{a}||_{p,\alpha}||f||_{q,\beta}.$$

对充分小的 $\varepsilon>0$ 及 $\delta>0$, 我们取 $a_n=n^{(-\alpha-1-\varepsilon)/p}$ $(n=1,2,\cdots)$,

$$f(x)=\begin{cases} x^{(-\beta-1-\varepsilon)/q}, & x\geqslant\delta,\\ 0, & 0<x<\delta.\end{cases}$$

则可知

$$M_0||\tilde{a}||_{p,\alpha}||f||_{q,\beta}=\frac{M_0}{\varepsilon}(1+\varepsilon)^{\frac{1}{p}}\delta^{-\varepsilon/q},$$

同时, 又有

$$\int_0^{+\infty}\sum_{n=1}^{\infty} K(n,x)a_n f(x)\mathrm{d}x=\sum_{n=1}^{\infty} n^{(-\alpha-1-\varepsilon)/p}\left(\int_\delta^{+\infty} K(n,x)x^{(-\beta-1-\varepsilon)/q}\mathrm{d}x\right)$$
$$=\sum_{n=1}^{\infty} n^{-1-\frac{1}{2}(\lambda_2-\lambda\lambda_1)-\frac{\varepsilon}{p}+\lambda_2-\lambda\lambda_1}\left(\int_\delta^{+\infty} K\left(1,\frac{x}{n}\right)x^{-1-\frac{1}{2}(\lambda_2-\lambda\lambda_1)-\frac{\varepsilon}{q}}\mathrm{d}x\right)$$
$$=\sum_{n=1}^{\infty} n^{-1+\frac{1}{2}(\lambda_2-\lambda\lambda_1)-\frac{\varepsilon}{p}-1-\frac{1}{2}(\lambda_2-\lambda\lambda_1)-\frac{\varepsilon}{q}}\left(\int_\delta^{+\infty} K\left(1,\frac{x}{n}\right)\left(\frac{x}{n}\right)^{-1-\frac{1}{2}(\lambda_2-\lambda\lambda_1)-\frac{\varepsilon}{q}}\mathrm{d}x\right)$$
$$=\sum_{n=1}^{\infty} n^{-1-\varepsilon}\left(\int_{\delta/n}^{+\infty} K(1,t)t^{-1-\frac{1}{2}(\lambda_2-\lambda\lambda_1)-\frac{\varepsilon}{q}}\mathrm{d}t\right)$$
$$\geqslant\sum_{n=1}^{\infty} n^{-1-\varepsilon}\int_\delta^{+\infty}\frac{(\min\{1,t\})^{\lambda_2}}{(1+t^\lambda)^{\lambda_1}}t^{-1-\frac{1}{2}(\lambda_2-\lambda\lambda_1)-\frac{\varepsilon}{q}}\mathrm{d}t$$
$$\geqslant\int_1^{+\infty} t^{-1-\varepsilon}\mathrm{d}t\int_\delta^{+\infty}\frac{(\min\{1,t\})^{\lambda_2}}{(1+t^\lambda)^{\lambda_1}}t^{-1-\frac{1}{2}(\lambda_2-\lambda\lambda_1)-\frac{\varepsilon}{q}}\mathrm{d}t$$
$$=\frac{1}{\varepsilon}\int_\delta^{+\infty}\frac{(\min\{1,t\})^{\lambda_2}}{(1+t^\lambda)^{\lambda_1}}t^{-1-\frac{1}{2}(\lambda_2-\lambda\lambda_1)-\frac{\varepsilon}{q}}\mathrm{d}t.$$

综上可得

$$\int_{\delta}^{+\infty} \frac{(\min\{1,t\})^{\lambda_2}}{(1+t^{\lambda})^{\lambda_1}} t^{-1-\frac{1}{2}(\lambda_2-\lambda\lambda_1)-\frac{\varepsilon}{q}} \mathrm{d}t \leqslant M_0(1+\varepsilon)^{\frac{1}{p}}\delta^{-\varepsilon/q},$$

先令 $\varepsilon \to 0^+$, 再令 $\delta \to 0^+$, 便可得 $W_0 \leqslant M_0$, 故 (4.1.3) 式的最佳常数因子 $M_0 = W_0$. 证毕.

引理 4.1.4 设 $\frac{1}{p}+\frac{1}{q}=1\ (p>1)$, $\frac{1}{r}+\frac{1}{s}=1\ (r>1)$, $\max\left\{1-\frac{s}{p}, 1-\frac{r}{q}\right\} < \lambda < 1+\frac{r}{p}$, 记

$$W_0 = \frac{sp}{p(\lambda-1)+s} + \frac{rq}{q(\lambda-1)+r},$$

则有

$$W_1 = \int_0^{+\infty} \frac{1}{(\max\{1,t\})^{\lambda}} t^{\frac{1}{s}(\lambda-1)-\frac{1}{q}} \mathrm{d}t = W_0,$$

$$W_2 = \int_0^{+\infty} \frac{1}{(\max\{1,t\})^{\lambda}} t^{\frac{1}{r}(\lambda-1)-\frac{1}{p}} \mathrm{d}t = W_0,$$

$$\omega_1(n) = \int_0^{+\infty} \frac{n^{\lambda_1}}{(\max\{n,x\})^{\lambda}} x^{\frac{1}{s}(\lambda-1)-\frac{1}{q}} \mathrm{d}x = n^{\lambda_1-\frac{\lambda}{r}-\frac{1}{s}+\frac{1}{p}} W_0,$$

$$\omega_2(x) = \sum_{n=1}^{\infty} \frac{x^{\lambda_2}}{(\max\{n,x\})^{\lambda}} n^{\frac{1}{r}(\lambda-1)-\frac{1}{p}} \leqslant x^{\lambda_2-\frac{r}{s}-\frac{1}{r}+\frac{1}{q}} W_0.$$

证明 根据 $\lambda > \max\left\{1-\frac{s}{p}, 1-\frac{r}{q}\right\}$, 可知 $\frac{1}{s}(\lambda-1)+\frac{1}{p}>0$, $\frac{1}{r}(\lambda-1)+\frac{1}{q}>0$, 于是

$$\begin{aligned} W_1 &= \int_0^1 t^{\frac{1}{s}(\lambda-1)-\frac{1}{q}} \mathrm{d}t + \int_1^{+\infty} t^{-\lambda+\frac{1}{s}(\lambda-1)-\frac{1}{q}} \mathrm{d}t \\ &= \int_0^1 t^{\frac{1}{s}(\lambda-1)+\frac{1}{p}-1} \mathrm{d}t + \int_1^{+\infty} t^{-\frac{1}{r}(\lambda-1)-\frac{1}{q}-1} \mathrm{d}t \\ &= \frac{1}{\frac{1}{s}(\lambda-1)+\frac{1}{p}} + \frac{1}{\frac{1}{r}(\lambda-1)+\frac{1}{q}} = \frac{sp}{p(\lambda-1)+s} + \frac{rq}{q(\lambda-1)+r} = W_0. \end{aligned}$$

同理可得 $W_2 = W_0$.

$$\omega_1(n) = n^{\lambda_1-\lambda} \int_0^{+\infty} \frac{1}{(\max\{1,x/n\})^{\lambda}} x^{\frac{1}{s}(\lambda-1)-\frac{1}{q}} \mathrm{d}x$$

$$= n^{\lambda_1-\lambda+\frac{1}{s}(\lambda-1)-\frac{1}{q}+1}\int_0^{+\infty}\frac{1}{(\max\{1,u\})^\lambda}u^{\frac{1}{s}(\lambda-1)-\frac{1}{q}}\mathrm{d}u = n^{\lambda_1-\frac{\lambda}{r}-\frac{1}{s}+\frac{1}{p}}W_0.$$

根据 $1-\frac{s}{p}<\lambda<1+\frac{r}{p}$, 可知 $\frac{1}{r}(\lambda-1)-\frac{1}{p}<0$, $-\lambda+\frac{1}{r}(\lambda-1)-\frac{1}{p}<0$, 故

$$\begin{aligned} h(t) &= \frac{1}{(\max\{1,t\})^\lambda}t^{\frac{1}{r}(\lambda-1)-\frac{1}{p}} \\ &= \begin{cases} t^{\frac{1}{r}(\lambda-1)-\frac{1}{p}}, & 0<t\leqslant 1, \\ t^{-\lambda+\frac{1}{r}(\lambda-1)-\frac{1}{p}}, & t>1. \end{cases} \end{aligned}$$

在 $(0,+\infty)$ 上递减, 从而有

$$\begin{aligned} \omega_2(x) &= x^{\lambda_2-\lambda}\sum_{n=1}^{\infty}\frac{1}{(\max\{1,x/n\})^\lambda}n^{\frac{1}{r}(\lambda-1)-\frac{1}{p}} \\ &= x_1^{\lambda_2-\lambda+\frac{1}{r}(\lambda-1)-\frac{1}{p}}\sum_{n=1}^{\infty}\frac{1}{(\max\{1,x/n\})^\lambda}\left(\frac{n}{x}\right)^{\frac{1}{r}(\lambda-1)-\frac{1}{p}} \\ &\leqslant x_1^{\lambda_2-\lambda+\frac{1}{r}(\lambda-1)-\frac{1}{p}}\int_0^{+\infty}\frac{1}{(\max\{1,t/x\})^\lambda}\left(\frac{t}{x}\right)^{\frac{1}{r}(\lambda-1)-\frac{1}{p}}\mathrm{d}t \\ &= x^{\lambda_2-\frac{\lambda}{s}-\frac{1}{r}+\frac{1}{q}}\int_0^{+\infty}\frac{1}{(\max\{1,u\})^\lambda}u^{\frac{1}{r}(\lambda-1)-\frac{1}{p}}\mathrm{d}u = x^{\lambda_2-\frac{\lambda}{s}-\frac{1}{r}+\frac{1}{q}}W_0. \end{aligned}$$

证毕.

定理 4.1.4 设 $\frac{1}{p}+\frac{1}{q}=1\ (p>1)$, $\frac{1}{r}+\frac{1}{s}=(r>1)$, $\max\left\{1-\frac{s}{p},1-\frac{r}{q}\right\}<\lambda<1+\frac{r}{p}$, $\alpha=p\left(\lambda_1-\frac{1}{r}(\lambda-1)\right)$, $\beta=q\left(\lambda_2-\frac{1}{s}(\lambda-1)\right)$, $\tilde{a}=\{a_n\}\in l_p^\alpha$, $f(x)\in L_q^\beta(0,+\infty)$, 记

$$W_0=\frac{sp}{p(\lambda-1)+s}+\frac{rq}{q(\lambda-1)+r},$$

则有

$$\int_0^{+\infty}\sum_{n=1}^{\infty}\frac{n^{\lambda_1}x^{\lambda_2}}{(\max\{n,x\})^\lambda}a_nf(x)\mathrm{d}x\leqslant W_0||\tilde{a}||_{p,\alpha}||f||_{q,\beta}, \tag{4.1.4}$$

其中的常数因子 W_0 是最佳的.

证明　记 $K(n,x)=\dfrac{n^{\lambda_1}x^{\lambda_2}}{(\max\{n,x\})^{\lambda}}$, 则 $K(n,x)$ 是 $\lambda_1+\lambda_2-\lambda$ 阶齐次非负函数. 取适配数 $a=\dfrac{1}{q}\left(\lambda_1-\dfrac{1}{r}(\lambda-1)\right)+\dfrac{1}{pq}$, $b=\dfrac{1}{p}\left(\lambda_2-\dfrac{1}{s}(\lambda-1)\right)+\dfrac{1}{pq}$, 根据 Hölder 不等式及引理 4.1.4, 有

$$\int_0^{+\infty}\sum_{n=1}^{\infty}K(n,x)\,a_nf(x)\,\mathrm{d}x=\int_0^{+\infty}\sum_{n=1}^{\infty}\left(\frac{n^a}{x^b}a_n\right)\left(\frac{x^b}{n^a}f(x)\right)K(n,x)\mathrm{d}x$$

$$\leqslant\left(\int_0^{+\infty}\sum_{n=1}^{\infty}\frac{n^{ap}}{x^{bp}}a_n^pK(n,x)\mathrm{d}x\right)^{\frac{1}{p}}\left(\int_0^{+\infty}\sum_{n=1}^{\infty}\frac{x^{bq}}{n^{aq}}f^q(x)K(n,x)\mathrm{d}x\right)^{\frac{1}{q}}$$

$$=\left(\sum_{n=1}^{\infty}n^{ap}a_n^p\int_0^{+\infty}x^{-bp}K(n,x)\mathrm{d}x\right)^{\frac{1}{p}}\left(\int_0^{+\infty}x^{bq}f^q(x)\sum_{n=1}^{\infty}n^{-aq}K(n,x)\mathrm{d}x\right)^{\frac{1}{q}}$$

$$=\left(\sum_{n=1}^{\infty}n^{\frac{p}{q}\left(\lambda_1-\frac{1}{r}(\lambda-1)\right)+\frac{1}{q}}a_n^p\int_0^{+\infty}\frac{n^{\lambda_1}x^{\lambda_2}}{(\max\{n,x\})^{\lambda}}x^{-\lambda_2+\frac{1}{s}(\lambda-1)-\frac{1}{q}}\mathrm{d}x\right)^{\frac{1}{p}}$$

$$\times\left(\int_0^{+\infty}x^{\frac{q}{p}\left(\lambda_2-\frac{1}{s}(\lambda-1)\right)+\frac{1}{p}}f^q(x)\sum_{n=1}^{\infty}\frac{n^{\lambda_1}x^{\lambda_2}}{(\max\{n,x\})^{\lambda}}n^{-\lambda_1-\frac{1}{r}(\lambda-1)-\frac{1}{p}}\mathrm{d}x\right)^{\frac{1}{q}}$$

$$=\left(\sum_{n=1}^{\infty}n^{\frac{p}{q}\left(\lambda_1-\frac{1}{r}(\lambda-1)\right)+\frac{1}{q}}a_n^p\omega_1(n)\right)^{\frac{1}{p}}\left(\int_0^{+\infty}x^{\frac{q}{p}\left(\lambda_2-\frac{1}{s}(\lambda-1)\right)+\frac{1}{p}}f^q(x)\omega_2(x)\mathrm{d}x\right)^{\frac{1}{q}}$$

$$\leqslant\left(\sum_{n=1}^{\infty}n^{p\left(\lambda_1-\frac{1}{r}(\lambda-1)\right)}a_n^pW_1\right)^{\frac{1}{p}}\left(\int_0^{+\infty}x^{q\left(\lambda_2-\frac{1}{s}(\lambda-1)\right)}f^q(x)W_2\mathrm{d}x\right)^{\frac{1}{q}}$$

$$=W_0||\tilde{a}||_{p,\alpha}||f||_{q,\beta}.$$

故 (4.1.4) 式成立.

若 W_0 不是 (4.1.4) 式的最佳常数因子, 则存在常数 $M_0<W_0$, 使

$$\int_0^{+\infty}\sum_{n=1}^{\infty}K(n,x)\,a_nf(x)\mathrm{d}x\leqslant M_0||\tilde{a}||_{p,\alpha}||f||_{q,\beta}.$$

取 $\varepsilon>0$ 及 $\delta>0$ 充分小, 令 $a_n=n^{(-\alpha-1-\varepsilon)/p}\ (n=1,2,\cdots)$,

$$f(x)=\begin{cases}x^{(-\beta-1-\varepsilon)/q}, & x\geqslant\delta,\\ 0, & 0<x<\delta.\end{cases}$$

则由计算可知

$$M_0||\tilde{a}||_{p,\alpha}||f||_{q,\beta} \leqslant M_0\frac{1}{\varepsilon}(1+\varepsilon)^{\frac{1}{p}}\delta^{-\varepsilon/q},$$

同时, 有

$$\int_0^{+\infty}\sum_{n=1}^{\infty}K(n,x)a_nf(x)\mathrm{d}x = \sum_{n=1}^{\infty}n^{(-\alpha-1-\varepsilon)/p}\left(\int_\delta^{+\infty}x^{(-\beta-1-\varepsilon)/q}K(n,x)\mathrm{d}x\right)$$

$$= \sum_{n=1}^{\infty}n^{\lambda_1+\lambda_2-\lambda-\frac{\alpha}{p}-\frac{\beta}{q}-1-\varepsilon}\left(\int_\delta^{+\infty}K\left(1,\frac{x}{n}\right)\left(\frac{x}{n}\right)^{(-\beta-1-\varepsilon)/q}\mathrm{d}x\right)$$

$$= \sum_{n=1}^{\infty}n^{-1-\varepsilon}\int_{\delta/n}^{+\infty}t^{(-\beta-1-\varepsilon)/q}K(1,t)\mathrm{d}t \geqslant \sum_{n=1}^{\infty}n^{-1-\varepsilon}\int_\delta^{+\infty}t^{(-\beta-1-\varepsilon)/q}K(1,t)\mathrm{d}t$$

$$\geqslant \int_1^{+\infty}t^{-1-\varepsilon}\mathrm{d}t\int_\delta^{+\infty}t^{(-\beta-1-\varepsilon)/q}K(1,t)\mathrm{d}t$$

$$= \frac{1}{\varepsilon}\int_\delta^{+\infty}\frac{1}{(\max\{1,t\})^{\lambda}}t^{\frac{1}{s}(\lambda-1)-\frac{1}{q}-\frac{\varepsilon}{q}}\mathrm{d}t.$$

综上, 得到

$$\int_\delta^{+\infty}\frac{1}{(\max\{1,t\})^{\lambda}}t^{\frac{1}{s}(\lambda-1)-\frac{1}{q}-\frac{\varepsilon}{q}}\mathrm{d}t \leqslant M_0(1+\varepsilon)^{\frac{1}{p}}\delta^{-\frac{\varepsilon}{q}},$$

令 $\varepsilon \to 0^+$, 并利用 Fatou 引理, 得

$$\int_\delta^{+\infty}\frac{1}{(\max\{1,t\})^{\lambda}}t^{\frac{1}{s}(\lambda-1)-\frac{1}{q}}\mathrm{d}t \leqslant M_0,$$

再令 $\delta \to 0^+$, 得

$$W_0 = \int_0^{+\infty}\frac{1}{(\max\{1,t\})^{\lambda}}t^{\frac{1}{s}(\lambda-1)-\frac{1}{q}}\mathrm{d}t \leqslant M_0,$$

这与 $M_0 < W_0$ 矛盾, 故 W_0 是 (4.1.4) 式的最佳常数因子. 证毕.

引理 4.1.5 设 $\lambda_0 > 0$, $0 < \lambda < 1$, 记

$$W_1 = \int_0^{+\infty}\frac{\arctan^{\lambda_0}t^{\lambda}}{1+t^{2\lambda}}t^{\lambda-1}\mathrm{d}t, \quad W_2 = \int_0^{+\infty}\frac{\arctan^{\lambda_0}t^{-\lambda}}{1+t^{2\lambda}}t^{\lambda-1}\mathrm{d}t,$$

则 $W_1 = W_2 = \dfrac{1}{\lambda(1+\lambda_0)}\left(\dfrac{\pi}{2}\right)^{\lambda_0+1}$, 且

$$\omega_1(n) = \int_0^{+\infty} \frac{\arctan^{\lambda_0}(x^\lambda/n^\lambda)}{n^{2\lambda}+x^{2\lambda}} t^{\lambda-1}\mathrm{d}t = n^{-\lambda}W_1,$$

$$\omega_2(x) = \sum_{n=1}^{\infty} \frac{\arctan^{\lambda_0}(x^\lambda/n^\lambda)}{n^{2\lambda}+x^{2\lambda}} n^{\lambda-1} \leqslant x^{-\lambda}W_2.$$

证明 作变换 $t^\lambda = u$, 有

$$\begin{aligned}
W_1 &= \frac{1}{\lambda}\int_0^{+\infty} \frac{\arctan^{\lambda_0} u}{1+u^2}\mathrm{d}u = \frac{1}{\lambda}\int_0^{+\infty} \arctan^{\lambda_0} u \mathrm{d}\arctan u \\
&= \frac{1}{\lambda}\left(\arctan^{\lambda_0+1} u\big|_0^{+\infty} - \lambda_0\int_0^{+\infty} \frac{\arctan^{\lambda_0} u}{1+u^2}\mathrm{d}u\right) \\
&= \frac{1}{\lambda}\left(\frac{\pi}{2}\right)^{\lambda_0+1} - \frac{\lambda_0}{\lambda}\int_0^{+\infty} \frac{\arctan^{\lambda_0} u}{1+u^2}\mathrm{d}u = \frac{1}{\lambda}\left(\frac{\pi}{2}\right)^{\lambda_0+1} - \lambda_0 W_1,
\end{aligned}$$

由此得到 $W_1 = \dfrac{1}{\lambda(1+\lambda_0)}\left(\dfrac{\pi}{2}\right)^{\lambda_0+1}$.

作变换 $t^{-\lambda} = u$, 得

$$\begin{aligned}
W_2 &= \frac{1}{\lambda}\int_0^{+\infty} \frac{\arctan^{\lambda_0} u}{1+u^2} u^{-2}\mathrm{d}u = \frac{1}{\lambda}\int_0^{+\infty} \frac{\arctan^{\lambda_0} u}{1+u^2}\mathrm{d}u \\
&= W_1 = \frac{1}{\lambda(1+\lambda_0)}\left(\frac{\pi}{2}\right)^{\lambda_0+1},
\end{aligned}$$

$$\begin{aligned}
\omega_1(n) &= n^{-2\lambda}\int_0^{+\infty} \frac{\arctan^{\lambda_0}(x/n)^{-\lambda}}{1+(x/n)^{2\lambda}} x^{\lambda-1}\mathrm{d}x \\
&= n^{-2\lambda+\lambda-1+1}\int_0^{+\infty} \frac{\arctan^{\lambda_0} t^\lambda}{1+t^{2\lambda}} t^{\lambda-1}\mathrm{d}t = n^{-\lambda}W_1.
\end{aligned}$$

根据 $\lambda_0 > 0$, $0 < \lambda < 1$, 可知 $h(t) = \dfrac{\arctan^{\lambda_0} t^{-\lambda}}{1+t^{2\lambda}} t^{\lambda-1}$ 在 $(0,+\infty)$ 上递减, 于是

$$\begin{aligned}
\omega_2(x) &= x^{-2\lambda}\sum_{n=1}^{\infty} \frac{\arctan^{\lambda_0}(x/n)^{-\lambda}}{1+(x/n)^{2\lambda}} n^{\lambda-1} \\
&= x^{-2\lambda+\lambda-1}\sum_{n=1}^{\infty} \frac{\arctan^{\lambda_0}(x/n)^{-\lambda}}{1+(x/n)^{2\lambda}} \left(\frac{n}{x}\right)^{\lambda-1}
\end{aligned}$$

$$\leqslant x^{-\lambda-1}\int_0^{+\infty}\frac{\arctan^{\lambda_0}(t/x)^{-\lambda}}{1+(t/x)^{2\lambda}}\left(\frac{t}{x}\right)^{\lambda-1}\mathrm{d}t$$

$$=x^{-\lambda}\int_0^{+\infty}\frac{\arctan^{\lambda_0}u^{-\lambda}}{1+u^{2\lambda}}u^{\lambda-1}\mathrm{d}u=x^{-\lambda}W_2.$$

证毕.

定理 4.1.5 $\frac{1}{p}+\frac{1}{q}=1\ (p>1)$, $\lambda_0>0$, $0<\lambda<1$, $\alpha=p(1-\lambda)-1$, $\beta=q(1-\lambda)-1$, $\tilde{a}=\{a_n\}\in l_p^{\alpha}$, $f(x)=\in L_q^{\beta}(0,+\infty)$, 则

$$\int_0^{+\infty}\sum_{n=1}^{\infty}\frac{\arctan^{\lambda_0}\left(x^{\lambda}/n^{\lambda}\right)}{n^{2\lambda}+x^{2\lambda}}a_nf(x)\mathrm{d}x\leqslant W_0|\tilde{a}||_{p,\alpha}||f||_{q,\beta},\tag{4.1.5}$$

其中的常数因子 $W_0=\frac{1}{\lambda(1+\lambda_0)}\left(\frac{\pi}{2}\right)^{\lambda_0+1}$ 是最佳的.

证明 记 $K(n,x)=\arctan^{\lambda_0}\left(x^{\lambda}/n^{\lambda}\right)/\left(n^{2\lambda}+x^{2\lambda}\right)$, 则 $K(n,x)$ 是 -2λ 阶齐次非负函数. 根据引理 4.1.5, 有

$$\int_0^{+\infty}\sum_{n=1}^{\infty}K(n,x)\,a_nf(x)\mathrm{d}x$$

$$=\int_0^{+\infty}\sum_{n=1}^{\infty}\left(\frac{n^{(1-\lambda)/q}}{x^{(1-\lambda)/p}}a_n\right)\left(\frac{x^{(1-\lambda)/p}}{n^{(1-\lambda)/q}}f(x)\right)K(n,x)\,\mathrm{d}x$$

$$\leqslant\left(\int_0^{+\infty}\sum_{n=1}^{\infty}\frac{n^{p(1-\lambda)/q}}{x^{1-\lambda}}a_n^pK(n,x)\,\mathrm{d}x\right)^{\frac{1}{p}}\left(\int_0^{+\infty}\sum_{n=1}^{\infty}\frac{x^{q(1-\lambda)/p}}{n^{1-\lambda}}f^q(x)K(n,x)\,\mathrm{d}x\right)^{\frac{1}{q}}$$

$$=\left(\sum_{n=1}^{\infty}n^{\frac{p}{q}(1-\lambda)}a_n^p\int_0^{+\infty}K(n,x)\,x^{\lambda-1}\mathrm{d}x\right)^{\frac{1}{p}}$$

$$\times\left(\int_0^{+\infty}x^{\frac{q}{p}(1-\lambda)}f^q(x)\sum_{n=1}^{\infty}K(n,x)\,n^{\lambda-1}\mathrm{d}x\right)^{\frac{1}{q}}$$

$$=\left(\sum_{n=1}^{\infty}n^{\frac{p}{q}(1-\lambda)}a_n^p\omega_1(n)\right)^{\frac{1}{p}}\left(\int_0^{+\infty}x^{\frac{q}{p}(1-\lambda)}f^q(x)\omega_2(x)\mathrm{d}x\right)^{\frac{1}{q}}$$

$$\leqslant W_1^{\frac{1}{p}}W_2^{\frac{1}{q}}\left(\sum_{n=1}^{\infty}n^{\frac{p}{q}(1-\lambda)-\lambda}a_n^p\right)^{\frac{1}{p}}\left(\int_0^{+\infty}x^{\frac{q}{p}(1-\lambda)-\lambda}f^q(x)\mathrm{d}x\right)^{\frac{1}{q}}$$

$$= W_0 \left(\sum_{n=1}^{\infty} n^{p(1-\lambda)-1} a_n^p \right)^{\frac{1}{p}} \left(\int_0^{+\infty} x^{q(1-\lambda)-1} f^q(x) \mathrm{d}x \right)^{\frac{1}{q}} = W_0 ||\tilde{a}||_{p,\alpha} ||f||_{q,\beta}.$$

故 (4.1.5) 式成立.

设 (4.1.5) 式的最佳常数因子为 M_0, 则 $M_0 \leqslant W_0$, 且

$$\int_0^{+\infty} \sum_{n=1}^{\infty} K(n,x) a_n f(x) \mathrm{d}x \leqslant M_0 ||\tilde{a}||_{p,\alpha} ||f||_{q,\beta}.$$

设 $\varepsilon > 0$ 及 $\delta > 0$ 充分小, 我们取 $a_n = n^{(-\alpha-1-\varepsilon)/p}$ $(n = 1, 2, \cdots)$,

$$f(x) = \begin{cases} x^{(-\beta-1-\varepsilon)/q}, & x \geqslant \delta, \\ 0, & 0 < x < \delta. \end{cases}$$

则有

$$M_0 ||\tilde{a}||_{p,\alpha} ||f||_{q,\beta} \leqslant \frac{1}{\varepsilon} M_0 (1+\varepsilon)^{\frac{1}{p}} \delta^{-\frac{\varepsilon}{q}},$$

$$\int_0^{+\infty} \sum_{n=1}^{\infty} K(n,x) a_n f(x) \mathrm{d}x = \sum_{n=1}^{\infty} n^{(-\alpha-1-\varepsilon)/p} \int_\delta^{+\infty} K(n,x) x^{(-\beta-1-\varepsilon)/q} \mathrm{d}x$$

$$= \sum_{n=1}^{\infty} n^{\lambda-1-\frac{\varepsilon}{p}-2\lambda+\lambda-1-\frac{\varepsilon}{q}} \int_\delta^{+\infty} K\left(1, \frac{x}{n}\right) \left(\frac{x}{n}\right)^{\lambda-1-\frac{\varepsilon}{q}} \mathrm{d}x$$

$$= \sum_{n=1}^{\infty} n^{-2-\varepsilon} \int_{\delta/n}^{+\infty} K(1,t) t^{\lambda-1-\frac{\varepsilon}{q}} n \mathrm{d}t$$

$$\geqslant \sum_{n=1}^{\infty} n^{-1-\varepsilon} \int_\delta^{+\infty} \frac{\arctan^{\lambda_0} t^{-\lambda}}{1+t^{2\lambda}} t^{\lambda-1-\frac{\varepsilon}{q}} \mathrm{d}t$$

$$\geqslant \int_1^{+\infty} t^{-1-\varepsilon} \mathrm{d}t \int_\delta^{+\infty} \frac{\arctan^{\lambda_0} t^{-\lambda}}{1+t^{2\lambda}} t^{\lambda-1-\frac{\varepsilon}{q}} \mathrm{d}t$$

$$= \frac{1}{\varepsilon} \int_\delta^{+\infty} \frac{\arctan^{\lambda_0} t^{-\lambda}}{1+t^{2\lambda}} t^{\lambda-1-\frac{\varepsilon}{q}} \mathrm{d}t.$$

综上, 得到

$$\int_\delta^{+\infty} \frac{\arctan^{\lambda_0} t^{-\lambda}}{1+t^{2\lambda}} t^{\lambda-1-\frac{\varepsilon}{q}} \mathrm{d}t \leqslant M_0 (1+\varepsilon)^{\frac{1}{p}} \delta^{-\frac{\varepsilon}{q}},$$

先令 $\varepsilon \to 0^+$, 再令 $\delta \to 0^+$, 有

$$W_0 = W_2 = \int_0^{+\infty} \frac{\arctan^{\lambda_0} t^{-\lambda}}{1+t^{2\lambda}} t^{\lambda-1} \mathrm{d}t \leqslant M_0,$$

故 (4.1.5) 式的最佳常数因子 $M_0 = W_0$. 证毕.

引理 4.1.6 设 $0 \leqslant a < b$, $\lambda > 0$, 记

$$W_1 = \int_0^{+\infty} \ln\left(\frac{1+bt^\lambda}{1+at^\lambda}\right) t^{\frac{\lambda}{2}-1}\mathrm{d}t, \quad W_2 = \int_0^{+\infty} \ln\left(\frac{b+t^\lambda}{a+t^\lambda}\right) t^{-\frac{\lambda}{2}-1}\mathrm{d}t,$$

则

$$W_1 = W_2 = \frac{2\pi}{\lambda}\left(\frac{1}{\sqrt{a}} - \frac{1}{\sqrt{b}}\right).$$

$$\omega_1(n) = \int_0^{+\infty} \ln\left(\frac{n^\lambda + bx^\lambda}{n^\lambda + ax^\lambda}\right) x^{\frac{\lambda}{2}-1}\mathrm{d}x = n^{\frac{\lambda}{2}} W_1,$$

$$\omega_2(x) = \sum_{n=1}^{\infty} \ln\left(\frac{n^\lambda + bx^\lambda}{n^\lambda + ax^\lambda}\right) n^{-\frac{\lambda}{2}-1} \leqslant x^{-\frac{\lambda}{2}} W_2.$$

证明 利用分部积分法, 有

$$\begin{aligned}
W_1 &= \frac{2}{\lambda}\left(t^{\frac{\lambda}{2}} \ln\left(\frac{1+bt^\lambda}{1+at^\lambda}\right)\Bigg|_0^{+\infty} + \int_0^{+\infty} \frac{\lambda(b-a)t^{\frac{3}{2}\lambda-1}}{(1+at^\lambda)(1+bt^\lambda)}\mathrm{d}t\right) \\
&= 2(b-a)\int_0^{+\infty} \frac{t^{\frac{3}{2}\lambda-1}}{(1+at^\lambda)(1+bt^\lambda)}\mathrm{d}t \\
&= \frac{4(b-a)}{\lambda}\int_0^{+\infty} \frac{u^2}{(1+au^2)(1+bu^2)}\mathrm{d}u \\
&= \frac{4(b-a)}{\lambda}\left(\frac{1}{b-a}\int_0^{+\infty} \frac{1}{1+au^2}\mathrm{d}u + \frac{1}{a-b}\int_0^{+\infty} \frac{1}{1+bu^2}\mathrm{d}u\right) \\
&= \frac{4(b-a)}{\lambda}\left(\frac{\pi}{2\sqrt{a}(b-a)} + \frac{\pi}{2\sqrt{b}(a-b)}\right) = \frac{2\pi}{\lambda}\left(\frac{1}{\sqrt{a}} - \frac{1}{\sqrt{b}}\right).
\end{aligned}$$

作变换 $t = \dfrac{1}{u}$, 有

$$W_2 = \int_0^{+\infty} \ln\left(\frac{b+u^{-\lambda}}{a+u^{-\lambda}}\right) u^{\frac{\lambda}{2}-1}\mathrm{d}u = \int_0^{+\infty} \ln\left(\frac{bu^\lambda+1}{au^\lambda+1}\right) u^{\frac{\lambda}{2}-1}\mathrm{d}u = W_1.$$

$$\begin{aligned}
\omega_1(n) &= \int_0^{+\infty} \ln\left(\frac{1+b(x/n)^\lambda}{1+a(x/n)^\lambda}\right)\left(\frac{x}{n}\right)^{\frac{\lambda}{2}-1} n^{\frac{\lambda}{2}-1}\mathrm{d}x \\
&= n^{\frac{\lambda}{2}}\int_0^{+\infty} \ln\left(\frac{1+bt^\lambda}{1+at^\lambda}\right) t^{\frac{\lambda}{2}-1}\mathrm{d}t = n^{\frac{\lambda}{2}} W_1.
\end{aligned}$$

设 $\varphi(t) = \ln\left(t^{\lambda} + b\right) - \ln\left(t^{\lambda} + a\right)$, 则

$$\varphi'(t) = \frac{\lambda t^{\lambda-1}}{t^{\lambda} + b} - \frac{\lambda t^{\lambda-1}}{t^{\lambda} + a} = \frac{-(b-a)\lambda t^{\lambda-1}}{\left(t^{\lambda} + b\right)\left(t^{\lambda} + a\right)} < 0,$$

故 $\varphi(t)$ 在 $(0, +\infty)$ 上递减. 于是有

$$\begin{aligned}\omega_2(x) &= \sum_{n=1}^{\infty} \ln\left(\frac{(x/n)^{\lambda} + b}{(x/n)^{\lambda} + a}\right)\left(\frac{x}{n}\right)^{-\frac{\lambda}{2}-1} x^{-\frac{\lambda}{2}-1} \\ &\leqslant x^{-\frac{\lambda}{2}-1} \int_0^{+\infty} \ln\left(\frac{(t/x)^{\lambda} + b}{(t/x)^{\lambda} + a}\right)\left(\frac{t}{x}\right)^{-\frac{\lambda}{2}-1} \mathrm{d}t \\ &= x^{-\frac{\lambda}{2}} \int_0^{+\infty} \ln\left(\frac{u^{\lambda} + b}{u^{\lambda} + a}\right) u^{-\frac{\lambda}{2}-1} \mathrm{d}u = x^{-\frac{\lambda}{2}} W_2.\end{aligned}$$

证毕.

定理 4.1.6　设 $\frac{1}{p} + \frac{1}{q} = 1\ (p > 1)$, $b > a \geqslant 0$, $\lambda > 0$, $\alpha = p\left(1 + \frac{\lambda}{2}\right) - 1$, $\beta = q\left(1 - \frac{\lambda}{2}\right) - 1$, $\tilde{a} = \{a_n\} \in l_p^{\alpha}$, $f(x) \in L_q^{\beta}(0, +\infty)$, 则

$$\int_0^{+\infty} \sum_{n=1}^{+\infty} \ln\left(\frac{n^{\lambda} + bx^{\lambda}}{n^{\lambda} + ax^{\lambda}}\right) a_n f(x)\mathrm{d}x \leqslant \frac{2\pi}{\lambda}\left(\frac{1}{\sqrt{a}} - \frac{1}{\sqrt{b}}\right) ||\tilde{a}||_{p,\alpha} ||f||_{q,\beta}, \quad (4.1.6)$$

其中的常数因子 $\frac{2\pi}{\lambda}\left(\frac{1}{\sqrt{a}} - \frac{1}{\sqrt{b}}\right)$ 是最佳的.

证明　记 $K(n,x) = \ln\left(n^{\lambda} + bx^{\lambda}\right) - \ln\left(n^{\lambda} + ax^{\lambda}\right)$, 则 $K(n,x)$ 是 0 阶齐次非负函数. 根据引理 4.1.6, 有

$$\begin{aligned}&\int_0^{+\infty} \sum_{n=1}^{\infty} K(n,x)\, a_n f(x)\mathrm{d}x \\ &= \int_0^{+\infty} \sum_{n=1}^{\infty} \left(\frac{n^{\frac{1}{q}\left(1+\frac{\lambda}{2}\right)}}{x^{\frac{1}{p}\left(1-\frac{\lambda}{2}\right)}} a_n\right)\left(\frac{x^{\frac{1}{p}\left(1-\frac{\lambda}{2}\right)}}{n^{\frac{1}{q}\left(1+\frac{\lambda}{2}\right)}} f(x)\right) K(n,x)\,\mathrm{d}x \\ &\leqslant \left(\int_0^{+\infty} \sum_{n=1}^{\infty} \frac{n^{\frac{p}{q}\left(1+\frac{\lambda}{2}\right)}}{x^{1-\frac{\lambda}{2}}} a_n^p K(n,x)\,\mathrm{d}x\right)^{\frac{1}{p}} \left(\int_0^{+\infty} \sum_{n=1}^{\infty} \frac{x^{\frac{q}{p}\left(1-\frac{\lambda}{2}\right)}}{n^{1+\frac{\lambda}{2}}} f^q(x) K(n,x)\,\mathrm{d}x\right)^{\frac{1}{q}} \\ &= \left(\sum_{n=1}^{\infty} n^{\frac{p}{q}\left(1+\frac{\lambda}{2}\right)} a_n^p \omega_1(n)\right)^{\frac{1}{p}} \left(\int_0^{+\infty} x^{\frac{p}{q}\left(1+\frac{\lambda}{2}\right)} f^q(x)\omega_2(x)\mathrm{d}x\right)^{\frac{1}{q}}\end{aligned}$$

$$\leqslant \left(\sum_{n=1}^{\infty} n^{\frac{p}{q}\left(1+\frac{\lambda}{2}\right)+\frac{\lambda}{2}} a_n^p W_1\right)^{\frac{1}{p}} \left(\int_0^{+\infty} x^{\frac{q}{p}\left(1-\frac{\lambda}{2}\right)-\frac{\lambda}{2}} f^q(x) W_2 \mathrm{d}x\right)^{\frac{1}{q}}$$

$$= W_1^{\frac{1}{p}} W_2^{\frac{1}{q}} \left(\sum_{n=1}^{\infty} n^{p\left(1+\frac{\lambda}{2}\right)-1} a_n^p\right)^{\frac{1}{p}} \left(\int_0^{+\infty} x^{q\left(1-\frac{\lambda}{2}\right)-1} f^q(x) \mathrm{d}x\right)^{\frac{1}{q}}$$

$$= \frac{2\pi}{\lambda}\left(\frac{1}{\sqrt{a}}-\frac{1}{\sqrt{b}}\right)||\tilde{a}||_{p,\alpha}||f||_{q,\beta}.$$

故 (4.1.6) 式成立.

若 (4.1.6) 式的最佳常数因子不是 $\frac{2\pi}{\lambda}\left(\frac{1}{\sqrt{a}}-\frac{1}{\sqrt{b}}\right)$, 则存在常数 $M_0 < \frac{2\pi}{\lambda}\left(\frac{1}{\sqrt{a}}-\frac{1}{\sqrt{b}}\right)$, 使

$$\int_0^{+\infty} \sum_{n=1}^{\infty} K(n,x) a_n f(x) \mathrm{d}x \leqslant M_0 ||\tilde{a}||_{p,\alpha}||f||_{q,\beta}.$$

设 $\varepsilon > 0$ 及 $\delta > 0$ 足够小, 取 $a_n = n^{-\frac{\lambda}{2}-1-\frac{\varepsilon}{p}}$ $(n=1,2,\cdots)$,

$$f(x) = \begin{cases} x^{\frac{\lambda}{2}-1-\frac{\varepsilon}{q}}, & x \geqslant \delta, \\ 0, & 0 < x < \delta. \end{cases}$$

则经计算可知

$$M_0||\tilde{a}||_{p,\alpha}||f||_{q,\beta} \leqslant \frac{1}{\varepsilon} M_0 (1+\varepsilon)^{\frac{1}{p}} \delta^{-\varepsilon/q},$$

$$\int_0^{+\infty} \sum_{n=1}^{\infty} K(n,x) a_n f(x) \mathrm{d}x = \sum_{n=1}^{\infty} n^{-\frac{\lambda}{2}-1-\frac{\varepsilon}{p}} \int_\delta^{+\infty} K(n,x) x^{\frac{\lambda}{2}-1-\frac{\varepsilon}{q}} \mathrm{d}x$$

$$= \sum_{n=1}^{\infty} n^{-\frac{\lambda}{2}-1-\frac{\varepsilon}{p}+\frac{\lambda}{2}-1-\frac{\varepsilon}{q}} \int_\delta^{+\infty} K\left(1,\frac{x}{n}\right)\left(\frac{x}{n}\right)^{\frac{\lambda}{2}-1-\frac{\varepsilon}{q}} \mathrm{d}x$$

$$= \sum_{n=1}^{\infty} n^{-1-\varepsilon} \int_{\delta/n}^{+\infty} K(1,t) t^{\frac{\lambda}{2}-1-\frac{\varepsilon}{q}} \mathrm{d}t \geqslant \sum_{n=1}^{\infty} n^{-1-\varepsilon} \int_\delta^{+\infty} K(1,t) t^{\frac{\lambda}{2}-1-\frac{\varepsilon}{q}} \mathrm{d}t$$

$$\geqslant \int_1^{\infty} t^{-1-\varepsilon} \mathrm{d}t \int_\delta^{+\infty} K(1,t) t^{\frac{\lambda}{2}-1-\frac{\varepsilon}{q}} \mathrm{d}t = \frac{1}{\varepsilon} \int_\delta^{+\infty} K(1,t) t^{\frac{\lambda}{2}-1-\frac{\varepsilon}{q}} \mathrm{d}t.$$

综上可得

$$\int_\delta^{+\infty} K(1,t) t^{\frac{\lambda}{2}-1-\frac{\varepsilon}{q}} \mathrm{d}t \leqslant M_0 (1+\varepsilon)^{\frac{1}{p}} \delta^{-\varepsilon/q},$$

先令 $\varepsilon \to 0^+$, 再令 $\delta \to 0^+$, 得到

$$\frac{2\pi}{\lambda}\left(\frac{1}{\sqrt{a}}-\frac{1}{\sqrt{b}}\right)=\int_0^{+\infty} K(1,t)t^{\frac{\lambda}{2}-1}\mathrm{d}t \leqslant M_0,$$

这与 $M_0 < \frac{2\pi}{\lambda}\left(\frac{1}{\sqrt{a}}-\frac{1}{\sqrt{b}}\right)$ 矛盾. 故 $\frac{2\pi}{\lambda}\left(\frac{1}{\sqrt{a}}-\frac{1}{\sqrt{b}}\right)$ 是 (4.1.6) 式的最佳常数因子. 证毕.

引理 4.1.7 设 $\rho > 0$, $\lambda > 0$, $0 < \sigma < 1$, $\operatorname{sech}(t) = \frac{2}{e^t + e^{-t}}$ 是双曲正割函数, 记

$$W_1 = \int_0^{+\infty} \operatorname{sech}\left(\rho t^{-\lambda}\right) t^{-\sigma-1}\mathrm{d}t, \quad W_2 = \int_0^{+\infty} \operatorname{sech}\left(\rho t^{\lambda}\right) t^{\sigma-1}\mathrm{d}t,$$

则

$$W_1 = W_2 = \frac{2}{\lambda}\rho^{-\frac{\sigma}{\lambda}}\Gamma\left(\frac{\sigma}{\lambda}\right)\tau\left(\frac{\sigma}{\lambda}\right),$$

且

$$\omega_1(n) = \int_0^{+\infty} \operatorname{sech}\left(\rho\frac{n^\lambda}{x^\lambda}\right) x^{-\sigma-1}\mathrm{d}x = n^{-\sigma}W_1,$$

$$\omega_2(x) = \sum_{n=1}^{\infty} \operatorname{sech}\left(\rho\frac{n^\lambda}{x^\lambda}\right) n^{\sigma-1} \leqslant x^\sigma W_2,$$

其中 $\tau\left(\frac{\sigma}{\lambda}\right) = \sum_{k=1}^{\infty}(-1)^k\frac{1}{(2k+1)^{\sigma/\lambda}}$.

证明 作变换 $\rho t^{-\lambda} = u$, 则

$$\begin{aligned}
W_1 &= \frac{1}{\lambda}\rho^{-\frac{\sigma}{\lambda}}\int_0^{+\infty}\operatorname{sech}(u)u^{\frac{\sigma}{\lambda}-1}\mathrm{d}u = \frac{2}{\lambda}\rho^{-\frac{\sigma}{\lambda}}\int_0^{+\infty}\frac{e^{-u}}{1+e^{-2u}}u^{\frac{\sigma}{\lambda}-1}\mathrm{d}u \\
&= \frac{2}{\lambda}\rho^{-\frac{\sigma}{\lambda}}\int_0^{+\infty} e^{-u}u^{\frac{\sigma}{\lambda}-1}\sum_{k=0}^{\infty}(-1)^k e^{-2ku}\mathrm{d}u \\
&= \frac{2}{\lambda}\rho^{-\frac{\sigma}{\lambda}}\int_0^{+\infty} u^{\frac{\sigma}{\lambda}-1}\sum_{k=0}^{\infty}(-1)^k e^{-(2k+1)u}\mathrm{d}u \\
&= \frac{2}{\lambda}\rho^{-\frac{\sigma}{\lambda}}\sum_{k=0}^{\infty}\frac{(-1)^k}{(2k+1)^{\frac{\sigma}{\lambda}}}\int_0^{+\infty} t^{\frac{\sigma}{\lambda}-1}e^{-t}\mathrm{d}t = \frac{2}{\lambda}\rho^{-\frac{\sigma}{\lambda}}\Gamma\left(\frac{\sigma}{\lambda}\right)\tau\left(\frac{\sigma}{\lambda}\right).
\end{aligned}$$

作变换 $t=\dfrac{1}{u}$, 则

$$W_2=\int_0^{+\infty}\operatorname{sech}(\rho u^{-\lambda})u^{-\sigma-1}\mathrm{d}u=W_1.$$

$$\begin{aligned}\omega_1(n)&=n^{-\sigma}\int_0^{+\infty}\operatorname{sech}\left(\rho\left(\frac{x}{n}\right)^{-\lambda}\right)\left(\frac{x}{n}\right)^{-\sigma-1}\mathrm{d}\left(\frac{x}{n}\right)\\&=n^{-\sigma}\int_0^{+\infty}\operatorname{sech}\left(\rho t^{-\lambda}\right)t^{-\sigma-1}\mathrm{d}t=n^{-\sigma}W_1.\end{aligned}$$

因为当 $u>0$ 时, 有

$$\frac{\mathrm{d}}{\mathrm{d}u}\operatorname{sech}(u)=\frac{\mathrm{d}}{\mathrm{d}u}\left(\frac{2}{e^u+e^{-u}}\right)=\frac{2c^{-u}\left(1-e^{2u}\right)}{\left(e^u+e^{-u}\right)^2}<0,$$

故 $\operatorname{sech}(u)$ 在 $(0,+\infty)$ 上递减, 从而 $\operatorname{sech}\left(\rho t^{\lambda}\right)t^{\sigma-1}$ 在 $(0,+\infty)$ 上递减, 于是

$$\begin{aligned}\omega_2(x)&=x^{\sigma-1}\sum_{n=1}^{\infty}\operatorname{sech}\left(\rho\left(\frac{n}{x}\right)^{\lambda}\right)\left(\frac{n}{x}\right)^{\sigma-1}\\&\leqslant x^{\sigma-1}\int_0^{+\infty}\operatorname{sech}\left(\rho\left(\frac{t}{x}\right)^{\lambda}\right)\left(\frac{t}{x}\right)^{\sigma-1}\mathrm{d}t\\&=x^{\sigma}\int_0^{+\infty}\operatorname{sech}\left(\rho u^{\lambda}\right)u^{\sigma-1}\mathrm{d}u=x^{\sigma}W_2.\end{aligned}$$

证毕.

定理 4.1.7 设 $\dfrac{1}{p}+\dfrac{1}{q}=1\ (p>1)$, $\rho>0$, $\lambda>0$, $0<\sigma<1$, $\alpha=p(1-\sigma)-1$, $\beta=q(1+\sigma)-1, \tilde{a}=\{a_n\}\in l_p^{\alpha}, f(x)\in L_q^{\beta}(0,+\infty)$, 则

$$\int_0^{+\infty}\sum_{n=1}^{\infty}\operatorname{sech}\left(\rho\frac{n^{\lambda}}{x^{\lambda}}\right)a_nf(x)\mathrm{d}x\leqslant\frac{2}{\lambda}\rho^{-\frac{\sigma}{\lambda}}\Gamma\left(\frac{\sigma}{\lambda}\right)\tau\left(\frac{\sigma}{\lambda}\right)||\tilde{a}||_{p,\alpha}||f||_{q,\beta},\qquad(4.1.7)$$

其中 $\tau\left(\dfrac{\sigma}{\lambda}\right)=\displaystyle\sum_{k=1}^{+\infty}(-1)^k\frac{1}{(2k+1)^{\sigma/\lambda}}$, 常数因子 $\dfrac{2}{\lambda}\rho^{-\frac{\sigma}{\lambda}}\Gamma\left(\dfrac{\sigma}{\lambda}\right)\tau\left(\dfrac{\sigma}{\lambda}\right)$ 是最佳的.

证明 利用 Hölder 不等式及引理 4.1.7, 有

$$\int_0^{+\infty}\sum_{n=1}^{\infty}\operatorname{sech}\left(\rho\frac{n^{\lambda}}{x^{\lambda}}\right)a_nf(x)\mathrm{d}x$$

$$
\begin{aligned}
&= \int_0^{+\infty} \sum_{n=1}^{\infty} \left(\frac{n^{(1-\sigma)/q}}{x^{(1+\sigma)/p}} a_n \right) \left(\frac{x^{(1+\sigma)/p}}{n^{(1-\sigma)/q}} f(x) \right) \operatorname{sech}\left(\rho \frac{n^\lambda}{x^\lambda} \right) \mathrm{d}x \\
&\leqslant \left(\int_0^{+\infty} \sum_{n=1}^{\infty} \frac{n^{\frac{p}{q}(1-\sigma)}}{x^{1+\sigma}} a_n^p \operatorname{sech}\left(\rho \frac{n^\lambda}{x^\lambda} \right) \mathrm{d}x \right)^{\frac{1}{p}} \\
&\quad \times \left(\int_0^{+\infty} \sum_{n=1}^{\infty} \frac{x^{\frac{q}{p}(1+\sigma)}}{n^{1-\sigma}} f^q(x) \operatorname{sech}\left(\rho \frac{n^\lambda}{x^\lambda} \right) \mathrm{d}x \right)^{\frac{1}{q}} \\
&= \left(\sum_{n=1}^{\infty} n^{\frac{p}{q}(1-\sigma)} a_n^p \omega_1(n) \right)^{\frac{1}{p}} \left(\int_0^{+\infty} x^{\frac{q}{p}(1+\sigma)} f^q(x) \omega_2(x) \mathrm{d}x \right)^{\frac{1}{q}} \\
&\leqslant W_1^{\frac{1}{p}} W_2^{\frac{1}{q}} \left(\sum_{n=1}^{\infty} n^{\frac{p}{q}(1-\sigma)-\sigma} a_n^p \right)^{\frac{1}{p}} \left(\int_0^{+\infty} x^{\frac{q}{p}(1+\sigma)+\sigma} f^q(x) \mathrm{d}x \right)^{\frac{1}{q}} \\
&= \frac{2}{\lambda} \rho^{-\frac{\sigma}{\lambda}} \Gamma\left(\frac{\sigma}{\lambda} \right) \tau\left(\frac{\sigma}{\lambda} \right) \left(\sum_{n=1}^{\infty} n^{p(1-\sigma)-1} a_n^p \right)^{\frac{1}{p}} \left(\int_0^{+\infty} x^{q(1+\sigma)-1} f^q(x) \mathrm{d}x \right)^{\frac{1}{q}} \\
&= \frac{2}{\lambda} \rho^{-\frac{\sigma}{\lambda}} \Gamma\left(\frac{\sigma}{\lambda} \right) \tau\left(\frac{\sigma}{\lambda} \right) ||\tilde{a}||_{p,\alpha} ||f||_{q,\beta},
\end{aligned}
$$

故 (4.1.7) 式成立.

设 (4.1.7) 的最佳常数因子为 M_0, 则 $M_0 < \frac{2}{\lambda} \rho^{-\frac{\sigma}{\lambda}} \Gamma\left(\frac{\sigma}{\lambda} \right) \tau\left(\frac{\sigma}{\lambda} \right)$, 且

$$
\int_0^{+\infty} \sum_{n=1}^{\infty} \operatorname{sech}\left(\rho \frac{n^\lambda}{x^\lambda} \right) a_n f(x) \mathrm{d}x \leqslant M_0 ||\tilde{a}||_{p,\alpha} ||f||_{q,\beta},
$$

取 $\varepsilon > 0$ 及 $\delta > 0$ 充分小, 令 $a_n = n^{\sigma-1-\frac{\varepsilon}{p}}$ $(n = 1, 2, \cdots)$,

$$
f(x) = \begin{cases} x^{\sigma-1-\frac{\varepsilon}{p}}, & x \geqslant \delta, \\ 0, & 0 < x < \delta. \end{cases}
$$

则可得

$$
M_0 ||\tilde{a}||_{p,\alpha} ||f||_{q,\beta} \leqslant \frac{1}{\varepsilon} M_0 (1+\varepsilon)^{\frac{1}{p}} \delta^{-\frac{\varepsilon}{q}},
$$

$$
\int_0^{+\infty} \sum_{n=1}^{\infty} \operatorname{sech}\left(\rho \frac{n^\lambda}{x^\lambda} \right) a_n f(x) \mathrm{d}x = \sum_{n=1}^{\infty} n^{\sigma-1-\frac{\varepsilon}{p}} \int_\delta^{+\infty} x^{-\sigma-1-\frac{\varepsilon}{q}} \operatorname{sech}\left(\rho \frac{n^\lambda}{x^\lambda} \right) \mathrm{d}x
$$

$$
\begin{aligned}
&= \sum_{n=1}^{\infty} n^{\sigma-1-\frac{\varepsilon}{p}-\sigma-1-\frac{\varepsilon}{q}} \int_{\delta}^{+\infty} \left(\frac{x}{n}\right)^{-\sigma-1-\frac{\varepsilon}{q}} \operatorname{sech}\left(\rho\left(\frac{x}{n}\right)^{-\lambda}\right) \mathrm{d}x \\
&= \sum_{n=1}^{\infty} n^{-1-\varepsilon} \int_{\delta/n}^{+\infty} t^{-\sigma-1-\frac{\varepsilon}{q}} \operatorname{sech}\left(\rho t^{-\lambda}\right) \mathrm{d}t \\
&\geqslant \sum_{n=1}^{\infty} n^{-1-\varepsilon} \int_{\delta}^{+\infty} t^{-\sigma-1-\frac{\varepsilon}{q}} \operatorname{sech}\left(\rho t^{-\lambda}\right) \mathrm{d}t \\
&\geqslant \int_{1}^{+\infty} t^{-1-\varepsilon} \mathrm{d}t \int_{\delta}^{+\infty} t^{-\sigma-1-\frac{\varepsilon}{q}} \operatorname{sech}\left(\rho t^{-\lambda}\right) \mathrm{d}t = \frac{1}{\varepsilon} \int_{\delta}^{+\infty} t^{-\sigma-1-\frac{\varepsilon}{q}} \operatorname{sech}\left(\rho t^{-\lambda}\right) \mathrm{d}t.
\end{aligned}
$$

综上可得

$$
\int_{\delta}^{+\infty} t^{-\sigma-1-\frac{\varepsilon}{q}} \operatorname{sech}\left(\rho t^{-\lambda}\right) \mathrm{d}t \leqslant M_0 (1+\varepsilon)^{\frac{1}{p}} \delta^{-\frac{\varepsilon}{q}},
$$

先令 $\varepsilon \to 0^+$, 再令 $\delta \to 0^+$, 得到

$$
\frac{2}{\lambda} \rho^{-\frac{\sigma}{\lambda}} \Gamma\left(\frac{\sigma}{\lambda}\right) \tau\left(\frac{\sigma}{\lambda}\right) = \int_{0}^{+\infty} t^{-\sigma-1} \operatorname{sech}\left(\rho t^{-\lambda}\right) \mathrm{d}t \leqslant M_0.
$$

故 (4.1.7) 式的最佳常数因子 $M_0 = \frac{2}{\lambda} \rho^{-\frac{\sigma}{\lambda}} \Gamma\left(\frac{\sigma}{\lambda}\right) \tau\left(\frac{\sigma}{\lambda}\right)$. 证毕.

引理 4.1.8 设 $\rho > 0$ $0 < \lambda < \sigma < 1$, $\operatorname{csch}(t) = \dfrac{2}{e^t - e^{-t}}$ 是双曲余割函数, 记

$$
W_1 = \int_{0}^{+\infty} \operatorname{csch}\left(\rho t^{-\lambda}\right) t^{-\sigma-1} \mathrm{d}t, \quad W_2 = \int_{0}^{+\infty} \operatorname{csch}\left(\rho t^{\lambda}\right) t^{\sigma-1} \mathrm{d}t,
$$

则

$$
W_1 = W_2 = \frac{2}{\lambda} \rho^{-\frac{\sigma}{\lambda}} \left(1 - 2^{-\frac{\sigma}{\lambda}}\right) \Gamma\left(\frac{\sigma}{\lambda}\right) \zeta\left(\frac{\sigma}{\lambda}\right),
$$

且

$$
\omega_1(n) = \int_{0}^{+\infty} \operatorname{csch}\left(\rho \frac{n^{\lambda}}{x^{\lambda}}\right) x^{-\sigma-1} \mathrm{d}x = n^{-\sigma} W_1,
$$

$$
\omega_2(x) = \sum_{n=1}^{\infty} \operatorname{csch}\left(\rho \frac{n^{\lambda}}{x^{\lambda}}\right) n^{\sigma-1} \leqslant x^{\sigma} W_2,
$$

其中 $\zeta\left(\frac{\sigma}{\lambda}\right) = \sum\limits_{k=1}^{\infty} \frac{1}{k^{\sigma/\lambda}}$ 是 Riemann 函数.

证明 作变换 $\rho t^{-\lambda}=u$, 有

$$
\begin{aligned}
W_1&=\frac{1}{\lambda}\rho^{-\frac{\sigma}{\lambda}}\int_0^{+\infty}\operatorname{csch}(u)u^{\frac{\sigma}{\lambda}-1}\mathrm{d}u=\frac{2}{\lambda}\rho^{-\frac{\sigma}{\lambda}}\int_0^{+\infty}\frac{1}{e^u-e^{-u}}u^{\frac{\sigma}{\lambda}-1}\mathrm{d}u\\
&=\frac{2}{\lambda}\rho^{-\frac{\sigma}{\lambda}}\int_0^{+\infty}u^{\frac{\sigma}{\lambda}-1}\frac{e^{-u}}{1-e^{-2u}}\mathrm{d}u=\frac{2}{\lambda}\rho^{-\frac{\sigma}{\lambda}}\int_0^{+\infty}u^{\frac{\sigma}{\lambda}-1}\sum_{k=0}^{\infty}e^{-(2k+1)u}\mathrm{d}u\\
&=\frac{2}{\lambda}\rho^{-\frac{\sigma}{\lambda}}\sum_{k=0}^{\infty}\int_0^{+\infty}u^{\frac{\sigma}{\lambda}-1}e^{-(2k+1)u}\mathrm{d}u=\frac{2}{\lambda}\rho^{-\frac{\sigma}{\lambda}}\sum_{k=0}^{\infty}\frac{1}{(2k+1)^{\frac{\sigma}{\lambda}}}\int_0^{+\infty}t^{\frac{\sigma}{\lambda}-1}e^{-t}\mathrm{d}t\\
&=\frac{2}{\lambda}\rho^{-\frac{\sigma}{\lambda}}\Gamma\left(\frac{\sigma}{\lambda}\right)\sum_{k=0}^{\infty}\frac{1}{(2k+1)^{\frac{\sigma}{\lambda}}}=\frac{2}{\lambda}\rho^{-\frac{\sigma}{\lambda}}\Gamma\left(\frac{\sigma}{\lambda}\right)\left(\sum_{k=1}^{\infty}\frac{1}{k^{\frac{\sigma}{\lambda}}}-\sum_{k=1}^{\infty}\frac{1}{(2k)^{\frac{\sigma}{\lambda}}}\right)\\
&=\frac{2}{\lambda}\rho^{-\frac{\sigma}{\lambda}}\Gamma\left(\frac{\sigma}{\lambda}\right)\left(\sum_{k=1}^{\infty}\frac{1}{k^{\frac{\sigma}{\lambda}}}-2^{-\frac{\sigma}{\lambda}}\sum_{k=1}^{\infty}\frac{1}{k^{\frac{\sigma}{\lambda}}}\right)=\frac{2}{\lambda}\rho^{-\frac{\sigma}{\lambda}}\left(1-2^{-\frac{\sigma}{\lambda}}\right)\Gamma\left(\frac{\sigma}{\lambda}\right)\sum_{k=1}^{\infty}\frac{1}{k^{\frac{\sigma}{\lambda}}}\\
&=\frac{2}{\lambda}\rho^{-\frac{\sigma}{\lambda}}\left(1-2^{-\frac{\sigma}{\lambda}}\right)\Gamma\left(\frac{\sigma}{\lambda}\right)\zeta\left(\frac{\sigma}{\lambda}\right).
\end{aligned}
$$

同理可证 $W_2=\dfrac{2}{\lambda}\rho^{-\frac{\sigma}{\lambda}}\left(1-2^{-\frac{\sigma}{\lambda}}\right)\Gamma\left(\dfrac{\sigma}{\lambda}\right)\zeta\left(\dfrac{\sigma}{\lambda}\right)$.

$$
\begin{aligned}
\omega_1(n)&=\int_0^{+\infty}n^{-\sigma}\operatorname{csch}\left(\rho\left(\frac{x}{n}\right)^{-\lambda}\right)\left(\frac{x}{n}\right)^{-\sigma-1}\mathrm{d}\left(\frac{x}{n}\right)\\
&=n^{-\sigma}\int_0^{+\infty}\operatorname{csch}\left(\rho t^{-\lambda}\right)t^{-\sigma-1}\mathrm{d}t=n^{-\sigma}W_1.
\end{aligned}
$$

因为 $\rho>0,\ 0<\lambda<\sigma<1$, 可知 $\operatorname{csch}\left(\rho t^{\lambda}\right)t^{\sigma-1}$ 在 $(0,+\infty)$ 上是减函数, 于是

$$
\begin{aligned}
\omega_2(x)&=x^{\sigma-1}\sum_{n=1}^{\infty}\operatorname{csch}\left(\rho\left(\frac{n}{x}\right)^{\lambda}\right)\left(\frac{n}{x}\right)^{\sigma-1}\\
&\leqslant x^{\sigma-1}\int_0^{+\infty}\operatorname{csch}\left(\rho\left(\frac{t}{x}\right)^{\lambda}\right)\left(\frac{t}{x}\right)^{\sigma-1}\mathrm{d}t\\
&=x^{\sigma}\int_0^{+\infty}\operatorname{csch}\left(\rho u^{\lambda}\right)u^{\sigma-1}\mathrm{d}u=x^{\sigma}W_2.
\end{aligned}
$$

证毕.

根据引理 4.1.8, 取适配数 $a=\dfrac{1}{q}(1-\sigma)$, $b=\dfrac{1}{p}(1+\sigma)$, 用类似于定理 4.1.7 证明的权系数方法, 可得:

定理 4.1.8 设 $\frac{1}{p}+\frac{1}{q}=1\ (p>1)$, $\rho>0$, $0<\lambda<\sigma<1$, $\alpha=p(1-\sigma)-1$, $\beta=q(1+\sigma)-1, \tilde{a}=\{a_n\}\in l_p^\alpha, f(x)\in L_q^\beta(0,+\infty)$, 则

$$\int_0^{+\infty}\sum_{n=1}^{+\infty}\operatorname{csch}\left(\rho\frac{n^\lambda}{x^\lambda}\right)a_nf(x)\mathrm{d}x\leqslant M_0||\tilde{a}||_{p,\alpha}||f||_{q,\beta},$$

其中的常数因子 $M_0=\frac{2}{\lambda}\rho^{-\frac{\sigma}{\lambda}}(1-2^{-\frac{\sigma}{\lambda}})\Gamma\left(\frac{\sigma}{\lambda}\right)\zeta\left(\frac{\sigma}{\lambda}\right)$ 是最佳的.

4.2 具有拟齐次核的半离散 Hilbert 型不等式

与 Hilbert 型积分不等式和 Hilbert 型级数不等式一样, 本节我们讨论两类具有拟齐次核的半离散 Hilbert 型不等式.

4.2.1 核 $K(n,x)$ 满足: $t>0$ 时, 满足 $K(tn,x)=t^{\lambda_1\lambda}K\left(n,t^{-\lambda_1/\lambda_2}x\right)$, $K(n,tx)=t^{\lambda_2\lambda}K\left(t^{-\lambda_2/\lambda_1}n,x\right)$ 的半离散 Hilbert 型不等式

同样地, 若 $t>0$ 时, $K(n,x)$ 满足:

$$K(tn,x)=t^{\lambda_1\lambda}K\left(n,t^{-\lambda_1/\lambda_2}x\right),\quad K(n,tx)=t^{\lambda_2\lambda}K\left(t^{-\lambda_2/\lambda_1}n,x\right),$$

则称 $K(n,x)$ 是具有参数 $(\lambda,\lambda_1,\lambda_2)$ 的拟齐次函数.

引理 4.2.1 设 $\frac{1}{r}+\frac{1}{s}=1\ (r>1)$, $\lambda_0>0$, $\lambda_1>0$, $\lambda_2>0$, $A>0$, $B>0$, $\max\left\{\frac{\lambda_0}{r}-\frac{1}{\lambda_1},-\frac{\lambda_0}{s}\right\}<\sigma<\frac{\lambda_0}{r}$, 则

$$\begin{aligned}W_1&=\int_0^{+\infty}\frac{1}{(A+Bt^{\lambda_2})^{\lambda_0}}t^{\lambda_2\sigma-\lambda_2\left(\frac{1}{\lambda_2}-\frac{\lambda_0}{s}\right)}\mathrm{d}t\\&=\frac{1}{\lambda_2}A^{\sigma-\frac{\lambda_0}{r}}B^{-\sigma-\frac{\lambda_0}{s}}B\left(\frac{\lambda_0}{s}+\sigma,\frac{\lambda_0}{r}-\sigma\right),\\W_2&=\int_0^{+\infty}\frac{1}{(At^{\lambda_1}+B)^{\lambda_0}}t^{-\lambda_1\sigma-\lambda_1\left(\frac{1}{\lambda_1}-\frac{\lambda_0}{r}\right)}\mathrm{d}t\\&=\frac{1}{\lambda_1}A^{\sigma-\frac{\lambda_0}{r}}B^{-\sigma-\frac{\lambda_0}{s}}B\left(\frac{\lambda_0}{s}+\sigma,\frac{\lambda_0}{r}-\sigma\right),\end{aligned}$$

$$\omega_1(n)=\int_0^{+\infty}\frac{\left(x^{\lambda_2}/n^{\lambda_1}\right)^\sigma}{(An^{\lambda_1}+Bx^{\lambda_2})^{\lambda_0}}x^{-\lambda_2\left(\frac{1}{\lambda_2}-\frac{\lambda_0}{s}\right)}\mathrm{d}x=n^{-\frac{\lambda_1\lambda_0}{r}}W_1,$$

$$\omega_2(x)=\sum_{n=1}^{\infty}\frac{\left(x^{\lambda_2}/n^{\lambda_1}\right)^{\sigma}}{\left(An^{\lambda_1}+Bx^{\lambda_2}\right)^{\lambda_0}}n^{-\lambda_1\left(\frac{1}{\lambda_1}-\frac{\lambda_0}{r}\right)}\leqslant x^{-\frac{\lambda_2\lambda_0}{s}}W_2.$$

证明　首先由 $-\dfrac{\lambda_0}{s}<\sigma<\dfrac{\lambda_0}{r}$, 可知 $\sigma+\dfrac{\lambda_0}{s}>0$, $\dfrac{\lambda_0}{r}-\sigma>0$. 作变换 $\dfrac{B}{A}t^{\lambda_2}=u$, 有

$$\begin{aligned}W_1&=A^{-\lambda_0}\int_0^{+\infty}\frac{1}{\left(1+\dfrac{B}{A}t^{\lambda_2}\right)^{\lambda_0}}t^{\lambda_2\left(\sigma+\frac{\lambda_0}{s}\right)-1}\mathrm{d}t\\&=\frac{1}{\lambda_2}A^{-\lambda_0}\left(\frac{A}{B}\right)^{\frac{1}{\lambda_2}+\sigma+\frac{\lambda_0}{s}-\frac{1}{\lambda_2}}\int_0^{+\infty}\frac{1}{(1+u)^{\lambda_0}}u^{\sigma+\frac{\lambda_0}{s}-1}\mathrm{d}u\\&=\frac{1}{\lambda_2}A^{\sigma-\frac{\lambda_0}{r}}B^{-\sigma-\frac{\lambda_0}{s}}B\left(\sigma+\frac{\lambda_0}{s},\frac{\lambda_0}{r}-\sigma\right).\end{aligned}$$

类似地, 作变换 $\dfrac{A}{B}t^{\lambda_1}=u$, 可得

$$\begin{aligned}W_2&=\frac{1}{\lambda_1}B^{-\lambda_0}\left(\frac{B}{A}\right)^{\frac{1}{\lambda_1}-\sigma+\frac{\lambda_0}{r}-\frac{1}{\lambda_1}}\int_0^{+\infty}\frac{1}{(1+u)^{\lambda_0}}u^{\frac{\lambda_0}{r}-\sigma-1}\mathrm{d}u\\&=\frac{1}{\lambda_1}B^{-\sigma-\frac{\lambda_0}{s}}A^{\sigma-\frac{\lambda_0}{r}}B\left(\frac{\lambda_0}{r}-\sigma,\sigma+\frac{\lambda_0}{s}\right).\end{aligned}$$

$$\begin{aligned}\omega_1(n)&=n^{-\lambda_1\lambda_0}\int_0^{+\infty}\frac{\left(n^{-\lambda_1/\lambda_2}x\right)^{\lambda_2\sigma}}{\left(A+B(n^{-\lambda_1/\lambda_2}x)^{\lambda_2}\right)^{\lambda_0}}x^{-\lambda_2\left(\frac{1}{\lambda_2}-\frac{\lambda_0}{s}\right)}\mathrm{d}x\\&=n^{-\lambda_1\lambda_0+\frac{\lambda_1\lambda_0}{s}}\int_0^{+\infty}\frac{1}{\left(A+Bt^{\lambda_2}\right)^{\lambda_0}}t^{\lambda_2\sigma-\lambda_2\left(\frac{1}{\lambda_2}-\frac{\lambda_0}{s}\right)}\mathrm{d}t=n^{-\frac{\lambda_1\lambda_0}{r}}W_1\end{aligned}$$

根据条件 $\lambda_1>0$, $\lambda_0>0$, $\sigma>\dfrac{\lambda_0}{r}-\dfrac{1}{\lambda_1}$, 可知 $-\lambda_1\left(\sigma-\dfrac{\lambda_0}{r}\right)-1<0$, 故

$$\frac{1}{\left(At^{\lambda_1}+B\right)^{\lambda_0}}t^{-\lambda_1\left(\sigma-\frac{\lambda_1}{r}\right)-1}$$

在 $(0,+\infty)$ 上递减, 于是

$$\omega_2(x)=x^{-\lambda_2/\lambda_1}\sum_{n=1}^{\infty}\frac{\left(x^{-\lambda_2/\lambda_1}n\right)^{-\lambda_1\sigma}}{\left(A\left(x^{-\lambda_2/\lambda_1}n\right)^{\lambda_1}+B\right)^{\lambda_0}}n^{-\lambda_1\left(\frac{1}{\lambda_1}-\frac{\lambda_0}{r}\right)}$$

$$= x^{-\lambda_2\lambda_0-\frac{\lambda_2}{\lambda_1}+\frac{\lambda_2\lambda_0}{r}}\sum_{n=1}^{\infty}\frac{1}{\left(A\left(x^{-\lambda_2/\lambda_1}n\right)^{\lambda_1}+B\right)^{\lambda_0}}\left(x^{-\lambda_2/\lambda_1}n\right)^{-\lambda_1\left(\sigma-\frac{\lambda_0}{r}\right)-1}$$

$$\leqslant x^{-\frac{\lambda_2\lambda_0}{s}-\frac{\lambda_2}{\lambda_1}}\int_0^{+\infty}\frac{1}{\left(A\left(x^{-\lambda_2/\lambda_1}t\right)^{\lambda_1}+B\right)^{\lambda_0}}\left(x^{-\lambda_2/\lambda_1}t\right)^{-\lambda_1\left(\sigma-\frac{\lambda_0}{r}\right)-1}\mathrm{d}t$$

$$= x^{-\frac{\lambda_2\lambda_0}{s}}\int_0^{+\infty}\frac{1}{(Au^{\lambda_1}+B)^{\lambda_0}}u^{-\lambda_1\left(\sigma-\frac{\lambda_0}{r}\right)^{-1}}\mathrm{d}u = x^{\frac{-\lambda_2\lambda_0}{s}}W_2.$$

证毕.

定理 4.2.1 设 $\frac{1}{p}+\frac{1}{q}=1(p>1)$, $\frac{1}{r}+\frac{1}{s}=1(r>1)$, $\lambda_0>0$, $\lambda_1>0$, $\lambda_2>0$, $\max\left\{\frac{\lambda_0}{r}-\frac{1}{\lambda_1},-\frac{\lambda_0}{s}\right\}<\sigma<\frac{\lambda_0}{r}$, $A>0$, $B>0$, $\alpha=\lambda_1 p\left(\frac{1}{\lambda_1}-\frac{\lambda_0}{r}\right)-1$, $\beta=\lambda_2 q\left(\frac{1}{\lambda_2}-\frac{\lambda_0}{s}\right)-1$, $\tilde{a}=\{a_n\}\in l_p^{\alpha}$, $f(x)\in L_q^{\beta}(0,+\infty)$, 则

$$\int_0^{+\infty}\sum_{n=1}^{\infty}\frac{\left(x^{\lambda_2}/n^{\lambda_1}\right)^{\sigma}}{(An^{\lambda_1}+Bx^{\lambda_2})^{\lambda_0}}a_n f(x)\mathrm{d}x\leqslant\frac{W_0}{\lambda_1^{1/q}\lambda_2^{1/p}}\|\tilde{a}\|_{p,\alpha}\|f\|_{q,\beta}, \tag{4.2.1}$$

其中 $W_0=A^{\sigma-\frac{\lambda_0}{r}}B^{-\sigma-\frac{\lambda_0}{s}}B\left(\frac{\lambda_0}{s}+\sigma,\frac{\lambda_0}{r}-\sigma\right)$, 不等式中的常数因子 $\frac{W_0}{\lambda_1^{1/q}\lambda_2^{1/p}}$ 是最佳的.

证明 记 $K(n,x)=\frac{\left(x^{\lambda_2}/n^{\lambda_1}\right)^{\sigma}}{(An^{\lambda_1}+Bx^{\lambda_2})^{\lambda_0}}$, 则 $K(n,x)$ 是具有参数 $(-\lambda_0,\lambda_1,\lambda_2)$ 的拟齐次非负函数. 取适配数 $a=\frac{\lambda_1}{q}\left(\frac{1}{\lambda_1}-\frac{\lambda_0}{r}\right)$, $b=\frac{\lambda_2}{p}\left(\frac{1}{\lambda_2}-\frac{\lambda_0}{s}\right)$, 根据 Hölder 不等式及引理 4.2.1, 有

$$\int_0^{+\infty}\sum_{n=1}^{\infty}K(n,x)\,a_n f(x)\mathrm{d}x=\int_0^{+\infty}\sum_{n=1}^{\infty}\left(\frac{n^a}{x^b}a_n\right)\left(\frac{x^b}{n^a}f(x)\right)K(n,x)\mathrm{d}x$$

$$\leqslant\left(\int_0^{+\infty}\sum_{n=1}^{\infty}\frac{n^{ap}}{x^{bp}}a_n^pK(n,x)\mathrm{d}x\right)^{\frac{1}{p}}\left(\int_0^{+\infty}\sum_{n=1}^{\infty}\frac{x^{bq}}{n^{aq}}f^q(x)K(n,x)\mathrm{d}x\right)^{\frac{1}{q}}$$

$$=\left(\sum_{n=1}^{\infty}n^{\frac{p\lambda_1}{q}\left(\frac{1}{\lambda_1}-\frac{\lambda_0}{r}\right)}a_n^p\int_0^{+\infty}x^{-\lambda_2\left(\frac{1}{\lambda_2}-\frac{\lambda_0}{s}\right)}\frac{\left(x^{\lambda_2}/n^{\lambda_1}\right)^{\sigma}}{(An^{\lambda_1}+Bx^{\lambda_2})^{\lambda_0}}\mathrm{d}x\right)^{\frac{1}{p}}$$

$$\times\left(\int_0^{+\infty} x^{\frac{q\lambda_2}{p}\left(\frac{1}{\lambda_2}-\frac{\lambda_0}{s}\right)} f^q(x)\sum_{n=1}^{\infty} n^{-\lambda_1\left(\frac{1}{\lambda_1}-\frac{\lambda_0}{r}\right)}\frac{\left(x^{\lambda_2}/n^{\lambda_1}\right)^{\sigma}}{\left(An^{\lambda_1}+Bx^{\lambda_2}\right)^{\lambda_0}}\mathrm{d}x\right)^{\frac{1}{q}}$$

$$=\left(\sum_{n=1}^{\infty} n^{\frac{p}{q}\left(1-\frac{\lambda_1\lambda_0}{r}\right)} a_n^p\omega_1(n)\right)^{\frac{1}{p}}\left(\int_0^{+\infty} x^{\frac{q}{p}\left(1-\frac{\lambda_2\lambda_0}{s}\right)} f^q(x)\omega_2(x)\mathrm{d}x\right)^{\frac{1}{q}}$$

$$\leqslant\left(\sum_{n=1}^{\infty} n^{\frac{p}{q}\left(1-\frac{\lambda_1\lambda_0}{r}\right)-\frac{\lambda_1\lambda_0}{r}} a_n^p W_1\right)^{\frac{1}{p}}\left(\int_0^{+\infty} x^{\frac{q}{p}\left(1-\frac{\lambda_2\lambda_0}{s}\right)-\frac{\lambda_2\lambda_0}{s}} f^q(x)W_2\mathrm{d}x\right)^{\frac{1}{q}}$$

$$=\frac{W_0}{\lambda_1^{1/q}\lambda_2^{1/p}}\left(\sum_{n=1}^{\infty} n^{\lambda_1 p\left(\frac{1}{\lambda_1}-\frac{\lambda_0}{r}\right)-1} a_n^p\right)^{\frac{1}{p}}\left(\int_0^{+\infty} x^{\lambda_2 q\left(\frac{1}{\lambda_2}-\frac{\lambda_0}{s}\right)-1} f^q(x)\mathrm{d}x\right)^{\frac{1}{q}}$$

$$=\frac{W_0}{\lambda_1^{1/q}\lambda_2^{1/p}}\|\tilde{a}\|_{p,\alpha}\|f\|_{q,\beta}.$$

故 (4.2.1) 式成立.

设 (4.2.1) 式的最佳常数因子为 M_0, 则 $M_0\leqslant\dfrac{W_0}{\lambda_1^{1/q}\lambda_2^{1/p}}$, 且

$$\int_0^{+\infty}\sum_{n=1}^{\infty} K(n,x)a_n f(x)\mathrm{d}x\leqslant M_0\|\tilde{a}\|_{p,\alpha}\|f\|_{q,\beta}.$$

对充分小的 $\varepsilon>0$ 及 $\delta>0$, 取 $a_n=n^{(-\alpha-1-\lambda_1\varepsilon)/p}\ (n=1,2,\cdots)$,

$$f(x)=\begin{cases} x^{(-\beta-1-\lambda_2\varepsilon)/q}, & x\geqslant\delta,\\ 0, & 0<x<\delta.\end{cases}$$

则有

$$M_0||\tilde{a}||_{p,\alpha}||f||_{q,\beta}=M_0\left(\sum_{n=1}^{\infty} n^{-1-\lambda_1\varepsilon}\right)^{\frac{1}{p}}\left(\int_\delta^{+\infty} x^{-1-\lambda_2\varepsilon}\mathrm{d}x\right)^{\frac{1}{q}}$$

$$=M_0\left(1+\sum_{n=2}^{\infty} n^{-1-\lambda_1\varepsilon}\right)^{\frac{1}{p}}\left(\frac{1}{\lambda_2\varepsilon}\delta^{-\lambda_2\varepsilon}\right)^{\frac{1}{q}}$$

$$\leqslant M_0\left(1+\int_1^{+\infty} t^{-1-\lambda_1\varepsilon}\mathrm{d}t\right)^{\frac{1}{p}}\left(\frac{1}{\lambda_2\varepsilon}\delta^{-\lambda_2\varepsilon}\right)^{\frac{1}{q}}$$

$$=M_0\left(1+\frac{1}{\lambda_1\varepsilon}\right)^{\frac{1}{p}}\left(\frac{1}{\lambda_2\varepsilon}\delta^{-\lambda_2\varepsilon}\right)^{\frac{1}{q}}=\frac{M_0}{\lambda_1^{1/p}\lambda_2^{1/q}\varepsilon}\left(1+\lambda_1\varepsilon\right)^{\frac{1}{p}}\delta^{-\lambda_2\varepsilon/q},$$

同时, 又有

$$\int_0^{+\infty}\sum_{n=1}^{\infty}K(n,x)a_nf(x)\mathrm{d}x=\sum_{n=1}^{\infty}n^{-\frac{\alpha+1}{p}-\frac{\lambda_1\varepsilon}{p}}\int_\delta^{+\infty}K(n,x)x^{-\frac{\beta+1}{q}-\frac{\lambda_2\varepsilon}{q}}\mathrm{d}x$$

$$=\sum_{n=1}^{\infty}n^{-\frac{\alpha+1}{p}-\frac{\lambda_1\varepsilon}{p}-\lambda_1\lambda_0}\int_\delta^{+\infty}K\left(1,n^{-\lambda_1/\lambda_2}x\right)x^{-\frac{\beta+1}{q}-\frac{\lambda_2\varepsilon}{q}}\mathrm{d}x$$

$$=\sum_{n=1}^{\infty}n^{-\lambda_1\lambda_0-\frac{\alpha+1}{p}-\frac{\lambda_1\varepsilon}{p}-\frac{\lambda_1}{\lambda_2}\left(\frac{\beta+1}{q}+\frac{\lambda_2\varepsilon}{q}\right)}\int_\delta^{+\infty}K\left(1,n^{-\lambda_1/\lambda_2}x\right)\left(n^{-\lambda_1/\lambda_2}x\right)^{-\frac{\beta+1}{q}-\frac{\lambda_2\varepsilon}{q}}\mathrm{d}x$$

$$=\sum_{n=1}^{\infty}n^{-1-\lambda_1\varepsilon}\int_{\delta n^{-\lambda_1/\lambda_2}}^{+\infty}K(1,u)u^{-\frac{\beta+1}{q}-\frac{\lambda_2\varepsilon}{q}}\mathrm{d}u$$

$$\geqslant\sum_{n=1}^{\infty}n^{-1-\lambda_1\varepsilon}\int_\delta^{+\infty}K(1,u)u^{-\frac{\beta+1}{q}-\frac{\lambda_2\varepsilon}{q}}\mathrm{d}u$$

$$\geqslant\int_1^{+\infty}t^{-1-\lambda_1\varepsilon}\mathrm{d}t\int_\delta^{+\infty}K(1,u)u^{-\frac{\beta+1}{q}-\frac{\lambda_2\varepsilon}{q}}\mathrm{d}u=\frac{1}{\lambda_1\varepsilon}\int_\delta^{+\infty}K(1,u)u^{-\frac{\beta+1}{q}-\frac{\lambda_2\varepsilon}{q}}\mathrm{d}u.$$

综上, 可得

$$\frac{1}{\lambda_1}\int_\delta^{+\infty}K(1,u)\,u^{-\frac{\beta+1}{q}-\frac{\lambda_2\varepsilon}{q}}\mathrm{d}u\leqslant\frac{M_0}{\lambda_1^{1/p}\lambda_2^{1/q}}(1+\lambda_1\varepsilon)^{\frac{1}{p}}\delta^{-\lambda_2\varepsilon/q},$$

令 $\varepsilon\to0^+$, 得

$$\frac{1}{\lambda_1}\int_\delta^{+\infty}K(1,u)\,u^{-\frac{\beta+1}{q}}\mathrm{d}u\leqslant\frac{M_0}{\lambda_1^{1/p}\lambda_2^{1/q}},$$

再令 $\delta\to0^+$, 得

$$\frac{1}{\lambda_1}\int_0^{+\infty}\frac{u^{\lambda_2\sigma}}{(A+Bu^{\lambda_2})^{\lambda_0}}u^{-\lambda_2\left(\frac{1}{\lambda_2}-\frac{\lambda_0}{s}\right)}\mathrm{d}u\leqslant\frac{M_0}{\lambda_1^{1/p}\lambda_2^{1/q}},$$

再根据引理 4.2.1, 有

$$\frac{1}{\lambda_1\lambda_2}W_0\leqslant\frac{M_0}{\lambda_1^{1/p}\lambda_2^{1/q}}\ \Rightarrow\ \frac{W_0}{\lambda_1^{1/q}\lambda_2^{1/p}}\leqslant M_0.$$

故 (4.2.1) 式的最佳常数因子 $M_0=\dfrac{W_0}{\lambda_1^{1/q}\lambda_2^{1/p}}$. 证毕.

引理 4.2.2　设 $\frac{1}{p}+\frac{1}{q}=1(p>1)$, $\frac{1}{r}+\frac{1}{s}=(r>1)$, $\lambda_1>0$, $\lambda_2>0$, $\max\left\{\frac{1}{r}-\frac{1}{\lambda_2},\frac{1}{\lambda_2}-\frac{1}{\lambda_1}-\frac{1}{s}\right\}<\sigma<\frac{1}{\lambda_1}-\frac{1}{\lambda_2}+\frac{1}{r}$, 记

$$W_1=\int_0^{+\infty}\frac{1}{\max\{1,t^{\lambda_2}\}}t^{\lambda_2\sigma-\lambda_2\left(\frac{1}{\lambda_1}-\frac{1}{s}\right)}\mathrm{d}t,$$

$$W_2=\int_0^{+\infty}\frac{1}{\max\{t^{\lambda_1},1\}}t^{-\lambda_1\sigma-\lambda_1\left(\frac{1}{\lambda_2}-\frac{1}{r}\right)}\mathrm{d}t,$$

则

$$\lambda_2W_1=\lambda_1W_2=\left(\frac{1}{s}+\left(\sigma+\frac{1}{\lambda_2}-\frac{1}{\lambda_1}\right)\right)^{-1}+\left(\frac{1}{r}-\left(\sigma+\frac{1}{\lambda_2}-\frac{1}{\lambda_1}\right)\right)^{-1},$$

且

$$\omega_1(n)=\int_0^{+\infty}\frac{\left(x^{\lambda_2}/n^{\lambda_1}\right)^{\sigma}}{\max\{n^{\lambda_1},x^{\lambda_2}\}}x^{-\lambda_2\left(\frac{1}{\lambda_1}-\frac{1}{s}\right)}\mathrm{d}x=n^{-1-\frac{\lambda_1}{r}+\frac{\lambda_1}{\lambda_2}}W_1$$

$$\omega_2(x)=\sum_{n=1}^{\infty}\frac{\left(x^{\lambda_2}/n^{\lambda_1}\right)^{\sigma}}{\max\{n^{\lambda_1},x^{\lambda_2}\}}n^{-\lambda_1\left(\frac{1}{\lambda_2}-\frac{1}{r}\right)}\leqslant x^{-1-\frac{\lambda_2}{s}+\frac{\lambda_2}{\lambda_1}}W_2.$$

证明　根据 $\frac{1}{\lambda_2}-\frac{1}{\lambda_1}-\frac{1}{s}<\sigma<\frac{1}{\lambda_1}-\frac{1}{\lambda_2}+\frac{1}{r}$, 可知

$$\lambda_2\left(\sigma+\frac{1}{s}-\frac{1}{\lambda_1}\right)+1>0,\quad \lambda_2\left(\sigma+\frac{1}{s}-\frac{1}{\lambda_1}-1\right)+1<0,$$

于是, 我们有

$$\begin{aligned}
W_1&=\int_0^1 t^{\lambda_2\sigma+\lambda_2\left(\frac{1}{s}-\frac{1}{\lambda_1}\right)}\mathrm{d}t+\int_1^{+\infty}t^{-\lambda_2+\lambda_2\sigma+\lambda_2\left(\frac{1}{s}-\frac{1}{\lambda_1}\right)}\mathrm{d}t\\
&=\int_0^1 t^{\lambda_2\left(\sigma+\frac{1}{s}-\frac{1}{\lambda_1}\right)}\mathrm{d}t+\int_1^{+\infty}t^{\lambda_2\left(\sigma+\frac{1}{s}-\frac{1}{\lambda_1}-1\right)}\mathrm{d}t\\
&=\frac{1}{\lambda_2\left(\sigma+\frac{1}{s}-\frac{1}{\lambda_1}\right)+1}-\frac{1}{\lambda_2\left(\sigma+\frac{1}{s}-\frac{1}{\lambda_1}-1\right)+1}\\
&=\frac{1}{\lambda_2}\left[\left(\frac{1}{s}+\left(\sigma+\frac{1}{\lambda_2}-\frac{1}{\lambda_1}\right)\right)^{-1}+\left(\frac{1}{r}-\left(\sigma+\frac{1}{\lambda_2}-\frac{1}{\lambda_1}\right)\right)^{-1}\right].
\end{aligned}$$

类似地, 可计算得

$$W_2=\frac{1}{\lambda_1}\left[\left(\frac{1}{s}+\left(\sigma+\frac{1}{\lambda_2}-\frac{1}{\lambda_1}\right)\right)^{-1}+\left(\frac{1}{r}-\left(\sigma+\frac{1}{\lambda_2}-\frac{1}{\lambda_1}\right)\right)^{-1}\right].$$

故

$$\lambda_2W_1=\lambda_1W_2=\left(\frac{1}{s}+\left(\sigma+\frac{1}{\lambda_2}-\frac{1}{\lambda_1}\right)\right)^{-1}+\left(\frac{1}{r}-\left(\sigma+\frac{1}{\lambda_2}-\frac{1}{\lambda_1}\right)\right)^{-1}.$$

$$\begin{aligned}\omega_1(n)&=n^{-\lambda_1\sigma}\int_0^{+\infty}\frac{1}{\max\{n^{\lambda_1},x^{\lambda_2}\}}x^{\lambda_2\sigma-\lambda_2\left(\frac{1}{\lambda_1}-\frac{1}{s}\right)}\mathrm{d}x\\&=n^{-1-\frac{\lambda_1}{r}}\int_0^{+\infty}\frac{1}{\max\left\{1,\left(n^{-\lambda_1/\lambda_2}x\right)^{\lambda_2}\right\}}\left(n^{-\frac{\lambda_1}{\lambda_2}}x\right)^{\lambda_2\sigma-\lambda_2\left(\frac{1}{\lambda_1}-\frac{1}{s}\right)}\mathrm{d}x\\&=n^{-1-\frac{\lambda_1}{r}+\frac{\lambda_1}{\lambda_2}}\int_0^{+\infty}\frac{1}{\max\{1,t^{\lambda_2}\}}t^{\lambda_2\sigma-\lambda_2\left(\frac{1}{\lambda_1}-\frac{1}{s}\right)}\mathrm{d}t=n^{-1-\frac{\lambda_1}{r}+\frac{\lambda_1}{\lambda_2}}W_1.\end{aligned}$$

根据 $\sigma>\frac{1}{r}-\frac{1}{\lambda_2}$, 可得 $-\lambda_1\sigma+\lambda_1\left(\frac{1}{r}-\frac{1}{\lambda_2}\right)<0,-\lambda_1-\lambda_1\sigma+\lambda_1\left(\frac{1}{r}-\frac{1}{\lambda_2}\right)<0$. 又因为

$$\begin{aligned}h(t)&=\frac{1}{\max\{t^{\lambda_1},1\}}t^{-\lambda_1\sigma+\lambda_1\left(\frac{1}{r}-\frac{1}{\lambda_2}\right)}\\&=\begin{cases}t^{-\lambda_1\sigma+\lambda_1\left(\frac{1}{r}-\frac{1}{\lambda_2}\right)}, & 0<t\leqslant 1,\\ t^{-\lambda_1-\lambda_1\sigma+\lambda_1\left(\frac{1}{r}-\frac{1}{\lambda_2}\right)}, & t>1.\end{cases}\end{aligned}$$

故 $h(t)$ 在 $(0,+\infty)$ 上递减, 于是

$$\begin{aligned}\omega_2(x)&=x^{\lambda_2\sigma}\sum_{n=1}^{\infty}\frac{1}{\max\{n^{\lambda_1},x^{\lambda_2}\}}n^{-\lambda_1\sigma-\lambda_1\left(\frac{1}{\lambda_2}-\frac{1}{r}\right)}\\&=x^{-1-\frac{\lambda_2}{s}}\sum_{n=1}^{\infty}\frac{1}{\max\left\{\left(x^{-\lambda_2/\lambda_1}n\right)^{\lambda_1},1\right\}}\left(x^{-\lambda_2/\lambda_1}n\right)^{-\lambda_1\sigma-\lambda_1\left(\frac{1}{\lambda_2}-\frac{1}{r}\right)}\\&\leqslant x^{-1-\frac{\lambda_2}{s}}\int_0^{+\infty}\frac{1}{\max\left\{\left(x^{-\lambda_2/\lambda_1}u\right)^{\lambda_1},1\right\}}\left(x^{-\lambda_2/\lambda_1}u\right)^{-\lambda_1\sigma-\lambda_1\left(\frac{1}{\lambda_2}-\frac{1}{r}\right)}\mathrm{d}u\end{aligned}$$

$$= x^{-1-\frac{\lambda_2}{s}+\frac{\lambda_2}{\lambda_1}}\int_0^{+\infty}\frac{1}{\max\{t^{\lambda_1},1\}}t^{-\lambda_1\sigma-\lambda_1\left(\frac{1}{\lambda_2}-\frac{1}{r}\right)}\mathrm{d}t = x^{-1-\frac{\lambda_2}{s}+\frac{\lambda_2}{\lambda_1}}W_2.$$

证毕.

定理 4.2.2 设 $\frac{1}{p}+\frac{1}{q}=1(p>1)$, $\frac{1}{r}+\frac{1}{s}=1(r>1)$, $\lambda_1>0$, $\lambda_2>0$, $\max\left\{\frac{1}{r}-\frac{1}{\lambda_2},\frac{1}{\lambda_2}-\frac{1}{\lambda_1}-\frac{1}{s}\right\}<\sigma<\frac{1}{\lambda_1}-\frac{1}{\lambda_2}+\frac{1}{r}$, $\alpha=\lambda_1 p\left(\frac{1}{\lambda_2}-\frac{1}{r}\right)-1$, $\beta=\lambda_2 q\left(\frac{1}{\lambda_1}-\frac{1}{s}\right)-1$, 记

$$W_0=\left(\frac{1}{s}+\left(\sigma+\frac{1}{\lambda_2}-\frac{1}{\lambda_1}\right)\right)^{-1}+\left(\frac{1}{r}-\left(\sigma+\frac{1}{\lambda_2}-\frac{1}{\lambda_1}\right)\right)^{-1},$$

则当 $\tilde{a}=\{a_n\}\in l_p^\alpha$, $f(x)\in L_q^\beta(0,+\infty)$ 时, 有

$$\int_0^{+\infty}\sum_{n=1}^{\infty}\frac{\left(x^{\lambda_2}/n^{\lambda_1}\right)^\sigma}{\max\{n^{\lambda_1},x^{\lambda_2}\}}a_n f(x)\mathrm{d}x\leqslant\frac{W_0}{\lambda_1^{1/q}\lambda_2^{1/p}}\|\tilde{a}\|_{p,\alpha}\|f\|_{q,\beta}, \tag{4.2.2}$$

其中的常数因子 $\frac{W_0}{\lambda_1^{1/p}\lambda_2^{1/q}}$ 是最佳值.

证明 记 $K(n,x)=\left(x^{\lambda_2}/n^{\lambda_1}\right)^\sigma/\max\{n^{\lambda_1},x^{\lambda_2}\}$, 则 $K(n,x)$ 是具有参数 $(-1,\lambda_1,\lambda_2)$ 的拟齐次非负函数. 取适配参数 $a=\frac{\lambda_1}{q}\left(\frac{1}{\lambda_2}-\frac{1}{r}\right)$, $b=\frac{\lambda_2}{p}\left(\frac{1}{\lambda_1}-\frac{1}{s}\right)$, 根据 Hölder 不等式和引理 4.2.2, 有

$$\int_0^{+\infty}\sum_{n=1}^{\infty}K(n,x)a_n f(x)\mathrm{d}x=\int_0^{+\infty}\sum_{n=1}^{\infty}\left(\frac{n^a}{x^b}a_n\right)\left(\frac{x^b}{n^a}f(x)\right)K(n,x)\mathrm{d}x$$

$$\leqslant\left(\int_0^{+\infty}\sum_{n=1}^{\infty}\frac{n^{ap}}{x^{bp}}a_n^p K(n,x)\mathrm{d}x\right)^{\frac{1}{p}}\left(\int_0^{+\infty}\sum_{n=1}^{\infty}\frac{x^{bq}}{n^{aq}}f^q(x)K(n,x)\mathrm{d}x\right)^{\frac{1}{q}}$$

$$=\left(\sum_{n=1}^{\infty}n^{ap}a_n^p\int_0^{+\infty}x^{-\lambda_2\left(\frac{1}{\lambda_1}-\frac{1}{s}\right)}K(n,x)\mathrm{d}x\right)^{\frac{1}{p}}$$

$$\times\left(\int_0^{+\infty}x^{bq}f^q(x)\sum_{n=1}^{\infty}n^{-\lambda_1\left(\frac{1}{\lambda_2}-\frac{1}{r}\right)}K(n,x)\mathrm{d}x\right)^{\frac{1}{q}}$$

$$=\left(\sum_{n=1}^{\infty}n^{ap}a_n^p\omega_1(n)\right)^{\frac{1}{p}}\left(\int_0^{+\infty}x^{bq}f^q(x)\omega_2(x)\mathrm{d}x\right)^{\frac{1}{q}}$$

$$\leqslant W_1^{\frac{1}{p}} W_2^{\frac{1}{q}} \left(\sum_{n=1}^{\infty} n^{\frac{p}{q}\lambda_1\left(\frac{1}{\lambda_2}-\frac{1}{r}\right)-1-\frac{\lambda_1}{r}+\frac{\lambda_1}{\lambda_2}} a_n^p \right)^{\frac{1}{p}}$$

$$\times \left(\int_0^{+\infty} x^{\frac{q}{p}\lambda_2\left(\frac{1}{\lambda_1}-\frac{1}{s}\right)-1-\frac{\lambda_2}{s}+\frac{\lambda_2}{\lambda_1}} f^q(x)\mathrm{d}x \right)^{\frac{1}{q}}$$

$$= \frac{W_0}{\lambda_1^{1/q}\lambda_2^{1/p}} \left(\sum_{n=1}^{\infty} n^{p\lambda_1\left(\frac{1}{\lambda_2}-\frac{1}{r}\right)-1} a_n^p \right)^{\frac{1}{p}} \left(\int_0^{+\infty} x^{q\lambda_2\left(\frac{1}{\lambda_1}-\frac{1}{s}\right)-1} f^q(x)\mathrm{d}x \right)^{\frac{1}{q}}$$

$$= \frac{W_0}{\lambda_1^{1/q}\lambda_2^{1/p}} \|\tilde{a}\|_{p,\alpha} \|f\|_{q,\beta},$$

故 (4.2.2) 式成立.

若 $\dfrac{W_0}{\lambda_1^{1/q}\lambda_2^{1/p}}$ 不是 (4.2.2) 式的最佳常数因子, 则存在常数 $M_0 < \dfrac{W_0}{\lambda_1^{1/q}\lambda_2^{1/p}}$, 使

$$\int_0^{+\infty} \sum_{n=1}^{\infty} K(n,x) a_n f(x)\mathrm{d}x \leqslant M_0 \|\tilde{a}\|_{p,\alpha} \|f\|_{q,\beta}.$$

设 $\varepsilon > 0$ 及 $\delta > 0$ 足够小, 令 $a_n = n^{(-\alpha-1-\lambda_1\varepsilon)/p}$ $(n = 1, 2, \cdots)$,

$$f(x) = \begin{cases} x^{(-\beta-1-\lambda_2\varepsilon)/q}, & x \geqslant \delta, \\ 0, & 0 < x < \delta. \end{cases}$$

则计算可知

$$M_0 \|\tilde{a}\|_{p,\alpha} \|f\|_{q,\beta} \leqslant \frac{M_0}{\varepsilon\lambda_1^{1/p}\lambda_2^{1/q}} (1+\lambda_1\varepsilon)^{\frac{1}{p}} \delta^{-\lambda_2\varepsilon/q},$$

$$\int_0^{+\infty} \sum_{n=1}^{\infty} K(n,x) a_n f(x)\mathrm{d}x = \sum_{n=1}^{\infty} n^{-\frac{\alpha+1}{p}-\frac{\lambda_1\varepsilon}{p}} \int_\delta^{+\infty} K(n,x) x^{-\frac{\beta+1}{q}-\frac{\lambda_2\varepsilon}{q}} \mathrm{d}x$$

$$= \sum_{n=1}^{\infty} n^{-1-\frac{\lambda_2}{\lambda_1}-\lambda_1\varepsilon} \int_\delta^{+\infty} K\left(1, n^{-\lambda_1/\lambda_2} x\right) \left(n^{-\lambda_1/\lambda_2} x\right)^{-\frac{\beta+1}{q}-\frac{\lambda_2\varepsilon}{q}} \mathrm{d}x$$

$$= \sum_{n=1}^{\infty} n^{-1-\lambda_1\varepsilon} \int_{\delta n^{-\lambda_2/\lambda_1}}^{+\infty} K(1,t) t^{-\frac{\beta+1}{q}-\frac{\lambda_2\varepsilon}{q}} \mathrm{d}t$$

$$\geqslant \int_0^{+\infty} t^{-1-\lambda_1\varepsilon}\mathrm{d}t \int_\delta^{+\infty} K(1,t) t^{-\frac{\beta+1}{q}-\frac{\lambda_2\varepsilon}{q}} \mathrm{d}t = \frac{1}{\lambda_1\varepsilon} \int_\delta^{+\infty} K(1,t) t^{-\frac{\beta+1}{q}-\frac{\lambda_2\varepsilon}{q}} \mathrm{d}t.$$

综上, 可得

$$\frac{1}{\lambda_1}\int_\delta^{+\infty} K(1,t)t^{-\frac{\beta+1}{q}-\frac{\lambda_2\varepsilon}{q}}\mathrm{d}t \leqslant \frac{M_0}{\lambda_1^{1/q}\lambda_2^{1/p}}(1+\lambda_1\varepsilon)^{\frac{1}{p}}\delta^{-\lambda_2\varepsilon/q},$$

先令 $\varepsilon\to 0^+$, 再令 $\delta\to 0^+$, 得

$$\begin{aligned}\frac{1}{\lambda_1}W_1 &= \frac{1}{\lambda_1}\int_0^{+\infty} K(1,t)\,t^{-\frac{\beta+1}{q}}\mathrm{d}t\\ &= \int_0^{+\infty}\frac{1}{\max\{1,t^{\lambda_2}\}}t^{\lambda_2\sigma-\lambda_2\left(\frac{1}{\lambda_1}-\frac{1}{s}\right)}\mathrm{d}t \leqslant \frac{M_0}{\lambda_1^{1/q}\lambda_2^{1/p}},\end{aligned}$$

由此得到 $\dfrac{W_0}{\lambda_1^{1/q}\lambda_2^{1/p}}\leqslant M_0$, 这是一个矛盾, 故 $\dfrac{W_0}{\lambda_1^{1/q}\lambda_2^{1/p}}$ 是 (4.2.2) 式的最佳常数因子. 证毕.

引理 4.2.3 设 $\frac{1}{r}+\frac{1}{s}=1\ (r>1)$, $\lambda>0$, $\lambda_1>0$, $\lambda_2>0$, $\frac{\sigma}{r}+\frac{\lambda}{s}>0$, $0<\frac{\sigma}{s}+\frac{\lambda}{r}<\min\left\{\frac{1}{\lambda_1},\frac{1}{\lambda_1}+\sigma\right\}$, 记

$$W_0=\int_0^1\frac{u^{\frac{\sigma}{r}+\frac{\lambda}{s}-1}+u^{\frac{\lambda}{r}+\frac{\sigma}{s}-1}}{(1+u)^\lambda}\mathrm{d}u,$$

$$W_1=\int_0^{+\infty}\frac{\left(\min\{1,t^{\lambda_2}\}\right)^\sigma}{(1+t^{\lambda_2})^\lambda}t^{-\lambda_2\left(\frac{1}{\lambda_2}+\frac{\sigma-\lambda}{s}\right)}\mathrm{d}t,$$

$$W_2=\int_0^{+\infty}\frac{\left(\min\{t^{\lambda_1},1\}\right)^\sigma}{(t^{\lambda_1}+1)^\lambda}t^{-\lambda_1\left(\frac{1}{\lambda_1}+\frac{\sigma-\lambda}{r}\right)}\mathrm{d}t,$$

则 $\lambda_1W_2=\lambda_2W_1=W_0$, 且

$$\omega_1(n)=\int_0^{+\infty}\frac{\left(\min\{n^{\lambda_1},x^{\lambda_2}\}\right)^\sigma}{(n^{\lambda_1}+x^{\lambda_2})^\lambda}x^{-\lambda_2\left(\frac{1}{\lambda_2}+\frac{\sigma-\lambda}{s}\right)}\mathrm{d}x=n^{\lambda_1\frac{\sigma-\lambda}{r}}W_1,$$

$$\omega_2(x)=\sum_{n=1}^{\infty}\frac{\left(\min\{n^{\lambda_1},x^{\lambda_2}\}\right)^\sigma}{(n^{\lambda_1}+x^{\lambda_2})^\lambda}n^{-\lambda_1\left(\frac{1}{\lambda_1}+\frac{\sigma-\lambda}{r}\right)}\leqslant x^{\lambda_2\frac{\sigma-\lambda}{s}}W_2.$$

证明 根据 $\frac{\sigma}{r}+\frac{\lambda}{s}>0$, $\frac{\sigma}{s}+\frac{\lambda}{r}>0$ 可知 W_0 收敛.

$$W_1=\int_0^1\frac{t^{\lambda_2\sigma}}{(1+t^{\lambda_2})^\lambda}t^{-\lambda_2\left(\frac{1}{\lambda_2}+\frac{\sigma-\lambda}{s}\right)}\mathrm{d}t+\int_1^{+\infty}\frac{1}{(1+t^{\lambda_2})^\lambda}t^{-\lambda_2\left(\frac{1}{\lambda_2}+\frac{\sigma-\lambda}{s}\right)}\mathrm{d}t$$

$$
\begin{aligned}
&=\int_0^1 \frac{1}{\left(1+t^{\lambda_2}\right)^\lambda} t^{\lambda_2\left(\frac{\sigma}{r}+\frac{\lambda}{s}\right)-1} \mathrm{d}t+\int_0^1 \frac{1}{\left(1+t^{\lambda_2}\right)^\lambda} t^{\lambda_2\left(\frac{\lambda}{r}+\frac{\sigma}{s}\right)-1} \mathrm{d}t \\
&=\int_0^1 \frac{t^{\lambda_2\left(\frac{\sigma}{r}+\frac{\lambda}{s}\right)-1}+t^{\lambda_2\left(\frac{\lambda}{r}+\frac{\sigma}{s}\right)-1}}{\left(1+t^{\lambda_2}\right)^\lambda} \mathrm{d}t=\frac{1}{\lambda_2} \int_0^1 \frac{u^{\frac{\sigma}{r}+\frac{\lambda}{s}-1}+u^{\frac{\lambda}{r}+\frac{\sigma}{s}-1}}{(1+u)^\lambda} \mathrm{d}u=\frac{1}{\lambda_2} W_0 .
\end{aligned}
$$

类似地计算可得 $W_2=\dfrac{1}{\lambda_1} W_0$, 故 $\lambda_1 W_2=\lambda_2 W_1=W_0$.

$$
\begin{aligned}
\omega_1(n)= & n^{\lambda_1 \sigma-\lambda_1 \lambda-\lambda_1\left(\frac{1}{\lambda_2}+\frac{\sigma-\lambda}{s}\right)} \int_0^{+\infty} \frac{\left(\min \left\{1,\left(n^{-\lambda_1 / \lambda_2} x\right)^{\lambda_2}\right\}\right)^\sigma}{\left[1+\left(n^{-\lambda_1 / \lambda_2} x\right)^{\lambda_2}\right]^\lambda} \\
& \times\left(n^{-\lambda_1 / \lambda_2} x\right)^{-\lambda_2\left(\frac{1}{\lambda_2}+\frac{\sigma-\lambda}{s}\right)} \mathrm{d}x \\
= & n^{\lambda_1 \frac{\sigma-\lambda}{r}} \int_0^{+\infty} \frac{\left(\min \left\{1, t^{\lambda_2}\right\}\right)^\sigma}{\left(1+t^{\lambda_2}\right)^\lambda} t^{-\lambda_2\left(\frac{1}{\lambda_2}+\frac{\sigma-\lambda}{s}\right)} \mathrm{d}t=n^{\lambda_1 \frac{\sigma-\lambda}{r}} W_1 .
\end{aligned}
$$

根据 $\dfrac{\sigma}{s}+\dfrac{\lambda}{r}<\min \left\{\dfrac{1}{\lambda_1}, \dfrac{1}{\lambda_1}+\sigma\right\}$, 可知 $\lambda_1\left(\dfrac{\sigma}{s}+\dfrac{\lambda}{r}\right)-1<0$, $\lambda_1\left(\dfrac{\sigma}{s}+\dfrac{1}{r}\right)-1-\lambda_1 \sigma<0$. 又因为

$$
\begin{aligned}
h(t) & =\frac{\left(\min \left\{1, t^{\lambda_2}\right\}\right)^\sigma}{\left(1+t^{\lambda_1}\right)^\lambda} t^{-\lambda_1\left(\frac{1}{\lambda_1}+\frac{\sigma-\lambda}{r}\right)} \\
& =\left\{\begin{array}{ll}
\dfrac{1}{\left(1+t^{\lambda_2}\right)^\lambda} t^{\lambda_1\left(\frac{\sigma}{s}+\frac{\lambda}{r}\right)-1}, & 0<t \leqslant 1, \\
\dfrac{1}{\left(1+t^{\lambda_2}\right)^\lambda} t^{\lambda_1\left(\frac{\sigma}{s}+\frac{1}{r}\right)-1-\lambda_1 \sigma}, & t>1 .
\end{array}\right.
\end{aligned}
$$

从而可知 $h(t)$ 在 $(0,+\infty)$ 上递减, 于是

$$
\begin{aligned}
\omega_2(x)= & x^{\lambda_2 \sigma-\lambda_2 \lambda-\lambda_2\left(\frac{1}{\lambda_2}+\frac{\sigma-\lambda}{r}\right)} \sum_{n=1}^{\infty} \frac{\left(\min \left\{\left(x^{-\lambda_2 / \lambda_1} n\right)^{\lambda_1}, 1\right\}\right)^\sigma}{\left[\left(x^{-\lambda_2 / \lambda_1} n\right)^{\lambda_1}+1\right]^\lambda} \\
& \times\left(x^{-\lambda_2 / \lambda_1} n\right)^{-\lambda_1\left(\frac{1}{\lambda_1}+\frac{\sigma-\lambda}{r}\right)} \\
\leqslant & x^{\lambda_2 \frac{\sigma-\lambda}{s}-\frac{\lambda_2}{\lambda_1}} \int_0^{+\infty} \frac{\left(\min \left\{\left(x^{-\lambda_2 / \lambda_1} t\right)^{\lambda_1}, 1\right\}\right)^\sigma}{\left[\left(x^{-\lambda_2 / \lambda_1} t\right)^{\lambda_1}+1\right]^\lambda}\left(x^{-\lambda_2 / \lambda_1} t\right)^{-\lambda_1\left(\frac{1}{\lambda_1}+\frac{\sigma-\lambda}{r}\right)} \mathrm{d}t
\end{aligned}
$$

$$= x^{\lambda_2 \frac{\sigma-\lambda}{s}} \int_0^{+\infty} \frac{\left(\min\left\{u^{\lambda_1}, 1\right\}\right)^{\sigma}}{\left(u^{\lambda_1}+1\right)^{\lambda}} u^{-\lambda_1\left(\frac{1}{\lambda_1}+\frac{\sigma-\lambda}{r}\right)} \mathrm{d}u = x^{\lambda_2 \frac{\sigma-\lambda}{s}} W_2.$$

证毕.

定理 4.2.3 设 $\frac{1}{p}+\frac{1}{q}=1(p>1)$, $\frac{1}{r}+\frac{1}{s}=1$ $(r>1)$, $\lambda>0$, $\lambda_1>0$, $\lambda_2>0$, $\frac{\sigma}{r}+\frac{\lambda}{s}>0$, $0<\frac{\sigma}{s}+\frac{\lambda}{r}<\min\left\{\frac{1}{\lambda_1}, \frac{1}{\lambda_1}+\sigma\right\}$, $\alpha=\lambda_1 p\left(\frac{1}{\lambda_1}+\frac{\sigma-\lambda}{r}\right)-1$, $\beta=\lambda_2 q\left(\frac{1}{\lambda_2}+\frac{\sigma-\lambda}{s}\right)-1$, 记

$$W_0=\int_0^{+\infty} \frac{t^{\frac{\sigma}{r}+\frac{\lambda}{s}-1}+t^{\frac{\lambda}{r}+\frac{\sigma}{s}-1}}{(1+t)^{\lambda}} \mathrm{d}u,$$

则当 $\tilde{a}=\{a_n\} \in l_p^{\alpha}$, $f(x) \in L_q^{\beta}(0,+\infty)$ 时, 有

$$\int_0^{+\infty} \sum_{n=1}^{\infty} \frac{\left(\min\left\{n^{\lambda_1}, x^{\lambda_2}\right\}\right)^{\sigma}}{\left(n^{\lambda_1}+x^{\lambda_2}\right)^{\lambda}} a_n f(x) \mathrm{d}x \leqslant \frac{W_0}{\lambda_1^{1/q} \lambda_2^{1/p}}\|\tilde{a}\|_{p, \alpha}\|f\|_{q, \beta}, \tag{4.2.3}$$

其中的常数因子 $\frac{W_0}{\lambda_1^{1/q} \lambda_2^{1/p}}$ 是最佳值.

证明 记 $K(n, x)=\left(\min\left\{n^{\lambda_1}, x^{\lambda_2}\right\}\right)^{\sigma} /\left(n^{\lambda_1}+x^{\lambda_2}\right)^{\lambda}$, 则 $K(n, x)$ 是具有参数 $(\sigma-\lambda, \lambda_1, \lambda_2)$ 的拟齐次非负函数, 取适配数 $a=\frac{\lambda_1}{q}\left(\frac{1}{\lambda_1}+\frac{\sigma-\lambda}{r}\right)$, $b=\frac{\lambda_2}{p}\left(\frac{1}{\lambda_2}+\frac{\sigma-\lambda}{s}\right)$, 根据引理 4.2.3, 有

$$\begin{aligned}
&\int_0^{+\infty} \sum_{n=1}^{\infty} K(n, x) a_n f(x) \mathrm{d}x=\int_0^{+\infty} \sum_{n=1}^{\infty}\left(\frac{n^a}{x^b} a_n\right)\left(\frac{x^b}{n^a} f(x)\right) K(n, x) \mathrm{d}x \\
\leqslant&\left(\int_0^{+\infty} \sum_{n=1}^{\infty} \frac{n^{a p}}{x^{b p}} a_n^p K(n, x) \mathrm{d}x\right)^{\frac{1}{p}}\left(\int_0^{+\infty} \sum_{n=1}^{\infty} \frac{x^{b q}}{n^{a q}} f^q(x) K(n, x) \mathrm{d}x\right)^{\frac{1}{q}} \\
=&\left(\sum_{n=1}^{\infty} n^{\frac{p}{q} \lambda_1\left(\frac{1}{\lambda_1}+\frac{\sigma-\lambda}{r}\right)} a_n^p \omega_1(n)\right)^{\frac{1}{p}}\left(\int_0^{+\infty} x^{\frac{q}{p} \lambda_2\left(\frac{1}{\lambda_2}+\frac{\sigma-\lambda}{s}\right)} f^q(x) \omega_2(x) \mathrm{d}x\right)^{\frac{1}{q}} \\
\leqslant& W_1^{\frac{1}{p}} W_2^{\frac{1}{q}}\left(\sum_{n=1}^{\infty} n^{\frac{p}{q} \lambda_1\left(\frac{1}{\lambda_1}+\frac{\sigma-\lambda}{r}\right)+\lambda_1 \frac{\sigma-\lambda}{r}} a_n^p\right)^{\frac{1}{p}}
\end{aligned}$$

$$\times\left(\int_0^{+\infty} x^{\frac{q}{p}\lambda_2\left(\frac{1}{\lambda_2}+\frac{\sigma-\lambda}{s}\right)+\lambda_2\frac{\sigma-\lambda}{s}} f^q(x)\mathrm{d}x\right)^{\frac{1}{q}}$$

$$=\frac{W_0}{\lambda_1^{1/q}\lambda_2^{1/p}}\left(\sum_{n=1}^{\infty} n^{p\lambda_1\left(\frac{1}{\lambda_1}+\frac{\sigma-\lambda}{r}\right)-1} a_n^p\right)^{\frac{1}{p}}\left(\int_0^{+\infty} x^{q\lambda_2\left(\frac{1}{\lambda_2}+\frac{\sigma-\lambda}{s}\right)-1} f^q(x)\mathrm{d}x\right)^{\frac{1}{q}}$$

$$=\frac{W_0}{\lambda_1^{1/q}\lambda_2^{1/p}}\|\tilde{a}\|_{p,\alpha}\|f\|_{q,\beta},$$

故 (4.2.3) 式成立.

若设 (4.2.3) 式的最佳常数因子为 M_0, 则 $M_0 \leqslant \dfrac{W_0}{\lambda_1^{1/q}\lambda_2^{1/p}}$, 且

$$\int_0^{+\infty}\sum_{n=1}^{\infty} K(n,x)a_n f(x)\mathrm{d}x \leqslant M_0\|\tilde{a}\|_{p,\alpha}\|f\|_{q,\beta}.$$

对充分小的 $\varepsilon>0$ 及 $\delta>0$, 取 $a_n=n^{(-\alpha-1-\lambda_1\varepsilon)/p}$ $(n=1,2,\cdots)$,

$$f(x)=\begin{cases} x^{(-\beta-1-\lambda_2\varepsilon)/q}, & x\geqslant\delta,\\ 0, & 0<x<\delta.\end{cases}$$

则计算可知

$$M_0\|\tilde{a}\|_{p,\alpha}\|f\|_{q,\beta}\leqslant\frac{M_0}{\varepsilon\lambda_1^{1/p}\lambda_2^{1/q}}(1+\lambda_1\varepsilon)^{\frac{1}{p}}\delta^{-\lambda_2\varepsilon/q},$$

$$\begin{aligned}
&\int_0^{+\infty}\sum_{n=1}^{\infty} K(n,x)a_n f(x)\mathrm{d}x\\
=&\sum_{n=1}^{\infty} n^{-\frac{\alpha+1}{p}-\frac{\lambda_1\varepsilon}{p}}\int_\delta^{+\infty} K(n,x)x^{-\frac{\beta+1}{q}-\frac{\lambda_2\varepsilon}{q}}\mathrm{d}x\\
=&\sum_{n=1}^{\infty} n^{-\frac{\alpha+1}{p}-\frac{\lambda_1\varepsilon}{p}+\lambda_1(\sigma-\lambda)-\frac{\lambda_1}{\lambda_2}\left(\frac{\beta+1}{q}+\frac{\lambda_2\varepsilon}{q}\right)}\\
&\times\int_\delta^{+\infty} K\left(1,n^{-\lambda_1/\lambda_2}x\right)\left(n^{-\lambda_1/\lambda_2}x\right)^{-\frac{\beta+1}{q}-\frac{\lambda_2\varepsilon}{q}}\mathrm{d}x\\
=&\sum_{n=1}^{\infty} n^{-1-\frac{\lambda_1}{\lambda_2}-\lambda_1\varepsilon}\int_{\delta n^{-\lambda_1/\lambda_2}}^{+\infty} K(1,t)t^{-\frac{\beta+1}{q}-\frac{\lambda_2\varepsilon}{q}} n^{\frac{\lambda_1}{\lambda_2}}\mathrm{d}t\\
\geqslant&\sum_{n=1}^{\infty} n^{-1-\lambda_1\varepsilon}\int_\delta^{+\infty} K(1,t)t^{-\frac{\beta+1}{q}-\frac{\lambda_2\varepsilon}{q}}\mathrm{d}t
\end{aligned}$$

$$\geqslant \int_1^{+\infty} t^{-1-\lambda_1\varepsilon}\mathrm{d}t \int_\delta^{+\infty} K(1,t) t^{-\frac{\beta+1}{q}-\frac{\lambda_2\varepsilon}{q}}\mathrm{d}t$$
$$= \frac{1}{\lambda_1\varepsilon}\int_\delta^{+\infty} K(1,t) t^{-\frac{\beta+1}{q}-\frac{\lambda_2\varepsilon}{q}}\mathrm{d}t.$$

于是, 可得

$$\frac{1}{\lambda_1}\int_\delta^{+\infty} K(1,t) t^{-\frac{\beta+1}{q}-\frac{\lambda_2\varepsilon}{q}}\mathrm{d}t \leqslant \frac{M_0}{\lambda_1^{1/p}\lambda_2^{1/q}}(1+\lambda_1\varepsilon)^{\frac{1}{p}}\delta^{-\lambda_2\varepsilon/q},$$

先令 $\varepsilon \to 0^+$, 再令 $\delta \to 0^+$, 得

$$\frac{1}{\lambda_1}\int_0^{+\infty} \frac{\left(\min\left\{1, t^{\lambda_2}\right\}\right)^\sigma}{\left(1+t^{\lambda_2}\right)^\lambda} t^{-\lambda_2\left(\frac{1}{\lambda_2}+\frac{\sigma-\lambda}{s}\right)}\mathrm{d}t \leqslant \frac{M_0}{\lambda_1^{1/p}\lambda_2^{1/q}},$$

从而由引理 4.2.3, 有

$$\frac{1}{\lambda_1\lambda_2}W_0 \leqslant \frac{M_0}{\lambda_1^{1/p}\lambda_2^{1/q}} \Rightarrow \frac{W_0}{\lambda_1^{1/q}\lambda_2^{1/p}} \leqslant M_0,$$

故 (4.2.3) 式的最佳常数因子为 $M_0 = \dfrac{W_0}{\lambda_1^{1/q}\lambda_2^{1/p}}$. 证毕.

例 4.2.1　设 $\dfrac{1}{p}+\dfrac{1}{q}=1(p>1)$, $\dfrac{1}{r}+\dfrac{1}{s}=1\ (r>1)$, $\lambda_1>0$, $\lambda_2>0$, $0<\lambda<\dfrac{r}{\lambda_1}$, $\alpha=\lambda_1 p\left(\dfrac{1}{\lambda_1}-\dfrac{\lambda}{r}\right)-1$, $\beta=\lambda_2 q\left(\dfrac{1}{\lambda_2}-\dfrac{\lambda}{s}\right)-1$, 求证: 当 $\tilde{a}=\{a_n\}\in l_p^\alpha$, $f(x)\in L_q^\beta(0,+\infty)$ 时, 有

$$\int_0^{+\infty}\sum_{n=1}^\infty \frac{a_n f(x)}{\left(n^{\lambda_1}+x^{\lambda_2}\right)^\lambda}\mathrm{d}x \leqslant \frac{B(\lambda/r,\lambda/s)}{\lambda_1^{1/q}\lambda_2^{1/p}}\|\tilde{a}\|_{p,\alpha}\|f\|_{q,\beta},$$

其中的常数因子 $\dfrac{1}{\lambda_1^{1/q}\lambda_2^{1/p}}B\left(\dfrac{\lambda}{r},\dfrac{\lambda}{s}\right)$ 是最佳值.

证明　在定理 4.2.3 中, 取 $\sigma=0$, 则其条件转化为 $\lambda_1>0$, $\lambda_2>0$, $0<\lambda<\dfrac{r}{\lambda_1}$, $\alpha=\lambda_1 p\left(\dfrac{1}{\lambda_1}-\dfrac{\lambda}{r}\right)-1$, $\beta=\lambda_2 q\left(\dfrac{1}{\lambda_2}-\dfrac{\lambda}{s}\right)-1$, 且由 Beta 函数性质, 有

$$W_0=\int_0^{+\infty}\frac{t^{\frac{\lambda}{s}-1}+t^{\frac{\lambda}{r}-1}}{(1+t)^\lambda}\mathrm{d}t = B\left(\frac{\lambda}{r},\frac{\lambda}{s}\right),$$

于是根据定理 4.2.3, 本例不等式成立, 且常因子为最佳值. 证毕.

引理 4.2.4 设 $\sigma>0,\ 0<\lambda_1<1,\ \lambda_2>0$, 则

$$W_1=\int_0^{+\infty}\frac{\operatorname{arccot}^\sigma\left(t^{-\lambda_2}\right)}{1+t^{2\lambda_2}}t^{\lambda_2-1}\mathrm{d}t=\frac{1}{\lambda_2(\sigma+1)}\left(\frac{\pi}{2}\right)^{\sigma+1},$$

$$W_2=\int_0^{+\infty}\frac{\operatorname{arccot}^\sigma\left(t^{\lambda_1}\right)}{t^{2\lambda_1}+1}t^{\lambda_1-1}\mathrm{d}t=\frac{1}{\lambda_1(\sigma+1)}\left(\frac{\pi}{2}\right)^{\sigma+1},$$

$$\omega_1(n)=\int_0^{+\infty}\frac{\operatorname{arccot}^\sigma\left(n^{\lambda_1}/x^{\lambda_2}\right)}{n^{2\lambda_1}+x^{2\lambda_2}}x^{\lambda_2-1}\mathrm{d}x=n^{-\lambda_1}W_1,$$

$$\omega_2(x)=\sum_{n=1}^{\infty}\frac{\operatorname{arccot}^\sigma\left(n^{\lambda_1}/x^{\lambda_2}\right)}{n^{2\lambda_1}+x^{2\lambda_2}}n^{\lambda_1-1}\leqslant x^{-\lambda_2}W_2.$$

证明 令 $t^{-\lambda_2}=u$, 有

$$\begin{aligned}W_1&=\frac{1}{\lambda_2}\int_0^{+\infty}\frac{\operatorname{arccot}^\sigma(u)}{1+u^{-2}}u^{-2}\mathrm{d}u=\frac{1}{\lambda_2}\int_0^{+\infty}\frac{\operatorname{arccot}^\sigma(u)}{1+u^2}\mathrm{d}u\\&=-\frac{1}{\lambda_2}\int_0^{+\infty}\operatorname{arccot}^\sigma(u)\mathrm{d}\left(\operatorname{arccot}(u)\right)\\&=-\frac{1}{\lambda_2}\frac{1}{\sigma+1}\operatorname{arccot}^{\sigma+1}(u)\Big|_0^{+\infty}=\frac{1}{\lambda_2(\sigma+1)}\left(\frac{\pi}{2}\right)^{\sigma+1}.\end{aligned}$$

类似地, 得 $W_2=\dfrac{1}{\lambda_1(\sigma+1)}\left(\dfrac{\pi}{2}\right)^{\sigma+1}$.

$$\begin{aligned}\omega_1(n)&=n^{-2\lambda_1+\frac{\lambda_1}{\lambda_2}(\lambda_2-1)}\int_0^{+\infty}\frac{\operatorname{arccot}^\sigma\left(\left(n^{-\lambda_1/\lambda_2}x\right)^{-\lambda_2}\right)}{1+\left(n^{-\lambda_1/\lambda_2}x\right)^{2\lambda_2}}\left(n^{-\lambda_1/\lambda_2}x\right)^{\lambda_2-1}\mathrm{d}x\\&=n^{-\lambda_1}\int_0^{+\infty}\frac{\operatorname{arccot}^\sigma\left(t^{-\lambda_2}\right)}{1+t^{2\lambda_2}}t^{\lambda_1-1}\mathrm{d}t=n^{-\lambda_1}W_1.\end{aligned}$$

根据 $\sigma>0,\ 0<\lambda_1<1$ 可知

$$h(t)=\frac{\operatorname{arccot}^\sigma\left(t^{\lambda_1}\right)}{t^{2\lambda_1}+1}t^{\lambda_1-1}$$

在 $(0,+\infty)$ 上递减, 于是

$$\omega_2(x)=x^{-2\lambda_2+\frac{\lambda_2}{\lambda_1}(\lambda_1-1)}\sum_{n=1}^{\infty}\frac{\operatorname{arccot}^\sigma\left(\left(x^{-\lambda_2/\lambda_1}n\right)^{\lambda_1}\right)}{\left(x^{-\lambda_2/\lambda_1}n\right)^{2\lambda_1}+1}\left(x^{-\lambda_2/\lambda_1}n\right)^{\lambda_1-1}$$

$$\leqslant x^{-\lambda_2-\frac{\lambda_2}{\lambda_1}}\int_0^{+\infty}\frac{\operatorname{arccot}^\sigma\left(\left(x^{-\lambda_2/\lambda_1}u\right)^{\lambda_1}\right)}{\left(x^{-\lambda_2/\lambda_1}u\right)^{2\lambda_1}+1}\left(x^{-\lambda_2/\lambda_1}u\right)^{\lambda_1-1}\mathrm{d}u$$

$$=x^{-\lambda_2}\int_0^{+\infty}\frac{\operatorname{arccot}^\sigma\left(t^{\lambda_1}\right)}{t^{2\lambda_1}+1}t^{\lambda_1-1}\mathrm{d}t=x^{-\lambda_2}W_2.$$

证毕.

定理 4.2.4 设 $\frac{1}{p}+\frac{1}{q}=1(p>1)$, $\sigma>0$, $0<\lambda_1<1$, $\lambda_2>0$, $\alpha=\lambda_1 p\left(\frac{1}{\lambda_1}-1\right)-1$, $\beta=\lambda_2 q\left(\frac{1}{\lambda_2}-1\right)-1$, $\tilde{a}=\{a_n\}\in l_p^\alpha$, $f(x)\in L_q^\beta(0,+\infty)$, 则

$$\int_0^{+\infty}\sum_{n=1}^{\infty}\frac{\operatorname{arccot}^\sigma\left(n^{\lambda_1}/x^{\lambda_2}\right)}{n^{2\lambda_1}+x^{2\lambda_2}}a_n f(x)\mathrm{d}x\leqslant\frac{1}{\lambda_1^{1/q}\lambda_2^{1/p}(\sigma+1)}\left(\frac{\pi}{2}\right)^{\sigma+1}\|\tilde{a}\|_{p,\alpha}\|f\|_{q,\beta},$$

其中的常数因子 $\frac{1}{\lambda_1^{1/q}\lambda_2^{1/p}(\sigma+1)}\left(\frac{\pi}{2}\right)^{\sigma+1}$ 是最佳值.

证明 设

$$K(n,x)=\frac{\operatorname{arccot}^\sigma\left(n^{\lambda_1}/x^{\lambda_2}\right)}{n^{2\lambda_1}+x^{2\lambda_2}},$$

则 $K(n,x)$ 是具有参数 $(-2,\lambda_1,\lambda_2)$ 的拟齐次非负函数. 取适配参数 $a=\frac{1}{q}(1-\lambda_1)$, $b=\frac{1}{p}(1-\lambda_2)$, 利用权系数方法及引理 4.2.4 便可证明本定理. 证毕.

引理 4.2.5 设 $a\geqslant 0$, $b\geqslant 0$, $a\neq b$, $0<\lambda_1<1$, $\lambda_2>0$, 则

$$W_1=\int_0^{+\infty}\frac{t^{\lambda_2}-1}{\left(1+at^{\lambda_2}\right)^2+\left(1+bt^{\lambda_2}\right)^2}\mathrm{d}t=\frac{1}{\lambda_2|a-b|}\left(\frac{\pi}{2}-\arctan\frac{a+b}{|a-b|}\right),$$

$$W_2=\int_0^{+\infty}\frac{t^{\lambda_1-1}}{\left(t^{\lambda_1}+a\right)^2+\left(t^{\lambda_1}+b\right)^2}\mathrm{d}t=\frac{1}{\lambda_1|a-b|}\left(\frac{\pi}{2}-\arctan\frac{a+b}{|a-b|}\right),$$

$$\omega_1(n)=\int_0^{+\infty}\frac{x^{\lambda_2-1}}{\left(n^{\lambda_1}+at^{\lambda_2}\right)^2+\left(n^{\lambda_1}+bx^{\lambda_2}\right)^2}\mathrm{d}x=n^{-\lambda_1}W_1,$$

$$\omega_2(x)=\sum_{n=1}^{\infty}\frac{n^{\lambda_1-1}}{\left(n^{\lambda_1}+at^{\lambda_2}\right)^2+\left(n^{\lambda_1}+bx^{\lambda_2}\right)^2}\leqslant x^{-\lambda_2}W_2.$$

证明 做积分变换, 有

$$W_1=\frac{1}{\lambda_2}\int_0^{+\infty}\frac{1}{(1+au)^2+(1+bu)^2}\mathrm{d}u=\frac{1}{\lambda_2}\int_0^{+\infty}\frac{\mathrm{d}u}{\left(a^2+b^2\right)u^2+2(a+b)u+2}$$

$$= \frac{1}{\lambda_2 (a^2+b^2)} \int_0^{+\infty} \frac{1}{u^2 + 2\frac{a+b}{a^2+b^2}u + \frac{2}{a^2+b^2}} du$$

$$= \frac{1}{\lambda_2 (a^2+b^2)} \int_0^{+\infty} \frac{1}{\left(u + \frac{a+b}{a^2+b^2}\right)^2 + \left(\frac{a-b}{a^2+b^2}\right)^2} du$$

$$= \frac{a^2+b^2}{\lambda_2 (a-b)^2} \int_0^{+\infty} \frac{1}{\left(\frac{a^2+b^2}{|a-b|}u + \frac{a+b}{|a-b|}\right)^2 + 1} du$$

$$= \frac{1}{\lambda_2 |a-b|} \arctan\left(\frac{a^2+b^2}{|a-b|}u + \frac{a+b}{|a-b|}\right)\Bigg|_0^{+\infty}$$

$$= \frac{1}{\lambda_2 |a-b|} \left(\frac{\pi}{2} - \arctan\frac{a+b}{|a-b|}\right),$$

$$W_2 = \frac{1}{\lambda_1} \int_0^{+\infty} \frac{1}{(u+a)^2 + (u+b)^2} du = \frac{1}{\lambda_1} \int_0^{+\infty} \frac{1}{\left(\frac{1}{t}+a\right)^2 + \left(\frac{1}{t}+b\right)^2} \frac{1}{t^2} dt$$

$$= \frac{1}{\lambda_1} \int_0^{+\infty} \frac{1}{(1+at)^2 + (1+bt)^2} dt = \frac{1}{\lambda_1 |a-b|} \left(\frac{\pi}{2} - \arctan\frac{a+b}{|a-b|}\right).$$

作变换 $x = n^{\lambda_1/\lambda_2} t$, 有

$$\omega_1(n) = n^{-2\lambda_1} \int_0^{+\infty} \frac{x^{\lambda_2 - 1}}{\left[1 + a\left(n^{-\lambda_1/\lambda_2}x\right)^{\lambda_2}\right]^2 + \left[1 + b\left(n^{-\lambda_1/\lambda_2}x\right)^{\lambda_2}\right]^2} dx$$

$$= n^{-2\lambda_1 + \frac{\lambda_1}{\lambda_2}(\lambda_2 - 1) + \frac{\lambda_1}{\lambda_2}} \int_0^{+\infty} \frac{t^{\lambda_2 - 1}}{(1 + at^{\lambda_2})^2 + (1 + bt^{\lambda_2})^2} dt = n^{-\lambda_1} W_1.$$

因为 $a > 0$, $b > 0$, $0 < \lambda_1 < 1$, $\lambda_2 > 0$, 可知

$$h(t) = \frac{t^{\lambda_1 - 1}}{(t^{\lambda_1} + a)^2 + (t^{\lambda_1} + b)^2}, \quad t > 0$$

在 $(0, +\infty)$ 上是减函数. 由此, 有

$$\omega_2(x) = x^{-2\lambda_2} \sum_{n=1}^{\infty} \int_0^{+\infty} \frac{n^{\lambda_1 - 1}}{\left[\left(x^{-\lambda_2/\lambda_1}n\right)^{\lambda_1} + a\right]^2 + \left[\left(x^{-\lambda_2/\lambda_1}n\right)^{\lambda_1} + b\right]^2}$$

$$
= x^{-2\lambda_2+\frac{\lambda_2}{\lambda_1}(\lambda_1-1)}\sum_{n=1}^{\infty}\frac{\left(x^{-\lambda_2/\lambda_1}n\right)^{\lambda_1-1}}{\left[\left(x^{-\lambda_2/\lambda_1}n\right)^{\lambda_1}+a\right]^2+\left[\left(x^{-\lambda_2/\lambda_1}n\right)^{\lambda_1}+b\right]^2}
$$

$$
\leqslant x^{-\lambda_2-\frac{\lambda_2}{\lambda_1}}\sum_{n=1}^{\infty}\frac{\left(x^{-\lambda_2/\lambda_1}t\right)^{\lambda_1-1}}{\left[\left(x^{-\lambda_2/\lambda_1}t\right)^{\lambda_1}+a\right]^2+\left[\left(x^{-\lambda_2/\lambda_1}t\right)^{\lambda_1}+b\right]^2}\mathrm{d}t
$$

$$
= x^{-\lambda_2}\int_0^{+\infty}\frac{u^{\lambda_1-1}}{\left(u^{\lambda_1}+a\right)^2+\left(u^{\lambda_1}+b\right)^2}\mathrm{d}u = x^{-\lambda_2}W_2.
$$

证毕.

利用引理 4.2.5, 取适配数 $a_0=\frac{1}{q}(1-\lambda_1)$, $b_0=\frac{1}{p}(1-\lambda_2)$, 并用权系数方法, 我们可得到:

定理 4.2.5 设 $\frac{1}{p}+\frac{1}{q}=1(p>1)$, $a\geqslant 0$, $b\geqslant 0$, $a\neq b$, $0<\lambda_1<1$, $\lambda_2>0$, $\alpha=p(1-\lambda_1)-1$, $\beta=q(1-\lambda_2)-1$, 并记

$$
W_0=\frac{1}{|a-b|}\left(\frac{\pi}{2}-\arctan\frac{a+1}{|a-b|}\right),
$$

则当 $\tilde{a}=\{a_n\}\in l_p^{\alpha}$, $f(x)\in L_q^{\beta}(0,+\infty)$ 时, 有

$$
\int_0^{+\infty}\sum_{n=1}^{\infty}\frac{a_nf(x)}{\left(n^{\lambda_1}+ax^{\lambda_2}\right)^2+\left(n^{\lambda_1}+bx^{\lambda_2}\right)^2}\mathrm{d}x\leqslant\frac{W_0}{\lambda_1^{1/q}\lambda_2^{1/p}}\|\tilde{a}\|_{p,\alpha}\|f\|_{q,\beta},
$$

其中的常数因子 $\frac{W_0}{\lambda_1^{1/q}\lambda_2^{1/p}}$ 是最佳值.

例 4.2.2 设 $a>0$, $0<\lambda_1<1$, $\lambda_2>0$, $\frac{1}{p}+\frac{1}{q}=1(p>1)$, $\alpha=p(1-\lambda_1)-1$, $\beta=q(1-\lambda_2)-1$, $\tilde{a}=\{a_n\}\in l_p^{\alpha}$, $f(x)\in L_q^{\beta}(0,+\infty)$, 则

$$
\int_0^{+\infty}\sum_{n=1}^{\infty}\frac{a_nf(x)}{\left(n^{\lambda_1}+ax^{\lambda_2}\right)^2+n^{2\lambda_1}}\mathrm{d}x\leqslant\frac{\pi}{4a\lambda_1^{1/q}\lambda_2^{1/p}}\|\tilde{a}\|_{p,\alpha}\|f\|_{q,\beta}, \tag{4.2.4}
$$

其中的常数因子 $\frac{\pi}{4a\lambda_1^{1/q}\lambda_2^{1/p}}$ 是最佳值.

证明 在定理 4.2.5 中取 $b=0$, 则

$$
W_0=\frac{1}{|a-b|}\left(\frac{\pi}{2}-\arctan\frac{a+b}{|a-b|}\right)=\frac{1}{a}\left(\frac{\pi}{2}-\arctan 1\right)=\frac{\pi}{4a},
$$

从而可知 (4.2.4) 式成立. 证毕.

4.2.2 核为 $K(n,x)=G\left(n^{\lambda_1}/x^{\lambda_2}\right)$ $(\lambda_1\lambda_2>0)$ 的第二类拟齐次核的半离散 Hilbert 型不等式

引理 4.2.6 设 $\frac{1}{p}+\frac{1}{q}=1(p>1)$, $a>0$, $b\geqslant 0$, $\lambda_1>0$, $\lambda_2>0$, $\lambda_1+\lambda_2>p$, $0<\frac{1}{\lambda_1\lambda_2}+\frac{1}{\lambda_1 q}-\frac{1}{\lambda_2 p}<a+b$, 记

$$W_1=\int_0^{+\infty}\frac{1}{\left(1+t^{-\lambda_2}\right)^a\left(\max\left\{1,t^{-\lambda_2}\right\}\right)^b}t^{-\frac{1}{\lambda_1}\left(\frac{\lambda_2}{q}+1\right)-\frac{1}{q}}\mathrm{d}t,$$

$$W_2=\int_0^{+\infty}\frac{1}{\left(1+t^{\lambda_1}\right)^a\left(\max\left\{1,t^{\lambda_1}\right\}\right)^b}t^{-\frac{1}{\lambda_2}\left(\frac{\lambda_1}{p}-1\right)-\frac{1}{p}}\mathrm{d}t,$$

则

$$\lambda_2W_1=\lambda_1W_2=\int_0^1\frac{1}{(1+t)^a}\left(t^{\left(\frac{1}{\lambda_1\lambda_2}+\frac{1}{\lambda_1 q}-\frac{1}{\lambda_2 p}\right)-1}+t^{\left(a+b-\frac{1}{\lambda_1\lambda_2}-\frac{1}{\lambda_1 q}+\frac{1}{\lambda_2 p}\right)-1}\right)\mathrm{d}t,$$

且有

$$\omega_1(n)=\int_0^{+\infty}\frac{x^{-\frac{1}{\lambda_1}\left(\frac{\lambda_2}{q}+1\right)-\frac{1}{q}}}{\left(1+n^{\lambda_1}/x^{\lambda_2}\right)^a\left(\max\left\{1,n^{\lambda_1}/x^{\lambda_2}\right\}\right)^b}\mathrm{d}x=n^{\frac{1}{\lambda_2}\left(\frac{\lambda_1}{p}-\frac{\lambda_2}{q}-1\right)}W_1,$$

$$\omega_2(x)=\sum_{n=1}^{\infty}\frac{n^{-\frac{1}{\lambda_2}\left(\frac{\lambda_1}{p}-1\right)-\frac{1}{p}}}{\left(1+n^{\lambda_1}/x^{\lambda_2}\right)^a\left(\max\left\{1,n^{\lambda_1}/x^{\lambda_2}\right\}\right)^b}\leqslant x^{\frac{1}{\lambda_1}\left(\frac{\lambda_2}{q}-\frac{\lambda_1}{p}+1\right)}W_2.$$

证明 作变换 $t^{-\lambda_2}=u$, 有

$$\begin{aligned}
W_1&=\frac{1}{\lambda_2}\int_0^{+\infty}\frac{1}{(1+u)^a\left(\max\{1,u\}\right)^b}u^{-\frac{1}{\lambda_1}\left(\frac{1}{q}+\frac{1}{\lambda_2}\right)-\frac{1}{\lambda_2 p}-1}\mathrm{d}u\\
&=\frac{1}{\lambda_2}\int_0^1\frac{1}{(1+u)^a}u^{\frac{1}{\lambda_1}\left(\frac{1}{q}+\frac{1}{\lambda_2}\right)-\frac{1}{\lambda_2 p}-1}\mathrm{d}u\\
&\quad+\frac{1}{\lambda_2}\int_1^{+\infty}\frac{1}{(1+u)^a}u^{-b+\frac{1}{\lambda_1}\left(\frac{1}{q}+\frac{1}{\lambda_2}\right)-\frac{1}{\lambda_2 p}-1}\mathrm{d}u\\
&=\frac{1}{\lambda_2}\int_0^1\frac{1}{(1+u)^a}u^{\frac{1}{\lambda_1}\left(\frac{1}{q}+\frac{1}{\lambda_2}\right)-\frac{1}{\lambda_2 p}-1}\mathrm{d}u\\
&\quad+\frac{1}{\lambda_2}\int_0^1\frac{1}{(1+t)^a}t^{a+b-\frac{1}{\lambda_1}\left(\frac{1}{q}+\frac{1}{\lambda_2}\right)+\frac{1}{\lambda_2 p}-1}\mathrm{d}t
\end{aligned}$$

$$=\frac{1}{\lambda_2}\int_0^1\frac{1}{(1+t)^a}\left(t^{\left(\frac{1}{\lambda_1\lambda_2}+\frac{1}{\lambda_1 q}-\frac{1}{\lambda_2 p}\right)-1}+t^{\left(a+b-\frac{1}{\lambda_1\lambda_2}-\frac{1}{\lambda_1 q}+\frac{1}{\lambda_2 p}\right)-1}\right)\mathrm{d}t.$$

类似地可证:

$$W_2=\frac{1}{\lambda_1}\int_0^1\frac{1}{(1+t)^a}\left(t^{\left(\frac{1}{\lambda_1\lambda_2}+\frac{1}{\lambda_1 q}-\frac{1}{\lambda_2 p}\right)-1}+t^{\left(a+b-\frac{1}{\lambda_1\lambda_2}-\frac{1}{\lambda_1 q}+\frac{1}{\lambda_2 p}\right)-1}\right)\mathrm{d}t.$$

故 $\lambda_2 W_1=\lambda_1 W_2$.

$$\begin{aligned}&\omega_1(n)\\&=n^{-\frac{\lambda_1}{\lambda_2}\left(\frac{1}{\lambda_1}\left(\frac{\lambda_2}{q}+1\right)+\frac{1}{q}\right)}\int_0^{+\infty}\frac{\left(n^{-\lambda_1/\lambda_2}x\right)^{-\frac{1}{\lambda_1}\left(\frac{\lambda_2}{q}+1\right)-\frac{1}{q}}}{\left(1+\left(n^{-\lambda_1/\lambda_2}x\right)^{-\lambda_2}\right)^a\left(\max\left\{1,\left(n^{-\lambda_1/\lambda_2}x\right)^{-\lambda_2}\right\}\right)^b}\mathrm{d}x\\&=n^{-\frac{\lambda_1}{\lambda_2}\left(\frac{1}{\lambda_1}\left(\frac{\lambda_2}{q}+1\right)+\frac{1}{q}\right)+\frac{\lambda_1}{\lambda_2}}\int_0^{+\infty}\frac{t^{-\frac{1}{\lambda_1}\left(\frac{\lambda_2}{q}+1\right)-\frac{1}{q}}}{\left(1+t^{-\lambda_2}\right)^a\left(\max\left\{1,t^{-\lambda_2}\right\}\right)^b}\mathrm{d}t\\&=n^{\frac{1}{\lambda_2}\left(\frac{\lambda_1}{p}-\frac{\lambda_2}{q}-1\right)}W_1.\end{aligned}$$

因为 $\lambda_1+\lambda_2>p,\ \lambda_1>0,\ \lambda_2>0$, 可知 $-\dfrac{1}{\lambda_2}\left(\dfrac{\lambda_1}{p}-1\right)-\dfrac{1}{p}<0$, 从而

$$h(t)=\frac{1}{\left(1+t^{\lambda_1}\right)^a\left(\max\left\{1,t^{\lambda_1}\right\}\right)^b}t^{-\frac{1}{\lambda_2}\left(\frac{\lambda_1}{p}-1\right)-\frac{1}{p}}$$

在 $(0,+\infty)$ 上递减, 从而

$$\begin{aligned}&\omega_2(x)\\&=\sum_{n=1}^{\infty}\frac{n^{-\frac{1}{\lambda_2}\left(\frac{\lambda_1}{p}-1\right)-\frac{1}{p}}}{\left(1+n^{\lambda_1}/x^{\lambda_2}\right)^a\left(\max\left\{1,n^{\lambda_1}/x^{\lambda_2}\right\}\right)^b}\\&=x^{-\frac{\lambda_2}{\lambda_1}\left(\frac{1}{\lambda_2}\left(\frac{\lambda_1}{p}-1\right)+\frac{1}{p}\right)}\sum_{n=1}^{\infty}\frac{\left(x^{-\lambda_2/\lambda_1}n\right)^{-\frac{1}{\lambda_2}\left(\frac{\lambda_1}{p}-1\right)-\frac{1}{p}}}{\left(1+\left(x^{-\lambda_2/\lambda_1}n\right)^{\lambda_1}\right)^a\left(\max\left\{1,\left(x^{-\lambda_2/\lambda_1}n\right)^{\lambda_1}\right\}\right)^b}\\&\leqslant x^{-\frac{\lambda_2}{\lambda_1}\left(\frac{1}{\lambda_2}\left(\frac{\lambda_1}{p}-1\right)+\frac{1}{p}\right)}\int_0^{+\infty}\frac{\left(x^{-\lambda_2/\lambda_1}u\right)^{-\frac{1}{\lambda_2}\left(\frac{\lambda_1}{p}-1\right)-\frac{1}{p}}}{\left(1+\left(x^{-\lambda_2/\lambda_1}u\right)^{\lambda_1}\right)^a\left(\max\left\{1,\left(x^{-\lambda_2/\lambda_1}u\right)^{\lambda_1}\right\}\right)^b}\mathrm{d}u\\&=x^{-\frac{\lambda_2}{\lambda_1}\left(\frac{1}{\lambda_2}\left(\frac{\lambda_1}{p}-1\right)+\frac{1}{p}\right)+\frac{\lambda_2}{\lambda_1}}\int_0^{+\infty}\frac{t^{-\frac{1}{\lambda_2}\left(\frac{\lambda_1}{p}-1\right)-\frac{1}{p}}}{\left(1+t^{\lambda_1}\right)^a\left(\max\left\{1,t^{\lambda_1}\right\}\right)^b}\mathrm{d}t=x^{\frac{1}{\lambda_1}\left(\frac{\lambda_2}{q}-\frac{\lambda_1}{p}+1\right)}W_2.\end{aligned}$$

证毕.

定理 4.2.6 设 $\frac{1}{p}+\frac{1}{q}=1(p>1)$, $a>0$, $b\geqslant 0$, $\lambda_1>0$, $\lambda_2>0$, $\lambda_1+\lambda_2>p$, $\alpha=\frac{1}{\lambda_2}(\lambda_1-p)$, $\beta=\frac{1}{\lambda_1}(\lambda_2+q)$, $0<\frac{1}{\lambda_1\lambda_2}+\frac{1}{\lambda_1 q}-\frac{1}{\lambda_2 p}<a+b$, 记

$$W_0=\int_0^1\frac{1}{(1+t)^a}\left(t^{\left(\frac{1}{\lambda_1\lambda_2}+\frac{1}{\lambda_1 q}-\frac{1}{\lambda_2 p}\right)-1}+t^{\left(a+b-\frac{1}{\lambda_1\lambda_2}-\frac{1}{\lambda_1 q}+\frac{1}{\lambda_2 p}\right)-1}\right)\mathrm{d}t,$$

则当 $\tilde{a}=\{a_n\}\in l_p^{\alpha}$, $f(x)\in L_q^{\beta}(0,+\infty)$ 时, 有

$$\int_0^{+\infty}\sum_{n=1}^{\infty}\frac{a_n f(x)}{(1+n^{\lambda_1}/x^{\lambda_2})^a\left(\max\{1,n^{\lambda_1}/x^{\lambda_2}\}\right)^b}\,\mathrm{d}x\leqslant\frac{W_0}{\lambda_1^{1/q}\lambda_2^{1/p}}\|\tilde{a}\|_{p,\alpha}\|f\|_{q,\beta},\tag{4.2.5}$$

其中的常数因子 $\frac{W_0}{\lambda_1^{1/q}\lambda_2^{1/p}}$ 是最佳值.

证明 取适配数 $a_0=\frac{1}{\lambda_2 q}\left(\frac{\lambda_1}{p}-1\right)+\frac{1}{pq}$, $b_0=\frac{1}{\lambda_1 p}\left(\frac{\lambda_2}{q}+1\right)+\frac{1}{pq}$, 记

$$K(n,x)=\frac{1}{(1+n^{\lambda_1}/x^{\lambda_2})^a\left(\max\{1,n^{\lambda_1}/x^{\lambda_2}\}\right)^b}.$$

根据 Hölder 不等式和引理 4.2.6, 有

$$\int_0^{+\infty}\sum_{n=1}^{\infty}K(n,x)a_nf(x)\mathrm{d}x=\int_0^{+\infty}\sum_{n=1}^{\infty}\left(\frac{n^{a_0}}{x^{b_0}}a_n\right)\left(\frac{x^{b_0}}{n^{a_0}}f(x)\right)K(n,x)\mathrm{d}x$$

$$\leqslant\left(\int_0^{+\infty}\sum_{n=1}^{\infty}\frac{n^{a_0p}}{x^{b_0p}}a_n^pK(n,x)\,\mathrm{d}x\right)^{\frac{1}{p}}\left(\int_0^{+\infty}\sum_{n=1}^{\infty}\frac{x^{b_0q}}{n^{a_0q}}f^q(x)K(n,x)\,\mathrm{d}x\right)^{\frac{1}{q}}$$

$$=\left[\sum_{n=1}^{\infty}n^{a_0p}a_n^p\left(\int_0^{+\infty}x^{-b_0p}K(n,x)\mathrm{d}x\right)\right]^{\frac{1}{p}}$$

$$\times\left[\int_0^{+\infty}x^{b_0q}f^q(x)\left(\sum_{n=1}^{\infty}n^{-a_0q}K(n,x)\right)\mathrm{d}x\right]^{\frac{1}{q}}$$

$$=\left(\sum_{n=1}^{\infty}n^{\frac{p}{\lambda_2 q}\left(\frac{\lambda_1}{p}-1\right)+\frac{1}{q}}a_n^p\omega_1(n)\right)^{\frac{1}{p}}\left(\int_0^{+\infty}x^{\frac{1}{\lambda_1 p}(\lambda_2+q)+\frac{1}{p}}f^q(x)\omega_2(x)\mathrm{d}x\right)^{\frac{1}{q}}$$

$$\leqslant\left(\sum_{n=1}^{\infty}n^{\frac{1}{\lambda_2 q}(\lambda_1-p)+\frac{1}{q}+\frac{1}{\lambda_2}\left(\frac{\lambda_1}{p}-\frac{\lambda_2}{q}-1\right)}a_n^pW_1\right)^{\frac{1}{p}}$$

$$\times\left(\int_0^{+\infty} x^{\frac{1}{\lambda_1 p}(\lambda_2+q)+\frac{1}{p}+\frac{1}{\lambda_1}\left(\frac{\lambda_2}{q}-\frac{\lambda_1}{p}+1\right)} f^q(x) W_2 \mathrm{d}x\right)^{\frac{1}{q}}$$

$$=W_1^{\frac{1}{p}} W_2^{\frac{1}{q}}\left(\sum_{n=1}^{\infty} n^{\frac{1}{\lambda_2}(\lambda_1-p)} a_n^p\right)^{\frac{1}{p}}\left(\int_0^{+\infty} x^{\frac{1}{\lambda_1}(\lambda_2+q)} f^q(x) \mathrm{d}x\right)^{\frac{1}{q}}$$

$$=\frac{W_0}{\lambda_1^{1/q}\lambda_2^{1/p}}\|\tilde{a}\|_{p,\alpha}\|f\|_{q,\beta},$$

故 (4.2.5) 式成立.

设 (4.2.5) 式的最佳常数因子为 M_0, 则 $M_0 \leqslant \dfrac{W_0}{\lambda_1^{1/q}\lambda_2^{1/p}}$, 且

$$\int_0^{+\infty}\sum_{n=1}^{\infty} K(n,x) a_n f(x) \mathrm{d}x \leqslant M_0\|\tilde{a}\|_{p,\alpha}\|f\|_{q,\beta}.$$

此时我们取 $\varepsilon>0$ 及 $\delta>0$ 足够小, 令 $a_n=n^{(-\alpha-1-\lambda_1\varepsilon)/p}$ $(n=1,2,\cdots)$,

$$f(x)=\begin{cases} x^{(-\beta-1-\lambda_2\varepsilon)/q}, & x \geqslant \delta, \\ 0, & 0<x<\delta. \end{cases}$$

则计算可知

$$M_0\|\tilde{a}\|_{p,\alpha}\|f\|_{q,\beta} \leqslant \frac{M_0}{\varepsilon\lambda_1^{1/p}\lambda_2^{1/q}}(1+\lambda_1\varepsilon)^{\frac{1}{p}}\left(\frac{1}{\delta^{\lambda_2\varepsilon}}\right)^{\frac{1}{q}},$$

同时, 又有

$$\int_0^{+\infty}\sum_{n=1}^{\infty} K(n,x) a_n f(x) \mathrm{d}x=\sum_{n=1}^{\infty} n^{-(\alpha+1+\lambda_1\varepsilon)/p}\left(\int_\delta^{+\infty} x^{-\frac{\beta+1+\lambda_2\varepsilon}{q}} K(n,x) \mathrm{d}x\right)$$

$$=\sum_{n=1}^{\infty} n^{-(\alpha+1+\lambda_1\varepsilon)/p}\left(\int_\delta^{+\infty} x^{-\frac{\beta+1+\lambda_2\varepsilon}{q}} K\left(1, n^{-\lambda_1/\lambda_2} x\right) \mathrm{d}x\right)$$

$$=\sum_{n=1}^{\infty} n^{-\frac{\alpha+1+\lambda_1\varepsilon}{p}-\frac{\lambda_1}{\lambda_2}\frac{\beta+1+\lambda_2\varepsilon}{q}}\left(\int_{\delta n^{-\lambda_1/\lambda_2}}^{+\infty} u^{-\frac{\beta+1+\lambda_2\varepsilon}{q}} K(1,u) \mathrm{d}u\right)$$

$$=\sum_{n=1}^{\infty} n^{-1-\lambda_1\varepsilon}\left(\int_{\delta n^{-\lambda_1/\lambda_2}}^{+\infty} u^{-\frac{\beta+1+\lambda_2\varepsilon}{q}} K(1,u) \mathrm{d}u\right)$$

$$\geqslant\sum_{n=1}^{\infty} n^{-1-\lambda_1\varepsilon}\left(\int_\delta^{+\infty} u^{-\frac{\beta+1+\lambda_2\varepsilon}{q}} K(1,u) \mathrm{d}u\right)$$

$$\geqslant \int_1^{+\infty} t^{-1-\lambda_1\varepsilon}\mathrm{d}t\int_\delta^{+\infty} u^{-\frac{\beta+1+\lambda_2\varepsilon}{q}}K(1,u)\,\mathrm{d}u=\frac{1}{\lambda_1\varepsilon}\int_\delta^{+\infty} u^{-\frac{\beta+1+\lambda_2\varepsilon}{q}}K(1,u)\,\mathrm{d}u.$$

综上, 我们得到

$$\frac{1}{\lambda_1}\int_\delta^{+\infty} u^{-\frac{\beta+1+\lambda_2\varepsilon}{q}}K(1,u)\,\mathrm{d}u\leqslant \frac{M_0}{\lambda_1^{1/p}\lambda_2^{1/q}}(1+\lambda_1\varepsilon)^{\frac{1}{p}}\left(\frac{1}{\delta^{\lambda_2\varepsilon}}\right)^{\frac{1}{q}},$$

令 $\varepsilon\to 0^+$, 并根据 Fatou 引理, 得到

$$\frac{1}{\lambda_1}\int_\delta^{+\infty} u^{-\frac{1}{\lambda_1}\left(\frac{\lambda_2}{q}+1\right)+\frac{1}{q}}K(1,u)\mathrm{d}u\leqslant \frac{M_0}{\lambda_1^{1/p}\lambda_2^{1/q}},$$

再令 $\delta\to 0^+$, 有

$$\frac{1}{\lambda_1\lambda_2}\left(\lambda_2\int_0^{+\infty} u^{-\frac{1}{\lambda_1}\left(\frac{\lambda_2}{q}+1\right)+\frac{1}{q}}K(1,u)\,\mathrm{d}u\right)\leqslant \frac{M_0}{\lambda_1^{1/p}\lambda_2^{1/q}},$$

由此得到 $\dfrac{W_0}{\lambda_1^{1/q}\lambda_2^{1/p}}\leqslant M_0$, 故 (4.2.5) 式的最佳常数因子 $M_0=\dfrac{W_0}{\lambda_1^{1/q}\lambda_2^{1/p}}$. 证毕.

例 4.2.3 设 $\dfrac{1}{p}+\dfrac{1}{q}=1(p>1)$, $a>0,\lambda_1>0$, $\lambda_2>0$, $\lambda_1+\lambda_2>p$, $0<\dfrac{1}{\lambda_1\lambda_2}+\dfrac{1}{\lambda_1 q}-\dfrac{1}{\lambda_2 p}<a$, $\tilde{a}=\{a_n\}\in l_p^{\frac{1}{\lambda_2}(\lambda_1-p)}$, $f(x)\in L_q^{\frac{1}{\lambda_1}(\lambda_2+q)}(0,+\infty)$, 则

$$\int_0^{+\infty}\sum_{n=1}^{\infty}\frac{1}{(1+n^{\lambda_1}/x^{\lambda_2})^a}a_nf(x)\mathrm{d}x\leqslant M_0\|\tilde{a}\|_{p,\frac{1}{\lambda_2}(\lambda_1-p)}\|f\|_{q,\frac{1}{\lambda_1}(\lambda_2+q)},$$

其中的常数因子 $M_0=\dfrac{1}{\lambda_1^{1/q}\lambda_2^{1/p}}B\left(\dfrac{1}{\lambda_1\lambda_2}+\dfrac{1}{\lambda_1 q}-\dfrac{1}{\lambda_2 p},a-\dfrac{1}{\lambda_1\lambda_2}-\dfrac{1}{\lambda_1 q}+\dfrac{1}{\lambda_2 p}\right)$ 是最佳值.

证明 当 $b=0$ 时, 由于

$$\begin{aligned}W_0&=\int_0^{+\infty}\frac{1}{(1+t)^a}\left(t^{\left(\frac{1}{\lambda_1\lambda_2}+\frac{1}{\lambda_1 q}-\frac{1}{\lambda_2 p}\right)-1}+t^{\left(a-\frac{1}{\lambda_1\lambda_2}-\frac{1}{\lambda_1 q}+\frac{1}{\lambda_2 p}\right)-1}\right)\mathrm{d}t\\&=B\left(\frac{1}{\lambda_1\lambda_2}+\frac{1}{\lambda_1 q}-\frac{1}{\lambda_2 p},a-\frac{1}{\lambda_1\lambda_2}-\frac{1}{\lambda_1 q}+\frac{1}{\lambda_2 p}\right),\end{aligned}$$

故由定理 4.2.6 知本例结论成立. 证毕.

引理 4.2.7 设 $\frac{1}{p}+\frac{1}{q}=1(p>1)$, $a>0$, $\lambda_1>0$, $\lambda_2>0$, $-b<\frac{1}{\lambda_1\lambda_2}\left(\frac{1-\lambda_1}{p}+\frac{\lambda_2}{q}\right)<a$, $\frac{1}{\lambda_1}+\frac{1}{\lambda_2}-\frac{1}{\lambda_1\lambda_2}>\max\{0,bp\}$, 记

$$W_0=\int_0^1\frac{1}{(1+t)^a}\left(t^{b+\frac{1}{\lambda_1\lambda_2}\left(\frac{1-\lambda_1}{p}+\frac{\lambda_2}{q}\right)-1}+t^{a-\frac{1}{\lambda_1\lambda_2}\left(\frac{1-\lambda_1}{p}+\frac{\lambda_2}{q}\right)-1}\right)\mathrm{d}t,$$

则

$$W_1=\int_0^{+\infty}\frac{(\min\{1,t^{-\lambda_2}\})^b}{(1+t^{-\lambda_2})^a}t^{-\frac{1}{\lambda_1 q}(\lambda_2+q-1)-\frac{1}{q}}\mathrm{d}t=\frac{1}{\lambda_2}W_0,$$

$$W_2=\int_0^{+\infty}\frac{(\min\{t^{\lambda_1},1\})^b}{(t^{\lambda_1}+1)^a}t^{-\frac{1}{\lambda_1 p}(\lambda_1-1)-\frac{1}{p}}\mathrm{d}t=\frac{1}{\lambda_1}W_0,$$

$$\omega_1(n)=\int_0^{+\infty}\frac{(\min\{1,n^{\lambda_1}/x^{\lambda_2}\})^b}{(1+n^{\lambda_1}/x^{\lambda_2})^a}x^{-\frac{1}{\lambda_1 q}(\lambda_2+q-1)-\frac{1}{q}}\mathrm{d}x=n^{-\frac{1}{\lambda_2}\left(\frac{1-\lambda_1}{p}+\frac{\lambda_2}{q}\right)}W_1,$$

$$\omega_2(\alpha)=\sum_{n=1}^{\infty}\frac{(\min\{1,n^{\lambda_1}/x^{\lambda_2}\})^b}{(1+n^{\lambda_1}/x^{\lambda_2})^a}n^{-\frac{1}{\lambda_1 p}(\lambda_1-1)-\frac{1}{p}}\leqslant x^{-\frac{1}{\lambda_1}\left(\frac{1-\lambda_2}{q}+\frac{\lambda_1}{p}-1\right)}W_2.$$

证明 作变换 $t^{-\lambda_2}=u$, 有

$$\begin{aligned}
W_1&=\frac{1}{\lambda_2}\int_0^{+\infty}\frac{(\min\{1,u\})^b}{(1+u)^a}u^{\frac{1}{\lambda_1}\left(\frac{1}{q}+\frac{1}{\lambda_2 p}\right)-\frac{1}{\lambda_2 p}-1}\mathrm{d}u\\
&=\frac{1}{\lambda_2}\int_0^1\frac{1}{(1+u)^a}u^{b+\frac{1}{\lambda_1}\left(\frac{1}{q}+\frac{1}{\lambda_2 p}\right)-\frac{1}{\lambda_2 p}-1}\mathrm{d}u\\
&\quad+\frac{1}{\lambda_2}\int_1^{+\infty}\frac{1}{(1+u)^a}u^{\frac{1}{\lambda_1}\left(\frac{1}{q}+\frac{1}{\lambda_2 p}\right)-\frac{1}{\lambda_2 p}-1}\mathrm{d}u\\
&=\frac{1}{\lambda_2}\int_0^1\frac{1}{(1+u)^a}u^{\frac{1}{\lambda_1\lambda_2}\left(\frac{1-\lambda_1}{p}+\frac{\lambda_2}{q}\right)+b-1}\mathrm{d}u\\
&\quad+\frac{1}{\lambda_2}\int_0^1\frac{1}{(1+t)^a}t^{a-\frac{1}{\lambda_1\lambda_2}\left(\frac{1-\lambda_1}{p}+\frac{\lambda_2}{q}\right)-1}\mathrm{d}t\\
&=\frac{1}{\lambda_2}\int_0^1\frac{1}{(1+t)^a}\left(t^{b+\frac{1}{\lambda_1\lambda_2}\left(\frac{1-\lambda_1}{p}+\frac{\lambda_2}{q}\right)-1}+t^{a-\frac{1}{\lambda_1\lambda_2}\left(\frac{1-\lambda_1}{p}+\frac{\lambda_2}{q}\right)-1}\right)\mathrm{d}t=\frac{1}{\lambda_2}W_0.
\end{aligned}$$

作变换 $t^{\lambda_1}=u$, 有

$$W_2=\frac{1}{\lambda_1}\int_0^{+\infty}\frac{(\min\{1,u\})^b}{(1+u)^a}u^{\frac{1}{\lambda_1\lambda_2}\left(\frac{1-\lambda_1}{p}+\frac{\lambda_2}{q}\right)-1}\mathrm{d}u$$

$$
\begin{aligned}
&= \frac{1}{\lambda_1}\int_0^1 \frac{1}{(1+u)^a} u^{b+\frac{1}{\lambda_1\lambda_2}\left(\frac{1-\lambda_1}{p}+\frac{\lambda_2}{q}\right)-1}\mathrm{d}u \\
&\quad + \frac{1}{\lambda_1}\int_1^{+\infty} \frac{1}{(1+u)^a} u^{\frac{1}{\lambda_1\lambda_2}\left(\frac{1-\lambda_1}{p}+\frac{\lambda_2}{q}\right)-1}\mathrm{d}u \\
&= \frac{1}{\lambda_1}\int_0^1 \frac{1}{(1+u)^a} u^{b+\frac{1}{\lambda_1\lambda_2}\left(\frac{1-\lambda_1}{p}+\frac{\lambda_2}{q}\right)-1}\mathrm{d}u \\
&\quad + \frac{1}{\lambda_1}\int_0^1 \frac{1}{(1+t)^a} t^{a-\frac{1}{\lambda_1\lambda_2}\left(\frac{1-\lambda_1}{p}+\frac{\lambda_2}{q}\right)-1}\mathrm{d}t \\
&= \frac{1}{\lambda_1}\int_0^1 \frac{1}{(1+u)^a}\left(u^{b+\frac{1}{\lambda_1\lambda_2}\left(\frac{1-\lambda_1}{p}+\frac{\lambda_2}{q}\right)-1} + u^{a-\frac{1}{\lambda_1\lambda_2}\left(\frac{1-\lambda_1}{p}+\frac{\lambda_2}{q}\right)-1}\right)\mathrm{d}u = \frac{1}{\lambda_1}W_0.
\end{aligned}
$$

$$
\begin{aligned}
\omega_1(n) &= n^{-\frac{\lambda_1}{\lambda_2}\left[\frac{1}{\lambda_1 q}(\lambda_2+q-1)+\frac{1}{q}\right]}\int_0^{+\infty} \frac{(\min\{1,(t^{-\lambda_1/\lambda_2}x)^{-\lambda_2}\})^b}{(1+(n^{-\lambda_1/\lambda_2}x)^{-\lambda_2})^a} \\
&\qquad \times (n^{-\lambda_1/\lambda_2}x)^{-\frac{1}{\lambda_1 q}(\lambda_2+q-1)-\frac{1}{q}}\mathrm{d}x \\
&= n^{-\frac{\lambda_1}{\lambda_2}\left[\frac{1}{\lambda_1 q}(\lambda_2+q-1)+\frac{1}{q}\right]+\frac{\lambda_1}{\lambda_2}}\int_0^{+\infty}\frac{(\min\{1,t^{-\lambda_2}\})^b}{(1+t^{-\lambda_2})^a} t^{-\frac{1}{\lambda_1 q}(\lambda_2+q-1)-\frac{1}{q}}\mathrm{d}t \\
&= n^{-\frac{1}{\lambda_2}\left(\frac{1-\lambda_1}{p}+\frac{\lambda_2}{q}\right)}W_1.
\end{aligned}
$$

根据已知条件, 可知

$$
\begin{aligned}
h(t) &= \frac{(\min\{t^{\lambda_1},1\})^b}{(t^{\lambda_1}+1)^a} t^{-\frac{1}{\lambda_2 p}(\lambda_1-1)-\frac{1}{p}} \\
&= \begin{cases}
\dfrac{1}{(t^{\lambda_1}+1)^a} t^{\frac{\lambda_1}{p}\left[bp-\left(\frac{1}{\lambda_1}+\frac{1}{\lambda_2}-\frac{1}{\lambda_1\lambda_2}\right)\right]}, & 0<t\leqslant 1, \\
\dfrac{1}{(t^{\lambda_1}+1)^a} t^{-\frac{\lambda_1}{p}\left(\frac{1}{\lambda_1}+\frac{1}{\lambda_2}-\frac{1}{\lambda_1\lambda_2}\right)}, & t>1,
\end{cases}
\end{aligned}
$$

在 $(0,+\infty)$ 上递减, 于是

$$
\begin{aligned}
\omega_2(x) &= \sum_{n=1}^{\infty}\frac{(\min\{1,(x^{-\lambda_2/\lambda_1}n)^{\lambda_1}\})^b}{(1+(x^{-\lambda_2/\lambda_1}n)^{\lambda_1})^a}\left(x^{-\lambda_2/\lambda_1}n\right)^{-\frac{1}{\lambda_2 p}(\lambda_1-1)-\frac{1}{p}} x^{-\frac{\lambda_2}{\lambda_1}\left[\frac{1}{\lambda_2 p}(\lambda_1-1)+\frac{1}{p}\right]} \\
&\leqslant x^{-\frac{\lambda_2}{\lambda_1}\left[\frac{1}{\lambda_2 p}(\lambda_1-1)+\frac{1}{p}\right]} \\
&\qquad \times \int_0^{+\infty}\frac{(\min\{1,(x^{-\lambda_2/\lambda_1}u)^{\lambda_1}\})^b}{(1+(x^{-\lambda_2/\lambda_1}u)^{\lambda_1})^a}\left(x^{-\lambda_2/\lambda_1}u\right)^{-\frac{1}{\lambda_2 p}(\lambda_1-1)-\frac{1}{p}}\mathrm{d}u
\end{aligned}
$$

$$= x^{-\frac{\lambda_2}{\lambda_1}\left[\frac{1}{\lambda_2 p}(\lambda_1-1)+\frac{1}{p}\right]+\frac{\lambda_2}{\lambda_1}} \int_0^{+\infty} \frac{(\min\{1,t^{\lambda_1}\})^b}{(1+t^{\lambda_1})^a} t^{-\frac{1}{\lambda_2 p}(\lambda_1-1)-\frac{1}{p}} \mathrm{d}t$$

$$= x^{-\frac{1}{\lambda_1}\left(\frac{1-\lambda_2}{q}+\frac{\lambda_1}{p}-1\right)} W_2.$$

证毕.

定理 4.2.7 $\frac{1}{p}+\frac{1}{q}=1(p>1), a>0, \lambda_1>0, \lambda_2>0,\ -b<\frac{1}{\lambda_1\lambda_2}\left(\frac{1-\lambda_1}{p}+\frac{\lambda_2}{q}\right)<a,\ \frac{1}{\lambda_1}+\frac{1}{\lambda_2}-\frac{1}{\lambda_1\lambda_2}>\max\{0,bp\},\ \alpha=\frac{1}{\lambda_2}(\lambda_1-1), \beta=\frac{1}{\lambda_1}(\lambda_2+q-1)$, 记

$$\widetilde{W}=\frac{1}{\lambda_1^{1/q}\lambda_2^{1/p}}\int_0^1 \frac{1}{(1+t)^a}\left(t^{b+\frac{1}{\lambda_1\lambda_2}\left(\frac{1-\lambda_1}{p}+\frac{\lambda_2}{q}\right)-1}+t^{a-\frac{1}{\lambda_1\lambda_2}\left(\frac{1-\lambda_1}{p}+\frac{\lambda_2}{q}\right)-1}\right)\mathrm{d}t,$$

则当 $\widetilde{a}=\{a_n\}\in l_p^\alpha$, $f(x)\in L_q^\beta(0,+\infty)$ 时, 有

$$\int_0^{+\infty}\sum_{n=1}^{\infty}\frac{(\min\{1,n^{\lambda_1}/x^{\lambda_2}\})^b}{(1+n^{\lambda_1}/x^{\lambda_2})^a}a_n f(x)\mathrm{d}x \leqslant \tilde{W}\left\|\widetilde{a}\right\|_{p,\alpha}\left\|f\right\|_{q,\beta}, \tag{4.2.6}$$

其中的常数因子 $\tilde{W}$ 是最佳值.

证明 取适配数 $a_0=\frac{1}{pq}\left[\frac{1}{\lambda_2}(\lambda_1-1)+1\right]$, $b_0=\frac{1}{pq}\left[\frac{1}{\lambda_1}(\lambda_2+q-1)+1\right]$, 根据 Hölder 不等式和引理 4.2.7, 有

$$\int_0^{+\infty}\sum_{n=1}^{\infty}\frac{\left(\min\left\{1,n^{\lambda_1}/x^{\lambda_2}\right\}\right)^b}{\left(1+n^{\lambda_1}/x^{\lambda_2}\right)^a}a_n f(x)\mathrm{d}x$$

$$=\int_0^{+\infty}\sum_{n=1}^{\infty}\frac{\left(\min\left\{1,n^{\lambda_1}/x^{\lambda_2}\right\}\right)^b}{\left(1+n^{\lambda_1}/x^{\lambda_2}\right)^a}\left(\frac{n^{a_0}}{x^{b_0}}a_n\right)\left(\frac{x^{b_0}}{n^{a_0}}f(x)\right)\mathrm{d}x$$

$$\leqslant\left(\int_0^{+\infty}\sum_{n=1}^{\infty}\frac{n^{a_0 p}}{x^{b_0 p}}a_n^p\frac{\left(\min\left\{1,n^{\lambda_1}/x^{\lambda_2}\right\}\right)^b}{\left(1+n^{\lambda_1}/x^{\lambda_2}\right)^a}\mathrm{d}x\right)^{\frac{1}{p}}$$

$$\times\left(\int_0^{+\infty}\sum_{n=1}^{\infty}\frac{x^{b_0 q}}{n^{a_0 q}}f^q(x)\frac{\left(\min\left\{1,n^{\lambda_1}/x^{\lambda_2}\right\}\right)^b}{\left(1+n^{\lambda_1}/x^{\lambda_2}\right)^a}\mathrm{d}x\right)^{\frac{1}{q}}$$

$$=\left(\sum_{n=1}^{\infty}n^{a_0 p}a_n^p\omega_1(n)\right)^{\frac{1}{p}}\left(\int_0^{+\infty}x^{b_0 q}f^q(x)\omega_2(x)\mathrm{d}x\right)^{\frac{1}{q}}$$

$$\leqslant W_1^{\frac{1}{p}} W_2^{\frac{1}{q}} \left(\sum_{n=1}^{\infty} n^{\frac{1}{q}\left[\frac{1}{\lambda_2}(\lambda_1-1)+1\right]-\frac{1}{\lambda_2}\left(\frac{1-\lambda_1}{p}+\frac{\lambda_2}{q}\right)} a_n^p \right)^{\frac{1}{p}}$$

$$\times \left(\int_0^{+\infty} x^{\frac{1}{p}\left[\frac{1}{\lambda_1}(\lambda_2+q-1)+1\right]-\frac{1}{\lambda_1}\left(\frac{1-\lambda_2}{q}+\frac{\lambda_1}{p}-1\right)} f^q(x)\mathrm{d}x \right)^{\frac{1}{q}}$$

$$= \tilde{W} \left(\sum_{n=1}^{\infty} n^{\frac{1}{\lambda_2}(\lambda_1-1)} a_n^p \right)^{\frac{1}{p}} \left(\int_0^{+\infty} x^{\frac{1}{\lambda_1}(\lambda_2+q-1)} f^q(x)\mathrm{d}x \right)^{\frac{1}{q}} = \tilde{W} \|\tilde{a}\|_{p,\alpha} \|f\|_{q,\beta},$$

故 (4.2.6) 式成立.

若 $\tilde{W}$ 不是 (4.2.6) 式的最佳常数因子, 则存在常数 $M_0 < \tilde{W}$, 使

$$\int_0^{+\infty} \sum_{n=1}^{\infty} \frac{\left(\min\left\{1, n^{\lambda_1}/x^{\lambda_2}\right\}\right)^b}{\left(1+n^{\lambda_1}/x^{\lambda_2}\right)^a} a_n f(x)\mathrm{d}x \leqslant M_0 \|\tilde{a}\|_{p,\alpha} \|f\|_{q,\beta}.$$

取充分小的 $\varepsilon > 0$ 及 $\delta > 0$, 并令 $a_n = n^{(-\alpha-1-\lambda_1\varepsilon)/p}$ $(n = 1, 2, \cdots)$,

$$f(x) = \begin{cases} x^{(-\beta-1-\lambda_2\varepsilon)/q}, & x \geqslant \delta, \\ 0, & 0 < x < \delta. \end{cases}$$

则由计算可知

$$\|\tilde{a}\|_{p,\alpha} \|f\|_{q,\beta} \leqslant \frac{1}{\varepsilon \lambda_1^{1/p} \lambda_2^{1/q}} (1+\lambda_1\varepsilon)^{\frac{1}{p}} \delta^{-\lambda_2\varepsilon/q},$$

$$\int_0^{+\infty} \sum_{n=1}^{\infty} \frac{\left(\min\left\{1, n^{\lambda_1}/x^{\lambda_2}\right\}\right)^b}{\left(1+n^{\lambda_1}/x^{\lambda_2}\right)^a} a_n f(x)\mathrm{d}x$$

$$= \sum_{n=1}^{\infty} n^{(-\alpha-1-\lambda_1\varepsilon)/p} \left(\int_\delta^{+\infty} x^{(-\beta-1-\lambda_2\varepsilon)/q} \frac{\left(\min\left\{1, n^{\lambda_1}/x^{\lambda_2}\right\}\right)^b}{\left(1+n^{\lambda_1}/x^{\lambda_2}\right)^a} \mathrm{d}x \right)$$

$$= \sum_{n=1}^{\infty} n^{-\frac{\alpha+1+\lambda_1\varepsilon}{p}-\frac{\lambda_1}{\lambda_2}\frac{\beta+1+\lambda_2\varepsilon}{q}} \int_{\delta n^{-\lambda_1/\lambda_2}}^{+\infty} u^{(-\beta-1-\lambda_2\varepsilon)/q} \frac{\left(\min\left\{1, u^{-\lambda_2}\right\}\right)^b}{\left(1+u^{-\lambda_2}\right)^a} \mathrm{d}u$$

$$= \sum_{n=1}^{\infty} n^{-1-\lambda_1\varepsilon} \int_{\delta n^{-\lambda_1/\lambda_2}}^{+\infty} u^{(-\beta-1-\lambda_2\varepsilon)/q} \frac{\left(\min\left\{1, u^{-\lambda_2}\right\}\right)^b}{\left(1+u^{-\lambda_2}\right)^a} \mathrm{d}u$$

$$\geqslant \int_1^{+\infty} t^{-1-\lambda_1\varepsilon} dt \int_\delta^{+\infty} u^{(-\beta-1-\lambda_2\varepsilon)/q} \frac{\left(\min\left\{1, u^{-\lambda_2}\right\}\right)^b}{\left(1+u^{-\lambda_2}\right)^a} \mathrm{d}u$$

$$= \frac{1}{\lambda_1 \varepsilon} \int_{\delta}^{+\infty} u^{(-\beta-1-\lambda_2\varepsilon)/q} \frac{\left(\min\left\{1, u^{-\lambda_2}\right\}\right)^b}{\left(1+u^{-\lambda_2}\right)^a} \mathrm{d}u,$$

于是, 可得

$$\frac{1}{\lambda_1} \int_{\delta}^{+\infty} u^{(-\beta-1-\lambda_2\varepsilon)/q} \frac{\left(\min\left\{1, u^{-\lambda_2}\right\}\right)^b}{\left(1+u^{-\lambda_2}\right)^a} \mathrm{d}u \leqslant \frac{M_0}{\lambda_1^{1/p}\lambda_2^{1/q}} \left(1+\lambda_1\varepsilon\right)^{\frac{1}{p}} \delta^{-\lambda_2\varepsilon/q}.$$

先令 $\varepsilon \to 0^+$, 再令 $\delta \to 0^+$, 有

$$\int_{\delta}^{+\infty} u^{-\frac{1}{q}\left[\frac{1}{\lambda_1}(\lambda_2+q-1)+1\right]} \frac{\left(\min\left\{1, u^{-\lambda_2}\right\}\right)^b}{\left(1+u^{-\lambda_2}\right)^a} \mathrm{d}u \leqslant \frac{M_0}{\lambda_1^{1/p}\lambda_2^{1/q}},$$

由此便可得 $\tilde{W} \leqslant M_0$, 这与 $M_0 < \tilde{W}$ 矛盾, 故 $\tilde{W}$ 是 (4.2.6) 式的最佳常数因子. 证毕.

例 4.2.4 设 $\frac{1}{p}+\frac{1}{q}=1(p>1)$, $\lambda_1>0$, $\lambda_2>0$, $a>0$, $0<\frac{1}{\lambda_1\lambda_2}\left(\frac{1-\lambda_1}{p}+\frac{\lambda_2}{q}\right)<a$, $\frac{1}{\lambda_1}+\frac{1}{\lambda_2}-\frac{1}{\lambda_1\lambda_2}>0$, $\alpha=\frac{1}{\lambda_2}(\lambda_1-1)$, $\beta=\frac{1}{\lambda_1}(\lambda_2+q-1)$, 求证: 当 $\tilde{a}=\{a_n\}\in l_p^{\alpha}$, $f(x)\in L_q^{\beta}(0,+\infty)$ 时, 有

$$\int_0^{+\infty} \sum_{n=1}^{\infty} \frac{a_n f(x)}{\left(1+n^{\lambda_1}/x^{\lambda_2}\right)^a} \mathrm{d}x \leqslant M_0 \left\|\tilde{a}\right\|_{p,\alpha} \left\|f\right\|_{q,\beta},$$

其中 $M_0=\frac{1}{\lambda_1^{1/q}\lambda_2^{1/p}} B\left(\frac{1}{\lambda_1\lambda_2}\left(\frac{1-\lambda_1}{p}+\frac{\lambda_2}{q}\right), a-\frac{1}{\lambda_1\lambda_2}\left(\frac{1-\lambda_1}{p}+\frac{\lambda_2}{q}\right)\right)$ 是最佳值.

证明 在定理 4.2.7 的 $\tilde{W}$ 表达式中取 $b=0$, 则

$$\begin{aligned}
\tilde{W} &= \frac{1}{\lambda_1^{1/q}\lambda_2^{1/p}} \int_0^1 \frac{1}{(1+t)^a} \left(t^{\frac{1}{\lambda_1\lambda_2}\left(\frac{1-\lambda_1}{p}+\frac{\lambda_2}{q}\right)-1} + t^{a-\frac{1}{\lambda_1\lambda_2}\left(\frac{1-\lambda_1}{p}+\frac{\lambda_2}{q}\right)-1}\right) \mathrm{d}t \\
&= \frac{1}{\lambda_1^{1/p}\lambda_2^{1/q}} B\left(\frac{1}{\lambda_1\lambda_2}\left(\frac{1-\lambda_1}{p}+\frac{\lambda_2}{q}\right), a-\frac{1}{\lambda_1\lambda_2}\left(\frac{1-\lambda_1}{p}+\frac{\lambda_2}{q}\right)\right),
\end{aligned}$$

于是根据定理 4.2.7, 本例结论成立. 证毕.

引理 4.2.8 设 $\frac{1}{p}+\frac{1}{q}=1(p>1)$, $a>0$, $\lambda_1>0$, $1>\lambda_2>0$, $\frac{\lambda_1+\lambda_2}{p}-\lambda_1(1-\lambda_2)<\sigma<\frac{\lambda_1+\lambda_2}{p}$, $\operatorname{csch}(t)=\frac{2}{e^t-e^{-t}}$ 是双曲余割函数, $s=\frac{1}{\lambda_1\lambda_2}\left(\frac{\lambda_1}{q}-\right.$

$\left.\frac{\lambda_2}{p}+\sigma\right)$, 则

$$W_1=\int_0^{+\infty}\operatorname{csch}\left(at^{-\lambda_2}\right)t^{-\frac{1}{\lambda_1}\left(\frac{\lambda_2}{q}+\sigma\right)-\frac{1}{q}}\mathrm{d}t=\frac{2}{\lambda_2}a^{-s}\left(1-2^{-s}\right)\Gamma(s)\zeta(s),$$

$$W_2=\int_0^{+\infty}\operatorname{csch}\left(at^{\lambda_1}\right)t^{-\frac{1}{\lambda_2}\left(\frac{\lambda_1}{p}-\sigma\right)-\frac{1}{p}}\mathrm{d}t=\frac{2}{\lambda_1}a^{-s}\left(1-2^{-s}\right)\Gamma(s)\zeta(s),$$

$$\omega_1(n)=\int_0^{+\infty}\operatorname{csch}\left(a\frac{n^{\lambda_1}}{x^{\lambda_2}}\right)x^{-\frac{1}{\lambda_1}\left(\frac{\lambda_2}{q}+\sigma\right)-\frac{1}{q}}\mathrm{d}x=n^{-\frac{1}{\lambda_2}\left(\frac{\lambda_2}{q}-\frac{\lambda_1}{p}+\sigma\right)}W_1,$$

$$\omega_2(x)=\sum_{n=1}^{\infty}\operatorname{csch}\left(a\frac{n^{\lambda_1}}{x^{\lambda_2}}\right)n^{-\frac{1}{\lambda_2}\left(\frac{\lambda_1}{p}-\sigma\right)-\frac{1}{p}}\mathrm{d}x\leqslant x^{-\frac{1}{\lambda_2}\left(\frac{\lambda_1}{p}-\frac{\lambda_2}{q}-\sigma\right)}W_2.$$

证明 根据 $\lambda_1>0$, $\lambda_2>0$, $\sigma>\dfrac{\lambda_1+\lambda_2}{p}-\lambda_1\left(1-\lambda_2\right)$ 可知 $s>1$, 做变换 $t^{-\lambda_2}=u$, 我们有

$$\begin{aligned}W_1&=\frac{1}{\lambda_2}\int_0^{+\infty}\operatorname{csch}(au)u^{\frac{1}{\lambda_1\lambda_2}\left(\frac{\lambda_2}{q}-\frac{\lambda_1}{p}+\sigma\right)-1}\mathrm{d}u=\frac{2}{\lambda_2}\int_0^{+\infty}\frac{1}{e^{au}-e^{-au}}u^{s-1}\mathrm{d}u\\&=\frac{2}{\lambda_2}\int_0^{+\infty}\frac{1}{e^t-e^{-t}}\left(\frac{t}{a}\right)^{s-1}\frac{1}{a}\mathrm{d}t=\frac{2}{\lambda_2}a^{-s}\int_0^{+\infty}\frac{e^{-t}}{1-e^{-2t}}t^{s-1}\mathrm{d}t\\&=\frac{2}{\lambda_2}a^{-s}\int_0^{+\infty}t^{s-1}\sum_{k=0}^{\infty}e^{-(2k+1)t}\mathrm{d}t=\frac{2}{\lambda_2}a^{-s}\int_0^{+\infty}u^{s-1}\sum_{k=0}^{\infty}\frac{1}{(2k+1)^s}e^{-u}\mathrm{d}u\\&=\frac{2}{\lambda_2}a^{-s}\int_0^{+\infty}u^{s-1}e^{-u}\mathrm{d}u\sum_{k=0}^{\infty}\frac{1}{(2k+1)^s}=\frac{2}{\lambda_2}a^{-s}\Gamma(s)\sum_{k=0}^{\infty}\frac{1}{(2k+1)^s},\end{aligned}$$

因为

$$\sum_{k=0}^{\infty}\frac{1}{(2k+1)^s}=\sum_{k=1}^{\infty}\frac{1}{k^s}-\frac{1}{2^s}\sum_{k=1}^{\infty}\frac{1}{k^s}=\left(1-\frac{1}{2^s}\right)\zeta(s),$$

于是

$$W_1=\frac{2}{\lambda_2}a^{-s}\left(1-2^{-s}\right)\Gamma(s)\zeta(s).$$

类似地可证明 $W_2=\dfrac{2}{\lambda_1}a^{-s}\left(1-2^{-s}\right)\Gamma(s)\zeta(s)$.

$$\omega_1(n)=\int_0^{+\infty}\operatorname{csch}\left(a\left(n^{-\lambda_1/\lambda_2}x\right)^{-\lambda_2}\right)x^{-\frac{1}{\lambda_1}\left(\frac{\lambda_2}{q}+\sigma\right)-\frac{1}{q}}\mathrm{d}x$$

$$= n^{-\frac{\lambda_1}{\lambda_2}\left[\frac{1}{\lambda_1}\left(\frac{\lambda_2}{q}+\sigma\right)+\frac{1}{q}\right]+\frac{\lambda_1}{\lambda_2}} \int_0^{+\infty} \operatorname{csch}\left(at^{-\lambda_2}\right) t^{-\frac{1}{\lambda_1}\left(\frac{\lambda_2}{q}+\sigma\right)-\frac{1}{q}} \mathrm{d}t$$

$$= n^{-\frac{1}{\lambda_2}\left(\frac{\lambda_2}{q}-\frac{\lambda_1}{p}+\sigma\right)} W_1.$$

因为 $\sigma < \dfrac{\lambda_1+\lambda_2}{p}$, 故 $\dfrac{1}{\lambda_2}\left(\dfrac{\lambda_1}{p}-\sigma\right)+\dfrac{1}{p} > 0$. 又因 $\lambda_1 > 0$, 故知

$$h(t) = \operatorname{csch}\left(at^{\lambda_1}\right) t^{-\frac{1}{\lambda_2}\left(\frac{\lambda_1}{p}-\sigma\right)-\frac{1}{p}}$$

在 $(0,+\infty)$ 上递减, 于是

$$\begin{aligned}
&\omega_2(x)\\
&= x^{-\frac{\lambda_2}{\lambda_1}\left[\frac{1}{\lambda_2}\left(\frac{\lambda_1}{p}-\sigma\right)+\frac{1}{p}\right]} \sum_{n=1}^{\infty} \operatorname{csch}\left(a\left(x^{-\lambda_2/\lambda_1} n\right)^{\lambda_1}\right)\left(x^{-\lambda_2/\lambda_1} n\right)^{-\frac{1}{\lambda_2}\left(\frac{\lambda_1}{p}-\sigma\right)-\frac{1}{p}}\\
&\leqslant x^{-\frac{\lambda_2}{\lambda_1}\left[\frac{1}{\lambda_2}\left(\frac{\lambda_1}{p}-\sigma\right)+\frac{1}{p}\right]} \int_0^{+\infty} \operatorname{csch}\left(a\left(x^{-\lambda_2/\lambda_1} u\right)^{\lambda_1}\right)\left(x^{-\lambda_2/\lambda_1} u\right)^{-\frac{1}{\lambda_2}\left(\frac{\lambda_1}{p}-\sigma\right)-\frac{1}{p}} \mathrm{d}u\\
&= x^{-\frac{\lambda_2}{\lambda_1}\left[\frac{1}{\lambda_2}\left(\frac{\lambda_1}{p}-\sigma\right)+\frac{1}{p}\right]+\frac{\lambda_2}{\lambda_1}} \int_0^{+\infty} \operatorname{csch}\left(at^{\lambda_1}\right) t^{-\frac{1}{\lambda_2}\left(\frac{\lambda_1}{p}-\sigma\right)-\frac{1}{p}} \mathrm{d}t = x^{-\frac{1}{\lambda_1}\left(\frac{\lambda_1}{p}-\frac{\lambda_2}{q}-\sigma\right)} W_2.
\end{aligned}$$

证毕.

定理 4.2.8　设 $\dfrac{1}{p}+\dfrac{1}{q}=1(p>1)$, $a>0$, $\lambda_1>0$, $1>\lambda_2>0$, $\dfrac{\lambda_1+\lambda_2}{p}-\lambda_1\left(1-\lambda_2\right)<\sigma<\dfrac{\lambda_1+\lambda_2}{p}$, $s=\dfrac{1}{\lambda_1\lambda_2}\left(\dfrac{\lambda_1}{q}-\dfrac{\lambda_2}{p}+\sigma\right)$, $\alpha=\dfrac{1}{\lambda_2}\left(\lambda_1-p\sigma\right)$, $\beta=\dfrac{1}{\lambda_1}\left(\lambda_2+q\sigma\right)$, $\tilde{a}=\{a_n\}\in l_p^{\alpha}$, $f(x)\in L_q^{\beta}(0,+\infty)$, 则

$$\int_0^{+\infty} \sum_{n=1}^{\infty} \operatorname{csch}\left(a\frac{n^{\lambda_1}}{x^{\lambda_2}}\right) a_n f(x)\mathrm{d}x \leqslant \tilde{W}\|\tilde{a}\|_{p,\alpha}\|f\|_{q,\beta}, \tag{4.2.7}$$

其中的常数因子 $\tilde{W}=\dfrac{2}{\lambda_1^{1/q}\lambda_2^{1/p}} a^{-s}\left(1-2^{-s}\right)\Gamma(s)\zeta(s)$ 是最佳值.

证明　取适配数 $a_0=\dfrac{1}{\lambda_2 q}\left(\dfrac{\lambda_1}{p}-\sigma\right)+\dfrac{1}{pq}$, $b_0=\dfrac{1}{\lambda_1 p}\left(\dfrac{\lambda_2}{q}+\sigma\right)+\dfrac{1}{pq}$. 利用权系数方法并根据引理 4.2.8, 可证 (4.2.7) 式成立.

设 M_0 是 (4.2.7) 式的最佳常数因子, 则 $M_0 \leqslant \tilde{W}$, 且

$$\int_0^{+\infty} \sum_{n=1}^{\infty} \operatorname{csch}\left(a\frac{n^{\lambda_1}}{x^{\lambda_2}}\right) a_n f(x)\mathrm{d}x \leqslant M_0\|\tilde{a}\|_{p,\alpha}\|f\|_{q,\beta}$$

对充分小的 $\varepsilon>0$ 及 $\delta>0$, 取 $a_n=n^{(-\alpha-1-\lambda_1\varepsilon)/p}$ $(n=1,2,\cdots)$,

$$f(x)=\begin{cases} x^{(-\beta-1-\lambda_2\varepsilon)/q}, & x\geqslant\delta,\\ 0, & 0<x<\delta.\end{cases}$$

则可知

$$M_0\|\tilde{a}\|_{p,\alpha}\|f\|_{q,\beta}\leqslant\frac{M_0}{\varepsilon\lambda_1^{1/p}\lambda_2^{1/q}}(1+\lambda_1\varepsilon)^{\frac{1}{p}}\delta^{-\lambda_2\varepsilon/q},$$

$$\begin{aligned}
&\int_0^{+\infty}\sum_{n=1}^{\infty}\operatorname{csch}\left(a\frac{n^{\lambda_1}}{x^{\lambda_2}}\right)a_nf(x)\mathrm{d}x\\
=&\sum_{n=1}^{\infty}n^{(-\alpha-1-\lambda_1\varepsilon)/p}\left(\int_{\delta}^{+\infty}x^{(-\beta-1-\lambda_2\varepsilon)/q}\operatorname{csch}\left(a\frac{n^{\lambda_1}}{x^{\lambda_2}}\right)\mathrm{d}x\right)\\
=&\sum_{n=1}^{\infty}n^{-\frac{\alpha+1+\lambda_1\varepsilon}{p}-\frac{\lambda_1}{\lambda_2}\frac{\beta+1+\lambda_2\varepsilon}{q}}\int_{\delta n^{-\lambda_1/\lambda_2}}^{+\infty}u^{-\frac{\beta+1+\lambda_2\varepsilon}{q}}\operatorname{csch}\left(au^{-\lambda_2}\right)\mathrm{d}u\\
\geqslant&\sum_{n=1}^{\infty}n^{-1-\lambda_1\varepsilon}\int_{\delta}^{+\infty}u^{-\frac{\beta+1+\lambda_2\varepsilon}{q}}\operatorname{csch}\left(au^{-\lambda_2}\right)\mathrm{d}u\\
\geqslant&\int_1^{+\infty}t^{-1-\lambda_1\varepsilon}dt\int_{\delta}^{+\infty}u^{-\frac{\beta+1+\lambda_2\varepsilon}{q}}\operatorname{csch}\left(au^{-\lambda_2}\right)\mathrm{d}u\\
=&\frac{1}{\lambda_1\varepsilon}\int_{\delta}^{+\infty}u^{-\frac{\beta+1+\lambda_2\varepsilon}{q}}\operatorname{csch}\left(au^{-\lambda_2}\right)\mathrm{d}u.
\end{aligned}$$

综上, 得到

$$\frac{1}{\lambda_1}\int_{\delta}^{+\infty}u^{-\frac{\beta+1+\lambda_2\varepsilon}{q}}\operatorname{csch}\left(au^{-\lambda_2}\right)\mathrm{d}u\leqslant\frac{M_0}{\lambda_1^{1/p}\lambda_2^{1/q}}(1+\lambda_1\varepsilon)^{\frac{1}{p}}\delta^{-\lambda_2\varepsilon/q}.$$

先令 $\varepsilon\to0^+$, 再令 $\delta\to0^+$, 得到

$$\frac{1}{\lambda_1}\int_0^{+\infty}u^{-\frac{1}{\lambda_1}\left(\frac{\lambda_2}{q}+\sigma\right)-\frac{1}{q}}\operatorname{csch}\left(au^{-\lambda_2}\right)\mathrm{d}u\leqslant\frac{M_0}{\lambda_1^{1/p}\lambda_2^{1/q}},$$

据此, 我们有 $\tilde{W}\leqslant M_0$, 故 (4.2.7) 式的最佳常数因子是 $\tilde{W}$. 证毕.

引理 4.2.9 设 $\lambda>-1$, $0<\lambda_1<1$, $\lambda_2>0$, 则

$$W_1=\int_0^{+\infty}\frac{\operatorname{arccot}^{\lambda}\left(t^{-\lambda_2}\right)}{1+t^{-2\lambda_2}}t^{-1-\lambda_2}\mathrm{d}t=\frac{1}{(\lambda+1)\lambda_2}\left(\frac{\pi}{2}\right)^{\lambda+1},$$

$$W_2=\int_0^{+\infty}\frac{\operatorname{arccot}^{\lambda}\left(t^{\lambda_1}\right)}{1+t^{2\lambda_1}}t^{-1+\lambda_1}\mathrm{d}t=\frac{1}{(\lambda+1)\lambda_1}\left(\frac{\pi}{2}\right)^{\lambda+1},$$

$$\omega_1(n)=\int_0^{+\infty}\frac{\operatorname{arccot}^{\lambda}\left(n^{\lambda_1}/x^{\lambda_2}\right)}{1+\left(n^{\lambda_1}/x^{\lambda_2}\right)^2}x^{-1-\lambda_2}\mathrm{d}x=n^{-\lambda_1}W_1,$$

$$\omega_2(x)=\sum_{n=1}^{\infty}\frac{\operatorname{arccot}^{\lambda}\left(n^{\lambda_1}/x^{\lambda_2}\right)}{1+\left(n^{\lambda_1}/x^{\lambda_2}\right)^2}n^{-1+\lambda_1}\leqslant x^{\lambda_2}W_2.$$

证明 作变换 $t^{-\lambda_2}=u$, 有

$$\begin{aligned}W_1&=\frac{1}{\lambda_2}\int_0^{+\infty}\frac{\operatorname{arccot}^{\lambda}u}{1+u^2}u^{-\frac{1}{\lambda_2}(-1-\lambda_2)-\frac{1}{\lambda_2}-1}\mathrm{d}u=\frac{1}{\lambda_2}\int_0^{+\infty}\frac{\operatorname{arccot}^{\lambda}u}{1+u^2}\mathrm{d}u\\&=-\frac{1}{\lambda_2}\int_0^{+\infty}\operatorname{arccot}^{\lambda}(u)\,\mathrm{d}(\operatorname{arccot}u)=-\frac{1}{\lambda_2}\frac{1}{\lambda+1}\operatorname{arccot}^{\lambda+1}u\Big|_0^{+\infty}\\&=\frac{1}{(\lambda+1)\lambda_2}\left(\frac{\pi}{2}\right)^{\lambda+1}.\end{aligned}$$

同理可得 $W_2=\dfrac{1}{(\lambda+1)\lambda_1}\left(\dfrac{\pi}{2}\right)^{\lambda+1}$.

作变换 $n^{-\lambda_1/\lambda_2}x=t$, 有

$$\omega_1(n)=n^{\frac{\lambda_1}{\lambda_2}(-1-\lambda_2)+\frac{\lambda_1}{\lambda_2}}\int_0^{+\infty}\frac{\operatorname{arccot}^{\lambda}\left(t^{-\lambda_2}\right)}{1+t^{-2\lambda_2}}t^{-1-\lambda_2}\mathrm{d}t=n^{-\lambda_1}W_1.$$

根据 $0<\lambda_1<1$, $\lambda_2>0$, 可知 $h(t)=\dfrac{\operatorname{arccot}^{\lambda}\left(t^{\lambda_1}\right)}{1+t^{2\lambda_1}}t^{-1+\lambda_1}$ 在 $(0,+\infty)$ 上递减, 于是有

$$\begin{aligned}\omega_2(x)&=x^{\frac{\lambda_2}{\lambda_1}(-1+\lambda_1)}\sum_{n=1}^{\infty}\frac{\operatorname{arccot}^{\lambda}\left(\left(x^{-\lambda_2/\lambda_1}n\right)^{\lambda_1}\right)}{1+\left(x^{-\lambda_2/\lambda_1}n\right)^{2\lambda_1}}\left(x^{-\lambda_2/\lambda_1}n\right)^{-1+\lambda_1}\\&=x^{\frac{\lambda_2}{\lambda_1}(-1+\lambda_1)}\int_0^{+\infty}\frac{\operatorname{arccot}^{\lambda}\left(\left(x^{-\lambda_2/\lambda_1}u\right)^{\lambda_1}\right)}{1+\left(x^{-\lambda_2/\lambda_1}u\right)^{2\lambda_1}}\left(x^{-\lambda_2/\lambda_1}u\right)^{-1+\lambda_1}\mathrm{d}u\\&=x^{\frac{\lambda_2}{\lambda_1}(-1+\lambda_1)+\frac{\lambda_2}{\lambda_1}}\int_0^{+\infty}\frac{\operatorname{arccot}^{\lambda}\left(t^{\lambda_1}\right)}{1+t^{2\lambda_1}}t^{-1+\lambda_1}\mathrm{d}t=x^{\lambda_2}W_2.\end{aligned}$$

证毕.

定理 4.2.9 设 $\frac{1}{p}+\frac{1}{q}=1(p>1)$, $\lambda>0$, $0<\lambda_1<1$, $\lambda_2>0$, $\alpha=p(1-\lambda_1)-1$, $\beta=q(1+\lambda_2)-1$, $\tilde{a}=\{a_n\}\in l_p^{\alpha}$, $f(x)\in L_q^{\beta}(0,+\infty)$, 则

$$\int_0^{+\infty}\sum_{n=1}^{\infty}\frac{\operatorname{arccot}^{\lambda}\left(n^{\lambda_1}/x^{\lambda_2}\right)}{1+\left(n^{\lambda_1}/x^{\lambda_2}\right)^2}a_nf(x)\mathrm{d}x\leqslant\frac{(\pi/2)^{\lambda+1}}{\lambda_1^{1/q}\lambda_2^{1/p}(\lambda+1)}\|\tilde{a}\|_{p,\alpha}\|f\|_{q,\beta},$$

其中的常数因子 $(\pi/2)^{\lambda+1}/\left[\lambda_1^{1/q}\lambda_2^{1/p}(\lambda+1)\right]$ 是最佳值.

证明 取适配数 $a=\frac{1}{q}(1-\lambda_1)$, $b=\frac{1}{p}(1+\lambda_2)$, 根据引理 4.2.9, 利用权系数方法可证. 证毕.

引理 4.2.10 设 $\frac{1}{p}+\frac{1}{q}=1(p>1)$, $\lambda_1>0$, $\lambda_2>0$, $\frac{\lambda_1}{p}-\frac{\lambda_2}{q}<\sigma<\frac{\lambda_1}{p}-\frac{\lambda_2}{q}+\lambda_1\lambda_2$, $\sigma<\frac{\lambda_1+\lambda_2}{p}$, $s=\frac{1}{\lambda_1\lambda_2}\left(\frac{\lambda_2}{q}-\frac{\lambda_1}{p}+\sigma\right)$, 则

$$W_1=\int_0^{+\infty}\frac{\ln t^{-\lambda_2}}{t^{-\lambda_2}-1}t^{-\frac{1}{\lambda_1}\left(\frac{\lambda_2}{q}+\sigma\right)-\frac{1}{q}}\mathrm{d}t=\frac{1}{\lambda_2}B^2(s,1-s),$$

$$W_2=\int_0^{+\infty}\frac{\ln t^{\lambda_1}}{t^{\lambda_1}-1}t^{-\frac{1}{\lambda_2}\left(\frac{\lambda_1}{p}-\sigma\right)-\frac{1}{p}}\mathrm{d}t=\frac{1}{\lambda_1}B^2(s,1-s),$$

$$\omega_1(n)=\int_0^{+\infty}\frac{\ln\left(n^{\lambda_1}/x^{\lambda_2}\right)}{n^{\lambda_1}/x^{\lambda_2}-1}x^{-\frac{1}{\lambda_1}\left(\frac{\lambda_2}{q}+\sigma\right)-\frac{1}{q}}\mathrm{d}x=n^{-\frac{1}{\lambda_2}\left(\frac{\lambda_2}{q}-\frac{\lambda_1}{p}+\sigma\right)}W_1,$$

$$\omega_2(x)=\sum_{n=1}^{\infty}\frac{\ln\left(n^{\lambda_1}/x^{\lambda_2}\right)}{n^{\lambda_1}/x^{\lambda_2}-1}n^{-\frac{1}{\lambda_2}\left(\frac{\lambda_1}{p}-\sigma\right)-\frac{1}{p}}\leqslant x^{-\frac{1}{\lambda_1}\left(\frac{\lambda_1}{p}-\frac{\lambda_2}{q}-\sigma\right)}W_2.$$

证明 根据 $\frac{\lambda_1}{p}-\frac{\lambda_2}{q}<\sigma<\frac{\lambda_1}{p}-\frac{\lambda_2}{q}+\lambda_1\lambda_2$, 可得 $0<s<1$, 根据 $\sigma<\frac{\lambda_1+\lambda_2}{p}$, 可知 $-\frac{1}{\lambda_2}\left(\frac{\lambda_1}{p}-\sigma\right)-\frac{1}{p}<0$. 作变换 $t^{-\lambda_2}=u$, 有

$$\begin{aligned}W_1&=\frac{1}{\lambda_2}\int_0^{+\infty}\frac{\ln u}{u-1}u^{\frac{1}{\lambda_1\lambda_2}\left(\frac{\lambda_2}{q}-\frac{\lambda_1}{p}+\sigma\right)-1}\mathrm{d}u\\&=\frac{1}{\lambda_2}\int_0^{+\infty}\frac{\ln u}{u-1}u^{s-1}\mathrm{d}u=\frac{1}{\lambda_2}B^2(s,1-s).\end{aligned}$$

做变换 $t^{\lambda_1}=u$, 有

$$W_2=\frac{1}{\lambda_1}\int_0^{+\infty}\frac{\ln u}{u-1}u^{\frac{1}{\lambda_1\lambda_2}\left(\frac{\lambda_2}{q}-\frac{\lambda_1}{p}+\sigma\right)-1}\mathrm{d}u$$

$$= \frac{1}{\lambda_1}\int_0^{+\infty}\frac{\ln u}{u-1}u^{s-1}\,\mathrm{d}u = \frac{1}{\lambda_1}B^2(s,1-s).$$

$$\begin{aligned}\omega_1(n) &= n^{-\frac{\lambda_1}{\lambda_2}\left[\frac{1}{\lambda_1}\left(\frac{\lambda_2}{q}+\sigma\right)+\frac{1}{q}\right]}\int_0^{+\infty}\frac{\ln\left[\left(n^{-\lambda_1/\lambda_2}x\right)^{-\lambda_2}\right]}{\left(n^{-\lambda_1/\lambda_2}x\right)^{-\lambda_2}-1}\left(n^{-\lambda_1/\lambda_2}x\right)^{-\frac{1}{\lambda_1}\left(\frac{\lambda_2}{q}+\sigma\right)-\frac{1}{q}}\mathrm{d}x \\ &= n^{-\frac{\lambda_1}{\lambda_2}\left[\frac{1}{\lambda_1}\left(\frac{\lambda_2}{q}+\sigma\right)+\frac{1}{q}\right]+\frac{\lambda_1}{\lambda_2}}\int_0^{+\infty}\frac{\ln t^{-\lambda_2}}{t^{-\lambda_2}-1}t^{-\frac{1}{\lambda_1}\left(\frac{\lambda_2}{q}+\sigma\right)-\frac{1}{q}}\mathrm{d}t \\ &= n^{-\frac{1}{\lambda_2}\left(\frac{\lambda_2}{q}-\frac{\lambda_1}{p}+\sigma\right)}W_1.\end{aligned}$$

记 $h(u)=\ln u/(u-1)\ (u>0,u\neq 1)$, $u=1$ 时, 规定 $h(1)=1$, 则

$$h'(u)=\frac{u-1-u\ln u}{u(u-1)^2}=\frac{g(u)}{u(u-1)^2},\quad g(u)=u-1-u\ln u,$$

$$g'(u)=-\ln u,\quad g''(u)=-\frac{1}{u}.$$

令 $g'(u)=0$, 解得 $u=1$, 而 $g''(1)=-1<0$, 故 $u=1$ 是 $g(u)$ 的最大值点, 于是 $g(u)\leqslant g(1)=0$, 所以 $h'(u)\leqslant 0$, 从而可知 $h(u)$ 在 $(0,+\infty)$ 上递减, 所以 $\ln t^{\lambda_1}/(t^{\lambda_1}-1)$ 在 $(0,+\infty)$ 上递减, 故有

$$\begin{aligned}\omega_2(x) &= x^{-\frac{\lambda_2}{\lambda_1}\left[\frac{1}{\lambda_2}\left(\frac{\lambda_1}{p}-\sigma\right)+\frac{1}{p}\right]}\sum_{n=1}^{\infty}\frac{\ln\left(x^{-\lambda_2/\lambda_1}n\right)^{\lambda_1}}{\left(x^{-\lambda_2/\lambda_1}n\right)^{\lambda_1}-1}\left(x^{-\lambda_2/\lambda_1}n\right)^{-\frac{1}{\lambda_2}\left(\frac{\lambda_1}{p}-\sigma\right)-\frac{1}{p}} \\ &\leqslant x^{-\frac{\lambda_2}{\lambda_1}\left[\frac{1}{\lambda_2}\left(\frac{\lambda_1}{p}-\sigma\right)+\frac{1}{p}\right]}\int_0^{+\infty}\frac{\ln\left(x^{-\lambda_2/\lambda_1}u\right)^{\lambda_1}}{\left(x^{-\lambda_2/\lambda_1}u\right)^{\lambda_1}-1}\left(x^{-\lambda_2/\lambda_1}u\right)^{-\frac{1}{\lambda_2}\left(\frac{\lambda_1}{p}-\sigma\right)-\frac{1}{p}}\mathrm{d}u \\ &= x^{-\frac{\lambda_2}{\lambda_1}\left[\frac{1}{\lambda_2}\left(\frac{\lambda_1}{p}-\sigma\right)+\frac{1}{p}\right]+\frac{\lambda_2}{\lambda_1}}\int_0^{+\infty}\frac{\ln t^{\lambda_1}}{t^{\lambda_1}-1}t^{-\frac{1}{\lambda_2}\left(\frac{\lambda_1}{p}-\sigma\right)-\frac{1}{p}}\mathrm{d}t \\ &= x^{-\frac{1}{\lambda_1}\left(\frac{\lambda_1}{p}-\frac{\lambda_2}{q}-\sigma\right)}W_2.\end{aligned}$$

证毕.

定理 4.2.10 设 $\frac{1}{p}+\frac{1}{q}=1(p>1)$, $\lambda_1>0$, $\lambda_2>0$, $\frac{\lambda_1}{p}-\frac{\lambda_2}{q}<\sigma<\frac{\lambda_1}{p}-\frac{\lambda_2}{q}+\lambda_1\lambda_2$, $\sigma<\frac{\lambda_1+\lambda_2}{p}$, $s=\frac{1}{\lambda_1\lambda_2}\left(\frac{\lambda_2}{q}-\frac{\lambda_1}{p}+\sigma\right)$, $\alpha=\frac{1}{\lambda_2}(\lambda_1-p\sigma)$, $\beta=\frac{1}{\lambda_1}(\lambda_2+q\sigma)$, $\tilde{a}=\{a_n\}\in l_p^{\alpha}$, $f(x)\in L_q^{\beta}(0,+\infty)$, 则

$$\int_0^{+\infty}\sum_{n=1}^{\infty}\frac{\ln\left(n^{\lambda_1}/x^{\lambda_2}\right)}{n^{\lambda_1}/x^{\lambda_2}-1}a_nf(x)\mathrm{d}x\leqslant\frac{B^2(s,1-s)}{\lambda_1^{1/q}\lambda_2^{1/p}}\|\tilde{a}\|_{p,\alpha}\|f\|_{q,\beta},$$

其中的常数因子是最佳值.

证明 取适配数 $a=\frac{1}{\lambda_2 q}\left(\frac{\lambda_1}{p}-\sigma\right)+\frac{1}{pq}$, $b=\frac{1}{\lambda_1 p}\left(\frac{\lambda_2}{q}+\sigma\right)+\frac{1}{pq}$, 根据 Hölder 不等式和引理 4.2.10, 并利用权系数方法可证. 证毕.

4.3 具有非齐次核 $K(n,x)=G\left(n^{\lambda_1}x^{\lambda_2}\right)$ $(\lambda_1\lambda_2>0)$ 的半离散 Hilbert 型不等式

引理 4.3.1 设 $\frac{1}{p}+\frac{1}{q}=1$ $(p>1)$, $a\geqslant 0$, $b\geqslant 0$, $\lambda_1>0$, $\lambda_2>0$, $-b<\frac{1}{\lambda_2 p}+\frac{1}{\lambda_1 q}-\frac{1}{\lambda_1\lambda_2}<\min\left\{a,\frac{1}{\lambda_1}-b\right\}$, a 与 b 不同时为 0,

$$W_1=\int_0^{+\infty}\frac{\left(\min\left\{1,t^{\lambda_2}\right\}\right)^b}{\left(\min\left\{1,t^{\lambda_2}\right\}\right)^a}t^{\frac{1}{\lambda_1}\left(\frac{\lambda_2}{q}-1\right)-\frac{1}{q}}\mathrm{d}t,$$

$$W_2=\int_0^{+\infty}\frac{\left(\min\left\{1,t^{\lambda_1}\right\}\right)^b}{\left(\min\left\{1,t^{\lambda_1}\right\}\right)^a}t^{\frac{1}{\lambda_2}\left(\frac{\lambda_1}{p}-1\right)-\frac{1}{p}}\mathrm{d}t,$$

则有

$$\lambda_2 W_1=\lambda_1 W_2=\left(b+\frac{1}{\lambda_2 p}+\frac{1}{\lambda_1 q}-\frac{1}{\lambda_1\lambda_2}\right)^{-1}+\left(a-\frac{1}{\lambda_2 p}-\frac{1}{\lambda_1 q}+\frac{1}{\lambda_1\lambda_2}\right)^{-1},$$

$$\omega_1(n)=\int_0^{+\infty}\frac{\left(\min\left\{1,n^{\lambda_1}x^{\lambda_2}\right\}\right)^b}{\left(\max\left\{1,n^{\lambda_1}x^{\lambda_2}\right\}\right)^a}x^{\frac{1}{\lambda_1}\left(\frac{\lambda_2}{q}-1\right)-\frac{1}{q}}\mathrm{d}x=n^{-\frac{\lambda_1}{\lambda_2}\left[\frac{1}{\lambda_1}\left(\frac{\lambda_2}{q}-1\right)+\frac{1}{p}\right]}W_1,$$

$$\omega_2(x)=\sum_{n=1}^{\infty}\frac{\left(\min\left\{1,n^{\lambda_1}x^{\lambda_2}\right\}\right)^b}{\left(\max\left\{1,n^{\lambda_1}x^{\lambda_2}\right\}\right)^a}n^{\frac{1}{\lambda_2}\left(\frac{\lambda_1}{p}-1\right)-\frac{1}{p}}\leqslant x^{-\frac{\lambda_2}{\lambda_1}\left[\frac{1}{\lambda_2}\left(\frac{\lambda_1}{p}-1\right)+\frac{1}{q}\right]}W_2.$$

证明 根据 $-b<\frac{1}{\lambda_2 p}+\frac{1}{\lambda_1 q}-\frac{1}{\lambda_1\lambda_2}<a$, 可知 $\lambda_2 b+\frac{1}{\lambda_1}\left(\frac{\lambda_2}{q}-1\right)-\frac{1}{q}+1>0$, $-\lambda_2 a+\frac{1}{\lambda_1}\left(\frac{\lambda_2}{q}-1\right)-\frac{1}{q}+1<0$, 于是

$$\begin{aligned}W_1&=\int_0^1 t^{\lambda_2 b+\frac{1}{\lambda_1}\left(\frac{\lambda_2}{q}-1\right)-\frac{1}{q}}\mathrm{d}t+\int_1^{+\infty}t^{-\lambda_2 a+\frac{1}{\lambda_1}\left(\frac{\lambda_2}{q}-1\right)-\frac{1}{q}}\mathrm{d}t\\&=\left(\lambda_2 b+\frac{1}{\lambda_1}\left(\frac{\lambda_2}{q}-1\right)-\frac{1}{q}+1\right)^{-1}-\left(-\lambda_2 a+\frac{1}{\lambda_1}\left(\frac{\lambda_2}{q}-1\right)-\frac{1}{q}+1\right)^{-1}\end{aligned}$$

$$
\begin{aligned}
&= \frac{1}{\lambda_2}\left(\left(b+\frac{1}{\lambda_2 p}+\frac{1}{\lambda_1 q}-\frac{1}{\lambda_1\lambda_2}\right)^{-1}+\left(a-\frac{1}{\lambda_2 p}-\frac{1}{\lambda_1 q}+\frac{1}{\lambda_1\lambda_2}\right)^{-1}\right)\\
&= \frac{1}{\lambda_2}W_0.
\end{aligned}
$$

同样地, 可证 $W_2=\dfrac{1}{\lambda_1}W_0$, 故 $\lambda_2 W_1=\lambda_1 W_2=W_0$.

作变换 $n^{\lambda_1}x^{\lambda_2}=t^{\lambda_2}$, 则

$$
\begin{aligned}
\omega_1(n) &= \int_0^{+\infty}\frac{\left(\min\left\{1,t^{\lambda_2}\right\}\right)^b}{\left(\max\left\{1,t^{\lambda_2}\right\}\right)^a}\left(n^{-\lambda_1/\lambda_2}t\right)^{\frac{1}{\lambda_1}\left(\frac{\lambda_2}{q}-1\right)-\frac{1}{q}}n^{-\frac{\lambda_1}{\lambda_2}}\mathrm{d}t\\
&= n^{-\frac{\lambda_1}{\lambda_2}\left[\frac{1}{\lambda_1}\left(\frac{\lambda_2}{q}-1\right)-\frac{1}{q}\right]-\frac{\lambda_1}{\lambda_2}}\int_0^{+\infty}\frac{\min\left\{1,t^{\lambda_2}\right\}^b}{\max\left\{1,t^{\lambda_2}\right\}^a}t^{\frac{1}{\lambda_1}\left(\frac{\lambda_2}{q}-1\right)-\frac{1}{q}}\mathrm{d}t\\
&= n^{-\frac{\lambda_1}{\lambda_2}\left[\frac{1}{\lambda_1}\left(\frac{\lambda_2}{q}-1\right)+\frac{1}{p}\right]}W_1.
\end{aligned}
$$

根据 $\dfrac{1}{\lambda_2 p}+\dfrac{1}{\lambda_1 q}-\dfrac{1}{\lambda_1\lambda_2}<\min\left\{a,\dfrac{1}{\lambda_1}-b\right\}$, 可知 $\lambda_1 b+\dfrac{1}{\lambda_2}\left(\dfrac{\lambda_1}{p}-1\right)-\dfrac{1}{p}<0$, $-\lambda_1 a+\dfrac{1}{\lambda_2}\left(\dfrac{\lambda_1}{p}-1\right)-\dfrac{1}{p}<0$, 又由于

$$
\begin{aligned}
h(t) &= \frac{\left(\min\left\{1,t^{\lambda_1}\right\}\right)^b}{\left(\max\left\{1,t^{\lambda_1}\right\}\right)^a}t^{\frac{1}{\lambda_2}\left(\frac{\lambda_1}{p}-1\right)-\frac{1}{p}}\\
&= \begin{cases} t^{\lambda_1 b+\frac{1}{\lambda_2}\left(\frac{\lambda_1}{p}-1\right)-\frac{1}{p}}, & 0<t\leqslant 1,\\ t^{-\lambda_1 a+\frac{1}{\lambda_2}\left(\frac{\lambda_1}{p}-1\right)-\frac{1}{p}}, & t>1.\end{cases}
\end{aligned}
$$

故 $h(t)$ 在 $(0,+\infty)$ 上递减, 于是

$$
\begin{aligned}
&\omega_2(x)\\
&= x^{-\frac{\lambda_2}{\lambda_1}\left[\frac{1}{\lambda_2}\left(\frac{\lambda_1}{p}-1\right)-\frac{1}{p}\right]}\sum_{n=1}^{\infty}\frac{\left(\min\left\{1,\left(x^{\lambda_2/\lambda_1}n\right)^{\lambda_1}\right\}\right)^b}{\left(\max\left\{1,\left(x^{\lambda_2/\lambda_1}n\right)^{\lambda_1}\right\}\right)^a}\left(x^{\lambda_2/\lambda_1}n\right)^{\frac{1}{\lambda_2}\left(\frac{\lambda_1}{p}-1\right)-\frac{1}{p}}\\
&\leqslant x^{-\frac{\lambda_2}{\lambda_1}\left[\frac{1}{\lambda_2}\left(\frac{\lambda_1}{p}-1\right)-\frac{1}{p}\right]}\int_0^{+\infty}\frac{\left(\min\left\{1,\left(x^{\lambda_2/\lambda_1}u\right)^{\lambda_1}\right\}\right)^b}{\left(\max\left\{1,\left(x^{\lambda_2/\lambda_1}u\right)^{\lambda_1}\right\}\right)^a}\left(x^{\lambda_2/\lambda_1}u\right)^{\frac{1}{\lambda_2}\left(\frac{\lambda_1}{p}-1\right)-\frac{1}{p}}\mathrm{d}u\\
&= x^{-\frac{\lambda_2}{\lambda_1}\left[\frac{1}{\lambda_2}\left(\frac{\lambda_1}{p}-1\right)-\frac{1}{p}\right]-\frac{\lambda_2}{\lambda_1}}\int_0^{+\infty}\frac{\left(\min\left\{1,t^{\lambda_1}\right\}\right)^b}{\left(\max\left\{1,t^{\lambda_1}\right\}\right)^a}t^{\frac{1}{\lambda_2}\left(\frac{\lambda_1}{p}-1\right)-\frac{1}{p}}\mathrm{d}t
\end{aligned}
$$

$$=x^{-\frac{\lambda_2}{\lambda_1}\left[\frac{1}{\lambda_2}\left(\frac{\lambda_1}{p}-1\right)+\frac{1}{q}\right]}W_2.$$

证毕.

定理 4.3.1 设 $\dfrac{1}{p}+\dfrac{1}{q}=1$ $(p>1)$, $a\geqslant 0$, $b\geqslant 0$, a 与 b 不同时为 0, $\lambda_1>0$, $\lambda_2>0$, $-b<\dfrac{1}{\lambda_2 p}+\dfrac{1}{\lambda_1 q}-\dfrac{1}{\lambda_1\lambda_2}<\min\left\{a,\dfrac{1}{\lambda}-b\right\}$, $\alpha=\dfrac{1}{\lambda_2}(p-\lambda_1)$, $\beta=\dfrac{1}{\lambda_1}(q-\lambda_2)$, 记

$$W_0=\left(b+\frac{1}{\lambda_2 p}+\frac{1}{\lambda_1 q}-\frac{1}{\lambda_1\lambda_2}\right)^{-1}+\left(a-\frac{1}{\lambda_2 p}-\frac{1}{\lambda_1 q}+\frac{1}{\lambda_1\lambda_2}\right)^{-1},$$

则当 $\tilde{a}=\{a_n\}\in l_p^{\alpha}$, $f(x)\in L_q^{\beta}(0,+\infty)$ 时, 有

$$\int_0^{+\infty}\sum_{n=1}^{\infty}\frac{\left(\min\left\{1,n^{\lambda_1}x^{\lambda_2}\right\}\right)^b}{\left(\max\left\{1,n^{\lambda_1}x^{\lambda_2}\right\}\right)^a}a_n f(x)\mathrm{d}x\leqslant\frac{W_0}{\lambda_1^{1/q}\lambda_2^{1/p}}\|\tilde{a}\|_{p,\alpha}\|f\|_{q,\beta},\tag{4.3.1}$$

其中的常数因子 $W_0/(\lambda_1^{1/q}\lambda_2^{1/p})$ 是最佳值.

证明 取适配数 $a_0=\dfrac{1}{\lambda_2 q}\left(1-\dfrac{\lambda_1}{p}\right)+\dfrac{1}{pq}$, $b_0=\dfrac{1}{\lambda_1 p}\left(1-\dfrac{\lambda_2}{q}\right)+\dfrac{1}{pq}$, 记

$$K(n,x)=\frac{\left(\min\left\{1,n^{\lambda_1}x^{\lambda_2}\right\}\right)^b}{\left(\max\left\{1,n^{\lambda_1}x^{\lambda_2}\right\}\right)^a}.$$

根据 Hölder 不等式和引理 4.3.1, 有

$$\int_0^{+\infty}\sum_{n=1}^{\infty}K(n,x)a_n f(x)\mathrm{d}x=\int_0^{+\infty}\sum_{n=1}^{\infty}\left(\frac{n^{a_0}}{x^{b_0}}a_n\right)\left(\frac{x^{b_0}}{n^{a_0}}f(x)\right)K(n,x)\mathrm{d}x$$

$$\leqslant\left(\int_0^{+\infty}\sum_{n=1}^{\infty}\frac{n^{a_0 p}}{x^{b_0 p}}a_n^p K(n,x)\mathrm{d}x\right)^{\frac{1}{p}}\left(\int_0^{+\infty}\sum_{n=1}^{\infty}\frac{x^{b_0 q}}{n^{a_0 q}}f^q(x)K(n,x)\mathrm{d}x\right)^{\frac{1}{q}}$$

$$=\left(\sum_{n=1}^{\infty}n^{a_0 p}a_n^p\omega_1(n)\right)^{\frac{1}{p}}\left(\int_0^{+\infty}x^{b_0 q}f^q(x)\omega_2(x)\mathrm{d}x\right)^{\frac{1}{q}}$$

$$\leqslant\left(\sum_{n=1}^{\infty}n^{\frac{p}{\lambda_2 q}\left(1-\frac{\lambda_1}{p}\right)+\frac{1}{q}-\frac{\lambda_1}{\lambda_2}\left[\frac{1}{\lambda_1}\left(\frac{\lambda_2}{q}-1\right)+\frac{1}{p}\right]}a_n^p W_1\right)^{\frac{1}{p}}$$

$$\times\left(\int_0^{+\infty}x^{\frac{q}{\lambda_1 p}\left(1-\frac{\lambda_2}{q}\right)+\frac{1}{p}-\frac{\lambda_2}{\lambda_1}\left[\frac{1}{\lambda_2}\left(\frac{\lambda_1}{p}-1\right)+\frac{1}{q}\right]}f^q(x)W_2\mathrm{d}x\right)^{\frac{1}{q}}$$

$$= W_1^{\frac{1}{p}} W_2^{\frac{1}{q}} \left(\sum_{n=1}^{\infty} n^{\frac{1}{\lambda_2}(p-\lambda_1)} a_n^p \right)^{\frac{1}{p}} \left(\int_0^{+\infty} x^{\frac{1}{\lambda_1}(q-\lambda_2)} f^q(x) \mathrm{d}x \right)^{\frac{1}{q}}$$

$$= \frac{W_0}{\lambda_1^{1/q} \lambda_2^{1/p}} \|\tilde{q}\|_{p,\alpha} \|f\|_{q,\beta}.$$

故 (4.3.1) 式成立.

设 (4.3.1) 式的最佳常数因子为 M_0, 则 $M_0 \leqslant W_0/(\lambda_1^{1/q}\lambda_2^{1/p})$, 且

$$\int_0^{+\infty} \sum_{n=1}^{\infty} K(n,x) a_n f(x) \mathrm{d}x \leqslant M_0 \|\tilde{a}\|_{p,\alpha} \|f\|_{q,\beta}.$$

对充分小的 $\varepsilon > 0$ 及足够大的自然数 $N > 0$, 取 $a_n = n^{(-\alpha-1-\lambda_1\varepsilon)/p}$ $(n = 1, 2, \cdots)$,

$$f(x) = \begin{cases} x^{(-\beta-1+\lambda_2\varepsilon)/q}, & 0 < x \leqslant N, \\ 0, & x > N. \end{cases}$$

则计算可得

$$\begin{aligned} M_0 \|\tilde{a}\|_{p,\alpha} \|f\|_{q,\beta} &= M_0 \left(\sum_{n=1}^{\infty} n^{-1-\lambda_1\varepsilon} \right)^{\frac{1}{p}} \left(\int_0^N x^{-1+\lambda_2\varepsilon} \mathrm{d}x \right)^{\frac{1}{q}} \\ &\leqslant M_0 \left(1 + \int_1^{+\infty} t^{-1-\lambda_1\varepsilon} \mathrm{d}t \right)^{\frac{1}{p}} \left(\frac{1}{\lambda_2\varepsilon} N^{\lambda_2\varepsilon} \right)^{\frac{1}{q}} \\ &= \frac{M_0}{\varepsilon \lambda_1^{1/p} \lambda_2^{1/q}} N^{\lambda_2\varepsilon/q} (1+\lambda_1\varepsilon)^{\frac{1}{p}}, \end{aligned}$$

$$\int_0^{+\infty} \sum_{n=1}^{\infty} K(n,x) a_n f(x) \mathrm{d}x = \sum_{n=1}^{\infty} n^{-\frac{\alpha+1+\lambda_1\varepsilon}{p}} \left[\int_0^N x^{-\frac{\beta+1-\lambda_2\varepsilon}{q}} K(n,x) \mathrm{d}x \right]$$

$$= \sum_{n=1}^{\infty} n^{-\frac{\alpha+1+\lambda_1\varepsilon}{p}} \left[\int_0^N x^{-\frac{\beta+1-\lambda_2\varepsilon}{q}} K\left(1, n^{\lambda_1/\lambda_2} x\right) \mathrm{d}x \right]$$

$$= \sum_{n=1}^{\infty} n^{-\frac{\alpha+1+\lambda_1\varepsilon}{p} + \frac{\lambda_1}{\lambda_2}\frac{\beta+1-\lambda_2\varepsilon}{q} - \frac{\lambda_1}{\lambda_2}} \left[\int_0^{n^{\lambda_1/\lambda_2} N} u^{-\frac{\beta+1-\lambda_2\varepsilon}{q}} K(1,u) \mathrm{d}u \right]$$

$$= \sum_{n=1}^{\infty} n^{-1-\lambda_1\varepsilon} \left(\int_0^{n^{\lambda_1/\lambda_2} N} u^{-\frac{\beta+1-\lambda_2\varepsilon}{q}} K(1,u) \mathrm{d}u \right)$$

$$\begin{aligned}
&\geqslant \sum_{n=1}^{\infty} n^{-1-\lambda_1\varepsilon}\left(\int_0^N u^{-\frac{\beta+1-\lambda_2\varepsilon}{q}} K(1,u)\,\mathrm{d}u\right)\\
&\geqslant \int_1^{+\infty} t^{-1-\lambda_1\varepsilon}\mathrm{d}t \int_0^N t^{-\frac{\beta+1-\lambda_2\varepsilon}{q}} K(1,t)\,\mathrm{d}t=\frac{1}{\lambda_1\varepsilon}\int_0^N t^{-\frac{\beta+1-\lambda_2\varepsilon}{q}} K(1,t)\,\mathrm{d}t.
\end{aligned}$$

综上, 我们得到

$$\frac{1}{\lambda_1}\int_0^N t^{-\frac{\beta+1-\lambda_2\varepsilon}{q}} K(1,t)\mathrm{d}t \leqslant \frac{M_0}{\lambda_1^{1/p}\lambda_2^{1/q}} N^{\lambda_2\varepsilon/q}\left(1+\lambda_1\varepsilon\right)^{\frac{1}{p}}.$$

先令 $\varepsilon\to 0^+$, 得到

$$\frac{1}{\lambda_1}\int_0^N t^{-\frac{\beta+1}{q}} K(1,t)\mathrm{d}t \leqslant \frac{M_0}{\lambda_1^{1/p}\lambda_2^{1/q}},$$

再令 $N\to+\infty$, 得到

$$\frac{1}{\lambda_1}\int_0^{+\infty} \frac{\left(\min\left\{1,t^{\lambda_2}\right\}\right)^b}{\left(\max\left\{1,t^{\lambda_2}\right\}\right)^a} t^{\frac{1}{\lambda_1}\left(\frac{\lambda_2}{q}-1\right)-\frac{1}{q}}\mathrm{d}t \leqslant \frac{M_0}{\lambda_1^{1/p}\lambda_2^{1/q}},$$

于是有

$$\frac{1}{\lambda_1}W_1=\frac{1}{\lambda_1\lambda_2}W_0 \leqslant \frac{M_0}{\lambda_1^{1/p}\lambda_2^{1/q}},$$

故 $M_0\geqslant W_0/\left(\lambda_1^{1/q}\lambda_2^{1/p}\right)$, 所以 (4.3.1) 式的最佳常数因子 $M_0=W_0/\left(\lambda_1^{1/q}\lambda_2^{1/p}\right)$. 证毕.

在定理 4.3.1 中, 取 $b=0$, 我们的得到:

推论 4.3.1 设 $\frac{1}{p}+\frac{1}{q}=1$ $(p>1)$, $a>0$, $\lambda_1>0$, $\lambda_2>0$, $0<\frac{1}{\lambda_2 p}+\frac{1}{\lambda_1 q}-\frac{1}{\lambda_1\lambda_2}<\min\left\{a,\frac{1}{\lambda_1}\right\}$, $\alpha=\frac{1}{\lambda_2}(p-\lambda_1)$, $\beta=\frac{1}{\lambda_1}(q-\lambda_2)$, 记

$$W_0=\left(\frac{1}{\lambda_2 p}+\frac{1}{\lambda_1 q}-\frac{1}{\lambda_1\lambda_2}\right)^{-1}+\left(a-\frac{1}{\lambda_2 p}-\frac{1}{\lambda_1 q}+\frac{1}{\lambda_1\lambda_2}\right)^{-1}.$$

则 $\tilde{a}=\{a_n\}\in l_p^{\alpha}$, $f(x)\in L_q^{\beta}(0,+\infty)$ 时, 有

$$\int_0^{+\infty}\sum_{n=1}^{\infty}\frac{a_n f(x)\mathrm{d}x}{\left(\max\left\{1,n^{\lambda_1}x^{\lambda_2}\right\}\right)^a} \leqslant \frac{W_0}{\lambda_1^{1/q}\lambda_2^{1/p}}\|\tilde{a}\|_{p,\alpha}\|\tilde{b}\|_{q,\beta},$$

其中的常数因子是最佳的.

在定理 4.3.1 中, 取 $a=0$, 我们可得:

推论 4.3.2 设 $\frac{1}{p}+\frac{1}{q}=1\ (p>1)$, $b>0$, $\lambda_1>0$, $\lambda_2>0$, $-b<\frac{1}{\lambda_2 p}+\frac{1}{\lambda_2 q}-\frac{1}{\lambda_1\lambda_2}<\frac{1}{\lambda_1}-b$, $\alpha=\frac{1}{\lambda_2}(p-\lambda_1)$, $\beta=\frac{1}{\lambda_1}(q-\lambda_2)$, 记

$$W_0=\left(\frac{1}{\lambda_1\lambda_2}-\frac{1}{\lambda_2 p}-\frac{1}{\lambda_1 q}\right)^{-1}+\left(b-\frac{1}{\lambda_1\lambda_2}+\frac{1}{\lambda_2 p}+\frac{1}{\lambda_1 q}\right)^{-1},$$

则 $\tilde{a}=\{a_n\}\in l_p^\alpha$, $f(x)\in L_q^\beta(0,+\infty)$ 时, 有

$$\int_0^{+\infty}\sum_{n=1}^{\infty}\left(\min\left\{1,n^{\lambda_1}x^{\lambda_2}\right\}\right)^b a_n f(x)\mathrm{d}x\leqslant\frac{W_0}{\lambda_1^{1/q}\lambda_2^{1/p}}\|\tilde{a}\|_{p,\alpha}\|f\|_{q,\beta},$$

其中的常数因子是最佳值.

引理 4.3.2 设 $\frac{1}{p}+\frac{1}{q}=1\ (p>0)$, $A>0$, $B>0$, $\lambda>0$, $\lambda_1>0$, $\lambda_2>0$, $\frac{\lambda_1}{p}+\frac{\lambda_2}{q}-\min\{\lambda_2,\lambda\lambda_1\lambda_2\}<\sigma<\frac{\lambda_1}{p}+\frac{\lambda_2}{q}$, $s=\frac{1}{\lambda_1\lambda_2}\left(\frac{\lambda_1}{p}+\frac{\lambda_2}{q}-\sigma\right)$, 记

$$W_1=\int_0^{+\infty}\frac{1}{\left(A+Bt^{\lambda_2}\right)^{\lambda}}t^{-\frac{1}{\lambda_1}\left(\sigma-\frac{\lambda_2}{q}\right)-\frac{1}{q}}\mathrm{d}t,$$

$$W_2=\int_0^{+\infty}\frac{1}{\left(A+Bt^{\lambda_2}\right)^{\lambda}}t^{-\frac{1}{\lambda_2}\left(\sigma-\frac{\lambda_1}{p}\right)-\frac{1}{p}}\mathrm{d}t,$$

那么 $\lambda_2 W_1=\lambda_1 W_2=A^{s-\lambda}B^{-s}B(s,\lambda-s)$, 且

$$\omega_1(n)=\int_0^{+\infty}\frac{1}{\left(A+Bn^{\lambda_1}x^{\lambda_2}\right)^{\lambda}}x^{-\frac{1}{\lambda_1}\left(\sigma-\frac{\lambda_2}{q}\right)-\frac{1}{q}}\mathrm{d}x=n^{\frac{1}{\lambda_2}\left(\sigma-\frac{\lambda_1}{p}-\frac{\lambda_2}{q}\right)}W_1,$$

$$\omega_2(x)=\sum_{n=1}^{\infty}\frac{1}{\left(A+Bn^{\lambda_1}x^{\lambda_2}\right)^{\lambda}}n^{-\frac{1}{\lambda_2}\left(\sigma-\frac{\lambda_1}{p}\right)-\frac{1}{p}}\leqslant x^{\frac{1}{\lambda_1}\left(\sigma-\frac{\lambda_1}{p}-\frac{\lambda_2}{q}\right)}W_2\ .$$

证明 根据 $\frac{\lambda_1}{p}+\frac{\lambda_2}{q}-\lambda\lambda_1\lambda_2<\sigma<\frac{\lambda_1}{p}+\frac{\lambda_2}{q}$, 可知 $0<s<\lambda$.

$$W_1=\frac{1}{\lambda_2}\int_0^{+\infty}\frac{1}{(A+Bu)^{\lambda}}u^{\frac{1}{\lambda_2}\left[-\frac{1}{\lambda_1}\left(\sigma-\frac{\lambda_2}{q}\right)-\frac{1}{q}\right]+\frac{1}{\lambda_2}-1}\mathrm{d}u$$

$$
\begin{aligned}
&=\frac{1}{\lambda_2}\int_0^{+\infty}\frac{1}{(A+Bu)^{\lambda}}u^{\frac{1}{\lambda_1\lambda_2}\left(\frac{\lambda_1}{p}+\frac{\lambda_2}{q}-\sigma\right)-1}\mathrm{d}u=\frac{1}{\lambda_2}\int_0^{+\infty}\frac{1}{(A+Bu)^{\lambda}}u^{s-1}\mathrm{d}u\\
&=\frac{1}{\lambda_2}A^{s-\lambda}B^{-s}\int_0^{+\infty}\frac{t^{s-1}}{(1+t)^{\lambda}}\mathrm{d}t=\frac{1}{\lambda_2}A^{s-\lambda}B^{-s}B(s,\lambda-s).
\end{aligned}
$$

类似可计算得 $W_2=\dfrac{1}{\lambda_1}A^{s-\lambda}B^{-s}B(s,\lambda-s)$, 所以有 $\lambda_2W_1=\lambda_1W_2=A^{s-\lambda}B^{-s}\cdot B(s,\lambda-s)$.

$$
\begin{aligned}
\omega_1(n)&=\int_0^{+\infty}\frac{1}{(A+Bt^{\lambda_2})^{\lambda}}\left(n^{-\lambda_1/\lambda_2}t\right)^{-\frac{1}{\lambda_1}\left(\sigma-\frac{\lambda_2}{q}\right)-\frac{1}{q}}n^{-\frac{\lambda_1}{\lambda_2}}\mathrm{d}t\\
&=n^{\frac{\lambda_1}{\lambda_2}\left[\frac{1}{\lambda_1}\left(\sigma-\frac{\lambda_2}{q}\right)+\frac{1}{q}\right]-\frac{\lambda_1}{\lambda_2}}\int_0^{+\infty}\frac{1}{(A+Bt^{\lambda_2})^{\lambda}}t^{-\frac{1}{\lambda_1}\left(\sigma-\frac{\lambda_2}{q}\right)-\frac{1}{q}}\mathrm{d}t\\
&=n^{\frac{1}{\lambda_2}\left(\sigma-\frac{\lambda_1}{p}-\frac{\lambda_2}{q}\right)}W_1.
\end{aligned}
$$

根据 $\dfrac{\lambda_1}{p}+\dfrac{\lambda_2}{q}-\lambda_2<\sigma$ 可知 $-\dfrac{1}{\lambda_2}\left(\sigma-\dfrac{\lambda_1}{p}\right)-\dfrac{1}{p}<0$, 又 $A>0$, $B>0$, $\lambda>0$, $\lambda_1>0$, 故

$$
h(t)=\frac{1}{(A+Bt^{\lambda_1})^{\lambda}}t^{-\frac{1}{\lambda_2}\left(\sigma-\frac{\lambda_1}{p}\right)-\frac{1}{p}}
$$

在 $(0,+\infty)$ 上递减, 于是

$$
\begin{aligned}
\omega_2(x)&=x^{\frac{\lambda_2}{\lambda_1}\left[\frac{1}{\lambda_2}\left(\sigma-\frac{\lambda_1}{p}\right)+\frac{1}{p}\right]}\sum_{n=1}^{\infty}\frac{\left(x^{\lambda_2/\lambda_1}n\right)^{-\frac{1}{\lambda_2}\left(\sigma-\frac{\lambda_1}{p}\right)-\frac{1}{p}}}{\left(A+B\left(x^{\lambda_2/\lambda_1}n\right)^{\lambda_1}\right)^{\lambda}}\\
&\leqslant x^{\frac{\lambda_2}{\lambda_1}\left[\frac{1}{\lambda_2}\left(\sigma-\frac{\lambda_1}{p}\right)+\frac{1}{p}\right]}\int_0^{+\infty}\frac{\left(x^{\lambda_2/\lambda_1}u\right)^{-\frac{1}{\lambda_2}\left(\sigma-\frac{\lambda_1}{p}\right)-\frac{1}{p}}}{\left(A+B\left(x^{\lambda_2/\lambda_1}u\right)^{\lambda_1}\right)^{\lambda}}\mathrm{d}u\\
&=x^{\frac{\lambda_2}{\lambda_1}\left[\frac{1}{\lambda_2}\left(\sigma-\frac{\lambda_1}{p}\right)+\frac{1}{p}\right]+\frac{\lambda_2}{\lambda_1}}\int_0^{+\infty}\frac{1}{(A+Bt^{\lambda_1})^{\lambda}}t^{-\frac{1}{\lambda_2}\left(\sigma-\frac{\lambda_1}{p}\right)-\frac{1}{p}}\mathrm{d}t\\
&=x^{\frac{1}{\lambda_1}\left(\sigma-\frac{\lambda_1}{p}-\frac{\lambda_2}{q}\right)}W_2.
\end{aligned}
$$

证毕.

定理 4.3.2 设 $\dfrac{1}{p}+\dfrac{1}{q}=1$ $(p>1)$, $A>0$, $B>0$, $\lambda>0$, $\lambda_1>0$, $\lambda_2>0$, $\dfrac{\lambda_1}{p}+\dfrac{\lambda_2}{q}-\min\{\lambda_2,\lambda\lambda_1\lambda_2\}<\sigma<\dfrac{\lambda_1}{p}+\dfrac{\lambda_2}{q}$, $s=\dfrac{1}{\lambda_1\lambda_2}\left(\dfrac{\lambda_1}{p}+\dfrac{\lambda_2}{q}-\sigma\right)$, $\alpha=$

$\frac{1}{\lambda_2}(p\sigma-\lambda_1)$, $\beta=\frac{1}{\lambda_1}(q\sigma-\lambda_2)$, $\tilde{a}=\{a_n\}\in l_p^{\alpha}$, $f(x)\in L_q^{\beta}(0,+\infty)$, 则

$$\int_0^{+\infty}\sum_{n=1}^{\infty}\frac{a_nf(x)\mathrm{d}x}{(A+Bn^{\lambda_1}x^{\lambda_2})^{\lambda}}\leqslant\frac{A^{s-\lambda}B^{-s}}{\lambda_1^{1/q}\lambda_2^{1/p}}B(s,\lambda-s)\|\tilde{a}\|_{p,\alpha}\|f\|_{q,\beta},\qquad(4.3.2)$$

其中的常数因子是最佳值.

证明 取适配数 $a=\frac{1}{\lambda_2q}\left(\sigma-\frac{\lambda_1}{p}\right)+\frac{1}{pq}$, $b=\frac{1}{\lambda_1p}\left(\sigma-\frac{\lambda_2}{q}\right)+\frac{1}{pq}$, 根据 Hölder 不等式和引理 4.3.2, 有

$$\int_0^{+\infty}\sum_{n=1}^{\infty}\frac{a_nf(x)\mathrm{d}x}{(A+Bn^{\lambda_1}x^{\lambda_2})^{\lambda}}=\int_0^{+\infty}\sum_{n=1}^{\infty}\left(\frac{n^a}{x^b}a_n\right)\left(\frac{x^b}{n^a}f(x)\right)\frac{\mathrm{d}x}{(A+Bn^{\lambda_1}x^{\lambda_2})^{\lambda}}$$

$$\leqslant\left(\int_0^{+\infty}\sum_{n=1}^{\infty}\frac{n^{ap}}{x^{bp}}a_n^p\frac{\mathrm{d}x}{(A+Bn^{\lambda_1}x^{\lambda_2})^{\lambda}}\right)^{\frac{1}{p}}\left(\int_0^{+\infty}\sum_{n=1}^{\infty}\frac{x^{bq}}{n^{aq}}\frac{f^q(x)\mathrm{d}x}{(A+Bn^{\lambda_1}x^{\lambda_2})^{\lambda}}\right)^{\frac{1}{q}}$$

$$=\left(\sum_{n=1}^{\infty}n^{ap}a_n^p\omega_1(n)\right)^{\frac{1}{p}}\left(\int_0^{+\infty}x^{bq}f^q(x)\omega_2(x)\mathrm{d}x\right)^{\frac{1}{q}}$$

$$\leqslant\left(\sum_{n=1}^{\infty}n^{\frac{1}{\lambda_2q}(p\sigma-\lambda_1)+\frac{1}{q}+\frac{1}{\lambda_2}\left(\sigma-\frac{\lambda_1}{p}-\frac{\lambda_2}{q}\right)}a_n^pW_1\right)^{\frac{1}{p}}$$

$$\times\left(\int_0^{+\infty}x^{\frac{1}{\lambda_1p}(q\sigma-\lambda_2)+\frac{1}{p}+\frac{1}{\lambda_1}\left(\sigma-\frac{\lambda_1}{p}-\frac{\lambda_2}{q}\right)}f^q(x)W_2\mathrm{d}x\right)^{\frac{1}{q}}$$

$$=W_1^{\frac{1}{p}}W_2^{\frac{1}{q}}\left(\sum_{n=1}^{\infty}n^{\frac{1}{\lambda_2}(p\sigma-\lambda_1)}a_n^p\right)^{\frac{1}{p}}\left(\int_0^{+\infty}x^{\frac{1}{\lambda_1}(q\sigma-\lambda_2)}f^q(x)\mathrm{d}x\right)^{\frac{1}{q}}$$

$$=\frac{A^{s-\lambda}B^{-s}}{\lambda_1^{1/q}\lambda_2^{1/p}}B(s,\lambda-s)\|\tilde{a}\|_{p,\alpha}\|f\|_{q,\beta},$$

故 (4.3.2) 式成立.

若 M_0 不是 (4.3.2) 式的最佳常数因子, 则 $M_0\leqslant\frac{1}{\lambda_1^{1/q}\lambda_2^{1/p}}A^{s-\lambda}B^{-s}B(s,\lambda-s)$, 且有

$$\int_0^{+\infty}\sum_{n=1}^{\infty}\frac{a_nf(x)\mathrm{d}x}{(A+Bn^{\lambda_1}x^{\lambda_2})^{\lambda}}\leqslant M_0\|\tilde{a}\|_{p,\alpha}\|f\|_{q,\beta}.$$

此时, 我们取足够小的 $\varepsilon>0$ 及足够大的自然数 $N>0$, 并令 $a_n=n^{(-\alpha-1-\lambda_1\varepsilon)/p}$

$(n=1,2,\cdots)$,

$$f(x)=\begin{cases} x^{(-\beta-1+\lambda_2\varepsilon)/q}, & 0<x\leqslant N,\\ 0, & x>N. \end{cases}$$

则计算可得

$$M_0\|\tilde{a}\|_{p,\alpha}\|f\|_{q,\beta}\leqslant\frac{M_0}{\varepsilon\lambda_1^{1/p}\lambda_2^{1/q}}N^{\lambda_2\varepsilon/q}(1+\lambda_1\varepsilon)^{\frac{1}{p}},$$

$$\begin{aligned}
&\int_0^{+\infty}\sum_{n=1}^{\infty}\frac{a_nf(x)\mathrm{d}x}{(A+Bn^{\lambda_1}x^{\lambda_2})^{\lambda}}\\
=&\sum_{n=1}^{\infty}n^{-\frac{\alpha+1+\lambda_1\varepsilon}{p}}\left(\int_0^N\frac{1}{(A+Bn^{\lambda_1}x^{\lambda_2})^{\lambda}}x^{-\frac{\beta+1-\lambda_2\varepsilon}{q}}\mathrm{d}x\right)\\
=&\sum_{n=1}^{\infty}n^{-\frac{\alpha+1+\lambda_1\varepsilon}{p}+\frac{\lambda_1}{\lambda_2}\frac{\beta+1-\lambda_2\varepsilon}{q}-\frac{\lambda_1}{\lambda_2}}\left(\int_0^{n^{\lambda_1/\lambda_2}N}u^{-\frac{\beta+1-\lambda_2\varepsilon}{q}}\frac{1}{(A+Bu^{\lambda_2})^{\lambda}}\mathrm{d}u\right)\\
=&\sum_{n=1}^{\infty}n^{-1-\lambda_1\varepsilon}\left(\int_0^{n^{\lambda_1/\lambda_2}N}u^{-\frac{\beta+1-\lambda_2\varepsilon}{q}}\frac{1}{(A+Bu^{\lambda_2})^{\lambda}}\mathrm{d}u\right)\\
\geqslant&\sum_{n=1}^{\infty}n^{-1-\lambda_1\varepsilon}\int_0^Nu^{-\frac{\beta+1-\lambda_2\varepsilon}{q}}\frac{1}{(A+Bu^{\lambda_2})^{\lambda}}\mathrm{d}u\\
\geqslant&\int_1^{+\infty}t^{-1-\lambda_1\varepsilon}\mathrm{d}t\int_0^Nu^{-\frac{\beta+1-\lambda_2\varepsilon}{q}}\frac{1}{(A+Bu^{\lambda_2})^{\lambda}}\mathrm{d}u\\
=&\frac{1}{\lambda_1\varepsilon}\int_0^Nu^{-\frac{\beta+1-\lambda_2\varepsilon}{q}}\frac{1}{(A+Bu^{\lambda_2})^{\lambda}}\mathrm{d}u.
\end{aligned}$$

综上, 可得到

$$\frac{1}{\lambda_1}\int_0^Nu^{-\frac{\beta+1-\lambda_2\varepsilon}{q}}\frac{\mathrm{d}u}{(A+Bu^{\lambda_2})^{\lambda}}\leqslant\frac{M_0}{\lambda_1^{1/p}\lambda_2^{1/q}}N^{\lambda_2\varepsilon/q}(1+\lambda_1\varepsilon)^{\frac{1}{p}},$$

先令 $\varepsilon\to0^+$, 再令 $N\to+\infty$, 则有

$$\frac{1}{\lambda_1}\int_0^{+\infty}u^{-\frac{1}{\lambda_1}\left(\sigma-\frac{\lambda_2}{q}\right)-\frac{1}{q}}\frac{1}{(A+Bu^{\lambda_2})^{\lambda}}\mathrm{d}u\leqslant\frac{M_0}{\lambda_1^{1/p}\lambda_2^{1/q}},$$

由此便可得

$$\frac{A^{s-\lambda}B^{-s}}{\lambda_1^{1/q}\lambda_2^{1/p}}B(s,\lambda-s)\leqslant M_0,$$

故 (4.3.2) 式中的常数因子是最佳值. 证毕.

引理 4.3.3 设 $\frac{1}{p}+\frac{1}{q}=1(p>1)$, $\lambda>0$, $\lambda_1>0$, $\lambda_2>0$, $\varphi(t)$ 非负可导, $\varphi'(t)$ 保持定号, $\varphi^{\lambda}\left(t^{\lambda_1}\right)\left|\varphi'\left(t^{\lambda_1}\right)\right|t^{\lambda_1-1}$ 在 $(0,+\infty)$ 上非负递减, $\varphi^{\lambda+1}(+\infty)$ 与 $\varphi^{\lambda+1}(0)$ 存在, 则

$$W_1=\int_0^{+\infty}\varphi^{\lambda}\left(t^{\lambda_2}\right)\left|\varphi'\left(t^{\lambda_2}\right)\right|t^{\lambda_2-1}\mathrm{d}t=\frac{1}{\lambda_2(\lambda+1)}\left|\varphi^{\lambda+1}(+\infty)-\varphi^{\lambda+1}(0)\right|,$$

$$W_2=\int_0^{+\infty}\varphi^{\lambda}\left(t^{\lambda_1}\right)\left|\varphi'\left(t^{\lambda_1}\right)\right|t^{\lambda_1-1}\mathrm{d}t=\frac{1}{\lambda_1(\lambda+1)}\left|\varphi^{\lambda+1}(+\infty)-\varphi^{\lambda+1}(0)\right|,$$

$$\omega_1(n)=\int_0^{+\infty}\varphi^{\lambda}\left(n^{\lambda_1}x^{\lambda_2}\right)\left|\varphi'\left(n^{\lambda_1}x^{\lambda_2}\right)\right|x^{\lambda_2-1}\,\mathrm{d}x=n^{-\lambda_1}W_1,$$

$$\omega_2(x)=\sum_{n=1}^{\infty}\varphi^{\lambda}\left(n^{\lambda_1}x^{\lambda_2}\right)\left|\varphi'\left(n^{\lambda_1}x^{\lambda_2}\right)\right|n^{\lambda_1-1}\leqslant x^{-\lambda_2}W_2.$$

证明 先证 $\varphi'(t)\geqslant 0$ 的情形, 此时 $\varphi(t)$ 递增, 作变换 $t^{\lambda_2}=u$, 有

$$\begin{aligned}
W_1&=\frac{1}{\lambda_2}\int_0^{+\infty}\varphi^{\lambda}(u)\varphi'(u)u^{\frac{1}{\lambda_2}(\lambda_2-1)+\frac{1}{\lambda_2}-1}\mathrm{d}u=\frac{1}{\lambda_2}\int_0^{+\infty}\varphi^{\lambda}(u)\varphi'(u)\mathrm{d}u\\
&=\frac{1}{\lambda_2}\int_0^{+\infty}\varphi^{\lambda}(u)\mathrm{d}\varphi(u)=\frac{1}{\lambda_2(\lambda+1)}\left[\lim_{u\to+\infty}\varphi^{\lambda+1}(u)-\varphi^{\lambda+1}(0)\right]\\
&==\frac{1}{\lambda_2(\lambda+1)}\left|\varphi^{\lambda+1}(+\infty)-\varphi^{\lambda+1}(0)\right|.
\end{aligned}$$

同理可证 W_1 的情形.

做变换 $n^{\lambda_1}x^{\lambda_2}=t^{\lambda_2}$, 有

$$\begin{aligned}
\omega_1(n)&=\int_0^{+\infty}\varphi^{\lambda}\left(t^{\lambda_2}\right)\left|\varphi'\left(t^{\lambda_2}\right)\right|\left(n^{-\lambda_1/\lambda_2}t\right)^{\lambda_2-1}n^{-\frac{\lambda_1}{\lambda_2}}\mathrm{d}t\\
&=n^{-\frac{\lambda_1}{\lambda_2}(\lambda_2-1)-\frac{\lambda_1}{\lambda_2}}\int_0^{+\infty}\varphi^{\lambda}\left(t^{\lambda_2}\right)\varphi'\left(t^{\lambda_2}\right)t^{\lambda_2-1}\mathrm{d}t=n^{-\lambda_1}W_1.
\end{aligned}$$

因为 $\varphi^{\lambda}\left(t^{\lambda_1}\right)\left|\varphi'\left(t^{\lambda_1}\right)\right|t^{\lambda_1-1}$ 在 $(0,+\infty)$ 上递减, 故

$$\omega_2(x)=\sum_{n=1}^{\infty}\varphi^{\lambda}\left(\left(x^{\lambda_2/\lambda_1}n\right)^{\lambda_1}\right)\varphi'\left(\left(x^{\lambda_2/\lambda_1}n\right)^{\lambda_1}\right)\left(x^{\lambda_2/\lambda_1}n\right)^{\lambda_1-1}x^{\frac{\lambda_2}{\lambda_1}(\lambda_1-1)}$$

$$\leqslant x^{\frac{\lambda_2}{\lambda_1}(\lambda_1-1)}\int_0^{+\infty}\varphi^{\lambda}\left(\left(x^{\lambda_2/\lambda_1}u\right)^{\lambda_1}\right)\varphi'\left(\left(x^{\lambda_2/\lambda_1}u\right)^{\lambda_1}\right)\left(x^{\lambda_2/\lambda_1}u\right)^{\lambda_1-1}\mathrm{d}u$$

$$=x^{-\frac{\lambda_2}{\lambda_1}(\lambda_1-1)-\frac{\lambda_2}{\lambda_1}}\int_0^{+\infty}\varphi^{\lambda}\left(t^{\lambda_1}\right)\varphi'\left(t^{\lambda_1}\right)t^{\lambda_1-1}\,\mathrm{d}t=x^{-\lambda_2}W_2.$$

类似地可证 $\varphi^{\lambda}(t)\leqslant 0$ 的情形. 证毕.

定理 4.3.3 设 $\frac{1}{p}+\frac{1}{q}=1$ $(p>1)$, $\lambda>0$, $\lambda_1>0$, $\lambda_2>0$, $\varphi(t)$ 非负可导, $\varphi'(t)$ 保持定号, $\varphi^{\lambda}\left(t^{\lambda_1}\right)\left|\varphi'\left(t^{\lambda_1}\right)\right|t^{\lambda_1-1}$ 在 $(0,+\infty)$ 上非负递减, $\varphi^{\lambda+1}(+\infty)$ 及 $\varphi^{\lambda+1}(0)$ 存在, $\alpha=p\left(\frac{1}{q}-\lambda_1\right)$, $\beta=q\left(\frac{1}{p}-\lambda_2\right)$, $\tilde{a}=\{a_n\}\in l_p^{\alpha}$, $f(x)\in L_q^{\beta}(0,+\infty)$, 则

$$\int_0^{+\infty}\sum_{n=1}^{\infty}\varphi^{\lambda}\left(n^{\lambda_1}x^{\lambda_2}\right)\left|\varphi'\left(n^{\lambda_1}x^{\lambda_2}\right)\right|a_nf(x)\mathrm{d}x$$

$$\leqslant\frac{\left|\varphi^{\lambda+1}(+\infty)-\varphi^{\lambda+1}(0)\right|}{\lambda_1^{1/q}\lambda_2^{1/p}(\lambda+1)}\|\tilde{a}\|_{p,\alpha}\|f\|_{q,\beta},\tag{4.3.3}$$

其中的常数因子 $\frac{1}{\lambda_1^{1/q}\lambda_2^{1/p}(\lambda+1)}\left|\varphi^{\lambda+1}(+\infty)-\varphi^{\lambda+1}(0)\right|$ 是最佳值.

证明 根据 Hölder 不等式和引理 4.3.3, 有

$$\int_0^{+\infty}\sum_{n=1}^{\infty}\varphi^{\lambda}\left(n^{\lambda_1}x^{\lambda_2}\right)\left|\varphi'\left(n^{\lambda_1}x^{\lambda_2}\right)\right|a_nf(x)\mathrm{d}x$$

$$=\int_0^{+\infty}\sum_{n=1}^{\infty}\left(\frac{n^{(1-\lambda_1)/q}}{x^{(1-\lambda_2)/p}}a_n\right)\left(\frac{x^{(1-\lambda_2)/p}}{n^{(1-\lambda_1)/q}}f(x)\right)\varphi^{\lambda}\left(n^{\lambda_1}x^{\lambda_2}\right)\left|\varphi'\left(n^{\lambda_1}x^{\lambda_2}\right)\right|\mathrm{d}x$$

$$\leqslant\left(\int_0^{+\infty}\sum_{n=1}^{\infty}\frac{n^{\frac{p}{q}(1-\lambda_1)}}{x^{1-\lambda_2}}a_n^p\varphi^{\lambda}\left(n^{\lambda_1}x^{\lambda_2}\right)\left|\varphi'\left(n^{\lambda_1}x^{\lambda_2}\right)\right|\mathrm{d}x\right)^{\frac{1}{p}}$$

$$\times\left(\int_0^{+\infty}\sum_{n=1}^{\infty}\frac{x^{\frac{q}{p}(1-\lambda_2)}}{n^{1-\lambda_1}}f^q(x)\varphi^{\lambda}\left(n^{\lambda_1}x^{\lambda_2}\right)\left|\varphi'\left(n^{\lambda_1}x^{\lambda_2}\right)\right|\mathrm{d}x\right)^{\frac{1}{q}}$$

$$=\left(\sum_{n=1}^{\infty}n^{\frac{p}{q}(1-\lambda_1)}a_n^p\omega_1(n)\right)^{\frac{1}{p}}\left(\int_0^{+\infty}x^{\frac{q}{p}(1-\lambda_2)}f^q(x)\omega_2(x)\mathrm{d}x\right)^{\frac{1}{q}}$$

$$\leqslant W_1^{\frac{1}{p}}W_2^{\frac{1}{q}}\left(\sum_{n=1}^{\infty}n^{\frac{p}{q}(1-\lambda_1)-\lambda_1}a_n^p\right)^{\frac{1}{p}}\left(\int_0^{+\infty}x^{\frac{q}{p}(1-\lambda_2)-\lambda_2}f^q(x)\mathrm{d}x\right)^{\frac{1}{q}}$$

$$= \frac{1}{\lambda_1^{1/q}\lambda_2^{1/p}} \frac{\left|\varphi^{\lambda+1}(+\infty)-\varphi^{\lambda+1}(0)\right|}{\lambda+1} \left(\sum_{n=1}^{\infty} n^{p\left(\frac{1}{q}-\lambda_1\right)} a_n^p\right)^{\frac{1}{p}}$$

$$\times \left(\int_0^{+\infty} x^{q\left(\frac{1}{p}-\lambda_2\right)} f^q(x)\mathrm{d}x\right)^{\frac{1}{q}}$$

$$= \frac{\left|\varphi^{\lambda+1}(+\infty)-\varphi^{\lambda+1}(0)\right|}{\lambda_1^{1/q}\lambda_2^{1/p}(\lambda+1)} \|\tilde{a}\|_{p,\alpha} \|f\|_{q,\beta}.$$

若设 (4.3.3) 式的最佳常数因子为 M_0, 则

$$M_0 \leqslant \frac{1}{\lambda_1^{1/q}\lambda_2^{1/p}(\lambda+1)} \left|\varphi^{\lambda+1}(+\infty)-\varphi^{\lambda+1}(0)\right|,$$

$$\int_0^{+\infty} \sum_{n=1}^{\infty} \varphi^{\lambda}\left(n^{\lambda_1}x^{\lambda_2}\right)\left|\varphi'\left(n^{\lambda_1}x^{\lambda_2}\right)\right| a_n f(x)\mathrm{d}x \leqslant M_0 \|\tilde{a}\|_{p,\alpha} \|f\|_{q,\beta}.$$

设 $\varepsilon>0$ 充分小, 自然数 N 足够大, 取 $a_n = n^{\lambda_1-1-\lambda_1\varepsilon/p}$ $(n=1,2,\cdots)$,

$$f(x) = \begin{cases} x^{\lambda_2-1+\lambda_2\varepsilon/q}, & 0<x\leqslant N, \\ 0, & x>N. \end{cases}$$

则计算可知

$$M_0 \|\tilde{a}\|_{p,\alpha} \|f\|_{q,\beta} \leqslant \frac{M_0}{\varepsilon\lambda_1^{1/p}\lambda_2^{1/q}} (1+\lambda_1\varepsilon)^{\frac{1}{p}} N^{\lambda_2\varepsilon/q},$$

$$\int_0^{+\infty} \sum_{n=1}^{\infty} \varphi^{\lambda}\left(n^{\lambda_1}x^{\lambda_2}\right)\left|\varphi'\left(n^{\lambda_1}x^{\lambda_2}\right)\right| a_n f(x)\mathrm{d}x$$

$$= \sum_{n=1}^{\infty} n^{\lambda_1-1-\frac{\lambda_1\varepsilon}{p}} \left(\int_0^N \varphi^{\lambda}\left(n^{\lambda_1}x^{\lambda_2}\right)\left|\varphi'\left(n^{\lambda_1}x^{\lambda_2}\right)\right| x^{\lambda_2-1+\frac{\lambda_2\varepsilon}{q}}\mathrm{d}x\right)$$

$$= \sum_{n=1}^{\infty} n^{\lambda_1-1-\frac{\lambda_1\varepsilon}{p}+\frac{\lambda_1}{\lambda_2}\left(\lambda_2-1+\frac{\lambda_2\varepsilon}{q}\right)-\frac{\lambda_1}{\lambda_2}} \left(\int_0^{n^{\lambda_1/\lambda_2}N} \varphi^{\lambda}\left(u^{\lambda_2}\right)\left|\varphi'\left(u^{\lambda_2}\right)\right| u^{\lambda_2-1+\frac{\lambda_2\varepsilon}{q}}\mathrm{d}u\right)$$

$$\geqslant \sum_{n=1}^{\infty} n^{-1-\lambda_1\varepsilon} \left(\int_0^N \varphi^{\lambda}\left(u^{\lambda_2}\right)\left|\varphi'\left(u^{\lambda_2}\right)\right| u^{\lambda_2-1+\frac{\lambda_2\varepsilon}{q}}\mathrm{d}u\right)$$

$$\geqslant \frac{1}{\lambda_1\varepsilon} \int_0^N \varphi^{\lambda}\left(u^{\lambda_2}\right)\left|\varphi'\left(u^{\lambda_2}\right)\right| u^{\lambda_2-1+\frac{\lambda_2\varepsilon}{q}}\mathrm{d}u.$$

于是可得

$$\frac{1}{\lambda_1}\int_0^N \varphi^\lambda\left(u^{\lambda_2}\right)\left|\varphi'\left(u^{\lambda_2}\right)\right|u^{\lambda_2-1+\frac{\lambda_2\varepsilon}{q}}\mathrm{d}u \leqslant \frac{M_0}{\lambda_1^{1/p}\lambda_2^{1/q}}(1+\lambda_1\varepsilon)^{\frac{1}{p}}N^{\lambda_2\varepsilon/q},$$

先令 $\varepsilon\to 0^+$, 再令 $N\to+\infty$, 则有

$$\frac{1}{\lambda_1}W_1=\frac{1}{\lambda_1}\int_0^{+\infty}\varphi^\lambda\left(u^{\lambda_2}\right)\left|\varphi'\left(u^{\lambda_2}\right)\right|u^{\lambda_2-1}\mathrm{d}u\leqslant\frac{M_0}{\lambda_1^{1/p}\lambda_2^{1/q}},$$

于是由引理 4.3.3, 可得

$$\frac{1}{\lambda_1^{1/q}\lambda_2^{1/p}(\lambda+1)}\left|\varphi^{\lambda+1}(+\infty)-\varphi^{\lambda+1}(0)\right|\leqslant M_0,$$

故 (4.3.3) 式中的最佳常数因子是

$$M_0=\frac{1}{\lambda_1^{1/q}\lambda_2^{1/p}(\lambda+1)}\left|\varphi^{\lambda+1}(+\infty)-\varphi^{\lambda+1}(0)\right|.$$

证毕.

例 4.3.1 设 $\frac{1}{p}+\frac{1}{q}=1(p>1)$, $\lambda>0$, $0<\lambda_1\leqslant 1$, $\lambda_2>0$, $\alpha=p\left(\frac{1}{q}-\lambda_1\right)$, $\beta=q\left(\frac{1}{p}-\lambda_2\right)$, 求证: 当 $\tilde{a}=\{a_n\}\in l_p^\alpha$, $f(x)\in L_q^\beta(0,+\infty)$ 时, 有

$$\int_0^{+\infty}\sum_{n=1}^{\infty}\frac{\operatorname{arccot}^\lambda\left(n^{\lambda_1}x^{\lambda_2}\right)}{1+\left(n^{\lambda_1}x^{\lambda_2}\right)^2}a_nf(x)\mathrm{d}x\leqslant\frac{1}{\lambda_1^{1/q}\lambda_2^{1/p}(\lambda+1)}\left(\frac{\pi}{2}\right)^{\lambda+1}\|\tilde{a}\|_{p,\alpha}\|f\|_{q,\beta},$$

其中的常数因子是最佳值.

证明 令 $\varphi(t)=\operatorname{arccot}(t)$, 则 $\varphi'(t)=-\frac{1}{1+t^2}<0$, 且

$$\varphi^\lambda\left(t^{\lambda_1}\right)\left|\varphi'\left(t^{\lambda_1}\right)\right|t^{\lambda_1-1}=\frac{\operatorname{arccot}^\lambda\left(t^{\lambda_1}\right)}{1+\left(t^{\lambda_1}\right)^2}t^{\lambda_1-1}$$

在 $(0,+\infty)$ 上递减. 又因为

$$\lim_{t\to\infty}\varphi^{\lambda+1}(t)=\lim_{t\to\infty}\operatorname{arccot}^\lambda(t)=0,\quad \varphi^{\lambda+1}(0)=\operatorname{arccot}^{\lambda+1}(0)=\left(\frac{\pi}{2}\right)^{\lambda+1},$$

故根据定理 4.3.3, 本例结论成立. 证毕.

设双曲余切函数

$$t=\frac{e^{x}+e^{-x}}{e^{x}-e^{-x}}\ (x>0,t>1)$$

的反双曲余切函数为 $x=\operatorname{arccoth}(t)\ (t>1,x>0)$, 则有

$$\frac{\mathrm{d}x}{\mathrm{d}t}=\frac{1}{1-t^{2}}=-\frac{1}{t^{2}-1}<0\ \ (t>1)\,,\quad \lim_{t\to+\infty}\operatorname{arccoth}(t)=0.$$

若令 $t=a\ (a>1)$, 则

$$a=\frac{e^{x}+e^{-x}}{e^{x}-e^{-x}}\Rightarrow x=\operatorname{arcoth}(a)=\frac{1}{2}\ln\frac{a+1}{a-1}.$$

例 4.3.2 设 $\frac{1}{p}+\frac{1}{q}=1(p>1)$, $a>1$, $\lambda>0$, $0<\lambda_1\leqslant 1$, $\lambda_2>0$, $\alpha=p\left(\frac{1}{q}-\lambda_1\right)$, $\beta=q\left(\frac{1}{p}-\lambda_2\right)$, 求证: 当 $\tilde{a}=\{a_n\}\in l_p^{\alpha}$, $f(x)\in L_q^{\beta}(0,+\infty)$ 时, 有

$$\int_0^{+\infty}\sum_{n=1}^{\infty}\frac{\operatorname{arccoth}^{\lambda}\left(n^{\lambda_1}x^{\lambda_2}+a\right)}{\left(n^{\lambda_1}x^{\lambda_2}+a\right)^2-1}a_nf(x)\mathrm{d}x$$

$$\leqslant\frac{1}{\lambda_1^{1/q}\lambda_2^{1/p}(\lambda+1)}\left(\frac{1}{2}\ln\frac{a+1}{a-1}\right)^{\lambda+1}\|\tilde{a}\|_{p,\alpha}\|f\|_{q,\beta}\,,$$

其中的常数因子是最佳值.

证明 令 $\varphi(t)=\operatorname{arccoth}(t+a)$, 则因 $a>1$, 故

$$\varphi'(t)=\frac{1}{1-(t+a)^2}<0\ \ (t\geqslant 0)\,,$$

又因为 $0<\lambda_1<1$, 可知

$$\varphi^{\lambda}\left(t^{\lambda_1}\right)\left|\varphi'\left(t^{\lambda_1}\right)\right|t^{\lambda_1-1}=\frac{\operatorname{arccoth}^{\lambda}\left(t^{\lambda_1}+a\right)}{\left(t^{\lambda_1}+a\right)^2-1}t^{\lambda_1-1}$$

在 $(0,+\infty)$ 上递减, 同时还有

$$\varphi^{\lambda+1}(0)=\operatorname{arccoth}^{\lambda+1}(a)=\left(\frac{1}{2}\ln\frac{a+1}{a-1}\right)^{\lambda+1},\quad \lim_{t\to\infty}\varphi^{\lambda+1}(t)=0,$$

于是根据定理 4.3.3, 本例结论成立. 证毕.

引理 4.3.4 设 $\frac{1}{p}+\frac{1}{q}=1(p>1)$, $a>0$, $\lambda_1>0$, $\lambda_2>0$, $\frac{\lambda_1}{p}+\frac{\lambda_2}{q}+\max\{\lambda_1\lambda_2(b-a),\lambda_1\lambda_2 b-\lambda_2,\lambda_1\lambda_2 c-\lambda_2\}<\sigma<\frac{\lambda_1}{p}+\frac{\lambda_2}{q}+\lambda_1\lambda_2 c$, 记

$$K(n,x)=\frac{\left(\max\left\{1,n^{\lambda_1}x^{\lambda_2}\right\}\right)^b\left(\min\left\{1,n^{\lambda_1}x^{\lambda_2}\right\}\right)^c}{\left(1+n^{\lambda_1}x^{\lambda_2}\right)^a},$$

$$W_1=\int_0^{+\infty}K(1,t)\,t^{-\frac{1}{\lambda_1}\left(\sigma-\frac{\lambda_2}{q}\right)-\frac{1}{q}}\mathrm{d}t,\quad W_2=\int_0^{+\infty}K(t,1)\,t^{-\frac{1}{\lambda_2}\left(\sigma-\frac{\lambda_1}{p}\right)-\frac{1}{p}}\mathrm{d}t,$$

则有

$$\begin{aligned}\lambda_1W_2&=\lambda_2W_1\\&=\int_0^{+\infty}\frac{1}{(1+t)^a}\left(t^{\frac{1}{\lambda_1\lambda_2}\left(\frac{\lambda_1}{p}+\frac{\lambda_2}{q}+\lambda_1\lambda_2c-\sigma\right)-1}+t^{a-\frac{1}{\lambda_1\lambda_2}\left(\frac{\lambda_1}{p}+\frac{\lambda_2}{q}+\lambda_1\lambda_2b-\sigma\right)-1}\right)\mathrm{d}t,\end{aligned}$$

$$\omega_1(n)=\int_0^{+\infty}K(n,x)x^{-\frac{1}{\lambda_1}\left(\sigma-\frac{\lambda_2}{q}\right)-\frac{1}{q}}\mathrm{d}x=n^{\frac{1}{\lambda_2}\left(\sigma-\frac{\lambda_1}{p}-\frac{\lambda_2}{q}\right)}W_1,$$

$$\omega_2(x)=\sum_{n=1}^{\infty}K(n,x)n^{-\frac{1}{\lambda_2}\left(\sigma-\frac{\lambda_1}{p}\right)-\frac{1}{p}}\leqslant x^{\frac{1}{\lambda_1}\left(\sigma-\frac{\lambda_1}{p}-\frac{\lambda_2}{q}\right)}W_2.$$

证明 首先, 根据 $\frac{\lambda_1}{p}+\frac{\lambda_2}{q}+\lambda_1\lambda_2(b-a)<\sigma<\frac{\lambda_1}{p}+\frac{\lambda_2}{q}+\lambda_1\lambda_2c$, 可知

$$\frac{1}{\lambda_1\lambda_2}\left(\frac{\lambda_1}{p}+\frac{\lambda_2}{q}+\lambda_1\lambda_2c-\sigma\right)>0,\quad a-\frac{1}{\lambda_1\lambda_2}\left(\frac{\lambda_1}{p}+\frac{\lambda_2}{q}+\lambda_1\lambda_2b-\sigma\right)>0,$$

$$\begin{aligned}\lambda_1W_2&=\lambda_1\int_0^{+\infty}K\left(1,t^{\lambda_1/\lambda_2}\right)t^{-\frac{1}{\lambda_2}\left(\sigma-\frac{\lambda_1}{p}\right)-\frac{1}{p}}\mathrm{d}t\\&=\lambda_2\int_0^{+\infty}K(1,u)\,u^{\frac{\lambda_2}{\lambda_1}\left[-\frac{1}{\lambda_2}\left(\sigma-\frac{\lambda_1}{p}\right)-\frac{1}{p}\right]+\frac{\lambda_2}{\lambda_1}-1}\mathrm{d}u\\&=\lambda_2\int_0^{+\infty}K(1,u)\,u^{-\frac{1}{\lambda_1}\left(\sigma-\frac{\lambda_2}{q}\right)-\frac{1}{q}}\mathrm{d}u=\lambda_2W_1\\&=\lambda_2\int_0^{+\infty}\frac{\left(\max\left\{1,t^{\lambda_2}\right\}\right)^b\left(\min\left\{1,t^{\lambda_2}\right\}\right)^c}{\left(1+t^{\lambda_2}\right)^a}t^{-\frac{1}{\lambda_1}\left(\sigma-\frac{\lambda_2}{q}\right)-\frac{1}{q}}\mathrm{d}t\\&=\lambda_2\int_0^{1}\frac{1}{\left(1+t^{\lambda_2}\right)^a}t^{\lambda_2c-\frac{1}{\lambda_1}\left(\sigma-\frac{\lambda_2}{q}\right)-\frac{1}{q}}\mathrm{d}t\end{aligned}$$

$$
\begin{aligned}
&+\lambda_2\int_1^{+\infty}\frac{1}{(1+t^{\lambda_2})^a}t^{\lambda_2 b-\frac{1}{\lambda_1}\left(\sigma-\frac{\lambda_2}{q}\right)-\frac{1}{q}}\mathrm{d}t\\
&=\int_0^1\frac{1}{(1+u)^a}u^{\frac{1}{\lambda_1\lambda_2}\left(\frac{\lambda_1}{p}+\frac{\lambda_2}{q}+\lambda_1\lambda_2 c-\sigma\right)-1}\mathrm{d}u\\
&\quad+\int_1^{+\infty}\frac{1}{(1+u)^a}u^{\frac{1}{\lambda_1\lambda_2}\left(\frac{\lambda_1}{p}+\frac{\lambda_2}{q}+\lambda_1\lambda_2 b-\sigma\right)-1}\mathrm{d}u\\
&=\int_0^1\frac{1}{(1+t)^a}\left(t^{\frac{1}{\lambda_1\lambda_2}\left(\frac{\lambda_1}{p}+\frac{\lambda_2}{q}+\lambda_1\lambda_2 c-\sigma\right)-1}+t^{a-\frac{1}{\lambda_1\lambda_2}\left(\frac{\lambda_1}{p}+\frac{\lambda_2}{q}+\lambda_1\lambda_2 b-\sigma\right)-1}\right)\mathrm{d}t,
\end{aligned}
$$

$$
\begin{aligned}
\omega_1(n)&=\int_0^{+\infty}K\left(1,\left(n^{\lambda_1/\lambda_2}x\right)^{\lambda_2}\right)x^{-\frac{1}{\lambda_1}\left(\sigma-\frac{\lambda_2}{q}\right)-\frac{1}{q}}\mathrm{d}x\\
&=n^{\frac{\lambda_1}{\lambda_2}\left[\frac{1}{\lambda_1}\left(\sigma-\frac{\lambda_2}{q}\right)+\frac{1}{q}\right]-\frac{\lambda_1}{\lambda_2}}\int_0^{+\infty}K(1,t)t^{-\frac{1}{\lambda_1}\left(\sigma-\frac{\lambda_2}{q}\right)-\frac{1}{q}}\mathrm{d}t=n^{\frac{1}{\lambda_2}\left(\sigma-\frac{\lambda_1}{p}-\frac{\lambda_2}{q}\right)}W_1.
\end{aligned}
$$

根据 $\sigma>\dfrac{\lambda_1}{p}+\dfrac{\lambda_2}{q}+\max\{\lambda_1\lambda_2 b-\lambda_2,\lambda_1\lambda_2 c-\lambda_2\}$, 可得

$$
\frac{1}{\lambda_2}\left(\frac{\lambda_1}{p}+\frac{\lambda_2}{q}+\lambda_1\lambda_2 c-\lambda_2-\sigma\right)<0,\quad \frac{1}{\lambda_2}\left(\frac{\lambda_1}{p}+\frac{\lambda_2}{q}+\lambda_1\lambda_2 b-\lambda_2-\sigma\right)<0.
$$

又因为

$$
\begin{aligned}
h(t)&=K(t,1)\,t^{-\frac{1}{\lambda_2}\left(\sigma-\frac{\lambda_1}{p}\right)-\frac{1}{p}}\\
&=\begin{cases}\dfrac{1}{(1+t^{\lambda_1})^a}t^{\frac{1}{\lambda_2}\left(\frac{\lambda_1}{p}+\frac{\lambda_2}{q}+\lambda_1\lambda_2 c-\lambda_2-\sigma\right)}, & 0<t\leqslant 1,\\ \dfrac{1}{(1+t^{\lambda_1})^a}t^{\frac{1}{\lambda_2}\left(\frac{\lambda_1}{p}+\frac{\lambda_2}{q}+\lambda_1\lambda_2 b-\lambda_2-\sigma\right)}, & t>1.\end{cases}
\end{aligned}
$$

故 $h(t)$ 在 $(0,+\infty)$ 上递减, 于是

$$
\begin{aligned}
\omega_2(x)&=\sum_{n=1}^{\infty}K\left(x^{\lambda_2/\lambda_1}n,1\right)n^{-\frac{1}{\lambda_2}\left(\sigma-\frac{\lambda_1}{p}\right)-\frac{1}{p}}\\
&=x^{\frac{\lambda_2}{\lambda_1}\left[\frac{1}{\lambda_2}\left(\sigma-\frac{\lambda_1}{p}\right)+\frac{1}{p}\right]}\sum_{n=1}^{\infty}K\left(x^{\lambda_2/\lambda_1}n,1\right)\left(x^{\lambda_2/\lambda_1}n\right)^{-\frac{1}{\lambda_2}\left(\sigma-\frac{\lambda_1}{p}\right)-\frac{1}{p}}\\
&\leqslant x^{\frac{\lambda_2}{\lambda_1}\left[\frac{1}{\lambda_2}\left(\sigma-\frac{\lambda_1}{p}\right)+\frac{1}{p}\right]}\int_0^{+\infty}K\left(x^{\lambda_2/\lambda_1}u,1\right)\left(x^{\lambda_2/\lambda_1}u\right)^{-\frac{1}{\lambda_2}\left(\sigma-\frac{\lambda_1}{p}\right)-\frac{1}{p}}\mathrm{d}u
\end{aligned}
$$

$$=x^{\frac{\lambda_2}{\lambda_1}\left[\frac{1}{\lambda_2}\left(\sigma-\frac{\lambda_1}{p}\right)+\frac{1}{p}\right]-\frac{\lambda_2}{\lambda_1}}\int_0^{+\infty}K(t,1)\,t^{-\frac{1}{\lambda_2}\left(\sigma-\frac{\lambda_1}{p}\right)-\frac{1}{p}}\mathrm{d}t=x^{\frac{1}{\lambda_1}\left(\sigma-\frac{\lambda_1}{p}-\frac{\lambda_2}{q}\right)}W_2.$$

证毕.

定理 4.3.4 设 $\frac{1}{p}+\frac{1}{q}=1(p>1)$, $a>0$, $\lambda_1>0$, $\lambda_2>0$, $\frac{\lambda_1}{p}+\frac{\lambda_2}{q}+\max\{\lambda_1\lambda_2(b-a),\lambda_1\lambda_2b-\lambda_2,\lambda_1\lambda_2c-\lambda_2\}<\sigma<\frac{\lambda_1}{p}+\frac{\lambda_2}{q}+\lambda_1\lambda_2c$, $\alpha=\frac{1}{\lambda_2}(p\sigma-\lambda_1)$, $\beta=\frac{1}{\lambda_1}(q\sigma-\lambda_2)$, $\tilde{a}=\{a_n\}\in l_p^{\alpha}$, $f(x)\in L_q^{\beta}(0,+\infty)$, 记

$$W_0=\int_0^1\frac{1}{(1+t)^a}\left(t^{\frac{1}{\lambda_1\lambda_2}\left(\frac{\lambda_1}{p}+\frac{\lambda_2}{q}+\lambda_1\lambda_2c-\sigma\right)-1}+t^{a-\frac{1}{\lambda_1\lambda_2}\left(\frac{\lambda_1}{p}+\frac{\lambda_2}{q}+\lambda_1\lambda_2b-\sigma\right)-1}\right)\mathrm{d}t,$$

则有

$$\int_0^{+\infty}\sum_{n=1}^{\infty}\frac{\left(\max\left\{1,n^{\lambda_1}x^{\lambda_2}\right\}\right)^b\left(\min\left\{1,n^{\lambda_1}x^{\lambda_2}\right\}\right)^c}{\left(1+n^{\lambda_1}x^{\lambda_2}\right)^a}a_nf(x)\mathrm{d}x$$
$$\leqslant\frac{W_0}{\lambda_1^{1/q}\lambda_2^{1/p}}\|\tilde{a}\|_{p,\alpha}\|f\|_{q,\beta},$$

其中的常数因子 $W_0/\lambda_1^{1/q}\lambda_2^{1/p}$ 是最佳值.

证明 取适配数 $a_0=\frac{1}{\lambda_2q}\left(\sigma-\frac{\lambda_1}{p}\right)+\frac{1}{pq}$, $b_0=\frac{1}{\lambda_1p}\left(\sigma-\frac{\lambda_2}{q}\right)+\frac{1}{pq}$, 根据 Hölder 不等式和引理 4.3.4, 利用权系数方法可证. 证毕.

在定理 4.3.4 中, 取 $c=b$, 则

$$\frac{1}{\lambda_1\lambda_2}\left(\frac{\lambda_1}{p}+\frac{\lambda_2}{q}+\lambda_1\lambda_2c-\sigma\right)+\left[a-\frac{1}{\lambda_1\lambda_2}\left(\frac{\lambda_1}{p}+\frac{\lambda_2}{q}+\lambda_1\lambda_2b-\sigma\right)\right]=a.$$

根据 Beta 函数的性质, 有

$$W_0=B\left(\frac{1}{\lambda_1\lambda_2}\left(\frac{\lambda_1}{p}+\frac{\lambda_2}{q}+\lambda_1\lambda_2c-\sigma\right),a-\frac{1}{\lambda_1\lambda_2}\left(\frac{\lambda_1}{p}+\frac{\lambda_2}{q}+\lambda_1\lambda_2b-\sigma\right)\right),$$

于是可得:

推论 4.3.3 设 $\frac{1}{p}+\frac{1}{q}=1(p>1)$, $a>0$, $\lambda_1>0$, $\lambda_2>0$, $\frac{\lambda_1}{p}+\frac{\lambda_2}{q}+\max\{\lambda_1\lambda_2(b-a),\lambda_1\lambda_2b-\lambda_2\}<\sigma<\frac{\lambda_1}{p}+\frac{\lambda_2}{q}+\lambda_1\lambda_2b$, $\alpha=\frac{1}{\lambda_2}(p\sigma-\lambda_1)$, $\beta=$

$\frac{1}{\lambda_1}(q\sigma-\lambda_2)$, $s=\frac{1}{\lambda_1\lambda_2}\left(\frac{\lambda_1}{p}+\frac{\lambda_2}{q}+\lambda_1\lambda_2 b-\sigma\right)$, 则当 $\tilde{a}=\{a_n\}\in l_p^\alpha$, $f(x)\in L_q^\beta(0,+\infty)$ 时, 有

$$\int_0^{+\infty}\sum_{n=1}^{\infty}\frac{\left(n^{\lambda_1}x^{\lambda_2}\right)^b}{\left(1+n^{\lambda_1}x^{\lambda_2}\right)^a}a_n f(x)\mathrm{d}x\leqslant\frac{1}{\lambda_1^{1/q}\lambda_2^{1/p}}B(s,a-s)\|\tilde{a}\|_{p,\alpha}\|f\|_{q,\beta},$$

其中的常数因子 $\frac{1}{\lambda_1^{1/q}\lambda_2^{1/p}}B(s,a-s)$ 是最佳值.

在定理 4.3.4 中, 取 $b=0$, $c\neq 0$, 我们可得:

推论 4.3.4　设 $\frac{1}{p}+\frac{1}{q}=1(p>1)$, $a>0$, $\lambda_1>0$, $\lambda_2>0$, $\frac{\lambda_1}{p}+\frac{\lambda_2}{q}+\max\{-\lambda_2,-\lambda_1\lambda_2 a,\lambda_1\lambda_2 c-\lambda_2\}<\sigma<\frac{\lambda_1}{p}+\frac{\lambda_2}{q}+\lambda_1\lambda_2 c,\alpha=\frac{1}{\lambda_2}(p\sigma-\lambda_1),\beta=\frac{1}{\lambda_1}(q\sigma-\lambda_2)$, 记

$$W_0=\int_0^1\frac{1}{(1+t)^a}\left(t^{\frac{1}{\lambda_1\lambda_2}\left(\frac{\lambda_1}{p}+\frac{\lambda_2}{q}+\lambda_1\lambda_2 c-\sigma\right)-1}+t^{a-\frac{1}{\lambda_1\lambda_2}\left(\frac{\lambda_1}{p}+\frac{\lambda_2}{q}-\sigma\right)-1}\right)\mathrm{d}t,$$

则当 $\tilde{a}=\{a_n\}\in l_p^\alpha$, $f(x)\in L_q^\beta(0,+\infty)$ 时, 有

$$\int_0^{+\infty}\sum_{n=1}^{\infty}\frac{\left(\min\left\{1,n^{\lambda_1}x^{\lambda_2}\right\}\right)^c}{\left(1+n^{\lambda_1}x^{\lambda_2}\right)^a}a_n f(x)\mathrm{d}x\leqslant\frac{W_0}{\lambda_1^{1/q}\lambda_2^{1/p}}\|\tilde{a}\|_{p,\alpha}\|f\|_{q,\beta},$$

其中的常数因子 $\frac{W_0}{\lambda_1^{1/q}\lambda_2^{1/p}}$ 是最佳值.

在定理 4.3.4 中, 取 $c=0$, $b\neq 0$, 我们可得:

推论 4.3.5　设 $\frac{1}{p}+\frac{1}{q}=1(p>1)$, $a>0$, $\lambda_1>0$, $\lambda_2>0$, $\frac{\lambda_1}{p}+\frac{\lambda_2}{q}+\max\{-\lambda_2,\lambda_1\lambda_2(b-a),\lambda_1\lambda_2 b-\lambda_2\}<\sigma<\frac{\lambda_1}{p}+\frac{\lambda_2}{q}$, $\alpha=\frac{1}{\lambda_2}(p\sigma-\lambda_1)$, $\beta=\frac{1}{\lambda_1}(q\sigma-\lambda_2)$, 记

$$W_0=\int_0^1\frac{1}{(1+t)^a}\left(t^{\frac{1}{\lambda_1\lambda_2}\left(\frac{\lambda_1}{p}+\frac{\lambda_2}{q}-\sigma\right)-1}+t^{a-\frac{1}{\lambda_1\lambda_2}\left(\frac{\lambda_1}{p}+\frac{\lambda_2}{q}+\lambda_1\lambda_2 b-\sigma\right)-1}\right)\mathrm{d}t,$$

则当 $\tilde{a}=\{a_n\}\in l_p^\alpha$, $f(x)\in L_q^\beta(0,+\infty)$ 时, 有

$$\int_0^{+\infty}\sum_{n=1}^{\infty}\frac{\left(\max\left\{1,n^{\lambda_1}x^{\lambda_2}\right\}\right)^b}{\left(1+n^{\lambda_1}x^{\lambda_2}\right)^a}a_n f(x)\mathrm{d}x\leqslant\frac{W_0}{\lambda_1^{1/q}\lambda_2^{1/p}}\|\tilde{a}\|_{p,\alpha}\|f\|_{q,\beta},$$

其中的常数因子 $\dfrac{W_0}{\lambda_1^{1/q}\lambda_2^{1/p}}$ 是最佳值.

4.4 半离散 Hilbert 型不等式在算子理论中的应用

设 $K(n,x)$ 非负可测, $\dfrac{1}{p}+\dfrac{1}{q}=1(p>1)$, 定义级数算子 T_1 和奇异积分算子 T_2 为

$$T_1(\tilde{a})(x)=\sum_{n=1}^{\infty}K(n,x)a_n,\quad \tilde{a}=\{a_n\}\in l_p^{\alpha},$$

$$T_2(f)_n=\int_0^{+\infty}K(n,x)f(x)\mathrm{d}x,\quad f(x)\in L_q^{\beta}(0,+\infty).$$

根据 Hilbert 型不等式与算子的关系, 可知半离散 Hilbert 型不等式

$$\int_0^{+\infty}\sum_{n=1}^{\infty}K(n,x)a_nf(x)\mathrm{d}x=\sum_{n=1}^{\infty}\int_0^{+\infty}K(n,x)a_nf(x)\mathrm{d}x\leqslant M\|\tilde{a}\|_{p,\alpha}\|f\|_{q,\beta}$$

等价于

$$\|T_1(\tilde{a})\|_{p,\beta(1-p)}\leqslant M\|\tilde{a}\|_{p,\alpha},\quad \|T_2(f)\|_{q,\alpha(1-q)}\leqslant M\|f\|_{q,\beta}.$$

据此, 由半离散 Hilbert 型不等式的有关定理, 我们可讨论 l 序列空间到 L 函数空间的算子 T_1 及 L 函数空间到 l 序列空间的算子 T_2 的有界性与算子范数.

根据定理 4.1.2, 可得:

定理 4.4.1 设 $\dfrac{1}{p}+\dfrac{1}{q}=1\ (p>1)$, $\dfrac{1}{r}+\dfrac{1}{s}=1\ (r>1)$, $\dfrac{1}{r}-\dfrac{1}{q}<\dfrac{\lambda_1}{r}+\dfrac{\lambda_2}{s}<\dfrac{1}{r}+\dfrac{1}{p}$, $\dfrac{\lambda_2}{r}+\dfrac{\lambda_1}{s}>\dfrac{1}{q}-\dfrac{1}{r}$, $\alpha=\dfrac{p}{r}(\lambda_2-\lambda_1+1)$, $\beta=\dfrac{q}{s}(\lambda_2-\lambda_1+1)$, 定义算子:

$$T_1(\tilde{a})(x)=\sum_{n=1}^{\infty}\frac{(\min\{n,x\})^{\lambda_2}}{(\max\{n,x\})^{\lambda_1}}a_n,\quad \tilde{a}=\{a_n\}\in l_p^{\alpha},$$

$$T_2(f)_n=\int_0^{+\infty}\frac{(\min\{n,x\})^{\lambda_2}}{(\max\{n,x\})^{\lambda_1}}f(x)\mathrm{d}x,\quad f(x)\in L_q^{\beta}(0,+\infty),$$

则 T_1 是从 l_p^{α} 到 $L_p^{\beta(1-p)}(0,+\infty)$ 的有界算子, T_2 是从 $L_q^{\beta}(0,+\infty)$ 到 $l_q^{\alpha(1-q)}$ 的有界算子, 且 T_1 与 T_2 的算子范数为

$$\|T_1\|=\|T_2\|=\left[\left(\frac{\lambda_1}{r}+\frac{\lambda_2}{s}-\frac{1}{r}+\frac{1}{q}\right)^{-1}+\left(\frac{\lambda_2}{r}+\frac{\lambda_1}{s}+\frac{1}{r}-\frac{1}{q}\right)^{-1}\right].$$

根据定理 4.1.6, 可得:

定理 4.4.2 设 $\frac{1}{p}+\frac{1}{q}=1\ (p>1)$, $b>a\geqslant 0$, $\lambda>0$, $\alpha=p\left(1+\frac{\lambda}{2}\right)-1$, $\beta=q\left(1-\frac{\lambda}{2}\right)-1$, 定义算子 T_1 和 T_2:

$$T_1(\tilde{a})(x)=\sum_{n=1}^{\infty}\ln\frac{n^\lambda+bx^\lambda}{n^\lambda+ax^\lambda}a_n,\quad \tilde{a}=\{a_n\}\in l_p^\alpha,$$

$$T_2\,(f)_n=\int_0^{+\infty}\ln\frac{n^\lambda+bx^\lambda}{n^\lambda+ax^\lambda}f(x)\mathrm{d}x,\quad f(x)\in L_q^\beta(0,+\infty),$$

则 T_1 是从 l_p^α 到 $L_p^{\beta(1-p)}(0,+\infty)$ 的有界算子, T_2 是从 $L_q^\beta(0,+\infty)$ 到 $l_q^{\alpha(1-q)}$ 的有界算子, 且 T_1 与 T_2 的算子范数为

$$\|T_1\|=\|T_2\|=\frac{2\pi}{\lambda}\left(\frac{1}{\sqrt{a}}-\frac{1}{\sqrt{b}}\right).$$

根据定理 4.1.17, 可得:

定理 4.4.3 设 $\frac{1}{p}+\frac{1}{q}=1\ (p>1)$, $\rho>0$, $\lambda>0$, $0<\sigma<1$, $\alpha=p(1-\sigma)-1$, $\beta=q(1+\sigma)-1$, 定义算子 T_1 和 T_2:

$$T_1(\tilde{a})(x)=\sum_{n=1}^{\infty}\operatorname{sech}\left(\rho\frac{n^\lambda}{x^\lambda}\right)a_n,\quad \tilde{a}=\{a_n\}\in l_p^\alpha,$$

$$T_2\,(f)_n=\int_0^{+\infty}\operatorname{sech}\left(\rho\frac{n^\lambda}{x^\lambda}\right)f(x)\mathrm{d}x,\quad f(x)\in L_q^\beta(0,+\infty),$$

则 T_1 是从 l_p^α 到 $L_p^{\beta(1-p)}(0,+\infty)$ 的有界算子, T_2 是从 $L_q^\beta(0,+\infty)$ 到 $l_q^{\alpha(1-q)}$ 的有界算子, 且 T_1 与 T_2 的算子范数为

$$\|T_1\|=\|T_2\|=\frac{2}{\lambda}\rho^{-\frac{\sigma}{\lambda}}\Gamma\left(\frac{\sigma}{\lambda}\right)\tau\left(\frac{\sigma}{\lambda}\right),\quad \tau\left(\frac{\sigma}{\lambda}\right)=\sum_{k=1}^{\infty}(-1)^k\frac{1}{(2k+1)^{\sigma/\lambda}}.$$

根据定理 4.2.1, 可得:

定理 4.4.4 设 $\frac{1}{p}+\frac{1}{q}=1\ (p>1)$, $\frac{1}{r}+\frac{1}{s}=1\ (r>1)$, $\lambda_0>0$, $\lambda_1>0$, $\lambda_2>0$, $A>0$, $B>0, \max\left\{\frac{\lambda_0}{r}-\frac{1}{\lambda_1},-\frac{\lambda_0}{s}\right\}<\sigma<\frac{\lambda_0}{r}, \alpha=\lambda_1 p\left(\frac{1}{\lambda_1}-\frac{\lambda_0}{r}\right)-1, \beta=$

$\lambda_2 q\left(\frac{1}{\lambda_2}-\frac{\lambda_0}{s}\right)-1$, 定义算子 T_1 和 T_2:

$$T_1(\tilde{a})(x)=\sum_{n=1}^{\infty}\frac{\left(x^{\lambda_2}/n^{\lambda_1}\right)^{\sigma}}{\left(An^{\lambda_1}+Bx^{\lambda_2}\right)^{\lambda_0}}a_n,\quad \tilde{a}=\{a_n\}\in l_p^{\alpha},$$

$$T_2(f)_n=\int_0^{+\infty}\frac{\left(x^{\lambda_2}/n^{\lambda_1}\right)^{\sigma}}{\left(An^{\lambda_1}+Bx^{\lambda_2}\right)^{\lambda_0}}f(x)\mathrm{d}x,\quad f(x)\in L_q^{\beta}(0,+\infty),$$

则 T_1 是从 l_p^{α} 到 $L_p^{\beta(1-p)}(0,+\infty)$ 的有界算子, T_2 是从 $L_q^{\beta}(0,+\infty)$ 到 $l_q^{\alpha(1-q)}$ 的有界算子, 且 T_1 与 T_2 的算子范数为

$$\|T_1\|=\|T_2\|=\frac{1}{\lambda_1^{1/q}\lambda_2^{1/p}}A^{\sigma-\frac{\lambda_0}{r}}B^{-\sigma-\frac{\lambda_0}{s}}B\left(\frac{\lambda_0}{s}+\sigma,\frac{\lambda_0}{r}-\sigma\right).$$

根据定理 4.2.2, 可得:

定理 4.4.5 设 $\frac{1}{p}+\frac{1}{q}=1\ (p>1)$, $\frac{1}{r}+\frac{1}{s}=1\ (r>1)$, $\lambda_1>0$, $\lambda_2>0$, $\max\left\{\frac{1}{r}-\frac{1}{\lambda_2},\frac{1}{\lambda_2}-\frac{1}{\lambda_1}-\frac{1}{s}\right\}<\sigma<\frac{1}{\lambda_1}-\frac{1}{\lambda_2}+\frac{1}{r}$, $\alpha=\lambda_1 p\left(\frac{1}{\lambda_2}-\frac{1}{r}\right)-1$, $\beta=\lambda_2 q\left(\frac{1}{\lambda_2}-\frac{1}{s}\right)-1$, 定义算子 T_1 和 T_2:

$$T_1(\tilde{a})(x)=\sum_{n=1}^{\infty}\frac{\left(x^{\lambda_2}/n^{\lambda_1}\right)^{\sigma}}{\max\left\{n^{\lambda_1},x^{\lambda_2}\right\}}a_n,\quad \tilde{a}=\{a_n\}\in l_p^{\alpha},$$

$$T_2(f)_n=\int_0^{+\infty}\frac{\left(x^{\lambda_2}/n^{\lambda_1}\right)^{\sigma}}{\max\{n^{\lambda_1},x^{\lambda_2}\}}f(x)\mathrm{d}x,\quad f(x)\in L_q^{\beta}(0,+\infty),$$

则 T_1 是从 l_p^{α} 到 $L_p^{\beta(1-p)}(0,+\infty)$ 的有界算子, T_2 是从 $L_q^{\beta}(0,+\infty)$ 到 $l_q^{\alpha(1-q)}$ 的有界算子, 且 T_1 与 T_2 的算子范数为

$$\|T_1\|=\|T_2\|$$
$$=\frac{1}{\lambda_1^{1/q}\lambda_2^{1/p}}\left[\left(\frac{1}{s}+\left(\sigma+\frac{1}{\lambda_2}-\frac{1}{\lambda_1}\right)\right)^{-1}+\left(\frac{1}{r}-\left(\sigma+\frac{1}{\lambda_2}-\frac{1}{\lambda_1}\right)\right)^{-1}\right].$$

根据定理 4.2.5, 可得:

定理 4.4.6　设 $\frac{1}{p}+\frac{1}{q}=1\ (p>1)$, $a\geqslant 0$, $b\geqslant 0$, $a\neq b$, $0<\lambda_1<1$, $\lambda_2>0$, $\alpha=p(1-\lambda_1)-1$, $\beta=q(1-\lambda_2)-1$, 定义算子 T_1 和 T_2:

$$T_1(\tilde{a})(x)=\sum_{n=1}^{\infty}\frac{a_n}{(n^{\lambda_1}+ax^{\lambda_2})^2+(n^{\lambda_1}+bx^{\lambda_2})^2},\quad \tilde{a}=\{a_n\}\in l_p^{\alpha},$$

$$T_2(f)_n=\int_0^{+\infty}\frac{f(x)\mathrm{d}x}{(n^{\lambda_1}+ax^{\lambda_2})^2+(n^{\lambda_1}+bx^{\lambda_2})^2},\quad f(x)\in L_q^{\beta}(0,+\infty),$$

则 T_1 是从 l_p^{α} 到 $L_p^{\beta(1-p)}(0,+\infty)$ 的有界算子, T_2 是从 $L_q^{\beta}(0,+\infty)$ 到 $l_q^{\alpha(1-q)}$ 的有界算子, 且 T_1 与 T_2 的算子范数为

$$\|T_1\|=\|T_2\|=\frac{1}{\lambda_1^{1/q}\lambda_2^{1/p}}\frac{1}{|a-b|}\left(\frac{\pi}{2}-\arctan\frac{a+b}{|a-b|}\right).$$

根据定理 4.2.7, 可得:

定理 4.4.7　设 $\frac{1}{p}+\frac{1}{q}=1\ (p>1)$, $a>0$, $\lambda_1>0$, $\lambda_2>0$, $-b<\frac{1}{\lambda_1\lambda_2}\left(\frac{1-\lambda_1}{p}+\frac{\lambda_2}{q}\right)<a$, $\frac{1}{\lambda_1}+\frac{1}{\lambda_2}-\frac{1}{\lambda_1\lambda_2}>\max\{0,bp\}$, $\alpha=\frac{1}{\lambda_2}(\lambda_1-1)$, $\beta=\frac{1}{\lambda_1}(\lambda_2+q-1)$, 定义算子 T_1 和 T_2:

$$T_1(\tilde{a})(x)=\sum_{n=1}^{\infty}\frac{\left(\min\left\{1,n^{\lambda_1}/x^{\lambda_2}\right\}\right)^b}{(1+n^{\lambda_1}/x^{\lambda_2})^a}a_n,\quad \tilde{a}=\{a_n\}\in l_p^{\alpha},$$

$$T_2(f)_n=\int_0^{+\infty}\frac{\left(\min\left\{1,n^{\lambda_1}/x^{\lambda_2}\right\}\right)^b}{(1+n^{\lambda_1}/x^{\lambda_2})^a}f(x)\mathrm{d}x,\quad f(x)\in L_q^{\beta}(0,+\infty),$$

则 T_1 是从 l_p^{α} 到 $L_p^{\beta(1-p)}(0,+\infty)$ 的有界算子, T_2 是从 $L_q^{\beta}(0,+\infty)$ 到 $l_q^{\alpha(1-q)}$ 的有界算子, 且 T_1 与 T_2 的算子范数为

$$\|T_1\|=\|T_2\|=\frac{1}{\lambda_1^{1/q}\lambda_2^{1/p}}\int_0^1\frac{1}{(1+t)^a}\times\left(t^{b+\frac{1}{\lambda_1\lambda_2}\left(\frac{1-\lambda_1}{p}+\frac{\lambda_2}{q}\right)-1}+t^{a-\frac{1}{\lambda_1\lambda_2}\left(\frac{1-\lambda_1}{p}+\frac{\lambda_2}{q}\right)-1}\right)\mathrm{d}t.$$

特别地, 当 $b=0$, 有

$$\|T_1\|=\|T_2\|=\frac{1}{\lambda_1^{1/q}\lambda_2^{1/p}}B\left(\frac{1}{\lambda_1\lambda_2}\left(\frac{1-\lambda_1}{p}+\frac{\lambda_2}{q}\right),a-\frac{1}{\lambda_1\lambda_2}\left(\frac{1-\lambda_1}{p}+\frac{\lambda_2}{q}\right)\right).$$

根据定理 4.2.8, 可得:

定理 4.4.8 设 $\frac{1}{p}+\frac{1}{q}=1(p>1)$, $a>0$, $\lambda_1>0$, $1>\lambda_2>0$, $\frac{\lambda_1+\lambda_2}{p}-\lambda_1(1-\lambda_2)<\sigma<\frac{\lambda_1+\lambda_2}{p}$, $s=\frac{1}{\lambda_1\lambda_2}\left(\frac{\lambda_1}{q}-\frac{\lambda_2}{p}+\sigma\right)$, $\alpha=\frac{1}{\lambda_2}(\lambda_1-p\sigma)$, $\beta=\frac{1}{\lambda_1}(\lambda_2+q\sigma)$, 定义算子 T_1 和 T_2:

$$T_1(\tilde{a})(x)=\sum_{n=1}^{\infty}\operatorname{csch}\left(a\frac{n^{\lambda_1}}{x^{\lambda_2}}\right)a_n,\quad \tilde{a}=\{a_n\}\in l_p^{\alpha},$$

$$T_2(f)_n=\int_0^{+\infty}\operatorname{csch}\left(a\frac{n^{\lambda_1}}{x^{\lambda_2}}\right)f(x)\mathrm{d}x,\quad f(x)\in L_q^{\beta}(0,+\infty),$$

则 T_1 是从 l_p^{α} 到 $L_p^{\beta(1-p)}(0,+\infty)$ 的有界算子, T_2 是从 $L_q^{\beta}(0,+\infty)$ 到 $l_q^{\alpha(1-q)}$ 的有界算子, 且 T_1 与 T_2 的算子范数为

$$\|T_1\|=\|T_2\|=\frac{2}{\lambda_1^{1/q}\lambda_2^{1/p}}a^{-s}\left(1-2^{-s}\right)\Gamma(s)\zeta(s).$$

根据定理 4.2.9, 可得:

定理 4.4.9 设 $\frac{1}{p}+\frac{1}{q}=1(p>1)$, $\lambda>0$, $0<\lambda_1<1$, $\lambda_2>0$, $\alpha=p(1-\lambda_1)-1$, $\beta=q(1+\lambda_2)-1$, 定义算子 T_1 和 T_2:

$$T_1(\tilde{a})(x)=\sum_{n=1}^{\infty}\frac{\operatorname{arccot}^{\lambda}\left(n^{\lambda_1}/x^{\lambda_2}\right)}{1+\left(n^{\lambda_1}/x^{\lambda_2}\right)^2}a_n,\quad \tilde{a}=\{a_n\}\in l_p^{\alpha},$$

$$T_2(f)_n=\int_0^{+\infty}\frac{\operatorname{arccot}^{\lambda}\left(n^{\lambda_1}/x^{\lambda_2}\right)}{1+\left(n^{\lambda_1}/x^{\lambda_2}\right)^2}f(x)\mathrm{d}x,\quad f(x)\in L_q^{\beta}(0,+\infty),$$

则 T_1 是从 l_p^{α} 到 $L_p^{\beta(1-p)}(0,+\infty)$ 的有界算子, T_2 是从 $L_q^{\beta}(0,+\infty)$ 到 $l_q^{\alpha(1-q)}$ 的有界算子, 且 T_1 与 T_2 的算子范数为

$$\|T_1\|=\|T_2\|=\frac{1}{\lambda_1^{1/q}\lambda_2^{1/p}(\lambda+1)}\left(\frac{\pi}{2}\right)^{\lambda+}.$$

根据定理 4.2.10, 可得:

定理 4.4.10 设 $\frac{1}{p}+\frac{1}{q}=1(p>1)$, $\lambda_1>0$, $\lambda_2>0$, $\frac{\lambda_1}{p}-\frac{\lambda_2}{q}<\sigma<\frac{\lambda_1}{p}-\frac{\lambda_2}{q}+\lambda_1\lambda_2$, $\sigma<\frac{\lambda_1+\lambda_2}{p}$, $s=\frac{1}{\lambda_1\lambda_2}\left(\frac{\lambda_2}{q}-\frac{\lambda_1}{p}+\sigma\right)$, $\alpha=\frac{1}{\lambda_2}(\lambda_1-p\sigma)$,

$\beta=\frac{1}{\lambda_1}(\lambda_2+q\sigma)$, 定义算子 T_1 和 T_2:

$$T_1(\tilde{a})(x)=\sum_{n=1}^{\infty}\frac{\ln\left(n^{\lambda_1}/x^{\lambda_2}\right)}{n^{\lambda_1}/x^{\lambda_2}-1}a_n,\quad \tilde{a}=\{a_n\}\in l_p^{\alpha},$$

$$T_2(f)_n=\int_0^{+\infty}\frac{\ln\left(n^{\lambda_1}/x^{\lambda_2}\right)}{n^{\lambda_1}/x^{\lambda_2}-1}f(x)\mathrm{d}x,\quad f(x)\in L_q^{\beta}(0,+\infty),$$

则 T_1 是从 l_p^{α} 到 $L_p^{\beta(1-p)}(0,+\infty)$ 的有界算子, T_2 是从 $L_q^{\beta}(0,+\infty)$ 到 $l_q^{\alpha(1-q)}$ 的有界算子, 且 T_1 与 T_2 的算子范数为

$$\|T_1\|=\|T_2\|=\frac{1}{\lambda_1^{1/q}\lambda_2^{1/p}}B^2(s,1-s)=\frac{1}{\lambda_1^{1/q}\lambda_2^{1/p}}\left(\frac{\pi}{\sin(\pi/s)}\right)^2.$$

根据定理 4.3.3, 可得:

定理 4.4.11 设 $\frac{1}{p}+\frac{1}{q}=1(p>1)$, $\lambda>0$, $\lambda_1>0$, $\lambda_2>0$, $\varphi(t)$ 非负可导, $\varphi'(t)$ 保持定号, $\varphi^{\lambda}\left(t^{\lambda_1}\right)\left|\varphi'\left(t^{\lambda_1}\right)\right|t^{\lambda_1-1}$ 在 $(0,+\infty)$ 上递减, $\varphi^{\lambda+1}(+\infty)$ 及 $\varphi^{\lambda+1}(0)$ 存在, $\alpha=p\left(\frac{1}{q}-\lambda_1\right)$, $\beta=q\left(\frac{1}{p}-\lambda_2\right)$, 定义算子 T_1 和 T_2:

$$T_1(\tilde{a})(x)=\sum_{n=1}^{\infty}\varphi^{\lambda}\left(n^{\lambda_1}x^{\lambda_2}\right)\left|\varphi'\left(n^{\lambda_1}x^{\lambda_2}\right)\right|a_n,\quad \tilde{a}=\{a_n\}\in l_p^{\alpha},$$

$$T_2(f)_n=\int_0^{+\infty}\varphi^{\lambda}\left(n^{\lambda_1}x^{\lambda_2}\right)\left|\varphi'\left(n^{\lambda_1}x^{\lambda_2}\right)\right|f(x)\mathrm{d}x,\quad f(x)\in L_q^{\beta}(0,+\infty),$$

则 T_1 是从 l_p^{α} 到 $L_p^{\beta(1-p)}(0,+\infty)$ 的有界算子, T_2 是从 $L_q^{\beta}(0,+\infty)$ 到 $l_q^{\alpha(1-q)}$ 的有界算子, 且 T_1 与 T_2 的算子范数为

$$\|T_1\|=\|T_2\|=\frac{1}{\lambda_1^{1/q}\lambda_2^{1/p}(\lambda+1)}\left|\varphi^{\lambda+1}(+\infty)-\varphi^{\lambda+1}(0)\right|$$

推论 4.4.1 设 $\frac{1}{p}+\frac{1}{q}=1\ (p>1)$, $\lambda>0$, $0<\lambda_1\leqslant 1$, $\lambda_2>0$, $\alpha=p\left(\frac{1}{q}-\lambda_1\right)$, $\beta=q\left(\frac{1}{p}-\lambda_2\right)$, 定义算子 T_1 和 T_2:

$$T_1(\tilde{a})(x)=\sum_{n=1}^{\infty}\frac{\operatorname{arccot}^{\lambda}\left(n^{\lambda_1}x^{\lambda_2}\right)}{1+\left(n^{\lambda_1}x^{\lambda_2}\right)^2}a_n,\quad \tilde{a}=\{a_n\}\in l_p^{\alpha},$$

$$T_2(f)_n=\int_0^{+\infty}\frac{\operatorname{arccot}^{\lambda}\left(n^{\lambda_1}x^{\lambda_2}\right)}{1+\left(n^{\lambda_1}x^{\lambda_2}\right)^2}f(x)\mathrm{d}x,\quad f(x)\in L_q^{\beta}(0,+\infty),$$

则 T_1 是从 l_p^{α} 到 $L_p^{\beta(1-p)}(0,+\infty)$ 的有界算子, T_2 是从 $L_q^{\beta}(0,+\infty)$ 到 $l_q^{\alpha(1-q)}$ 的有界算子, 且 T_1 与 T_2 的算子范数为

$$\|T_1\|=\|T_2\|=\frac{1}{\lambda_1^{1/q}\lambda_2^{1/p}(\lambda+1)}\left(\frac{\pi}{2}\right)^{\lambda+1}.$$

推论 4.4.2 设 $\frac{1}{p}+\frac{1}{q}=1\ (p>1)$, $a>1$, $\lambda>0$, $0<\lambda_1\leqslant 1$, $\lambda_2>0$, $\alpha=p\left(\frac{1}{q}-\lambda_1\right)$, $\beta=q\left(\frac{1}{p}-\lambda_2\right)$, 定义算子 T_1 和 T_2:

$$T_1(\tilde{a})(x)=\sum_{n=1}^{\infty}\frac{\operatorname{arcot}^{\lambda}\left(n^{\lambda_1}x^{\lambda_2}+a\right)}{\left(n^{\lambda_1}x^{\lambda_2}\right)^2-1}a_n,\quad \tilde{a}=\{a_n\}\in l_p^{\alpha},$$

$$T_2(f)_n=\int_0^{+\infty}\frac{\operatorname{arcot}^{\lambda}\left(n^{\lambda_1}x^{\lambda_2}+a\right)}{\left(n^{\lambda_1}x^{\lambda_2}\right)^2-1}f(x)\mathrm{d}x,\quad f(x)\in L_q^{\beta}(0,+\infty),$$

则 T_1 是从 l_p^{α} 到 $L_p^{\beta(1-p)}(0,+\infty)$ 的有界算子, T_2 是从 $L_q^{\beta}(0,+\infty)$ 到 $l_q^{\alpha(1-q)}$ 的有界算子, 且 T_1 与 T_2 的算子范数为

$$\|T_1\|=\|T_2\|=\frac{1}{\lambda_1^{1/p}\lambda_2^{1/q}(\lambda+1)}\left(\frac{1}{2}\ln\frac{a+1}{a-1}\right)^{\lambda+1}$$

根据定理 4.3.4, 可得:

定理 4.4.12 设 $\frac{1}{p}+\frac{1}{q}=1\ (p>1)$, $a>0$, $\lambda_1>0$, $\lambda_2>0$, $\frac{\lambda_1}{p}+\frac{\lambda_2}{q}+\max\{\lambda_1\lambda_2(b-a),\lambda_1\lambda_2 b-\lambda_2,\lambda_1\lambda_2 c-\lambda_2\}<\sigma<\frac{\lambda_1}{p}+\frac{\lambda_2}{q}+\lambda_1\lambda_2 c,\alpha=\frac{1}{\lambda_2}(p\sigma-\lambda_1),\beta=\frac{1}{\lambda_1}(q\sigma-\lambda_2)$ 定义算子 T_1 和 T_2:

$$T_1(\tilde{a})(x)=\sum_{n=1}^{\infty}\frac{\left(\max\left\{1,n^{\lambda_1}x^{\lambda_2}\right\}\right)^b\left(\min\left\{1,n^{\lambda_1}x^{\lambda_2}\right\}\right)^c}{\left(1+n^{\lambda_1}x^{\lambda_2}\right)^a}a_n,\quad \tilde{a}=\{a_n\}\in l_p^{\alpha}$$

$$T_2(f)_n=\int_0^{+\infty}\frac{\left(\max\left\{1,n^{\lambda_1}x^{\lambda_2}\right\}\right)^b\left(\min\left\{1,n^{\lambda_1}x^{\lambda_2}\right\}\right)^c}{\left(1+n^{\lambda_1}x^{\lambda_2}\right)^a}f(x)\mathrm{d}x,$$

$$f(x) \in L_q^\beta(0,+\infty),$$

则 T_1 是从 l_p^α 到 $L_p^{\beta(1-p)}(0,+\infty)$ 的有界算子, T_2 是从 $L_q^\beta(0,+\infty)$ 到 $l_q^{\alpha(1-q)}$ 的有界算子, 且 T_1 与 T_2 的算子范数为

$$\|T_1\| = \|T_2\| = \frac{1}{\lambda_1^{1/q}\lambda_2^{1/p}} \int_0^1 \frac{1}{(1+t)^a} \times \left(t^{\frac{1}{\lambda_1\lambda_2}\left(\frac{\lambda_1}{p}+\frac{\lambda_2}{q}+\lambda_1\lambda_2 c-\sigma\right)-1} + t^{a-\frac{1}{\lambda_1\lambda_2}\left(\frac{\lambda_1}{p}+\frac{\lambda_2}{q}+\lambda_1\lambda_2 b-\sigma\right)-1}\right) \mathrm{d}t.$$

推论 4.4.3 设 $\frac{1}{p}+\frac{1}{q}=1\ (p>1)$, $a>0$, $\lambda_1>0$, $\lambda_2>0$, $\frac{\lambda_1}{p}+\frac{\lambda_2}{q}+\max\{\lambda_1\lambda_2(b-a), \lambda_1\lambda_2 b-\lambda_2\}<\sigma<\frac{\lambda_1}{p}+\frac{\lambda_2}{q}+\lambda_1\lambda_2 b, \alpha=\frac{1}{\lambda_2}(p\sigma-\lambda_1), \beta=\frac{1}{\lambda_1}(q\sigma-\lambda_2)$, 定义算子 T_1 和 T_2:

$$T_1(\tilde{a})(x) = \sum_{n=1}^{\infty} \frac{\left(n^{\lambda_1}x^{\lambda_2}\right)^b}{\left(1+n^{\lambda_1}x^{\lambda_2}\right)^a} a_n, \quad \tilde{a}=\{a_n\} \in l_p^\alpha,$$

$$T_2(f)_n = \int_0^{+\infty} \frac{\left(n^{\lambda_1}x^{\lambda_2}\right)^b}{\left(1+n^{\lambda_1}x^{\lambda_2}\right)^a} f(x)\mathrm{d}x, \quad f(x) \in L_q^\beta(0,+\infty),$$

则 T_1 是从 l_p^α 到 $L_p^{\beta(1-p)}(0,+\infty)$ 的有界算子, T_2 是从 $L_q^\beta(0,+\infty)$ 到 $l_q^{\alpha(1-q)}$ 的有界算子, 且 T_1 与 T_2 的算子范数为

$$\|T_1\| = \|T_2\| = \frac{1}{\lambda_1^{1/q}\lambda_2^{1/p}} \times B\left(\frac{1}{\lambda_1\lambda_2}\left(\frac{\lambda_1}{p}+\frac{\lambda_2}{q}+\lambda_1\lambda_2 b-\sigma\right), a-\frac{1}{\lambda_1\lambda_2}\left(\frac{\lambda}{p}+\frac{\lambda}{q}+\lambda_1\lambda_2 b-\sigma\right)\right)$$

推论 4.4.4 设 $\frac{1}{p}+\frac{1}{q}=1\ (p>1)$, $a>0$, $\lambda_1>0$, $\lambda_2>0$, $\alpha=\frac{1}{\lambda_2}(p\sigma-\lambda_1)$, $\beta=\frac{1}{\lambda_1}(q\sigma-\lambda_2)$, $\frac{\lambda_1}{p}+\frac{\lambda_2}{q}+\max\{-\lambda_2,\lambda_1\lambda_2 a, \lambda_1\lambda_2 c-\lambda_2\}<\sigma<\frac{\lambda_1}{p}+\frac{\lambda_2}{q}+\lambda_1\lambda_2 c$, 定义算子 T_1 和 T_2:

$$T_1(\tilde{a})(x) = \sum_{n=1}^{\infty} \frac{\left(\min\left\{1, n^{\lambda_1}x^{\lambda_2}\right\}\right)^c}{\left(1+n^{\lambda_1}x^{\lambda_2}\right)^a} a_n, \quad \tilde{a}=\{a_n\} \in l_p^\alpha,$$

$$T_2(f)_n = \int_0^{+\infty} \frac{\left(\min\left\{1, n^{\lambda_1} x^{\lambda_2}\right\}\right)^c}{\left(1+n^{\lambda_1} x^{\lambda_2}\right)^a} f(x)\mathrm{d}x, \quad f(x) \in L_q^{\beta}(0,+\infty),$$

则 T_1 是从 l_p^{α} 到 $L_p^{\beta(1-p)}(0,+\infty)$ 的有界算子, T_2 是从 $L_q^{\beta}(0,+\infty)$ 到 $l_q^{\alpha(1-q)}$ 的有界算子, 且 T_1 与 T_2 的算子范数为

$$\|T_1\| = \|T_2\| = \frac{1}{\lambda_1^{1/q}\lambda_2^{1/p}} \times \int_0^1 \frac{1}{(1+t)^a}\left(t^{\frac{1}{\lambda_1\lambda_2}\left(\frac{\lambda_1}{p}+\frac{\lambda_2}{q}-\sigma\right)-1} + t^{a-\frac{1}{\lambda_1\lambda_2}\left(\frac{\lambda_1}{p}+\frac{\lambda_2}{q}+\lambda_1\lambda_2 b-\sigma\right)-1}\right)\mathrm{d}t.$$

推论 4.4.5 设 $\frac{1}{p}+\frac{1}{q}=1\ (p>1)$, $a>0$, $\lambda_1>0$, $\lambda_2>0$, $\alpha=\frac{1}{\lambda_2}(p\sigma-\lambda_1)$, $\beta=\frac{1}{\lambda_1}(q\sigma-\lambda_2)$, $\frac{\lambda_1}{p}+\frac{\lambda_2}{q}+\max\{-\lambda_2,\lambda_1\lambda_2(b-a),\lambda_1\lambda_2 b-\lambda_2\}<\sigma<\frac{\lambda_1}{p}+\frac{\lambda_2}{q}$, 定义算子 T_1 和 T_2:

$$T_1(\tilde{a})(x) = \sum_{n=1}^{\infty} \frac{\left(\max\left\{1, n^{\lambda_1} x^{\lambda_2}\right\}\right)^b}{\left(1+n^{\lambda_1} x^{\lambda_2}\right)^a} a_n, \quad \tilde{a}=\{a_n\} \in l_p^{\alpha},$$

$$T_2(f)_n = \int_0^{+\infty} \frac{\left(\max\left\{1, n^{\lambda_1} x^{\lambda_2}\right\}\right)^b}{\left(1+n^{\lambda_1} x^{\lambda_2}\right)^a} f(x)\mathrm{d}x, \quad f(x) \in L_q^{\beta}(0,+\infty),$$

则 T_1 是从 l_p^{α} 到 $L_p^{\beta(1-p)}(0,+\infty)$ 的有界算子, T_2 是从 $L_q^{\beta}(0,+\infty)$ 到 $l_q^{\alpha(1-q)}$ 的有界算子, 且 T_1 与 T_2 的算子范数为

$$\|T_1\| = \|T_2\| = \frac{1}{\lambda_1^{1/q}\lambda_2^{1/p}} \times \int_0^1 \frac{1}{(1+t)^a}\left(t^{\frac{1}{\lambda_1\lambda_2}\left(\frac{\lambda_1}{p}+\frac{\lambda_2}{q}-\sigma\right)-1} + t^{a-\frac{1}{\lambda_1\lambda_2}\left(\frac{\lambda_1}{p}+\frac{\lambda_2}{q}+\lambda_1\lambda_2 b-\sigma\right)-1}\right)\mathrm{d}t.$$

参 考 文 献

陈强, 杨必成. 2013. 一个半离散非单调核逆向的 Hilbert 型不等式 [J]. 华南师范大学学报 (自然科学版), 45(1): 32-37.

顾朝晖, 杨必成. 2016. 一个加强的半离散 Hardy-Hilbert 型不等式 [J]. 吉林大学学报 (理学版), 54(4): 748-752.

洪勇, 温雅敏. 2016. 齐次核的 Hilbert 型级数不等式取最佳常数因子的充要条件 [J]. 数学年刊 A 辑 (中文版), 37(3): 329-336.

黄臻晓. 2013. 关于半离散单调核逆向的 Hilbert 型不等式 [J]. 数学的实践与认识, 43(19): 269-274.

聂彩云. 2020. 联系黎曼 ζ 函数的半离散 Hilbert 型不等式的改进 [J]. 吉首大学学报 (自然科学版), 41(6): 11-14.

石艳平, 尚小舟. 2016. 一个非齐次核半离散 Hilbert 型不等式的加强 [J]. 吉首大学学报 (自然科学版), 37(1): 14-16, 19.

王爱珍. 2013. 一个半离散且单调齐次核的 Hilbert 型不等式 [J]. 西南大学学报 (自然科学版), 35(4): 101-105.

王爱珍. 2015. 一个半离散且齐次核逆向的 Hilbert 型不等式 [J]. 数学的实践与认识, 45(12): 285-290.

谢子填, 孙宇锋. 2013. 关于一个半离散非齐次核的逆向 Hilbert 型不等式 [J]. 吉首大学学报 (自然科学版), 34(5): 11-15.

辛冬梅, 杨必成. 2019. 一个核为反正切函数的较为精确半离散的 Hilbert 型不等式 [J]. 广东第二师范学院学报, 39(5): 29-34.

辛冬梅, 杨必成. 2020. 一个较精确加强型的半离散 Hilbert 型不等式 [J]. 吉林大学学报 (理学版), 58(2): 225-230.

杨必成, 陈强. 2012. 一个半离散含多参数的 Hilbert 型不等式 [J]. 浙江大学学报 (理学版), 39(6): 623-626.

杨必成, 陈强. 2012. 一个半离散且非单调核的 Hilbert 型不等式 [J]. 吉林大学学报 (理学版), 50(2): 167-172.

杨必成, 陈强. 2013. 一个较为精确的半离散的 Hilbert 型不等式 [J]. 西南大学学报 (自然科学版), 35(6): 72-77.

杨必成, 陈强. 2013. 一个较为精确的半离散非齐次核的 Hilbert 不等式 [J]. 西南师范大学学报 (自然科学版), 38(8): 29-34.

杨必成, 陈强. 2014. 一个含对数核半离散的 Hilbert 型不等式 [J]. 上海大学学报 (自然科学版), 20(6): 726-732.

杨必成, 陈强. 2015. 一个半离散多参数的 Hilbert 型不等式 [J]. 兰州理工大学学报, 41(2): 150-154.

杨必成, 陈强. 2015. 一个核为双曲正割函数的半离散 Hilbert 型不等式 [J]. 西南师范大学学报 (自然科学版), 40(2): 26-32.

杨必成. 2011. 关于一个半离散的 Hilbert 型不等式 [J]. 汕头大学学报 (自然科学版), 26(4): 5-10.

杨必成. 2011. 关于一个半离散且非齐次核逆向的 Hilbert 型不等式 [J]. 内蒙古师范大学学报 (自然科学汉文版), 40(5): 433-436, 440.

杨必成. 2011. 一个半离散的 Hilbert 不等式 [J]. 广东第二师范学院学报, 31(3): 1-7.

杨必成. 2011. 一个较为精确半离散逆向的 Hilbert 型不等式 [J]. 湖南理工学院学报 (自然科学版), 24(4): 1-6.

杨必成. 2012. 关于两类较为精确半离散非齐次核逆向的 Hilbert 不等式 [J]. 广东第二师范学院学报, 32(3): 1-7.

杨必成. 2012. 关于一个较为精确的半离散 Hilbert 不等式 [J]. 北京联合大学学报 (自然科学版), 26(2): 59-64.

杨必成. 2012. 两类半离散含对数齐次核逆向的 Hilbert 型不等式 [J]. 广东第二师范学院学报, 32(5): 1-7.

杨必成. 2012. 两类较为精确半离散逆向的 Hilbert 不等式 [J]. 海南师范大学学报 (自然科学版), 25(1): 9-14, 55.

杨必成. 2012. 一个含单参数半离散的 Hilbert 不等式 [J]. 上海大学学报 (自然科学版), 18(5): 484-488.

杨必成. 2012. 一个较为精确半离散的 Hilbert 不等式 [J]. 内蒙古师范大学学报 (自然科学汉文版), 41(6): 585-590.

杨必成. 2012. 一个较为精确多参数半离散的 Hilbert 型不等式 [J]. 内蒙古民族大学学报 (自然科学版), 27(4): 373-377.

杨必成. 2012. 一个新的较精确的半离散 Hilbert 型不等式 [J]. 吉林大学学报 (理学版), 50(6): 1081-1085.

杨必成. 2013. 关于两类半离散含对数非齐次核逆向的 Hilbert 型不等式 [J]. 井冈山大学学报 (自然科学版), 34(2): 1-6.

杨必成. 2013. 两类较为精确半离散逆向的 Hilbert 型不等式 [J]. 广东第二师范学院学报, 33(3): 1-7.

杨必成. 2015. 论半离散的 Hilbert 型不等式及其算子表示 [J]. 广东第二师范学院学报, 35(5): 1-26.

钟建华, 曾志红, 陈强. 2017. 一个含中间变量的半离散 Hilbert 型不等式 [J]. 西南师范大学学报 (自然科学版), 42(2): 15-21.

钟建华, 陈强. 2013. 一个半离散的 Hilbert 型不等式 [J]. 浙江大学学报 (理学版), 40(1): 19-22, 26.

钟建华, 陈强. 2014. 一个单调减非凸的零齐次核 Hilbert 型不等式 [J]. 西南大学学报 (自然科学版), 36(8): 92-96.

钟建华, 陈强. 2015. 一个核为递减零齐次半离散的 Hilbert 型不等式 [J]. 浙江大学学报 (理学版), 42(1): 77-81.

周方敏, 谢子填. 2016. 一个新的具有最佳常数因子的半离散 Hilbert 不等式 [J]. 数学的实践与认识, 46(17): 269-274.

Adiyasuren V, Batbold T, Krnic M. 2014. Half-discrete Hilbert-type inequalities with mean operators with mean operators, with mean operators and applications [J]. Appl. Math. Comput., 231: 148-159.

Adiyasuren V, Batbold T, Krnic M. 2014. Half-discrete Hilbert-type inequalities involving differential operators [J]. J. Inequal. Appl., 2014(1): 1-12.

Azar L E. 2014. On a sharper form of half-discrete Hilbert inequality [J]. Tamkang J. Math., 45(1): 77-85.

Azar L E. 2014. Two new forms of half-discrete Hilbert inequality [J]. J. Egyptian Math. Soc., 22(2): 254-257.

Huang Q L, Wang A Z, Yang B C. 2014. A more accurate half-discrete Hilbert-type inequality with a general non-homogeneous kernel and operator expressions [J]. Math. Inequal. Appl., 17(1): 367-388.

Huang X S, Luo R C, Yang B C. 2020. On a new extended half-discrete Hilbert's inequality involving partial sums [J]. J. Inequal. Appl., 2020(1): 1-14.

Rassias M Th, Yang B C, Meletiou G C. 2021. A more Accurate half-discrete Hilbert-type inequality in the whole plane and the Reverses [J]. Ann. Funct. Anal., 12(3): 29.

Rassias M Th, Yang B C. 2019. On a Hilbert-type integral inequality in the whole plane related to the extended Riemann zeta function [J]. Mathematical analysis and applications, 4(2): 511-528.

Wang A Z, Yang B C. 2017. A more accurate half-discrete Hardy-Hilbert-type inequality with the logarithmic function [J]. J. Inequal. Appl., 2017(1): 1-19.

Wang A Z, Yang B C. 2020. Equivalent property of a more accurate half-discrete Hilbert's inequality [J]. J. Appl. Anal. Comput., 10: 920-934.

Yang B C, Chen Q. 2014. A more accurate half-discrete reverse Hilbert-type inequality with a non-homogeneous kernel [J]. J. Inequal. Appl., 2014(1): 1-13.

Yang B C, Debnath L. 2014. On a half-discrete Hilbert-type inequality with a logarithmic kernel [J]. J. Indian Math. Soc., 18(1-2): 195-204.

Yang B C, He B. 2017. A new half-discrete Hilbert-type inequality in the whole plane [J]. J. Appl. Anal. Comput., 7(3): 977-991.

You M H, Guan Y. 2019. On A Hilbert-type integral inequality with non-homogeneous kernel of mixed hyperbolic functions [J]. J. Math. Inequal., 13(4): 1197-1208.

Zeng Z, Xie Z T, Liu X D. 2014. A half-discrete Hilbert-type inequality with a non-homogeneous kernel [J]. Pac. J. Appl. Math., 6(2): 115-120.

第 5 章　权系数方法选取适配参数的条件

在 1.8 节中, 我们陈述了权系数方法, 它是研究 Hilbert 型不等式的基本方法, 当我们用权系数方法选取搭配参数 a 和 b 时, 利用 Hölder 不等式, 可得到一个 Hilbert 型不等式, 一般来说, 这个不等式的常数因子 $W_1^{1/p}W_2^{1/q}$ 不是最佳的, 只有当 a 和 b 满足一定的条件时, $W_1^{1/p}W_2^{1/q}$ 才会是最佳常数因子, 此时的 a 和 b 称为适配参数或适配数. 本章中我们将针对不同特征的核 $K(x,y)$ 讨论适配数所满足的条件, 从而找到判别 $W_1^{1/p}W_2^{1/q}$ 为最佳常数因子的方法.

5.1　关于 Hilbert 型积分不等式适配数条件

5.1.1　齐次核情形下的适配数条件

引理 5.1.1　设 $\dfrac{1}{p}+\dfrac{1}{q}=1\ (p>1)$, a,b,λ 都是常数, $K(x,y)$ 是λ 阶齐次非负函数, $aq+bp=\lambda+2$, 且

$$W_1(b,p)=\int_0^{+\infty}K(1,t)\,t^{-bp}\mathrm{d}t,\quad W_2(a,q)=\int_0^{+\infty}K(t,1)\,t^{-aq}\mathrm{d}t$$

都收敛, 那么 $W_1(b,p)=W_2(a,q)$, 且有

$$\omega_1(b,p,x)=\int_0^{+\infty}K(x,y)y^{-bp}\mathrm{d}y=x^{1+\lambda-bp}W_1(b,p),$$

$$\omega_2(a,q,y)=\int_0^{+\infty}K(x,y)x^{-aq}\mathrm{d}x=y^{1+\lambda-aq}W_2(a,q).$$

证明　因为 $K(x,y)$ 是λ 阶齐次函数, 且由 $aq+bp=\lambda+2$, 可得 $-\lambda-2+bp=-aq$, 于是有

$$\begin{aligned}W_1(b,p)&=\int_0^{+\infty}t^{\lambda-bp}K\left(\frac{1}{t},1\right)\mathrm{d}t=\int_0^{+\infty}u^{-\lambda+bp-2}K(u,1)\,\mathrm{d}u\\&=\int_0^{+\infty}u^{-aq}K(u,1)\,\mathrm{d}u=W_2(a,q),\end{aligned}$$

$$\omega_1(b,p,x)=\int_0^{+\infty}x^{\lambda}K\left(1,\frac{y}{x}\right)y^{-bp}\mathrm{d}y$$
$$=x^{1+\lambda-bp}\int_0^{+\infty}K(1,t)\,t^{-bp}\mathrm{d}t=x^{1+\lambda-bp}W_1(b,p)\,.$$

同理可得 $\omega_2(a,q,y)=y^{1+\lambda-aq}W_2(a,q)$. 证毕.

定理 5.1.1　设 $\frac{1}{p}+\frac{1}{q}=1\ (p>1)$, $a,b,\lambda\in\mathbb{R}$, $K(x,y)$ 是λ 阶齐次非负可测函数, 且

$$W_1(b,p)=\int_0^{+\infty}K(1,t)\,t^{-bp}\mathrm{d}t,\quad W_2(a,q)=\int_0^{+\infty}K(t,q)\,t^{-aq}\mathrm{d}t$$

都收敛.

(i) $\forall f(x)\geqslant 0,\ g(y)\geqslant 0$, 有 Hilbert 型积分不等式:

$$\int_0^{+\infty}\int_0^{+\infty}K(x,y)f(x)g(y)\mathrm{d}x\mathrm{d}y$$
$$\leqslant W_1^{\frac{1}{p}}(b,p)W_2^{\frac{1}{q}}(a,q)\left(\int_0^{+\infty}x^{1+\lambda+(a-b)p}f^p(x)\mathrm{d}x\right)^{\frac{1}{p}}\left(\int_0^{+\infty}y^{1+\lambda+(b-a)q}g^q(y)\mathrm{d}y\right)^{\frac{1}{q}}.\tag{5.1.1}$$

(ii) 当且仅当 $aq+bp=\lambda+2$ 时, (5.1.1) 式中的常数因子 $W_1^{\frac{1}{p}}(b,p)\,W_2^{\frac{1}{q}}(a,q)$ 是最佳的. 当 $aq+bp=\lambda+2$ 时, (5.1.1) 式化为

$$\int_0^{+\infty}\int_0^{+\infty}K(x,y)f(x)g(y)\mathrm{d}x\mathrm{d}y\leqslant W_1(b,p)\,\|f\|_{p,apq-1}\,\|g\|_{q,bpq-1}\,.\tag{5.1.2}$$

证明　(i) 根据 Hölder 不等式及引理 5.1.1, 有

$$\int_0^{+\infty}\int_0^{+\infty}K(x,y)f(x)g(y)\mathrm{d}x\mathrm{d}y$$
$$=\int_0^{+\infty}\int_0^{+\infty}\left(\frac{x^a}{y^b}f(x)\right)\left(\frac{y^b}{x^a}g(y)\right)K(x,y)\mathrm{d}x\mathrm{d}y$$
$$\leqslant\left(\int_0^{+\infty}\int_0^{+\infty}\frac{x^{ap}}{y^{bp}}f^p(x)\,K(x,y)\mathrm{d}x\mathrm{d}y\right)^{\frac{1}{p}}\left(\int_0^{+\infty}\int_0^{+\infty}\frac{y^{bq}}{x^{aq}}g^q(y)\,K(x,y)\mathrm{d}x\mathrm{d}y\right)^{\frac{1}{q}}$$
$$=\left(\int_0^{+\infty}x^{ap}f^p(x)\,\omega_1(b,p,x)\mathrm{d}x\right)^{\frac{1}{p}}\left(\int_0^{+\infty}y^{bq}g^q(y)\,\omega_2(a,q,y)\mathrm{d}y\right)^{\frac{1}{q}}$$

$$=W_1^{\frac{1}{p}}(b,p)\,W_2^{\frac{1}{q}}(a,q)\left(\int_0^{+\infty} x^{1+\lambda+(a-b)p}f^p(x)\mathrm{d}x\right)^{\frac{1}{p}}\left(\int_0^{+\infty} y^{1+\lambda+(b-a)q}g^q(y)\mathrm{d}y\right)^{\frac{1}{q}},$$

故 (5.1.1) 式成立.

(ii) 充分性: 设 $aq+bp=\lambda+2$, 由引理 5.1.1 可知 $W_1(b,p)=W_2(a,q)$, 且 $\lambda+1+(a-b)p=apq-1$, $\lambda+1+(b-a)q=bpq-1$, 于是 (5.1.1) 式化为 (5.1.2) 式.

若 (5.1.2) 的常数因子 $W_1(b,p)$ 不是最佳的, 则存在常数 $M_0<W_1(b,p)$, 使得用 M_0 取代 (5.1.2) 式中的 $W_1(b,p)$ 后, (5.1.2) 式仍成立.

取 $\varepsilon>0$ 充分小, $\delta>0$ 也充分小, 令

$$f(x)=\begin{cases} x^{(-apq-\varepsilon)/p}, & x\geqslant 1,\\ 0, & 0<x<1,\end{cases}\qquad g(y)=\begin{cases} y^{(-bpq-\varepsilon)/q}, & y\geqslant \delta,\\ 0, & 0<y<\delta.\end{cases}$$

则有

$$\begin{aligned}\|f\|_{p,apq-1}\|g\|_{q,bpq-1}&=\left(\int_0^{+\infty} x^{-1-\varepsilon}\mathrm{d}x\right)^{\frac{1}{p}}\left(\int_\delta^{+\infty} y^{-1-\varepsilon}\mathrm{d}y\right)^{\frac{1}{q}}\\&=\left(\frac{1}{\varepsilon}\right)^{\frac{1}{p}}\left(\frac{1}{\varepsilon}\delta^{-\varepsilon}\right)^{\frac{1}{q}}=\frac{1}{\varepsilon}\delta^{-\frac{\varepsilon}{q}},\end{aligned}$$

$$\int_0^{+\infty}\int_0^{+\infty} K(x,y)f(x)g(y)\mathrm{d}x\mathrm{d}y=\int_1^{+\infty} x^{-\frac{apq+\varepsilon}{p}}\left(\int_\delta^{+\infty} y^{-\frac{bpq+\varepsilon}{q}}K(x,y)\,\mathrm{d}y\right)\mathrm{d}x$$

$$=\int_1^{+\infty} x^{-\frac{apq+\varepsilon}{p}}\left(x^{\lambda}\int_\delta^{+\infty} y^{-\frac{bpq+\varepsilon}{q}}K\left(1,\frac{y}{x}\right)\mathrm{d}y\right)\mathrm{d}x$$

$$=\int_1^{+\infty} x^{\lambda-\frac{apq+\varepsilon}{p}-\frac{bpq+\varepsilon}{q}+1}\left(\int_{\delta/x}^{+\infty} K(1,t)\,t^{-\frac{bpq+\varepsilon}{q}}\mathrm{d}t\right)\mathrm{d}x$$

$$\geqslant\int_1^{+\infty} x^{\lambda-(aq+bp)+1-\varepsilon}\left(\int_\delta^{+\infty} K(1,t)\,t^{-bp-\frac{\varepsilon}{q}}\mathrm{d}t\right)\mathrm{d}x$$

$$=\int_1^{+\infty} x^{-1-\varepsilon}\mathrm{d}x\int_\delta^{+\infty} K(1,t)\,t^{-bp-\frac{\varepsilon}{q}}\mathrm{d}t$$

$$=\frac{1}{\varepsilon}\int_\delta^{+\infty} K(1,t)\,t^{-bp-\frac{\varepsilon}{q}}\mathrm{d}t,$$

于是, 可得

$$\int_\delta^{+\infty} K(1,t)\,t^{-bp-\frac{\varepsilon}{q}}\mathrm{d}t\leqslant M_0\delta^{-\frac{\varepsilon}{q}},$$

先令 $\varepsilon \to 0^+$, 再令 $\delta \to 0^+$, 得

$$W_1(b,p) = \int_0^{+\infty} K(1,t)\, t^{-bp}\mathrm{d}t \leqslant M_0,$$

这与 $M_0 < W_1(b,p)$ 矛盾, 故 $W_1(b,p)$ 是 (5.1.2) 式的最佳常数因子.

必要性: 设 (5.1.1) 式中的常数因子 $W_1^{\frac{1}{p}}(b,p)\, W_2^{\frac{1}{q}}(a,q)$ 是最佳的, 记 $c = bp+aq-(\lambda+2)$, $a_1 = a-\dfrac{c}{pq}$, $b_1 = b-\dfrac{c}{pq}$, 则 $1+\lambda+(a-b)p = 1+\lambda+(a_1-b_1)\,p$, $1+\lambda+(b-a)\,q = 1+\lambda+(b_1-a_1)\,q$. 经简单计算, 有

$$W_2(a,q) = \int_0^{+\infty} K(t,1)\, t^{-aq}\mathrm{d}t = \int_0^{+\infty} K(1,t)\, t^{-bp+c}\mathrm{d}t.$$

于是 (5.1.1) 式可等价地写为

$$\begin{aligned}&\int_0^{+\infty}\int_0^{+\infty} K(x,y) f(x) g(y)\mathrm{d}x\mathrm{d}y\\ \leqslant & W_1^{\frac{1}{p}}(b,p)\left(\int_0^{+\infty} K(1,t)\, t^{-bp+c}\mathrm{d}t\right)^{\frac{1}{q}}\left(\int_0^{+\infty} x^{1+\lambda+(a_1-b_1)p} f^p(x)\mathrm{d}x\right)^{\frac{1}{p}}\\ &\times\left(\int_0^{+\infty} y^{1+\lambda+(b_1-a_1)q} g^q(y)\mathrm{d}y\right)^{\frac{1}{q}}.\end{aligned}$$

又经计算可得 $b_1p+a_1q = \lambda+2$, $1+\lambda+(a_1-b_1)\,p = a_1pq-1$, $1+\lambda+(b_1-a_1)\,q = b_1pq-1$, 于是 (5.1.1) 式又可等价地写为

$$\begin{aligned}&\int_0^{+\infty}\int_0^{+\infty} K(x,y) f(x) g(y)\mathrm{d}x\mathrm{d}y\\ \leqslant & W_1^{\frac{1}{p}}(b,p)\left(\int_0^{+\infty} K(1,t)\, t^{-bp+c}\mathrm{d}t\right)^{\frac{1}{q}}\|f\|_{p,a_1bp-1}\|g\|_{q,b_1pq-1}.\end{aligned}\tag{5.1.3}$$

根据假设条件可知 (5.1.3) 中的常数因子

$$W_1^{\frac{1}{p}}(b,p)\left(\int_0^{+\infty} K(1,t)\, t^{-bp+c}\mathrm{d}t\right)^{\frac{1}{q}}$$

是最佳的. 又根据前面充分性的证明, (5.1.3) 的最佳常数因子是

$$\int_0^{+\infty} K(1,t)\, t^{-b_1p}\mathrm{d}t = \int_0^{+\infty} K(1,t)\, t^{-bp+c}\mathrm{d}t$$

于是有

$$\int_0^{+\infty} K(1,t)\, t^{-bp+\frac{c}{q}}\mathrm{d}t = W_1^{\frac{1}{p}}(b,p)\int_0^{+\infty} K(1,t)\, t^{-bp+c}\mathrm{d}t. \tag{5.1.4}$$

根据 Hölder 不等式, 有

$$\begin{aligned}
&\int_0^{+\infty} K(1,t)\, t^{-bp+\frac{c}{q}}\mathrm{d}t = \int_0^{+\infty} 1\cdot t^{\frac{c}{q}} K(1,t)\, t^{-bp}\mathrm{d}t\\
\leqslant&\left(\int_0^{+\infty} 1^p K(1,t)\, t^{-bp}\mathrm{d}t\right)^{\frac{1}{p}}\left(\int_0^{+\infty} t^c K(1,t)\, t^{-bp}\mathrm{d}t\right)^{\frac{1}{q}}\\
=&W_1^{\frac{1}{p}}(b,p)\left(\int_0^{+\infty} K(1,t)\, t^{-bp+c}\mathrm{d}t\right)^{\frac{1}{q}}.
\end{aligned} \tag{5.1.5}$$

由 (5.1.4) 式可知 (5.1.5) 式取等号, 故 $t^{c/q}$ 为常数, 从而 $c=0$, 即 $aq+bp=\lambda+2$. 证毕.

根据定理 5.1.1 可知, 当我们对搭配参数 a 与 b 利用权系数方法得到具有 λ 阶齐次核的 Hilbert 型积分不等式 (5.1.1) 时, a 与 b 是适配数的充要条件为 $aq+bp=\lambda+2$. 记

$$\Delta = aq+bp-(\lambda+2),$$

今后称 Δ 是 (5.1.1) 式常数因子最佳的判别式, 即 a 与 b 是适配数的充要条件为 $\Delta=0$.

例 5.1.1 设 $\frac{1}{p}+\frac{1}{q}=1\ (p>1)$, $a>0$, $b>0$, $c>0$, 若选取搭配参数 $a_0=\frac{-1}{2q}$, $b_0=\frac{-1}{2p}$, 利用权系数方法得到不等式

$$\begin{aligned}
&\int_0^{+\infty}\int_0^{+\infty}\frac{f(x)g(y)}{(x+ay)(x+by)(x+cy)}\mathrm{d}x\mathrm{d}y\\
\leqslant&\frac{\pi}{\left(\sqrt{a}+\sqrt{b}\right)\left(\sqrt{b}+\sqrt{c}\right)\left(\sqrt{c}+\sqrt{a}\right)}\|f\|_{p,-1-\frac{p}{2}}\|g\|_{q,-1-\frac{q}{2}},
\end{aligned} \tag{5.1.6}$$

请判别其常数因子是否是最佳的.

解 因为 $a_0=\frac{-1}{2q}$, $b_0=\frac{-1}{2p}$, 而核函数

$$K(x,y)=\frac{1}{(x+ay)(x+by)(x+cy)}$$

是 $\lambda=-3$ 阶齐次非负函数, 故

$$a_0q+b_0p=\frac{-1}{2q}q+\frac{-1}{2p}p=-1=-3+2=\lambda+2,$$

即 $\Delta=a_0q+b_0p-(\lambda+2)=0$, 所以 a_0 与 b_0 是适配数, 从而 (5.1.6) 式中的常数因子是最佳的. 解毕.

例 5.1.2 设 $\frac{1}{p}+\frac{1}{q}=1\ (p>1)$, $\lambda>0$, $b>0$, $c>0$, $a>-\min\{b,c\}$, 若选取搭配参数 $a_0=\frac{1}{q}\left(1-\frac{\lambda}{2}\right)$, $b_0=\frac{1}{p}\left(1-\frac{\lambda}{2}\right)$, 利用权系数方法得到不等式:

$$\int_0^{+\infty}\int_0^{+\infty}\frac{f(x)g(y)}{\min\left\{x^\lambda,y^\lambda\right\}+bx^\lambda+cy^\lambda}\mathrm{d}x\mathrm{d}y\leqslant M_0\left\|f\right\|_{p,p\left(1-\frac{\lambda}{2}\right)-1}\left\|g\right\|_{q,q\left(1-\frac{\lambda}{2}\right)-1},$$

其中

$$M_0=\frac{1}{\lambda_1}\left(\frac{2}{\sqrt{b(a+c)}}\arctan\sqrt{\frac{a+c}{b}}+\frac{2}{\sqrt{c(a+b)}}\arctan\sqrt{\frac{a+b}{c}}\right).$$

试证 M_0 是最佳常数因子.

证明　由于其核函数

$$K\left(x,y\right)=\frac{1}{\min\left\{x^\lambda,y^\lambda\right\}+bx^\lambda+cy^\lambda}$$

是 $-\lambda$ 阶齐次非负函数, $a_0=\frac{1}{q}\left(1-\frac{\lambda}{2}\right)$, $b_0=\frac{1}{p}\left(1-\frac{\lambda}{2}\right)$, 故

$$\Delta=a_0q+b_0p-(-\lambda+2)=1-\frac{\lambda}{2}+1-\frac{\lambda}{2}+\lambda-2=0,$$

所以不等式的常数因子 M_0 是最佳的. 证毕.

例 5.1.3 设 $\frac{1}{p}+\frac{1}{q}=1\ (p>1)$, $\lambda>0$, $a>0$, $b>1$, 若选取搭配参数 $a_0=\frac{1}{q}(1+\lambda b)$, $b_0=\frac{1}{p}(1-\lambda b)$, 利用权系数方法得到不等式

$$\int_0^{+\infty}\int_0^{+\infty}\operatorname{csch}\left(a\frac{y^\lambda}{x^\lambda}\right)f(x)g(y)\mathrm{d}x\mathrm{d}y\leqslant M_0\left\|f\right\|_{p,p(1+\lambda b)-1}\left\|g\right\|_{q,q(1-\lambda b)-1},$$

其中 $M_0=\frac{2\Gamma(b)}{\lambda a^b}\left(1-\frac{1}{2^b}\right)\zeta(b)$, 求证 M_0 是最佳的.

证明 因为核函数

$$K(x,y)=\operatorname{csch}\left(a\frac{y^{\lambda}}{x^{\lambda}}\right)$$

是 $\lambda_0=0$ 阶齐次非负函数, $a_0=\dfrac{1}{q}(1+\lambda b)$, $b_0=\dfrac{1}{p}(1-\lambda b)$, 故

$$\Delta=a_0q+b_0p-(\lambda_0+2)=1+\lambda b+1-\lambda b-2=0,$$

于是可知 M_0 是不等式的最佳常数因子. 证毕.

例 5.1.4 设 $p>1$, $\dfrac{1}{p}+\dfrac{1}{q}=1$, $\lambda_1>0$, $-\dfrac{1}{q}<\lambda_2<\dfrac{1}{p}$, $f(x)\in L_p(0,+\infty)$, $g(y)\in L_q(0,+\infty)$, 求证:

$$\int_0^{+\infty}\int_0^{+\infty}\frac{(x/y)^{\lambda_2}}{\left(x^{\lambda_1}+y^{\lambda_1}\right)^{1/\lambda_1}}f(x)g(y)\mathrm{d}x\mathrm{d}y\leqslant M_0\|f\|_p\|g\|_q, \tag{5.1.7}$$

其中 $M_0=\dfrac{1}{\lambda_1}B\left(\dfrac{1}{\lambda_1}\left(\dfrac{1}{p}-\lambda_2\right),\dfrac{1}{\lambda_1}\left(\dfrac{1}{q}+\lambda_2\right)\right)$ 是最佳的.

证明 记核函数 $K(x,y)=(x/y)^{\lambda_2}\Big/\left(x^{\lambda_1}+y^{\lambda_1}\right)^{1/\lambda_1}$, 则 $k(x,y)$ 是 $\lambda=-1$ 阶齐次非负函数, 选取搭配参数 $a=b=\dfrac{1}{pq}$, 则 $\lambda+1+(a-b)p=0$, $\lambda+1+(b-a)q=0$, 且

$$W_1(b,p)=\int_0^{+\infty}K(1,t)\,t^{-bp}\mathrm{d}t=\int_0^{+\infty}\frac{t^{-\lambda_2}}{\left(1+t^{\lambda_1}\right)^{1/\lambda_1}}t^{-\frac{1}{q}}\mathrm{d}t$$

$$=\frac{1}{\lambda_1}\int_0^{+\infty}\frac{1}{(1+u)^{1/\lambda_1}}u^{\frac{1}{\lambda_1}\left(\frac{1}{p}-\lambda_2\right)-1}\mathrm{d}u=\frac{1}{\lambda_1}B\left(\frac{1}{\lambda_1}\left(\frac{1}{p}-\lambda_2\right),\frac{1}{\lambda_1}\left(\frac{1}{q}+\lambda_2\right)\right),$$

故 $M_0=W_1(b,p)$.

又 $a=\dfrac{1}{pq}$, $b=\dfrac{1}{pq}$, 故 $\Delta=aq+bp-(\lambda+2)=\dfrac{1}{p}+\dfrac{1}{q}-1=0$, 根据定理 5.1.1 可知 (5.1.7) 式成立, 且常数因子 M_0 是最佳的. 证毕.

例 5.1.5 设 $\dfrac{1}{p}+\dfrac{1}{q}=1\ (p>1)$, $\lambda_1>0$, $\lambda_2>0$, $\dfrac{2}{1+\lambda_1\lambda_2}<q<2$, $f(x)\in L_p^1(0,+\infty)$, $g(y)\in L_q^1(0,+\infty)$, 求证:

$$\int_0^{+\infty}\int_0^{+\infty}\frac{f(x)g(y)}{\left(1+x^{\lambda_1}/y^{\lambda_1}\right)^{\lambda_2}}\mathrm{d}x\mathrm{d}y\leqslant M_0\|f\|_{p,1}\|g\|_{q,1}, \tag{5.1.8}$$

其中 $M_0 = \frac{1}{\lambda_1} B\left(\frac{1}{\lambda_1}\left(\frac{2}{q}-1\right), \lambda_2 - \frac{1}{\lambda_1}\left(\frac{2}{q}-1\right)\right)$ 是最佳的.

证明　首先由 $\lambda_1 > 0$, $\lambda_2 > 0$, $\frac{2}{1+\lambda_1\lambda_2} < q < 2$, 可知 $\frac{1}{\lambda_1}\left(\frac{2}{q}-1\right) > 0$, $\lambda_2 - \frac{1}{\lambda_1}\left(\frac{2}{q}-1\right) > 0$, 故 M_0 中的 Beta 函数收敛. 核函数 $K(x,y) = 1\Big/\left(1+x^{\lambda_1}/y^{\lambda_1}\right)^{\lambda_2}$ 是 $\lambda = 0$ 阶齐次非负函数, 选取搭配参数 $a = b = \frac{2}{pq}$, 则

$$\Delta = aq + bp - (\lambda + 2) = \frac{2}{p} + \frac{2}{q} - 2 = 0,$$

故 $a = \frac{2}{pq}$, $b = \frac{2}{pq}$ 是适配数, 又因为 $apq - 1 = 1$, $bpq - 1 = 1$, 且

$$W_1(b,p) = \int_0^{+\infty} K(1,t)\, t^{-bp}\mathrm{d}t = \int_0^{+\infty} \frac{1}{\left(1+t^{-\lambda_1}\right)^{\lambda_2}} t^{-\frac{2}{q}}\mathrm{d}t$$

$$= \frac{1}{\lambda_1}\int_0^{+\infty} \frac{1}{(1+u)^{\lambda_2}} u^{\frac{1}{\lambda_1}\left(\frac{2}{q}-1\right)-1}\mathrm{d}t = \frac{1}{\lambda_1} B\left(\frac{1}{\lambda_1}\left(\frac{2}{q}-1\right), \lambda_2 - \frac{1}{\lambda_1}\left(\frac{2}{q}-1\right)\right),$$

故 $M_0 = W_1(b,p)$.

根据定理 5.1.1, 知 (5.1.8) 式成立, 且常数因子 M_0 是最佳的. 证毕.

5.1.2　拟齐次核情形下的适配数条件

(1) 核函数满足 $K(tx,y) = t^{\lambda_1\lambda} K\left(x, t^{-\lambda_1/\lambda_2} y\right)$ 及 $K(x,ty) = t^{\lambda_2\lambda} K\left(t^{-\lambda_2/\lambda_1} x, y\right)$ 的拟齐次核情形.

设 $G(x,y)$ 是 λ 阶齐次函数, 则 $K(x,y) = G\left(x^{\lambda_1}, y^{\lambda}\right)$ 是具有参数 $(\lambda, \lambda_1, \lambda_2)$ 的第一类拟齐次函数.

引理 5.1.2　设 $\frac{1}{p} + \frac{1}{q} = 1 (p > 1)$, $a, b, \lambda \in \mathbb{R}$, $\lambda_1\lambda_2 > 0$, $K(x,y)$ 是具有参数 $(\lambda, \lambda_1, \lambda_2)$ 的拟齐次非负可测函数. $\frac{1}{\lambda_1} aq + \frac{1}{\lambda_2} bp = \frac{1}{\lambda_1} + \frac{1}{\lambda_2} + \lambda$, 且

$$W_1(b,p) = \int_0^{+\infty} K(1,t)\, t^{-bp}\mathrm{d}t, \quad W_2(a,q) = \int_0^{+\infty} K(t,1)\, t^{-aq}\mathrm{d}t$$

都收敛, 那么 $\lambda_2 W_1(b,p) = \lambda_1 W_2(a,q)$, 且有

$$w_1(b,p,x) = \int_0^{+\infty} K(x,y) y^{-bp}\mathrm{d}y = x^{\lambda_1\left(\lambda - \frac{1}{\lambda_2} bp + \frac{1}{\lambda_2}\right)} W_1(b,p),$$

$$w_2(a,q,y)=\int_0^{+\infty}K(x,y)x^{-aq}\mathrm{d}x=y^{\lambda_2\left(\lambda-\frac{1}{\lambda_1}aq+\frac{1}{\lambda_1}\right)}W_2(a,q).$$

证明 根据 $\dfrac{1}{\lambda_1}aq+\dfrac{1}{\lambda_2}bp=\dfrac{1}{\lambda_1}+\dfrac{1}{\lambda_2}+\lambda$, 可得 $-\lambda_1\lambda+\dfrac{\lambda_1}{\lambda_2}bp-\dfrac{\lambda_1}{\lambda_2}-1=-aq$, 于是有

$$\begin{aligned}W_1(b,p)&=\int_0^{+\infty}t^{\lambda\lambda_2}K\left(t^{-\lambda_2/\lambda_1},1\right)t^{-bp}\mathrm{d}t=\frac{\lambda_1}{\lambda_2}\int_0^{+\infty}K(u,1)\,u^{-\lambda_1\lambda+\frac{\lambda_1}{\lambda_2}bp-\frac{\lambda_1}{\lambda_2}-1}\mathrm{d}u\\&=\frac{\lambda_1}{\lambda_2}\int_0^{+\infty}K(u,1)\,u^{-aq}\mathrm{d}u=\frac{\lambda_1}{\lambda_2}W_2(a,q),\end{aligned}$$

故 $\lambda_2W_1(b,p)=\lambda_1W_2(a,q)$.

作变换 $y=x^{\lambda_1/\lambda_2}t$, 则

$$\begin{aligned}\omega_1(b,p,x)&=\int_0^{+\infty}x^{\lambda_1\lambda}K\left(1,x^{-\lambda_1/\lambda_2}y\right)y^{-bp}\mathrm{d}y\\&=x^{\lambda_1\left(\lambda-\frac{1}{\lambda_2}bp+\frac{1}{\lambda_2}\right)}\int_0^{+\infty}K(1,t)\,t^{-bp}\mathrm{d}t=x^{\lambda_1\left(\lambda-\frac{1}{\lambda_2}bp+\frac{1}{\lambda_2}\right)}W_1(b,p).\end{aligned}$$

同理可证 $\omega_2(a,q,y)=y^{\lambda_2\left(\lambda-\frac{1}{\lambda_2}aq+\frac{1}{\lambda_1}\right)}W_2(a,q)$. 证毕.

定理 5.1.2 设 $\dfrac{1}{p}+\dfrac{1}{q}=1\ (p>1)$, $a,b,\lambda\in\mathbb{R}$, $\lambda_1\lambda_2>0$, $K(x,y)$ 是具有参数 $(\lambda,\lambda_1,\lambda_2)$ 的拟齐非负可测函数, 且

$$W_1(b,p)=\int_0^{+\infty}K(1,t)\,t^{-bp}\mathrm{d}t,\quad W_2(a,q)=\int_0^{+\infty}K(t,1)\,t^{-aq}\mathrm{d}t$$

都收敛, 那么

(i)$\forall f(x)\geqslant 0$, $g(y)\geqslant 0$, 有 Hilbert 型积分不等式:

$$\begin{aligned}&\int_0^{+\infty}\int_0^{+\infty}K(x,y)\,f(x)\,g(y)\,\mathrm{d}x\mathrm{d}y\\&\leqslant W_1^{\frac{1}{p}}(b,p)\,W_2^{\frac{1}{q}}(a,q)\left(\int_0^{+\infty}x^{\lambda_1\left[\lambda+\frac{1}{\lambda_2}+p\left(\frac{a}{\lambda_1}-\frac{b}{\lambda_2}\right)\right]}f^p(x)\,\mathrm{d}x\right)^{\frac{1}{p}}\\&\quad\times\left(\int_0^{+\infty}y^{\lambda_2\left[\lambda+\frac{1}{\lambda_1}+q\left(\frac{b}{\lambda_2}-\frac{a}{\lambda_1}\right)\right]}g^q(y)\,\mathrm{d}y\right)^{\frac{1}{q}}.\end{aligned}\tag{5.1.9}$$

(ii) 当且仅当 $\frac{1}{\lambda_1}aq+\frac{1}{\lambda_2}bp=\frac{1}{\lambda_1}+\frac{1}{\lambda_2}+\lambda$ 时, (5.1.9) 式中的常数因子 $W_1^{\frac{1}{p}}(b,p)W_2^{\frac{1}{q}}(a,q)$ 是最佳的. 当 $\frac{1}{\lambda_1}aq+\frac{1}{\lambda_2}bp=\frac{1}{\lambda_1}+\frac{1}{\lambda_2}+\lambda$ 时, (5.1.9) 式化为

$$\int_0^{+\infty}\int_0^{+\infty}K(x,y)f(x)g(y)\mathrm{d}x\mathrm{d}y=\frac{W_0}{|\lambda_1|^{1/q}|\lambda_2|^{1/p}}||f||_{p,apq-1}||g||_{q,bpq-1}, \tag{5.1.10}$$

其中 $W_0=|\lambda_1|W_2(a,q)=|\lambda_2|W_1(b,p)$.

证明　(i) 根据 Hölder 不等式及引理 5.1.2, 利用权系数方法, 可得

$$\begin{aligned}
&\int_0^{+\infty}\int_0^{+\infty}K(x,y)f(x)g(y)\mathrm{d}x\mathrm{d}y\\
\leqslant&\left(\int_0^{+\infty}x^{ap}f^p(x)\omega_1(b,p,x)\mathrm{d}x\right)^{\frac{1}{p}}\left(\int_0^{+\infty}y^{bq}g^q(y)\omega_2(a,q,y)\mathrm{d}y\right)^{\frac{1}{q}}\\
=&W_1^{\frac{1}{p}}(b,p)W_2^{\frac{1}{q}}(a,q)\left(\int_0^{+\infty}x^{ap+\lambda_1\left(\lambda-\frac{1}{\lambda_2}bp+\frac{1}{\lambda_2}\right)}f^p(x)\mathrm{d}x\right)^{\frac{1}{p}}\\
&\times\left(\int_0^{+\infty}y^{bq+\lambda_2\left(\lambda-\frac{1}{\lambda_1}aq+\frac{1}{\lambda_1}\right)}g^q(y)\mathrm{d}y\right)^{\frac{1}{q}}\\
=&W_1^{\frac{1}{p}}(b,p)W_2^{\frac{1}{q}}(a,q)\left(\int_0^{+\infty}x^{\lambda_1\left[\lambda+\frac{1}{\lambda_2}+p\left(\frac{a}{\lambda_1}-\frac{\lambda}{b_2}\right)\right]}f^p(x)\mathrm{d}x\right)^{\frac{1}{p}}\\
&\times\left(\int_0^{+\infty}y^{\lambda_2\left[\lambda+\frac{1}{\lambda_1}+q\left(\frac{b}{\lambda_2}-\frac{a}{\lambda_1}\right)\right]}g^q(y)\mathrm{d}y\right)^{\frac{1}{q}}.
\end{aligned}$$

故 (5.1.9) 式成立.

(ii) 充分性: 设 $\frac{1}{\lambda_1}aq+\frac{1}{\lambda_2}bp=\frac{1}{\lambda_1}+\frac{1}{\lambda_2}+\lambda$, 由引理 5.1.2, 有 $\lambda_1W_2(a,q)=\lambda_2W_1(b,p)$, 故

$$W_1^{\frac{1}{p}}(b,p)W_2^{\frac{1}{q}}(a,q)=\left(\frac{\lambda_2}{\lambda_1}\right)^{\frac{1}{q}}W_1(b,p)=\frac{W_0}{|\lambda_1|^{1/q}|\lambda_2|^{1/p}},$$

且

$$\lambda_1\left[\lambda+\frac{1}{\lambda_2}+p\left(\frac{a}{\lambda_1}-\frac{b}{\lambda_2}\right)\right]=apq-1,\lambda_2\left[\lambda+\frac{1}{\lambda_1}+q\left(\frac{b}{\lambda_2}-\frac{a}{b_1}\right)\right]=bpq-1,$$

故可知 (5.1.9) 式化为 (5.1.10) 式.

设 (5.1.10) 式的最佳常数因子为 M_0, 则 $M_0 \leqslant W_0 \Big/ \left(|\lambda_1|^{1/q} |\lambda_2|^{1/p}\right)$, 且用 M_0 取代 (5.1.10) 式的常数因子后, (5.1.10) 式仍成立.

对充分小的 $\varepsilon > 0$ 及 $\delta > 0$, 取

$$f(x) = \begin{cases} x^{(-apq-|\lambda_1|\varepsilon)/p}, & x \geqslant 1, \\ 0, & 0 < x < 1, \end{cases} \qquad g(y) = \begin{cases} y^{(-bpq-|\lambda_2|\varepsilon)/q}, & y \geqslant \delta, \\ 0, & 0 < y < \delta. \end{cases}$$

则有

$$\begin{aligned} \|f\|_{p,apq-1} \|g\|_{q,bpq-1} &= \left(\int_1^{+\infty} x^{-1-|\lambda_1|\varepsilon} \mathrm{d}x\right)^{\frac{1}{p}} \left(\int_\sigma^{+\infty} y^{-1-|\lambda_2|\varepsilon} \mathrm{d}y\right)^{\frac{1}{q}} \\ &= \left(\frac{1}{|\lambda_1|\varepsilon}\right)^{\frac{1}{p}} \left(\frac{1}{|\lambda_2|\varepsilon} \delta^{-|\lambda_2|\varepsilon}\right)^{\frac{1}{q}} = \frac{1}{\varepsilon |\lambda_1|^{1/p} |\lambda_2|^{1/q}} \delta^{-|\lambda_2|\varepsilon/q}, \end{aligned}$$

$$\begin{aligned} &\int_0^{+\infty} \int_0^{+\infty} K(x,y) f(x) g(y) \mathrm{d}x\mathrm{d}y \\ =&\int_1^{+\infty} x^{-aq-\frac{|\lambda_1|\varepsilon}{p}} \left(\int_\delta^{+\infty} y^{-bp-\frac{|\lambda_2|\varepsilon}{q}} K(x,y) \mathrm{d}y\right) \mathrm{d}x \\ =&\int_1^{+\infty} x^{-aq-\frac{|\lambda_1|\varepsilon}{p}+\lambda\lambda_1} \left(\int_\delta^{+\infty} y^{-bp-\frac{|\lambda_2|\varepsilon}{q}} K\left(1, x^{-\lambda_1/\lambda_2} y\right) \mathrm{d}y\right) \mathrm{d}x \\ =&\int_1^{+\infty} x^{\lambda\lambda_1-aq-\frac{|\lambda_1|\varepsilon}{p}+\frac{\lambda_1}{\lambda_2}\left(-bp-\frac{|\lambda_2|\varepsilon}{q}\right)+\frac{\lambda_1}{\lambda_2}} \left(\int_{\delta x^{-\lambda_1/\lambda_2}}^{+\infty} K(1,t) t^{-bp-\frac{|\lambda_2|\varepsilon}{q}} \mathrm{d}t\right) \mathrm{d}x \\ \geqslant&\int_1^{+\infty} x^{-1-|\lambda_1|\varepsilon} \left(\int_\delta^{+\infty} K(1,t) t^{-bp-\frac{|\lambda_2|\varepsilon}{q}} \mathrm{d}t\right) \mathrm{d}x \\ =&\frac{1}{|\lambda_1|\varepsilon} \int_\delta^{+\infty} K(1,t) t^{-bp-\frac{|\lambda_2|\varepsilon}{q}} \mathrm{d}t. \end{aligned}$$

于是有

$$\frac{1}{|\lambda_1|} \int_\delta^{+\infty} K(1,t) t^{-bp-\frac{|\lambda_2|\varepsilon}{q}} \mathrm{d}t \leqslant \frac{M_0}{|\lambda_1|^{1/p} |\lambda_2|^{1/q}} \delta^{-|\lambda_2|s/q},$$

先令 $\varepsilon \to 0^+$, 再令 $\delta \to 0^+$, 得

$$W_1(b,p) = \int_0^{+\infty} K(1,t) t^{-bp} \mathrm{d}t \leqslant \frac{M_0}{|\lambda_1|^{1/p} |\lambda_2|^{1/q}},$$

由此并根据引理 5.1.2, 得 $W_0\Big/\left(|\lambda_1|^{1/q}|\lambda_2|^{1/p}\right) \leqslant M_0$, 故 (5.1.10) 式的最佳常数因子

$$M_0 = W_0\Big/\left(|\lambda_1|^{1/q}|\lambda_2|^{1/p}\right).$$

必要性: 设 (5.1.9) 式的常数因子 $W_1^{\frac{1}{p}}(b,p)W_2^{\frac{1}{q}}(a,q)$ 是最佳的, 记

$$c = \frac{1}{\lambda_1}aq + \frac{1}{\lambda_2}bp - \left(\frac{1}{\lambda_1} + \frac{1}{\lambda_2} + \lambda\right), \quad a_1 = a - \frac{\lambda_1 c}{pq}, \quad b_1 = b - \frac{\lambda_2 c}{pq}.$$

则

$$\lambda_1\left[\lambda + \frac{1}{\lambda_2} + p\left(\frac{a}{\lambda_1} - \frac{b}{\lambda_2}\right)\right] = \lambda_1\left[\lambda + \frac{1}{\lambda_2} + p\left(\frac{a_1}{\lambda_1} - \frac{b_1}{\lambda_2}\right)\right],$$

$$\lambda_2\left[\lambda + \frac{1}{\lambda_1} + q\left(\frac{b}{\lambda_2} - \frac{a}{\lambda_1}\right)\right] = \lambda_2\left[\lambda + \frac{1}{\lambda_1} + q\left(\frac{b_1}{\lambda_2} - \frac{a_1}{\lambda_1}\right)\right],$$

$$W_2(a,q) = \int_0^{+\infty} K(t,1)\,t^{-aq}\mathrm{d}t = \frac{\lambda_2}{\lambda_1}\int_0^{+\infty} K(1,t)\,t^{-bp+\lambda_2 c}\mathrm{d}t.$$

于是可知 (5.1.9) 式等价于

$$\begin{aligned}&\int_0^{+\infty}\int_0^{+\infty} K(x,y)f(x)g(y)\,\mathrm{d}x\mathrm{d}y\\ \leqslant& W_1^{\frac{1}{p}}(b,p)\left(\frac{\lambda_2}{\lambda_1}\int_0^{+\infty} K(1,t)\,t^{-bp+\lambda_2 c}\mathrm{d}t\right)^{\frac{1}{q}}\\ &\times\left(\int_0^{+\infty} x^{\lambda_1\left[\lambda+\frac{1}{\lambda_2}+p\left(\frac{a_1}{\lambda_1}-\frac{b_1}{\lambda_2}\right)\right]} f^p(x)\,\mathrm{d}x\right)^{\frac{1}{p}}\\ &\times\left(\int_0^{+\infty} y^{\lambda_2\left[\lambda+\frac{1}{\lambda_1}+q\left(\frac{b_1}{\lambda_2}-\frac{a_1}{\lambda_1}\right)\right]} g^q(y)\,\mathrm{d}y\right)^{\frac{1}{q}},\end{aligned}$$

经计算有 $\frac{1}{\lambda_1}a_1q + \frac{1}{\lambda_2}b_1p = \frac{1}{\lambda_1} + \frac{1}{\lambda_2} + \lambda$,

$$\lambda_1\left[\lambda + \frac{1}{\lambda_2} + p\left(\frac{a_1}{\lambda_1} - \frac{\lambda_1}{\lambda_2}\right)\right] = a_1pq - 1, \quad \lambda_2\left[\lambda + \frac{1}{\lambda_1} + q\left(\frac{b_1}{\lambda_2} - \frac{a_1}{\lambda_1}\right)\right] = b_1pq - 1.$$

于是 (5.1.9) 式又等价于

$$\int_0^{+\infty}\int_0^{+\infty} K(x,y)f(x)g(y)\,\mathrm{d}x\mathrm{d}y$$

$$\leqslant W_1^{\frac{1}{p}}(b,y)\left(\frac{\lambda_2}{\lambda_1}\int_0^{+\infty}K(1,t)\,t^{-bp+\lambda_2c}\mathrm{d}t\right)^{\frac{1}{q}}\left(\int_0^{+\infty}x^{a_1pq-1}f^p(x)\,\mathrm{d}x\right)^{\frac{1}{p}}$$
$$\times\left(\int_0^{+\infty}y^{b_1pq-1}g^q(y)\,\mathrm{d}y\right)^{\frac{1}{q}},\tag{5.1.11}$$

根据假设知 (5.1.11) 式的最佳常数因子是

$$W_1^{\frac{1}{p}}(b,p)\left(\frac{\lambda_2}{\lambda_1}\int_0^{+\infty}K(1,t)\,t^{-bp+\lambda_2c}\mathrm{d}t\right)^{\frac{1}{q}},$$

又据前面充分性的证明可知 (5.1.11) 式的最佳常数因子为

$$\frac{\overline{W}_0}{|\lambda_1|^{1/q}|\lambda_2|^{1/p}}=\left(\frac{\lambda_2}{\lambda_1}\right)^{\frac{1}{q}}\int_0^{+\infty}K(1,t)\,t^{-b_1p}\mathrm{d}t=\left(\frac{\lambda_2}{\lambda_1}\right)^{\frac{1}{q}}\int_0^{+\infty}K(1,t)\,t^{-bp+\frac{\lambda_2c}{q}}\mathrm{d}t.$$

于是得

$$\int_0^{+\infty}K(1,t)\,t^{-bp+\frac{\lambda_2c}{q}}\mathrm{d}t=W_1^{\frac{1}{p}}(b,p)\left(\int_0^{+\infty}K(1,t)\,t^{-bp+\lambda_2c}\mathrm{d}t\right)^{\frac{1}{q}}.\tag{5.1.12}$$

根据 Hölder 不等式, 可得

$$\int_0^{+\infty}K(1,t)\,t^{-p+\frac{\lambda_2c}{q}}\mathrm{d}t=\int_0^{+\infty}1\cdot t^{\frac{\lambda_2c}{q}}K(1,t)\,t^{-bp}\mathrm{d}t$$
$$\leqslant\left(\int_0^{+\infty}1^p\cdot K(1,t)\,t^{-bp}\mathrm{d}t\right)^{\frac{1}{p}}\left(\int_0^{+\infty}t^{\lambda_2c}K(1,t)\,t^{-bp}\mathrm{d}t\right)^{\frac{1}{q}}$$
$$=W_1^{\frac{1}{p}}(b,p)\left(\int_0^{+\infty}K(1,t)\,t^{-bp+\lambda_2c}\mathrm{d}t\right)^{\frac{1}{q}}.\tag{5.1.13}$$

根据 (5.1.12) 式可知 (5.1.13) 式中的等号成立, 由 Hölder 不等式等号成立的条件, 有 $t^{\lambda_2c}=$ 常数, 故 $c=0$, 即 $\frac{1}{\lambda_1}aq+\frac{1}{\lambda_2}bp=\frac{1}{\lambda_1}+\frac{1}{\lambda_2}+\lambda$. 证毕.

若我们记

$$\Delta=\frac{1}{\lambda_1}aq+\frac{1}{\lambda_2}bp-\left(\frac{1}{\lambda_1}+\frac{1}{\lambda_2}+\lambda\right),$$

则当且仅当 $\Delta=0$ 时, (5.1.9) 式中的常数因子 $W_1^{\frac{1}{p}}(b,p)\,W_2^{\frac{1}{q}}(a,q)$ 是最佳的, 即搭配参数 a,b 是适配数. 今后称这个 Δ 是 (5.1.9) 式为最佳不等式的判别式.

例 5.1.6 设 $\frac{1}{p}+\frac{1}{q}=1\ (p>1)$, $\frac{1}{r}+\frac{1}{s}=1\ (r>1)$, $\lambda_1\lambda_2>0$, $\alpha=p\left(1-\frac{\lambda_1}{r}\right)-1$, $\beta=q\left(1-\frac{\lambda_2}{s}\right)-1$, $f(x)\in L_p^{\alpha}(0,+\infty)$, $g(y)\in L_q^{\beta}(0,+\infty)$. 若选取搭配参数 $a=\frac{1}{q}\left(1-\frac{\lambda_1}{r}\right)$, $b=\frac{1}{p}\left(1-\frac{\lambda_2}{s}\right)$, 利用权系数方法得到 Hilbert 型积分不等式

$$\int_0^{+\infty}\int_0^{+\infty}\frac{\ln\left(x^{\lambda_1}/y^{\lambda_2}\right)}{x^{\lambda_1}-y^{\lambda_2}}f(x)\,g(y)\mathrm{d}x\mathrm{d}y\leqslant M_0\,||f||_{p,\alpha}\,||g||_{q,\beta}\,, \tag{5.1.14}$$

其中 $M_0=\frac{1}{|\lambda_1|^{1/q}|\lambda_2|^{1/p}}\left(\zeta\left(2,\frac{1}{s}\right)+\zeta\left(2,\frac{1}{r}\right)\right)$, 试判别 M_0 是否最佳.

解 记核函数

$$K(x,y)=\frac{\ln\left(x^{\lambda_1}/y^{\lambda_2}\right)}{x^{\lambda_1}-y^{\lambda_2}}\quad(\lambda_1\lambda_2>0,x>0,y>0)$$

则 $K(x,y)$ 是具有参数 $(-1,\lambda_1,\lambda_2)$ 的拟齐次非负函数, 因为

$$\begin{aligned}\Delta&=\frac{1}{\lambda_1}aq+\frac{1}{\lambda_2}bp-\left(\lambda+\frac{1}{\lambda_1}+\frac{1}{\lambda_2}\right)\\&=\frac{1}{\lambda_1}\left(1-\frac{\lambda_1}{r}\right)+\frac{1}{\lambda_2}\left(1-\frac{\lambda_2}{s}\right)-\left(-1+\frac{1}{\lambda_1}+\frac{1}{\lambda_2}\right)=0,\end{aligned}$$

故 (5.1.14) 式中的常数因子是最佳的. 解毕.

例 5.1.7 设 $\frac{1}{p}+\frac{1}{q}=1\ (p>1)$, $\frac{1}{r}+\frac{1}{s}=1\ (r>1)$, $\lambda_1\lambda_2>0$, $-1<\lambda_0<\min\{r,s\}$, $\alpha=p\left(1+\frac{\lambda_0\lambda_1}{r}\right)-1$, $\beta=q\left(1+\frac{\lambda_0\lambda_1}{s}\right)-1$, $f(x)\in L_p^{\alpha}(0,+\infty)$, $g(y)\in L_q^{\beta}(0,+\infty)$, 试问取怎样的搭配参数? 可用权系数方法获得如下形式的最佳 Hilbert 型积分不等式:

$$\int_0^{+\infty}\int_0^{+\infty}\frac{\min\left\{x^{\lambda_1},y^{\lambda_2}\right\}}{\max\left\{x^{\lambda_1},y^{\lambda_2}\right\}}\left|x^{\lambda_1}-y^{\lambda_2}\right|^{\lambda_0}f(x)\,g(y)\,\mathrm{d}x\mathrm{d}y\leqslant M_0\,||f||_{p,\alpha}\,||g||_{q,\beta}\,.$$

解 记权函数

$$K(x,y)=\frac{\min\left\{x^{\lambda_1},y^{\lambda_2}\right\}}{\max\left\{x^{\lambda_1},y^{\lambda_2}\right\}}\left|x^{\lambda_1}-y^{\lambda_2}\right|^{\lambda_0},\quad x>0,y>0,$$

则 $K(x,y)$ 是具有参数 $(\lambda_0,\lambda_1,\lambda_2)$ 的拟齐次非负函数.

取 $a=\frac{1}{q}\left(1+\frac{\lambda_0\lambda_1}{r}\right)$, $b=\frac{1}{p}\left(1+\frac{\lambda_0\lambda_2}{s}\right)$, 则

$$\begin{aligned}\frac{1}{\lambda_1}aq+\frac{1}{\lambda_2}bp&=\frac{1}{\lambda_1}\left(1+\frac{\lambda_0\lambda_1}{r}\right)+\frac{1}{\lambda_2}\left(1+\frac{\lambda_0\lambda_2}{s}\right)\\&=\frac{1}{\lambda_1}+\frac{\lambda_0}{r}+\frac{1}{\lambda_2}+\frac{\lambda_0}{s}=\frac{1}{\lambda_1}+\frac{1}{\lambda_2}+\lambda_0,\end{aligned}$$

故 $\Delta=0$. 又 $apq-1=p\left(1+\frac{\lambda_0\lambda_1}{r}\right)=\alpha$, $bpq-1=q\left(1+\frac{\lambda_0\lambda_2}{s}\right)=\beta$, 故取搭配参数 $a=\frac{1}{q}\left(1+\frac{\lambda_0\lambda_1}{r}\right)$ 与 $b=\frac{1}{p}\left(1+\frac{\lambda_0\lambda_2}{s}\right)$ 即可. 解毕.

例 5.1.8 设 $\frac{1}{p}+\frac{1}{q}=1\ (p>1)$, $\lambda_1\lambda_2>\varepsilon$, $\lambda>0$, $\frac{1}{r}+\frac{1}{s}=1\ (r>1)$, $\alpha=p\left(1-\frac{\lambda\lambda_1}{r}\right)-1$, $\beta=q\left(1-\frac{\lambda\lambda_2}{s}\right)-1$, $f(x)\in L_p^\alpha(0,+\infty)$, $g(y)\in L_q^\beta(0,+\infty)$, 求证:

$$\int_0^{+\infty}\int_0^{+\infty}\frac{f(x)g(y)}{\left(x^{\lambda_1}+y^{\lambda_2}\right)^\lambda}\mathrm{d}x\mathrm{d}y\leqslant\frac{1}{|\lambda_1|^{1/q}|\lambda_2|^{1/p}}B\left(\frac{\lambda}{r},\frac{\lambda}{s}\right)||f||_{p,\alpha}||g||_{q,\beta},\tag{5.1.15}$$

其中的常数因子是最佳的.

证明 记 $K(x,y)=1\Big/\left(x^{\lambda_1}+y^{\lambda_2}\right)^\lambda$, 则 $K(x,y)$ 是具有参数 $(-\lambda,\lambda_1,\lambda_2)$ 的拟齐次函数, 取搭配参数 $a=\frac{1}{q}\left(1-\frac{\lambda\lambda_1}{r}\right)$, $b=\frac{1}{p}\left(1-\frac{\lambda\lambda_2}{s}\right)$, 则

$$\begin{aligned}\Delta&=\frac{1}{\lambda_1}aq+\frac{1}{\lambda_2}bp-\left(\frac{1}{\lambda_1}+\frac{1}{\lambda_2}-\lambda\right)\\&=\frac{1}{\lambda_1}\left(1-\frac{\lambda\lambda_1}{r}\right)+\frac{1}{\lambda_2}\left(1-\frac{\lambda\lambda_2}{s}\right)-\frac{1}{\lambda_1}-\frac{1}{\lambda_2}+\lambda=0,\end{aligned}$$

故 a 和 b 是适配数, 又因为

$$apq-1=p\left(1-\frac{\lambda\lambda_1}{r}\right)-1=\alpha,\quad bpq-1=q\left(1-\frac{\lambda\lambda_2}{s}\right)-1=\beta,$$

$$W_0=|\lambda_2|W_1(b,p)=|\lambda_2|\int_0^{+\infty}\frac{1}{\left(1+t^{\lambda_2}\right)^\lambda}t^{\frac{\lambda\lambda_2}{s}-1}\mathrm{d}t$$

$$=\int_0^{+\infty}\frac{1}{(1+u)^{\lambda}}u^{\frac{\lambda}{s}-1}\mathrm{d}u=B\left(\frac{\lambda}{s},\lambda-\frac{\lambda}{s}\right)=B\left(\frac{\lambda}{r},\frac{\lambda}{s}\right).$$

根据定理 5.1.2, (5.1.15) 式成立, 其常数因子是最佳的. 证毕.

例 5.1.9 设 $\frac{1}{p}+\frac{1}{q}=1\ (p>1)$, $\frac{1}{r}+\frac{1}{s}=1\ (r>1)$, $\lambda>0$, $\lambda_1\lambda_2>0$, $\lambda>\max\left\{s\left(\frac{1}{\lambda_1}-\frac{1}{\lambda_2}\right),r\left(\frac{1}{\lambda_2}-\frac{1}{\lambda_1}\right)\right\}$, $\alpha=p\left(\frac{\lambda_1}{\lambda_2}-\frac{\lambda\lambda_1}{r}\right)-1$, $\beta=q\left(\frac{\lambda_2}{\lambda_1}-\frac{\lambda\lambda_2}{s}\right)-1$, $f(x)\in L_p^{\alpha}(0,+\infty)$, $g(y)\in L_q^{\beta}(0,+\infty)$, 求证:

$$\int_0^{+\infty}\int_0^{+\infty}\frac{f(x)g(y)}{(x^{\lambda_1}+y^{\lambda_2})^{\lambda}}\mathrm{d}x\mathrm{d}y$$

$$\leqslant\frac{1}{|\lambda_1|^{1/q}|\lambda_2|^{1/p}}B\left(\frac{\lambda}{r}+\frac{1}{\lambda_1}-\frac{1}{\lambda_2},\frac{\lambda}{s}-\frac{1}{\lambda_1}+\frac{1}{\lambda_2}\right)||f||_{p,\alpha}\,||g||_{q,\beta}, \tag{5.1.16}$$

其中的常数因子是最佳的.

证明 显然核函数 $K(x,y)=1\big/(x^{\lambda_1}+y^{\lambda_2})^{\lambda}$ 是具有参数 $(-\lambda,\lambda_1,\lambda_2)$ 的拟齐次非负函数. 取 $a=\frac{1}{q}\left(\frac{\lambda_1}{\lambda_2}-\frac{\lambda\lambda_1}{r}\right)$, $b=\frac{1}{p}\left(\frac{\lambda_2}{\lambda_1}-\frac{\lambda\lambda_2}{s}\right)$, 则

$$\Delta=\frac{1}{\lambda_1}aq+\frac{1}{\lambda_2}bp-\left(\frac{1}{\lambda_1}+\frac{1}{\lambda_2}-\lambda\right)$$
$$=\frac{1}{\lambda_1}\left(\frac{\lambda_1}{\lambda_2}-\frac{\lambda\lambda_1}{r}\right)+\frac{1}{\lambda_2}\left(\frac{\lambda_2}{\lambda_1}-\frac{\lambda\lambda_2}{s}\right)-\frac{1}{\lambda_1}-\frac{1}{\lambda_2}+\lambda=0,$$

$$apq-1=p\left(\frac{\lambda_1}{\lambda_2}-\frac{\lambda\lambda_1}{r}\right)-1=\alpha,\quad bpq-1=q\left(\frac{\lambda_2}{\lambda_1}-\frac{\lambda\lambda_2}{s}\right)-1=\beta,$$

$$W_0=|\lambda_2|W_1(b,p)=|\lambda_2|\int_0^{+\infty}\frac{1}{(1+t^{\lambda_2})^{\lambda}}t^{\frac{\lambda\lambda_2}{s}-\frac{\lambda_2}{\lambda_1}}\mathrm{d}t$$
$$=\int_0^{+\infty}\frac{1}{(1+u)^{\lambda}}u^{\frac{\lambda}{s}-\frac{1}{\lambda_1}+\frac{1}{\lambda_2}-1}\mathrm{d}u=B\left(\frac{\lambda}{s}-\frac{1}{\lambda_1}+\frac{1}{\lambda_2},\lambda-\frac{\lambda}{s}+\frac{1}{\lambda_1}-\frac{1}{\lambda_2}\right)$$
$$=B\left(\frac{\lambda}{r}+\frac{1}{\lambda_1}-\frac{1}{\lambda_2},\frac{\lambda}{s}-\frac{1}{\lambda_1}+\frac{1}{\lambda_2}\right).$$

由条件

$$\lambda>\max\left\{s\left(\frac{1}{\lambda_1}-\frac{1}{\lambda_2}\right),r\left(\frac{1}{\lambda_2}-\frac{1}{\lambda_1}\right)\right\},$$

可知

$$\frac{\lambda}{r}+\frac{1}{\lambda_1}-\frac{1}{\lambda_2}>0, \quad \frac{\lambda}{s}-\frac{1}{\lambda_1}+\frac{1}{\lambda_2}>0,$$

故 W_0 收敛. 根据定理 5.1.2, 知 (5.1.16) 式成立, 且常数因子是最佳的. 证毕.

(2) 核为 $K(x,y)=G\left(x^{\lambda_1}/y^{\lambda_2}\right)(\lambda_1\lambda_2>0)$ 的情形.

若 $K(x,y)=G\left(x^{\lambda_1}/y^{\lambda_2}\right)$, 则 $K(x,y)$ 显然满足条件: 对 $t>0$, 有

$$K(tx,y)=K\left(x,t^{-\lambda_1/\lambda_2}y\right), \quad K(x,ty)=K\left(t^{-\lambda_2/\lambda_1}x,y\right),$$

故 $K(x,y)$ 是具有参数 $(0,\lambda_1,\lambda_2)$ 的拟齐次核, 于是由定理 5.1.2, 我们可以得到:

定理 5.1.3 设 $\frac{1}{p}+\frac{1}{q}=p\,(p>1), a,b\in\mathbb{R}, \lambda_1\lambda_2>0, K(x,y)=G\left(x^{\lambda_1}/y^{\lambda_2}\right)\geqslant 0$,

且

$$W_1(b,p)=\int_0^{+\infty}K(1,t)\,t^{-bp}\mathrm{d}t, \quad W_2(a,q)=\int_0^{+\infty}K(t,1)\,t^{-aq}\mathrm{d}t$$

收敛, 则

(i)$\forall f(x)\geqslant 0,\ g(x)\geqslant 0$, 有 Hilbert 型积分不等式:

$$\begin{aligned}&\int_0^{+\infty}\int_0^{+\infty}G\left(x^{\lambda_1}/y^{\lambda_2}\right)f(x)\,g(y)\,\mathrm{d}x\mathrm{d}y\\ \leqslant& W_1^{\frac{1}{p}}(b,p)\,W_2^{\frac{1}{q}}(a,q)\left(\int_0^{+\infty}x^{\lambda_1\left[\frac{1}{\lambda_2}+p\left(\frac{a}{\lambda_1}-\frac{b}{\lambda_2}\right)\right]}f^p(x)\,\mathrm{d}x\right)^{\frac{1}{p}}\\ &\times\left(\int_0^{+\infty}y^{\lambda_2\left[\frac{1}{\lambda_1}+q\left(\frac{b}{\lambda_2}-\frac{a}{b_1}\right)\right]}g^q(y)\,\mathrm{d}y\right)^{\frac{1}{q}}.\end{aligned}\tag{5.1.17}$$

(ii) 当且仅当 $\frac{1}{\lambda_1}aq+\frac{1}{\lambda_2}bp=\frac{1}{\lambda_1}+\frac{1}{\lambda_2}$ 时, (5.1.17) 式的常数因子是最佳的.

当 $\frac{1}{\lambda_1}aq+\frac{1}{\lambda_2}bp=\frac{1}{\lambda_1}+\frac{1}{\lambda_2}$ 时, (5.1.17) 式化为

$$\int_0^{+\infty}\int_0^{+\infty}G\left(x^{\lambda_1}/y^{\lambda_2}\right)f(x)\,g(y)\,\mathrm{d}x\mathrm{d}y\leqslant\frac{W_0}{|\lambda_1|^{1/q}|\lambda_2|^{1/p}}||f||_{p,apq-1}\,||g||_{q,bpq-1},$$

其中 $W_0=|\lambda_1|\,W_2(a,q)=|\lambda_2|\,W_1(b,p)$.

我们记

$$\Delta=\frac{1}{\lambda_1}aq+\frac{1}{\lambda_2}bp-\left(\frac{1}{\lambda_1}+\frac{1}{\lambda_2}\right),$$

则 a 和 b 是 (5.1.17) 式的适配数的充要条件是 $\Delta=0$, 我们仍称 Δ 是 (5.1.17) 式取最佳常数因子的判别式.

例 5.1.10 设 $\dfrac{1}{p}+\dfrac{1}{q}=1\ (p>1)$, $\lambda_1\lambda_2>0$, $\lambda>\max\left\{\dfrac{1}{\lambda_1}-\dfrac{1}{\lambda_2},\dfrac{1}{\lambda_2}-\dfrac{1}{\lambda_1}\right\}$, $f(x)\in L_p^{p\frac{\lambda_1}{\lambda_2}-1}(0,+\infty)$, $g(y)\in L_q^{q\frac{\lambda_2}{\lambda_1}-1}(0,+\infty)$. 若用权系数方法得到如下 Hilbert 型积分不等式:

$$\int_0^{+\infty}\int_0^{+\infty}\left(\frac{x^{\lambda_1}}{y^{\lambda_2}}+\frac{y^{\lambda_2}}{x^{\lambda_1}}\right)^{-\lambda}f(x)\,g(y)\,\mathrm{d}x\mathrm{d}y\leqslant M_0\,||f||_{p,p\frac{\lambda_1}{\lambda_2}-1}\,||f||_{q,q\frac{\lambda_2}{\lambda_1}-1}, \tag{5.1.18}$$

试求最佳常数因子 M_0.

解 设核函数为

$$K(x,y)=G\left(x^{\lambda_1}/y^{\lambda_2}\right)=\left(\frac{x^{\lambda_1}}{y^{\lambda_2}}+\frac{y^{\lambda_2}}{x^{\lambda_1}}\right)^{-\lambda},$$

取搭配参数 $a=\dfrac{1}{q}\dfrac{\lambda_1}{\lambda_2}$, $b=\dfrac{1}{p}\dfrac{\lambda_2}{\lambda_1}$, 则

$$\Delta=\frac{1}{\lambda_1}aq+\frac{1}{\lambda_2}bp-\left(\frac{1}{\lambda_1}+\frac{1}{\lambda_2}\right)=\frac{1}{\lambda_2}+\frac{1}{\lambda_1}-\left(\frac{1}{\lambda_1}+\frac{1}{\lambda_2}\right)=0,$$

$$apq-1=p\frac{\lambda_1}{\lambda_2}-1,\quad bpq-1=q\frac{\lambda_2}{\lambda_1}-1,$$

故 a,b 是 (5.1.18) 式的适配数. 根据定理 5.1.3, (5.1.18) 式的最佳常数因子为

$$\begin{aligned}
M_0&=\frac{W_0}{|\lambda_1|^{1/q}|\lambda_2|^{1/p}}=\frac{|\lambda_2|}{|\lambda_1|^{1/q}|\lambda_2|^{1/p}}\int_0^{+\infty}K(1,t)\,t^{-bp}\mathrm{d}t\\
&=\left(\frac{\lambda_2}{\lambda_1}\right)^{\frac{1}{q}}\int_0^{+\infty}\left(\frac{1}{t^{\lambda_2}}+t^{\lambda_2}\right)^{-\lambda}t^{-\frac{\lambda_2}{\lambda_1}}\mathrm{d}t\\
&=\left(\frac{\lambda_2}{\lambda_1}\right)^{\frac{1}{q}}\int_0^{+\infty}\left(1+t^{2\lambda_2}\right)^{-\lambda}t^{\lambda\lambda_2-\frac{\lambda_2}{\lambda_1}}\mathrm{d}t\\
&=\frac{1}{2|\lambda_2|}\int_0^{+\infty}\frac{1}{(1+u)^{\lambda}}u^{\frac{1}{2}\left(\frac{1}{\lambda_2}-\frac{1}{\lambda_1}+\lambda\right)-1}\mathrm{d}u\\
&=\frac{1}{2|\lambda_2|}B\left(\frac{1}{2}\left(\frac{1}{\lambda_2}-\frac{1}{\lambda_1}+\lambda\right),\lambda-\frac{1}{2}\left(\frac{1}{\lambda_2}-\frac{1}{\lambda_1}+\lambda\right)\right)
\end{aligned}$$

$$= \frac{1}{2|\lambda_2|} B\left(\frac{1}{2}\left(\frac{1}{\lambda_2} - \frac{1}{\lambda_1} + \lambda\right), \frac{1}{2}\left(\frac{1}{\lambda_1} - \frac{1}{\lambda_2} + \lambda\right)\right).$$

解毕.

例 5.1.11 设 $\frac{1}{p} + \frac{1}{q} = 1\ (p > 1)$, $a \geqslant 0$, $b \geqslant 0$, a 与 b 不同时为 0, $\lambda_1 > 0$, $\lambda_2 > 0$, $\frac{\lambda_2}{p}\alpha + \frac{\lambda_1}{q}\beta = \frac{\lambda_1}{p} + \frac{\lambda_2}{q}$, $p[1 - \lambda_1(a+b)] - 1 < \alpha < p - 1$. 且

$$W_0 = \int_0^1 \frac{1}{(1+t)^a}\left(t^{\frac{1}{\lambda_1}\left(1-\frac{\alpha+1}{p}\right)-1} + t^{\left[a+b-\frac{1}{\lambda_1}\left(1-\frac{\alpha+1}{p}\right)\right]-1}\right)\mathrm{d}t.$$

求证: 当 $f(x) \in L_p^\alpha(0, +\infty)$, $g(y) \in L_q^\beta(0, +\infty)$ 时, 有

$$\int_0^{+\infty}\int_0^{+\infty} \frac{f(x)g(y)\,\mathrm{d}x\mathrm{d}y}{\left(1 + x^{\lambda_1}/y^{\lambda_2}\right)^a \left(\max\left\{1, x^{\lambda_1}/y^{\lambda_2}\right\}\right)^b} \leqslant \frac{W_0}{\lambda_1^{1/q}\lambda_2^{1/p}} ||f||_{p,\alpha} ||g||_{q,\beta}, \tag{5.1.19}$$

其中的常数因子是最佳的.

证明 根据 $p[1 - \lambda_1(a+b)] - 1 < \alpha < p - 1$, 可知

$$\frac{1}{\lambda_1}\left(1 - \frac{\alpha+1}{p}\right) > 0, \quad a + b - \frac{1}{\lambda_1}\left(1 - \frac{\alpha+1}{p}\right) > 0,$$

故 W_0 收敛. 取搭配参数 $a_0 = \frac{\alpha+1}{pq}$, $b_0 = \frac{\beta+1}{pq}$, 则 $a_0pq - 1 = \alpha$, $b_0pq = \beta$, 且

$$\frac{1}{\lambda_1}a_0q + \frac{1}{\lambda_2}b_0p = \frac{1}{\lambda_1}\frac{\alpha+1}{p} + \frac{1}{\lambda_2}\frac{\beta+1}{q} = \frac{1}{\lambda_1\lambda_2}\left(\frac{\lambda_2\alpha}{p} + \frac{\lambda_1\beta}{q}\right) + \frac{1}{\lambda_1 p} + \frac{1}{\lambda_2 q}$$

$$= \frac{1}{\lambda_1\lambda_2}\left(\frac{\lambda_1}{p} + \frac{\lambda_2}{q}\right) + \frac{1}{\lambda_1 p} + \frac{1}{\lambda_2 q}$$

$$= \frac{1}{\lambda_2 p} + \frac{1}{\lambda_1 q} + \frac{1}{\lambda_1 p} + \frac{1}{\lambda_2 q} = \frac{1}{\lambda_1} + \frac{1}{\lambda_2}.$$

故 $\Delta = \frac{1}{\lambda_1}a_0q + \frac{1}{\lambda_2}b_0q - \left(\frac{1}{\lambda_1} + \frac{1}{\lambda_2}\right) = 0$, 从而知 a_0 与 b_0 是适配数. 又因为

$$W_0 = |\lambda_1| W_2(a_0, q) = |\lambda_1| \int_0^{+\infty} K(t,1)\, t^{-a_0q}\mathrm{d}t$$

$$= \lambda_1 \int_0^{+\infty} \frac{1}{(1+t^{\lambda_1})^a \left(\max\{1, t^{\lambda_1}\}\right)^b} t^{-\frac{\alpha+1}{p}}\mathrm{d}t$$

$$= \lambda_1 \left(\int_0^1 \frac{1}{(1+t^{\lambda_1})^a} t^{-\frac{\alpha+1}{p}} \mathrm{d}t + \int_0^1 \frac{1}{(1+t^{\lambda_1})^a} t^{-\lambda_1 b - \frac{\alpha+1}{p}} \mathrm{d}t \right)$$

$$= \int_0^1 \frac{1}{(1+u)^a} \left(u^{\frac{1}{\lambda_1}\left(1-\frac{\alpha+1}{p}\right)-1} + u^{\left(a+b-\frac{1}{\lambda_1}\left(1-\frac{\alpha+1}{p}\right)\right)-1} \right) \mathrm{d}u,$$

根据定理 5.1.3, (5.1.19) 式成立, 且其常数因子是最佳的. 证毕.

若在例 5.1.11 中取 $b=0$, 则由 Beta 函数性质, 有

$$W_0 = \int_0^1 \frac{1}{(1+t)^a} \left(t^{\frac{1}{\lambda_1}\left(1-\frac{\alpha+1}{p}\right)-1} + t^{\left(a-\frac{1}{\lambda_1}\left(1-\frac{\alpha+1}{p}\right)\right)-1} \right) \mathrm{d}t$$

$$= B\left(\frac{1}{\lambda_1}\left(1-\frac{\alpha+1}{p}\right), a - \frac{1}{\lambda_1}\left(1-\frac{\alpha+1}{p}\right) \right).$$

于是可得:

例 5.1.12 设 $\frac{1}{p}+\frac{1}{q}=1\ (p>1)$, $a>0$, $\lambda_1>0$, $\lambda_2>0$, $\frac{\lambda_2}{p}\alpha+\frac{\lambda_1}{q}\beta=\frac{\lambda_1}{p}+\frac{\lambda_2}{q}$, $p(1-\lambda_1 a)-1<\alpha<p-1$, 则

$$\int_0^{+\infty}\int_0^{+\infty} \frac{f(x)g(y)}{(1+x^{\lambda_1}/y^{\lambda_2})^a} \mathrm{d}x\mathrm{d}y$$

$$\leqslant \frac{1}{\lambda_1^{1/q}\lambda_2^{1/p}} B\left(\frac{1}{\lambda_1}\left(1-\frac{\alpha+1}{p}\right), a-\frac{1}{\lambda_1}\left(1-\frac{\alpha+1}{p}\right) \right) ||f||_{p,\alpha}\, ||g||_{q,\beta},$$

其中的常数因子是最佳的.

若在例 5.1.11 中取 $a=0$, 则

$$W_0 = \int_0^1 \left(t^{\frac{1}{\lambda_1}\left(1-\frac{\alpha+1}{p}\right)-1} + t^{b-\frac{1}{\lambda_1}\left(1-\frac{\alpha+1}{p}\right)-1} \right) \mathrm{d}t$$

$$= \left(\frac{1}{\lambda_1}\left(1-\frac{\alpha+1}{p}\right) \right)^{-1} + \left(b - \frac{1}{\lambda_1}\left(1-\frac{\alpha+1}{p}\right) \right)^{-1},$$

于是可得:

例 5.1.13 设 $\frac{1}{p}+\frac{1}{q}=1\ (p>1)$, $b>0$, $\lambda_1>0$, $\lambda_2>0$, $\frac{\lambda_2}{p}\alpha+\frac{\lambda_1}{q}\beta=\frac{\lambda_1}{p}+\frac{\lambda_2}{q}$, $p(1-\lambda_1 b)-1<\alpha<p-1$, 则

$$\int_0^{+\infty}\int_0^{+\infty} \frac{f(x)g(y)}{(\max\{1+x^{\lambda_1}/y^{\lambda_2}\})^b} \mathrm{d}x\mathrm{d}y$$

$$\leqslant\frac{1}{\lambda_1^{1/q}\lambda_2^{1/p}}\left(\left(\frac{1}{\lambda_1}\left(1-\frac{\alpha+1}{p}\right)\right)^{-1}+\left(b-\frac{1}{\lambda_1}\left(1-\frac{\alpha+1}{p}\right)\right)^{-1}\right)\|f\|_{p,\alpha}\|g\|_{q,\beta},$$

其中的常数因子是最佳的.

5.1.3 非齐次核 $K(x,y)=G\left(x^{\lambda_1}y^{\lambda_2}\right)(\lambda_1\lambda_2>0)$ 情形下的适配参数条件

若非齐次核 $K(x,y)=G\left(x^{\lambda_1}y^{\lambda_2}\right)\ (\lambda_1\lambda_2>0)$, 则 $\forall t>0$, 有

$$K(tx,y)=K\left(x,t^{\lambda_1/\lambda_2}y\right),\quad K(x,ty)=K\left(t^{\lambda_2/\lambda_1}x,y\right).$$

引理 5.1.3 设 $\frac{1}{p}+\frac{1}{q}=1\ (p>1), a,b\in\mathbb{R}, \lambda_1\lambda_2>0, K(x,y)=G\left(x^{\lambda_1}y^{\lambda_2}\right)$ 非负可测, $\frac{1}{\lambda_1}aq-\frac{1}{\lambda_2}bp=\frac{1}{\lambda_1}-\frac{1}{\lambda_2}$, 且

$$W_1(b,p)=\int_0^{+\infty}K(1,t)\,t^{-bp}\mathrm{d}t=\int_0^{+\infty}G\left(t^{\lambda_2}\right)t^{-bp}\mathrm{d}t,$$

$$W_2(a,q)=\int_0^{+\infty}K(t,1)\,t^{-aq}\mathrm{d}t=\int_0^{+\infty}G\left(t^{\lambda_1}\right)t^{-aq}\mathrm{d}t$$

收敛, 则 $\lambda_1W_2(a,q)=\lambda_2W_1(b,p)$, 且

$$\omega_1(b,p,x)=\int_0^{+\infty}G\left(x^{\lambda_1}y^{\lambda_2}\right)y^{-bp}\mathrm{d}y=x^{\frac{\lambda_1}{\lambda_2}(bp-1)}W_1(b,p),$$

$$\omega_2(a,q,y)=\int_0^{+\infty}G\left(x^{\lambda_1}y^{\lambda_2}\right)x^{-aq}\mathrm{d}x=y^{\frac{\lambda_2}{\lambda_1}(aq-1)}W_2(a,q).$$

证明 根据 $\frac{1}{\lambda_1}aq-\frac{1}{\lambda_2}bp=\frac{1}{\lambda_1}-\frac{1}{\lambda_2}$, 有 $-\frac{\lambda_1}{\lambda_2}bp+\frac{\lambda_1}{\lambda_2}-1=-aq$, 于是

$$\begin{aligned}W_1(b,p)&=\int_0^{+\infty}K\left(t^{\lambda_2/\lambda_1},1\right)t^{-bp}\mathrm{d}t=\frac{\lambda_1}{\lambda_2}\int_0^{+\infty}K(u,1)\,u^{-\frac{\lambda_1}{\lambda_2}bp+\frac{\lambda_1}{\lambda_2}-1}\mathrm{d}u\\&=\frac{\lambda_1}{\lambda_2}\int_0^{+\infty}K(u,1)\,u^{-aq}\mathrm{d}u=\frac{\lambda_1}{\lambda_2}W_2(a,q).\end{aligned}$$

故 $\lambda_1W_2(a,q)=\lambda_2W_1(b,p)$.

作变换 $x^{\lambda_1/\lambda_2}y=t$, 则

$$\omega_1(b,p,x)=\int_0^{+\infty}G\left(t^{\lambda_2}\right)t^{-bp}x^{\frac{\lambda_1}{\lambda_2}(bp-1)}\mathrm{d}t=x^{\frac{\lambda_1}{\lambda_2}(bp-1)}W_1(b,p).$$

同理可证 $\omega_2(a,q,y)=y^{\frac{\lambda_2}{\lambda_1}(aq-1)}W_2(a,q)$. 证毕.

定理 5.1.4 设 $\frac{1}{p}+\frac{1}{q}=1\ (p>1)$, $a,b\in\mathbb{R}$, $\lambda_1\lambda_2>0$, $K(x,y)=G\left(x^{\lambda_1}y^{\lambda_2}\right)$ 非负可测, 且

$$W_1(b,p)=\int_0^{+\infty}G\left(t^{\lambda_2}\right)t^{-bp}\mathrm{d}t,\quad W_2(a,q)=\int_0^{+\infty}G\left(t^{\lambda_1}\right)t^{-aq}\mathrm{d}t$$

收敛. 则

(i) $\forall f(x)\geqslant 0$, $g(y)\geqslant 0$, 有 Hilbert 型积分不等式:

$$\begin{aligned}&\int_0^{+\infty}\int_0^{+\infty}G\left(x^{\lambda_1}y^{\lambda_2}\right)f(x)g(y)\,\mathrm{d}x\mathrm{d}y\\ \leqslant&W_1^{\frac{1}{p}}(b,p)\,W_2^{\frac{1}{q}}(a,q)\left(\int_0^{+\infty}x^{\lambda_1\left[p\left(\frac{a}{\lambda_1}+\frac{b}{\lambda_2}\right)-\frac{1}{\lambda_2}\right]}f^p(x)\,\mathrm{d}x\right)^{\frac{1}{p}}\\ &\times\left(\int_0^{+\infty}g^{\lambda_2\left[q\left(\frac{a}{\lambda_1}+\frac{b}{\lambda_2}\right)-\frac{1}{\lambda_1}\right]}g^q(y)\,\mathrm{d}y\right)^{\frac{1}{q}}.\end{aligned}\tag{5.1.20}$$

(ii) 当且仅当 $\frac{1}{\lambda_1}aq-\frac{1}{\lambda_2}bp=\frac{1}{\lambda_1}-\frac{1}{\lambda_2}$ 时, (5.1.20) 式中的常数因子 $W_1^{\frac{1}{p}}(b,p)\cdot W_2^{\frac{1}{q}}(a,q)$ 是最佳的, 当 $\frac{1}{\lambda_1}aq-\frac{1}{\lambda_2}bp=\frac{1}{\lambda_1}-\frac{1}{\lambda_2}$ 时, (5.1.20) 化为

$$\int_0^{+\infty}\int_0^{+\infty}G\left(x^{\lambda_1}y^{\lambda_2}\right)f(x)\,g(y)\,\mathrm{d}x\mathrm{d}y\leqslant\frac{W_0}{|\lambda_1|^{1/q}\,|\lambda_2|^{1/p}}\,||f||_{p,apq-1}\,||g||_{q,bpq-1},\tag{5.1.21}$$

其中 $W_0=|\lambda_1|\,W_2(a,q)=|\lambda_2|\,W_1(b,p)$.

证明 (i) 以 a, b 为搭配参数, 利用权系数方法, 根据引理 5.1.3, 有

$$\begin{aligned}&\int_0^{+\infty}\int_0^{+\infty}G\left(x^{\lambda_1}y^{\lambda_2}\right)f(x)\,g(y)\mathrm{d}x\mathrm{d}y\\ \leqslant&\left(\int_0^{+\infty}x^{ap}f^p(a)\,\omega_1(b,p,x)\mathrm{d}x\right)^{\frac{1}{p}}\left(\int_0^{+\infty}y^{bq}g^q(y)\,\omega_2(a,q,y)\mathrm{d}y\right)^{\frac{1}{q}}\\ =&W_1^{\frac{1}{p}}(b,p)\,W_2^{\frac{1}{q}}(a,q)\left(\int_0^{+\infty}x^{ap+\frac{\lambda_1}{\lambda_2}(bp-1)}f^p(x)\,\mathrm{d}x\right)^{\frac{1}{p}}\\ &\times\left(\int_0^{+\infty}y^{bq+\frac{\lambda_2}{\lambda_1}(aq-1)}g^q(y)\,\mathrm{d}y\right)^{\frac{1}{q}}\end{aligned}$$

$$
\begin{aligned}
&= W_1^{\frac{1}{p}}(b,p)\,W_2^{\frac{1}{q}}(a,q)\left(\int_0^{+\infty} x^{\lambda_1\left[p\left(\frac{a}{\lambda_1}+\frac{b}{\lambda_2}\right)-\frac{1}{\lambda_2}\right]} f^p(x)\,\mathrm{d}x\right)^{\frac{1}{p}} \\
&\quad\times\left(\int_0^{+\infty} y^{\lambda_2\left[q\left(\frac{a}{\lambda_1}+\frac{b}{\lambda_2}\right)-\frac{1}{\lambda_1}\right]} g^q(y)\,\mathrm{d}y\right)^{\frac{1}{q}}.
\end{aligned}
$$

故 (5.1.20) 式成立.

(ii) 充分性: 设 $\frac{1}{\lambda_1}aq-\frac{1}{\lambda_2}bp=\frac{1}{\lambda_1}-\frac{1}{\lambda_2}$, 由引理 5.1.3, $\lambda_1 W_2(a,q)=\lambda_2 W_1(b,p)$, 于是可知 $W_1^{\frac{1}{p}}(b,p)\,W_2^{\frac{1}{q}}(a,q)=W_0\Big/\left(|\lambda_1|^{1/q}|\lambda_2|^{1/p}\right)$. 又由于

$$
\lambda_1\left[p\left(\frac{a}{\lambda_1}+\frac{b}{\lambda_2}\right)-\frac{1}{\lambda_2}\right]=apq-1, \lambda_2\left[q\left(\frac{a}{\lambda_1}+\frac{b}{\lambda_2}\right)-\frac{1}{\lambda_1}\right]=bpq-1,
$$

故 (5.1.20) 式化为 (5.1.21) 式.

若 (5.1.21) 式的常数因子不是最佳的, 则存在常数 $M_0>0$, 使得 $M_0<W_0\Big/\left(|\lambda_1|^{1/q}|\lambda_2|^{1/p}\right)$, 且将 (5.1.21) 式中的常数因子换为 M_0 后不等式仍成立.

取 $\varepsilon>0$ 充分小, 自然数 n 足够大. 令

$$
f(x)=\begin{cases} x^{(-apq-|\lambda_1|\varepsilon)/p}, & x\geqslant 1, \\ 0, & 0<x<1, \end{cases} \qquad g(y)=\begin{cases} y^{(-bpq+|\lambda_2|\varepsilon)/q}, & 0<x\leqslant n, \\ 0, & x>n. \end{cases}
$$

则计算可得

$$
\|f\|_{p,apq-1}\|g\|_{q,bpq-1}=\frac{1}{\varepsilon|\lambda_1|^{1/p}|\lambda_2|^{1/q}}n^{\frac{|\lambda_2|\varepsilon}{q}},
$$

$$
\begin{aligned}
&\int_0^{+\infty}\int_0^{+\infty} G\left(x^{\lambda_1}y^{\lambda_2}\right)f(x)g(y)\,\mathrm{d}x\mathrm{d}y \\
&=\int_1^{+\infty} x^{-aq-\frac{|\lambda_1|\varepsilon}{p}}\left(\int_0^n K(x,y)\,y^{-bp+\frac{|\lambda_2|\varepsilon}{q}}\mathrm{d}y\right)\mathrm{d}x \\
&=\int_1^{+\infty} x^{-aq-\frac{|\lambda_1|\varepsilon}{p}}\left(\int_0^n K\left(1,x^{\lambda_1/\lambda_2}y\right)y^{-bp+\frac{|\lambda_2|\varepsilon}{q}}\mathrm{d}y\right)\mathrm{d}x \\
&=\int_1^{+\infty} x^{-aq-\frac{|\lambda_1|\varepsilon}{p}+\frac{\lambda_1}{\lambda_2}\left(bp-\frac{|\lambda_2|\varepsilon}{q}\right)-\frac{\lambda_1}{\lambda_2}}\left(\int_0^{nx^{\lambda_1/\lambda_2}} K(1,t)\,t^{-bp+\frac{|\lambda_2|\varepsilon}{q}}\mathrm{d}t\right)\mathrm{d}x \\
&\geqslant\int_1^{+\infty} x^{-1-|\lambda_1|\varepsilon}\left(\int_0^n G\left(t^{\lambda_2}\right)t^{-bp+\frac{|\lambda_2|\varepsilon}{q}}\mathrm{d}t\right)\mathrm{d}x=\frac{1}{|\lambda_1|\varepsilon}\int_0^n G\left(t^{\lambda_2}\right)t^{-bp+\frac{|\lambda_2|\varepsilon}{q}}\mathrm{d}t.
\end{aligned}
$$

于是可得

$$\frac{1}{|\lambda_1|}\int_0^n G\left(t^{\lambda_2}\right)t^{-bp+\frac{|\lambda_2|\varepsilon}{q}}\mathrm{d}t \leqslant \frac{M_0}{|\lambda_1|^{1/p}|\lambda_2|^{1/q}}n^{\frac{|\lambda_2|\varepsilon}{q}},$$

令 $\varepsilon\to 0^+$, 有

$$\frac{1}{|\lambda_1|}\int_0^n G\left(t^{\lambda_2}\right)t^{-bp}\mathrm{d}t \leqslant \frac{M_0}{|\lambda_1|^{1/p}|\lambda_2|^{1/q}},$$

再令 $n\to+\infty$, 有

$$\frac{1}{|\lambda_1|}\int_0^{+\infty} G\left(t^{\lambda_2}\right)t^{-bp}\mathrm{d}t \leqslant \frac{M_0}{|\lambda_1|^{1/p}|\lambda_2|^{1/q}},$$

由此得 $W_0\Big/\left(|\lambda_1|^{1/q}|\lambda_2|^{1/p}\right)\leqslant M_0$, 这与 $M_0<W_0\Big/\left(|\lambda_1|^{1/q}|\lambda_2|^{1/p}\right)$ 矛盾, 故 (5.1.21) 式中的常数因子是最佳的.

必要性: 设 (5.1.20) 式中的 $W_1^{\frac{1}{p}}(b,p)W_2^{\frac{1}{q}}(a,q)$ 是最佳常数因子, 记

$$\frac{1}{\lambda_1}aq-\frac{1}{\lambda_2}bp-\left(\frac{1}{\lambda_1}-\frac{1}{\lambda_2}\right)=c,\quad a_1=a-\frac{\lambda_1 c}{pq},\quad b_1=b+\frac{\lambda_2 c}{pq}.$$

则 $\dfrac{1}{\lambda_1}a_1\dfrac{q}{b}-\dfrac{1}{\lambda_2}b_1p=\dfrac{1}{\lambda_1}-\dfrac{1}{\lambda_2}$,

$$\lambda_1\left[p\left(\frac{a}{\lambda_1}+\frac{b}{\lambda_2}\right)-\frac{1}{\lambda_2}\right]=\lambda_1\left[p\left(\frac{a_1}{\lambda_1}+\frac{b_1}{\lambda_2}\right)-\frac{1}{\lambda_2}\right],$$

$$\lambda_2\left[q\left(\frac{a}{\lambda_1}+\frac{b}{\lambda_2}\right)-\frac{1}{\lambda_1}\right]=\lambda_2\left[q\left(\frac{a_1}{\lambda_1}+\frac{b_1}{\lambda_2}\right)-\frac{1}{\lambda_1}\right],$$

因为计算可得

$$W_2(a,q)=\int_0^{+\infty}G\left(t^{\lambda_1}\right)t^{-aq}\mathrm{d}t=\frac{\lambda_2}{\lambda_1}\int_0^{+\infty}G\left(t^{\lambda_2}\right)t^{-bp-\lambda_2 c}\mathrm{d}t,$$

于是可知 (5.1.20) 式等价于

$$\int_0^{+\infty}\int_0^{+\infty}G\left(x^{\lambda_1}y^{\lambda_2}\right)f(x)g(y)\mathrm{d}x\mathrm{d}y$$

$$\leqslant W_1^{\frac{1}{p}}(b,p)\left(\frac{\lambda_2}{\lambda_1}\int_0^{+\infty}G\left(t^{\lambda_2}\right)t^{-bp-\lambda_2 c}\mathrm{d}t\right)^{\frac{1}{q}}\left(\int_0^{+\infty}x^{\lambda_1\left[p\left(\frac{a_1}{\lambda_1}+\frac{b_1}{\lambda_2}\right)-\frac{1}{\lambda_2}\right]}f^p(x)\mathrm{d}x\right)^{\frac{1}{p}}$$

$$\times\left(\int_0^{+\infty} y^{\lambda_2\left[q\left(\frac{a_1}{\lambda_1}+\frac{b_1}{\lambda_2}\right)-\frac{1}{\lambda_1}\right]}g^q(y)\mathrm{d}y\right)^{\frac{1}{q}}.$$

因为 $\frac{1}{\lambda_1}a_1q-\frac{1}{\lambda_2}b_1p=\frac{1}{\lambda_1}-\frac{1}{\lambda_2}$, 故

$$\lambda_1\left[p\left(\frac{a_1}{\lambda_1}+\frac{b_1}{\lambda_2}\right)-\frac{1}{\lambda_2}\right]=a_1pq-1,\quad \lambda_2\left[q\left(\frac{a_1}{\lambda_1}+\frac{b_1}{\lambda_2}\right)-\frac{1}{\lambda_1}\right]=b_1pq-1,$$

从而 (5.1.20) 式进一步等价于

$$\int_0^{+\infty}\int_0^{+\infty} G\left(x^{\lambda_1}y^{\lambda_2}\right)f(x)g(y)\mathrm{d}x\mathrm{d}y$$

$$\leqslant W_1^{\frac{1}{p}}(b,p)\left(\frac{\lambda_2}{\lambda_1}\int_0^{+\infty} G\left(t^{\lambda_2}\right)t^{-bp-\lambda_2c}\mathrm{d}t\right)^{\frac{1}{q}}||f||_{p,a_1pq}\,||g||_{q,b_1pq-1}. \tag{5.1.22}$$

根据假设可知, (5.1.22) 式的最佳常数因子是

$$W_1^{1/p}(b,p)\left(\frac{\lambda_2}{\lambda_1}\int_0^{+\infty} G\left(t^{\lambda_2}\right)t^{-bp-\lambda_2c}\mathrm{d}t\right)^{\frac{1}{q}}.$$

又根据前面充分性的证明, (5.1.22) 式的最佳常数因子为

$$\frac{\overline{W}_0}{|\lambda_1|^{1/q}|\lambda_2|^{1/p}}=\left(\frac{\lambda_2}{\lambda_1}\right)^{\frac{1}{q}}\int_0^{+\infty} G\left(t^{\lambda_2}\right)t^{-b_1p}\mathrm{d}t=\left(\frac{\lambda_2}{\lambda_1}\right)^{\frac{1}{q}}\int_0^{+\infty} G\left(t^{\lambda_2}\right)t^{-bp-\frac{\lambda_2c}{q}}\mathrm{d}t.$$

于是

$$\int_0^{+\infty} G\left(t^{\lambda_2}\right)t^{-bp-\frac{\lambda_2c}{q}}\mathrm{d}t=W_1^{\frac{1}{p}}(b,p)\left(\int_0^{+\infty} G\left(t^{\lambda_2}\right)t^{-bp-\lambda_2c}\mathrm{d}t\right)^{\frac{1}{q}}. \tag{5.1.23}$$

根据 Hölder 不等式, 有

$$\int_0^{+\infty} G\left(t^{\lambda_2}\right)t^{-bp-\frac{\lambda_2c}{q}}\mathrm{d}t=\int_0^{+\infty}1\cdot t^{-\frac{\lambda_2c}{q}}G\left(t^{\lambda_2}\right)t^{-bp}\mathrm{d}t$$

$$\leqslant\left(\int_0^{+\infty}1^p\cdot G\left(t^{\lambda_2}\right)t^{-bp}\mathrm{d}t\right)^{\frac{1}{p}}\left(\int_0^{+\infty}t^{-\lambda_2c}G\left(t^{\lambda_2}\right)t^{-bp}\mathrm{d}t\right)^{\frac{1}{q}}$$

$$=W_1^q(b,p)\left(\int_0^{+\infty} G\left(t^{\lambda_2}\right)t^{-bp-\lambda_2c}\mathrm{d}t\right)^{\frac{1}{q}}. \tag{5.1.24}$$

由 (5.1.23) 式, 知 (5.1.24) 式应取等号, 再根据 Hölder 不等式取等号的条件, 得 $t^{-\lambda_2 c}=$ 常数, 故 $c=0$, 即 $\frac{1}{\lambda_1}aq-\frac{1}{\lambda_2}bp=\frac{1}{\lambda_1}-\frac{1}{\lambda_2}$. 证毕.

若我们针对 (5.1.20) 式, 记

$$\Delta=\frac{1}{\lambda_1}aq-\frac{1}{\lambda_1}bp-\left(\frac{1}{\lambda_1}-\frac{1}{\lambda_2}\right),$$

则当且仅当 $\Delta=0$ 时, (5.1.20) 式的常数因子为最佳, 且最佳常数因子为

$$\frac{W_0}{|\lambda_1|^{1/q}|\lambda_2|^{1/p}}=\left(\frac{\lambda_2}{\lambda_1}\right)^{\frac{1}{q}}\int_0^{+\infty}G\left(t^{\lambda_2}\right)t^{-bp}\mathrm{d}t.$$

今后称这个 Δ 为 (5.1.20) 式取最佳常数因子的判别式.

例 5.1.14 设 $\frac{1}{p}+\frac{1}{q}=1\ (p>1)$, $0<\lambda<1$, $\lambda_1\lambda_2>0$, $1<\frac{1}{\lambda_1 q}+\frac{1}{\lambda_2 p}<1+\lambda$, $f(x)\in L_p^{\lambda_1\left(p-\frac{1}{\lambda_2}\right)}(0,+\infty)$, $g(y)\in L_q^{\lambda_2\left(q-\frac{1}{\lambda_1}\right)}(0,+\infty)$, 求证:

$$\int_0^{+\infty}\int_0^{+\infty}\frac{f(x)g(y)}{|1-x^{\lambda_1}y^{\lambda_2}|^{\lambda}}\mathrm{d}x\mathrm{d}y\leqslant M_0\|f\|_{p,\lambda_1\left(p-\frac{1}{\lambda_2}\right)}\|g\|_{q,\lambda_2\left(q-\frac{1}{\lambda_1}\right)},\tag{5.1.25}$$

其中

$$M_0=\frac{1}{|\lambda_1|^{1/q}|\lambda_2|^{1/p}}\left(B\left(1-\lambda,\frac{1}{\lambda_1 q}+\frac{1}{\lambda_2 p}-1\right)+B\left(1-\lambda,\lambda-\frac{1}{\lambda_1 q}-\frac{1}{\lambda_2 p}+1\right)\right)$$

最佳.

证明 选取搭配参数 $a=\frac{1}{pq}\left[\lambda_1\left(p-\frac{1}{\lambda_2}\right)+1\right]$, $b=\frac{1}{pq}\left[\lambda_2\left(q-\frac{1}{\lambda_2}\right)+1\right]$. 则 $\frac{1}{\lambda_1}aq-\frac{1}{\lambda_2}bp-\left(\frac{1}{\lambda_1}-\frac{1}{\lambda_2}\right)=0$, 故 a 与 b 是适配数. 又因为

$$\lambda_1\left[p\left(\frac{a}{\lambda_1}+\frac{b}{\lambda_2}\right)-\frac{1}{\lambda_2}\right]=\lambda_1\left(p-\frac{1}{\lambda_2}\right),\lambda_2\left[q\left(\frac{a}{\lambda_1}+\frac{b}{\lambda_2}\right)-\frac{1}{\lambda_1}\right]=\lambda_2\left(q-\frac{1}{\lambda_1}\right),$$

$$\begin{aligned}W_0&=|\lambda_2|W_1(b,p)=|\lambda_2|\int_0^{+\infty}G\left(t^{\lambda_2}\right)t^{-bp}\mathrm{d}t\\&=|\lambda_2|\int_0^{+\infty}\frac{1}{|1-t^{\lambda_2}|^{\lambda}}t^{-\frac{1}{q}\left[\lambda_2\left(q-\frac{1}{\lambda_1}\right)+1\right]}\mathrm{d}t=\int_0^{+\infty}\frac{1}{|1-u|^{\lambda}}u^{\frac{1}{\lambda_1 q}+\frac{1}{\lambda_2 p}-2}\mathrm{d}u\end{aligned}$$

$$
\begin{aligned}
&= \int_0^1 \frac{1}{(1-u)^{\lambda}} u^{\frac{1}{\lambda_1 q}+\frac{1}{\lambda_2 p}-2} \mathrm{d}u + \int_1^{+\infty} \frac{1}{(u-1)^{\lambda}} u^{\frac{1}{\lambda_1 q}+\frac{1}{\lambda_2 p}-2} \mathrm{d}u \\
&= \int_0^1 (1-u)^{-\lambda} u^{\frac{1}{\lambda_1 q}+\frac{1}{\lambda_2 p}-2} \mathrm{d}u + \int_0^1 (1-t)^{-\lambda} t^{\lambda-\frac{1}{\lambda_1 q}-\frac{1}{\lambda_2 p}} \mathrm{d}t \\
&= B\left(1-\lambda, \frac{1}{\lambda_1 q}+\frac{1}{\lambda_2 p}-1\right) + B\left(1-\lambda, \lambda-\frac{1}{\lambda_1 q}-\frac{1}{\lambda_2 p}+1\right),
\end{aligned}
$$

根据定理 5.1.4, 知 (5.1.25) 式成立, 其常数因子最佳. 证毕.

例 5.1.15 设 $\frac{1}{p}+\frac{1}{q}=1\ (p>1)$, $\lambda>0$, $\rho>-1$, $0<\sigma<\lambda$, $\alpha=p(1-\lambda_1,\sigma)-1$, $\beta=q(1-\lambda_2\sigma)-1$, $f(x)\in L_p^{\alpha}(0,+\infty)$, $g(y)\in L_q^{\beta}(0,+\infty)$, 求证:

$$
\begin{aligned}
&\int_0^{+\infty}\int_0^{+\infty} \frac{\left|\ln\left(x^{\lambda_1}y^{\lambda_2}\right)\right|^{\rho}}{\left(\max\left\{1, x^{\lambda_1}y^{\lambda_2}\right\}\right)^{\lambda}} f(x)\, g(y)\, \mathrm{d}x\mathrm{d}y \\
\leqslant &\Gamma(\rho+1)\left(\frac{1}{\sigma^{\rho+1}}+\frac{1}{(\lambda-\sigma)^{\rho+1}}\right) ||f||_{p,\alpha}\, ||g||_{q,\beta}\,,
\end{aligned}
\tag{5.1.26}
$$

其中的常数因子是最佳的.

证明 选取搭配参数 $a=\frac{1}{q}(1-\lambda_1\sigma)$, $b=\frac{1}{p}(1-\lambda_2\sigma)$, 则

$$
\Delta=\frac{1}{\lambda_1}aq-\frac{1}{\lambda_2}bp-\left(\frac{1}{\lambda_1}-\frac{1}{\lambda_2}\right)=0, \quad apq-1=\alpha, \quad bpq-1=\beta.
$$

又根据 Gamma 函数性质: $c>0$, $d>0$ 时, 有

$$
\int_0^1 u^{c-1}\left(\ln\frac{1}{u}\right)^{d-1} \mathrm{d}u = \int_0^{+\infty} \frac{(\ln u)^{d-1}}{u^{c+1}} \mathrm{d}u = c^{-d}\Gamma(d),
$$

可得

$$
\begin{aligned}
W_0 &= |\lambda_2|\, W_1(b,p) = |\lambda_2| \int_0^{+\infty} G\left(t^{\lambda_2}\right) t^{-(1-\lambda_2\sigma)} \mathrm{d}t \\
&= \int_0^{+\infty} G(u)\, u^{\sigma-1} \mathrm{d}u = \int_0^{+\infty} \frac{u^{\sigma-1}}{(\max\{1,u\})^{\lambda}} |\ln u|^{\rho} \mathrm{d}u \\
&= \int_0^1 u^{\sigma-1}\left(\ln\frac{1}{u}\right)^{\rho} \mathrm{d}u + \int_1^{+\infty} \frac{1}{u^{\lambda-\sigma+1}} (\ln u)^{\rho} \mathrm{d}u
\end{aligned}
$$

$$= \frac{1}{\sigma^{\rho+1}}\Gamma(\rho+1) + \frac{1}{(\lambda-\sigma)^{\rho+1}}\Gamma(\rho+1) = \Gamma(\rho+1)\left(\frac{1}{\sigma^{\rho+1}} + \frac{1}{(\lambda-\sigma)^{\rho+1}}\right).$$

根据定理 5.1.4, (5.1.26) 式成立, 其常数因子是最佳的. 证毕.

5.2 Hilbert 型积分不等式的适配数与奇异积分算子范数的关系

根据 Hilbert 型积分不等式与相应同核的奇异积分算子的关系, 由定理 5.1.2 和定理 5.1.4, 我们有:

定理 5.2.1 设 $\frac{1}{p}+\frac{1}{q}=1\ (p>1)$, $\lambda,\ a,b\in\mathbb{R}$, $\lambda_1\lambda_2>0$, $\alpha=apq-1$, $\beta=bpq-1$, $K(x,y)\geqslant 0$. 且

$$W_1(b,p)=\int_0^{+\infty}K(1,t)\,t^{-bp}\mathrm{d}t<+\infty,\quad W_2(a,q)=\int_0^{+\infty}K(t,1)t^{-aq}\mathrm{d}t<+\infty,$$

奇异积分算子 T 为

$$T(f)(y)=\int_0^{+\infty}K(x,y)\,f(x)\,\mathrm{d}x,\quad f(x)\geqslant 0.$$

(i) 若 $K(x,y)=G_1\left(x^{\lambda_1},y^{\lambda_2}\right)$, $G_1(u,v)\geqslant 0$ 是 λ 阶齐次函数, 则当 a,b 为适配数, 即判别式 $\Delta_1=\frac{1}{\lambda_1}aq+\frac{1}{\lambda_2}bp-\left(\lambda+\frac{1}{\lambda_1}+\frac{1}{\lambda_2}\right)=0$ 时, T 是 $L_p^{\alpha}(0,+\infty)$ 到 $L_p^{\beta(1-p)}(0,+\infty)$ 的有界算子, 且 T 的范数为

$$||T||=\frac{|\lambda_2|\,W_1(b,p)}{|\lambda_1|^{1/q}\,|\lambda_2|^{1/p}}=\left(\frac{\lambda_2}{\lambda_1}\right)^{\frac{1}{q}}\int_0^{+\infty}G_1\left(1,t^{\lambda_2}\right)t^{-bp}\mathrm{d}t.$$

(ii) 若 $K(x,y)=G_2\left(x^{\lambda_1}y^{\lambda_2}\right)\geqslant 0$, 则当 $a,\ b$ 为适配数, 即判别式 $\Delta_2=\frac{1}{\lambda_1}aq-\frac{1}{\lambda_1}bp-\left(\frac{1}{\lambda_1}-\frac{1}{\lambda_2}\right)=0$ 时, T 是 $L_p^{\alpha}(0,+\infty)$ 到 $L_p^{\beta(1-p)}$ 的有界算子, 且 T 的算子范数为

$$||T||=\frac{|\lambda_2|\,W_1(b,p)}{|\lambda_1|^{1/q}\,|\lambda_2|^{1/p}}=\left(\frac{\lambda_2}{\lambda_1}\right)^{\frac{1}{q}}\int_0^{+\infty}G_2\left(t^{\lambda_2}\right)t^{-bp}\mathrm{d}t.$$

例 5.2.1 设 $\frac{1}{p}+\frac{1}{q}=1\ (p>1)$, $\frac{1}{r}+\frac{1}{s}=1\ (r>1)$, $\lambda>0$, $\alpha=p\left(1-\frac{\lambda}{r}\right)-1$, $\beta=q\left(1-\frac{\lambda}{s}\right)-1$. 求证: 算子 T :

$$T(f)(y)=\int_0^{+\infty}\frac{|\ln(x/y)|}{\max\{x^\lambda,y^\lambda\}}f(x)\,\mathrm{d}x,\quad f(x)\in L_p^\alpha(0,+\infty)$$

是从 $L_p^\alpha(0,+\infty)$ 到 $L_p^{\beta(1-p)}(0,+\infty)$ 的有界算子, 并求出算子范数 $||T||$.

证明 记 $K(x,y)=|\ln(x/y)|/\max\{x^\lambda,y^\lambda\}$, 则核 $K(x,y)$ 是 $-\lambda$ 阶齐次函数.

取 $a=\frac{1}{q}\left(1-\frac{\lambda}{r}\right)$, $b=\frac{1}{p}\left(1-\frac{\lambda}{s}\right)$, 则

$$apq-1=p\left(1-\frac{\lambda}{r}\right)-1=\alpha,\quad bpq-1=q\left(1-\frac{1}{s}\right)-1=\beta,$$

且判别式

$$\Delta_1=aq-bp-(2-\lambda)=\left(1-\frac{\lambda}{r}\right)-\left(1-\frac{\lambda}{s}\right)-(2-\lambda)=0,$$

故 a,b 是适配数. 根据定理 5.2.1, T 是从 $L_p^\alpha(0,+\infty)$ 到 $L^{\beta(1-p)}(0,+\infty)$ 的有界算子, 其算子范数为

$$\begin{aligned}||T||&=\int_0^{+\infty}K(1,t)\,t^{-bp}\mathrm{d}t=\int_0^{+\infty}\frac{|\ln(1/t)|}{\max\{1,t^\lambda\}}t^{\frac{\lambda}{s}-1}\mathrm{d}t\\&=\int_0^1 t^{\frac{\lambda}{s}-1}\ln\frac{1}{t}\mathrm{d}t+\int_1^{+\infty}t^{\frac{\lambda}{r}-1}\ln t\mathrm{d}t\\&=-\frac{s}{\lambda}\left(t^{\lambda/s}\ln t\Big|_0^1-\int_0^1 t^{\lambda/s-1}\mathrm{d}t\right)+\frac{r}{\lambda}\left(t^{-\lambda/r}\ln t\Big|_1^{+\infty}-\int_1^{+\infty}t^{-\lambda/r-1}\mathrm{d}t\right)\\&=-\frac{s}{\lambda}\left(0-\frac{s}{\lambda}\right)+\frac{r}{\lambda}\left(\frac{r}{\lambda}-0\right)=\frac{r^2+s^2}{\lambda}.\end{aligned}$$

证毕.

例 5.2.2 设 $\frac{1}{p}+\frac{1}{q}=1\ (p>1)$, $\frac{1}{r}+\frac{1}{s}=1\ (r>1)$, $\lambda_1\lambda_2>0$, $-1<\lambda<\min\{r,s\}$, $\alpha=p\left(1+\frac{1}{r}\lambda_1\lambda\right)-1$, $\beta=q\left(1+\frac{1}{s}\lambda\lambda_2\right)-1$, 求证: 算子 T:

$$T(f)(y)=\int_0^{+\infty}\frac{\min\{x^{\lambda_1},y^{\lambda_2}\}}{\max\{x^{\lambda_1},y^{\lambda_2}\}}\left|x^{\lambda_1}-y^{\lambda_2}\right|^\lambda f(x)\,\mathrm{d}x,$$

是 $L_p^{\alpha}(0,+\infty)$ 到 $L_p^{\beta(1-p)}(0,+\infty)$ 的有界算子, 并求 T 的算子范数.

证明　记

$$G_1(u,v)=\frac{\min\{u,v\}}{\max\{u,v\}}|u-v|^{\lambda},\quad u>0,v>0,$$

则 $G_1(u,v)$ 是 λ 阶齐次非负函数. 取 $a=\frac{1}{q}\left(1+\frac{1}{r}\lambda_1\lambda\right)$, $b=\frac{1}{p}\left(1+\frac{1}{s}\lambda_2\lambda\right)$, 则判别式

$$\Delta_1=\frac{1}{\lambda_1}aq+\frac{1}{\lambda_2}bp-\left(\lambda+\frac{1}{\lambda_1}+\frac{1}{\lambda_2}\right)=0,$$

故 a,b 是适配数. 又因为 $abp-1=p\left(1+\frac{1}{r}\lambda_1\lambda\right)=\alpha$, $bpq-1=q\left(1+\frac{1}{s}\lambda_2\lambda\right)=\beta$, 根据定理 5.2.1, T 是 $L_p^{\alpha}(0,+\infty)$ 到 $L_p^{\beta(1-p)}(0,+\infty)$ 的有界算子, 其算子范数为

$$\begin{aligned}||T||&=\left(\frac{\lambda_2}{\lambda_1}\right)^{\frac{1}{q}}\int_0^{+\infty}G_1\left(1,t^{\lambda_2}\right)t^{-bp}\mathrm{d}t=\left(\frac{\lambda_2}{\lambda_1}\right)^{\frac{1}{q}}\int_0^{+\infty}\frac{\min\left\{1,t^{\lambda_2}\right\}}{\max\left\{1,t^{\lambda_2}\right\}}\left|1-t^{\lambda_2}\right|^{\lambda}\mathrm{d}t\\&=\frac{1}{|\lambda_1|^{1/q}|\lambda_2|^{1/p}}\left[B\left(1+\lambda,1-\frac{\lambda}{r}\right)+B\left(1+\lambda,1-\frac{\lambda}{s}\right)\right].\end{aligned}$$

证毕.

例 5.2.3　设 $\frac{1}{p}+\frac{1}{q}=1\ (p>1)$, $\lambda_1\lambda_2>0$, $-1<\lambda<\min\left\{1\pm\frac{4}{\lambda_1},1\pm\frac{4}{\lambda_2}\right\}$, $\alpha=p\left[1+\frac{\lambda_1}{2}(\lambda-1)\right]-1$, $\beta=q\left[1+\frac{\lambda_2}{2}(\lambda-1)\right]-1$. 求证: 算子 T:

$$T(f)(y)=\int_0^{+\infty}\frac{\left|x^{\lambda_1}-y^{\lambda_2}\right|^{\lambda}}{\max\left\{x^{\lambda_1},y^{\lambda_2}\right\}}f(x)\,\mathrm{d}x,\quad f(x)\geqslant 0,$$

是 $L_p^{\alpha}(0,+\infty)$ 到 $L_p^{\beta(1-p)}(0,+\infty)$ 的有界算子, 并求 T 的算子范数.

证明　设

$$G_1(u,v)=\frac{|u-v|^{\lambda}}{\max\{u,v\}},\quad u>0,v>0,$$

则 $G_1(u,v)$ 是 $\lambda-1$ 阶齐次非负函数. 取 $a=\frac{1}{q}\left[1+\frac{\lambda_1}{2}(\lambda-1)\right]$, $b=\frac{1}{p}\left[1+\frac{\lambda_2}{2}(\lambda-1)\right]$, 则判别式

$$\Delta_1=\frac{1}{\lambda_1}aq+\frac{1}{\lambda_2}bp-\left(\frac{1}{\lambda_1}+\frac{1}{\lambda_2}+\lambda-1\right)=0,$$

故 a,b 是适配数. 又

$$apq-1=p\left[1+\frac{\lambda_1}{2}(\lambda-1)\right]-1=\alpha,\quad bpq-1=q\left[1+\frac{\lambda_2}{2}(\lambda-1)\right]-1=\beta,$$

根据定理 4.2.1, T 是 $L_p^\alpha(0,+\infty)$ 到 $L_P^{\beta(1-p)}(0,+\infty)$ 的有界算子, 其算子范数为

$$\begin{aligned}||T||&=\left(\frac{\lambda_2}{\lambda_1}\right)^{\frac{1}{q}}\int_0^{+\infty}G_1\left(1,t^{\lambda_2}\right)t^{-bp}\mathrm{d}t=\left(\frac{\lambda_2}{\lambda_1}\right)^{\frac{1}{q}}\int_0^{+\infty}\frac{\left|1-t^{\lambda_2}\right|^\lambda}{\max\left\{1,t^{\lambda_2}\right\}}t^{-\left[1+\frac{\lambda_2}{2}(\lambda-1)\right]}\mathrm{d}t\\&=\frac{1}{|\lambda_1|^{1/q}|\lambda_2|^{1/p}}\left[B\left(\lambda+1,\frac{1-\lambda}{2}-\frac{2}{\lambda_2}\right)+B\left(\lambda+1,\frac{1-\lambda}{2}+\frac{2}{\lambda_2}\right)\right].\end{aligned}$$

证毕.

例 5.2.4 设 $\frac{1}{p}+\frac{1}{q}=1\ (p>1)$, $\frac{1}{r}+\frac{1}{s}=1\ (r>1)$, $\lambda_1\lambda_2>0$, $\alpha=p\left(1-\frac{\lambda_1}{r}\right)-1$, $\beta=q\left(1-\frac{\lambda_2}{s}\right)-1$, 求证: 算子 T:

$$T(f)(y)=\int_0^{+\infty}\frac{\ln\left(x^{\lambda_1}/y^{\lambda_2}\right)}{x^{\lambda_1}-y^{\lambda_2}}f(x)\,\mathrm{d}x,\quad y>0,$$

是 $L_p^\alpha(0,+\infty)$ 到 $L_p^{\beta(1-p)}(0,+\infty)$ 的有界算子, 并求 T 的算子范数.

证明 记

$$G_1(u,v)=\frac{\ln(u/v)}{u-v},\quad u>0,v>0,$$

则 $G_1(u,v)$ 是 -1 阶齐次非负函数. 取 $a=\frac{1}{q}\left(1-\frac{\lambda_1}{r}\right)$, $b=\frac{1}{p}\left(1-\frac{\lambda_2}{s}\right)$, 则判别式

$$\begin{aligned}\Delta_1&=\frac{1}{\lambda_1}aq+\frac{1}{\lambda_2}bp-\left(\frac{1}{\lambda_1}+\frac{1}{\lambda_2}-1\right)\\&=\frac{1}{\lambda_1}\left(1-\frac{\lambda_1}{r}\right)+\frac{1}{\lambda_2}\left(1-\frac{\lambda_2}{s}\right)-\left(\frac{1}{\lambda_1}+\frac{1}{\lambda_3}-1\right)=0,\end{aligned}$$

$$apq-1=p\left(1-\frac{\lambda_1}{r}\right)-1=\alpha,\quad bpq-1=q\left(1-\frac{\lambda_2}{s}\right)-1=\beta,$$

故 a,b 是适配数. 根据定理 5.2.1, T 是 $L_p^\alpha(0,+\infty)$ 到 $L_p^{\beta(1-p)}(0,+\infty)$ 的有界算子, 其算子范数为

$$||T||=\left(\frac{\lambda_2}{\lambda_1}\right)^{\frac{1}{q}}\int_0^{+\infty}G\left(1,t^{\lambda_2}\right)t^{-bp}\mathrm{d}t=\left(\frac{\lambda_2}{\lambda_1}\right)^{\frac{1}{q}}\int_0^{+\infty}\frac{\ln\left(1/t^{\lambda_2}\right)}{1-t^{\lambda_2}}t^{\frac{\lambda_2}{s}-1}\mathrm{d}t$$

$$= \frac{1}{|\lambda_1|^{1/q}|\lambda_2|^{1/p}}\left[\zeta\left(2,\frac{1}{s}\right)+\zeta\left(2,\frac{1}{r}\right)\right].$$

证毕.

例 5.2.5 设 $\frac{1}{p}+\frac{1}{q}=1\ (p>1)$, $a>1$, $\lambda>0$, $\lambda_1>0$, $\lambda_2>0$, $\alpha=p(1-\lambda_1)-1$, $\beta=q(1-\lambda_2)-1$, $\operatorname{arccoth}(u)\,(u>1)$ 是反双曲余切函数, 即 $u=\left(e^x+e^{-x}\right)/\left(e^x-e^{-x}\right)\ (x>0)$ 的反函数. 求证: 算子 T:

$$T(f)(y)=\int_0^{+\infty}\frac{\operatorname{arccoth}^{\lambda}\left(x^{\lambda_1}y^{\lambda_1}+a\right)}{\left(x^{\lambda_1}y^{\lambda_2}+a\right)^2-1}f(x)\,\mathrm{d}x,\quad y>0,$$

是 $L_p^{\alpha}(0,+\infty)$ 到 $L_p^{\beta(1-p)}(0,+\infty)$ 的有界算子, 并求 T 的算子范数.

证明 令

$$G_2(u)=\frac{\operatorname{arccoth}^{\lambda}(u+a)}{(u+a)^2-1},\quad u>0,$$

则 T 的积分核 $K(x,y)=G_2\left(x^{\lambda_1}y^{\lambda_2}\right)>0$. 取 $a_0=\frac{1}{q}(1-\lambda_1)$, $b_0=\frac{1}{p}(1-\lambda_2)$, 则 $a_0pq-1=p(1-\lambda_1)-1=\alpha$, $b_0pq-1=q(1-\lambda_2)-1=\beta$, 且

$$\Delta_2=\frac{1}{\lambda_1}a_0q-\frac{1}{\lambda_2}b_0q-\left(\frac{1}{\lambda_1}-\frac{1}{\lambda_2}\right)=\frac{1}{\lambda_1}(1-\lambda_1)-\frac{1}{\lambda_2}(1-\lambda_2)-\left(\frac{1}{\lambda_1}-\frac{1}{\lambda_2}\right)=0,$$

故 a_0, b_0 是适配数.

因为 $(\operatorname{arccoth}(u+a))'=1\Big/\left[(u+a)^2-1\right]$, 故利用分部积分法可得

$$\begin{aligned}\left(\frac{\lambda_2}{\lambda_1}\right)^{\frac{1}{q}}\int_0^{+\infty}G_2\left(t^{\lambda_2}\right)t^{-b_0p}\mathrm{d}t&=\frac{1}{|\lambda_1|^{1/q}|\lambda_2|^{1/p}}\int_0^{+\infty}G_2(u)\,u^{-\frac{1}{\lambda_2}b_0p+\frac{1}{\lambda_2}-1}\mathrm{d}u\\&=\frac{1}{\lambda_1^{1/q}\lambda_2^{1/p}}\int_0^{+\infty}\frac{\operatorname{arccoth}^{\lambda}(u+a)}{(u+a)^2-1}\mathrm{d}u\\&=\frac{1}{\lambda_1^{1/q}\lambda_2^{1/p}}\int_0^{+\infty}\operatorname{arccoth}^{\lambda}(u+a)\,\mathrm{d}\left(\operatorname{arccoth}(u+a)\right)\\&=\frac{1}{(\lambda+1)\lambda_1^{1/q}\lambda_2^{1/p}}\operatorname{arccoth}^{\lambda+1}(u+a)\Big|_0^{+\infty}\\&=\frac{1}{(\lambda+1)\lambda_1^{1/q}\lambda_2^{1/p}}\left(\frac{1}{2}\ln\frac{a+1}{a-1}\right)^{\lambda+1}.\end{aligned}$$

根据定理 5.2.1, T 是 $L_p^{\alpha}(0,+\infty)$ 到 $L_p^{\beta(1-p)}(0,+\infty)$ 的有界算子, 其算子范数为

$$||T||=\frac{1}{(\lambda+1)\lambda_1^{1/q}\lambda_2^{1/p}}\left(\frac{1}{2}\ln\frac{a+1}{a-1}\right)^{\lambda+1}.$$

证毕.

5.3 关于 Hilbert 型级数不等式的适配数条件

5.3.1 齐次核情形下的适配数条件

引理 5.3.1 设 $\frac{1}{p}+\frac{1}{q}=1\ (p>1)$, $a,b,\lambda\in\mathbb{R}$, $K(x,y)$ 是 λ 阶齐次非负可测函数, $aq+bp=\lambda+2$, $K(1,t)t^{-bp}$ 及 $K(t,1)t^{-aq}$ 都在 $(0,+\infty)$ 上递减, 且

$$W_1(b,p)=\int_0^{+\infty}K(1,t)t^{-bp}\mathrm{d}t,\quad W_2(a,q)=\int_0^{+\infty}K(t,1)t^{-aq}\mathrm{d}t$$

收敛, 则 $W_1(b,p)=W_2(a,q)$, 且有

$$\omega_1(b,p,m)=\sum_{n=1}^{\infty}K(m,n)n^{-bp}\leqslant m^{1+\lambda-bp}W_1(b,p),$$

$$\omega_2(a,q,n)=\sum_{m=1}^{\infty}K(m,n)m^{-aq}\leqslant n^{1+\lambda-aq}W_2(a,q).$$

证明 根据引理 5.1.1, 知 $W_1(b,p)=W_2(a,q)$. 因为 $K(1,t)t^{-bp}$ 在 $(0,+\infty)$ 上递减, 故

$$\begin{aligned}\omega_1(b,p,m)=&m^{\lambda}\sum_{n=1}^{\infty}K\left(1,\frac{n}{m}\right)n^{-bp}=m^{\lambda-bp}\sum_{n=1}^{\infty}K\left(1,\frac{n}{m}\right)\left(\frac{n}{m}\right)^{-bp}\\ \leqslant&m^{\lambda-bp}\int_0^{+\infty}K\left(1,\frac{u}{m}\right)\left(\frac{u}{m}\right)^{-bp}\mathrm{d}u\\ =&m^{\lambda+1-bp}\int_0^{+\infty}K(1,t)t^{-bp}\mathrm{d}t=m^{1+\lambda-bp}W_1(b,p).\end{aligned}$$

同理可证 $\omega_2(a,q,n)\leqslant n^{1+\lambda-aq}W_2(a,q)$. 证毕.

定理 5.3.1 设 $p>1$, $\frac{1}{p}+\frac{1}{q}=1$, $a,b,\lambda\in\mathbb{R}$, $aq+bp-(\lambda+2)=c$, $K(x,y)$ 是 λ 阶齐次非负可测函数, $K(1,t)t^{-bp}$, $K(t,1)t^{-aq}$, $K(1,t)t^{-bp+c/q}$ 及

$K(t,1)\,t^{-aq+c/p}$ 都在 $(0,+\infty)$ 上递减, 且

$$W_1(b,p)=\int_0^{+\infty}K(1,t)\,t^{-bp}\mathrm{d}t,\quad W_2(a,q)=\int_0^{+\infty}K(t,1)\,t^{-aq}\mathrm{d}t$$

都收敛, 那么

(i) $\forall a_m\geqslant 0,\ b_n\geqslant 0$, 有 Hilbert 型级数不等式:

$$\begin{aligned}&\sum_{n=1}^{\infty}\sum_{m=1}^{\infty}K(m,n)\,a_mb_n\\&\leqslant W_1^{\frac{1}{p}}(b,p)\,W_2^{\frac{1}{q}}(a,q)\left(\sum_{m=1}^{\infty}m^{1+\lambda+(a-b)p}a_m^p\right)^{\frac{1}{p}}\left(\sum_{n=1}^{\infty}n^{1+\lambda+(b-a)q}b_n^q\right)^{\frac{1}{q}}.\end{aligned}\tag{5.3.1}$$

(ii) 当且仅当 $c=0$ 即 $bp+aq=\lambda+2$ 时, (5.3.1) 式中的常数因子 $W_1^{1/p}(b,p)\,W_2^{1/q}(a,q)$ 是最佳的, 且当 $aq+bp=\lambda+2$ 时, (5.3.1) 式化为

$$\sum_{n=1}^{\infty}\sum_{m=1}^{\infty}K(m,n)\,a_mb_n\leqslant W_1(b,p)\,||\tilde{a}||_{p,apq-1}\left|\left|\tilde{b}\right|\right|_{q,bpq-1},\tag{5.3.2}$$

其中 $\tilde{a}=\{a_n\}\in l_p^{apq-1}$, $\tilde{b}=\{b_n\}\in l_q^{bpq-1}$.

证明　(i) 选取 a,b 为搭配参数, 利用权系数方法易得 (5.3.1) 式.

(ii) 充分性: 设 $aq+bp=\lambda+2$, 由引理 5.3.1, $W_1(b,p)=W_2(a,q)$, 且 $1+\lambda+(a-b)\,p=apq-1$, $1+\lambda+(b-a)\,q=bpq-1$, 于是 (5.3.1) 式化为 (5.3.2) 式.

若 (5.3.2) 式的常数因子 $W_1(b,p)$ 不是最佳的, 则存在 $M_0<W_1(b,p)$, 使得用 M_0 取代 (5.3.2) 式中的常数因子后, (5.3.2) 式仍成立.

对充分小的 $\varepsilon>0$, 取 $a_m=m^{(-apq-\varepsilon)/q}$, $b_n=n^{(-bpq-\varepsilon)/q}$. 则有

$$||\tilde{a}||_{p,apq-1}\left|\left|\tilde{b}\right|\right|_{q,bpq-1}=\sum_{k=1}^{\infty}k^{-1-\varepsilon}=1+\sum_{k=2}^{\infty}k^{-1-\varepsilon}<1+\int_1^{+\infty}t^{-1-\varepsilon}\mathrm{d}t=\frac{1}{\varepsilon}(1+\varepsilon),$$

又因为

$$\begin{aligned}\sum_{n=1}^{\infty}K(m,n)b_n&=\sum_{n=1}^{\infty}K(m,n)n^{-bp-\frac{\varepsilon}{q}}=m^{\lambda}\sum_{n=1}^{\infty}K\left(1,\frac{n}{m}\right)n^{-bp-\frac{\varepsilon}{q}}\\&=m^{\lambda-bp}\sum_{n=1}^{\infty}K\left(1,\frac{n}{m}\right)\left(\frac{n}{m}\right)^{-bp}n^{\frac{\varepsilon}{q}}\geqslant m^{\lambda-bp}\int_1^{+\infty}K\left(1,\frac{t}{m}\right)\left(\frac{t}{m}\right)^{-bp}t^{-\frac{\varepsilon}{q}}\mathrm{d}t\end{aligned}$$

$$=m^{\lambda+1-bp-\frac{\varepsilon}{q}}\int_{\frac{1}{m}}^{+\infty}K(1,u)u^{-bp\frac{\varepsilon}{q}}\mathrm{d}u,$$

对足够小的 $\delta>0$, 选取 N, 使 $m>N$ 时, $\dfrac{1}{m}<\delta$, 据此并由上式, 有

$$\begin{aligned}
&\sum_{n=1}^{\infty}\sum_{m=1}^{\infty}K(m,n)a_mb_n\\
=&\sum_{m=1}^{\infty}a_m\left(\sum_{n=1}^{\infty}K(m,n)b_n\right)\geqslant\sum_{m=1}^{\infty}m^{-1-s}\int_{\frac{1}{m}}^{+\infty}K(1,t)^{-bp-\frac{s}{q}}\ \mathrm{d}t\\
=&\sum_{m=1}^{N}m^{-1-s}\int_{\frac{1}{m}}^{+\infty}K(1,t)t^{-bp\frac{\varepsilon}{q}}\ \mathrm{d}t+\sum_{m=N+1}^{\infty}m^{-1-\varepsilon}\int_{\frac{1}{m}}^{+\infty}K(1,t)t^{-bp-\frac{\varepsilon}{q}}\ \mathrm{d}t\\
\geqslant&M_1(N,\varepsilon)+\sum_{m=N+1}^{\infty}m^{-1-s}\int_{\delta}^{+\infty}K(1,t)t^{-bp-\frac{\varepsilon}{q}}\ \mathrm{d}t\\
\geqslant&M_1(N,\varepsilon)+\int_{N+1}^{+\infty}x^{-1-\varepsilon}\mathrm{d}x\int_{\delta}^{+\infty}K(1,t)t^{-bp-\frac{\varepsilon}{q}}\ \mathrm{d}t\\
=&M_1(N,\varepsilon)+\frac{1}{\varepsilon}(N+1)^{-\varepsilon}\int_{\delta}^{+\infty}K(1,t)t^{-bp-\frac{\varepsilon}{q}}\ \mathrm{d}t
\end{aligned}$$

其中 $M_1\left(N,\varepsilon\right)=\displaystyle\sum_{m=1}^{N}m^{-1-\varepsilon}\int_{\frac{1}{m}}^{+\infty}K\left(1,t\right)t^{-bp-\frac{\varepsilon}{q}}\mathrm{d}t.$

综上可得

$$\varepsilon M_1\left(n,\varepsilon\right)+\left(N+1\right)^{-\varepsilon}\int_{\delta}^{+\infty}K\left(1,t\right)t^{-bp-\frac{\varepsilon}{q}}\mathrm{d}t\leqslant M_0\left(1+\varepsilon\right).$$

令 $\varepsilon\to0^+$, 有

$$\int_{\delta}^{+\infty}K\left(1,t\right)t^{-bp}\mathrm{d}t\leqslant M_0,$$

再令 $\delta\to0^+$, 可得

$$W_1\left(b,p\right)=\int_{0}^{+\infty}K\left(1,t\right)t^{-bp}\mathrm{d}t\leqslant M_0,$$

这与 $M_0<W_1\left(b,p\right)$ 矛盾, 故 (5.3.2) 式的常数因子 $W_1\left(b,p\right)$ 是最佳的.

必要性: 设 (5.3.1) 式中的常数因子是最佳的, 记 $a_1=a-\dfrac{c}{pq}$, $b_1=b-\dfrac{c}{pq}$,

则 $1+\lambda+(a-b)\,p=1+\lambda+(a_1-b_1)\,p$, $1+\lambda+(b-a)\,q=1+\lambda+(b_1-a_1)\,q$, 且经简单计算, 有

$$W_2\,(a,q)=\int_0^{+\infty}K\,(t,1)\,t^{-aq}\mathrm{d}t=\int_0^{+\infty}K\,(1,t)\,t^{-bp+c}\mathrm{d}t.$$

于是 (5.3.1) 式等价于

$$\begin{aligned}&\sum_{n=1}^{\infty}\sum_{m=1}^{\infty}K(m,n)a_m b_n\\ &\leqslant W_1^{\frac{1}{p}}(b,p)\left(\int_0^{+\infty}K(1,t)t^{-bp+c}\ \mathrm{d}t\right)^{\frac{1}{q}}\left(\sum_{m=1}^{\infty}m^{1+\lambda+(a_1-b_1)p}a_m^p\right)^{\frac{1}{p}}\\ &\quad\times\left(\sum_{n=1}^{\infty}n^{1+\lambda+(b_1-a_1)q}b_n^q\right)^{\frac{1}{q}}\end{aligned}$$

又经计算有 $a_1q+b_1p=\lambda+2$, $1+\lambda+(a_1-b_1)\,p=a_1pq-1$, $1+\lambda+(b_1-a_1)\,q=b_1pq-1$, 于是 (5.3.1) 式进一步等价于

$$\begin{aligned}&\sum_{n=1}^{\infty}\sum_{m=1}^{\infty}K\,(m,n)\,a_m b_n\\ &\leqslant W_1^{\frac{1}{p}}\,(b,p)\left(\int_0^{+\infty}K\,(1,t)\,t^{-bp+c}\mathrm{d}t\right)^{\frac{1}{q}}||\tilde{a}||_{p,a_1pq-1}\left|\left|\tilde{b}\right|\right|_{q,b_1pq-1}.\end{aligned}\tag{5.3.3}$$

根据假设可知 (5.3.3) 式中的常数因子

$$W_1^{\frac{1}{p}}\,(b,p)\left(\int_0^{+\infty}K\,(1,t)\,t^{-bp+c}\mathrm{d}t\right)^{\frac{1}{q}}$$

是最佳的. 但由 $a_1q+b_1p=\lambda+2$, $K\,(1,t)\,t^{-b_1p}=K\,(1,t)\,t^{-bp+c/q}$ 及 $K\,(t,1)\,t^{-aq}=K\,(t,1)\,t^{-aq+c/p}$ 都在 $(0,+\infty)$ 上递减, 故由前面充分性的证明, 可知 (5.3.3) 式的最佳常数因子为

$$\int_0^{+\infty}K\,(1,t)\,t^{-b_1p}\mathrm{d}t=\int_0^{+\infty}K\,(1,t)\,t^{-bp+\frac{c}{q}}\mathrm{d}t,$$

于是有

$$\int_0^{+\infty}K\,(1,t)\,t^{-bp+\frac{c}{q}}\mathrm{d}t=W_1^{\frac{1}{p}}\,(b,p)\left(\int_0^{+\infty}K\,(1,t)\,t^{-bp+c}\mathrm{d}t\right)^{\frac{1}{q}}.\tag{5.3.4}$$

根据 Hölder 不等式, 有

$$\int_0^{+\infty} K(1,t)\, t^{-bp+q}\mathrm{d}t = \int_0^{+\infty} t^{\frac{c}{q}} K(1,t)\, t^{-bp}\mathrm{d}t$$

$$\leqslant \left(\int_0^{+\infty} K(1,t)\, t^{-bp}\mathrm{d}t\right)^{\frac{1}{p}} \left(\int_0^{+\infty} t^{c} K(1,t)\, t^{-bp}\mathrm{d}t\right)^{\frac{1}{q}}$$

$$= W_1^{\frac{1}{p}}(b,p) \left(\int_0^{+\infty} K(1,t)\, t^{-bp+c}\mathrm{d}t\right)^{\frac{1}{q}}. \tag{5.3.5}$$

由 (5.3.4) 式知 (5.3.5) 式取等号, 由 Hölder 不等式取等号的条件, 有 $t^c =$ 常数, 故 $c=0$ 即 $aq+bp=\lambda+2$. 证毕.

记 $\Delta_1 = aq+bq-(\lambda+2)$, 则 a,b 是 (5.3.1) 式的适配数的充要条件是 $\Delta_1 = 0$, 今后称 Δ_1 是 (5.3.1) 式的常数因子最佳的判别式.

例 5.3.1 设 $\frac{1}{p}+\frac{1}{q}=1\ (p>1)$, $\frac{1}{r}+\frac{1}{s}=1\ (r>1)$, $0<\lambda<\min\{r,s\}$, $\alpha = p\left(1-\frac{\lambda}{r}\right)-1$, $\beta = q\left(1-\frac{\lambda}{s}\right)-1$, $\tilde{a}=\{a_m\}\in l_p^{\alpha}$, $\tilde{b}=\{b_n\}\in l_q^{\beta}$, 求证:

$$\sum_{n=1}^{\infty}\sum_{m=1}^{\infty}\frac{1}{m^{\lambda}+n^{\lambda}}a_m b_n \leqslant \frac{1}{\lambda}B\left(\frac{1}{r},\frac{1}{s}\right)||\tilde{a}||_{p,\alpha}\left|\left|\tilde{b}\right|\right|_{q,\beta}, \tag{5.3.6}$$

其中的常数因子 $\frac{1}{\lambda}B\left(\frac{1}{r},\frac{1}{s}\right)$ 是最佳的.

证明 $K(x,y) = 1/\left(x^{\lambda}+y^{\lambda}\right)$ 是 $-\lambda$ 阶齐次非负函数. 设 $a=\frac{1}{q}\left(1-\frac{\lambda}{r}\right)$, $b=\frac{1}{p}\left(1-\frac{\lambda}{s}\right)$, 则 $aq+bp=2-\lambda$, $apq-1 = p\left(1-\frac{\lambda}{r}\right)-1=\alpha$, $bpq-1 = q\left(1-\frac{\lambda}{s}\right)-1=\beta$, 故 a,b 是 (5.3.6) 式的适配数, 又因为 $0<\lambda<\min\{r,s\}$, 有 $\lambda>0$, $\frac{\lambda}{s}-1<0$, $\frac{\lambda}{r}-1<0$, 从而

$$K(1,t)\, t^{-bp} = \frac{1}{1+t^{\lambda}}t^{\frac{\lambda}{s}-1}, \quad K(t,1)\, t^{-aq} = \frac{1}{t^{\lambda}+1}t^{\frac{\lambda}{r}-1}$$

都在 $(0,+\infty)$ 上递减, 同时还有

$$W_1(b,p) = \int_0^{+\infty} K(1,t)\, t^{-bp}\mathrm{d}t = \int_0^{+\infty}\frac{1}{1+t^{\lambda}}t^{\frac{\lambda}{s}-1}\mathrm{d}t$$

$$= \frac{1}{\lambda}\int_0^{+\infty}\frac{1}{1+u}u^{\frac{1}{\lambda}\left(\frac{\lambda}{s}-1\right)+\frac{1}{\lambda}-1}\mathrm{d}u = \frac{1}{\lambda}\int_0^{+\infty}\frac{1}{1+u}u^{\frac{1}{s}-1}\mathrm{d}u$$
$$= \frac{1}{\lambda}B\left(\frac{1}{s},1-\frac{1}{s}\right) = \frac{1}{\lambda}B\left(\frac{1}{r},\frac{1}{s}\right).$$

根据定理 5.3.1, (5.3.6) 式成立, 且常数因子 $\frac{1}{\lambda}B\left(\frac{1}{r},\frac{1}{s}\right)$ 是最佳的. 证毕.

例 5.3.2 设 $\frac{1}{p}+\frac{1}{q}=1\ (p>1)$, $0<\lambda\leqslant\min\{p,q\}$, $\alpha=(p-1)(1-\lambda)$, $\beta=(q-1)(1-\lambda)$, $\tilde{a}=\{a_m\}\in l_p^{\alpha}$, $\tilde{b}=\{b_n\}\in l_q^{\beta}$. 若利用权系数方法得到 Hilbert 型级数不等式:

$$\sum_{n=1}^{\infty}\sum_{m=1}^{\infty}\frac{\ln(m/n)}{m^{\lambda}-n^{\lambda}}a_mb_n \leqslant \left(\frac{\pi}{\lambda\sin(\pi/p)}\right)^2\|\tilde{a}\|_{p,\alpha}\|\tilde{b}\|_{q,\beta}, \tag{5.3.7}$$

试判别其常数因子是否最佳.

解 令 $apq-1=(p-1)(1-\lambda)$, $bpq-1=(q-1)(1-\lambda)$, 可得

$$a=\frac{1}{pq}\left[(p-1)(1-\lambda)+1\right],\quad b=\frac{1}{pq}\left[(q-1)(1-\lambda)+1\right].$$

又因为 $K(x,y)=(\ln(x/y))/\left(x^{\lambda}-y^{\lambda}\right)$ 是 $-\lambda$ 阶齐次非负函数, 且

$$\Delta_1 = aq+bp-(2-\lambda) = \frac{1}{p}\left[(p-1)(1-\lambda)+1\right]+\frac{1}{q}\left[(q-1)(1-\lambda)+1\right]-(2-\lambda)$$
$$= \frac{1}{q}(1-\lambda)+\frac{1}{p}+\frac{1}{p}(1-\lambda)+\frac{1}{q}-(2-\lambda)=0,$$

故 a,b 是 (5.3.7) 式的适配数, 从而 (5.3.7) 式的常数因子是最佳的. 解毕.

例 5.3.3 设 $\frac{1}{p}+\frac{1}{q}=1\ (p>1)$, $\frac{1}{r}+\frac{1}{s}=1\ (r>1)$, $\lambda>0$, $\lambda_0>0$, $\max\left\{1-\frac{s}{r},1-\frac{r}{s}\right\}<\lambda\lambda_0<2, \alpha=\frac{p}{r}(2-\lambda\lambda_0)-1, \beta=\frac{q}{s}(2-\lambda\lambda_0)-1, \tilde{a}=\{a_m\}\in l_p^{\alpha}, \tilde{b}=\{b_n\}\in l_q^{\beta}$, 求证:

$$\sum_{n=1}^{\infty}\sum_{m=1}^{\infty}\frac{a_mb_n}{\left(\max\left\{m^{\lambda},n^{\lambda}\right\}\right)^{\lambda_0}}$$
$$\leqslant\left[\left(\frac{1}{r}+\frac{1}{s}(\lambda\lambda_0-1)\right)^{-1}+\left(\frac{1}{s}+\frac{1}{r}(\lambda\lambda_0-1)\right)^{-1}\right]\|\tilde{a}\|_{p,\alpha}\left\|\tilde{b}\right\|_{q,\beta}, \tag{5.3.8}$$

其中的常数因子是最佳的.

证明 记 $K(x,y)=1/\left(\max\left\{x^{\lambda},y^{\lambda}\right\}\right)^{\lambda_0}$, 则 $K(x,y)$ 是 $-\lambda\lambda_0$ 阶齐次非负函数. 令

$$apq-1=\alpha=\frac{p}{r}(2-\lambda\lambda_0)-1,\quad bpq-1=\beta=\frac{q}{s}(2-\lambda\lambda_0)-1,$$

可得

$$a=\frac{1}{rq}(2-\lambda\lambda_0),\quad b=\frac{1}{sp}(2-\lambda\lambda_0).$$

计算可知 $aq+bp=2-\lambda\lambda_0$, 故 a,b 是 (5.3.8) 式的适配数.

因为 $\lambda\lambda_0<2$, 故 $-\frac{1}{s}(2-\lambda\lambda_0)<0$, $-\frac{1}{r}(2-\lambda\lambda_0)<0$, 于是

$$K(1,t)\,t^{-bp}=\frac{t^{-\frac{1}{s}(2-\lambda\lambda_0)}}{\left(\max\left\{1,t^{\lambda}\right\}\right)^{\lambda_0}},\quad K(t,1)\,t^{-aq}=\frac{t^{-\frac{1}{r}(2-\lambda\lambda_0)}}{\left(\max\left\{t^{\lambda},1\right\}\right)^{\lambda_0}}$$

都在 $(0,+\infty)$ 上递减, 又因为 $\max\left\{1-\frac{s}{r},1-\frac{r}{s}\right\}<\lambda\lambda_0$, 于是 $\frac{1}{r}+\frac{1}{s}(\lambda\lambda_0-1)>0$, $\frac{1}{s}+\frac{1}{r}(\lambda\lambda_0-1)>0$, 从而

$$\begin{aligned}W_1(b,p)&=\int_0^{+\infty}\frac{1}{\left(\max\left\{1,t^{\lambda}\right\}\right)^{\lambda_0}}t^{-\frac{1}{s}(2-\lambda\lambda_0)}\mathrm{d}t\\&=\int_0^1 t^{-\frac{1}{s}(2-\lambda\lambda_0)}\mathrm{d}t+\int_1^{+\infty}t^{-\lambda\lambda_0-\frac{1}{s}(2-\lambda\lambda_0)}\mathrm{d}t\\&=\int_0^1 t^{\frac{1}{r}+\frac{1}{s}(\lambda\lambda_0-1)-1}\mathrm{d}t+\int_1^{+\infty}t^{-\frac{1}{s}-\frac{1}{r}(\lambda\lambda_0-1)-1}\mathrm{d}t\\&=\left(\frac{1}{r}+\frac{1}{s}(\lambda\lambda_0-1)\right)^{-1}+\left(\frac{1}{s}+\frac{1}{r}(\lambda\lambda_0-1)\right)^{-1}.\end{aligned}$$

根据定理 5.3.1, (5.3.8) 式成立, 且其常数因子是最佳的. 证毕.

5.3.2 拟齐次核情形下的适配数条件

引理 5.3.2 设 $G_1(u,v)$ 是 λ 阶齐次非负可测函数, $a,b\in\mathbb{R}$, $\lambda_1\lambda_2>0$, $K(x,y)=G_1\left(x^{\lambda_1},y^{\lambda_2}\right)$, $\frac{1}{p}+\frac{1}{q}=1\ (p>1)$, $\frac{1}{\lambda_1}aq+\frac{1}{\lambda_2}bp=\frac{1}{\lambda_1}+\frac{1}{\lambda_2}+\lambda$, $K(1,t)\,t^{-bp}$ 及 $K(t,1)\,t^{-aq}$ 都在 $(0,+\infty)$ 上递减, 且

$$W_1(b,p)=\int_0^{+\infty}G_1\left(1,t^{\lambda_2}\right)t^{-bp}\mathrm{d}t,\quad W_2(a,q)=\int_0^{+\infty}G_1\left(t^{\lambda_1},1\right)t^{-aq}\mathrm{d}t$$

收敛, 则 $\lambda_1 W_2(a,q)=\lambda_2 W_1(b,p)$, 且

$$\omega_1(b,p,m)=\sum_{n=1}^{\infty} G_1\left(m^{\lambda_1},n^{\lambda_2}\right)n^{-bp}\leqslant m^{\lambda_1\left(\lambda-\frac{1}{\lambda_2}bp+\frac{1}{\lambda_2}\right)}W_1(b,p),$$

$$\omega_2(a,q,n)=\sum_{m=1}^{\infty} G_1\left(m^{\lambda_1},n^{\lambda_2}\right)m^{-aq}\leqslant n^{\lambda_2\left(\lambda-\frac{1}{\lambda_1}aq+\frac{1}{\lambda_1}\right)}W_2(a,q).$$

证明　根据引理 5.1.2, 知 $\lambda_1 W_2(a,q)=\lambda_2 W_1(b,p)$. 因为 $K(1,t)t^{-bp}$ 在 $(0,+\infty)$ 上递减, 故

$$\begin{aligned}\omega_1(b,p,m)&=\sum_{n=1}^{\infty}K(m,n)n^{-bp}=m^{\lambda_1\lambda}\sum_{n=1}^{\infty}K\left(1,m^{-\lambda_1/\lambda_2}n\right)n^{-bp}\\&=m^{\lambda_1\lambda-\frac{\lambda_1}{\lambda_2}bp}\sum_{n=1}^{\infty}K\left(1,m^{-\lambda_1/\lambda_2}n\right)\left(m^{-\lambda_1/\lambda_2}n\right)^{-bp}\\&\leqslant m^{\lambda_1\lambda-\frac{\lambda_1}{\lambda_2}bp}\int_0^{+\infty}K\left(1,m^{-\lambda_1/\lambda_2}u\right)\left(m^{-\lambda_1/\lambda_2}u\right)^{-bp}\mathrm{d}u\\&=m^{\lambda_1\lambda-\frac{\lambda_1}{\lambda_2}bp+\frac{\lambda_1}{\lambda_2}}\int_0^{+\infty}K(1,t)t^{-bp}\mathrm{d}t=m^{\lambda_1\left(\lambda-\frac{1}{\lambda_2}bp+\frac{1}{\lambda_2}\right)}W_1(b,p).\end{aligned}$$

同理, 根据 $K(t,1)t^{-aq}$ 在 $(0,+\infty)$ 上的递减性, 可证明 $\omega_2(a,q,n)\leqslant n^{\lambda_2\left(\lambda-\frac{1}{\lambda_1}aq+\frac{1}{\lambda_1}\right)}W_2(a,q)$. 证毕.

定理 5.3.2　设 $\frac{1}{p}+\frac{1}{q}=1\ (p>1)$, $\lambda,a,b\in\mathbb{R}$, $\lambda_1\lambda_2>0$, $G_1(u,v)$ 是 λ 阶齐次非负可测函数, $\frac{1}{\lambda_1}aq+\frac{1}{\lambda_2}bp-\left(\frac{1}{\lambda_1}+\frac{1}{\lambda_2}+\lambda\right)=c$, $G_1\left(1,t^{\lambda_2}\right)t^{-bp}$, $G_1\left(t^{\lambda_1},1\right)t^{-aq}$, $G_1\left(1,t^{\lambda_2}\right)^{-bp+\lambda_2 c/q}$ 及 $G_1\left(t^{\lambda_1},1\right)t^{-aq+\lambda_1 c/p}$ 都在 $(0,+\infty)$ 上递减, 且

$$W_1(b,p)=\int_0^{+\infty}G_1\left(1,t^{\lambda_2}\right)t^{-bp}\mathrm{d}t,\quad W_2(a,q)=\int_0^{+\infty}G_1\left(t^{\lambda_1},1\right)t^{-aq}\mathrm{d}t$$

收敛, 则

(i) $\forall a_m\geqslant 0,\ b_n\geqslant 0$, 有 Hilbert 型级数不等式:

$$\sum_{n=1}^{\infty}\sum_{m=1}^{\infty}G_1\left(m^{\lambda_1},n^{\lambda_2}\right)a_m b_n$$

$$\leqslant W_1^{\frac{1}{p}}(b,p)W_2^{\frac{1}{q}}(a,q)\left(\sum_{m=1}^{\infty}m^{\lambda_1\left[\lambda+\frac{1}{\lambda_2}+p\left(\frac{a}{\lambda_1}-\frac{b}{\lambda_2}\right)\right]}a_m^p\right)^{\frac{1}{p}}$$

$$\times\left(\sum_{n=1}^{\infty}n^{\lambda_2\left[\lambda+\frac{1}{\lambda_1}+q\left(\frac{b}{\lambda_2}-\frac{a}{\lambda_1}\right)\right]}b_n^q\right)^{\frac{1}{q}} \tag{5.3.9}$$

(ii) 当且仅当 $c=0$, 即 $\frac{1}{\lambda_1}aq+\frac{1}{\lambda_2}bp=\frac{1}{\lambda_1}+\frac{1}{\lambda_2}+\lambda$ 时, (5.3.9) 式中的常数因子 $W_1^{\frac{1}{p}}(b,p)W_2^{\frac{1}{q}}(a,q)$ 是最佳的. 当 $\frac{1}{\lambda_1}aq+\frac{1}{\lambda_2}bp=\frac{1}{\lambda_1}+\frac{1}{\lambda_2}+\lambda$ 时, (5.3.9) 式化为

$$\sum_{n=1}^{\infty}\sum_{m=1}^{\infty}G_1\left(m^{\lambda_1},n^{\lambda_2}\right)a_mb_n\leqslant\frac{W_0}{|\lambda_1|^{1/q}|\lambda_2|^{1/p}}||\tilde{a}||_{p,apq-1}\left|\left|\tilde{b}\right|\right|_{q,bpq-1}, \tag{5.3.10}$$

其中 $W_0=|\lambda_2|W_1(b,p)=|\lambda_1|W_2(a,q)$, $\tilde{a}=\{a_m\}\in l_p^{apq-1}$, $\tilde{b}=\{b_n\}\in l_q^{bpq-1}$.

证明 (i) 选 a,b 为搭配参数, 利用权系数方法便可得到 (5.3.9) 式.

(ii) 充分性: 设 $K(x,y)=G_1\left(x^{\lambda_1},y^{\lambda_2}\right)$. 若 $c=0$, 根据引理 5.3.2, $\lambda_1W_2(a,q)=\lambda_2W_1(b,p)$, 且

$$\lambda_1\left[\lambda+\frac{1}{\lambda_2}+p\left(\frac{a}{\lambda_1}-\frac{b}{\lambda_2}\right)\right]=apq-1,\lambda_2\left[\lambda+\frac{1}{\lambda_1}\left(\frac{b}{\lambda_2}-\frac{a}{\lambda_1}\right)\right]=bpq-1,$$

于是 (5.3.9) 式化为 (5.3.10) 式.

如果 (5.3.10) 式的常数因子不是最佳的, 则存在常数 $M_0<W_0\Big/\left(|\lambda_1|^{1/q}\cdot|\lambda_2|^{1/p}\right)$, 使得用 M_0 取代 (5.3.10) 式的常数因子后, (5.3.10) 式仍然成立.

对充分小的 $\varepsilon>0$ 及足够大的自然数 N, 取 $b_n=n^{(-bpq-|\lambda_2|\varepsilon)/q}, n=1,2,\cdots$,

$$a_m=\begin{cases}0, & m=1,2,\cdots,N-1,\\ m^{(-apq-|\lambda_1|\varepsilon)/p}, & m=N,N+1,\cdots,\end{cases}$$

则

$$||\tilde{a}||_{p,apq-1}\left|\left|\tilde{b}\right|\right|_{q,bpq-1}=\left(\sum_{m=N}^{\infty}m^{-1-|\lambda_1|\varepsilon}\right)^{\frac{1}{p}}\left(\sum_{n=1}^{\infty}n^{-1-|\lambda_2|\varepsilon}\right)^{\frac{1}{q}}$$

$$\leqslant\left(\sum_{m=1}^{\infty}m^{-1-|\lambda_1|\varepsilon}\right)^{\frac{1}{p}}\left(\sum_{n=1}^{\infty}n^{-1-|\lambda_2|\varepsilon}\right)^{\frac{1}{q}}$$

$$\leqslant \left(1+\int_1^{+\infty} t^{-1-|\lambda_1|\varepsilon}\mathrm{d}t\right)^{\frac{1}{p}}\left(1+\int_1^{+\infty} t^{-1-|\lambda_2|\varepsilon}\mathrm{d}t\right)^{\frac{1}{q}}$$
$$=\left(1+\frac{1}{|\lambda_1|\,\varepsilon}\right)^{\frac{1}{p}}\left(1+\frac{1}{|\lambda_2|\,\varepsilon}\right)^{\frac{1}{q}}$$
$$=\frac{1}{\varepsilon\,|\lambda_1|^{1/p}\,|\lambda_2|^{1/q}}\left(1+|\lambda_1|\,\varepsilon\right)^{\frac{1}{p}}\left(1+|\lambda_2|\,\varepsilon\right)^{\frac{1}{q}},$$

$$\sum_{n=1}^{\infty}\sum_{m=1}^{\infty} G_1\left(m^{\lambda_1},n^{\lambda_2}\right)a_m b_n=\sum_{m=N}^{\infty} m^{-aq-\frac{|\lambda_1|\varepsilon}{p}}\left(\sum_{n=1}^{\infty} K(m,n)n^{-bp-\frac{|\lambda_2|}{q}}\right)$$
$$=\sum_{m=N}^{\infty} m^{-aq-\frac{|\lambda_1|\varepsilon}{p}+\lambda_1\lambda}\left(\sum_{n=1}^{\infty} K\left(1,m^{-\lambda_1/\lambda_2}n\right)n^{-bp\frac{|\lambda_2|\varepsilon}{q}}\right)$$
$$=\sum_{m=N}^{\infty} m^{\lambda_1\lambda-aq-\frac{|\lambda_1|\varepsilon}{p}-\frac{\lambda_2}{\lambda_1}\left(bp+\frac{|\lambda_2|\varepsilon}{q}\right)}\left(\sum_{n=1}^{\infty} K\left(1,m^{-\lambda_1/\lambda_2}n\right)\left(m^{-\lambda_1/\lambda_2}n\right)n^{-bp-\frac{|\lambda_2|\varepsilon}{q}}\right)$$
$$\geqslant\sum_{m=N}^{\infty} m^{\lambda_1\lambda-aq-\frac{|\lambda_1|\varepsilon}{p}-\frac{\lambda_2}{\lambda_1}\left(bp+\frac{|\lambda_2|\varepsilon}{q}\right)}\left(\int_1^{+\infty} K\left(1,m^{-\lambda_1/\lambda_2}u\right)\left(m^{-\lambda_1/\lambda_2}u\right)^{-bp-\frac{|\lambda_2|\varepsilon}{q}}\mathrm{d}u\right)$$
$$=\sum_{m=N}^{\infty} m^{\lambda_1\lambda-aq-\frac{|\lambda_1|\varepsilon}{p}-\frac{\lambda_2}{\lambda_1}\left(bp+\frac{|\lambda_2|\varepsilon}{q}\right)+\frac{\lambda_1}{\lambda_2}}\left(\int_{m^{-\lambda_1/\lambda_2}}^{+\infty} K(1,t)t^{-bp-\frac{|\lambda_2|\varepsilon}{q}}\,\mathrm{d}t\right)$$
$$\geqslant\sum_{m=N}^{\infty} m^{-1-|\lambda_1|\varepsilon}\left(\int_{N^{-\lambda_1/\lambda_2}}^{+\infty} K(1,t)t^{-bp\frac{|\lambda_2|\varepsilon}{q}}\,\mathrm{d}t\right)$$
$$\geqslant\int_N^{+\infty} t^{-1-|\lambda_1|\varepsilon}\mathrm{d}t\int_{N^{-\lambda_1/\lambda_2}}^{+\infty} K(1,t)t^{-bp-\frac{|\lambda_2|\varepsilon}{q}}\,\mathrm{d}t$$
$$=\frac{1}{|\lambda_1|\,\varepsilon}N^{|\lambda_1|\varepsilon}\int_{N^{-\lambda_1/\lambda_2}}^{+\infty} K(1,t)^{-bp-\frac{|\lambda_2|\varepsilon}{q}}\,\mathrm{d}t.$$

综上可得

$$\frac{1}{|\lambda_1|}N^{-|\lambda_1|\varepsilon}\int_{N^{-\lambda_1/\lambda_2}}^{+\infty} K\left(1,t\right)t^{-bp-\frac{|\lambda_2|\varepsilon}{q}}\mathrm{d}t\leqslant\frac{M_0}{|\lambda_1|^{1/p}\,|\lambda_2|^{1/q}}\left(1+|\lambda_1|\,\varepsilon\right)^{\frac{1}{p}}\left(1+|\lambda_2|\,\varepsilon\right)^{\frac{1}{q}},$$

先令 $\varepsilon\to 0^+$, 再令 $N\to+\infty$, 得到

$$\frac{1}{|\lambda_1|}\int_0^{+\infty} K\left(1,t\right)t^{-bp}\mathrm{d}t\leqslant\frac{M_0}{|\lambda_1|^{1/p}\,|\lambda_2|^{1/q}}.$$

由此便可得到 $W_0\Big/\left(|\lambda_1|^{1/q}|\lambda_2|^{1/p}\right)\leqslant M_0$, 这与 $M_0<W_0\Big/\left(|\lambda_1|^{1/q}|\lambda_2|^{1/p}\right)$ 矛盾, 故 (5.3.10) 式的常数因子是最佳的.

必要性: 如果 (5.3.9) 式的常数因子 $W_1^{\frac{1}{p}}(b,p)W_2^{\frac{1}{q}}(a,q)$ 是最佳的, 设 $a_1=a-\dfrac{\lambda_1 c}{pq}$, $b_1=b-\dfrac{\lambda_2 c}{pq}$, 则 $\dfrac{1}{\lambda_1}a_1q+\dfrac{1}{\lambda_2}b_1p=\dfrac{1}{\lambda_1}+\dfrac{1}{\lambda_2}+\lambda$,

$$\lambda_1\left[\lambda+\frac{1}{\lambda_2}+p\left(\frac{a}{\lambda_1}-\frac{b}{\lambda_2}\right)\right]=\lambda_1\left[\lambda+\frac{1}{\lambda_2}+p\left(\frac{a_1}{\lambda_1}-\frac{b_1}{\lambda_2}\right)\right],$$

$$\lambda_2\left[\lambda+\frac{1}{\lambda_1}+q\left(\frac{b}{\lambda_2}-\frac{a}{\lambda_1}\right)\right]=\lambda_1\left[\lambda+\frac{1}{\lambda_1}+q\left(\frac{b_1}{\lambda_2}-\frac{a_1}{\lambda_1}\right)\right],$$

且计算可得

$$W_2(a,q)=\int_0^{+\infty}K(t,1)\,t^{-aq}\mathrm{d}t=\frac{\lambda_2}{\lambda_1}\int_0^{+\infty}K(1,t)\,t^{-bp+\lambda_2 c}\mathrm{d}t,$$

于是 (5.3.4) 式可等价地写为

$$\begin{aligned}&\sum_{n=1}^{\infty}\sum_{m=1}^{\infty}G_1\left(m^{\lambda_1},n^{\lambda_2}\right)a_mb_n\\ \leqslant&W_1^{\frac{1}{p}}(b,p)\left(\frac{\lambda_2}{\lambda_1}\int_0^{+\infty}K(1,t)t^{-bp+\lambda_2 c}\,\mathrm{d}t\right)^{\frac{1}{q}}\\ &\times\left(\sum_{m=1}^{\infty}m^{\lambda_1\left[\lambda+\frac{1}{\lambda_2}+p\left(\frac{a_1}{\lambda_1}-\frac{b_1}{\lambda_2}\right)\right]}a_m^p\right)^{\frac{1}{p}}\left(\sum_{n=1}^{\infty}n^{\lambda_2\left[\lambda+\frac{1}{\lambda_1}\left(\frac{b_1}{\lambda_2}-\frac{a_1}{\lambda_1}\right)\right]}b_n^q\right)^{\frac{1}{q}}.\end{aligned}$$

又由 $\dfrac{1}{\lambda_1}a_1q+\dfrac{1}{\lambda_2}\lambda_1p=\dfrac{1}{\lambda_1}+\dfrac{1}{\lambda_2}+\lambda$, 可得

$$\lambda_1\left[\lambda+\frac{1}{\lambda_2}+p\left(\frac{a_1}{\lambda_1}-\frac{b_1}{\lambda_2}\right)\right]=a_1pq-1,$$

$$\lambda_2\left[\lambda+\frac{1}{\lambda_1}+q\left(\frac{b_1}{\lambda_2}-\frac{a_1}{\lambda_1}\right)\right]=b_1pq-1,$$

故 (5.3.9) 式可进一步等价地写为

$$\sum_{n=1}^{\infty}\sum_{m=1}^{\infty}G_1\left(m^{\lambda_1},n^{\lambda_2}\right)a_mb_n$$

$$\leqslant W_1^{\frac{1}{p}}(b,p)\left(\frac{\lambda_2}{\lambda_1}\int_0^{+\infty}K(1,t)\,t^{-bp+\lambda_2 c}\mathrm{d}t\right)^{\frac{1}{q}}\|\tilde{a}\|_{p,a_1pq-1}\left\|\tilde{b}\right\|_{q,b_1pq-1}. \qquad (5.3.11)$$

根据假设, (5.3.11) 式的最佳常数因子为

$$W_1^{\frac{1}{p}}(b,p)\left(\frac{\lambda_2}{\lambda_1}\int_0^{+\infty}K(1,t)\,t^{-bp+\lambda_2 c}\mathrm{d}t\right)^{\frac{1}{q}}.$$

又根据前面充分性的证明, 在 $\frac{1}{\lambda_1}a_1q+\frac{1}{\lambda_2}b_1p=\frac{1}{\lambda_1}+\frac{1}{\lambda_2}+\lambda$ 的条件下, (5.3.1) 式的最佳常数因子应为

$$\frac{W_0}{|\lambda_1|^{1/q}|\lambda_2|^{1/p}}=\left(\frac{\lambda_2}{\lambda_1}\right)^{\frac{1}{q}}\int_0^{+\infty}K(1,t)\,t^{-b_1p}\mathrm{d}t=\left(\frac{\lambda_2}{\lambda_1}\right)^{\frac{1}{q}}\int_0^{+\infty}K(1,t)\,t^{-bp+\frac{\lambda_2 c}{q}}\mathrm{d}t.$$

于是有

$$\int_0^{+\infty}K(1,t)\,t^{-bp+\frac{\lambda_2 c}{q}}\mathrm{d}t=W_1^{\frac{1}{p}}(b,p)\left(\int_0^{+\infty}K(1,t)\,t^{-bp+\lambda_2 c}\mathrm{d}t\right)^{\frac{1}{q}}.$$

由此并仿照定理 5.1.2 的证明, 可得 $c=0$. 证毕.

今后我们记

$$\Delta_1=\frac{1}{\lambda_1}aq+\frac{1}{\lambda_2}bp-\left(\frac{1}{\lambda_1}+\frac{1}{\lambda_2}+\lambda\right),$$

则当且仅当 $\Delta_1=0$ 时, a,b 是 (5.3.9) 式的适配数, 即 (5.3.9) 式的常数因子最佳, 称 Δ_1 为 (5.3.9) 式有最佳常数因子的判别式.

例 5.3.4 设 $\frac{1}{p}+\frac{1}{q}=1\ (p>1)$, $\frac{1}{r}+\frac{1}{s}=1\ (r>1)$, $\lambda_1>0$, $\lambda_2>0$,

$$\max\left\{0,2\left(\frac{1}{s\lambda_1}-\frac{1}{r\lambda_2}\right),2\left(\frac{1}{r\lambda_2}-\frac{1}{s\lambda_1}\right)\right\}$$
$$<\lambda_0<\min\left\{\frac{2}{s}\left(\frac{1}{\lambda_1}+\frac{1}{\lambda_2}\right),\frac{2}{r}\left(\frac{1}{\lambda_1}+\frac{1}{\lambda_2}\right)\right\},$$

$\alpha=\frac{p}{r}\left(1+\frac{\lambda_1}{\lambda_2}\right)-\frac{\lambda_0\lambda_1}{2}-1$, $\beta=\frac{q}{s}\left(1+\frac{\lambda_2}{\lambda_1}\right)-\frac{\lambda_0\lambda_2}{2}-1$, $\tilde{a}=\{a_m\}\in l_p^{\alpha}$, $\tilde{b}=\{b_n\}\in l_q^{\beta}$, 求证

$$\sum_{n=1}^{\infty}\sum_{m=1}^{\infty}\frac{a_mb_n}{(m^{\lambda_1}+m^{\lambda_2})^{\lambda_0}}\leqslant M_0\|\tilde{a}\|_{p,\alpha}\left\|\tilde{b}\right\|_{q,\beta}, \qquad (5.3.12)$$

其中的常数因子 $M_0=\dfrac{1}{|\lambda_1|^{1/q}|\lambda_2|^{1/p}}B\left(\dfrac{\lambda_0}{2}+\dfrac{1}{r\lambda_2}-\dfrac{1}{s\lambda_1},\dfrac{\lambda_0}{2}+\dfrac{1}{s\lambda_1}-\dfrac{1}{r\lambda_2}\right)$ 是最佳的.

证明 记 $G_1(u,v)=1\Big/(u+v)^{\lambda_0}$, 则 $G_1(u,v)$ 是 $-\lambda_0$ 阶齐次非负函数. 令

$$apq-1=\alpha=\frac{p}{r}\left(1+\frac{\lambda_1}{\lambda_2}\right)-\frac{\lambda_0\lambda_1}{2}-1,bpq-1=\beta=\frac{q}{s}\left(1+\frac{\lambda_2}{\lambda_1}\right)-\frac{\lambda_0\lambda_2}{2}-1,$$

则

$$a=\frac{\lambda_1}{rq}\left(\frac{1}{\lambda_1}+\frac{1}{\lambda_2}\right)-\frac{\lambda_0\lambda_1}{2q},\quad b=\frac{\lambda_2}{sp}\left(\frac{1}{\lambda_1}+\frac{1}{\lambda_2}\right)-\frac{\lambda_0\lambda_2}{2p},$$

且

$$\Delta_1=\frac{1}{\lambda_1}aq+\frac{1}{\lambda_2}bp-\left(\frac{1}{\lambda_1}+\frac{1}{\lambda_2}-\lambda_0\right)=0,$$

故可知 a,b 是 (5.3.12) 式的适配数.

根据 $0<\lambda_0<\min\left\{\dfrac{2}{s}\left(\dfrac{1}{\lambda_1}+\dfrac{1}{\lambda_2}\right),\dfrac{2}{r}\left(\dfrac{1}{\lambda_1}+\dfrac{1}{\lambda_2}\right)\right\}$, 可得 $-bp<0$, $-aq<0$, 故

$$G_1\left(1,t^{\lambda_2}\right)t^{-bp}=\frac{1}{(1+t^{\lambda_2})^{\lambda_0}}t^{-bp},\quad G_1\left(t^{\lambda_1},1\right)t^{-aq}=\frac{1}{(t^{\lambda_1}+1)^{\lambda_0}}t^{-aq}$$

都是 $(0,+\infty)$ 上的减函数.

又因为 $\lambda_0>\max\left\{2\left(\dfrac{1}{s\lambda_1}-\dfrac{1}{r\lambda_2}\right),2\left(\dfrac{1}{r\lambda_2}-\dfrac{1}{s\lambda_1}\right)\right\}$, 可知 $\dfrac{\lambda_0}{2}+\dfrac{1}{r\lambda_2}-\dfrac{1}{s\lambda_1}>0$, $\dfrac{\lambda_0}{2}+\dfrac{1}{s\lambda_1}-\dfrac{1}{r\lambda_2}>0$, 于是

$$\begin{aligned}
W_0&=\lambda_2W_1(b,p)=\lambda_2\int_0^{+\infty}G_1\left(1,t^{\lambda_2}\right)t^{-bp}\mathrm{d}t\\
&=\lambda_2\int_0^{+\infty}\frac{1}{(1+t^{\lambda_2})^{\lambda_0}}t^{\frac{\lambda_0\lambda_2}{2}-\frac{\lambda_2}{s}\left(\frac{1}{\lambda_1}+\frac{1}{\lambda_2}\right)}\mathrm{d}t\\
&=\int_0^{+\infty}\frac{1}{(1+u)^{\lambda_0}}u^{\frac{\lambda_0}{2}+\left(\frac{1}{r\lambda_2}-\frac{1}{s\lambda_1}\right)-1}\mathrm{d}t\\
&=B\left(\frac{\lambda_0}{2}+\frac{1}{r\lambda_2}-\frac{1}{s\lambda_1},\lambda_0-\left(\frac{\lambda_0}{2}+\frac{1}{r\lambda_0}-\frac{1}{s\lambda_1}\right)\right)\\
&=B\left(\frac{\lambda_0}{2}+\frac{1}{r\lambda_2}-\frac{1}{s\lambda_1},\frac{\lambda_0}{2}+\frac{1}{s\lambda_1}-\frac{1}{r\lambda_0}\right).
\end{aligned}$$

根据定理 5.3.2, (5.3.12) 式成立, 其常数因子是最佳的. 证毕.

例 5.3.5　设 $\frac{1}{p}+\frac{1}{q}=1\ (p>1)$, $\frac{1}{r}+\frac{1}{s}=1\ (r>1)$, $\lambda_1>0,\lambda_2>0$, $0<\lambda<\min\left\{r\left(\frac{1}{\lambda_1}-1\right)+1,s\left(\frac{1}{\lambda_2}-1\right)+1\right\}$, $\alpha=\lambda_1 p\left(\frac{1}{\lambda_1}-\frac{\lambda-1}{r}\right)-1$, $\beta=\lambda_2 q\left(\frac{1}{\lambda_2}-\frac{\lambda-1}{s}\right)-1$, $\tilde{a}=\{a_m\}\in l_p^{\alpha}$, $\tilde{b}=\{b_n\}\in l_q^{\beta}$. 若利用权系数方法获得 Hilbert 型级数不等式:

$$\sum_{n=1}^{\infty}\sum_{m=1}^{\infty}\frac{\min\left\{m^{\lambda_1},n^{\lambda_2}\right\}}{\left(m^{\lambda_1}+n^{\lambda_2}\right)^{\lambda}}a_m b_n\leqslant\frac{W_0}{\lambda_1^{1/q}\lambda_2^{1/p}}\left\|\tilde{a}\right\|_{p,\alpha}\left\|\tilde{b}\right\|_{q,\beta},\tag{5.3.13}$$

其中

$$W_0=\int_0^{+\infty}\frac{1}{(1+t)^{\lambda}}\left(t^{\frac{1}{s}(\lambda-1)}+t^{\frac{1}{r}(\lambda-1)}\right)\mathrm{d}t.$$

试判断 (5.3.13) 式中的常数因子是否是最佳的.

解　首先令 $G_1(u,v)=\min\{u,v\}\big/(u+v)^{\lambda}$, 则 $G_1(u,v)$ 是 $1-\lambda$ 阶齐次非负函数. 令 $apq-1=\alpha$, $bpq-1=\beta$, 则

$$a=\frac{\lambda_1}{q}\left(\frac{1}{\lambda_1}-\frac{1}{r}(\lambda-1)\right),\quad b=\frac{\lambda_2}{p}\left(\frac{1}{\lambda_2}-\frac{1}{s}(\lambda-1)\right),$$

经计算可知

$$\Delta_1=\frac{1}{\lambda_1}aq+\frac{1}{\lambda_2}bp-\left(\frac{1}{\lambda_1}+\frac{1}{\lambda_2}-(1-\lambda)\right)=0,$$

故 a,b 是 (5.3.13) 式的适配数. 又根据已知条件, 可知 $G_1\left(1,t^{\lambda_2}\right)t^{-bp}$ 及 $G_1\left(t^{\lambda_1},1\right)\cdot t^{-aq}$ 都在 $(0,+\infty)$ 上递减, W_0 收敛.

根据定理 5.3.2, (5.3.13) 式中的常数因子是最佳的. 解毕.

设 $G_2(u/v)\geqslant 0$, 则 $G_1(u/v)$ 是 $\lambda=0$ 阶齐次非负函数, 根据定理 5.3.2, 我们可得:

定理 5.3.3　设 $\frac{1}{p}+\frac{1}{q}=1\ (p>1)$, $a,b\in\mathbb{R}$, $\lambda_1\lambda_2>0$, $G_2(u/v)\geqslant 0$, $\frac{1}{\lambda_1}aq+\frac{1}{\lambda_2}bp-\left(\frac{1}{\lambda_1}+\frac{1}{\lambda_2}\right)=c$, $G_2\left(t^{-\lambda_2}\right)t^{-bp}$, $G_2\left(t^{\lambda_1}\right)t^{-aq}$, $G_2\left(t^{-\lambda_2}\right)t^{-bp+\frac{\lambda_1 c}{q}}$ 及 $G_2\left(t^{\lambda_1}\right)t^{-aq+\frac{\lambda_1 c}{p}}$ 都在 $(0,+\infty)$ 上递减, 且

$$W_1(b,p)=\int_0^{+\infty}G_2\left(t^{-\lambda_2}\right)t^{-bp}\mathrm{d}t,\quad W_2(a,q)=\int_0^{+\infty}G_2\left(t^{\lambda_1}\right)t^{-aq}\mathrm{d}t$$

收敛, 则

(i)$\forall a_m \geqslant 0,\ b_n \geqslant 0$, 有 Hilbert 型级数不等式:

$$\begin{aligned}
&\sum_{n=1}^{\infty}\sum_{m=1}^{\infty} G_2\left(m^{\lambda_1}/n^{\lambda_2}\right) a_m b_n \\
\leqslant & W_1^{\frac{1}{p}}(b,p) W_2^{\frac{1}{q}}(a,q)\left(\sum_{m=1}^{\infty} m^{\lambda_1\left[\frac{1}{\lambda_2}+p\left(\frac{a}{\lambda_1}-\frac{b}{\lambda_2}\right)\right]} a_m^p\right)^{\frac{1}{p}} \\
& \times\left(\sum_{n=1}^{\infty} n^{\lambda_2\left[\frac{1}{\lambda_1}+q\left(\frac{b}{\lambda_2}-\frac{a}{\lambda_1}\right)\right]} b_n^q\right)^{\frac{1}{q}}.
\end{aligned} \tag{5.3.14}$$

(ii) 当且仅当 $c=0$, 即 $\frac{1}{\lambda_1}aq+\frac{1}{\lambda_2}bp=\frac{1}{\lambda_1}+\frac{1}{\lambda_2}$ 时, (5.3.14) 式的常数因子 $W_1^{\frac{1}{p}}(b,p)\,W_2^{\frac{1}{q}}(a,q)$ 是最佳的. 当 $\frac{1}{\lambda_1}aq+\frac{1}{\lambda_2}bp=\frac{1}{\lambda_1}+\frac{1}{\lambda_2}$ 时, (5.3.14) 式化为

$$\sum_{n=1}^{\infty}\sum_{m=1}^{\infty} G_2\left(m^{\lambda_1}/n^{\lambda_2}\right) a_m b_n \leqslant \frac{W_0}{\left|\lambda_1\right|^{1/q}\left|\lambda_2\right|^{1/p}}\|\tilde{a}\|_{p,apq-1}\left\|\tilde{b}\right\|_{q,bpq-1},$$

其中 $W_0=\left|\lambda_1\right| W_2(a,q)=\left|\lambda_2\right| W_1(b,p)$, $\tilde{a}=\{a_m\}$, $\tilde{b}=\{b_n\}$.

例 5.3.6 设 $\frac{1}{p}+\frac{1}{q}=1\ (p>1)$, $\frac{1}{r}+\frac{1}{s}=1\ (r>1)$, $\lambda_1>0$, $\lambda_2>0$, $\sigma_1>0$, $\sigma_2>0$, $\frac{1}{\lambda_1}+\frac{1}{\lambda_2}>\max\{s\sigma_1, r\sigma_2\}$, $-\sigma_2<\frac{1}{\lambda_1 s}-\frac{1}{\lambda_2 r}<\sigma_1$, $\alpha=\frac{p}{r}\left(1+\frac{\lambda_1}{\lambda_2}\right)-1$, $\beta=\frac{q}{s}\left(1+\frac{\lambda_2}{\lambda_1}\right)-1$, $\tilde{a}=\{a_m\}\in l_p^{\alpha}$, $\tilde{b}=\{b_n\}\in l_q^{\beta}$, 且

$$W_0=\int_0^1 \frac{1}{(1+u)^{\sigma_1}}\left(u^{\sigma_1+\frac{1}{\lambda_2 r}-\frac{1}{\lambda_1 s}-1}+u^{\sigma_2+\frac{1}{\lambda_1 s}+\frac{1}{\lambda_2 r}-1}\right) \mathrm{d}u,$$

求证:

$$\sum_{n=1}^{\infty}\sum_{m=1}^{\infty} \frac{\left(\min\left\{1, m^{\lambda_1}/n^{\lambda_2}\right\}\right)^{\sigma_2}}{\left(1+m^{\lambda_1}/n^{\lambda_2}\right)^{\sigma_1}} a_m b_n \leqslant \frac{W_0}{\lambda_1^{1/q}\lambda_2^{1/p}}\|\tilde{a}\|_{p,\alpha}\left\|\tilde{b}\right\|_{q,\beta}, \tag{5.3.15}$$

其中的常数因子是最佳的.

证明 记

$$G_2(u/v)=\frac{(\min\{1, u/v\})^{\sigma_2}}{(1+u/v)^{\sigma_1}}>0, \quad u>0, v>0,$$

令 $apq-1=\alpha=\frac{p}{r}\left(1+\frac{\lambda_1}{\lambda_2}\right)-1$, $bpq-1=\beta=\frac{q}{s}\left(1+\frac{\lambda_2}{\lambda_1}\right)-1$, 则

$$a=\frac{1}{rq}\left(1+\frac{\lambda_1}{\lambda_2}\right),\quad b=\frac{1}{sp}\left(1+\frac{\lambda_2}{\lambda_1}\right).$$

计算可知 $\Delta_1=\frac{1}{\lambda_1}aq+\frac{1}{\lambda_2}bp-\left(\frac{1}{\lambda_1}+\frac{1}{\lambda_2}\right)=0$, 故 a,b 是 (5.3.15) 式的适配数.

由 $\max\{s\sigma_1,r\sigma_2\}<\frac{1}{\lambda_1}+\frac{1}{\lambda_2}$, 可知 $\lambda_2\sigma_1-bp<0$, $\lambda_1\sigma_2-aq<0$, 于是

$$\begin{aligned}G_2\left(t^{-\lambda_2}\right)t^{-bp}&=\frac{\left(\min\left\{1,t^{-\lambda_2}\right\}\right)^{\sigma_2}}{\left(1+t^{-\lambda_2}\right)^{\sigma_1}}t^{-bp}\\&=\begin{cases}\dfrac{1}{\left(1+t^{\lambda_2}\right)^{\sigma_1}}t^{\lambda_2\sigma_1-bp}, & 0<t\leqslant 1,\\ \dfrac{1}{\left(1+t^{\lambda_2}\right)^{\sigma_1}}t^{\lambda_2\sigma_1-\lambda_2\sigma_2-bp}, & t>1,\end{cases}\end{aligned}$$

$$\begin{aligned}G_2\left(t^{\lambda_1}\right)t^{-aq}&=\frac{\left(\min\left\{1,t^{\lambda_1}\right\}\right)^{\sigma_2}}{\left(1+t^{\lambda_1}\right)^{\sigma_1}}t^{-aq}\\&=\begin{cases}\dfrac{1}{\left(1+t^{\lambda_1}\right)^{\sigma_1}}t^{\lambda_1\sigma_2-aq}, & 0<t\leqslant 1,\\ \dfrac{1}{\left(1+t^{\lambda_1}\right)^{\sigma_1}}t^{-aq}, & t>1\end{cases}\end{aligned}$$

都在 $(0,+\infty)$ 上递减. 又因为 $-\sigma_2<\frac{1}{\lambda_1 s}-\frac{1}{\lambda_2 r}<\sigma_1$, 可知 $\sigma_1+\frac{1}{\lambda_2 r}-\frac{1}{\lambda_1 s}>0$, $\sigma_2+\frac{1}{\lambda_1 s}-\frac{1}{\lambda_2 r}>0$, 故 W_0 收敛, 且

$$\begin{aligned}\lambda_1W_2(a,q)&=\lambda_1\int_0^{+\infty}G_2\left(t^{\lambda_1}\right)t^{-aq}\mathrm{d}t\\&=\lambda_1\int_0^{+\infty}\frac{\left(\min\left\{1,t^{\lambda_1}\right\}\right)^{\sigma_2}}{\left(1+t^{\lambda_1}\right)^{\sigma_1}}t^{-aq}\mathrm{d}t\\&=\int_0^{+\infty}\frac{\left(\min\{1,u\}\right)^{\sigma_2}}{(1+u)^{\sigma_1}}u^{-\frac{1}{\lambda_1}aq+\frac{1}{\lambda_1}-1}\mathrm{d}u\\&=\int_0^1\frac{1}{(1+u)^{\sigma_1}}u^{\sigma_2-\frac{1}{\lambda_1}aq+\frac{1}{\lambda_1}-1}\mathrm{d}u+\int_1^{+\infty}\frac{1}{(1+u)^{\sigma_1}}u^{-\frac{1}{\lambda_1}aq+\frac{1}{\lambda_1}-1}\mathrm{d}u\end{aligned}$$

$$=\int_0^1 \frac{1}{(1+u)^{\sigma_1}} u^{\sigma_2-\frac{1}{\lambda_1}aq+\frac{1}{\lambda_1}-1}\mathrm{d}u+\int_0^1 \frac{1}{(1+t)^{\sigma_1}} t^{\sigma_1+\frac{1}{\lambda_1}aq-\frac{1}{\lambda_1}-1}\mathrm{d}t$$

$$=\int_0^1 \frac{1}{(1+u)^{\sigma_1}}\left(u^{\sigma_2+\frac{1}{\lambda_1 s}-\frac{1}{\lambda_2 r}-1}+u^{\sigma_1+\frac{1}{\lambda_2 r}-\frac{1}{\lambda_1 s}-1}\right)\mathrm{d}u=W_0,$$

根据定理 5.3.3, (5.3.15) 式成立, 其常数因子是最佳的.

例 5.3.7 设 $\frac{1}{p}+\frac{1}{q}=1\ (p>1)$, $\lambda_1>0$, $\lambda_2>0$, $\frac{1}{\lambda_2 p}-\frac{1}{\lambda_1 q}<\lambda<1+\frac{1}{\lambda_2 p}-\frac{1}{\lambda_1 q}$, $1-\frac{1}{q}\left(\frac{1}{\lambda_1}+\frac{1}{\lambda_2}\right)\leqslant\lambda\leqslant\frac{1}{p}\left(\frac{1}{\lambda_1}+\frac{1}{\lambda_2}\right)$, $\tilde{a}=\{a_m\}\in l_p^{\lambda_1/\lambda_2}$, $\tilde{b}=\{b_n\}\in l_q^{\lambda_2/\lambda_1}$, 若用权系数方法得到 Hilbert 型级数不等式:

$$\sum_{n=1}^{\infty}\sum_{m=1}^{\infty}\frac{\left(m^{\lambda_1}/n^{\lambda_2}\right)^{\lambda}}{\max\left\{1,m^{\lambda_1}/n^{\lambda_2}\right\}}a_m b_n\leqslant\frac{W_0}{\lambda_1^{1/q}\lambda_2^{1/p}}\|\tilde{a}\|_{p,\frac{\lambda_1}{\lambda_2}}\left\|\tilde{b}\right\|_{q,\frac{\lambda_2}{\lambda_1}},\tag{5.3.16}$$

其中 $W_0=\left(\lambda+\frac{1}{\lambda_1 q}-\frac{1}{\lambda_2 p}\right)^{-1}+\left(1-\lambda-\frac{1}{\lambda_1 q}+\frac{1}{\lambda_2 p}\right)^{-1}$, 试判断其中的常数因子是否是最佳的.

解 记

$$G_2\left(x^{\lambda_1}/y^{\lambda_2}\right)=\frac{\left(x^{\lambda_1}/y^{\lambda_2}\right)^{\lambda}}{\max\left\{1,x^{\lambda_1}/y^{\lambda_2}\right\}},x>0,y>0,$$

则 $G_2\left(x^{\lambda_1}/y^{\lambda_2}\right)\geqslant 0$.

令 $apq-1=\frac{\lambda_1}{\lambda_2}$, $bpq-1=\frac{\lambda_2}{\lambda_1}$, 则可得 $a=\frac{1}{pq}\left(1+\frac{\lambda_1}{\lambda_2}\right)$, $b=\frac{1}{pq}\left(1+\frac{\lambda_2}{\lambda_1}\right)$. 计算可知 $\frac{1}{\lambda_1}aq+\frac{1}{\lambda_2}bp=\frac{1}{\lambda_1}+\frac{1}{\lambda_2}$, 故 a,b 是 (4.3.16) 式的适配数. 根据已知条件, 容易判断 $G_2\left(t^{-\lambda_1}\right)t^{-bp}$ 及 $G_2\left(t^{\lambda_1}\right)t^{-aq}$ 都在 $(0,+\infty)$ 上递减, 故由定理 5.3.3, 知 (5.3.16) 式的常数因子是最佳的.

5.4 Hilbert 型级数不等式的适配数与级数算子范数的关系

根据 Hilbert 型级数不等式与相应同核级数算子的关系, 由定理 5.3.2, 我们可得:

定理 5.4.1 设 $\frac{1}{p}+\frac{1}{q}=1\ (p>1)$, $\lambda,a,b\in\mathbb{R}$, $\lambda_1\lambda_2>0$, $G(u,v)$ 是 λ 阶齐次非负可测函数, $\alpha=apq-1$,$\beta=bpq-1$,$G\left(1,t^{\lambda_2}\right)t^{-bp}$ 及 $G\left(t^{\lambda_1},1\right)t^{-aq}$ 都在

$(0,+\infty)$ 上递减, 且

$$W_1(b,p)=\int_0^{+\infty}G\left(1,t^{\lambda_2}\right)t^{-bp}\mathrm{d}t<+\infty,$$

$$W_2(a,q)=\int_0^{+\infty}G\left(t^{\lambda_1},1\right)t^{-aq}\mathrm{d}t<+\infty,$$

则当且仅当 a,b 为适配数, 即 $\frac{1}{\lambda_1}aq+\frac{1}{\lambda_2}bq=\frac{1}{\lambda_1}+\frac{1}{\lambda_2}+\lambda$ 时, 级数算子

$$T(\tilde{a})_n=\sum_{m=1}^{\infty}G\left(m^{\lambda_1},n^{\lambda_2}\right)a_m,\quad \tilde{a}=\{a_m\}\in l_p^{\alpha},$$

是 l_p^{α} 到 $l_p^{\beta(1-p)}$ 的有界算子, 且 T 的算子范数为

$$||T||=\frac{W_0}{|\lambda_1|^{1/q}|\lambda_2|^{1/p}}=\left(\frac{\lambda_2}{\lambda_1}\right)^{\frac{1}{q}}\int_0^{+\infty}G\left(1,t^{\lambda_2}\right)t^{-bp}\mathrm{d}t.$$

例 5.4.1　设 $\frac{1}{p}+\frac{1}{q}=1\ (p>1)$, $\frac{1}{r}+\frac{1}{s}=1\ (r>1)$, $\lambda>0$, $\lambda_1>0$, $\lambda_2>0$, $\alpha=\frac{p}{r}\left(1+\frac{\lambda_1}{\lambda_2}\right)-\frac{p}{s}\lambda_1\lambda-1$, $\beta=\frac{q}{s}\left(1+\frac{\lambda_2}{\lambda_1}\right)-\frac{q}{r}\lambda_2\lambda-1$, $\frac{1}{\lambda_1}+\frac{1}{\lambda_2}\geqslant\max\left\{\frac{s}{r}\lambda,\frac{r}{s}\lambda\right\}$, $-\frac{\lambda}{s}<\frac{1}{\lambda_1 r}-\frac{1}{\lambda_2 s}<\frac{\lambda}{r}$, 求证: 算子 T:

$$T(\tilde{a})_n=\sum_{m=1}^{\infty}\frac{a_m}{\left(m^{\lambda_1}+n^{\lambda_2}\right)^{\lambda}},\quad \tilde{a}=\{a_m\}\in l_p^{\alpha},$$

是 l_p^{α} 到 $l_p^{\beta(1-p)}$ 的有界算子, 且 T 的算子范数为

$$||T||=\frac{1}{\lambda_1^{1/q}\lambda_2^{1/p}}B\left(\frac{\lambda}{r}-\frac{1}{\lambda_1 r}-\frac{1}{\lambda_2 s},\frac{\lambda}{s}+\frac{1}{\lambda_1 r}-\frac{1}{\lambda_2 s}\right).$$

证明　记 $G(u,v)=1\big/(u+v)^{\lambda}$, 则 $G(u,v)$ 是 $-\lambda$ 阶齐次非负函数, 令

$$apq-1=\alpha=\frac{p}{r}\left(1+\frac{\lambda_1}{\lambda_2}\right)-\frac{p}{s}\lambda_1\lambda-1,\quad bpq-1=\beta=\frac{q}{s}\left(1+\frac{\lambda_2}{\lambda_1}\right)-\frac{q}{r}\lambda_2\lambda-1,$$

则

$$a=\frac{1}{rq}\left(1+\frac{\lambda_1}{\lambda_2}\right)-\frac{1}{sq}\lambda_1\lambda,\quad b=\frac{1}{sp}\left(1+\frac{\lambda_2}{\lambda_1}\right)-\frac{1}{rp}\lambda_2\lambda.$$

计算可知 $\frac{1}{\lambda_1}aq+\frac{1}{\lambda_2}bp=\frac{1}{\lambda_1}+\frac{1}{\lambda_2}-\lambda$, 故 a,b 是适配数.

由 $\frac{1}{\lambda_1}+\frac{1}{\lambda_2}\geqslant\max\left\{\frac{s}{r}\lambda,\frac{r}{s}\lambda\right\}$, 可知 $\frac{1}{r}\lambda_2\lambda-\frac{1}{s}\left(1+\frac{\lambda_2}{\lambda_1}\right)\leqslant 0$, $\frac{1}{s}\lambda_1\lambda-\frac{1}{r}\left(1+\frac{\lambda_1}{\lambda_2}\right)\leqslant 0$, 故

$$G\left(1,t^{\lambda_2}\right)t^{-bp}=\frac{1}{\left(1+t^{\lambda_2}\right)^{\lambda}}t^{\frac{1}{r}\lambda_2\lambda-\frac{1}{s}\left(1+\frac{\lambda_2}{\lambda_1}\right)},$$

$$G\left(t^{\lambda_1},1\right)t^{-aq}=\frac{1}{\left(t^{\lambda_1}+1\right)^{\lambda}}t^{\frac{1}{s}\lambda_1\lambda-\frac{1}{r}\left(1+\frac{\lambda_1}{\lambda_2}\right)}$$

都在 $(0,+\infty)$ 上递减.

由 $-\frac{\lambda}{s}<\frac{1}{\lambda_1 r}-\frac{1}{\lambda_2 s}<\frac{\lambda}{r}$, 可知 $\frac{\lambda}{r}-\frac{1}{\lambda_1 r}+\frac{1}{\lambda_2 s}>0$, $\frac{\lambda}{s}+\frac{1}{\lambda_1 r}-\frac{1}{\lambda_2 s}>0$, 经简单计算可得

$$\begin{aligned}
\lambda_1 W_2(a,q)&=\lambda_2 W_1(b,p)=\lambda_2\int_0^{+\infty}G\left(1,t^{\lambda_2}\right)t^{-bp}\mathrm{d}t\\
&=\lambda_2\int_0^{+\infty}\frac{1}{\left(1+t^{\lambda_2}\right)^{\lambda}}t^{-bp}\mathrm{d}t=\int_0^{+\infty}\frac{1}{(1+u)^{\lambda}}u^{-\frac{1}{\lambda_2}bp+\frac{1}{\lambda_2}-1}\mathrm{d}u\\
&=\int_0^{+\infty}\frac{1}{(1+u)^{\lambda}}u^{\frac{\lambda}{r}-\frac{1}{\lambda_1 r}+\frac{1}{\lambda_2 s}-1}\mathrm{d}u\\
&=B\left(\frac{\lambda}{r}-\frac{1}{\lambda_1 r}+\frac{1}{\lambda_2 s},\lambda-\frac{\lambda}{r}+\frac{1}{\lambda_1 r}-\frac{1}{\lambda_2 s}\right)\\
&=B\left(\frac{\lambda}{r}-\frac{1}{\lambda_1 r}+\frac{1}{\lambda_2 s},\frac{\lambda}{s}+\frac{1}{\lambda_1 r}-\frac{1}{\lambda_2 s}\right).
\end{aligned}$$

根据定理 5.4.1, 知 T 是 l_p^{α} 到 $l_p^{\beta(1-p)}$ 的有界算子, 且 T 的算子范数为

$$\|T\|=\frac{1}{\lambda_1^{1/q}\lambda_2^{1/p}}B\left(\frac{\lambda}{r}-\frac{1}{\lambda_1 r}+\frac{1}{\lambda_2 s},\frac{\lambda}{s}+\frac{1}{\lambda_1 r}-\frac{1}{\lambda_2 s}\right).$$

例 5.4.2 设 $\frac{1}{p}+\frac{1}{q}=1\ (p>1)$, $\frac{1}{r}+\frac{1}{s}=1\ (r>1)$, $\lambda_1>0$, $\lambda_2>0$, $0<\lambda<\frac{1}{\lambda_1 s}+\frac{1}{\lambda_2 r}$, $0<\frac{1}{\lambda_1}-\frac{1}{\lambda_2}<s\lambda$, $\alpha=p\left(\frac{1}{r}+\frac{1}{s}\frac{\lambda_1}{\lambda_2}\right)-1$, $\beta=q\left(\frac{1}{r}+\frac{1}{s}\frac{\lambda_2}{\lambda_1}\right)-1$,

求证: 算子 T:

$$T(\tilde{a})_n = \sum_{m=1}^{\infty} \frac{1}{\left(1 + m^{\lambda_1}/n^{\lambda_2}\right)^{\lambda}} a_m, \quad \tilde{a} = \{a_m\} \in l_p^{\alpha},$$

是 l_p^{α} 到 $l_p^{\beta(1-p)}$ 的有界算子, 并求出 T 的算子范数.

证明 记 $G(u,v) = 1/(1+u/v)^{\lambda}$, 则 $G(u,v)$ 是 0 阶齐次非负函数. 令

$$apq - 1 = \alpha = p\left(\frac{1}{r} + \frac{1}{s}\frac{\lambda_1}{\lambda_2}\right) - 1, \quad bpq - 1 = \beta = q\left(\frac{1}{r} + \frac{1}{s}\frac{\lambda_2}{\lambda_1}\right) - 1,$$

可得

$$a = \frac{1}{q}\left(\frac{1}{r} + \frac{1}{s}\frac{\lambda_1}{\lambda_2}\right), \quad b = \frac{1}{p}\left(\frac{1}{r} + \frac{1}{s}\frac{\lambda_2}{\lambda_1}\right).$$

因为 $\frac{1}{\lambda_1}aq + \frac{1}{\lambda_2}bp = \frac{1}{\lambda_1} + \frac{1}{\lambda_2}$, 故 a, b 是适配数. 由 $0 < \lambda \leqslant \frac{1}{\lambda_1 s} + \frac{1}{\lambda_2 r}$, 可得

$$\lambda_2\lambda - \left(\frac{1}{r} + \frac{1}{s}\frac{\lambda_2}{\lambda_1}\right) \leqslant 0, \quad -\left(\frac{1}{r} + \frac{1}{s}\frac{\lambda_1}{\lambda_2}\right) \leqslant 0,$$

故

$$G\left(1, t^{\lambda_2}\right) t^{-bp} = \frac{1}{\left(1 + t^{\lambda_2}\right)^{\lambda}} t^{\lambda_2\lambda - \left(\frac{1}{r} + \frac{1}{s}\frac{\lambda_2}{\lambda_1}\right)}, \quad G\left(t^{\lambda_1}, 1\right) t^{-aq} = \frac{1}{\left(1 + t^{\lambda_1}\right)^{\lambda}} t^{-\left(\frac{1}{r} + \frac{1}{s}\frac{\lambda_1}{\lambda_2}\right)}$$

都在 $(0, +\infty)$ 上递减. 由 $0 < \frac{1}{\lambda_1} - \frac{1}{\lambda_2} < s\lambda$, 可得 $\frac{1}{s}\left(\frac{1}{\lambda_1} - \frac{1}{\lambda_2}\right) > 0$, $\lambda - \frac{1}{s}\left(\frac{1}{\lambda_1} - \frac{1}{\lambda_2}\right) > 0$, 故

$$\begin{aligned}
\lambda_1 W_2(a,q) = \lambda_2 W_1(b,p) &= \lambda_2 \int_0^{+\infty} G\left(1, t^{\lambda_2}\right) t^{-bp} \mathrm{d}t \\
&= \lambda_2 \int_0^{+\infty} \frac{1}{\left(1 + t^{-\lambda_2}\right)^{\lambda}} t^{-bp} \mathrm{d}t = \int_0^{+\infty} \frac{1}{(1+u)^{\lambda}} u^{\frac{1}{\lambda_2}bp - \frac{1}{\lambda_2} - 1} \mathrm{d}u \\
&= \int_0^{+\infty} \frac{1}{(1+u)^{\lambda}} u^{\frac{1}{s}\left(\frac{1}{\lambda_1} - \frac{1}{\lambda_2}\right) - 1} \mathrm{d}u \\
&= B\left(\frac{1}{s}\left(\frac{1}{\lambda_1} - \frac{1}{\lambda_2}\right), \lambda - \frac{1}{s}\left(\frac{1}{\lambda_1} - \frac{1}{\lambda_2}\right)\right).
\end{aligned}$$

根据定理 5.4.1, 知 T 是 l_p^α 到 $l_p^{\beta(1-p)}$ 的有界算子, 且 T 的算子范数为

$$\|T\|=\frac{1}{\lambda_1^{1/q}\lambda_2^{1/p}}B\left(\frac{1}{s}\left(\frac{1}{\lambda_1}-\frac{1}{\lambda_2}\right),\lambda-\frac{1}{s}\left(\frac{1}{\lambda_1}-\frac{1}{\lambda_2}\right)\right).$$

例 5.4.3 设 $\frac{1}{p}+\frac{1}{q}=1\ (p>1)$, $\frac{1}{r}+\frac{1}{s}=1\ (r>1)$, $\lambda_1>0$, $\lambda_2>0$, $\sigma>0$, $\lambda>0$, $\frac{1}{\lambda_1}+\frac{1}{\lambda_2}>\lambda+r\sigma$, $-\sigma-\frac{\lambda}{s}<\frac{1}{\lambda_1 s}-\frac{1}{\lambda_2 r}<\frac{\lambda}{s}$, $\alpha=\frac{\lambda_1 p}{r}\left(\frac{1}{\lambda_1}+\frac{1}{\lambda_2}-\lambda\right)-1$, $\beta=\frac{\lambda_2 q}{s}\left(\frac{1}{\lambda_1}+\frac{1}{\lambda_2}-\lambda\right)-1$, 求证: 算子 T:

$$T(\tilde{a})_n=\sum_{m=1}^{\infty}\frac{\left(\min\left\{1,m^{\lambda_1}/n^{\lambda_2}\right\}\right)^\sigma}{\left(m^{\lambda_1}+n^{\lambda_2}\right)^\lambda}a_m,\quad \tilde{a}=\{a_m\}\in l_p^\alpha,$$

是从 l_p^α 到 $l_p^{\beta(1-p)}$ 的有界算子, 并求 T 的算子范数.

证明 记

$$G(u,v)=\frac{(\min\{1,u/v\})^\sigma}{(u+v)^\lambda},\quad u>0,\quad v>0,$$

则 $G(u,v)$ 是 $-\lambda$ 阶齐次非负可测函数. 令

$$apq-1=\alpha=\frac{\lambda_1 p}{r}\left(\frac{1}{\lambda_1}+\frac{1}{\lambda_2}-\lambda\right)-1,\quad bpq-1=\beta=\frac{\lambda_2 q}{s}\left(\frac{1}{\lambda_1}+\frac{1}{\lambda_2}-\lambda\right)-1,$$

则

$$a=\frac{\lambda_1}{rq}\left(\frac{1}{\lambda_1}+\frac{1}{\lambda_2}-\lambda\right),\quad b=\frac{\lambda_2}{sp}\left(\frac{1}{\lambda_1}+\frac{1}{\lambda_2}-\lambda\right).$$

计算可得 $\frac{1}{\lambda_1}aq+\frac{1}{\lambda_2}bp=\frac{1}{\lambda_1}+\frac{1}{\lambda_2}-\lambda$, 故 a,b 是适配数.

由 $\frac{1}{\lambda_1}+\frac{1}{\lambda}>\lambda+r\sigma$, 可得

$$-\frac{\lambda_2}{s}\left(\frac{1}{\lambda_1}+\frac{1}{\lambda_2}-\lambda\right)<0,\quad -\lambda_2\sigma-\frac{\lambda_2}{s}\left(\frac{1}{\lambda_1}+\frac{1}{\lambda_2}-\lambda\right)<0,$$

$$\lambda_1\sigma-\frac{\lambda_1}{r}\left(\frac{1}{\lambda_1}+\frac{1}{\lambda_2}-\lambda\right)<0,\quad -\frac{\lambda_1}{r}\left(\frac{1}{\lambda_1}+\frac{1}{\lambda_2}-\lambda\right)<0,$$

于是可知

$$G\left(1,t^{\lambda_2}\right)t^{-bp}=\begin{cases}\dfrac{1}{\left(1+t^{\lambda_2}\right)^{\lambda}}t^{-\frac{\lambda_2}{s}\left(\frac{1}{\lambda_1}+\frac{1}{\lambda_2}-\lambda\right)}, & 0<t\leqslant 1,\\ \dfrac{1}{\left(1+t^{\lambda_2}\right)^{\lambda}}t^{-\lambda_2\sigma-\frac{1}{s}\left(\frac{1}{\lambda_1}+\frac{1}{\lambda_2}-\lambda\right)}, & t>1,\end{cases}$$

$$G\left(t^{\lambda_1},1\right)t^{-aq}=\begin{cases}\dfrac{1}{\left(t^{\lambda_1}+1\right)^{\lambda}}t^{\lambda_1\sigma-\frac{1}{r}\left(\frac{1}{\lambda_1}+\frac{1}{\lambda_2}-\lambda\right)}, & 0<t\leqslant 1,\\ \dfrac{1}{\left(t^{\lambda_1}+1\right)^{\lambda}}t^{-\frac{1}{r}\left(\frac{1}{\lambda_1}+\frac{1}{\lambda_2}-\lambda\right)}, & t>1\end{cases}$$

都在 $(0,+\infty)$ 上递减.

由 $-\sigma-\dfrac{\lambda}{r}<\dfrac{1}{\lambda_1 s}-\dfrac{1}{\lambda_2 r}<\dfrac{\lambda}{s}$, 可得 $\dfrac{\lambda}{s}-\dfrac{1}{\lambda_1 s}+\dfrac{1}{\lambda_2 r}>0, \sigma+\dfrac{\lambda}{r}+\dfrac{1}{\lambda_1 s}-\dfrac{1}{\lambda_2 r}>0$, 故

$$\begin{aligned}\lambda_1 W_2(a,q)&=\lambda_2 W_1(b,p)=\lambda_2\int_0^{+\infty}G\left(1,t^{\lambda_2}\right)t^{-bp}\mathrm{d}t\\&=\lambda_2\int_0^{+\infty}\frac{\left(\min\left\{1,t^{-\lambda_2}\right\}\right)^{\sigma}}{\left(1+t^{\lambda_2}\right)^{\lambda}}t^{-bp}\mathrm{d}t\\&=\int_0^{+\infty}\frac{\left(\min\left\{1,u^{-1}\right\}\right)^{\sigma}}{(1+u)^{\lambda}}u^{-\frac{1}{\lambda_2}bp+\frac{1}{\lambda_2}-1}\mathrm{d}u\\&=\int_0^{+\infty}\frac{\left(\min\left\{1,u^{-1}\right\}\right)^{\sigma}}{(1+u)^{\lambda}}u^{\frac{\lambda}{s}-\frac{1}{\lambda_1 s}+\frac{1}{\lambda_2 r}-1}\mathrm{d}u\\&=\int_0^{1}\frac{1}{(1+u)^{\lambda}}u^{\frac{\lambda}{s}-\frac{1}{\lambda_1 s}+\frac{1}{\lambda_2 r}-1}\mathrm{d}u+\int_1^{+\infty}\frac{1}{(1+u)^{\lambda}}u^{-\sigma+\frac{\lambda}{s}-\frac{1}{\lambda_1 s}+\frac{1}{\lambda_2 r}-1}\mathrm{d}u\\&=\int_0^{1}\frac{1}{(1+t)^{\lambda}}\left(t^{\frac{\lambda}{s}-\frac{1}{\lambda_1 s}+\frac{1}{\lambda_2 r}-1}+t^{\sigma+\frac{\lambda}{r}+\frac{1}{\lambda_1 s}-\frac{1}{\lambda_2 r}-1}\right)\mathrm{d}t<+\infty.\end{aligned}$$

根据定理 5.4.1, 知 T 是从 l_p^{α} 到 $l_p^{\beta(1-p)}$ 的有界算子, T 的算子范数为

$$\|T\|=\frac{1}{\lambda_1^{1/q}\lambda_2^{1/p}}\int_0^{1}\frac{1}{(1+t)^{\lambda}}\left(t^{\frac{\lambda}{s}-\frac{1}{\lambda_1 s}+\frac{1}{\lambda_2 r}-1}+t^{\sigma+\frac{\lambda}{r}+\frac{1}{\lambda_1 s}-\frac{1}{\lambda_2 r}-1}\right)\mathrm{d}t.$$

注 若 $\sigma=0$, 则 T 的算子范数变为

$$\|T\|=\frac{1}{\lambda_1^{1/q}\lambda_2^{1/p}}B\left(\frac{\lambda}{s}-\frac{1}{\lambda_1 s}+\frac{1}{\lambda_2 r},\frac{\lambda}{r}+\frac{1}{\lambda_1 s}-\frac{1}{\lambda_2 r}\right).$$

5.5 关于半离散 Hilbert 型不等式的适配数条件

5.5.1 齐次核的半离散 Hilbert 型不等式的适配数条件

引理 5.5.1 设 $\frac{1}{p}+\frac{1}{q}=1\ (p>1)$, $a,b,\lambda\in\mathbb{R}$, $K(x,y)$ 是 λ 阶齐次非负可测函数, $aq+bp=\lambda+2$, $K(t,1)t^{-aq}$ 在 $(0,+\infty)$ 上递减, 且

$$W_1(b,p)=\int_0^{+\infty}K(1,t)t^{-bp}\mathrm{d}t,\quad W_2(a,q)=\int_0^{+\infty}K(t,1)t^{-aq}\mathrm{d}t$$

收敛, 则 $W_1(b,p)=W_2(a,q)$, 且

$$\omega_1(b,p,n)=\int_0^{+\infty}K(n,x)x^{-bp}\mathrm{d}x=n^{1+\lambda-bp}W_1(b,p),$$

$$\omega_2(a,q,x)=\sum_{n=1}^{\infty}K(n,x)n^{-aq}\leqslant x^{1+\lambda-aq}W_2(a,q).$$

证明 根据引理 5.1.1 及引理 5.3.1 即可得. 证毕.

定理 5.5.1 设 $\frac{1}{p}+\frac{1}{q}=1\ (p>1)$, $a,b,\lambda\in\mathbb{R}$, $aq+bp-(\lambda+2)=c$, $K(u,v)$ 是 λ 阶齐次非负可测函数, $K(t,1)t^{-aq}$ 及 $K(t,1)t^{-aq+c/p}$ 都在 $(0,+\infty)$ 上递减, 且

$$W_1(b,p)=\int_0^{+\infty}K(1,t)t^{-bp}\mathrm{d}t,\quad W_2(a,q)=\int_0^{+\infty}K(t,1)t^{-aq}\mathrm{d}t$$

都收敛, 则

(i) $\forall a_m\geqslant 0$, $f(x)\geqslant 0$, 有半离散 Hilbert 型不等式:

$$\begin{aligned}&\int_0^{+\infty}\sum_{n=1}^{\infty}K(n,x)a_nf(x)\mathrm{d}x\\ \leqslant&W_1^{\frac{1}{p}}(b,p)W_2^{\frac{1}{q}}(a,q)\left(\sum_{n=1}^{\infty}n^{1+\lambda+(a-b)p}a_n^p\right)^{\frac{1}{p}}\left(\int_0^{+\infty}x^{1+\lambda+(b-a)q}f^q(x)\mathrm{d}x\right)^{\frac{1}{q}}\end{aligned}\tag{5.5.1}$$

(ii) 当且仅当 $c=0$, 即 $aq+bp=\lambda+2$ 时, (5.5.1) 式中的常数因子 $W_1^{\frac{1}{p}}(b,p)\cdot W_2^{\frac{1}{q}}(a,q)$ 是最佳的. 且当 $aq+bp=\lambda+2$ 时, (5.5.1) 式化为

$$\int_0^{+\infty}\sum_{n=1}^{\infty}K(n,x)a_nf(x)\mathrm{d}x\leqslant W_1(b,p)\|\tilde{a}\|_{p,apq-1}\|f\|_{q,bpq-1},\tag{5.5.2}$$

其中 $\tilde{a}=\{a_n\}\in l_p^{\alpha}$, $f(x)\in L_q^{\beta}(0,+\infty)$.

证明　(i) 利用混合型 Hölder 不等式及引理 5.5.1, 选 a, b 为搭配参数, 有

$$
\begin{aligned}
&\int_0^{+\infty}\sum_{n=1}^{\infty}K(n,x)\,a_nf(x)\mathrm{d}x\\
=&\int_0^{+\infty}\sum_{n=1}^{\infty}\left(\frac{n^a}{x^b}a_n\right)\left(\frac{x^b}{n^a}f(x)\right)K(n,x)\mathrm{d}x\\
\leqslant&\left(\int_0^{+\infty}\sum_{n=1}^{\infty}\frac{n^{ap}}{x^{bp}}a_n^pK(n,x)\,\mathrm{d}x\right)^{\frac{1}{p}}\left(\int_0^{+\infty}\sum_{n=1}^{\infty}\frac{x^{bq}}{n^{aq}}f^q(x)\,K(n,x)\,\mathrm{d}x\right)^{\frac{1}{q}}\\
=&\left(\sum_{n=1}^{\infty}n^{ap}a_n^p\omega_1(b,p,n)\right)^{\frac{1}{p}}\left(\int_0^{+\infty}x^{bq}f^q(x)\,\omega_2(a,q,x)\mathrm{d}x\right)^{\frac{1}{q}}\\
\leqslant&W_1^{\frac{1}{p}}(b,p)\,W_2^{\frac{1}{q}}(a,q)\left(\sum_{n=1}^{\infty}n^{1+\lambda+(a-b)p}a_n^p\right)^{\frac{1}{p}}\left(\int_0^{+\infty}x^{1+\lambda+(b-a)q}f^q(x)\,\mathrm{d}x\right)^{\frac{1}{q}}.
\end{aligned}
$$

(ii) 充分性: 设 $aq+bp=\lambda+2$, 根据引理 5.5.1, (5.5.1) 式可化为 (5.5.2) 式.

若 (5.5.2) 式的常数因子 $W_1(b,p)$ 不是最佳的, 则存在常数 $M_0<W_1(b,p)$, 使

$$
\int_0^{+\infty}\sum_{n=1}^{\infty}K(n,x)\,a_nf(x)\,\mathrm{d}x\leqslant M_0\,||\tilde{a}||_{p,apq-1}\,||f||_{q,bpq-1}.
$$

取 $\varepsilon>0$ 及 $\delta>0$ 充分小, 令 $a_n=n^{(-apq-\varepsilon)/p}$, $n=1,2,\cdots$,

$$
f(x)=\begin{cases}x^{(-bpq-\varepsilon)/q}, & x\geqslant\delta,\\ 0, & 0<x<\delta,\end{cases}
$$

则

$$
\begin{aligned}
M_0\,||\tilde{a}||_{p,apq-1}\,||f||_{q,bpq-1}=&M_0\left(\sum_{n=1}^{\infty}n^{-1-\varepsilon}\right)^{\frac{1}{p}}\left(\int_{\delta}^{+\infty}x^{-1-\varepsilon}\mathrm{d}x\right)^{\frac{1}{q}}\\
\leqslant&M_0\left(1+\sum_{n=2}^{\infty}n^{-1-\varepsilon}\right)^{\frac{1}{p}}\left(\frac{1}{\varepsilon}\delta^{-\varepsilon}\right)^{\frac{1}{q}}\\
\leqslant&\left(\frac{1}{\varepsilon}\right)^{\frac{1}{q}}M_0\left(1+\int_1^{+\infty}t^{-1-\varepsilon}\mathrm{d}t\right)^{\frac{1}{p}}\delta^{-\frac{\varepsilon}{q}}
\end{aligned}
$$

$$=M_0\left(\frac{1}{\varepsilon}\right)^{\frac{1}{q}}\left(1+\frac{1}{\varepsilon}\right)^{\frac{1}{p}}\delta^{-\frac{\varepsilon}{q}}=\frac{1}{\varepsilon}M_0\left(1+\varepsilon\right)^{\frac{1}{p}}\delta^{-\frac{\varepsilon}{q}},$$

$$\begin{aligned}\int_0^{+\infty}\sum_{n=1}^{\infty}K(n,x)a_nf(x)\mathrm{d}x&=\sum_{n=1}^{\infty}n^{-aq-\frac{\varepsilon}{p}}\left(\int_\delta^{+\infty}x^{-bp-\frac{\varepsilon}{q}}K(n,x)\mathrm{d}x\right)\\&=\sum_{n=1}^{\infty}n^{-aq-\frac{\varepsilon}{p}+\lambda-bp-\frac{\varepsilon}{q}}\left(\int_\delta^{+\infty}K\left(1,\frac{x}{n}\right)\left(\frac{x}{n}\right)^{-bp-\frac{\varepsilon}{q}}\ \mathrm{d}x\right)\\&=\sum_{n=1}^{\infty}n^{-1-\varepsilon}\left(\int_{\frac{\delta}{n}}^{+\infty}K(1,t)t^{-bp-\frac{\varepsilon}{q}}\ \mathrm{d}t\right)\\&\geqslant\sum_{n=1}^{\infty}n^{-1-s}\int_\delta^{+\infty}K(1,t)t^{-bp-\frac{\varepsilon}{q}}\ \mathrm{d}t\\&\geqslant\int_1^{+\infty}t^{-1-\varepsilon}dt\int_\delta^{+\infty}K(1,t)t^{-bp-\frac{\varepsilon}{q}}\ \mathrm{d}t\\&=\frac{1}{\varepsilon}\int_\delta^{+\infty}K(1,t)t^{-bp-\frac{\varepsilon}{q}}\ \mathrm{d}t.\end{aligned}$$

综上, 有

$$\int_\delta^{+\infty}K\left(1,t\right)t^{-bp-\frac{\varepsilon}{q}}\mathrm{d}t\leqslant M_0\left(1+\varepsilon\right)^{\frac{1}{p}}\delta^{-\frac{\varepsilon}{q}},$$

先令 $\varepsilon\to0^+$, 再令 $\delta\to0^+$, 得

$$W_1\left(b,p\right)=\int_0^{+\infty}K\left(1,t\right)t^{-bp}\mathrm{d}t\leqslant M_0.$$

这与 $M_0<W_1\left(b,p\right)$ 矛盾, 故 (5.5.2) 式的常数因子 $W_1\left(b,p\right)$ 是最佳的.

必要性: 设 (5.5.1) 式的常数因子 $W_1^{\frac{1}{p}}\left(b,p\right)W_2^{\frac{1}{q}}\left(a,q\right)$ 是最佳的. 令 $a_1=a-\dfrac{c}{pq}$, $b_1=b-\dfrac{c}{pq}$, 则 $a_1q+b_1p=\lambda+2$. 与定理 5.1.1(ii) 中必要性证明类似, 可得 $c=0$, 即 $aq+bp=\lambda+2$. 证毕.

例 5.5.1 设 $\dfrac{1}{p}+\dfrac{1}{q}=1\ (p>1)$, $\dfrac{1}{r}+\dfrac{1}{s}=1\ (r>1)$, $\dfrac{\lambda_1}{r}+\dfrac{\lambda_2}{s}\leqslant1$, $\alpha=\dfrac{p}{q}+\dfrac{p}{r}\left(\lambda_2-\lambda_1\right)$, $\beta=\dfrac{q}{p}+\dfrac{q}{s}\left(\lambda_2-\lambda_1\right)$, $\lambda_1>0$, $\lambda_2>0$, $\tilde{a}=\{a_n\}\in l_p^\alpha$, $f\left(x\right)\in L_q^\beta\left(0,+\infty\right)$. 求证:

$$\int_0^{+\infty}\sum_{n=1}^{\infty}\frac{\left(\min\left\{n,x\right\}\right)^{\lambda_2}}{\left(\max\left\{n,x\right\}\right)^{\lambda_1}}a_nf\left(x\right)\mathrm{d}x\leqslant M_0\left|\left|\tilde{a}\right|\right|_{p,\alpha}\left|\left|f\right|\right|_{q,\beta},\tag{5.5.3}$$

其中 $M_0=\left(\frac{\lambda_1}{r}+\frac{\lambda_2}{s}\right)^{-1}+\left(\frac{\lambda_1}{s}+\frac{\lambda_2}{r}\right)^{-1}$ 是最佳的.

证明 令

$$K(u,v)=\frac{(\min\{u,v\})^{\lambda_2}}{(\max\{u,v\})^{\lambda_1}},\quad u>0,\quad v>0,$$

则 $K(u,v)$ 是 $\lambda_2-\lambda_1$ 阶齐次非负函数. 令

$$apq-1=\alpha=\frac{p}{q}+\frac{p}{r}(\lambda_2-\lambda_1),\quad bpq-1=\beta=\frac{q}{p}+\frac{q}{s}(\lambda_2-\lambda_1),$$

则有

$$a=\frac{1}{q}+\frac{1}{rq}(\lambda_2-\lambda_1),\quad b=\frac{1}{p}+\frac{1}{sp}(\lambda_2-\lambda_1).$$

计算可得 $aq+bp=2+(\lambda_2-\lambda_1)$, 故 a,b 是适配数. 由 $\frac{\lambda_1}{r}+\frac{\lambda_2}{s}\leqslant 1$, 有

$$K(t,1)\,t^{-aq}=\begin{cases} t^{\frac{\lambda_1}{r}+\frac{\lambda_2}{s}-1}, & 0<t\leqslant 1,\\ t^{-\frac{\lambda_1}{s}-\frac{\lambda_2}{r}-1}, & t>1.\end{cases}$$

在 $(0,+\infty)$ 上递减. 又因为

$$W_1(b,p)=\int_0^{+\infty}K(1,t)t^{-bp}\,\mathrm{d}t=\int_0^{+\infty}\frac{(\min\{1,t\})^{\lambda_2}}{(\max\{1,t\})^{\lambda_1}}t^{\frac{1}{s}(\lambda_1-\lambda_2)-1}\,\mathrm{d}t$$
$$=\int_0^1 t^{\frac{\lambda_1}{s}+\frac{\lambda_2}{r}-1}\mathrm{d}t+\int_1^{+\infty}t^{-\frac{\lambda_1}{r}-\frac{\lambda_2}{s}-1}\,\mathrm{d}t=\left(\frac{\lambda_1}{s}+\frac{\lambda_2}{r}\right)^{-1}+\left(\frac{\lambda_1}{r}+\frac{\lambda_2}{s}\right)^{-1}.$$

根据定理 5.5.1, 知 (5.5.3) 式成立, 且常数因子是最佳的. 证毕.

例 5.5.2 设 $\frac{1}{p}+\frac{1}{q}=1\ (p>1)$, $\lambda>0$, $\lambda_1>0$, $1-\frac{1}{p}\lambda\lambda_1\leqslant\lambda_2<\frac{1}{q}\lambda\lambda_1$, $\alpha=\frac{p}{q}-\lambda\lambda_1$, $\beta=\frac{q}{p}-\lambda\lambda_1$, $\tilde{a}=\{a_n\}\in l_p^{\alpha}$, $f(x)\in L_q^{\beta}(0,+\infty)$, 求证:

$$\int_0^{+\infty}\sum_{n=1}^{\infty}\frac{(n/x)^{\lambda_2}}{(n^{\lambda}+x^{\lambda})^{\lambda_1}}a_nf(x)\,\mathrm{d}x\leqslant\frac{1}{\lambda}B\left(\frac{\lambda_1}{q}-\frac{\lambda_2}{\lambda},\frac{\lambda_1}{p}+\frac{\lambda_2}{\lambda}\right)||\tilde{a}||_{p,\alpha}\,||f||_{q,\beta},$$

其中的常数因子是最佳的.

证明 记 $K(u,v)=(u/v)^{\lambda_2}\Big/(u^{\lambda}+v^{\lambda})^{\lambda_1}$, 则是 $-\lambda\lambda_1$ 阶齐次函数. 令 $apq-1=\alpha=\frac{p}{q}-\lambda\lambda_1$, $bpq-1=\beta=\frac{q}{p}-\lambda\lambda_1$, 则 $a=\frac{1}{q}\left(1-\frac{1}{p}\lambda\lambda_1\right)$, $b=$

$\frac{1}{p}\left(1-\frac{1}{q}\lambda\lambda_1\right)$. 计算可知 $aq+bp=2-\lambda\lambda_1$, 故 a,b 是适配数. 因为 $1-\frac{1}{p}\lambda\lambda_1\leqslant\lambda_2<\frac{1}{q}\lambda\lambda_1$, 故

$$\lambda_2+\frac{1}{p}\lambda\lambda_1-1\leqslant 0,\quad \frac{\lambda_1}{q}-\frac{\lambda_2}{\lambda}>0,\quad \frac{\lambda_1}{p}+\frac{\lambda_2}{\lambda}>0,$$

于是

$$K(t,1)\,t^{-aq}=\frac{1}{\left(1+t^{\lambda}\right)^{\lambda_1}}t^{\lambda_2+\frac{1}{p}\lambda\lambda_1-1}$$

在 $(0,+\infty)$ 上递减, 且

$$\begin{aligned}W_1(b,p)&=\int_0^{+\infty}K(1,t)\,t^{-bp}\mathrm{d}t=\int_0^{+\infty}\frac{t^{-\lambda_2}}{\left(1+t^{\lambda}\right)^{\lambda_1}}t^{\frac{1}{q}\lambda\lambda_1-1}\mathrm{d}t\\&=\frac{1}{\lambda}\int_0^{+\infty}\frac{1}{(1+u)^{\lambda_1}}u^{\frac{\lambda_1}{q}-\frac{\lambda_2}{\lambda}-1}\mathrm{d}u=\frac{1}{\lambda}B\left(\frac{\lambda_1}{q}-\frac{\lambda_2}{\lambda},\lambda_1-\frac{\lambda_1}{q}+\frac{\lambda_2}{\lambda}\right)\\&=\frac{1}{\lambda}B\left(\frac{\lambda_1}{q}-\frac{\lambda_2}{\lambda},\frac{\lambda_1}{p}+\frac{\lambda_2}{\lambda}\right).\end{aligned}$$

根据定理 5.5.1, 知本例结论成立. 证毕.

5.5.2 拟齐次核的半离散 Hilbert 型不等式的适配数条件

根据混合型 Hölder 不等式, 结合定理 5.1.2 和定理 5.3.2 的证明方法, 类似地我们可以证明如下定理.

定理 5.5.2 设 $\frac{1}{p}+\frac{1}{q}=1\ (p>1)$, $a,b,\lambda\in\mathbb{R}$, $\lambda_1\lambda_2>0$, $G_1(u,v)$ 是 λ 阶齐次非负可测函数, $\frac{1}{\lambda_1}aq+\frac{1}{\lambda_2}bp-\left(\frac{1}{\lambda_1}+\frac{1}{\lambda_2}+\lambda\right)=c$, $G_1\left(t^{\lambda_1},1\right)t^{-aq}$ 及 $G_1\left(t^{\lambda_1},1\right)t^{-aq+\lambda_1c/p}$ 都在 $(0,+\infty)$ 上递减, 且

$$W_1(b,p)=\int_0^{+\infty}G_1\left(1,t^{\lambda_2}\right)t^{-bp}\mathrm{d}t,\quad W_2(a,q)=\int_0^{+\infty}G_1\left(t^{\lambda_1},1\right)t^{-aq}\mathrm{d}t$$

收敛, 则

(i)$\forall a_n\geqslant 0$, $f(x)\geqslant 0$, 有半离散 Hilbert 型不等式:

$$\int_0^{+\infty}\sum_{n=1}^{\infty}G_1\left(n^{\lambda_1},x^{\lambda_2}\right)a_nf(x)\,\mathrm{d}x$$

$$
\begin{aligned}
&\leqslant W_1^{\frac{1}{p}}(b,p)\,W_2^{\frac{1}{q}}(a,q)\left(\sum_{n=1}^{\infty} n^{\lambda_1\left[\lambda+\frac{1}{\lambda_2}+p\left(\frac{a}{\lambda_1}-\frac{b}{\lambda_2}\right)\right]} a_n^p\right)^{\frac{1}{p}}\\
&\quad\times\left(\int_0^{+\infty} x^{\lambda_2\left[\lambda+\frac{1}{\lambda_1}+q\left(\frac{b}{\lambda_2}-\frac{a}{\lambda_1}\right)\right]} f^q(x)\,\mathrm{d}x\right)^{\frac{1}{q}}. \qquad (5.5.4)
\end{aligned}
$$

(ii) 当且仅当 $c=0$, 即 $\frac{1}{\lambda_1}aq+\frac{1}{\lambda_2}bp=\frac{1}{\lambda_1}+\frac{1}{\lambda_2}+\lambda$ 时, (5.5.4) 式中的常数因子 $W_1^{\frac{1}{p}}(b,p)\,W_2^{\frac{1}{q}}(a,q)$ 是最佳的. 当 $\frac{1}{\lambda_1}aq+\frac{1}{\lambda_2}bp=\frac{1}{\lambda_1}+\frac{1}{\lambda_2}+\lambda$ 时, (5.5.4) 式化为

$$
\int_0^{+\infty}\sum_{n=1}^{\infty} G_1\left(n^{\lambda_1},x^{\lambda_2}\right)a_n f(x)\,\mathrm{d}x \leqslant \frac{W_0}{|\lambda_1|^{1/q}\,|\lambda_2|^{1/p}}\,||\tilde{a}||_{p,apq-1}\,||f||_{q,bpq-1},
$$

其中 $W_0=|\lambda_2|\,W_1(b,p)=|\lambda_1|\,W_2(a,q)$, $\tilde{a}=\{a_n\}\in l_p^{apq-1}$, $f(x)\in L_q^{bpq-1}(0,+\infty)$.

定理 5.5.3 设 $\frac{1}{p}+\frac{1}{q}=1\ (p>1)$, $a,b\in\mathbb{R}$, $\lambda_1\lambda_2>0$, $G_2(u/v)\geqslant 0$, $\frac{1}{\lambda_1}aq+\frac{1}{\lambda_2}bp-\left(\frac{1}{\lambda_1}+\frac{1}{\lambda_2}\right)=c$, $G_2\left(t^{\lambda_1}\right)t^{-aq}$ 及 $G_2\left(t^{\lambda_1}\right)t^{-aq+\lambda_1 c/p}$ 都在 $(0,+\infty)$ 上递减, 且

$$
W_1(b,p)=\int_0^{+\infty} G_2\left(t^{-\lambda_2}\right)t^{-bp}\mathrm{d}t,\quad W_2(a,q)=\int_0^{+\infty} G_2\left(t^{\lambda_1}\right)t^{-aq}\mathrm{d}t
$$

都收敛. 则

(i) $\forall a_n>0$, $f(x)\geqslant 0$, 有半离散 Hilbert 型不等式:

$$
\begin{aligned}
&\int_0^{+\infty}\sum_{n=1}^{\infty} G_2\left(n^{\lambda_1}/x^{\lambda_2}\right)a_n f(x)\mathrm{d}x\\
&\leqslant W_1^{\frac{1}{p}}(b,p)W_2^{\frac{1}{q}}(a,b)\left(\sum_{n=1}^{\infty} n^{\lambda_1\left[\frac{1}{\lambda_2}+p\left(\frac{a}{\lambda_1}\frac{b}{\lambda_2}\right)\right]} a_n^p\right)^{\frac{1}{p}}\\
&\quad\times\left(\int_0^{+\infty} x^{\lambda_2\left[\frac{1}{\lambda_1}+q\left(\frac{b}{\lambda_2}-\frac{a}{\lambda_1}\right)\right]} f^q(x)\mathrm{d}x\right)^{\frac{1}{q}} \qquad (5.5.5)
\end{aligned}
$$

(ii) 当且仅当 $c=0$, 即 $\frac{1}{\lambda_1}aq+\frac{1}{\lambda_2}bp=\frac{1}{\lambda_1}+\frac{1}{\lambda_2}$ 时, (5.5.5) 式中的常数因子

$W_1^{\frac{1}{p}}(b,p)\,W_2^{\frac{1}{q}}(a,q)$ 是最佳的. 当 $\dfrac{1}{\lambda_1}aq+\dfrac{1}{\lambda_2}bp=\dfrac{1}{\lambda_1}+\dfrac{1}{\lambda_2}$ 时, (5.5.6) 式化为

$$\int_0^{+\infty}\sum_{n=1}^{\infty}G_2\left(n^{\lambda_1}/x^{\lambda_2}\right)a_nf(x)\,\mathrm{d}x\leqslant\frac{W_0}{|\lambda_1|^{1/q}|\lambda_2|^{1/p}}||\tilde{a}||_{p,apq-1}||f||_{q,bpq-1},$$

其中 $W_0=|\lambda_2|\,W_1(b,p)=|\lambda_1|\,W_2(a,q)$, $\tilde{a}=\{a_n\}\in l_p^{apq-1}$, $f(x)\in L_q^{bpq-1}(0,+\infty)$.

例 5.5.3 设 $\dfrac{1}{p}+\dfrac{1}{q}=1\ (p>1)$, $\dfrac{1}{r}+\dfrac{1}{q}=1\ (r>1)$, $\lambda_1>0$, $\lambda_2>0$, $\lambda>0$, $\sigma>0$, $\dfrac{1}{\lambda_1}+\dfrac{1}{\lambda_2}>(r-1)\sigma+\lambda$, $\dfrac{\lambda}{s}+\dfrac{\sigma}{r}>\dfrac{1}{\lambda_1 s}-\dfrac{1}{\lambda_2 r}$, $\dfrac{\lambda}{r}+\dfrac{\sigma}{s}>\dfrac{1}{\lambda_1 r}-\dfrac{1}{\lambda_2 s}$, $\alpha=\dfrac{\lambda_1}{r}p\left(\dfrac{1}{\lambda_1}+\dfrac{1}{\lambda_2}+\sigma-\lambda\right)-1$, $\beta=\dfrac{\lambda_2}{s}q\left(\dfrac{1}{\lambda_1}+\dfrac{1}{\lambda_2}+\sigma-\lambda\right)-1$, $\tilde{a}=\{a_n\}\in l_p^{\alpha}$, $f(x)\in L_q^{\beta}(0,+\infty)$, 且

$$W_0=\int_0^1\frac{1}{(1+t)^{\lambda}}\left(t^{\frac{\lambda}{s}+\frac{\sigma}{r}-\frac{1}{\lambda_1 s}+\frac{1}{\lambda_2 r}-1}+t^{\frac{\lambda}{r}+\frac{\sigma}{s}-\frac{1}{\lambda_1 r}+\frac{1}{\lambda_2 s}-1}\right)\mathrm{d}t,$$

求证:

$$\int_0^{+\infty}\sum_{n=1}^{\infty}\frac{\left(\min\left\{n^{\lambda_1},x^{\lambda_2}\right\}\right)^{\sigma}}{\left(n^{\lambda_1}+x^{\lambda_2}\right)^{\lambda}}a_nf(x)\,\mathrm{d}x\leqslant\frac{W_0}{\lambda_1^{1/q}\lambda_2^{1/p}}||\tilde{a}||_{p,\alpha}||f||_{q,\beta},$$

其中的常数因子是最佳的.

证明 令 $G_1(u,v)=(\min\{u,v\})^{\sigma}/(u+v)^{\lambda}$, 则 $G_1(u,v)$ 是 $\sigma-\lambda$ 阶齐次非负函数. 令 $apq-1=\alpha$, $bpq-1=\beta$, 得到

$$a=\frac{\lambda_1}{rq}\left(\frac{1}{\lambda_1}+\frac{1}{\lambda_2}+\sigma-\lambda\right),\quad b=\frac{\lambda_2}{sp}\left(\frac{1}{\lambda_1}+\frac{1}{\lambda_2}+\sigma-\lambda\right).$$

因为 $\dfrac{1}{\lambda_1}aq+\dfrac{1}{\lambda_2}bp=\dfrac{1}{\lambda_1}+\dfrac{1}{\lambda_2}+\sigma-\lambda$, 故 a,b 是适配数. 由 $\dfrac{1}{\lambda_1}+\dfrac{1}{\lambda_2}>(r-1)\sigma+\lambda$, 可知 $\lambda_1\left[\sigma-\dfrac{1}{r}\left(\dfrac{1}{\lambda_1}+\dfrac{1}{\lambda_2}+\sigma-\lambda\right)\right]<0$, 故

$$G_1\left(t^{\lambda_1},1\right)t^{-aq}=\begin{cases}\dfrac{1}{\left(t^{\lambda_1}+1\right)^{\lambda}}t^{\lambda_1\left[\sigma-\frac{1}{r}\left(\frac{1}{\lambda_1}+\frac{1}{\lambda_2}+\sigma-\lambda\right)\right]}, & 0<t\leqslant 1,\\ \dfrac{1}{\left(t^{\lambda_1}+1\right)^{\lambda}}t^{-\frac{\lambda_1}{r}\left(\frac{1}{\lambda_1}+\frac{1}{\lambda_2}+\sigma-\lambda\right)}, & t>1\end{cases}$$

在 $(0,+\infty)$ 上递减. 由

$$\frac{\lambda}{s}+\frac{\sigma}{r}>\frac{1}{\lambda_1 s}-\frac{1}{\lambda_2 r},\quad \frac{\lambda}{r}+\frac{\sigma}{s}>\frac{1}{\lambda_1 r}-\frac{1}{\lambda_2 s},$$

故 W_0 收敛. 又因为

$$\begin{aligned}\lambda_2 W_1(b,p)&=\int_0^{+\infty}G\left(1,t^{\lambda_2}\right)t^{-bp}\mathrm{d}t\\&=\lambda_2\int_0^{+\infty}\frac{\left(\min\left\{1,t^{\lambda_2}\right\}\right)^{\sigma}}{\left(1+t^{\lambda_2}\right)^{\lambda}}t^{-\frac{\lambda_2}{s}\left(\frac{1}{\lambda_1}+\frac{1}{\lambda_2}+\sigma-\lambda\right)}\mathrm{d}t\\&=\lambda_2\int_0^{1}\frac{1}{\left(1+t^{\lambda_2}\right)^{\lambda}}t^{\lambda_2\sigma-\frac{\lambda_2}{s}\left(\frac{1}{\lambda_1}+\frac{1}{\lambda_2}+\sigma-\lambda\right)}\mathrm{d}t\\&\quad+\int_1^{+\infty}\frac{1}{\left(1+t^{\lambda_2}\right)^{\lambda}}t^{-\frac{\lambda_2}{s}\left(\frac{1}{\lambda_1}+\frac{1}{\lambda_2}+\sigma-\lambda\right)}\mathrm{d}t\\&=\int_0^{1}\frac{1}{(1+u)^{\lambda}}\left(u^{\frac{\lambda}{s}+\frac{\sigma}{r}-\frac{1}{\lambda_1 s}+\frac{1}{\lambda_2 r}-1}+u^{\frac{\lambda}{r}+\frac{\sigma}{s}-\frac{1}{\lambda_1 r}+\frac{1}{\lambda_2 s}-1}\right)\mathrm{d}u=W_0,\end{aligned}$$

根据定理 5.2.2, 可知本例结论成立. 证毕.

注 当 $\sigma=\dfrac{1}{\lambda_1}-\dfrac{1}{\lambda_2}$ 时, 由于

$$\left(\frac{\lambda}{s}+\frac{\sigma}{r}-\frac{1}{\lambda_1 s}+\frac{1}{\lambda_2 r}\right)+\left(\frac{\lambda}{r}+\frac{\sigma}{s}-\frac{1}{\lambda_1 r}+\frac{1}{\lambda_2 s}\right)=\lambda.$$

故此时有

$$W_0=B\left(\frac{\lambda}{s}+\frac{1}{\lambda_1}\left(\frac{1}{r}-\frac{1}{s}\right),\frac{\lambda}{r}+\frac{1}{\lambda_1}\left(\frac{1}{s}-\frac{1}{r}\right)\right).$$

例 5.5.4 设 $\dfrac{1}{p}+\dfrac{1}{q}=1\ (p>1)$, $a\geqslant 0$, $b\geqslant 0$, $a\neq b$, $0<\lambda_1<1$, $\lambda_2>0$, $\alpha=p\left(\dfrac{1}{q}-\lambda_1\right)$, $\beta=q\left(\dfrac{1}{p}+\lambda_2\right)$, $\tilde{a}=\{a_n\}\in l_p^{\alpha}$, $f(x)\in L_q^{\beta}(0,+\infty)$, 求证:

$$\int_0^{+\infty}\sum_{n=1}^{\infty}\frac{a_n f(x)\,\mathrm{d}x}{\left(1+an^{\lambda_1}/x^{\lambda_2}\right)^2+\left(1+bn^{\lambda_1}/x^{\lambda_2}\right)^2}\leqslant\frac{W_0}{\lambda_1^{1/q}\lambda_2^{1/p}}\|\tilde{a}\|_{p,\alpha}\|f\|_{q,\beta},$$

其中 $W_0=\dfrac{1}{|a-b|}\left(\dfrac{\pi}{2}-\arctan\dfrac{a+b}{|a-b|}\right)$ 是最佳的.

证明 记

$$G_2\left(n^{\lambda_1}/x^{\lambda_2}\right)=\frac{1}{\left(1+an^{\lambda_1}/x^{\lambda_2}\right)^2+\left(1+bn^{\lambda_1}/x^{\lambda_2}\right)^2},$$

令 $apq-1=\alpha=p\left(\frac{1}{q}-\lambda_1\right)$, $bpq-1=\beta=q\left(\frac{1}{p}+\lambda_2\right)$, 则 $a=\frac{1}{q}(1-\lambda_1)$, $b=\frac{1}{p}(1+\lambda_2)$.

因为

$$\frac{1}{\lambda_1}aq+\frac{1}{\lambda_2}bp=\frac{1}{\lambda_1}(1-\lambda_1)+\frac{1}{\lambda_2}(1+\lambda_2)=\frac{1}{\lambda_1}+\frac{1}{\lambda_2},$$

故 a,b 是适配数. 由 $0<\lambda_1<1$, 可知

$$G_2\left(t^{\lambda_1}\right)t^{-aq}=\frac{1}{\left(1+at^{\lambda_1}\right)^2+\left(1+bt^{\lambda_1}\right)^2}t^{\lambda_1-1}$$

在 $(0,+\infty)$ 上递减. 又根据引理 4.2.5, 有

$$\begin{aligned}\lambda_2W_1(b,p)&=\lambda_2\int_0^{+\infty}G_2\left(t^{\lambda_2}\right)t^{-bp}\mathrm{d}t=\lambda_2\int_0^{+\infty}\frac{t^{-\lambda_2-1}\mathrm{d}t}{\left(1+at^{-\lambda_2}\right)^2+\left(1+bt^{-\lambda_2}\right)^2}\\&=\lambda_2\int_0^{+\infty}\frac{u^{\lambda_2-1}}{\left(1+au^{\lambda_2}\right)^2+\left(1+bu^{\lambda_2}\right)^2}\mathrm{d}u\\&=\frac{1}{|a-b|}\left(\frac{\pi}{2}-\arctan\frac{a+b}{|a-b|}\right)=W_0.\end{aligned}$$

根据定理 5.5.3, 可知本例结论成立. 证毕.

5.5.3 一类非齐次核的半离散 Hilbert 型不等式的适配数条件

引理 5.5.2 设 $\frac{1}{p}+\frac{1}{q}=1\ (p>1)$, $a,b\in\mathbb{R}$, $\lambda_1\lambda_2>0$, $K(u,v)=G\left(u^{\lambda_1}v^{\lambda_2}\right)$ 非负可测, $\frac{1}{\lambda_1}aq-\frac{1}{\lambda_2}bp=\frac{1}{\lambda_1}-\frac{1}{\lambda_2}$, $K(t,1)t^{-aq}$ 在 $(0,+\infty)$ 上递减, 且

$$W_1(b,p)=\int_0^{+\infty}K(1,t)t^{-bp}\mathrm{d}t=\int_0^{+\infty}G\left(t^{\lambda_2}\right)t^{-bp}\mathrm{d}t,$$

$$W_2(a,q)=\int_0^{+\infty}K(t,1)t^{-aq}\mathrm{d}t=\int_0^{+\infty}G\left(t^{\lambda_1}\right)t^{-aq}\mathrm{d}t$$

收敛, 则 $\lambda_1 W_2(a,q) = \lambda_2 W_1(b,p)$, 且

$$\omega_1(b,p,n) = \int_0^{+\infty} G\left(n^{\lambda_1} x^{\lambda_2}\right) x^{-bp} \mathrm{d}x = n^{\frac{\lambda_1}{\lambda_2}(bp-1)} W_1(b,p),$$

$$\omega_2(a,q,x) = \sum_{n=1}^{\infty} G\left(n^{\lambda_1} x^{\lambda_2}\right) n^{-aq} \leqslant x^{\frac{\lambda_2}{\lambda_1}(aq-1)} W_2(a,q).$$

证明　类似于引理 5.1.3 的证明, 可得 $\lambda_1 W_2(a,q) = \lambda_2 W_1(b,p)$ 及

$$\omega_1(b,p,n) = n^{\frac{\lambda_1}{\lambda_2}(bp-1)} W_1(b,p).$$

因为 $K(t,1)\,t^{-aq} = G\left(t^{\lambda_1}\right) t^{-aq}$ 在 $(0,+\infty)$ 上递减. 故有

$$\begin{aligned}\omega_2(a,q,x) &= x^{\frac{\lambda_2}{\lambda_1}bp} \sum_{n=1}^{\infty} K\left(n x^{\lambda_2/\lambda_1}, 1\right)\left(x^{\lambda_2/\lambda_1} n\right)^{-bp} \\ &\leqslant x^{\frac{\lambda_2}{\lambda_1}bp} \int_0^{+\infty} K\left(x^{\lambda_2/\lambda_1} u, 1\right)\left(x^{\lambda_2/\lambda_1} u\right)^{-bp} \mathrm{d}u \\ &= x^{\frac{\lambda_2}{\lambda_1}bp - \frac{\lambda_2}{\lambda_1}} \int_0^{+\infty} K(t,1) t^{-bp} \mathrm{d}t = x^{\frac{\lambda_2}{\lambda_1}(bp-1)} W_2(a,q).\end{aligned}$$

证毕.

定理 5.5.4　设 $\frac{1}{p}+\frac{1}{q}=1\ (p>1)$, $a,b\in\mathbb{R}, \lambda_1\lambda_2>0, K(u,v)=G\left(u^{\lambda_1}v^{\lambda_2}\right)$ 非负可测, $\frac{1}{\lambda_1}aq-\frac{1}{\lambda_2}bp-\left(\frac{1}{\lambda_1}-\frac{1}{\lambda_2}\right)=c, K(t,1)\,t^{-aq}$ 及 $K(t,1)\,t^{-aq+\lambda_1 c/p}$ 都在 $(0,+\infty)$ 上递减, 且

$$W_1(b,p) = \int_0^{+\infty} G\left(t^{\lambda_2}\right) t^{-bp} \mathrm{d}t, \quad W_2(a,q) = \int_0^{+\infty} G\left(t^{\lambda_1}\right) t^{-aq} \mathrm{d}t$$

收敛. 则

(i) $\forall a_n \geqslant 0,\ f(x) \geqslant 0$, 有半离散 Hilbert 型不等式:

$$\begin{aligned}&\int_0^{+\infty} \sum_{n=1}^{\infty} G\left(n^{\lambda_1} x^{\lambda_2}\right) a_n f(x) \mathrm{d}x \\ \leqslant & W_1^{\frac{1}{p}}(b,p) W_2^{\frac{1}{q}}(a,q) \left(\sum_{n=1}^{\infty} n^{\lambda_1\left[p\left(\frac{a}{\lambda_1}+\frac{b}{\lambda_2}\right)-\frac{1}{\lambda_2}\right]} a_n^p\right)^{\frac{1}{p}}\end{aligned}$$

$$\times\left(\int_0^{+\infty}x^{\lambda_2\left[q\left(\frac{a}{\lambda_1}+\frac{b}{\lambda_2}\right)-\frac{1}{\lambda_1}\right]}f^q(x)\mathrm{d}x\right)^{\frac{1}{q}}. \tag{5.5.6}$$

(ii) 当且仅当 $c=0$, 即 $\dfrac{1}{\lambda_1}aq-\dfrac{1}{\lambda_2}bp=\dfrac{1}{\lambda_1}-\dfrac{1}{\lambda_2}$ 时, (5.5.6) 式中的常数因子是最佳的. 当 $\dfrac{1}{\lambda_1}aq-\dfrac{1}{\lambda_2}bp=\dfrac{1}{\lambda_1}-\dfrac{1}{\lambda_2}$ 时, (5.5.6) 式化为

$$\int_0^{+\infty}\sum_{n=1}^{\infty}G\left(n^{\lambda_1}x^{\lambda_2}\right)a_nf(x)\,\mathrm{d}x=\frac{W_0}{|\lambda_1|^{1/q}|\lambda_2|^{1/p}}||\tilde{a}||_{p,apq-1}||f||_{q,bpq-1}, \tag{5.5.7}$$

其中 $W_0=|\lambda_2|W_1(b,p)=|\lambda_1|W_2(a,q)$, $\tilde{a}=\{a_n\}\in l_p^{apq-1}$, $f(x)\in L_q^{bpq-1}(0,+\infty)$.

证明 (i) 根据混合型 Hölder 不等式及引理 5.5.2, 以 a,b 为搭配参数, 利用权系数方法可得 (5.5.6) 式.

(ii) 充分性: 设 $\dfrac{1}{\lambda_1}aq-\dfrac{1}{\lambda_2}bp=\dfrac{1}{\lambda_1}-\dfrac{1}{\lambda_2}$, 由引理 5.5.2, 可知 (5.5.6) 式化为 (5.5.7) 式. 设 M_0 是 (5.5.7) 式的最佳常数因子, 则 $M_0\leqslant W_0\Big/\left(|\lambda_1|^{1/q}|\lambda_2|^{1/p}\right)$, 且

$$\int_0^{+\infty}\sum_{n=1}^{\infty}G\left(n^{\lambda_1}x^{\lambda_2}\right)a_nf(x)\mathrm{d}x\leqslant M_0||\tilde{a}||_{p,apq-1}||f||_{q,bpq-1}.$$

取 $\varepsilon>0$ 充分小, 自然数 N 足够大. 令 $a_n=n^{(-apq-|\lambda_1|\varepsilon)/p}$, $n=1,2,\cdots$,

$$f(x)=\begin{cases}x^{(-bpq+|\lambda_2|\varepsilon)/q}, & 0<x\leqslant N,\\ 0, & x>N,\end{cases}$$

则

$$\begin{aligned}&M_0||\tilde{a}||_{p,apq-1}||f||_{q,bpq-1}\\ =&M_0\left(\sum_{n=1}^{\infty}n^{-1-|\lambda_1|\varepsilon}\right)^{\frac{1}{p}}\left(\int_0^N x^{-1+|\lambda_2|\varepsilon}\mathrm{d}x\right)^{\frac{1}{q}}\\ \leqslant&M_0\left(1+\int_1^{+\infty}t^{-1-|\lambda_1|\varepsilon}\mathrm{d}t\right)^{\frac{1}{p}}\left(\frac{1}{|\lambda_2|\varepsilon}N^{|\lambda_2|\varepsilon}\right)^{\frac{1}{q}}\\ =&M_0\left(1+\frac{1}{|\lambda_1|\varepsilon}\right)^{\frac{1}{p}}\left(\frac{1}{|\lambda_2|\varepsilon}N^{|\lambda_2|\varepsilon}\right)^{\frac{1}{q}}\\ =&\frac{M_0}{|\lambda_1|^{1/p}|\lambda_2|^{1/q}\varepsilon}(1+|\lambda_1|\varepsilon)^{\frac{1}{p}}N^{\frac{|\lambda_2|\varepsilon}{q}},\end{aligned}$$

$$
\begin{aligned}
&\int_{0}^{+\infty}\sum_{n=1}^{\infty}G\left(n^{\lambda_1}x^{\lambda_2}\right)a_nf(x)\mathrm{d}x\\
=&\sum_{n=1}^{\infty}n^{-aq-\frac{|\lambda_1|\varepsilon}{p}}\left(\int_0^N K(n,x)x^{-bp+\frac{|\lambda_2|\varepsilon}{q}}\ \mathrm{d}x\right)\\
=&\sum_{n=1}^{\infty}n^{-aq-\frac{|\lambda_1|\varepsilon}{p}}\left(\int_0^N K\left(1,n^{\lambda_1/\lambda_2}x\right)x^{-bp+\frac{|\lambda_2|\varepsilon}{q}}\ \mathrm{d}x\right)\\
=&\sum_{n=1}^{\infty}n^{-aq-\frac{|\lambda_1|\varepsilon}{p}+\frac{\lambda_1}{\lambda_2}\left(bp\frac{|\lambda_2|\varepsilon}{q}\right)-\frac{\lambda_1}{\lambda_2}}\left(\int_0^{Nn^{\lambda_1/\lambda_2}}K(1,t)t^{-bp+\frac{|\lambda_2|\varepsilon}{q}}\ \mathrm{d}t\right)\\
\geqslant&\int_1^{+\infty}t^{-1-|\lambda_1|\varepsilon}\ \mathrm{d}t\int_0^N K(1,t)t^{-bp+\frac{|\lambda_2|\varepsilon}{q}}\ \mathrm{d}t\\
=&\frac{1}{|\lambda_1|\,\varepsilon}\int_0^N G\left(t^{\lambda_2}\right)t^{-bp+\frac{|\beta_2|\varepsilon}{q}}\ \mathrm{d}t.
\end{aligned}
$$

于是可得

$$
\frac{1}{|\lambda_1|}\int_0^N G\left(t^{\lambda_2}\right)t^{-bp+\frac{|\lambda_2|\varepsilon}{q}}\mathrm{d}t\leqslant\frac{M_0}{|\lambda_1|^{1/p}|\lambda_2|^{1/q}}\left(1+|\lambda_1|\,\varepsilon\right)^{\frac{1}{p}}N^{\frac{|\lambda_2|\varepsilon}{q}},
$$

先令 $\varepsilon\to0^+$, 再令 $N\to+\infty$, 得到

$$
\frac{1}{|\lambda_1|}\int_0^{+\infty}G\left(t^{\lambda_2}\right)t^{-bp}\mathrm{d}t\leqslant\frac{M_0}{|\lambda_1|^{1/p}|\lambda_2|^{1/q}},
$$

再根据引理 5.5.2, 得 $W_0\Big/\left(|\lambda_1|^{1/q}|\lambda_2|^{1/p}\right)\leqslant M_0$, 从而 (5.5.7) 式的最佳常数因子

$$
M_0=W_0\Big/\left(|\lambda_1|^{1/q}|\lambda_2|^{1/p}\right).
$$

必要性: 根据混合型 Hölder 不等式中取等号的条件, 用类似于定理 5.1.4(ii) 中必要性的证明方法可证. 证毕.

例 5.5.5 设 $\frac{1}{p}+\frac{1}{q}=1\ (p>1)$, $\lambda_1>0$, $\lambda_2>0$, $\sigma>0$, $\lambda>0$, $\frac{1}{r}+\frac{1}{s}=1\,(r>1)$, $\frac{1}{\lambda_1 r}-\frac{1}{\lambda_2 s}\geqslant\sigma$, $\frac{1}{\lambda_1}+\frac{1}{\lambda_2}<s\lambda$, $\alpha=p\left(\frac{1}{r}-\frac{1}{s}\frac{\lambda_1}{\lambda_2}\right)-1$, $\beta=q\left(\frac{1}{r}-\frac{1}{s}\frac{\lambda_2}{\lambda_1}\right)-1$, $\tilde{a}=\{a_n\}\in l_p^{\alpha}$, $f(x)\in L_q^{\beta}(0,+\infty)$, 且

$$
W_0=\int_0^1\frac{1}{(1+t)^{\lambda}}\left(t^{\sigma+\frac{1}{s}\left(\frac{1}{\lambda_1}+\frac{1}{\lambda_2}\right)-1}+t^{\lambda-\frac{1}{s}\left(\frac{1}{\lambda_1}+\frac{1}{\lambda_2}\right)-1}\right)\mathrm{d}t,
$$

求证:

$$\int_0^{+\infty}\sum_{n=1}^{\infty}\frac{\left(\min\left\{1,n^{\lambda_1}x^{\lambda_2}\right\}\right)^{\sigma}}{\left(1+n^{\lambda_1}x^{\lambda_2}\right)^{\lambda}}a_n f(x)\,\mathrm{d}x\leqslant\frac{W_0}{\lambda_1^{1/q}\lambda_2^{1/p}}\left|\left|\tilde{a}\right|\right|_{p,\alpha}\left|\left|f\right|\right|_{q,\beta},\qquad(5.5.8)$$

其中的常数因子是最佳的.

证明 设 $G\left(n^{\lambda_1}x^{\lambda_2}\right)=\left(\min\left\{1,n^{\lambda_1}x^{\lambda_2}\right\}\right)^{\sigma}\Big/\left(1+n^{\lambda_1}x^{\lambda_2}\right)^{\lambda}$. 令

$$apq-1=\alpha=p\left(\frac{1}{r}-\frac{1}{s}\frac{\lambda_1}{\lambda_2}\right)-1,\quad bpq-1=\beta=q\left(\frac{1}{r}-\frac{1}{s}\frac{\lambda_2}{\lambda_1}\right)-1,$$

得到

$$a=\frac{1}{q}\left(\frac{1}{r}-\frac{1}{s}\frac{\lambda_1}{\lambda_2}\right),\quad b=\frac{1}{p}\left(\frac{1}{r}-\frac{1}{s}\frac{\lambda_2}{\lambda_1}\right).$$

因为 $\frac{1}{\lambda_1}aq-\frac{1}{\lambda_2}bp=\frac{1}{\lambda_1}-\frac{1}{\lambda_2}$, 故 a,b 是 (5.5.8) 式的适配数.

由 $\frac{1}{\lambda_1 r}-\frac{1}{\lambda_2 s}\geqslant\sigma$, 有 $\lambda_1\left(\sigma+\frac{1}{\lambda_2 s}-\frac{1}{\lambda_1 r}\right)<0$, 于是可知

$$G\left(t^{\lambda_1}\right)t^{-aq}=\begin{cases}\dfrac{1}{\left(1+t^{\lambda_1}\right)^{\lambda}}t^{\lambda_1\left(\sigma+\frac{1}{\lambda_2 s}-\frac{1}{\lambda_1 r}\right)}, & 0<t\leqslant 1,\\ \dfrac{1}{\left(1+t^{\lambda_1}\right)^{\lambda}}t^{\lambda_1\left(\frac{1}{\lambda_2 s}-\frac{1}{\lambda_1 r}\right)}, & t>1\end{cases}$$

在 $(0,+\infty)$ 上递减. 由 $\frac{1}{\lambda_1}+\frac{1}{\lambda_2}<s\lambda$, 可知 $\lambda-\frac{1}{s}\left(\frac{1}{\lambda_1}+\frac{1}{\lambda_1}\right)>0$, $\sigma+\frac{1}{s}\left(\frac{1}{\lambda_1}+\frac{1}{\lambda_2}\right)>0$, 故 W_0 收敛. 又因为

$$\begin{aligned}\lambda_1 W_2(a,q)&=\lambda_1\int_0^{+\infty}G\left(t^{\lambda_1}\right)t^{-aq}\mathrm{d}t=\lambda_1\int_0^{+\infty}\frac{\left(\min\left\{1,t^{\lambda_1}\right\}\right)^{\sigma}}{\left(1+t^{\lambda_1}\right)^{\lambda}}t^{\frac{1}{s}\frac{\lambda_1}{\lambda_2}-\frac{1}{r}}\mathrm{d}t\\&=\lambda_1\int_0^1\frac{1}{\left(1+t^{\lambda_1}\right)^{\lambda}}t^{\lambda_1\left(\sigma+\frac{1}{\lambda_2 s}-\frac{1}{\lambda_1 r}\right)}\mathrm{d}t+\lambda_1\int_1^{+\infty}\frac{1}{\left(1+t^{\lambda_1}\right)^{\lambda}}t^{\lambda_1\left(\frac{1}{\lambda_2 s}-\frac{1}{\lambda_1 r}\right)}\mathrm{d}t\\&=\int_0^1\frac{1}{(1+u)^{\lambda}}u^{\sigma+\frac{1}{s}\left(\frac{1}{\lambda_1}+\frac{1}{\lambda_2}\right)-1}\mathrm{d}u+\int_1^{+\infty}\frac{1}{(1+u)^{\lambda}}u^{\frac{1}{s}\left(\frac{1}{\lambda_1}+\frac{1}{\lambda_2}\right)-1}\mathrm{d}t\\&=\int_0^1\frac{1}{(1+t)^{\lambda}}\left(t^{\sigma+\frac{1}{s}\left(\frac{1}{\lambda_1}+\frac{1}{\lambda_2}\right)-1}+t^{\lambda-\frac{1}{s}\left(\frac{1}{\lambda_1}+\frac{1}{\lambda_2}\right)-1}\right)\mathrm{d}t=W_0.\end{aligned}$$

根据定理 5.5.4, (5.5.8) 式成立, 且其常数因子是最佳的. 证毕.

例 5.5.6 设 $\frac{1}{p}+\frac{1}{q}=1\ (p>1), \lambda>0, 0<\lambda_1<1, \lambda_2>0, \alpha=p\left(\frac{1}{q}-\lambda_1\right)$, $\beta=q\left(\frac{1}{p}-\lambda_2\right)$, $\tilde{a}=\{a_n\}\in l_p^{\alpha}$, $f(x)\in L_q^{\beta}(0,+\infty)$, 求证:

$$\int_0^{+\infty}\sum_{n=1}^{\infty}\frac{\operatorname{ch}\left(1+n^{\lambda_1}x^{\lambda_2}\right)}{\operatorname{sh}^{\lambda+1}\left(1+n^{\lambda_1}x^{\lambda_2}\right)}a_n f(x)\,\mathrm{d}x\leqslant\frac{1}{\lambda\lambda_1^{1/q}\lambda_2^{1/p}}\left(\frac{2e}{e^2-1}\right)^{\lambda}||\tilde{a}||_{p,\alpha}\,||f||_{q,\beta},$$

其中 $\operatorname{sh}(t)$ 及 $\operatorname{ch}(t)$ 分别是双曲正弦和双曲余弦函数, 不等式的常数因子是最佳的.

证明 记

$$G\left(n^{\lambda_1}x^{\lambda_2}\right)=\operatorname{ch}\left(1+n^{\lambda_1}x^{\lambda_2}\right)\Big/\operatorname{sh}^{\lambda+1}\left(1+n^{\lambda_1}x^{\lambda_2}\right).$$

令

$$apq-1=\alpha=p\left(\frac{1}{q}-\lambda_1\right),\quad bpq-1=\beta=q\left(\frac{1}{p}-\lambda_2\right),$$

则可得 $a=\frac{1}{q}(1-\lambda_1)$, $b=\frac{1}{p}(1-\lambda_2)$. 因为 $\frac{1}{\lambda_1}aq-\frac{1}{\lambda_2}bp=\frac{1}{\lambda_1}-\frac{1}{\lambda_2}$, 故 a,b 是适配数. 因为 $(\operatorname{cth}(1+u))'=-\operatorname{sh}^2(1+u)<0$, 故 $\operatorname{cth}(1+u)$ 在 $(0,+\infty)$ 上递减. 又 $\lambda>0$, $0<\lambda_1<1$, 故

$$G\left(t^{\lambda_1}\right)t^{-aq}=\frac{1}{\operatorname{sh}^{\lambda}\left(1+t^{\lambda_1}\right)}\operatorname{cth}\left(1+t^{\lambda_1}\right)t^{\lambda_1-1}$$

在 $(0,+\infty)$ 上递减.

$$\begin{aligned}
\lambda_1\int_0^{+\infty}G\left(t^{\lambda_1}\right)t^{-aq}\mathrm{d}t&=\lambda_1\int_0^{+\infty}\frac{\operatorname{ch}\left(1+t^{\lambda_1}\right)}{\operatorname{sh}^{\lambda+1}\left(1+t^{\lambda_1}\right)}t^{-aq}\mathrm{d}u\\
&=\int_0^{+\infty}\frac{\operatorname{ch}(1+u)}{\operatorname{sh}^{\lambda+1}(1+u)}u^{-\frac{1}{\lambda_1}aq+\frac{1}{\lambda_1}-1}\mathrm{d}u\\
&=-\int_0^{+\infty}\frac{1}{\operatorname{sh}^{\lambda-1}(1+u)}\frac{\operatorname{ch}(u+1)}{\operatorname{sh}^2(u+1)}\mathrm{d}u\\
&=-\int_0^{+\infty}\frac{1}{\operatorname{sh}^{\lambda-1}(1+u)}\mathrm{d}\left(\frac{1}{\operatorname{sh}(1+u)}\right)\\
&=-\frac{1}{\lambda}\left(\frac{1}{\operatorname{sh}^{\lambda}(1+u)}\right)\Bigg|_0^{+\infty}
\end{aligned}$$

$$= \frac{1}{\lambda}\left(\frac{1}{\operatorname{sh}^{\lambda}(1)} - \lim_{u\to+\infty}\frac{1}{\operatorname{sh}^{\lambda}(1+u)}\right) = \frac{1}{\lambda}\left(\frac{2\mathrm{e}}{\mathrm{e}^2-1}\right)^{\lambda}.$$

根据定理 5.5.4, 知本例结论成立. 证毕.

5.6 半离散 Hilbert 型不等式的适配数与奇异积分算子范数和级数算子范数的关系

根据半离散 Hilbert 型不等式与对应的同核奇异积分算子和级数算子的关系, 根据定理 5.5.2、定理 5.5.3 及定理 5.5.4, 我们可得到:

定理 5.6.1 设 $\frac{1}{p}+\frac{1}{q}=1\ (p>1)$, $\lambda, a, b\in\mathbb{R}$, $\lambda_1\lambda_2>0$, $\alpha=apq-1$, $\beta=bpq-1$, $K(n,x)\geqslant 0$, $K(t,1)t^{aq}$ 在 $(0,+\infty)$ 上递减, 且

$$W_1(b,p)=\int_0^{+\infty}K(1,t)t^{-bp}\mathrm{d}t,\quad W_2(a,q)=\int_0^{+\infty}K(t,1)t^{-aq}\mathrm{d}t$$

收敛, 定义级数算子 T_1 和奇异积分算子 T_2:

$$T_1(\tilde{a})(x)=\sum_{n=1}^{\infty}K(n,x)a_n,\quad \tilde{a}=\{a_n\}\in l_p^{\alpha},$$

$$T_2(f)_n=\int_0^{+\infty}K(n,x)f(x)\mathrm{d}x,\quad f(x)\in L_q^{\beta}(0,+\infty).$$

(i) 若 $K(n,x)=G_1\left(n^{\lambda_1},x^{\lambda_2}\right)$, $G(u,v)$ 是 λ 阶齐次非负函数, 则当 a,b 为适配数, 即 $\Delta_1=\frac{1}{\lambda_1}aq+\frac{1}{\lambda_2}bp-\left(\frac{1}{\lambda_1}+\frac{1}{\lambda_2}+\lambda\right)=0$ 时, T_1 是 l_p^{α} 到 $L_p^{\beta(1-p)}(0,+\infty)$ 的有界算子, T_2 是 $L_q^{\beta}(0,+\infty)$ 到 $l_q^{\alpha(1-q)}$ 的有界算子, 且 T_1 与 T_2 的算子范数均为

$$||T_1||=||T_2||=\frac{W_0}{|\lambda_1|^{1/q}|\lambda_2|^{1/p}}\ \left(W_0=|\lambda_1|W_2(a,q)=|\lambda_2|W_1(b,p)\right).$$

(ii) 若 $K(n,x)=G_2\left(n^{\lambda_1}x^{\lambda_2}\right)\geqslant 0$, 则当 a, b 为适配数, 即

$$\Delta_2=\frac{1}{\lambda_1}aq-\frac{1}{\lambda_2}bp-\left(\frac{1}{\lambda_1}-\frac{1}{\lambda_2}\right)=0$$

时, T_1 是 l_p^{α} 到 $L_p^{\beta(1-p)}(0,+\infty)$ 的有界算子, T_2 是 $L_q^{\beta}(0,+\infty)$ 到 $l_q^{\alpha(1-q)}$ 的有界算子, 且 T_1 与 T_2 的算子范数均为

$$||T_1||=||T_2||=\frac{W_0}{|\lambda_1|^{1/q}|\lambda_2|^{1/p}}\quad \left(W_0=|\lambda_1|W_2(a,q)=|\lambda_2|W_1(b,p)\right).$$

例 5.6.1　设 $\frac{1}{p}+\frac{1}{q}=1\ (p>1)$, $\lambda_1>0$, $\lambda_2>0$, $a\geqslant 0$, $b\geqslant 0$, $a\neq b$, $0<\sigma<\min\left\{\frac{1}{\lambda_1},a+b\right\}$, $\alpha=p\left(\frac{1}{q}-\lambda_1\sigma\right)$, $\beta=q\left(\frac{1}{p}-\lambda_2\sigma\right)$, 且

$$W_0=\int_0^1\frac{1}{(1+t)^a}\left(t^{\sigma-1}+t^{a+b-\sigma-1}\right)\mathrm{d}t,$$

定义级数算子 T_1 和奇异积分算子 T_2:

$$T_1(\tilde{a})(x)=\sum_{n=1}^{\infty}\frac{a_n}{(1+n^{\lambda_1}x^{\lambda_2})^a\left(\max\left\{1,n^{\lambda_1}x^{\lambda_2}\right\}\right)^b},\quad \tilde{a}=\{a_n\}\in l_p^{\alpha},$$

$$T_2(f)_n=\int_0^{+\infty}\frac{f(x)\,\mathrm{d}x}{(1+n^{\lambda_1}x^{\lambda_2})^a\left(\max\left\{1,n^{\lambda_1}x^{\lambda_2}\right\}\right)^b},\quad f(x)\in L_q^{\beta}(0,+\infty),$$

求证: T_1 是 l_p^{α} 到 $L_p^{\beta(1-p)}(0,+\infty)$ 的有界算子, T_2 是 $L_q^{\beta}(0,+\infty)$ 到 $l_q^{\alpha(1-q)}$ 的有界算子, 且 T_1 和 T_2 的算子范数均为

$$||T_1||=||T_2||=\frac{1}{\lambda_1^{1/q}\lambda_2^{1/p}}W_0.$$

证明　由 $0<\sigma<a+b$, 可知 W_0 收敛. 记

$$G\left(n^{\lambda_1}x^{\lambda_2}\right)=\frac{1}{(1+n^{\lambda_1}x^{\lambda_2})^a\left(\max\left\{1,n^{\lambda_1}x^{\lambda_2}\right\}\right)^b},$$

令 $a_0pq-1=\alpha=p\left(\frac{1}{q}-\lambda_1\sigma\right)$, $b_0pq-1=\beta=q\left(\frac{1}{p}-\lambda_2\sigma\right)$, 则

$$a_0=\frac{1}{q}(1-\lambda_1\sigma),\quad b_0=\frac{1}{p}(1-\lambda_2\sigma).$$

于是

$$\frac{1}{\lambda_1}a_0q-\frac{1}{\lambda_2}b_0p=\frac{1}{\lambda_1}(1-\lambda_1\sigma)-\frac{1}{\lambda_2}(1-\lambda_2\sigma)=\frac{1}{\lambda_1}-\frac{1}{\lambda_2},$$

故 a_0,b_0 是适配数.

因为 $\lambda_1>0$, $\lambda_2>0$, $a>0$, $b>0$, $\sigma<\frac{1}{\lambda_1}$, 故

$$G\left(t^{\lambda_1}\right)t^{-a_0q}=\frac{1}{(1+t^{\lambda_1})^{\lambda}\left(\max\left\{1,t^{\lambda_1}\right\}\right)^b}t^{\lambda_1\sigma-1}$$

在 $(0,+\infty)$ 上递减. 又因为

$$\begin{aligned}\lambda_1 W_2(a_0,q) &= \lambda_1\int_0^{+\infty} G\left(t^{\lambda_1}\right)t^{-a_0q}\mathrm{d}t\\&=\int_0^{+\infty} G(u)\,u^{-\frac{1}{\lambda_1}a_0q+\frac{1}{\lambda_1}-1}\mathrm{d}u=\int_0^{+\infty}\frac{u^{\sigma-1}}{(1+u)^a(\max\{1,u\})^b}\mathrm{d}u\\&=\int_0^1\frac{1}{(1+u)^a}t^{\sigma-1}\mathrm{d}t+\int_1^{+\infty}\frac{1}{(1+u)^a}u^{-b+\sigma-1}\mathrm{d}u\\&=\int_0^1\frac{1}{(1+t)^a}\left(t^{\sigma-1}+t^{a+b-\sigma-1}\right)\mathrm{d}t=W_0.\end{aligned}$$

根据定理 5.6.1(ii), 知本例结论成立. 证毕.

在例 5.6.1 中取 $b=0$, 可得:

例 5.6.2 设 $\frac{1}{p}+\frac{1}{q}=1\ (p>1)$, $\lambda_1>0$, $\lambda_2>0$, $a>0$, $0<\sigma<\min\left\{\frac{1}{\lambda_1},a\right\}$, $\alpha=p\left(\frac{1}{q}-\lambda_1\sigma\right)$, $\beta=q\left(\frac{1}{p}-\lambda_2\sigma\right)$. 定义算子 T_1 和 T_2:

$$T_1(\tilde{a})(x)=\sum_{n=1}^{\infty}\frac{a_n}{\left(1+n^{\lambda_1}x^{\lambda_2}\right)^a},\quad \tilde{a}=\{a_n\}\in l_p^{\alpha},$$

$$T_2(f)_n=\int_0^{+\infty}\frac{f(x)}{\left(1+n^{\lambda_1}x^{\lambda_2}\right)^a}\mathrm{d}x,\quad f(x)\in L_q^{\beta}(0,+\infty),$$

则 T_1 是 l_p^{α} 到 $L_p^{\beta(1-p)}(0,+\infty)$ 的有界算子, T_2 是 $L_q^{\beta}(0,+\infty)$ 到 $l_q^{\alpha(1-q)}$ 的有界算子, 且 T_1 与 T_2 的范数均为

$$||T_1||=||T_2||=\frac{1}{\lambda_1^{1/q}\lambda_2^{1/p}}B(\sigma,a-\sigma).$$

在例 5.6.1 中取 $a=0$, 可得:

例 5.6.3 设 $\frac{1}{p}+\frac{1}{q}=1\ (p>1)$, $\lambda_1>0$, $\lambda_2>0$, $b>0$, $0<\sigma<\max\left\{\frac{1}{\lambda_1},b\right\}$, $\alpha=p\left(\frac{1}{q}-\lambda_1\sigma\right)$, $\beta=q\left(\frac{1}{p}-\lambda_2\sigma\right)$, 定义算子 T_1 和 T_2:

$$T_1(\tilde{a})(x)=\sum_{n=1}^{\infty}\frac{a_n}{\left(\max\left\{1,n^{\lambda_1}x^{\lambda_2}\right\}\right)^b},\quad \tilde{a}=\{a_n\}\in l_p^{\alpha}$$

$$T_2(f)_n=\int_0^{+\infty}\frac{f(x)\,\mathrm{d}x}{\left(\max\left\{1,n^{\lambda_1}x^{\lambda_2}\right\}\right)^b},\quad f(x)\in L_q^{\beta}(0,+\infty)$$

则 T_1 是 l_p^{α} 到 $L_p^{\beta(1-p)}(0,+\infty)$ 的有界算子, T_2 是 $L_q^{\beta}(0,+\infty)$ 到 $l_q^{\alpha(1-q)}$ 的有界算子, 且 T_1 与 T_2 的范数均为

$$\|T_1\|=\|T_2\|=\frac{1}{\lambda_1^{1/q}\lambda_2^{1/p}}\left(\frac{1}{\sigma}+\frac{1}{b-\sigma}\right).$$

例 5.6.4　设 $\frac{1}{p}+\frac{1}{q}=1\ (p>1)$, $\lambda_1>0$, $\lambda_2>0$, $a\geqslant 0$, $b\geqslant 0$, $a\neq b$, $\frac{a}{2}>\sigma>\max\left\{\frac{a}{2}-\frac{1}{\lambda_1},-\frac{a}{2}-b\right\}$, $\alpha=p\left(\frac{1}{q}-\frac{a}{2}\lambda_1+\lambda_1\sigma\right)$, $\beta=q\left(\frac{1}{p}-\frac{a}{2}\lambda_2-\lambda_2\sigma\right)$, 定义算子 T_1 和 T_2:

$$T_1(\tilde{a})(x)=\sum_{n=1}^{\infty}\frac{a_n}{\left(n^{\lambda_1}+x^{\lambda_2}\right)^a\left(\max\left\{1,n^{\lambda_1}/x^{\lambda_2}\right\}\right)^b},\quad \tilde{a}=\{a_n\}\in l_p^{\alpha}$$

$$T_2(f)_n=\int_0^{+\infty}\frac{f(x)\,\mathrm{d}x}{\left(n^{\lambda_1}+x^{\lambda_2}\right)^a\left(\max\left\{1,n^{\lambda_1}/x^{\lambda_2}\right\}\right)^b},\quad f(x)\in L_q^{\beta}(0,+\infty).$$

求证: T_1 是 l_p^{α} 到 $L_p^{\beta(1-p)}(0,+\infty)$ 的有界算子, T_2 是 $L_q^{\beta}(0+\infty)$ 到 $l_q^{\alpha(1-q)}$ 的有界算子, 并求 T_1 与 T_2 的算子范数.

证明　记

$$G(u,v)=\frac{1}{(u+v)^a\left(\max\{1,u/v\}\right)^b},\quad u>0,\quad v>0,$$

则 $G(u,v)$ 是 $-a$ 阶齐次非负函数. 令

$$a_0pq-1=\alpha=p\left(\frac{1}{q}-\frac{a}{2}\lambda_1+\lambda_1\sigma\right),\quad b_0pq-1=\beta=q\left(\frac{1}{p}-\frac{a}{2}\lambda_2-\lambda_2\sigma\right),$$

则

$$a_0=\frac{1}{q}\left(1-\frac{a}{2}\lambda_1+\lambda_1\sigma\right),\quad b_0=\frac{1}{p}\left(1-\frac{a}{2}\lambda_2-\lambda_2\sigma\right).$$

计算可得 $\frac{1}{\lambda_1}a_0q+\frac{1}{\lambda_2}b_0q=\frac{1}{\lambda_1}+\frac{1}{\lambda_2}-a$, 故 a_0,b_0 是适配数. 由 $\sigma>\frac{a}{2}-\frac{1}{\lambda_1}$, 可得 $-1+\frac{a}{2}\lambda_1-\lambda_1\sigma<0$, 故

$$G\left(t^{\lambda_1},1\right)t^{-a_0q}=\frac{1}{\left(t^{\lambda_1}+1\right)^a\left(\max\left\{1,t^{\lambda_1}\right\}\right)^b}t^{-1+\frac{a}{2}\lambda_1-\lambda_1\sigma}$$

在 $(0,+\infty)$ 上递减.

由 $-\frac{a}{2}-b<\sigma<\frac{a}{2}$, 可得 $\frac{a}{2}-\sigma>0$, $\frac{a}{2}+b+\sigma>0$, 于是有

$$\begin{aligned}
\lambda_1 W_2(a_0,q) &= \lambda_1\int_0^{+\infty} G\left(t^{\lambda_1},1\right)t^{-a_0 q}\mathrm{d}t \\
&= \int_0^{+\infty} G(u,1)\,u^{-\frac{1}{\lambda_1}a_0 q+\frac{1}{\lambda_1}-1}\mathrm{d}u = \int_0^{+\infty}\frac{u^{\frac{a}{2}-\sigma-1}}{(1+u)^a\left(\max\{1,u\}\right)^b}\mathrm{d}u \\
&= \int_0^1 \frac{1}{(1+u)^a}u^{\frac{a}{2}-\sigma-1}\mathrm{d}u + \int_1^{+\infty}\frac{1}{(1+u)^a}u^{\frac{a}{2}-b-\sigma-1}\mathrm{d}u \\
&= \int_0^1 \frac{1}{(1+t)^a}t^{\frac{a}{2}-\sigma-1}\mathrm{d}t + \int_0^1\frac{1}{(1+t)^a}t^{\frac{a}{2}+b+\sigma-1}\mathrm{d}t \\
&= \int_0^1 \frac{1}{(1+t)^a}\left(t^{\frac{a}{2}-\sigma-1}+t^{\frac{a}{2}+b+\sigma-1}\right)\mathrm{d}t < +\infty.
\end{aligned}$$

根据定理 5.6.1(i), T_1 是 l_p^{α} 到 $L_p^{\beta(1-p)}(0,+\infty)$ 的有界算子, T_2 是 $L_q^{\beta}(0,+\infty)$ 到 $l_q^{\alpha(1-q)}$ 的有界算, T_1 与 T_2 的算子范数均为 $\frac{1}{\lambda_1^{1/q}\lambda_2^{1/p}}(\lambda_1 W_2(a_0,q))$. 证毕.

若在例 5.6.4 中取 $b=0$, 可得:

例 5.6.5 设 $\frac{1}{p}+\frac{1}{q}=1\ (p>1)$, $\lambda_1>0$, $\lambda_2>0$, $a>0$, $\frac{a}{2}>\sigma>\max\left\{\frac{a}{2}-\frac{1}{\lambda_1},-\frac{a}{2}\right\}$, $\alpha=p\left(\frac{1}{q}-\frac{a}{2}\lambda_1+\lambda_1\sigma\right)$, $\beta=q\left(\frac{1}{p}-\frac{a}{2}\lambda_2-\lambda_2\sigma\right)$, 定义算子 T_1 和 T_2:

$$T_1(\tilde{a})(x)=\sum_{n=1}^{\infty}\frac{a_n}{\left(n^{\lambda_1}+x^{\lambda_2}\right)^a},\quad \tilde{a}=\{a_n\}\in l_p^{\alpha},$$

$$T_2(f)_n=\int_0^{+\infty}\frac{f(x)}{\left(n^{\lambda_1}+x^{\lambda_2}\right)^a}\mathrm{d}x,\quad f(x)\in L_q^{\beta}(0,+\infty),$$

则 T_1 是 l_p^{α} 到 $L_p^{\beta(1-p)}(0,+\infty)$ 的有界算子, T_2 是 $L_q^{\beta}(0,+\infty)$ 到 $l_q^{\alpha(1-q)}$ 的有界算子, 且 T_1 与 T_2 的算子范数均为

$$\|T_1\|=\|T_2\|=\frac{1}{\lambda_1^{1/q}\lambda_2^{1/p}}B\left(\frac{a}{2}-\sigma,\frac{a}{2}+\sigma\right).$$

若在例 5.6.4 中取 $a=0$, 可得:

例 5.6.6 设 $\frac{1}{p}+\frac{1}{q}=1(p>1), \lambda_1>0, \lambda_2>0, b>0, \max\left\{-\frac{1}{\lambda_1}, -b\right\}<\sigma<0$, $\alpha=p\left(\frac{1}{q}+\lambda_1\sigma\right)$, $\beta=q\left(\frac{1}{p}-\lambda_2\sigma\right)$, 定义算子 T_1 和 T_2:

$$T_1(\tilde{a})(x)=\sum_{n=1}^{\infty}\frac{a_n}{(\max\{1, n^{\lambda_1}/x^{\lambda_2}\})^b}, \quad \tilde{a}=\{a_n\}\in l_p^{\alpha},$$

$$T_2(f)_n=\int_0^{+\infty}\frac{f(x)\mathrm{d}x}{(\max\{1, n^{\lambda_1}/x^{\lambda_2}\})^b}, \quad f(x)\in L_q^{\beta}(0,+\infty),$$

则 T_1 是 l_p^{α} 到 $L_p^{\beta(1-p)}(0,+\infty)$ 的有界算子, T_2 是 $L_q^{\beta}(0,+\infty)$ 到 $l_q^{\alpha(1-q)}$ 的有界算子, 且 T_1 与 T_2 的算子范数均为

$$\|T_1\|=\|T_2\|=\frac{1}{\lambda_1^{1/q}\lambda_2^{1/p}}\left(\frac{1}{\sigma+b}-\frac{1}{\sigma}\right).$$

参 考 文 献

洪勇, 陈强, 吴春阳. 2021. 拟齐次核的半离散 Hilbert 型不等式的最佳搭配参数 [J]. 应用数学, 34(3): 779-785.

洪勇, 孔荫莹. 2013. 一类具有可转移变量核的 Hilbert 型积分不等式 [J]. 应用数学, 26(3): 616-621.

洪勇, 孔荫莹. 2014. 含变量可转移函数核的 Hilbert 型级数不等式 [J]. 数学物理学报, 34(3): 708-715.

洪勇, 温雅敏. 2016. 齐次核的 Hilbert 型级数不等式取最佳常数因子的充要条件 [J]. 数学年刊 A 辑 (中文版), 37(3): 329-336.

洪勇, 吴春阳, 陈强. 2021. 一类非齐次核的最佳 Hilbert 型积分不等式的搭配参数条件 [J]. 吉林大学学报 (理学版), 59(2): 207-212.

洪勇, 曾志红. 2019. 齐次核的半离散 Hilbert 型不等式取最佳常数因子的条件及应用 [J]. 南昌大学学报 (理科版), 43(3): 216-220.

洪勇. 2013. 关于零阶齐次核的 Hardy-Hilbert 型积分不等式 [J]. 浙江大学学报 (理学版), 40(1): 15-18, 73.

洪勇. 2015. 又一类具有准齐次核的 Hilbert 型积分不等式 [J]. 吉林大学学报 (理学版), 53(2): 177-182.

洪勇. 2019. 准齐次核的 Hilbert 型级数不等式取最佳常数因子的等价条件及应用 [J]. 东北师大学报 (自然科学版), 51(1): 23-29.

杨必成. 2019. 一个半离散一般齐次核 Hilbert 型不等式的等价陈述 [J]. 广东第二师范学院学报, 39(3): 5-13.

曾峥, 常晓鹏, 谢子填. 2014. 一个新的零齐次核的 Hilbert 型积分不等式及其等价形式 [J]. 河南大学学报 (自然科学版), 44(4): 384-387.

Batbold T, Sawano Y. 2015. A unified treatment of Hilbert-type inequalities involving the Hardy operator [J]. Math. Inequal. Appl., 18 (3): 827-843.

Dafni G, Liflyand E. 2019. A local Hilbert transform, Hardy's inequality and molecular characterization of Goldberg's local Hardy Space [J]. Complex Anal. Synerg.,5 (1): 1-9.

Huang X S,Yang B C. 2021. On a more accurate Hilbert-type inequality in the whole plane with the general homogeneous kernel [J]. J. Inequal. Appl., 2021(1): 1-17.

Huang X Y, Cao J F, He B, Yang B C. 2015. Hilbert-type and Hardy-type integral inequalities with operator expressions and the best constants in the whole plane [J]. J. Inequal. Appl., 2015(1): 1-10.

Hytönen T P. 2018. The two-weight inequality for the Hilbert transform with general measures [J]. Proc. Lond. Math. Soc.,117 (3): 483-526.

Liu Q. 2018. A Hilbert-type fractional integral inequality with the kernel of Mittag-Leffler function and its applications [J]. Math. Inequal. Appl. ,21 (3): 729-737.

Liu Q. 2019. A Hilbert-type integral inequality under configuring free power and its applications [J]. J. Inequal. Appl., 2019(1): 1-11.

Liu T, Yang B C, He L P. 2015. On a multidimensional Hilbert-type integral inequality with logarithm function [J]. Math. Inequal. Appl., 18(4): 1219-1234.

Luo R C, Yang B C. 2019. Parameterized discrete Hilbert-type Inequalities with intermediate variables [J]. J. Inequal. Appl., 2019(1): 1-12.

Nizar Al-Oushoush Kh, Azar L E, Bataineh A H A. 2018. A sharper form of half-discrete Hilbert inequality related to Hardy inequality [J]. Filomat, 32(19): 6733-6740.

O'Regan D , Rezk H M, Saker S H. 2018. Some dynamic inequalities involving Hilbert and Hardy-Hilbert operators with kernels [J]. Results Math., 73(4): 1-12.

Rassias M Th, Yang B C, Raigorodskii A . 2020. On a more accurate reverse Hilbert-type inequality in the whole plane [J]. J. Math. Inequal., 14(4): 1359-1374.

Rassias M Th, Yang B C. 2017.A half-discrete Hardy-Hilbert-type inequality with a best possible constant factor related to the Hurwitz zeta function [J]. Progress in approximation theory and applicable complex analysis, 183-218, Springer Optim. Appl., 117, Springer, Cham.

Rassias M Th,Yang B C. 2018. Equivalent properties of a Hilbert-type integral inequality with the best constant factor related to the Hurwitz zeta function [J]. Ann. Funct. Anal., 9 (2): 282-295.

Rassias M Th, Yang B C. 2018. On a Hilbert-type integral inequality in the whole plane [J]. Applications of nonlinear analysis,665-679,Springer Optim. Appl., 134, Springer, Cham.

Rassias M Th, Yang B C. 2019.On a few equivalent statements of a Hilbert-type integral inequality in the whole plane with the Hurwitz zeta function [J]. Analysis and Operator

Theory, 146: 319-352, Springer Optim. Appl., Springer, Cham.

Wang A Z, Yang B C. 2020. Equivalent statements of a Hilbert-type integral inequality with the extended Hurwitz zeta function in the whole plane [J]. J. Math. Inequal., 14 (4): 1039-1054.

Wu W L, Yang B C. 2020. A few equivalent statements of a Hilbert-type integral inequality with the Riemann-zeta function [J]. J. Appl. Anal. Comput.,10(6): 2400-2417.

Yang B C. 2018. A more accurate Hardy-Hilbert-type inequality with internal variables [J]. Modern discrete mathematics and analysis, 485-504, Springer Optim. Appl., 131, Sprin- ger, Cham.

Zhang Z P, Xi G W. 2018. On a q-analogue of the Hilbert's type Inequality [J]. J. Nonlinear Sci. Appl., 11 (11): 1243-1249.

Zhong Y R, Huang M F, Yang B C. A Hilbert-type integral inequality in the whole plane related to the kernel of exponent function [J]. J. Inequal. Appl., 2018(1): 1-14.